지적학

김영학 · 이왕무 · 이동현 · 김남식

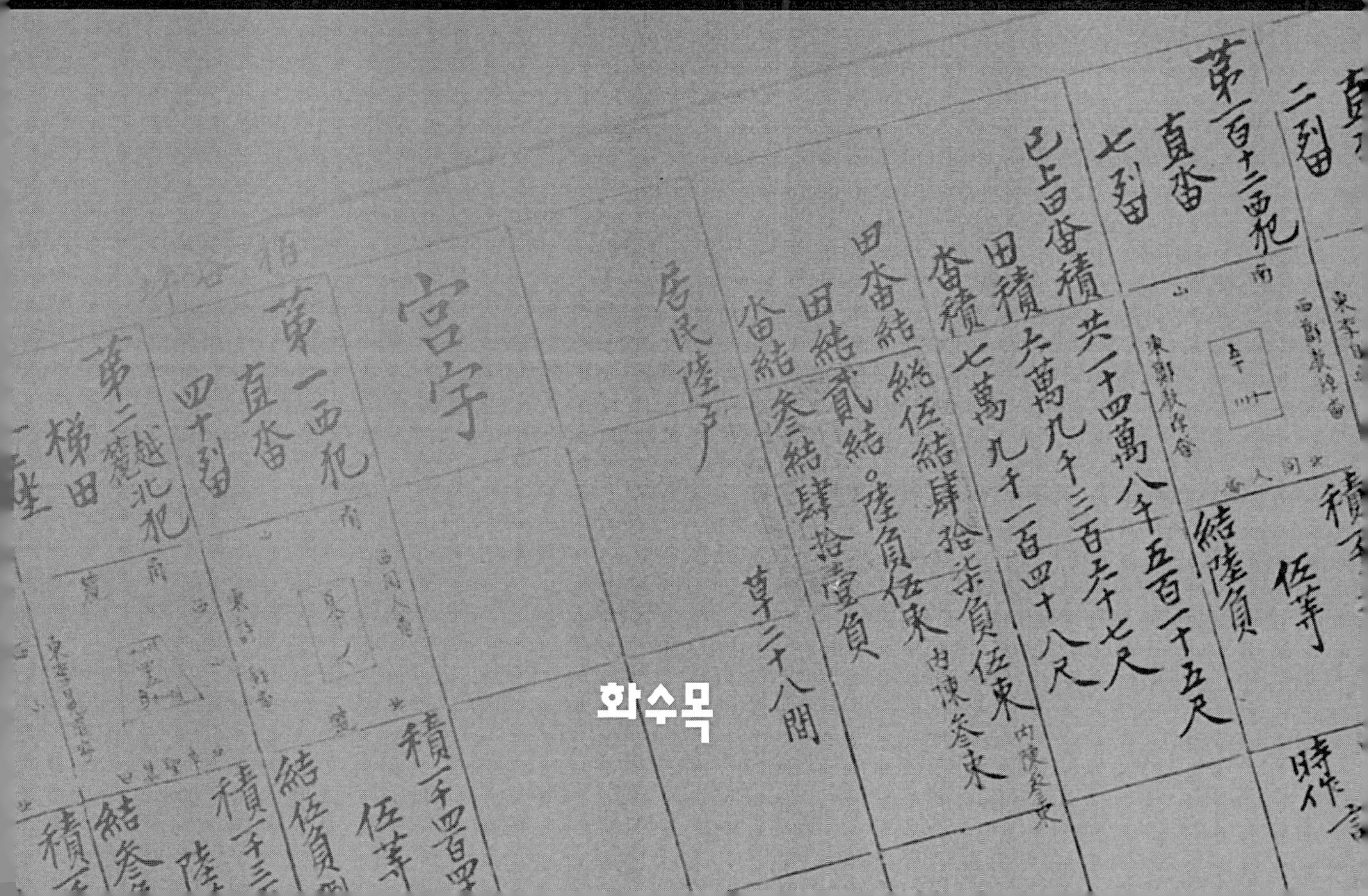

화수목

머리말

현대적 의미의 지적은 공적기관이 토지에서 파생되는 입체적 활동 및 현상을 조사하여 디지털 환경에 부합하는 공적장부에 등록한 토지정보원으로 해석할 수 있다. 즉 등록주체로서 공적기관, 등록실체로서 법적 권리 및 의무관계에 관련된 입체적 활동, 등록객체 및 행위로서 입체적 토지현상 조사, 등록형식으로서 디지털 지적공부, 등록목적 및 활용으로서 토지정보원 등의 의미를 담고 있다. 이러한 지적의 개념 요소들은 지적학 연구의 중요한 대상이 될 수 있으며, 공간적으로 연속된 일필지의 수직적 · 입체적조사 · 등록 · 관리 · 공개 등 연계체계를 종합적으로 접근하고 해석하는 것이 지적학이라고 할 수 있다.

특히 지적학 교육은 정태적인 성향이 아니라 끊임없이 변화하는 동태적 성향을 보이고 토지 관리의 환경변화와 진화에 의하여 다양한 형태의 모습으로 나타난다. 이러한 다양한 형태의 모습은 특정한 시기에 누구나 인정하는 모범적인 사고의 틀로서 대변되는 패러다임으로 나타난다. 따라서 패러다임을 인식하는데 변이가 발생하면 논쟁의 대상이 될 수 있는 여지가 발생한다. 지적학 분야도 예외는 아니어서 정확하고 충분한 사고 없이 패러다임을 해석하고 인지하면 발전 지향적인 교육보다 수구적이고 임시방편의 학제로 편성될 수 있어 심도 있는 진단이 절실히 요구되고 있다.

이러한 맥락에서 본서는 크게 8개의 장으로 구성되어 있으며, 각 장마다 지적이론 및 지적실무에 관련하여 최신의 이론 및 내용으로 편성하였으며, 세계적으로 부각되고 있는 지적 분야의 새로운 영역을 소개 및 재해석하여 발전적인 지적학이 될 수 있도록 심혈을 기울였다.

제1장은 「지적학의 기초이론」으로서 지적의 개념, 학문으로서의 지적, 지적의 원리 · 성격 · 기능, 지적제도의 유형 및 구성요소로 구성되어 있으며, 새로운 시각에서 지적의 어원과 지적교육의 패러다임 변화를 기술하였고, 제2장은 「지적제도의 발달」로서 우리나라와 외국의 지적제도를 중심으로 정리하였으며, 국내 문헌에서 언급되고 있는 외국의 지적제도가 상당히 이전의 자료를 기초로 정리되어 있어 최신의 자료로 이를 보완하였다. 제3장은 「토지조사」부분으로서 토지 · 임야조사사업, 지적과 등기의 형식, 그리고 지적재조사 부분으로 내용을 구성하였으며, 특히 지적재조사에 관한 특별법이 제정됨에 따라 향후 지적재조사사업의 방향성을 중심으로 기술하였다. 제4장은 「토지등록」을 주제로 토지등

록제도, 토지등록의 유형 및 편성, 토지등록 관리의 내용으로 구성하였으며, 토지등록에 관련된 이론을 중심으로 다양한 관점에서 기술하였다. 제5장은 「토지등록사항」으로서 토지등록의 설비, 지번 및 지목의 설정, 토지의 경계, 토지등록단위 등으로 내용을 구성하였다. 또한 토지등록의 설비로서 지적공부는 수평적 토지관리 차원을 넘어 입체적 토지관리가 가능하도록 방향성을 제시하였다. 제6장은 「토지정보」와 관련된 내용, 즉 토지정보(시스템)의 개념, 토지정보의 자료, 다목적지적과 토지정보시스템, GSIS · GIS · NGIS 등으로 구성하였으며, 지적정보화 과정은 동태적 관점에서 변화모습을 기술하였다. 제7장 「지적측량」은 지적측량의 개요, 지적측량의 분류, 지상측량과 항공사진측량, 지적측량의 업무 및 대행 등으로 구성하였고, 최근 부각되고 있는 지적선진화의 일환인 세계측지계와 지적재조사사업을 언급함으로써 실질적이고 현실적인 사안에 접근이 가능하도록 기술하였다. 그리고 제8장은 「해양지적」으로 아직까지 제도화되어 있지 않은 상태이지만, 외국의 경우 해양지적제도가 도입되어 바다도 육지와 같은 시각에서 등록 · 관리를 하고 있어 향후 반드시 필요한 영역이라 판단된다. 따라서 본 장은 생소한 해양지적을 접근하기 위해 요구되는 해양지적의 개념, 해양지적의 범위와 원리, 해양지적의 주체 · 객체 · 형식, 외국의 해양지적제도 등으로 구분하여 기술하였다.

마지막으로 필자는 지적 분야의 지속적인 변화에 맞추어 본서의 구성은 물론 내용의 보강을 위해 꾸준한 노력을 경주할 것이며, 미비한 부분에 대해서는 점진적으로 수정 · 보완해 나갈 것을 약속드리고, 이 책을 참고하는 모든 분들의 아낌없는 조언을 부탁드린다.

목차

CHAPTER 06 토지정보

CHAPTER 07 지적측량

CHAPTER 08 해양지적

부록

CHAPTER 01

제 01 편 지적학의 기초이론

1_ 지적의 개념

2_ 학문으로서의 지적교육

3_ 지적의 원리 · 성격 · 기능

4_ 지적제도의 유형 및 구성요소

SECTION

01 지적의 개념

1 지적의 어원

1.1 의의

지적의 어원은 지적이라는 단어가 갖는 근원적인 어형이나 뜻을 파악하는 것으로 대체로 그리스어나 라틴어에서 찾고 있다. 다만 학자들의 견해에 따라 지적의 어원을 그리스어에서 찾는가 하면 라틴어에서 그 유래를 찾고 있으나 해석의 일치를 완전히 보지는 못하고 있다.

지적의 고전적인 정의는 "과세부과에 이용되는 부동산에 관련된 실제현황 및 권리의 공적 기록"[1)]을 의미하는 것으로 과세부과는 지적의 어원을 찾는 실마리를 부여하고 있다. 즉 과세부과와 관련된 단어의 어원을 찾는 것에서 Cadastre의 유래를 찾고자 하였다는 것이다.

지적의 어원은 고전적으로 Cadastre에서 찾을 것인가 아니면 현대적으로 Land Management 혹은 Land Registration에서 찾을 것인가에 귀결된다고 할 수 있다. 그러나 세계의 어원학자 혹은 지적학자의 접근은 Cadastre에서 찾고자 하였으며, 이것이 바람직한 사실로 믿어오고 있다. 이는 시대적인 환경과 배경에 부합할지 모르지만 지적의 발생설과 지적과 등기를 분리해서 생각하지 않고 단일제도로서 발전시킨 국가의 관점에서는 한계를 갖고 있다 하겠다. 지적에서 부동산의 등록이란 행정 및 법적 측면과 부동산의 양을 정확히 측량하는 기술 및 계량적 측면을 갖고 있고, 행정 및 법적 측면인 토지등록은 그리스, 로마시대부터 행해진 것으로 판단되고, 기술 및 계량적 측면인 측량은 고대

1) 지적의 고전적 정의는 우리말 큰 사전, 한국어대사전, 국어대사전, Webster's International Dictionary, The Oxford English Dictionary, Random House Dictionary에서 규정하는 정의로서 약간씩 다른 표현을 쓰고 있지만 대체로 과세부과, 토지 및 부동산의 물리적 현황, 소유권관계, 공적기록 등의 내용을 포함하고 있다.

이집트, 바빌로니아에서 행해진 것으로 판단된다(김석종, 1984 : 35).

따라서 지적의 어원은 지적제도의 발달 또는 각 국가의 환경에 입각하여 접근하고 있고, 특히 지적제도의 발달 단계 중 세지적(Fiscal Cadastre)의 핵심인 과세부과에 초점을 맞추어 어원을 찾고자한 것으로 판단된다. 그러나 지적학문의 발달에 따라 지적의 발생설이 대두되고 다른 관점에서 접근을 시도하려는 경향이 있으며, 기존의 과세부과에 따른 어원은 지적제도의 발달과정인 세지적과 지적의 발생설 중 하나인 과세설(Taxation Theory)을 설명하는데 이견이 없지만, 지배설(Rule Theory) 혹은 치수설(Flood Control Theory) 관점의 어원으로써는 한계를 보이고 있다.

1.2 지적의 발생과 어원의 관계

지적어원의 접근은 그동안 지적제도의 발달 및 환경에 초점을 맞추어 이루어졌으나 지적의 발생설을 고려하지 않는 경향을 보여 왔다. 지적의 발생설은 지적에 관련된 어떤 사건이나 현상이 어느 곳에서 생겨나거나 나타나는지를 밝혀나는 것을 의미하여, 주로 역사적 접근방법 혹은 비교론적 접근방법에 의하여 연구되었다. 한편 세계적으로 지적발생설에 관련된 연구가 미흡했던 관계로 지적어원을 파악하는데 소홀히 되었던 것으로 판단된다(S. R. Simpson, 1976, National Research Council, 1980, National Research Council, 1983, R. H. Maudsley and E. H. Burn, 1980).

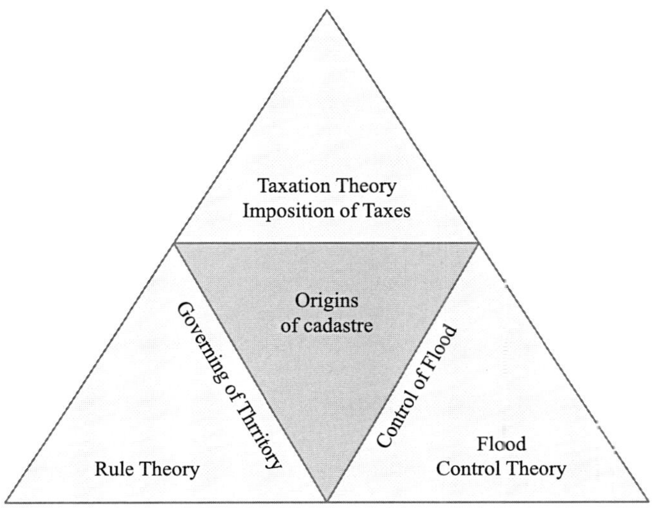

그림 1-1 지적의 발생설과 어원의 관계

지적발생설은 지적이 토지를 전제로 한 토지의 기록이라는 사실에 입각하여 과세설(Taxation Theory), 치수설(Flood Control Theory), 지배설(Rule Theory) 등으로 구분하고 있다(박순표 외, 1993 : 11-18). 과세설은 국가가 과세를 목적으로 토지에 대한 각종 현상을 기록 · 관리하는 수단으로부터 출발했다는 이론을 말하고, 치수설은 국가가 토지를 농업생산수단으로 이용하기 위하여 관개시설 등을 측량하고 기록 · 유지 · 관리하는데서 비롯되었다는 이론을 의미하여, 지배설은 국가가 토지를 다스리기 위한 통치수단으로 토지에 대한 각종 현황을 관리하는데서 출발한다고 보는 이론을 말한다.

따라서 지적발생설과 지적어원의 관계는 각 발생설의 관점 및 주요쟁점이 무엇인가로 귀결된다고 본다. 즉 과세설의 관점은 과세부과에 있으며 그 어원도 과세 및 부과의 단어에서 찾고자 한다는 것이다. 이런 맥락에서 치수설의 관점은 홍수통제에 있으며, 그 어원은 통제 및 보호의 단어에서 찾게 되며, 지배설의 관점은 영토지배로서 그 어원은 통치 및 지배의 단어에서 찾게 된다.

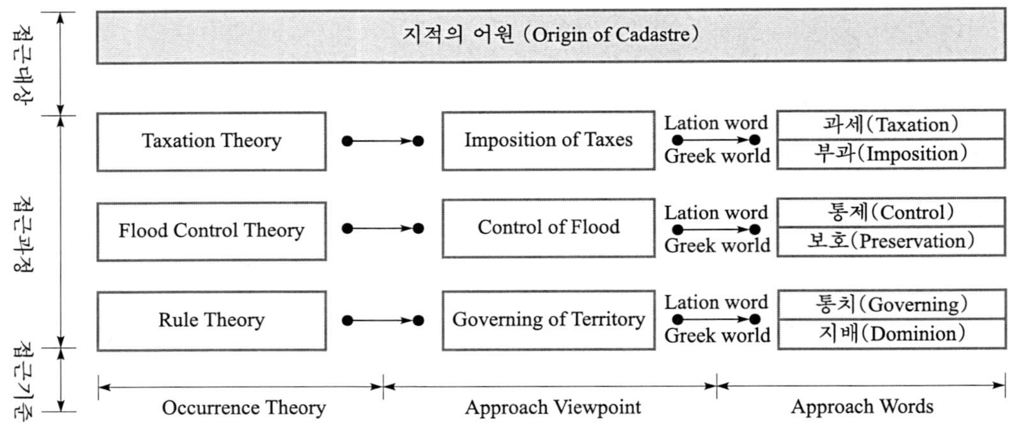

그림 1-2 지적어원의 접근과정

1.3 지적어원의 발생론적 접근

1) 과세설(taxation theory) 관점의 지적어원

과세설에 기반 한 지적어원의 접근은 가장 일반화되고, 다수의 지지를 받아온 접근방식으로 과세부과에 초점을 두며 그리스어와 라틴어에서 찾고 있다. 이러한 접근의 양상은 그리스어, 라틴어 그리고 사전적으로 파악한 유래 등으로 구분하여 검토해 볼 수 있다.

첫째, 그리스어인 Katastihon에서 어원을 찾는 학자의 견해이다. 지적의 어원을 Katastihon에서 찾고자하는 학자들의 견해는 대체로 공책(note book)을 의미하는 중세 그리스어 Katastichon에서 유래되었다는 것(J. D. McLaughlin, 1975 : 1, F. Von Simmerding, 1969 : 333-341, Ilmoor D., 1954 : 1, P. F. Dale, 1976 : 1, Mohamed Ali Dawood, 1987 : 19)으로 "위에서 아래로"를 의미하는 Kata(κατὰ)와 "부과"를 의미하는 Stikhon(στιχον)의 복합어로 이해하고 있다. 이러한 견해를 보이는 학자들은 그리스 역사를 중점적으로 연구한 내용을 토대로 접근한 것으로 볼 수 있고 어원을 바라보는 시각이 과세부과의 목적에서 출발하고 있다고 판단된다.

Katastihon에서 그 어원을 찾는 대표적인 학자로는 McLaughlin, Von Simmerding, Ilmoor, Dale, Mohamed Ali 등이 해당되며, 물론 이들 학자들 중에 Katastihon과 Capitastrum 양자를 다 설명하면서 입장 표명을 유보한 학자들도 발견되고 있다.

둘째, 라틴어인 Capitastrum에서 어원을 찾는 학자의 견해이다. 지적의 어원을 Capitastrum에서 찾고자하는 학자들의 견해는 로마의 인두세등록부(head-tax register)를 의미하는 Capitastrum 또는 Catastrum에서 유래한 것(Robert Bennett Cal, 1986 : 33, Gerhard Larsson, 1991 : 16, John G. McEntyre, 1978 : 7, National Research Council, 1980 : 5, S. R. Simpson, 1976 : 4)으로 "토지과세 단위"를 의미하는 Caput 또는 "인두세"를 의미하는 Capitatio와 "등록 및 기입"을 의미하는 registrum의 조합으로 이해하고 있다(T. Uzel, 1983 : 702.2/3). 이러한 견해를 보이는 학자들은 그리스 문화가 영향을 준 이탈리아 로마를 중점적으로 연구한 내용을 토대로 접근한 것으로 볼 수 있고, 어원을 바라보는 시각이 Katastihon과 마찬가지로 과세부과의 목적에서 출발하고 있다고 볼 수 있다. Capitastrum에서 그 어원을 찾는 대표적인 학자로는 Bennett Cal, Larsson, McEntre, NRC, Simpson 등이 해당되며, 주로 미국 및 영국의 학자들이 이 입장을 표명하고 있다.

셋째, 어원학 사전에서 제시하고 있는 견해에 관한 것이다. 어원학 사전에서는 Katastichon과 Capitastrum을 모두 언급하고 있지만 그리스어인 Katastichon(κατάστιΧον)에서 유래한다는 견해가 지배적이다.[2] 다만 Katastichon의 변화를 설명하지 않고 있어 Katastihon과 혼용하고 있으나 Katastichon의 변화된 용어가 Katastihon으로 설

2) Arapacana Press : http://www.arapacana.com/glossary/c_cn.html, Merriam-Webster : http:// www.merriam-webster.com/dictionary/cadastres, Wikipedia : http://en.wikipedia.org/wiki/ Cadastre

명되고 있다. 외국어 사전에서 제시하는 지적의 어원은 대부분 Katastihon에서 찾고 있으나 사전에 따라서는 Capitastrum을 설명하면서 입장을 표명하지 않는 경우도 발견되고 있다.[3] 한편 외국어 사전에서도 지적의 어원을 찾는 주요 쟁점은 과세부과에 두고 있다는 것이다.

지적의 어원을 Katastihon과 Capitastrum에서 찾고 있는 견해들은 양자의 주요 쟁점이 과세 부과에 두고 있으며, 이는 지적발생설의 관점에서 볼 때 여전히 지배설 및 치수설을 설명하지 못하는 한계를 보이고 있다.

결국 과세설 관점의 지적어원은 부분적인 설명 및 논리적 근거는 될 수 있지만 전체적인 설명 및 논리적 근거를 제시하지 못하는 한계를 갖고 있다는 것이다.

2) 지배설(rule theory) 관점의 지적어원

지배설 관점의 지적어원은 아직까지 연구가 이루어지지 않고 있어 바라보는 관점에 따라 상당한 이견을 보일 수 있다고 본다. 다만 지배설의 주요 쟁점인 영토지배의 관점에서 어원을 찾아보는 시도가 중요하다고 판단된다. 따라서 지배설 관점의 지적어원은 통치(Governing)와 지배(Dominion)의 어원 및 의미의 조합을 통해서 접근하고자 한다.

첫째, Govern의 의미로 본 어원에 관한 것이다. Govern의 어원은 그리스어인 Kybernan과 라틴어인 Gubernare에서 검토될 수 있다.[4] 즉 근원적으로 "조정하다(steer)"를 나타내는 "조정하다(direct)", "다스리다(rule)", "안내하다(guide)"를 의미하는 라틴어 Gubernare와 사이버네틱(the root of cybernetics)에 근원을 두고 "배를 안내 또는 조정하다(to steer or pilot a ship)"를 의미하는 Kybernan에서 지적어원을 모색하는 것이다. 따라서 Govern의 관점에서 지적어원을 모색하는 근원은 영토의 통치에 있으며, 이를 잘 대변할 수 있는 어원은 Kybernan보다는 Gubernare가 더 의미 전달에서 적합할 것으로 판단된다. 특히 라틴어인 Gubernare는 영토를 조정하고 다스린다는 의미에서 방향성에 초점을 두고 있는 그리스어인 Kybernan보다 지배설을 더 잘 대변한다고 판단된다.

둘째, Dominion의 의미로 본 어원에 관한 것이다. Dominion의 어원은 라틴어인 "Dominium or Dominionem"에서 찾아볼 수 있다. 즉 기원적으로 "부동산(property)

---

3) Wikipedia : http://en.wikipedia.org/wiki/Cadastre

4) Merriam-Webster : http://www.merriam-webster.com/dictionary/govern., Online Etymology Dictionary : http://www.etymonline.com/index/php?search=Govern&searchmode=none

또는 소유권(ownership)"을 의미하는 라틴어 Dominium에 근원을 두고 있으며[5], 또한 Dominus에서 유래된 것으로 파악하고 있다. 특히 기원적으로 대영제국의 소유 토지를 의미하기도 하였다.[6] 따라서 Dominion의 관점에서 지적어원을 모색하는 근원은 영토의 지배에 있으며, 이를 잘 대변할 수 있는 어원은 라틴어인 Dominium이 의미 전달에서 적합한 것으로 판단된다. 특히 Dominium이 뜻하는 의미가 부동산 또는 소유권에 관련된 점을 고려한다면 영토의 지배관점에서 혹은 지적의 목적 차원에서 지적의 어원으로서 매우 의미가 있다고 판단된다.

한편 지배설 관점에서 통치(Governing)와 지배(Dominion)를 통한 지적어원의 검토는 어느 용어의 어원이 적합하다 혹은 의미가 있다는 것[7]이 쟁점이 아니라 지나친 과세설에 의존하여 파악하고 있는 지적어원의 설명력 부족을 보완하는데 있는 것이다.

3) 치수설(flood control theory) 관점의 지적어원

치수설 관점은 다른 발생설에 비하여 상대적으로 타당성이 적은 것으로 해석되고 있고, 지배설과 마찬가지로 지적어원은 아직까지 연구가 일천하다고 할 수 있으며, 연구자 및 바라보는 관점에 따라 상당한 이견을 나타낼 수 있다는 것이다. 다만 지배설과 마찬가지로 치수설의 주요 쟁점인 통제(control)와 보호(preservation)를 중심으로 어원을 찾아보는 시도가 필요하다고 판단된다. 따라서 치수설 관점의 지적어원은 통제(control)와 보호(preservation)의 어원 및 의미의 조합을 통해서 접근하고자 한다.

첫째, 통제(control)의 의미로 본 어원에 관한 것이다. Control의 어원은 라틴어인 "contrarotulus"에서 찾아 볼 수 있다.[8] 즉 "대항력(counter)과 기록(register)"의 의미를 갖는 contrarotulus로서 "반하여(against)"의 의미를 갖는 라틴어 contra와 "회전(rotation)의 의미를 갖는 중세 라틴어인 rota로 구성된다.[9] 이는 Control의 관점에서 지적어원을 모색하는 근원을 홍수의 통제에 두는 것으로서 이를 잘 대변할 수 있는 어원은

5) Online Etymology Dictionary : http://www.etymonline.com/index.php?search=Dominion&searchmode=none, Merriam-Webster : http://www.merriam-webster.com/dictionary/dominion

6) Dictionary Com. : http://dictionary.reference.com/browse/Dominion

7) 지배설 관점에서 접근한 라틴어인 Gubernace와 Dominium이 지적의 어원이 되어야 한다는 당위성 보다는 기존의 과세설에 근거한 Katastihon이 지적의 발생설을 완벽하게 설명하지 못하는 한계를 고려하여 향후 보다 많은 학술적 연구의 필요성이 있어야 할 것이다.

8) Dictionary Com. : http://dictionary.reference.com/browse/control, Merriam-Webster : http://www.merriam-webster.com/dictionary/control

9) Online Etymology Dictionary : http://www.etymonline.com/index.php?search=control&searchmode=none

Contrarotulus로 볼 수 있다. 특히 Contrarotulus는 홍수에 대항하는 힘과 이를 기록하는 의미를 내포하고 있어 치수설을 잘 대변하는 것으로 볼 수 있다.

둘째, 보호(preserve)의 의미로 본 어원에 관한 것이다. Preserve의 어원은 라틴어인 "Preservare"에서 찾아 볼 수 있다.[10] 즉 "유지하다(keep)와 보호하다(preserve)" 또는 "미리 보호하다(guard beforehand)"의 의미를 갖는 preservare로서 "미리(pre, before, in advance)"의 의미를 갖는 라틴어 prae와 "안전을 지키는(to keep safe)"의 의미를 갖는 servare로 구성된다.

이는 Preserve의 관점에서 지적어원을 모색하는 근원을 홍수의 예방 및 영토의 보호에 두는 것으로 이를 잘 대변할 수 있는 어원은 라틴어인 Preservare로 볼 수 있다. 즉 Preservare는 홍수로부터 영토의 보호 및 유지의 뜻을 내포하고 있어 치수설을 대변하는 하나의 어원으로 볼 수 있다.

그러나 통제 및 보호차원의 라틴어인 Contrarotulus 및 Preservare의 치수설 관점은 상당히 비약적인 추론일 여지가 있다는 것이다. 즉 지적발생설 중 치수설은 과세설 및 지배설에 비하여 상당히 설득력이 떨어지는 것으로 보고 있어 출발 자체에 한계가 있다고 본다. 또한 지적은 고전적인 개념으로 볼 때 토지에 관련된 제반사항을 등록한 공부로 보고 있어 홍수에 초점을 두고 접근하는 어원의 검토는 다소 비약적일 수 있다는 것이다.

4) 지적어원의 재인식

지적어원에 대한 새로운 인식은 발생론, 논리성, 그리고 거시적 접근을 고려한 지적어원의 인식전환이 요구됨을 의미한다. 즉 아직까지 고려하지 않고 있는 지적 발생론을 고려함으로써 보다 논리적이고 객관적인 지적어원을 도출하고자 하는 의식전환이 요구되고, 탈학제(trans-disciplinarity) 관점의 어원접근에 대한 사고의 전환이 요구됨을 말한다. 특히 특정시점 및 특정부분에 한정하지 않고 종합적이고 거시적인 지적어원의 접근을 위한 인식의 전환이 요구되는 것이다.

지적어원의 접근은 주관적 판단 및 객관성이 결여 등이 존재할 수 있고, 기존 밝혀진 어원에 대한 믿음이 확고하기 때문에 난해할 수 있다. 그러나 기존 밝혀진 지적어원의 한계

10) Online Etymology Dictionary : http://www.etymonline.com/index.php?search=preserve&searchmode=none, Dictionary Com. : http://dictionary.reference.com/browse/preserve, Merriam-Webster : http://www.merriam-webster.com/dictionary/preserve, Oxforddictionaries.com : http://oxforddictionaries.com/view/entry/m_en_gb0659100#m_en_gb0659100

를 밝히고 이에 대한 재검토 및 재인식의 계기가 되어야 할 것이다. 한편 현재까지 언급되고 있는 지적의 어원을 일반적으로 받아들이고 있는 다수설 및 통설과 아직까지 검증되지는 않았지만 논의되고 있는 소수설 등을 정리하면 표 1-1과 같이 된다.

표 1-1 **지적의 발생과 지적어원**

이론(Theory)	어원(Origin)	의미(Meaning)	비고(Note)
과세설 (과세 · 부과) (Taxation Theory)	Katastihon(G)	notebook(공책)으로 파악 Kata(위에서 아래) + Stikhon(부과) → Katastikhon(조세등록) → Katastihon	Blondheim(프) 다수설(통설)
	Capitastrum(L)	head tax register(인두세)로 파악 Caput(토지관세단위) or Capitatio(인두세) + Registrum(등록 및 기입)	McEntyre(미) 다수설
지배설 (통치 · 지배) (Rule Theory)	kyernan(G)	to steer or pilot a ship (배를 안내 또는 조정하다)	소수설
	Gubernare(L)	steer, direct, rule, guide (조정하다, 다스리다, 안내하다)	
	Dominium(L)	Dominium(부동산 또는 소유권)	
	Dominionem(L)	Dominus(대영제국의 소유토지)	
치수설 (통제 · 보호) (Flood Control)	Contrarotulus(L)	Contra(반하여) +Rote(회전) → 대항력과 기록 의미	소수설
	Preservare(L)	Prae(미리) + Servare(안전을 지키다)	

2 지적의 정의

정의란 과학적 용어의 의미를 구체적으로 밝히는 것으로 사전적 정의, 법규상 정의, 국내학자별 정의, 국외 학자별 정의로 구분하여 검토하는 방식과 지적의 정의를 보수적 정의와 현대적 정의로 구분하여 검토하는 방식이 있으나 이하에서는 전자를 기준으로 검토하게 된다.

2.1 사전적 지적의 정의

지적의 사전적 정의는 '우리말큰사전', '한국어대사전', '국어대사전'에서 규정하고 있는 정의와 'Webster's International Dictionary', 'The Oxford English Dictionary', 'Random House Dictionary' 등에서 규정하고 있는 정의를 정리하면 표 1-2와 같다.

표 1-2 **지적의 사전적 정의**

저자(Author)	제목(Title)	정의(Definition)
MICRA (1998)	Webster's Revised Unabridged Dictionary	A public register showing the details of ownership and value of land made for the purpose of taxation
Barron's Educational Series, INC(2000)	Barron's Business Dictionary, Dictionary of Business Terms	List of appraised property values in a jurisdiction, used to determine the amount of tax assessed on each parcel
Houghton Mifflin (2009)	The American Heritage Dictionary of the English Language	A public record, survey, or map of the value, extent, and ownership of land as basis of taxation
HaperCollins Publishers (2003)	Collins English Dictionary	an official register showing details of ownership, boundaries, and value of real property in a district, made for taxation purposes
Susan Mayhew (2004)	Oxford Dictionary of Geography, A Dictionary of Geography	A record of the area, boundaries, location, value, and ownership of land, achieved by a cadastral survey
Wiley Publishing (2010)	Webster's New World College Dictionary	Public record of the extent, value, and ownership of land within a district for purposes of taxation
교육서관 (1990, p.1386)	국어대사전	땅의 소속, 땅에 대하여 적은 기록
한국학회 (1992)	우리말 큰 사전	토지에 관한 여러 가지 사항, 즉 토지의 위치 · 형질 · 소유권 · 면적 · 지목 · 지번 · 경계 등을 등록하여 놓은 기록
고려대학교 민족문화연구원 (2009)	한국어대사전	토지에 관한 여러 가지사항, 곧 토지의 위치, 형질, 소유권, 면적, 지목, 지번, 경계 등을 등록하여 놓은 기록
금성출판사 (1991, p.2834)	국어대사전	토지의 위치, 형질, 소유관계, 지목, 지번 등을 등록하여 놓은 기록
민중서림 (1986, p.3476)	국어대사전	토지에 관한 여러 가지 사항을 기재한 기록
삼성문화사 (1991, p.2571)	국어대사전	토지에 관한 여러 가지 사항, 곧 토지의 위치, 형질, 소유관계, 면적, 지목, 지번, 경계 등을 등록하여 놓은 기록

2.2 법규상 지적의 정의

공간정보의 구축 및 관리 등에 관한 법률 제1조에 따르면 "측량 및 수로조사의 기준 및 절차와 지적공부 · 부동산종합공부의 작성 및 관리 등에 관한 사항을 규정함으로써 국토의 효율적인 관리와 해상교통의 안전 및 국민의 소유권보호에 기여함을 목적으로 한다" 라고 규정하고 있다. 즉 지적공부의 작성 및 관리 등에 관한 사항을 규정함으로써 국토의 효율적인 관리와 국민의 소유권보호를 목적으로 국가공권력에 의하여 이를 일정한 장부에 등록 · 관리하는 것으로 볼 수 있다.

2.3 국내 학자별 지적의 정의

국내 학자별 지적의 정의는 원영희 교수님의 「지적학원론」, 최용규 교수님의 "지적이론의 발생설과 개념정립", 강태석 교수님의 「지적측량학」 등 다양한 학자의 정의를 토대로 검토해 볼 수 있다. 물론 여러 학자들이 지적의 정의에 대하여 언급하고 있지만 일반적인 정의로서 받아들여지고 있는 내용을 정리하면 표 1-3과 같다.

표 1-3 **국내 학자별 지적의 정의**

저자(Author)	제목(Title)	정의(Definition)
원영희 (1979)	지적학원론	국토의 전반에 걸쳐 일정한 사항을 국가 또는 국가의 위임을 받은 기관이 등록하여 이를 국가 또는 국가가 지정하는 기관에 비치하는 기록
최용규 (1990)	지적이론의 발생설과 개념정립	자기 영토의 토지현상을 공적으로 조사하여 체계적으로 등록한 데이터로 모든 토지 활동의 계획 관리에 이용되는 토지정보원
박순표 외 (1993)	지적학개론	토지의 표면이나 공중 또는 지하를 막론한 모든 부동산을 지적행정과 측량에 의하여 체계적으로 등록하고 운용하는 국가의 관리 행위
강태석 (1994)	지적측량학	지표면에서나 공간 또는 지하를 막론하고 재정적 가치가 있는 모든 부동산 물건을 계속 유지 관리하기 위한 국가의 토지행정
이범관 (1996)	한국의 지적제도에 관한 연구	국가가 토지에 대한 물리적 현황과 소유권을 비롯한 권리관계를 공시할 목적으로 필지단위 행한 기록
류병찬 (2001)	최신 지적학	토지에 대한 물리적 현황과 법적 권리관계, 제한사항 및 의무사항 등을 등록 · 공시하는 필지중심의 토지정보체계
지종덕 (2001)	지적의 이해	토지의 표면이나 공중 또는 지하를 막론하고 모든 부동산을 지적행정과 측량에 의하여 체계적으로 등록하고 운영하는 국가의 관리행위
김영학 (2001)	지적행정	국가가 자기영토의 토지현상을 공적으로 조사하여 일정한 장부에 등록한 토지정보원

2.4 국외 학자별 지적의 정의

국외 학자별 지적의 정의는 국내에 소개된 학자 및 단체의 저서를 기초로 S. R. Simpson, J. L. G. Hessen, National Research Council, J. G. McEntre, 來璋 등의 정의를 토대로 정리하면 표 1-4와 같다.

표 1-4 **국외 학자별 지적의 정의**

저자(Author)	제목(Title)	정의(Definition)
Dowson, E., Sheppard, V.L.O. (1952)	Land Registration	It is impossible to give a definition of a Cadastre which is both terse and comprehensive, but its distinctive character is readily recognized and may be expressed as the marriage of (a) technical record of the parcellation of the land through any given territory, usually represented on plans of suitable scale, with (b) authoritative documentary record, whether of a fiscal or proprietary nature or of the two combined, usually embodied inappropriate associated registers
McEntyre, J. (1978)	Land Survey Systems	A cadastre is consider as an official register of quantity, value, and ownership of real estate within the area administered by a governmental unit
내장(1981)	토지행정학	토지위치, 경지, 종류, 면적, 권리상태 및 사용상황 등을 기재한 도책
Simpson, S.R. (1984)	Land Law and Registration	A public register of quantity, value, and ownership of the immovable property in a country compiled to serve as a basis for taxation
Larrson, G. (1991)	Land Registration and Cadastral Systems	A Cadastre is thus a systematic description of the land units within an area. The description is made by maps that identify the location and boundaries of every unit, and by records
Nichols, S.E. (1993)	Land Registration: Managing Information for Land Administration	A term closely associated with land registration is cadastre, defined as a record of interests in land encompassing both the nature and extent of those interests.
Hawerk (1995)	Grundbuch and Cadastral Systems in Germany, Austria and Switzerland	The cadastre in Germany is defined as the official register of all parcels and buildings in a state, in which all parcels are described with graphical and textual data
Henssen, J.L.G. (1995)	Basic Principles of the Main Cadastral Systems in the World	Cadastre is a methodically arranged pubilc inventory of data concerning properties within a certain country or district, based on a survey of their boundaries

표 1-4 국외 학자별 지적의 정의(계속)

저자(Author)	제목(Title)	정의(Definition)
Berry, J.K. (1995)	Beyond Mapping: Concepts, Algorithms and Issues in GIS	Cadastre is a record of interests in land, including both the nature and extent of interests
kaufmann, J., Steudler, D. (1998)	Cadastre 2014: A toll to make land administration more effective	Cadastre 2014 is a methodically arranged public inventory of data concerning all legal land objects in a certain country or district, based on a survey of their boundaries
Zevenbergen, J. (2002)	Systems of Land Registration, aspects and effects	Cadastre is a methodically arranged public inventory of data concerning properties within a certain country or district, based on a survey of their boundaries
Ting, L.A. (2002)	Principles for and integrated land administration system to support sustainable development	Cadastres are registers of rights over and attributes of definable areas of land
Silva, M.A., Stubkjær, E. (2002)	A review of methodologies used in research on cadastral development	a systematic and official description of land parcels, which includes for each parcel a unique identifier
Stubkjær, E. (2003)	Encyclopedia of GIS	a cadastre may be defined as an official geographic infromation system(GIS) which identifies geographical objects within a country, or more precisely, within a jurisdiction
Steudler, D. (2004)	A framework for the evaluation of land administration systems	A cadastre is a systematic description of the land units within an area
Catherine Farvacque-Vitkovic 외 4인 (2005)	Street addressing and the management of cities	A cadastre is a general inventory of improved and unimproved land in a municipal territory, with and individual listing of their physical composition, using a planimetric plot representation, their economic use(yield), and their ownership, to provide the government with a sufficiently precise estimate to equitably apportion taxes on the landholding
Dalrymple, K. (2005)	Expanding rural land tenures to alleviate poverty	The cadastre is simply an inventory of land parcels described by spatial(maps) and textual(certificates of title) component pertaining to the owner and use interests
silva, M.A. (2005)	Modeling causes of cadastral development cases in Portugal and Spain during the last two decades	A systematic and official description of all and parcels within a jurisdiction, based predominantly on a survey of their boundaries represented on maps, which includes, for each parcel, a unique identifier

표 1-4 국외 학자별 지적의 정의(계속)

저자(Author)	제목(Title)	정의(Definition)
Nkwae, B. (2006)	Conceptual framework for modelling and analysing periurban land problems in Southern Africa	A cadastre is a public record of rights in land
Rui Pedro Julião 외 (2010)	A new approach to cadastre	Cadastre is now defined as an exhaustive, methodical and updated inventory that characterizes identifies real estate properties in certain territory
Zhang Lingling 외 (2010)	Definition and representation of property volumen of three dimensional cadastre	Cadastre is used to manage national land resource and assets
NRC (1980)	Need for a multipurpose cadastre	A cadastre may be defined as a record of interests in land, encompassing both the nature and extent of these interests
FIG (1995)	Statement on the cadastre	A cadastre is a parcel based and up-to-date land information system containing a record of interests in land
FAO (1995)	Cadastral Surveys and Records of Rights in land	A cadastre is a record of areas and values of land and of landholders that originally was compiled for purpose of taxation
UNECE (1996)	Land administration guidelines with special reference to countries in transition	The cadastre is an information system consisting fo two parts: a series of maps or plans showing the size and location of all land parcels together with text records that describe the attributes of the land
ACSM (2005)	Definitions of Surveying and Associated Terms	An official register of the quantity, value, and ownership of real estate, used in apportioning taxes

2.5 지적정의의 한계성

지적정의는 발표 시기 및 지역 그리고 성향에 따라 매우 다양하게 나타나고 있어 통일되고 공통된 하나의 개념으로 받아들여지고 있지 않다. 물론 각 국가 및 지역에 따라 사회·정치·경제·문화가 따르기 때문에 지적정의 역시 다양성을 갖고 있다고 판단되지만, 일반적이고 보편적인 관점에서 지적정의에 나타난 한계 및 변화요인을 정리하고자 한다.

첫째, 지적정의의 다양화에 따른 표준화가 어렵다는 것이다. 다소 공신력을 갖고 있는 세계 측량사연맹(FIG)의 지적선언에서 언급되고 있는 지적정의 조차도 세계적으로 받아들여지지 못하고 있는 실정이고, 발표 시기 및 지역 그리고 성향에 따라 다양한 지적정의를 언급하고 있다. 둘째, 지적정의 구성요소들의 변화상을 반영하지 못한다는 것이다. 기존 주요 요소는 수평적 토지의 표시사항 및 권리관계로 변화될 수 있는 수직적 토지의 표시사항 및 권리관계를 반영하지 못한다. 셋째, 변화되는 시대 및 정보환경을 반영하지 못한다는 것이다. 사전적 정의로 표현되는 대부분의 내용은 과세부과에 한정되어 있어 지적제도의 진화과정을 제대로 반영하지 못하고, 급변하는 정보기술의 발달에 따른 지적정의의 주요 요소를 제대로 반영하지 못한다. 특히 외국의 경우 지적을 관리하는 주체의 중요성을 간과하는 성향이 있어 지적정의에 나타난 공공부문의 역할을 배제하고 있다. 넷째, 등록정보의 취득과정에 관한 중요성을 간과한다는 것이다. 등록정보의 취득과정은 정보의 정확성 및 신뢰성에 관여되는 것으로 조사측량의 중요성을 대부분 지적정의에서 배제하고 있다. 이는 등록주체와 등록객체를 연결하는 매개체로서 논리적이고 합리적인 지적정의 표현에 중요한 역할을 한다.

한편 지적정의에서 나타난 한계와 더불어 지적정의의 동태성을 나타내는 주요 요소의 변화 모습을 고려해 볼 필요가 있다. 이는 향후 지적정의의 바람직한 모습을 상정하기 위한 중요한 기준 및 고려사항이 될 수 있다. 지적정의의 주요 요소들은 대체로 등록객체, 등록행위, 등록형식, 등록주체, 등록실체, 등록목적, 등록활용 등으로 정리해 볼 수 있다.

첫째, 지적정의에서 가장 많이 언급되고 있는 토지 및 필지는 등록객체의 다차원 관점

그림 1-3 지적정의 요소의 진화

에 따라 입체적 토지 및 필지로 진화되고 있고, 등록 및 목록은 등록된 내용의 가치 관점에서 정보원천으로 진화되고 있다. 둘째, 지적을 관리하는 주체로서 중앙정부는 등록주체의 다양화 관점에서 관여된 공적 기관으로 진화되고 있고, 등록형식으로서 아날로그적 지적공부는 등록형식의 디지털화에 따라 전산파일 혹은 정보시스템으로 변화되고 있다. 셋째, 등록실체로 토지소유권 및 기타 권리는 등록실체의 시간적 추론 관점에서 토지소유권 및 권리 등의 시간적 위상까지 고려한다. 넷째, 지적정의를 표현하는 지향성에 따라 과세목적의 수단지향성은 등록지향의 연계화 관점에서 활용목적의 목표지향성으로 진화되고 있고, IT기술의 발달 관점에서 토지정보의 Network는 토지정보 활용의 고도화에 따라 토지정보 상호교환으로 변화되고 있다.

2.6 지적정의의 재조명

지적정의는 지적 분야가 제도권 내 혹은 하나의 학문으로서 정착하는 과정에서 가장 중요하게 언급되고 있는 것으로, 각 국가의 환경 및 제도가 다르기 때문에 통일되고 표준화된 하나의 개념으로 정착하는 것은 매우 어렵다. 그러나 토지라는 객체를 대상으로 파생되는 여러 가지 활동 및 내용을 조사하고 연구하는 학문을 고려한다면 지적정의에 대한 공통되고 일반화 된 개념정착이 중요하다고 본다. 따라서 이하에서는 기존의 지적정의에 나타난 한계 및 주요 요소의 진화를 토대로 지적정의에 대하여 일반적이고 현대적 관점에서 재조명하고자 한다.

첫째, 지적정의의 모호성과 다양화를 해소하기 위한 지적정의의 표준화가 요구된다. 지적정의 표준화가 의미하는 것은 통일적이고 가이드라인의 성향을 갖고 최상의 정의라기보다는 최적의 정의를 모색하는 것이다. 이는 앞서 살펴본 지적정의의 모호성과 다양성에 대한 방향설정이고, 맹목적이고 획일적으로 인지도 높은 기관 및 학자의 정의에 따르는 것이 아니라 객관적이고 논리적인 사고에 기인하여 지적이 의미하는 것을 공식화하는 과정이라 할 수 있다.

둘째, 지적정의의 구성요소의 변화를 고려한 진화된 지적정의의 도출이 요구된다. 지적정의를 구성하는 요소로 토지, 필지, 등록, 공부, 국가, 권리 및 의무, 과세, 토지표시사항 등이 있으며, 이러한 요소들의 진화는 최근에 들어서 다소 확대 및 확장된 의미로 나타나고 있다. 따라서 구성요소들의 진화된 모습을 포함한 지적정의가 요구되고 있다. 즉 입체적 토지, 정보시스템 및 정보원천, 디지털 지적공부, 관여주체, 시간위상을 고려한 권리 및 의무, 목표지향, 활용의 고도화 등이 지적정의에 주요 구성요소로 자리 잡아야 한다는 것이다.

셋째, 시대 및 환경변화에 부합하는 지적정의를 모색해야 한다. 이전의 지적정의를 언급할 때와 현재의 가장 큰 차이는 세월의 흐름 속에 의미의 변화와 급속한 정보환경의 변화이다. 즉 이전에는 지적의 역할이 과세자료에 초점이 모아졌다면 최근에는 토지정보의 활용으로 바뀌고 있고, 아날로그 환경하의 지적에서 디지털 환경의 지적으로 진화되고 있다는 것이다. 따라서 지적정의의 재조명은 이러한 변화를 반영하여 접근해야 한다.

넷째, 지적정의의 자체에 내포된 동태적이고 실체적인 요소를 반영한 개념이 되어야 한다. 동태적이고 실체적인 요소는 정확한 자료조사 및 접근 수단에 결부되는 것으로 볼 수 있지만 이전에 언급된 지적정의에서는 이 부분을 상대적 배제하는 성향을 보이고 있다. 지적제도의 특성 중에 신속성과 정확성이 큰 비중을 점하고 있는 것을 고려한다면 토지현상에 대한 조사측량은 정확성 차원에서 매우 중요한 의미를 갖고 있다할 것이다.

다섯째, 지적정의의 지속성을 고려한 영속적이고 의미 있는 지적정의가 요구된다. 세월 속에 지적제도의 진화는 당연한 것으로 볼 때 현재의 지적정의가 대표성을 갖고 있다 할지라도 변화되는 미래에 의미가 없다면 좋은 정의로 볼 수 없을 것이다. 이는 지적정의를 구성하는 요소의 변화를 예측하고 끊임없이 변화하는 환경을 고려하여 요소들을 범주화할 수 있는 기준을 설정해야 한다는 것이다.

이상의 지적정의의 재조명을 토대로 볼 때 완벽하거나 통일된 개념은 사실상 실현하기 어렵지만 최상의 개념보다는 최적의 개념으로 설계해 볼 수 있다. 즉 "지적은 공적기관이 토지에서 파생되는 입체적 활동 및 현상을 조사하여 디지털 환경에 부합하는 공적장부에 등록한 토지정보원"이라 할 수 있다. 즉 등록주체로서 공적기관, 등록실체로서 입체적 활동(법적 권리 및 의무 관계), 등록객체 및 행위로서 입체적 토지현상 조사, 등록형식으로서 디지털 지적공부, 등록목적 및 활용으로서 토지정보원 등의 의미를 담고 있는 정의라는 것이다.

3 지적의 발생설

지적의 발생설은 지적에 관련된 어떤 사건이나 현상이 어느 곳에서 생겨나거나 나타나는지를 밝혀내는 것을 말하며, 주요 접근방법으로는 역사적 접근방법과 비교론적 접근방법을 적용하게 된다.

지적이 토지를 전제로 한 토지의 기록이라는 사실에 입각하여 지적의 발생을 Taxation Theory, Flood Control Theory, Rule Theory Aggression Theory로 나누어 검토하고자 한다.

3.1 과세설(Taxation Theory)

과세설은 기본적으로 국가가 과세를 목적으로 토지에 대한 각종 현상을 기록 · 관리하는 수단으로부터 출발했다고 보는 설을 의미한다. 정주생활에 따른 과세의 필요성에서 그 유래를 찾아 볼 수 있고, 역사학자들이 언급하고 있는 역사적 자료에서 그 근거를 유추해 볼 수 있다. 즉 이집트인들은 기원전 3,400년에 이미 과세목적의 측량이 시작되어 기원전 3,000년경에 지적기록이 존재하였다고 추론하고, 3세기 말에 Diocletian황제는 세제개혁에 필요한 정보를 얻기 위해 로마제국의 토지측량을 명령한 것으로 보았다(S. R. Simpson. 1976 : 111-112). 한편 그리스와 로마사람들은 주로 토지과세정책을 지원할 목적으로 정밀한 토지기록제도를 마련하였으며, 과세목적을 위해 토지를 측정하고 경계가 확정되었다. 수메르에서 발견된 기록에 따르면 토지과세기록과 마을지도, 대단위 토지도, 면적계산과 경계분쟁의 법정판결에 관한 내용을 보이고 있다(NRC, 1980 : 5). 과세설의 증거자료로는 Domesday Book(영국의 토지대장)과 신라의 장적문서(서원경 부근의 4개 촌락의 현 · 촌명 및 촌락의 영역, 호구수, 우마수, 토지의 종목 및 면적, 뽕나무, 백자목, 수자목의 수량을 기록) 등이 있다. Domesday Book은 1066년 해이스팅스 전투(battle of Hastings)에서 노르만족이 색슨족을 격퇴한 후 20년이 지난 1086년에 William 1세가 자기가 정복한 전 영국의 자원목록으로 국토를 조직적으로 작성하였다. 특히 Domesday Book의 등록내용으로는 토지소유자 성명, 면적(acreage), 경지(arable), 보유권(tenures), 초원(meadow), 목장과 임야토지의 이용(pasture and forest land use), 소작인의 수(number of tenants), 가축(livestock)의 유형과 수량 등이 있다(Gerhard Larsson, 1991 : 20).

Zoom in

둠즈데이 북(Domesday Book)

1. 의의 : 과세부과를 위한 地稅帳簿

2. 특징
   ① 윌리엄 1세가 자원목록으로 정리하기 전
   ② 덴마크 침략자들의 약탈을 피하기 위해
   ③ 지불되는 보호금인 데인겔트(Danegeld)를 모으기 위하여
   ④ 영국에서 사용되었던 과세용 지세장부

3. 등록사항
   ① 토지소유자 성명
   ② 면적, 경지, 보유권
   ③ 초원, 목장과 임야토지의 이용
   ④ 소작인의 수
   ⑤ 가축의 유형과 수량

3.2 치수설(Flood Control Theory)

치수설은 국가가 토지를 농업생산수단으로 이용하기 위하여 관개시설 등을 측량하고 기록 · 유지 · 관리하는 데서 비롯되었다고 보는 설을 의미한다. 즉 물을 다스려 보국안민을 이룬다는 데서 유래를 찾아볼 수 있고, 주로 4대강 유역이 치수설을 뒷받침하고 있다. 측량사는 기원전 5,000년으로부터 3,000년 사이에 나일강변의 이집트와 티그리스 · 유프라테스 하류 지역의 메소포타미아 지방에서부터 시작되었다. 메소포타미아지방에는 기원전 3,500년경부터 수메르인들이 정착하여 촌락이 형성되기 시작하였다. 수메르인들은 나일강 하류지역에 정착한 이집트인들이 그랬던 것처럼 해마다 되풀이되는 홍수로 생긴 늪지대를 간척해서 경지를 만들었다. 이집트인들은 제방 · 수로 등 토목공사나 홍수 뒤의 경지정리의 필요에서 삼각법에 의한 토지측량의 방법, 사면이나 지렛대를 이용하여 큰 물체를 운반하는 방법 등도 알아냈는데, 피라미드나 신전건축에 이용된 그들의 기하학이나 역할의 지식 등이 여기서 나온 것이다(최용규, 1990 : 137). 따라서 치수설의 근간은 관개시설에 의한 농업적 용도에서 물을 다스릴 수 있는 토목과 측량술의 발달에 있고, 이

는 농경지의 생산성에 대한 합리적인 과세목적에서 토지기록이 이루어지게 된 계기라 할 수 있다.

Zoom in

4대 문명발생지(4대강 유역)

1. 메소포타미아 문명 : Tigris · Euphrates 강 하류지역
2. 이집트문명 : Nile 강 유역
3. 황하문명 : 황하 강 유역
4. 인더스문명 : Indus 강 유역

3.3 지배설(Rule Theory)

지배설은 국가가 토지를 다스리기 위한 통치수단으로 토지에 대한 각종 현황을 관리하는데서 출발한다고 보는 설을 의미한다. 즉 영토의 보존과 통치수단에서 유래를 찾아볼 수 있고, 고대세계의 성립과 발전, 그리고 중세봉건사회와 근세의 절대왕정, 그리고 근대 시민사회의 성립 등에서 지배설을 뒷받침하고 있다. 나일강 유역에서는 기원전 3,000년대 초에 상 이집트와 하 이집트가 연합하여 통일왕국이 성립된 이후 페르시아에 의해 정복된 기원전 525년까지의 약 2,500년 동안에 고왕국, 중왕국, 신황국으로 구분되는 모두 26왕조가 교체되었다(민석홍 · 나종일, 1986 : 13-19). 이렇듯 고대세계의 성립과 발전, 그리고 중세봉건사회와 근세의 절대왕권, 근대시민사회의 성립과 오늘이 있기까지 인류의 역사는 토지쟁탈의 역사였다고 보아도 과언이 아닐 것이다. 한편 역사적 사실로 미루어볼 때 인류의 역사 이래 가장 먼저 있었을 것으로 추정되는 사안은 씨족공동체의 정착생활을 가능하게 한 지배설에 무게가 실린다고 판단된다.

3.4 지적발생설의 비교

지적의 발생은 미시적으로는 과세설에 기인하지만 거시적으로는 지배설에 귀착하게 된다. 즉 지배설은 신석기 인들의 촌락생활과 함께 상존한 영토의 확보와 무관하지 않다고 보

기 때문이다. 그러나 과세설은 신석기문화가 성숙된 이후부터 고대 그리스와 로마에서 토지의 사유가 있었다는 기록이 거의 없으며, 있었다 하더라도 당시의 토지소유자 형태가 원칙적으로 가족의 총유 내지 공동체 관리 하에 있었고 로마 멸망 이후 고대 게르만에게 사유의 기록을 보게 된다는 점에서 과세문제는 지배문제보다 훨씬 뒤에 있게 되는 역사적 사실임을 입증케 하고 있다. 한편 치수의 문제는 신석기시대가 상당히 진형된 이후 고대 문명의 발상지에서 비롯된 것으로 볼 때 지배의 문제보다는 이후의 일이지만 토지과세보다는 선행 형태인 고대인들의 생활지혜로 보아진다(최용규, 1990 : 167-171, 박순표 외, 1993 : 20). 한편 침략설[11]은 아직까지 발생설로 보기에는 무리가 있는 것으로 보는 견해가 지배적이다.

표 1-5 **지적발생설의 비교**

발생설	내 용
과세설	국가가 과세를 목적으로 토지에 대한 각종 현상을 기록·관리하는 수단으로부터 출발했다는 보는 설
치수설	국가가 토지를 농업생산수단으로 이용하기 위해서 관개시설 등을 측량하고 기록·유지·관리하는 데서 비롯되었다고 보는 설
지배설	국가가 토지를 다스리기 위한 통치수단으로 토지에 대한 각종현황을 관리하는 데서 출발한다고 보는 설
침략설	국가가 영토 확장 또는 침략상 우위를 확보하기 위해 상대국의 토지현황을 미리 조사·분석 연구하는데서 비롯되었다는 설

4 지적의 발달단계별 형태

지적의 발달단계별 형태는 주된 시행목적에 따라 구분할 수 있다. 즉 국가재정에 필요한 세금징수 목적을 위한 Fiscal Cadastre, 시장경제가 발전하여 소유권보호기능을 목적으로 하는 Legal Cadastre, 토지이용의 복잡화·다양화에 따른 Multi-purpose Cadastre로 구분된다. 그러나 학자에 따라서는 세지적과 법지적 사이에 경제지적, 법지적과 다목적지적 사이에 환경지적(Environmental Cadastre)을 포함하여 구분하고 있으므로(Bennett Cal Robert, 1986 : 22-44) 이들 모두를 검토하고자 한다.

11) 침략설은 영토를 확장하고 침략상 우위를 점하는데서 유래를 찾아볼 수 있다. 즉 열강들은 자신들의 영토 확장이나 이권을 위해 약소국가들을 침략하였는데 이를 위해서는 토지현황의 조사는 필수적이었다는 견해이다(이봉관, 1996 : 18-19).

4.1 세지적(Fiscal Cadastre)

세지적이란 토지에 대한 조세를 부과함에 있어서 그 세액을 결정함을 가장 큰 목적으로 개발된 지적제도로서 일명 과세지적이라고도 한다(원영희, 1990 : 39). 세지적은 국가 재정수입의 대부분을 토지세에 의존하던 농경시대에 개발된 최초의 지적제도로서 각 필지에 대한 세액을 정확하게 산정하기 위하여 면적본위로 운영되는 지적제도이다.

1720~1723년 사이에 이탈리아 밀라노의 지적도 제작 사업은 근대적 의미에서의 세지적을 확립하기 위한 최초의 노력중의 하나이다. 그 후 1807년에 프랑스의 나폴레옹 1세가 이룩한 지적제도도 이에 속한다(NRC, 1980 : 5). 유럽의 다른 많은 국가들도 나폴레옹 1세의 영향을 받아 이와 유사한 지적제도를 성립하였다. 세지적은 첫째로 평가된 모든 필지를 발견하고 감정하는데 필요하고, 둘째로 각 토지필지는 분류되고 그 가치가 결정되어야 하며, 셋째로 세금은 신뢰할 수 있는 소유권으로부터 받아 들여져야 한다는 세 가지 주요한 단계를 거쳐야 한다(박순표 외, 1993 : 23). 한편 세지적은 부동산의 공정하고 효율적인 평가를 위한 정보의 기반을 제공하는데 목적을 두고 있다(McLaughlin, 1975 : 71). 특히 세지적은 토지 자체의 평가 틀(framework)을 제공할 뿐만 아니라 토지의 정착물에 대한 완전하고 공정한 평가를 확립하기 위한 수단을 제공한다는 것이다.

4.2 경제지적(Economic Cadastre)

경제지적은 도시계획이나 농지개량사업의 기초가 되는 지적제도로서 유사지적이라고도 하며, 경제지적에서는 특히 지형과 지물에 중점을 두고 오히려 지적의 생명이라고 할 수 있는 일필지의 경계에는 그 다지 신경을 쓰지 않는 것이 특징이다(김갑수, 1988 : 30-32). 경제지적은 지적학 상 지적제도의 유형에는 들어갈 수 있지만 지적으로서의 역할을 거의 할 수 없는 것인만큼, 이것을 지적제도의 유형 속에 넣어서는 아니된다는 이론이 있을 정도로 지적제도 중에서 아주 특이한 존재이다(원영희, 1990 : 40). 즉 경제지적은 지적제도의 유형에 넣고 있지만 이와 같은 지적제도를 실지로 널리 채택하고 있는 국가는 거의 없으며, 우리나라에서 조차도 언급되고 있지 않은 실정이다.

4.3 법지적(Legal Cadastre)

법지적은 토지소유권을 보호하는데 주요목적이 있으며, 토지거래의 안전을 보장하기 위하여 권리관계를 보다 상세하게 기록하게 되며, 토지의 평가보다는 소유권의 한계설정과 경계복원의 가능성을 더욱 강조하게 된다. 즉 점차 시장경제체제로의 사회제도가 발전됨에 따라 토지에 대한 이용이 다양해지고 토지의 상품적 권리관계가 복잡하게 되어 지적의 개념이 토지소유권보호를 위한 기능으로 변화하게 된다(박순표 외 1993 : 24). 한편 법지적은 기본적으로 부동산거래에 관련된 부분에 현재 존재하는 보유권(tenure) 정리의 공시를 위하여 설계되었고, 정부에 거래규제의 수단을 제공하며 권리부여의 잠재적 문제를 해결하기 위하여 만들어졌다. 이러한 법지적은 기입원리(booking principle), 합의원리(agreement principle), 공개원리(publicity principle), 특별원리(speciality principle) 등 4가지의 일반적으로 인식된 속성(attributes)에 기반하고 있다(McLaughlin, 1975 : 71). 기입원리는 법적으로 이전되기 전에 토지의 권익(interest)은 지적공부에 등록되어야 한다는 것을 의미하고, 합의원리는 거래가 권익의 양도인과 양수인 사이에 정상적으로 인지된 합의에 기반 되어야만 한다는 것을 의미한다. 공개원리는 지적공부는 항시 일반인에게 공개되어야 한다는 것을 의미하고, 특별원리는 지적공부와 필지는 일정한 방식에 법적으로 상호관계가 있어야만 한다는 것을 의미한다. 또한 토지의 등록사항이 정확하지 못할 경우 발생하는 손해에 대하여 선의의 제3자를 보호하는데도 목적이 있다.

4.4 환경지적(Environmental Cadastre)

환경지적은 자료에 대한 지역적 기초(basis)를 제공하는 필지(cadastral parcel)와 더불어 자연적 · 인공적인 환경의 모든 속성을 포함하는 데이터베이스를 말한다(Bennett Cal Robert, 1986 : 38-39). 또한 환경지적은 일련의 서술자(descriptor) 자료요소로서 정의되고, 네트워크 다목적 토지데이터시스템(network multipurpose land data system)의 구성요소로서 세지적 · 법지적 · 환경지적의 내용이 중첩된다고 보았다(D. D. Moyer, 1979 : 21). 한편 인공현상으로는 물리적 구조, 토지의 자연형상으르는 수로(hydrography) · 초목(vegetation) · 토양(soil) 등이 있다. 그러나 최근의 견해는 환경지적을 무시하는 경향이 있으며 이는 다목적 지적의 출현에 따라 의미가 상실되는 것으로 볼 수 있다.

4.5 다목적지적(Multi-purpose Cadastre)

다목적지적은 토지에 관한 등록 자료의 용도가 다양해짐에 따라 많은 자료의 관리와 이를 신속하게 공급하기 위한 지적제도이다(박순표 외, 1993 : 24-25). 다목적지적은 토지에 관한 등록자료의 용도가 다양해짐에 따라 더 많은 자료의 관리와 이를 신속하고 정확하게 공급하기 위한 지적제도를 말한다. 사회가 발달하고 그 기능이 복잡하게 분화됨에 따라 토지에 대한 세금의 징수나 토지소유자를 보호하는 법적 측면에서 뿐만 아니라, 토지이용의 효율화를 위하여 토지에 관한 각종 정보관리가 필요하게 되어 토지 관련 정보의 종합적 기록유지와 공급을 해주는 종합적 토지정보시스템에 관련된다(NRC, 1980 : 13). 이 제도에는 토지소유권, 토지이용, 토지평가 그리고 토지자원관리에 관한 의사결정을 함에 있어서 필요로 하는 정보를 포함하게 된다. 이 제도는 막대한 등록 자료에 대하여 통계, 추정, 검증, 분석 등을 자유로이 할 수 있는 프로그램을 개발하여 컴퓨터 시스템으로 운용할 때 가능하다.

Zoom in

시설지적(utility cadastre)

시설지적(utility cadastre)은 상수도 · 하수도 · 전기 · 가스 · 전화 등 공공시설물(public utilities)을 집중 등록관리 하는 지적제도를 다목적지적과 구분하여 이르는 지적의 형태를 말한다.

4.6 세지적 · 법지적 · 다목적지적 비교

지적의 발달형태로서 일반적으로 인정되고 있는 세지적 · 법지적 · 다목적지적 등을 목적, 기본개념, 공시내용, 특징 등으로 구분하여 정리하면 다음과 같다.

표 1-6 **세지적 · 법지적 · 다목적지적 비교**

구분	세지적	법지적	다목적지적
목적	토지조세부과	토지소유권보호	토지의 다목적정보관리
기본개념	면적본위	위치본위	자료의 자동화 · 종합화
공시내용	사용권 토지표시사항 가격표시사항	사용권 토지표시사항 가격표시사항	사용권 토지표시사항 가격표시사항
		토지소유권표시사항 기타권리표시사항 토지에 대한 소득	토지소유권표시사항 기타권리표시사항 토지에 대한 소득
			토지이용현황 시설물자료 인구통계자료
특징	① 최초의 지적 ② 과세표준을 위한 지목과 면적파악	① 소유권보호 · 안전성 ② 토지분쟁 감소 ③ 토지시장 활성화 ④ 개선된 양도절차 ⑤ 신용도 제고 ⑥ 토지개혁용이	① 모든 정보는 토지기록과 관련됨 ② 토지정보의 효율적 이용 ③ 토지관리의 접근방법 제공
	토지세부과 자료	토지세부과 자료 공시기능 토지유통자료	토지세부과 자료 공시기능 토지유통자료 토지정책결정에 정보제공

SECTION 02

학문으로서의 지적교육

1 학문적 필요성 및 성격

지적제도의 발달과 더불어 지적학에 대한 학문적 체계화의 노력이 진행되어 왔다. 즉 초기에는 측지학(Geodesy)의 일부로서 발전되어 왔고 이후로는 토목학(Civil Engineering), 부동산학(Real Estate), 법학(Law) 특히 민법(Civil Law) 분야에서 부동산물권의 공시에 관한 법률관계로서 지적학을 연구하여 왔다. 따라서 현 시점에서는 독립된 지적학이 정립되어야 하고 지속적인 학문연구가 요구된다.

지적이론 발생을 목적과 의도, 이유와 합리성, 자기규제적 체제, 기능론적 입장에서 보면 이 이론은 발생초기에서보다 시간이 흐름에 따라 점점 토지의 종합용도의 정보체제로 보아 다분히 사회과학적 의도가 명백해진다. 그러나 지적이 전적으로 사회과학적 의미만을 띠는 학문으로 보기 어려운 것이 토지기록의 실제가 다분히 계량적 이론을 수반하는 것은 물론 수치화해야 하는 물리적 측면도 중요시되고 있기 때문이다. 따라서 지적학은 다른 주변학문의 지원을 받아 응용된 이론이 복합적으로 작용하는 종합응용사회과학으로 보아야 할 것이다.

2 지적학의 연구대상 및 범위

지적은 공적기관이 토지에서 파생되는 입체적 활동 및 현상을 조사하여 디지털 환경에 부합하는 공적장부에 등록한 토지정보원으로 볼 수 있다. 따라서 지적학의 연구대상은 지적이론의 구성부문이 되는 토지현상의 조사, 조사된 내용의 기록, 그리고 토지기록에 대한 관리와 운영으로 요약될 수 있다.

지적학은 토지를 대상으로 하는 학문이며, 토지의 지표, 지하, 공중을 그 연구범위로 한다. 따라서 지적학이 다루어야 할 학문영역으로는 조사이론과 기법, 법률, 행정, 경영, 경제, 정치, 사회, 부동산, 도시, 환경, 측량, 제도, 적산, 컴퓨터 등 다양한 인접학문의 배경적 협력 아래 토지와 관련되는 여러 영역에 확대되어야 하는 것이다.

3 지적교육의 환경변화

지적교육의 환경변화는 거시적인 차원에서 지적의 진화와 지적의 변화대상 연계체계로 구분하여 파악할 수 있다. 즉 지적의 진화는 지적제도의 발달, 측량사 능력 진화, IT기술의 진화, 토지행정의 발달 등 검토하고, 지적 변화대상 연계체계는 영역별 토지 관리의 성향을 나타내는 수단지향 · 공간지향 · 제도지향 · 목표지향으로 구분하여 살펴보고자 한다.

3.1 지적의 진화

지적의 환경변화는 시대적인 변천에 따라 지적의 진화, 측량사능력의 진화, 정보기술의 진화, 토지행정의 진화에 밀접한 관계를 갖고 있다. 지적의 진화는 봉건시대의 경우 과세부과에 토대를 두고 토지는 곧 부의 원천으로 보았으며, 이에 따라 패러다임은 토지평가와 과세에 치중하게 되었다. 산업혁명시기에는 소유권에 역점을 두고 토지를 상품으로 인식하였으며 이에 따라 패러다임은 토지시장에 모아지게 되었다. 전후(post war) 재건시기에는 토지 관리의 중요성에 역점을 두게 되어 토지를 부존자원으로 인식하고 지적에 대한 패러다임을 모색하게 되었다. 정보혁명시기에는 지적의 형태가 다목적(multi-purpose)으로 전환되면서 토지를 공유부존 자원으로 인식하게 되어 지속가능한 발전을 모색하게 되었으며 이에 따라 지속가능한 발전이 새로운 패러다임으로 부각되었다(Stig Enemark. 2001).

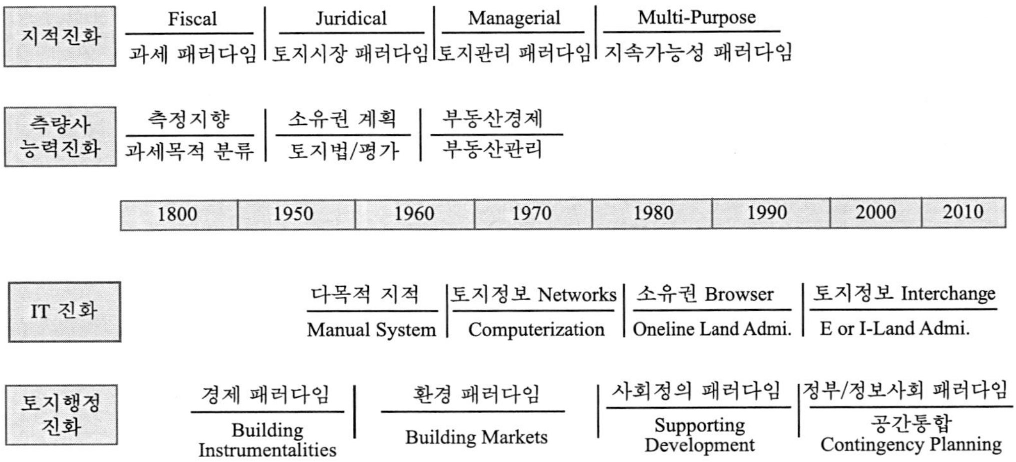

자료 : Hans Mattsson(2007), Stig Enemark(2001), Ian Williamson, Stig Enemark and Jude Wallace(2005), Ian Williamson(2005) 참고작성

그림 2-1 지적환경의 진화

토지측량사능력의 진화는 17세기 중반 측량사 본연의 역할인 측정(measurement) 중심으로 태동하여 국가 재정과 밀접한 과세목적에 따른 토지분류로 이어졌고, 18세기 중반에는 소유계획(planning of properties)으로 이어졌다. 이후 소유권에 대한 인식이 높아짐에 따라 토지법의 이해와 해석 그리고 토지평가를 수행할 수 있는 방향으로 진화되었고 1960년대 이후 부동산 경제 및 부동산관리를 수행할 수 있는 방향으로 진화되었다(Hans Mattsson, 2007).

정보기술의 진화는 1970년대 다목적 지적이 부상함에 따라 IT기술의 초점은 매뉴얼 체계에 집중되었고, 1980년을 전후하여 토지정보망(network)구축은 자연히 전산화기술에 연계되었다. 한편 1990년대에는 소유권브라우저(browser) 환경에 부합하는 온라인 토지행정 구현을 위한 기술이 요구되었고, 2000년대를 전후해서는 토지정보의 상호교환 환경에 부합하는 전자정부의 실현에 초점을 두고 기술이 진화되었다(Ian Williamson, 2005 : 27).

토지행정의 진화는 2차 세계대전 전후 토지행정의 패러다임은 기구구축에 따른 경제패러다임을 지향하였으며, 1975년 전후로는 환경이 부각됨에 따라 패러다임도 이에 편승하였고 이 시기에는 토지시장이 중심이 되었다. 한편 1990년대에는 사회적 정의에 부합하는 패러다임 변화 속에 지속가능한 개발지원이 중심이 되었고, 2000년대 이후에는 좋은 정부(governance)와 정보사회가 패러다임으로 보편화됨에 따라 공간통합에 맞는 부수적 계획(contingency planning)이 수반되었다(Ian Williamson et. al., 2005 : 9).

3.2 지적의 변화대상 연계체계

지적의 변화대상 연계체계는 절차적이고 방법론적인 수단과 실체적이고 결과 중심적인 목표, 제도의 정착화 정도로 표시되는 제도(system)와 관리차원의 범위에 관련된 공간의 중심성향에 따라 영역이 결정될 수 있고, 이러한 4개의 연계체계는 영역의 중심 성향에 따라 다양한 조합의 결과가 나타날 수 있다.

토지정보의 조사 · 측량 · 등록에 기반을 둔 수단지향의 영역은 지적측량(cadastral surveying)과 측지측량(geodetic surveying)을 포함하고, 효율적인 토지 관리와 소유권 보호에 기반을 둔 목표지향은 지적 · 등기관리와 해양지적을 포함하는 것으로 볼 수 있다. 한편 관리 및 보호제도에 기반을 둔 시스템 지향의 영역은 지적측량과 지적 · 등기관리를 포함하고, 관리의 범위 정도에 기반을 둔 공간지향의 영역은 일반측량과 해양지적을 포함하고 있다. 따라서 지적측량은 수단지향과 시스템지향의 성향을 보이는 영역에 존재하고, 측지측량은 수단지향과 공간지향의 성향을 보이는 영역에 존재하게 된다. 지적과 등기관리는 시스템지향과 목표지향의 성향을 보이는 영역에 존재하고, 해양지적은 목표지향과 공간지향의 성향을 보이는 영역에 존재하게 된다.

변화대상의 연계체계는 지적교육의 패러다임변화에 지대한 영향을 줄 수 있다. 즉 어떤 성향을 중심으로 지적교육이 이루어지는가에 따라 지적교육의 패러다임은 확연히 달라질

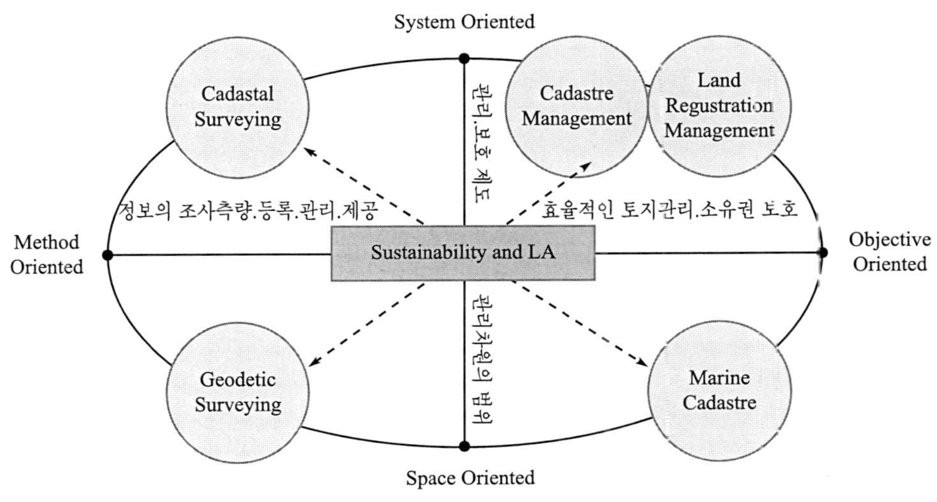

자료 : Lee Dong Hyun and Kim Young Hag(2008)

그림 2-2 지적의 변화대상 연계체계

수 있다는 것이다. 또한 바라보는 관점 및 접근의 방식에 따라 지적의 변화대상 연계체계는 다른 양상을 보일 수도 있고 다른 결과를 낳을 수도 있다. 다만 변화를 유발하는 중심축을 지적이 추구하는 방향 및 목적에 부합할 수 있도록 설정하였기에 지적의 환경변화를 설명할 수 있다고 판단된다.

4 지적교육의 패러다임 변화와 전망

지적교육의 패러다임[12]변화는 교육제도의 성격을 나타내는 학제의 성격, 각 변화 시기별 교육의 목표를 나타내는 교육의 지향성, 교육의 주체와 객체사이를 연결하는 매개체로서 기본적인 전제를 나타내는 매개체의 기반, 교육 매개체의 대상을 나타내는 매개체의

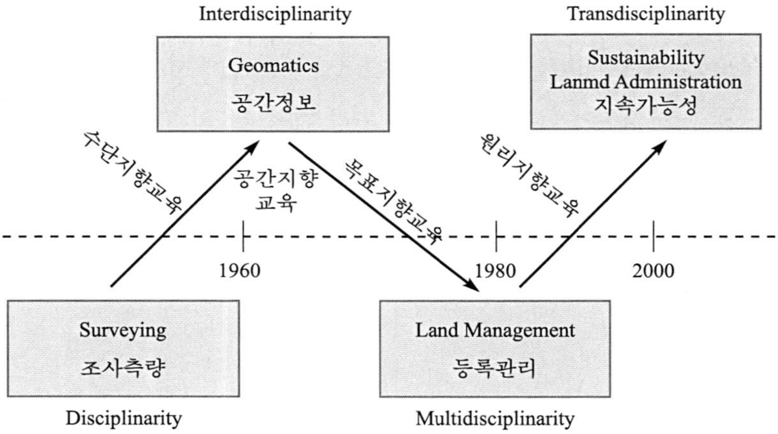

자료 : Klas Ernald Borges(2007), Paul van der Molen et al.(2006), Rahmi CELIK et al.(2006), Chris Lunnay(2006). 참고작성

그림 2-3 지적교육의 패러다임 변화과정

12) 패러다임(paradigm)이란 "특정한 시기에 누구나 인정하는 모범적인 사고의 틀", "공유된 가치관을 가진 과학적 공동체" 또는 "학문적 연구 분야"를 의미한다. 즉 사람들이 당연하게 받아들이는 기본 인식, 기본 관점이라고 할 수 있으며, 일단 하나의 패러다임이 성립하면 이를 기반으로 하여 많은 연구가 이루어져 하나의 학문체계, 즉 정상과학(normal science)이 형성되며, 시간이 지나면서 그런 패러다임으로 설명하기 어려운 변이현상(anomaly)이 속속 발견되면서 기존의 패러다임은 차츰 부정되고 경쟁적인 새로운 패러다임이 출현한다(Thomas. Kuhn, 1962., A. Mair, 1986 : 345-390).

내용 등을 검토하여 그 과정을 이해하고자 한다. 또한 이러한 지적교육의 패러다임 변화에 따른 향후 지적교육의 전망을 모색하고, 일련의 변화과정은 수단지향 교육패러다임, 공간지향 교육패러다임, 제도 및 목표지향 교육 패러다임 변화, 원리지향 교육패러다임 변화 등으로 구분하여 접근하고자 한다.

4.1 수단지향 교육 패러다임

수단지향 교육의 패러다임 변화는 전통적인 지적측량 교육에 중점을 두고 토지조사 및 측정에 부합하는 학제를 편제하는 것으로 볼 수 있다. 즉 국토의 기본 자료를 효율적으로 관리하기 위하여 토지의 소재, 지번, 지목, 면적, 경계 및 위치 등 토지에 관한 필요한 정보의 수집과 물권이 미치는 한계를 밝히는 지적측량에 기반을 둔 학제를 의미한다. 따라서 수단지향 교육의 패러다임 변화를 학제의 성격, 교육의 지향성, 교육 매개체의 기반, 매개체의 내용(교과 과정)에 따라 검토하면 다음과 같다.

첫째, 수단지향 교육제도는 전통적인 관점에서 측량(surveying)을 중심으로 한 단일 학제성(disciplinarity)을 띤다. 단일 학제성을 보이는 근본 이유는 교육의 주요 목적이 시대별 주요 이슈 및 환경에 부합하는 토지의 면적 및 경계, 정확한 과세의 부과, 지적제도 확립, 도시개발 등에 기반을 둔 것에 연유한 것으로 판단된다. 단일 학제성은 측량에 관련된 지식 및 정보를 획득하고 판단하는 능력배양을 통한 우수한 인력양성에 목적을 두고 있다(Harald Sternberg and Christoph Kerbs, 2008). 둘째, 지적측량에 기반을 둔 교육의 지향성은 수단(means) 및 방법(method)에 귀결된다. 교육의 지향성은 인과관계의 관점에서 절차적이고 방법론적인 중심의 수단지향성과와 실체적이고 결과 중심적인 목표지향성으로 구분할 수 있다(Lee Dong Hyun and Kim Young Hag, 2008). 따라서 측량에 기반을 둔 교육은 측량자체가 갖고 있는 절차적인 수단과 효율적인 측량방식 및 정확성 확보를 위한 선택의 방법에 대한 성향을 갖는다. 즉 토지에 관련된 정보를 보다 정확하게 조사 · 측량하고 조사된 내용을 효율적으로 지적공부에 등록하는 일련의 수단 및 방법에 중심축을 형성한다는 것이다. 셋째, 수단지향 교육의 매개체[13]는 주로 전통적 측량영역(traditional area of surveying), 지적영역(cadastral area), 기초경제영역(basic economic area) 등을 그 기

13) 교육성립의 3요소는 실천의 주도자로서 교육자 혹은 선생인 교육의 주체(the subject of education), 실천을 받는 대상으로서 피교육자 혹은 학생인 교육의 객체(the object of education), 교육의 주체와 객체가 상호 교섭할 수 있도록 연결해 주는 재료로서 교육의 매개체(the medium of education)를 의미한다(김윤섭, 2006 : 42).

반으로 하고 있다(Klas Ernald Borges, 2007). 즉 측량을 기반으로 한 수단지향 교육은 지적제도 발전에 따른 과세지적, 수평적 위치 및 면적 결정 중심의 전통적 지적측량, 조사내용을 공부에 등록하는 토지등록, 수단지향 교육에 요구되는 기초 경제 등을 교육매개체의 기반으로 적용하고 있다. 넷째, 수단지향 교육의 주요 교과과정은 교육매개체의 기반에 영향을 둔 수학 및 물리학, 토지 및 지적측량(평판 · 레벨 · 각 · 변측량), 측지학, 측지측량(geodetic surveying), 토지등록, 사진측량, 도면(mapping), 지도제작(cartography), 지적발전(cadastral development), 보상평가(assessment of compensation), 기초 토지법, 도시계획, 도시개발 등으로 구성된다(Glendon Newsome, 2006., Klas Ernald Borges, 2007., Annick Jaton and Yvan Bedard, 2006).

4.2 공간지향 교육패러다임

공간지향 교육의 패러다임 변화는 수단지향 교육패러다임을 포함하고 공간관리를 위한 공간자료구조(spatial data infrastructure)에 중점을 두고 공간정보의 구축 및 활용에 부합하는 학제를 편제하는 것으로 볼 수 있다. 즉 전통적 측량중심의 수단지향과 공간자료의 효과적인 수집, 관리, 접근, 전달 및 활용을 위하여 필수적인 공간자료구조에 기반을 둔 학제를 의미한다. 한편 지적 관점에서의 공간정보학(geomatics)은 공간자료를 분석하고 표시하며, 등록의 방법과 기법, 행정처리 등을 취급한다(Harald Sternberg and Christoph Krebs, 2008). 따라서 공간지향 교육의 패러다임 변화를 학제의 성격, 교육의 지향성, 교육매개체의 기반, 매개체의 내용(교과과정)에 따라 검토하면 다음과 같다.

첫째, 공간지향 교육제도는 전통적인 관점에서 측량(surveying)과 공간정보(spatial information)[14]를 중심으로 학제 간 성향(interdisciplinarity)을 띤다. 즉 창조적인 협력을 위한 전제조건으로서 인접 학문과의 이해 및 올바른 인식을 주요 쟁점으로 한다는 것이다. 이러한 학제 간 성향은 공간정보와 토지관리, 지적측량과 토지법, 토지관리와 경제 분야 간의 상호 연계 및 연구를 통한 교육의 질적 변화를 요구하게 된다. 둘째, 공간정보에 기반을 둔 교육의 지향성은 수단(means) 및 방법(method)과 관리차원의 범위에 연계된다. 교육의 지향성은 인과관계의 관점에서 절차적이고 방법론적인 중심의 수단지향성을 갖고 있고, 이와 더불어 공간관리 차원의 범위 확대 지향성을 갖고 있다. 따라서 측량

14) 공간정보(spatial information)는 지표, 지하, 지상의 토지 및 구조물의 지리적 위치, 높이, 형상, 범위를 나타내는 기하학 정보와 자연적 · 사회적 · 경제적 특성을 나타내는 속성정보를 구성된다.

자체가 갖고 있는 절차적인 수단과 효율적인 측량방식 및 정확성 확보를 위한 선택의 방법에 대한 성향과 지상 · 지표 · 지하의 토지 및 구조물에 대한 정보를 포괄하는 3차원 관리의 성향을 갖는다. 즉 일련의 수단과 방법에 관련된 중심축과 공간관리의 범위에 관련된 중심축을 형성하여 보다 광범위해지는 교육패러다임의 변화를 유발한다는 것이다. 셋째, 공간지향 교육의 매개체는 주로 기초과학(basic sciences), 인간과 사회과학(humanity and social sciences), 기초공학(fundamental engineering), 전문과 공학설계(professional and engineering design) 등을 그 기반으로 하고 있다(Rahmi CELIK et al., 2006). 즉 공간자료구조를 기반으로 한 공간지향 교육은 수리적인 관념, 인간의 활동성, 공간 기술 발달에 따른 기초 순응력, 정보기술 환경에 부합하는 전문성 등을 교육매개체의 기반으로 적용하고 있다. 넷째, 공간지향 교육의 주요 교과과정은 교육매개체의 기반영역에 따라 수학 및 물리학, 공간분석, 엔지니어 윤리, 언어, 부동산 법, 전산화, 컴퓨터 프로그램, 수치 이미지 처리, 측지, 사진측량, 측량기법, 지도제작, 원격탐사(remote sensing), 위성측량(GPS), 지적측량, 공간정보시스템(GIS · LIS · SIS) 등으로 구성된다(Annick Jaton and Yvan Bedard, 2006., Harald Sternberg and Christoph Krebs, 2008).

4.3 목표지향 교육패러다임

목표지향 교육의 패러다임 변화는 수단지향 교육패러다임 및 공간정보 교육패러다임을 포함하고 토지의 효율적인 관리 및 소유권보호에 중점을 두고 바람직한 토지관리 및 행정제도로서의 정착에 부합하는 학제를 편제하는 것으로 볼수 있다. 즉 전통적 측량중심의 수단지향과 공간정보중심의 공간지향뿐만 아니라 토지관리 정책을 집행하는데 있어 토지의 가치 및 이용, 소유권에 관한 결정 · 등록 · 정보제공 등의 과정에 기반을 둔 학제를 의미한다(UN-ECE, 1996). 한편 토지관리 또는 토지행정은 도시 및 시외 개발 목적을 위하여 토지의 관리에 사회적 · 경제적 · 기술적 원리를 통합하는데 도움이 되는 계획, 관리 및 행정 방법과 기법의 체계를 의미한다(Soun Sopha, Jan-Peter Mund and Vung Setha, 2006). 따라서 목표지향 교육의 패러다임 변화를 학제의 성격, 교육의 지향성, 교육 매개체의 기반, 매개체의 내용(교과과정)에 따라 검토하면 다음과 같다.

첫째, 목표지향 교육제도는 전통적인 관점에서 측량(surveying)과 공간정보(spatial information) 뿐만 아니라 효율적인 토지관리와 소유권보호를 목적으로 두고 이를 체계적으로 제도화하는데 중심을 둔 다 학제성(multidisciplinarity)을 띤다는 것이다. 즉 기존 토지관리 및 행정 분야가 전문화 · 다양화되는 반면 학문 간의 경계가 모호하거나 중첩되고 학제 간 연구가 활발해짐에 따라 학자들 간의 유기적 관계와 연구공동체형성이 이루어지고 있어 다 학제성을 나타내고 있다(최용규, 1991 : 176). 이러한 다 학제 성향은 기초과정, 전문가 과정, 법적 과정, 경제적 과정, 기타 과정 등으로 그룹화하여 종합적인 교육의 질적 변화를 요구하게 된다는 것이다. 둘째, 토지의 효율적인 관리와 소유권보호에 기반을 둔 체계적 제도로서 확립 및 정착에 중점을 둔 교육의 지향성은 제도(system) 및 목표(objective)에 연계된다는 것이다. 즉 교육의 지향성은 제도권 내에 얼마나 합리적이고 체계적인 제도로 운영되는지와 지적의 이상이라 할 수 있는 토지 관리와 소유권보호가 어느 정도로 이뤄지는지의 관점에서 제도 및 목표지향성을 보이게 된다. 따라서 지적관리 및 토지관리가 바람직한 방향으로 유도되기 위해서는 제도의 정착에 관련된 집중 성향이 요구되고, 토지 관리의 이상 실현을 위한 목표의 성취에 관련된 동태적인 성향을 보이게 된다. 즉 일련의 제도화 성향의 중심축과 목표 성취에 관련된 중심축이 형성되어 이전의 교육패러다임보다 더 광범위해지는 교육패러다임의 변화를 유발한다는 것이다. 셋째, 목표지향 교육의 매개체는 주로 과학적 차원(scientific aspects)과 전문적차원(professional aspects)을 그 기반으로 하고 있다. 과학적 차원은 개념 · 모델 · 방법론에 유용성을 두고 있고, 전문적 차원은 제도의 운영 · 관리 · 통치(governance)에 가치를 부여하고 있다(Paul van der Molen et al., 2006). 한편 다 학제성 관점에서 법적 트랙(legal track), 경제적 트랙(economic track), 기술적 트랙(technical track) 등을 기반으로 이루어지는 것으로 볼 수 있다. 즉 목표 및 제도의 성취 및 달성을 기반으로 한 목표지향 교육은 제도의 이해, 제도의 원활한 수행을 위한 지원 트랙, 개인의 역량강화를 위한 전문성 등을 교육매개체의 기반으로 적용하고 있다. 넷째, 목표지향 교육의 주요 교과과정은 교육매개체의 기반영역에 따라 토지법, 민법, 도시개발법, 토지평가 및 과세, 부동산투자이론 및 분석, 측량, 측지학, 지도제작, 토지이용계획, GIS, GPS, 공간정보학, 사진측량, 관리이론, 토지관리, 토지정책, 지적 및 토지정보시스템, 지리정보시스템, 정보관리, 원격탐사(remote sensing), 협상 및 의사소통 등으로 구성된다(Annick Jaton and Yvan Bedard, 2006).

이상의 토지관리 교육의 패러다임 변화과정을 수단지향 · 공간지향 · 목표지향 교육으로 구분하여 학제의 성격, 교육의 지향성, 교육의 매개체 기반, 교육의 매개체 주요 내용 등에 관하여 검토하였고, 이를 정리하면 다음과 같이 요약된다. 한편 지적교육의 패러다임 변화과정을 토대로 몇 가지 특이한 현상과 일정한 규칙성을 발견할 수 있어 향후 새로운 교육패러다임의 전망이 가능할 것으로 판단된다.

첫째, 학문연구 분야가 넓어지고 복잡해지는 경향을 보이고 있다. 초기의 학문분야는 단일 학제 중심인 반면 시기변천에 따라 학제 간 또는 다 학제의 성향을 보인다는 것이다. 둘째,

토지관리 교육이 지향하는 목표가 진화됨에 따라 중첩 및 종합화되는 경향이 있다. 초기의 방법과 수단 중심의 지향은 공간정보 중심의 지향에 편승되고 목표지향 중심의 지향은 수단 및 공간정보 중심의 지향을 포괄하는 경향이 보인다. 다만 이전의 지향성이 다소 완화되는 상태에서 종합화되는 성향을 나타낸다. 셋째, 교육매개체의 기본적인 전제로서 교육의 기반은 사회환경과 기술의 발달에 따라 영역별로 이동하는 경향을 보이고 있다. 각 교육의 패러다임 기반은 각 시대의 사회 환경 및 기술에 따라 전달하고자 하는 교육의 영역이 달라지며, 좀 더 고차원적인 기반을 추구한다는 것이다. 넷째, 교육매개체인 교과과목은 전문적이고 기술적인 성향과 논리적이고 관리적인 성향 간의 집중이 시기에 따라 달리 나타난다. 교육매개체의 내용은 초기에는 측량중심으로 편제되는 반면, 후속되는 교육의 매개체 내용은 공간에서 인간사회 및 제도관리에 관련된 내용으로 편제되는 성향을 보이고 있다는 것이다.

표 2-1 **지적교육의 패러다임 변화**

구분	수단지향 교육	공간지향 교육	목표지향 교육
학제의 성격	• 단일 학제 성향 (Disciplinarity)	• 학제 간 성향 (Interdisciplinarity)	• 다 학제 간 성향 (Multidisciplinarity)
교육의 지향성	• 수단과 방법 중심 (Means & Method)	• 수단과 방법 중심 (Means & Method)	• 수단과 방법 중심 (Means & Method)
		• 공간관리 차원 중심 (Spatial & Dimension)	• 공간관리 차원 중심 (Spatial & Dimension)
			• 제도 및 목표 중심 (System & Objective)
매개체 지반	• 전통적 측량 영역 • 수단지향 지적 영역 • 기초 경제 영역	• 기초과학 · 공학 영역 • 인간과 사회과학 영역 • 전문성 · 공학설계 영역	• 과학적 차원 영역 • 전문적 차원 영역 • 법 · 경제 · 기술적 영역
매개체 주요내용	• 수학 · 물리학 • 측지학 · 측지측량 • 지적측량 · 도면제작 • 사진측량 · 지도제작 • 지적제도 발전 • 보상평가 · 기초 토지법 • 도시계획 · 도시개발	• 수학 · 물리학 • 지적 · 측지 · 측량기법 • 전산 · 컴퓨터 프로그램 • 공간정보학 · 수치처리 • 사진측량 · 지도제작 • 원격탐사 · GPS • 공간정보시스템 · 분석 (GIS · LIS)	• 토지법 · 민법 · 개량법 • 지적 · 측지 · 측량기법 • 토지평가 · 조세 • 부동산투자론 · 분석 • GIS · GPS · RS • 공간정보학(GIS · LIS) • 토지관리 · 토지정책 • 협상 · 의사소통
기타 특성	• 세지적의 소산 • 지적측량 중심 학제 • 수단과 방법의 중심축	• 3차원 지적 추구 • 공간정보 중심 학제 • 수단 및 공간 중심축	• 법 지적 · 다목적 지적 • 토지관리 중심 학제 • 인과관계 · 제도 중심축

4.4 향후 지적 교육 패러다임 전망

지적의 새로운 교육 패러다임은 앞서 살펴본 교육 패러다임 진화의 연장선상에서 학제의 성격, 교육의 지향성, 매개체의 기반, 매개체의 주요 내용 등의 차원에서 언급할 수 있다. 특히 2000년대에 들어서면서부터 토지관리 분야에 적용되고 있는 지속가능성(sustainablity)[15]이 교육 패러다임 변화에 어떤 영향을 미치는지 같은 맥락에서 검토되어야 할 것이다.

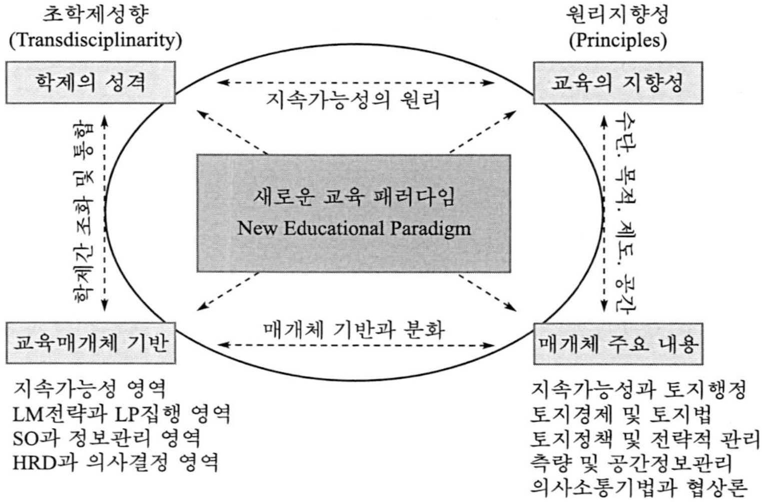

그림 2-4 지적의 새로운 교육 패러다임

첫째, 새로운 교육 패러다임에 부합하는 학제의 성격은 초 학제(transdisciplinarity) 또는 탈학제 성향을 보일 것이다. 즉 초 학제 성향은 급진적인 과학적 · 비과학적 전망과 사고의 다른 방법에 대하여 열린 마인드로 복잡한 과업의 성취에 이르도록 하는 것을 의미한다(Harald Sternberg and Christoph Krebs, 2008). 초 학제성 혹은 탈 학제성은 단일의 학문분야, 서로 다른 학문 분야 간 또는 서로 다른 학문 분야의 복합 등의 성향을 넘어서 토지관리 교육의 목적에 부합할 수 있는 동태적인 네트워크(dynamic network) 학제로 볼

15) 지속가능한 토지관리는 "미래 세대가 토지에 대한 그들 스스로의 필요성을 충족시킬 수 있도록 하는 능력을 저해하지 않으면서 다양한 집단의 이용자들이 정당하게 개발 및 관리하는 것"으로 지속 가능성의 목적은 토지소유자가 토지권리의 취득시기에 있어 토지소유자가 알고 있는 토지의 상태보다 더 나은 상태의 토지를 존속시키는데 있다(김영학, 2005 : 91-92., UN/FIG, 2001).

수 있다. 둘째, 새로운 교육 패러다임이 지향하는 성향은 원리(principles)에 입각한 개혁적이고 능동적인 지향성을 보일 것이다.

즉 교육이 지향하는 원리는 지속성 원리[16], 토지정책 원리, 토지행정 및 지적원리, 제도적 원리, 공간자료구조 원리, 기술적 원리, 인적자원개발과 능력 구축 원리 등을 언급할 수 있다(Ian P. Williamson, 2001 : 297-307). 셋째, 새로운 교육 패러다임의 교육매개체는 지속가능성, 토지관리 전략과 운영 그리고 정보관리 및 인적자원개발(human resource development)을 주요 기반으로 할 것이다. 지속가능성은 현세대가 활동의 장에서 향유하고 있는 편익을 다음 세대도 향유할 수 있도록 지속가능한 요인이 상호작용을 유도하고 있는지에 관련된 것으로 주로 토지관련 법규 및 관리에 기반을 두고 있다. 토지관리 전략과 운영은 전략적 접근과 안정적이고 효율적인 운영 및 집행에 기반을 두고 있고, 인적자원개발은 토지관리 주체의 능력과 전문성 및 의사소통에 기반을 두고 있다. 넷째, 새로운 교육 패러다임의 교육매개체 주요 내용은 매개체의 기반에 따라 지속가능성과 토지행정, 토지경제 및 토지법, 토지정책 및 전략적 관리, 측량 및 공간정보관리, 의사소통기법과 협상 등이 해당될 것이다(Arve Leikness, 2008., David Mitchell and Stig Enemark, 2008., Varazdat Hovhannishan and Sargis Stepanyan, 2008., Hans Mattsson, 2007). 물론 이전의 패러다임에서 언급된 주요 매개체의 내용을 포함하는 교과과정이 되어야 하고, 다만 사회의 변화 및 기술의 발달, 경제적 성장을 고려한 교과과목이 편성되어야 할 것이다.

5 지적학의 접근방법

5.1 접근방법(approach method)의 의의

접근방법은 연구대상을 보는 관점이나 대상을 연구하는데 제기할 문제와 검토할 자료를 선택하는 기준을 의미하는 것으로(Veron Van Dyke, 1960 : 34) 연구자의 연구방향을 정하

16) 지속성 원리는 실제 및 전망 차원에서 검토할 수 있다. 지속가능한 발전을 위한 토지관리 실제는 토지관리 지속성, 토지용도의 생태성, 토지관리 형평성, 토지관리 효율성 등에 적용할 수 있다. 한편 토지관리 전망은 토지소유체계, 토지가치체계, 토지이용체계, 토지의 과학적 관리체계 등에서 실마리를 찾을 수 있다(김영학, 2005 : 88-111).

여 주는 문제와 자료의 선정 및 판단기준이라 할 수 있다. 일반적으로 사회현상을 연구하는 목적은 여러 가지가 있을 수 있으나 연구결과로써 얻어지는 새로운 이론과 지식을 통해서 사회의 제 현상을 이해하고 설명할 수 있으며, 더 나아가 이를 인간이 통제할 수 있도록 조정하는데 의의를 두고 있다(박동서, 1994 : 120), 따라서 이러한 연구목적을 달성하기 위하여 가장 효율적인 방법론을 선택하기 위하여 연구자들이 지속적인 노력을 경주하는 것이다. 한편 지적 관련 연구에 있어서 어떠한 접근방법을 선정할 것인지는 연구자의 주관적인 가치 및 입장[17]에 따라서 다르게 나타난다.

일반적으로 지적 관련 연구에서 연구자들이 따르고 있는 접근방법은 인문사회과학의 접근 방법과 대체로 일치하며, 지적학이 인접사회과학 학문 간의 교류가 긴밀한 만큼 그 접근방법도 다양하다고 볼 수 있다. 이러한 접근방법은 상호 배타적인 것은 아니며, 전적으로 한 가지 방법만을 선택하고 따르는 경우는 드물고, 일정한 방법을 따르면서 다른 방법이 병용되고 있다. 즉 복잡한 사회현실을 종합적이고 포괄적으로 인식하기 위해서는 다원적 접근방법이 요구 된다(김규정, 2001 : 68, 박동서, 1998 : 118, 김재기, 2001 : 56). 하나의 접근방법을 전체의 진리로서 설명할 수 없으며, 또한 경험세계에 관한 연구자 자신의 이해를 진리 자체로서 볼 수도 없는 것이다(L. Vaughn Blankenship, 1971 : 208).

결국 지적행정 연구의 접근방법(approach method)은 지적현상(what)을 어떠한 관점(how)에서 접근하고 설명할 것인지를 선택하고 판단하는 기준이라 할 수 있다. 즉 연구목적을 최상으로 달성할 수 있는 논리적이고 합리적인 접근수단으로 볼 수 있다.

5.2 접근방법의 유형

접근방법의 유형은 구분실익을 나타내는 기준, 연구대상의 분야, 연구자의 관점 등에 따라 다양하게 구분되고 있다. 특히 유형분류의 기준으로서 연구의 유용성을 토대로 구분하는 사례가 대다수를 보이고 있다. 즉 접근방법의 유형은 다양하게 제시되고 있으나 연구자의 입장에 따라 그 중 가장 큰 도움을 준다고 생각되는 유용성을 적용하고 있다. 여기서는 행정학 및 지적학 관점에서 연구를 수행함에 따라 많은 연구자들이 유용성을 인정하여온 접근방법들을 중심으로 검토하고자 한다.

첫째, 연구의 유용성을 기반으로 한 접근방법의 유형이다(최용규, 1991 : 181-185., 오석홍,

17) 연구자들은 그들의 입장, 주관, 전공, 선호 등에 따라 개인, 집단, 체제, 역할, 기능, 구조, 문화, 정보, 과정, 결정 등을 중심으로 고찰하게 되므로 초보자에게 혼동을 일으키게 할 정도로 다양성을 띠고 있다.(Don Allensworth, 1973 : 177).

1995 : 45-47., 김규정, 2001 : 67-83., 김재기, 2001 : 56-73., Marshall E. Dimock, 1936 : 6-12., John M. Pfiffner and Robert Presthus, 1967 : 9-15). 연구의 유용성에 의거한 접근방법은 제도적 접근방법, 역사적 접근방법, 기능적 접근방법, 행태론적 접근방법, 비교론적 접근방법, 사업 중심적 접근방법, 구조적 접근방법, 과정적 접근방법, 종합적 접근방법, 체제론적 접근방법, 법률적 접근방법, 현상학적 접근방법 등이 해당된다. 둘째, 행정학의 발달에 따른 접근방법의 유형이다(백완기, 2001 : 17-47., D. Rosenbloom, 1989). 행정학의 발달 및 계보[18]에 의거한 접근방법은 전통적 접근방법, 사회심리학적 접근방법, 행태론적 접근방법, 생태론적 접근방법, 현상학적 접근방법, 경제학적 접근방법, 관리학적 접근방법, 정치학적 접근방법, 법률적 접근방법 등이 해당된다. 셋째, 연구의 관점 및 시각에 따른 접근방법의 유형이다. 연구자의 관점 및 시각에 의거한 접근방법은 미시적 접근방법, 거시적 접근방법, 정태적 접근방법, 동태적 접근방법 등이 해당된다. 넷째, 연구의 준거 틀에 따른 접근방법의 유형이다. 행정학의 준거 틀에 의거한 접근방법은 체제적 접근 방법, 행동론적 접근방법, 상황 조건론적 접근방법, 정책학적 접근방법, 의사결정론적 접근방법 등이 있다.

이러한 접근방법의 유형 이외에 전통적 방법과 현대적 방법으로 구분하고 전자는 기술적 접근방법과 기능적 접근방법으로, 후자는 형태론적 접근방법과 생태론적 접근방법으로 구분하는 견해(신두범, 1997 : 39-52), 관찰대상의 내용적 측면에 따라 행태론 · 체제론 · 생태론적 접근 방법으로 구분하는 견해(신상준, 1998 : 45-50) 등이 있다. 한편 행정학의 계보 및 발달과 접근방법의 연계로 관리주의에서 취급하는 전통적 접근방법, 인간주의에서 취급하는 사회심리학적 접근방법, 행태주의에서 취급하는 행태론적 접근방법, 발전주의에서 취급하는 생태론적 접근방법(환경론적 접근방법), 가치주의에서 취급하는 현상학적 접근방법, 공공선택론에서 취급하는 경제학적 접근방법 등을 언급할 수 있다.

5.3 지적학 연구의 접근방법

연구의 접근방법은 연구의 방향을 정하여 주는 "문제와 자료의 선정기준"으로서, 관심대상을 "어떤 시각에서 분석할 것인가"를 결정짓는 것을 말한다(정용덕, 2001 : 171). 이러한

18) 행정학의 계보 및 발전은 행정의 가치중립성과 기계적 능률을 핵심으로 하는 관리주의 사회 · 심리적 욕구를 강조하는 인간주의, 과학성을 강조하는 행태주의, 후진국의 행정문제 및 발전을 강조하는 발전주의, 행정학의 실용성과 현실적합성을 중시하는 가치주의, 경제적 희소성을 띤 공공재와 공공영역을 중요시하는 공공선택이론 등으로 설명되고 있다(백완기, 2001 : 17-47).

접근방법은 분류기준 및 학자에 따라 다양하게 구분하고 있으나 연구의 방법, 연구의 초점, 연구의 유용성에 따라 검토해 볼 수 있다.

표 2-2 **연구접근방법의 유형**

연구자	유형분류기준	유형 분류	비고
조석준(1992)	준거의 틀	체계적 · 행동론적 · 상황 조건론적 · 정책학적 · 의사 결정론적 접근방법	5가지
최용규(1988)	연구의 유용성	역사적 · 경제적 · 행태론적 · 법률적 · 비교론적 · 체제론적 접근방법	6가지
오석홍(1995)	연구의 유용성	사업중심적 · 구조적 · 과정적 · 행태론적 · 종합적 접근방법	5가지
김규정(2001) 김제기(2001)	연구의 유용성	행태론적 · 체계론적 · 생태론적 · 공공선택론적 · 현상학적 · 비판론적 접근방법	6가지
백완기(2000)	행정학의 발달	전통적 · 사회심리학적 · 행태론적 · 생태론적 · 현상학적 · 경제학적 접근방법	6가지
박동서(2001)	연구의 관점 및 시각	미시적 · 거시적 접근 · 정태적 접근 · 동태적 접근	3가지
Rosenbloom (1989)	행정학의 발달	관리적 접근방법 · 정치적 접근방법 · 법률적 접근방법	3가지
Dimock (1936)	행정학의 발달 연구의 유용성	법률적 · 제도론적 · 실제적 · 합리적 · 분석적 · 기구적 접근방법	5가지
Pfifner & Presthus (1967)	행정학의 발달 연구의 유용성	법적 · 역사적, 구조적 · 기술적, 행태론적 접근방법	3가지

첫째, 연구의 방법에 따른 접근방법은 서술적 접근방법, 계량적 접근방법으로 대별할 수 있다(이병렬 · 박기관, 2002 : 27). 서술적 접근방법 또는 비계량적 접근방법은 주로 문헌연구, 역사적 연구, 법 · 제도적 연구 등에 적용되고, 계량적 접근방법은 설문이나 면접의 자료를 기초로 통계적 방법을 이용하여 변수간 관계를 도출하거나 가설 또는 이론검증을 하는 연구에 적용된다. 둘째, 연구의 초점에 따른 접근방법은 경험적 · 실증적 접근방법과 규범적 · 처방전 접근방법으로 구분된다(박성복 · 이종렬, 2001 : 96-98). 경험적 · 실증적 접근방법은 현상의 사실적 측면을 연구대상으로 삼는 방법으로 지식은 관찰과 경험에 토대로 두고 있다. 규범적 접근방법은 현상의 가치적 측면을 연구대상으로 하고, 당위의 세계를 대상으로 이상적인 현상을 탐구하고 실현하는 가치판단적인 접근을 말한다. 처방적 접근방법은 경험적 · 실증적 접근을 통해 얻은 지식과 규범적 접근을 통해 얻은 지식으로부터 현실적인 처방에 관한 응용적 지식을 연구하는 방법을 의미한다.

표 2-3 **지적학 연구의 유용성이 따른 접근방법 유형**

구 분	접근방법의 주 내용	비 고
역사적 접근방법 (Historical Approach)	• 현재와 과거의 사건이 여러 태도로 상호연관성을 찾음. 즉 역사를 통하여 지적행정을 바라보는 관점	지적 정보화과정 지적공부의 변천
법제도적 접근방법 (Legalistic Approach)	• 제도적 접근(institutional approach)이라고 하며, 법적인 관점에서 접근하는 방식	지적공시제도 법적 해석 및 통합
행태론적 접근방법 (Behavioral Approach)	• 인간적 요인에 초점을 두고 지적 현상을 분석 • 조직이나 개인의 형태를 과학적 · 체계적으로 관찰 · 연구 · 검증 • 인간행태 일반화, 분석과 사실 진술의 계량화, 의사 결정과정, 가치와 사실의 분리, 행정문화의 중시, 협동과학 등의 특색	지적민원서비스 지적의 주민참여
생태론적 접근방법 (Ecological Approach)	• 행정을 하나의 유기체로 파악하고 행정과 환경간의 상호작용에 초점을 두는 방식	지속가능성 환경의 상호작용
체제론적 접근방법 (Systematic Approach)	• 체제라는 개념을 기반으로 연구 대상이나 해결해야 할 문제에 접근하는 방식 • 상호의존성 · 관련성 · 질서 · 통일성 등에 밀접	지적현상의 포괄성 지적현상의 동태성
비교론적 접근방법 (Comparative Approach)	• 파악하려는 대상자간의 유사성과 차이점을 확인하여 개념 정립 및 일반 이론의 형성	비교요인의 유사성 비교요인의 차이점
현상학적 접근방법 (Phenomenological Approach)	• 현상의 본래적 의도와 그 의미까지도 이해하고 파악하려는 접근	주민의식 수준 지적측량사 정확도

셋째, 연구의 유용성에 따른 접근방법은 역사적 · 법률적 · 행태론적 · 생태론적 · 체제적 · 비교론적 · 현상학적 접근방법 등으로 구분된다. 역사적 접근방법은 현재와 과거의 사건이 여러 태도로 상호연관성을 모색하는데 중점을 두고, 법률적 접근방법은 법적인 관점에서 접근을 하며, 행태론적 접근방법은 인간적 요인에 초점을 두고 현상을 분석하는 방법을 의미한다. 생태론적 접근방법은 행정과 환경간의 상호작용에 초점을 두는 방식을 의미하고, 체제적 접근방법은 체제라는 개념을 기반으로 대상이나 해결해야 할 문제에 접근하는 방식을 말한다.

한편 비교론적 접근방법은 비교대상자간의 유사성과 차이점을 확인하여 개념 정립 및 이론을 형성하고, 현상학적 접근방법은 현상의 본래적 의도와 그 의미까지 이해하고 파악하려는 접근방식을 말한다.

SECTION 03 지적의 원리 · 성격 · 기능

1 (현대)지적의 원리

지적의 원리(Principles)란 지적활동(Cadastral Activity)에 따른 현상을 성립시키는 기본 법칙이 되어 있는 것을 말한다. 일반적으로 원리로서 적용하는 것으로는 공기능성(Publicness), 민주성(Democracy), 능률성(Efficiency), 정확성(Accuracy), 형평성(Equality), 효과성(Effectiveness), 합법성(Legality), 중립성(Neutrality), 전문성(Professionality), 합리성(Rationality), 안정성(Stability), 합목적성(Objectivity) 등이 있으며(최용규외, 1987 : 5-6., 박순표외, 1993 : 46-51., 정세욱, 1984 : 29., G. T. Mclau, 1984 : 33., H. Wirte, 1984 : 115., P. F. Dale, 1983 : 702) 이중에서 지적의 원리로서 받아들여지는 공기능성, 민주성, 능률성, 정확성 등을 검토하면 다음과 같다.

1.1 공기능성(Publicness)

공기능성은 어떤 집단 속에서 대다수의 개인에게 공통되는 이해 또는 목적을 가지는 것으로서 지적활동에 대한 정보의 입수는 이권이나 특혜의 대상이 되기 때문에 지적사항을 필요로 하는 모든 이에게 알려야 한다는 것이다. 공공성은 공공적 일반성을 가진 불특정 다수의 이익추구이므로 특정계급과 신분에 속하는 특수이익이 아니며, 공공성을 결여한 이익의 단순한 총합도 아니다. 그러므로 지적은 최초부터 세금부과를 위한 공적장부였으며, 양안에 기록되는 양전의 내용도 사적일 수 없었다. 지적제도가 전개되어 온 과거로부터 현재의 법지적도 사적이익이라는 개별적 추구를 공적 입장에서 보호하자는 조화에 바탕을 둔다(최용규, 1988 : 177). 이러한 공기능성의 원리에 부합하는 것으로 지적국정주의와 지적공개주의가 대표적이라 할 수 있다.

1.2 민주성(Democracy)

민주성은 제도의 운영주체와 객체가 내적인 면에서 행정의 인간화가 이루어지고 외적인 면에서 주민의 뜻이 반영되는 행정이라 할 수 있다. 지적행정에 있어 주민의 의사와 요망의 소중함을 인식하고 지적행정 혹은 지적정책과정에 주민들을 참여시키며, 주민전체를 위하여 성실히 봉사하고 주민에 대한 행정책임이 보장되는 상태를 의미한다(김영학, 2006 : 19). 지적행정의 민주성은 대외적으로 국민과의 관계뿐만 아니라 대내적으로 행정조직 내에서도 확립되어야 하며, 조직인본주의의 중요성이 강조된다. 이러한 민주성의 원리를 확보하기 위한 절차 및 제도로서는 주민의 지적행정참여, 지적행정정보공개, 사회적 형평성, 지적행정책임과 통제, 공공선택, 고객중심의 행정 등이 있다. 즉 민주성의 원리는 분권화(decentralization), 주민참여의 보장, 책임성(accountability), 공개성 등이 수반되어야 한다는 것이다.

Zoom in

지적공무원이 질 책임의 종류

① 회계책임(fiscal accountability)
② 법적책임(legal accountability)
③ 프로그램수행 책임(program accountability)
④ 절차책임(process accountability)
⑤ 결과에 대한 책임(outcome accountability)

1.3 능률성(Efficiency)

능률성은 투입과 산출의 비율, 즉 투입된 노동력, 자본, 에너지, 원자재 등과 그에 대하여 얻어진 재화와 용역 등과의 합리적 비율을 의미한다. 즉 일정한 산출을 위하여 제공된 노력 · 시간 · 비용 등의 투입에 대한 일정한 투입에 의하여 얻어진 성과 · 소득 · 편익 등의 산출 비율을 말한다. 지적행정의 능률성은 실무활동과 이론개발 및 그 전달과정의 능률성으로 나누어 생각할 수 있다. 전자는 토지현상을 조사하여 지적공부를 만드는데 따르는 능률성이고, 후자는 주어진 여건과 실행과정의 개선을 의미한다(박순표 외, 1993 : 48). 지적활동을 능률화한다는 것은 지적문제의 해소를 뜻하며, 나아가서 지적활동의 과학화, 기술화 내지는 합리화, 근대화를 의미한다.

1.4 정확성(Accuracy)

토지정보를 등록 · 관리하는 지적은 사회과학적 방법과 자연과학적 방법이 함께 접근되어야 하는 어려움을 안고 있다(박순표 외, 1993 : 50). 정확성은 조사항목에 대한 정확한 정도를 나타내는 것으로 지적활동의 정확도는 크게 토지현황조사, 기록과 도면, 관리와 운영의 정확한 정도를 말한다. 즉 토지현황조사의 정확성은 일필지조사, 기록과 도면의 정확성은 측량의 정확도, 관리 · 운영의 정확성은 지적조직의 업무분화의 정확도에 관련된다. 특히 토지현황조사는 일필지 조사에 관계되며, 조사내용으로 토지현황과 이동 토지 관계, 토지소유권, 분할 · 합병, 지목, 경계, 지번, 신규 등록 토지, 현장 확인 불능 토지, 멸실 토지조사 등이 해당되며, 때에 따라서는 가격조사 및 토양조사도 병행하게 된다.

이상 지적의 원리를 공기능 · 민주성 · 능률성 · 정확성의 원리로 구분하여 주요 내용 및 지적활동 중심으로 정리하면 다음과 같다.

표 3-1 **공기능 · 민주성 · 능률성 · 정확성의 원리 비교**

원리	주요 내용	비고
공기능의 원리	지적은 국가가 국토에 대한 상황을 국민다수의 이익을 추구하기 위하여 기록 · 공시하는 국가의 공공업무이며 고유사무이다.	지적국정주의 지적공개주의
민주성의 원리	국가가 지적활동의 주체로서 업무를 추진하지만 최후의 목표는 국민의 욕구충족에 기인하려는 특성을 가진다는 것이다.	주민참여 행정책임
능률성의 원리	지적은 토지에 대한 인간활동을 효율화하기 위한 것을 대전제로 하며 여기에는 기술적측면의 효율성이 포함된다.	지적의 능률성 지적의 과학화 지적의 합리화
정확성의 원리	지적은 세수원으로서 각종 정책의 기초자료로서 신속하고 정확한 현황유지를 생명으로 하고 있다.	지적불부합과 상반

2 (현대)지적의 성격

성격(character)이란 어떤 사물이나 현상이 자체로 지니고 있는 성질을 말하는 것으로서 지적의 성격은 역사성과 영구성, 반복적 민원성, 전문성과 기술성, 서비스성과 윤리성, 정보원 등이 있다. 다만 학자에 따라서는 지적의 특성 혹은 특징으로 다소 다른 견해를 보일 수 있으나 일반적으로 받아들이고 있는 성격을 검토하고자 한다.

2.1 역사성과 영구성(History & Permanence)

지적의 진화는 티그리스·유프라티스 그리고 나일강가의 농경지에서부터 출발하였고, 이집트 역사학자들에 의하면 기원전 3,400년에 이미 측량이 시작되었으며, 기원전 3,000년경에 지적기록이 존재한 것으로 보고 있다(S. R. Simpson, 1976 : 111). 또한 근대적 지적개념으로 받아들이게 되는 18~19세기 유럽인 등의 토지과세는 중농주의 학자들에 의해서 토지가 모든 부의 원천이며, 공동체유지를 위한 수입은 토지과세로부터 획득되어야 한다는 견해를 보이고 있다. 역사성과 영구성은, 지적이 세지적, 법지적, 다목적지적으로 발달되고 지적사항이 인간의 뜻에 따라 가변적이기는 하지만 일단 정해진 기록은 영구히 존속된다는 것에서 의미를 찾을 수 있다(박순표 외, 1993 : 52). 즉 토지가 자연물로서 영속성을 지니고 있으므로 지적 또한 영구적이 아닐 수 없는 것이다.

2.2 반복적 민원성(Repeated civil application)

토지등록업무는 토지등록을 하기 위한 업무와 토지등록 후의 관리업무로 구분할 수 있으나 시·군·구의 지적업무는 민원성을 띤다는 것이다. 민원사무 혹은 민원업무는 모든 국민이 법률이 정하는 바에 따라 국가기관에 문서로 청원할 권리라는 청원권의 구체적 표현이라 할 수 있다(박순표 외 1993 : 53). 반복적 민원성은 대체로 지적공부의 열람과 등본, 지적공부소유권득실변경, 토지이용계획확인원의 발급, 토지이동의 신청접수 및 정리, 등록사항정정신청 및 정리 등에서 찾아볼 수 있으며, 지적업무는 민원업무가 주종을 이루고 지속되는 반복성을 띤다.

2.3 전문성과 기술성(Profession & Technique)

전문성은 토지에 관한 인간의 필요정보를 정확하게 제한된 지면에 기록하고 도화하는 과정에서 필요하고, 지적이 지적측량을 기초로 하므로 기술성을 요하게 된다. 즉 지적측량을 일반측량과 구별하는 가장 중요한 이유가 바로 토지 관리의 효율화와 소유권 보호를 전제로 하여 지적공부를 관장하는데 있다 할 것이다(최용규, 1988 : 183). 또한 지적공부의 관리는 필지별로 토지의 필요요소를 형식에 맞추어 설정하고, 토지이동에 따라 그 변화상을 조정하는 것이다. 한편 현대지적은 숙련·기교로 표현되는 기술성을 보이고, 지적이 토지의 현상을 조사하여 지면에 사실을 그대로 옮겨놓는 작업이라 할 때 지역의 형상을 도화하는 것은 고도의 기술을 요하는 일련의 작업이 되는 것이다.

2.4 서비스성과 윤리성(Service & Ethics)

서비스성은 지적민원의 증가현상에 따라 양질의 서비스가 요구되고, 토지의 중요성과 함께 공공정책으로서 큰 비중을 갖는 만큼 윤리성이 요구된다. 민원업무의 적극적인 차원인 지적민원의 현장처리는 오지 읍·면의 장날 등을 선정 순회하여 상당·접수 처리함으로써 대민봉사 행정구현과 적극적인 민원처리로 행정서비스를 제공하고 있다. 즉 지적법규 및 부동산실명제 상당, 지적관계 민원접수·처리, 건축물대장업무 및 접수처리, 토지관리업무 상당 및 접수처리, 지적측량민원접수 상담 및 접수·시행, 주민건의 및 고정민원 사항 등에 관하여 서비스를 제공하고 있다(김영학, 2006 : 11). 한편 윤리성은 지적공무원의 책임성·민주성·성실성·정직성과 상호·관련되고 복무규율에 있어 지적공무원의 청렴성, 도덕적 자질과 윤리적 행위 등이 강조된다. 특히 산업화와 도시화에 따른 고밀도 토지이용은 토지표시사항과 권리관계에 있어 이해 당사자의 득실이 발생할 수 있으므로 공익차원에서 윤리성이 강조되는 것이다.

2.5 정보원(Source of Information)

정보의 가치란 정보가 인간의 행동에 어떻게 동기를 부여하고 효과적인 정책에 어떻게 기여하는가에 의해 결정된다. 정보의 가치는 의사결정 이론의 관점에서 정보 가치와 의사결정과 관련되어 있지 않지만 정보의 가치를 인정할 수 있는 분야로 구분하여 활용할 수도 있으며, 경제적 재화로서의 가치와 수단 및 중간재로서의 가치로 나누어 볼 수 있다. 이를 토대로 지적행정정보 가치유형을 상업적 가치, 정보의 사적가치, 정보의 공적가치로 구분할 수 있다(하미승, 1996 : 113, 김태영 · 김영학, 2000 : 7-8).

첫째, 지적행정정보의 상업적 가치이다. 정보는 경제재로서의 특성 때문에 재화로 간주되고, 따라서 판매를 통하여 수익성을 추구할 수 있다. 이 경우 특정정보의 가치는 교환가격으로 표시되며, 교환의 상대가격이 높을수록 정보의 상업적 가치는 높다고 할 수 있다. 예를 들면, 지적정보를 이용하기 위하여 지적공부의 열람 · 등본을 교부받고자 하는 자는 이를 소관청에 신청할 수 있고, 지적전산자료를 이용 또는 활용하고자 할 때 중앙행정기관장의 심사를 거쳐 시 · 도지사 또는 소관청의 승인을 얻어야 이용할 수 있다. 지적공부의 열람 또는 등본교부의 신청과 지적전산자료를 이용 또는 활용하고자 하는 자는 국토교통부령으로 정하는 수수료를 수입증지로 소관청에 납부하여야 한다. 따라서 지적정보의 교환가치로서 일정한 수수료를 납부하고 정보이용자는 필요한 정보를 얻게 되는 것이다. 둘째, 지적정보의 사적가치이다. 즉 교환가격과 관계없이 개인의 목적과 용도에 비추어 특정정보가 얼마나 높은 개인적 효용성을 갖는가 하는 측면에서의 정보가치가 사적 정보가치이다. 실제로 우리 주변에는 교환가치는 별로 없어도 개인적으로 독특한 가치를 갖는 정보가 많이 있다. 지적행정정보의 사적가치 예로는 국민 개개인과 관련되어 토지소유자의 권리를 확실히 해주고 토지거래를 안전하고 신속하게 하는 지적정보의 역할에서 찾아볼 수 있다. 셋째, 지적정보의 공적가치이다. 즉 불특정 다수시민에 관련된 공공의 가치를 공적 가치라고 한다. 공공의 복리에 중대한 영향을 미치는 정보는 공적 가치가 높은 정보이다. 지적행정정보는 국가 편의에만 사용되는 것이 아니라 일반에게 공시하여 토지소유자는 물론 이해관계자 및 기타 누구나 이용할 수 있도록 되어 있다. 즉 토지정책, 토지과세, 토지평가, 도시 및 토지이용계획의 기초자료로서 공적가치를 갖는다.

토지에 관한 중요성은 국가, 사회, 개인 할 것 없이 더욱 증대되고 있으며, 토지활동의 수행에 따르는 기초자료로서 지적공부가 정보원으로서 이용된다.

3 (현대)지적의 기능

기능(function)이란 생물체의 조직 · 기관 등이나 기계의 각 부분이 가지고 있는 일정한 능력이나 작용을 말하는 것으로, 지적의 기능은 지적관련 조직이 지적활동을 수행하는데 요구되는 일정한 능력이나 작용으로 볼 수 있다. 지적의 기능은 크게 일반적 기능과 실제적 기능으로 구분할 수 있다(최용규, 1988 : 12-18, 박순표 외, 1993 : 57-70., 지종덕, 2001 : 17-22., 류병찬, 2006 : 57-65).

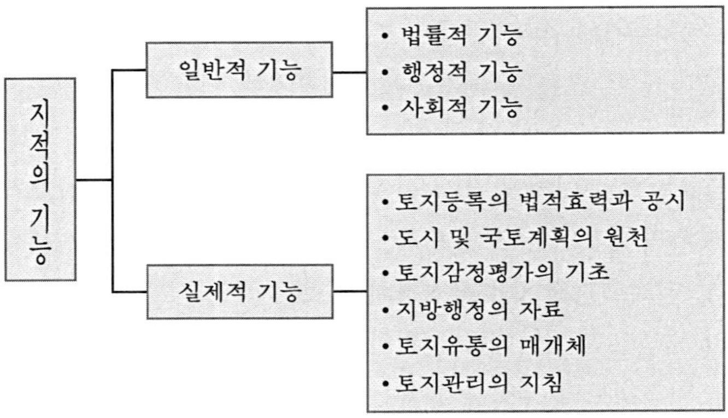

※ 학자에 따라서 실제적 기능을 공시 · 정보 · 기초 · 공신기능으로 분류하거나 그림에 나타난 기능 외에 주소표기의 기준을 첨가하는 학자도 있음

그림 3-1 지적의 기능 분류

3.1 지적의 일반적 기능

1) 사회적 기능

지적의 유용성은 명확한 지적정보와 이 정보가 사회의 다른 자료들과 어떻게 화합하여 반영되느냐에 달려있다(G. Larson, 1991 : 76). 지적은 국토의 모든 토지를 측량하여 공부에 등록하는 것으로서 공부상 필지별로 정확하게 등록되어야 한다. 또한 공정한 토지거래를 위하여 토지의 실지와 지적공부가 일치할 때 사회적 기능을 발휘할 수 있다(박순표 외, 1993 : 58). 즉 토지의 실지와 지적공부가 일치하지 않으면 토지소유권행사에 지장을 초래하고

거래의 불공정이 발생하고 나아가서는 토지거래의 불안전이라는 사회적 혼란이 야기된다. 따라서 지적은 정확하게 토지를 등록하여 완전한 공시기능을 확립함으로써 사회적으로 토지문제를 해결하는데 중요한 기능을 한다.

2) 법률적 기능

지적의 법률적 기능은 사법적 기능과 공법적 기능으로 구분할 수 있다. 사법적 기능은 사인간의 토지거래에 있어서의 용이성을 갖게 하며 경비의 절감이나 거래의 안전성을 갖게 한다. 공법적 기능은 공간정보의 구축 및 관리 등에 관한 법률을 근거로 하여 토지를 지적공부에 등록하게 되면 토지등록은 법적 효력을 갖게 되고 공적 확인의 자료가 되는 것이다. 한편 지적은 적극적 등록주의(positive system)를 채택하여 모든 토지를 지적공부에 등록하도록 규정하고 있다. 토지에 등록되는 사항은 일정 형식에 맞춰 수행되며, 국가의 적극적인 공권력에 의하여 결정되도록 함으로써 토지표시의 공신력과 국민재산권 보호 및 정확한 데이터로서의 기능을 갖게 하는 것이다(박순표 외, 1993 : 59). 이는 토지등록사항을 믿고 거래한 선의의 제3자를 보호하며 공신력이 있는 정보로서 그 기능을 높이기 위한 것이라 할 수 있다.

3) 행정적 기능

지적의 발생은 역사적으로 국가재정 확충을 위한 과세목적에서 출발하였으며, 토지과세를 위한 평가와 부과징수를 용이하게 하는 수단으로서 지적제도를 활용하였다. 지적의 행정적 기능은 토지거래와 토지규제, 공공계획 수행을 위한 기술적 자료, 공공행정을 위한 자료, 인구조사 등의 자료로서 이용될 때 역할을 하게 된다(박순표 외, 1993 : 60). 또한 토지정책 자료의 공급역할을 효율적으로 수행하기 위하여 지방자치단체별로 토지정보시스템(Land Information System)을 구축하여 운영하고 있다.

3.2 지적의 실제적 기능

지적의 실제적 기능은 다소 추상적이거나 이론적인 기능이라기보다는 실제 지적활동에 일정한 역할을 수행하는 것으로 ① 토지등록의 법적 효력과 공시 ② 도시 및 국토계획의 원천 ③ 지방행정의 자료 ④ 토지감정평가의 기초 ⑤ 토지유통의 매개체 ⑥ 토지 관리의 지침 등이 언급되고 있다(최용규, 1988 : 186-193, 박순표 외, 1993 : 62-70). 다만 지적의 기능에 대한 연구자의 관점에 따라 다소 차이가 있을 수 있으나 표현의 차이 혹은 선택된 단어의 미미한 차이에 불과하다고 볼 수 있다.

1) 토지등록의 법적 효력과 공시

공간정보의 구축 및 관리 등에 관한 법률에 따라 토지를 지적공부에 등록을 하게 되며, 지적공부에 등록된 내용을 토대로 등기부를 정리하게 된다. 이러한 과정을 통하여 토지등록은 법적효력을 갖게 되고 공적 확인의 자료가 되는 것이다. 우리나라는 적극적 등록주의를 채택하고 있어 모든 토지를 지적공부에 등록하도록 규정하고 있고, 공부에 등록되는 사항은 일정한 형식에 맞춰 국가의 적극적 공권력에 의하여 결정함으로써 토지표시사항의 공신력과 국민재산권 보호 및 정확한 정보 제공을 기하고 있다.

2) 도시 및 국토계획의 원천

지적공부상의 통계나 기록은 실현가능 여부를 판별하게 하고 행위의 기준이 되기도 한다. 또한 지적 동향과 토지활동은 지적민원의 발생빈도가 참작되고, 국토기본법에서도 국토조사의 수행을 규정하고 있다. 이때에 기본적인 조사는 지적공부 및 통계를 일차적으로 활용하고 토지분류 및 자원조사에도 밀접한 관계를 보이고 있다(최용규, 1988 : 187). 한편 토지이용계획은 지역별로 지적사항을 기초로 하며, 토지이용계획을 위한 외생변수를 고려하여 개발가능지역과 개발가능지역의 토지자원의 재평가, 도시기본구조 구상과 도시기능배분구상, 토지이용배분 등은 현장 확인과 지적공부를 토대로 한다.

3) 지방행정의 자료

지방행정은 통치권력 또는 행정기능을 배분받은 지방자치단체가 일정한 지역을 토대로 하여 그 지역주민을 대상으로 공공복지의 목적을 구체적으로 실현하는 일체의 작용이라고 볼 수 있다. 지방행정이 일정지역, 즉 토지를 기반으로 하는 지역사회의 공공복지 목적을 실현하는 작용이라는 점과 이러한 목적달성을 위해서 다양한 행정수요에 부응하여 많은 제원이 필요하다는 점에서 지적공부는 자료로서의 역할을 한다.

4) 토지감정평가의 기초

토지평가는 감정평가사의 토지평가에 의해서 행해지는 합리적인 지가산출의 전문가활동이라 할 수 있다. 토지의 특성과 함께 인구증가, 도시화, 주택의 수급, 국토개발 등 외적 요인과 토지의 개별성으로 시장에서의 정상가격 산출이 어렵고 정부의 정책과 토지에 대한 국민인식의 차이 등 가격변동요인이 많다는 점에서 일반상품과는 매우 달리 일물일가의 법칙이 배제되고 있어 전문지식을 요하는 토지평가제도가 생기게 되었다(최용규, 1988 : 190). 한편 토지평가에서 중요한 것은 지목, 면적, 입지, 형상, 경계, 좌표 등이 공부의 표시와 동일하며 이러한 것을 토대로 평가가 이루어진다.

5) 토지유통의 매개체

토지의 유통은 수요와 공급의 시장원리에 의하여 나타나는 현상으로 매매, 교환, 임대차가 있으며, 이러한 현상은 지적공부의 열람과 실물확인에 의하여 이루어진다. 토지유통의 첫 단계는 중개업자에게 토지의 매각이나 매입을 의뢰함으로써 시작된다. 중개의뢰계약을 하는 매각자의 경우 토지의 매각 희망가격과 함께 지적공부의 기록사항이 제시된다. 매각물건의 조사는 현장 확인과 지적공부의 판독에서 출발하게 된다. 한편 지적공개주의에 따라 토지유통시 누구라도 쉽게 대상토지의 정보를 제공받을 수 있다(최용규, 1988 : 190-191). 다만 우리나라의 제도적 한계로 인하여 부동산 유통시 선의의 제3자를 보호하지 못한다.

6) 토지관리의 지침

현대 지적을 정보지적 혹은 다목적 지적이라고 하는 것은 지적의 목적이 과세 및 토지소유자를 위한 법적 기록으로서 거래증서등록(register of deeds)과 권원등록(register of title)을 가지는 것과 소유권보호의 권리 장치 및 토지의 각종 계획과 관리를 포괄하는 데 있다(최용규, 1988 : 191-192., S. R. Simpson, 1976 : 118-223). 다목적 지적은 계획을 위한 토지이용가능성, 가치, 점유관계, 통계 등을 제공하고 있으며, 토지 관리를 위한 정보의 수집, 보관, 공급의 완벽한 토지정보시스템 구축 및 활용은 현대지적의 추구이상이라 할 수 있다.

표 3-2 지적의 일반적 기능

기능	주요내용
토지등록의 법적 효력과 공시	지적은 지번, 지목, 면적, 경계, 좌표, 지형, 토지등급의 원천으로서 법적 효력과 공시기능을 갖게 되며, 등기는 토지의 소유권과 순위, 소유권 이외의 권리인 지상권, 지역권, 전세권, 저당권, 임차권 등 사법상 제 권리관계의 법적 효력과 공시의 기능을 갖는다.
도시 및 국토계획의 원천	토지이용계획은 지역별로 지적사항을 기초로 하며, 토지이용계획을 위한 외생변수를 고려하여 개발가능지역과 개발가능지역의 토지자원의 재평가, 도시기본구조 구상과 도시기능배분구상, 토지이용배분 등은 현장 확인과 지적공부를 토대로 한다.
지방행정의 자료	지방행정이 일정지역, 즉 토지를 기반으로 하는 지역사회의 공공복지 목적을 실현하는 작용이라는 점과 이러한 목적달성을 위해서 다양한 행정수요에 부응하여 많은 제원이 필요하다는 점에서 지적공부는 자료로서의 역할을 한다.
토지감정평가의 기초	토지평가에서 중요한 것은 지목, 면적, 입지, 형상, 경계, 좌표 등이 공부의 표시와 동일하며 이러한 것을 토대로 평가가 이루어진다.
토지유통의 매개체	토지의 유통은 수요와 공급의 시장원리에 의하여 나타나는 현상으로 매매, 교환, 임대차가 있으며, 이러한 현상은 지적공부의 열람과 실물확인에 의하여 이루어진다.
토지관리의 지침	다목적지적은 계획을 위한 토지이용가능성, 가치, 점유관계, 통계 등을 제공하고 있으며, 토지관리를 위한 정보의 수집, 보관, 공급의 완벽한 토지정보 시스템은 현대지적의 추구이상이다.

SECTION

04 지적제도의 유형 및 구성요소

1 지적제도의 유형

지적제도의 유형은 설치목적에 따라 세지적 · 법지적 · 다목적지적으로 구분되고, 측량방법에 따라 도해지적 · 수치지적으로 구분되며, 등록대상에 따라 2차원지적 · 3차원지적 · 4차원지적으로 구분된다.[19] 설치목적에 따른 구분은 발달과정에 따른 형태와 같기 때문에 이하에서는 측량방법과 등록대상에 따른 유형을 검토하고자 한다.

1.1 측량방법에 의한 분류

1) 도해지적(Graphical Cadastre)

도해지적은 토지의 경계점을 도해적으로 측정하여 지적도 · 임야도에 등록하고 토지경계의 효력을 도면에 등록된 경계에만 의존하는 지적제도를 말한다. 즉 토지에 대한 경계를 도면에 표시하는 지적제도로서 각 필지의 경계점을 일정한 축척의 도면 위에 기하학적으로 폐합된 다각형의 형태로 표시하여 등록하는 제도를 의미한다(박순표 외, 1993 : 70., 류병찬, 2006 : 100., S. R. Simpson, 1976 : 370-371). 도해지적은 지적도 또는 임야도에 등록된 경계선에 의하여 대상 토지의 형상을 시각적으로 용이하게 파악할 수 있으며, 측량에 소요되는 비용이 비교적 저렴하고 고도의 기술을 요하지 아니하는 장점이 있다. 반면 축척의

19) McLaughlin은 지적의 유형을 지적필지를 만드는데 이용된 측량관행(surveying practices)에 따라 도해지적(graphical), 수치지적(numerical), 사진지적(photogrammetric)으로 구분하고, 지적공부에 관리되는 정보의 특정형태(specific type of information)에 따라 농경지적(agricultural), 배수지적(drainage), 건물지적(building) 등으로 구분하였다. 또한 지적정리의 복잡성에 따라 기초지적(rudimentary), 발달지적(advanced)으로 구분하였고, 지적이 만들어진 목적에 따라 세지적, 법지적, 다목적 지적 등으로 구분하였다(J. D. McLaughlin, 1975 : 68-69).

허용오차가 다르고, 도면의 신축방지와 보관관리가 어려우며, 작업상 인위적 · 기계적 · 자연적 오차가 유발되기 쉽다. 또한 인지와 경제가 발달하여 측량오차에 대한 신뢰성에 문제가 있다.

2) 수치지적(Numerical Cadastre)

수치지적은 토지의 경계점을 도해적으로 표시하지 않고 수학적인 좌표로서 표시하는 지적제도를 말하며 도해지적보다 훨씬 정밀하게 경계를 표시할 수 있다(원영희, 1990 : 45, S. R. Simpson, 1976 : 370-371, 류병찬, 2006 : 100). 즉 토지에 대한 경계점의 위치를 좌표로 표시하는 제도로서 각 필지의 경계점을 평면직각종횡선수치(X, Y)의 형태로 표시하여 등록하는 제도를 의미한다. 수치지적은 각 필지의 경계점이 좌표로 등록되어 있어 토지의 형상을 시각적으로 용이하게 파악할 수 없으며, 측량에 따른 경비와 인력이 비교적 많이 소요되고 고도의 전문적인 기술이 필요할 뿐만 아니라 측량과 도면제작 과정이 다소 복잡하고 자동제도기 등 고가의 정밀장비가 필요하여 초기 투자비용이 과다하다는 단점이 있다.

표 4-1 **도해지적과 수치지적 비교**

구분	도해지적	수치지적
의의	토지의 경계점을 도면으로 결정하여 표시	토지의 경계점을 수학적인 좌표로 표시
측량방법	평판측량 항공사진측량(위치조정)	지상측량의 수치해석에 의한 방법 항공사진의 수치해석에 의한 방법
장점	① 측량 오류시 현지에서 조정가능 ② 굴곡점이 많은 경우 유리 ③ 시가지외의 지역에 상대적으로 적합 (농촌지역)	① 정밀한 경계표시가 가능 ② 지적측량 결과를 지상에 복원시 당시의 정확도로 재현 가능 ③ 일필지의 면적이 넓고 토지의 형상이 정사각형에 가까운 굴곡점이 적은 경우에 편리 ④ 지적의 자동화가 용이(보존과 관리가 용이)
단점	① 축척에 따라 허용오차 상이 ② 도면의 신축방지와 보관의 어려움 ③ 작업상 인위적 · 기계적 · 자연적 오차 유발 ④ 측량오차에 대한 신뢰성 문제	① 과정이 매우 복잡함 ② 비용이 과다함 ③ 경지정리가 이루어지지 않은 지역(농촌지역)에는 불리함

Zoom in

수치지적의 다른 형태

1. 계산지적(Computational Cadastre)
   ① 단순히 높은 측량정확도만을 의미하며
   ② 계산된 좌표가 경계점의 위치결정을 충분히 표시할 수 있고
   ③ 경계표지의 설치가 더 이상 필요하지 않음

2. 좌표지적(Coordinate Cadastre)
   ① 국가의 기준계에 의하여 각 경계굴곡점의 좌표로 표시된 것
   ② 단일한 기준좌표계로서 지적의 자동화가 용이함

1.2 등록대상에 의한 분류

1) 2차원 지적(Cadastre of Two dimensions)

2차원 지적은 토지의 고저에는 관계없이 수평면상의 투영만을 가상하여 각 필지의 경계를 등록 · 관리 · 공시하는 제도로서 평면지적이라고 한다. 2차원 지적은 토지의 경계 · 지목 등 지표에 관한 물리적 현황만을 등록 · 관리 · 공시하는 제도로서 선과 점을 도면에 기하학적으로 폐합된 다각형(면)의 형태로 등록하여 관리하는 것이다.

2) 3차원 지적(Cadastre of Three dimensions)

3차원 지적은 2차원 지적에서 발달된 형태로서 토지의 이용이 다양화됨에 따라 토지의 경계 · 지목 등 지표에 관한 물리적 현황은 물론 지상과 지하에 설치된 시설물 등을 수치의 형태로 등록 · 공시하거나 또는 시설물의 관리를 지원하는 제도를 말한다(류병찬, 2006 : 102). 즉 토지이용도가 다양한 현대에 필요한 제도로서 입체지적이라고 하며, 토지의 지표 · 지하 · 공중에 형성되는 선 · 면 · 높이로 구성된다. 3차원 지적은 제도 구축에 많은 인력 · 비용 · 시간이 소요되는 단점이 있는 반면, 지상의 건축물과 지하의 상수도 · 하수도 · 전기 · 가스 · 전화선 등 공공시설물을 효율적으로 등록 관리하거나 이를 지원할 수 있는 장점이 있다.

3) 4차원 지적(Cadastre of Four dimensions)

4차원 지적은 시간위상(time topology)을 고려하여 정적인 3차원 토지 관리를 동적인 관리 형태로 전환하는 것을 의미하며(김영학, 2007 : 221), 단순히 연혁에 초점을 두는 것이 아니라 필지의 진보과정, 법적 경과, 권리의 변동 등에 대하여 시간위상을 고려한다는 것이다.

2 4차원 지적

2.1 4차원 지적의 의의

고차원의 세계를 이해하기 위해서는 n차원 공간 내의 이동이 (n+1)차원의 공간을 만들어내는 사실에 주목할 필요가 있다. 즉 0차원인 점의 이동이 선분을 만들어내므로 1차원이 형성되고, 1차원인 선분이 이동하여 2차원인 네모꼴을 형성하게 된다. 마찬가지로 2차원인 네모꼴이 이동하여 3차원인 직방형을 형성하게 된다. 이는 2차원 세계인 x축, y축으로 형성된 xy평면에 수직한 z축 방향으로 이동시키면 직방체가 형성됨을 의미한다. 직방체는 직방체의 x, y, z축 모두에 수직인 w축 방향으로 어떤 거리 *l*만큼 이동시킬 때 나타나는 궤적이 만든 직방체의 집합이 바로 4차원 세계의 초직방체가 되는 것이다.

이러한 n차원 공간과 지적을 연계하여 그 유형을 분류하면 2차원 · 3차원 · 4차원 지적으로 구분할 수 있다(J. E. Stoter, 2004 : 1-6., 류병찬, 2006 : 102-103., 이범관, 1996 : 25-26). 2차원 지적은 토지의 높낮이에 관계없이 수평면상의 투영을 상정하여 물리적 현황을 도면에 등록 · 관리하는 것을 의미하며, 선과 면에 의한 폐합다각형인 필지로 관리된다. 3차원 지적은 토지의 높낮이를 고려한 수평면의 수치적 · 수직적 관리 형태로 지표에 관련된 물리적 현황, 지상 및 지하의 건축물 및 시설물을 등록관리 또는 지원하는 체계를 의미한다. 4차원 지적은 시간위상(time topology)을 고려하여 정적인 3차원 토지 관리를 동적인 관리 형태로 전환하는 것을 의미하며, 단순히 연혁에 초점을 두는 것이 아니라 필지의 진보과정, 법적 경과, 권리의 변동 등에 대하여 시간위상을 고려한다는 것이다.

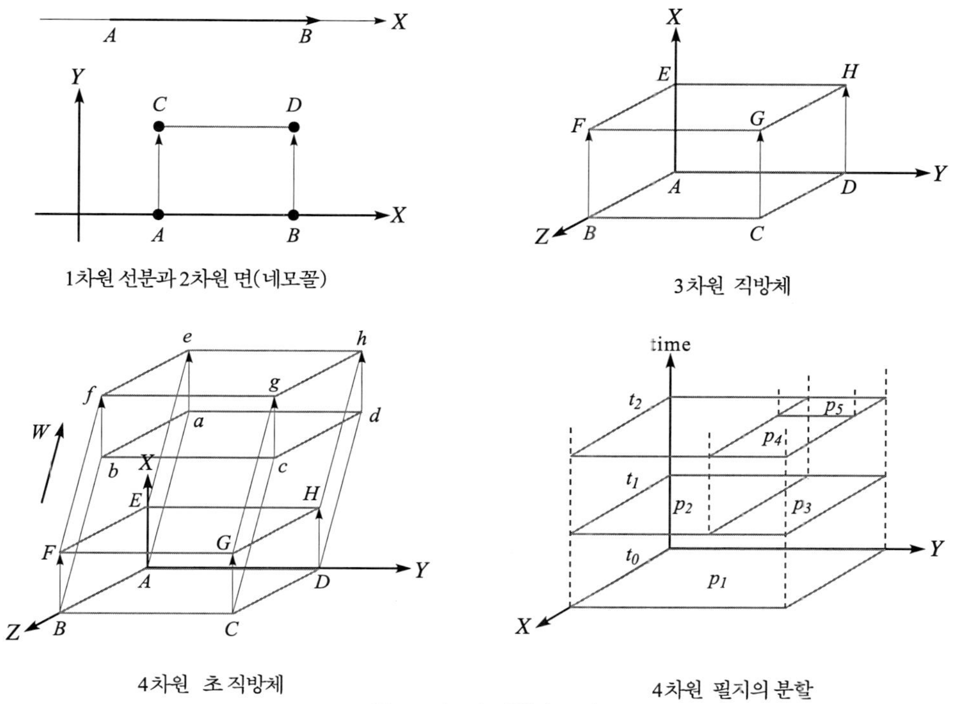

그림 4-1 (n+1) 차원의 공간

2.2 4차원 지적의 시간위상(time topology)

토지 관리에 시간[20]을 고려할 때 일반적으로 시간의 흐름을 하나의 연속선상으로 생각하는 경우가 빈번한 것 같다. 이는 토지에서 파생되는 활동 및 현상이 시간선상(time

---

20) 시간적 추론에는 변화기반접근과 시간기반접근의 2가지 접근방식이 있다(Khaled K. A. Al-Taha, 1992 : 18-26., J. Allen, 1984 : 123-154., T. Dean and D. McDermott, 1987 : 1-55). 즉 변화기반접근(change-based approach)은 시간의 발생을 고려하지 않고 변화를 표현하고 이는 DB의 변화 및 활동에 기반을 두며 각 시간활동은 사실세계에 변화를 야기하고 사실세계에 대한 새로운 상태를 DB로 저장한다. 이 DB는 연속적인 상태 혹은 속사(snapshots)의 결과로서 진화된다. 시간기반접근(time-based approach)은 단지 변화를 위한 원인으로서 시간을 고려하고 변화를 야기하는 행동은 고려되지 않는다. 이 접근에는 간격기반시간모델(interval-based time model), 점기반시간모델(point-based time model), 혼합모델(mixed model) 등이 있다. 한편 시간의 데이터베이스는 ① 활동이 사실세계에서 언제 발생되었는가를 설명하는 사실세계시간(real world time) 혹은 확실한 시간 (valid time) ② 정보가 언제 데이터베이스로 되었는가를 설명하는 처리시간(transaction time) 혹은 데이터베이스 시간(database time)에 근거하여 정지 데이터베이스(static database), 롤백 데이터베이스(rollback database), 역사적 데이터베이스(historical database), 시간적 데이터베이스(temporal database)의 4가지로 구분된다(R. Snodgras, 1987 : 247-298).

line)과 일치하는 것을 상정하기 때문으로 볼 수 있다. 즉 하나의 시간선상에서 시점(time point) 혹은 순간은 하나의 점에 의해서 설명되고, 시간사이(time interval)는 시간선상에 출발 및 종착시간에 의해 설명된다. 정상적으로 역사는 하나의 시간선상에 있지만 토지활동 및 현상에 따른 대안적 시나리오에 부합하는 미래의 경우는 다양하게 존재할 수 있다. 시간위상을 고려한다면 미래 시간선상은 다양하게 될 수 있다. 즉 하나의 필지에 대하여 부분적으로 알려지지 않은 과거를 재정립하는 경우 과거는 다중선상(multi time line)을 가질 수 있다.

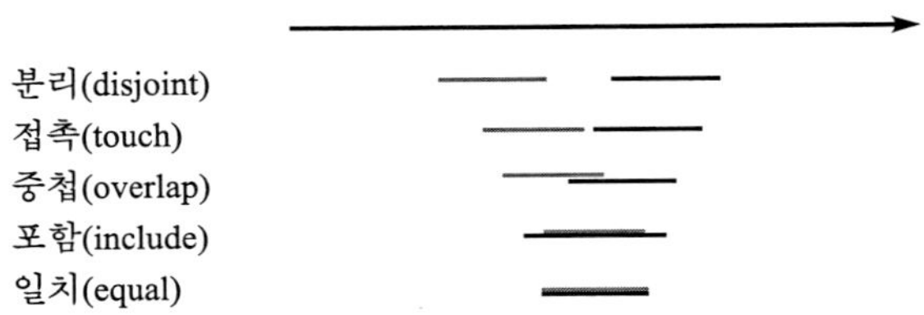

그림 4-2 시간위상(time topology)

공간영역위상관계와 마찬가지로 시간의 근원(primitive)사이를 두 시간 간격의 사이에 가능한 위상 관계(분리 · 접촉 · 중첩 · 포함 · 일치)를 통하여 설명할 수 있다(van Oosterom, peter, Hendrik Ploeger, J. E. Stoter, Rod Thompson, and Christiaan Lemmen, 2006). 분리(disjoint)는 지적전산화가 이루어짐에 따라 이전의 행정체계와 이후의 행정체계가 분리되는 현상이 나타날 수 있고, 이전의 공산주의 국가가 시장원리를 도입하면서 국민에게 분배해준 토지 관리에서 나타날 수 있다. 접촉(touch)은 새로이 제정된 법에 부합하는 신규 혹은 갱신된 각종 권리를 관리하는 과정에서 나타날 수 있다. 중첩(overlay)은 두 개의 필지를 하나의 필지로 합병하는 과정에서 검토해 볼 수 있고 신 · 구의 필지는 모든 영향과 병행하여 시간적으로 존재한다. 포함(include)은 토지분쟁이 있는 경우로 같은 토지의 부분에 대하여 주장이 시간적으로 중복되는 것을 의미하고, 일치(equal)는 다른 지역 혹은 (신규등록에 관련된) 지적업무지역에 대하여 같은 대상기간이 존재하는 경우를 의미한다.

토지관리에 시간을 고려할 때 시간을 포함한 다른 형태 사이를 구분하는 것은 유의미하다고 볼 수 있고, 토지 관리에 요구되는 시간개념은 세 가지의 뚜렷한 형태를 띤다고 볼 수 있다.[21] 즉 DB 시간은 DB의 본질에 관련되고, 법적 경과(event) 시간은 변경되는 권리

21) 지적에 관련된 시간유형은 ① DB시간 ② 법적 경과(event) 시간 ③ 시간을 수반한 권리변동으로 요약된다. DB시간은 갱신(진보과정)의 역사, 임시갱신을 내용으로 하고, 법적 경과시간은 소유권의 역사와 예비등록의 역사를 그 내

에 관련되며, 시간을 수반하는 권리변동은 미래 시간을 설명하는데 관련된다.

2.3 4차원 지적의 유용성

4차원 지적은 등록사항의 변경내용을 신속 · 정확하게 정리하고 변경연혁을 쉽게 색인 · 분석 · 활용할 수 있다는 장점을 갖고 있다. 이는 연혁에 초점을 두고 있으나 다소 막연한 감이 있다. GIS분야에서는 지난 20여 년간 시간을 고려한 연구가 진행되어 왔으며(G. Langran, 1992), 시간 GIS의 기능을 토대로 지적 분야의 유용성을 검토해 볼 수 있다.

첫째, 재산목록(inventory)의 완전한 설명이다. 토지 관리는 장기간이 소요되는 특성을 가지며, 이는 시점과 종점의 설명을 요구한다. 즉 하나의 지역에서 시점이 모두 동일한 것이 아니라 차이를 보일 수 있고 새로운 영역에서는 종점이 될 수 있다는 것이다. 토지등록의 경우 같은 지역 내 필지에 따라 시점이 다르게 나타날 수 있고, 새로운 지목의 추가에 따른 지목제도 하의 해당 필지는 시점과 종점이 공존할 수 있다는 것이다. 둘째, 설명 · 이용 · 예측을 위한 분석(analysis)이 가능하다. 토지 관리는 공간계획 및 이용에 밀접한 관계를 맺고 있어 지역 및 부동산개발 추이, 부동산가격의 변화, 특정지역의 진화과정, 인적자원의 예측 등의 분석이 요구되며, 이를 지원하기 위하여 4차원 지적의 유용성이 부각된다. 셋째, 토지정보의 갱신(update)을 통한 질적 통제(quality control)이다. 특정 목적을 위하여 특정 지역의 필지정보가 필요한 정보수요자의 경우 갱신된 자료는 최적의 정보가 될 수 있고, 갱신된 자료는 토지행정의 혁신에 일조할 수 있으며, 지적도 자체의 질적 향상을 기할 수 있다. 넷째, 토지관리 경과 및 시각적 표현이 가능하다. 토지는 일련의 과정에 의하여 유지 · 관리가 이루어지므로 시간을 고려한 접근은 토지 관리의 과정(process)을 통제하고 토지이동에 따른 변화를 쉽게 인지하여 표현할 수 있다는 것이다.

이러한 4차원 지적의 유용성은 하나의 필지에 존재하는 활동 및 관리의 시점과 종점의 설명, 필지의 설명 · 이용 · 예측을 지원하는 분석, 새로운 외부 정보의 대치, 새로운 토지자료의 평가 및 모니터, 일필지에 관련된 일련의 활동과정 수행, 토지정보를 이해하기 위한 시간과정의 도면 혹은 도표 등에서 찾아볼 수 있다.

용으로 한다. 시간을 수반한 권리변동은 보유권의 한계, 가능한 미래의 권리, 주기적인 보유권, 미미한 변화에 의한 강과 바다의 경계, 권리의 이동 등을 그 내용으로 한다. 유형 ①, ②는 사실세계와 시스템시간을 설명하고, 유형 ③은 미래시간을 설명하는데 유용하다(van Oosterom, peter, Hendrik Floeger, J. E. Stoter, Rod Thompson, and Christiaan Lemmen, 2006).

2.4 4차원 지적과 저차원의 관계

고차원의 토지관리는 저차원의 토지 관리가 전제되지 아니하고는 존재할 수 없다고 본다. 즉 2차원의 수평적 관리가 전제되지 않은 3차원의 입체적 · 수직적 관리가 존재할 수 없고, 3차원의 입체적 · 수직적 관리가 전제되지 않은 시간을 고려한 4차원 관리의 존재는 무의미 하다는 것이다.

저차원과 고차원의 관계를 기반으로 4차원 지적은 하나의 필지에 대하여 공간(space : 2 · 3차원), 필지의 내용(용도)인 주제(theme), 필지의 역사적 변화인 시간(time)으로 구성하는 삼각구도를 형상화할 수 있다.

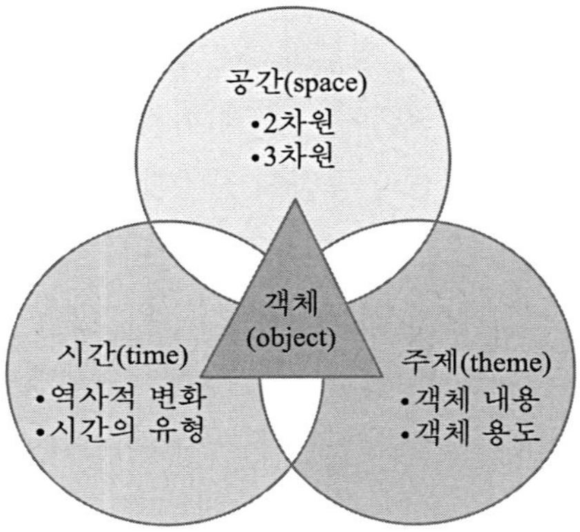

그림 4-3 4차원 지적의 삼각구도

공간은 수평적 관리의 2차원과 입체적 관리의 3차원을 상정해 볼 수 있다. 수평적 관리에서 토지의 이용이 다양화 · 입체화됨에 따라 지표에 관련된 물리적 현황뿐만 아니라 지상과 지하에 설치된 시설물 등을 수직적 · 수치적으로 등록 · 관리하거나 시설물관리를 지원[22] 하는 입체적 관리로서 공간을 고려하게 된다. 주제는 하나의 필지에서 파생될 수 있는 구체적이고 세부적인 내용 및 용도를 의미한다. 지표에서의 수평적 활용 및 지상 · 지하에서의 수직적 활용이 복합적으로 이루어져 발생하는 개별 필지의 활용용도로 표현된

22) 공간관리의 객체는 대체로 입체적 · 물리적 · 권리적 표시사항, 가치 및 이용규제사항에 따른 현 공간정보의 구축 및 관리 등에 관한 법률의 규제에 이한 등록사항, 지상시설물(다층주택 · 도로 위 및 밑의 건물 · 도로 위로 이어진 건물 · 고가도로 · 터널 · 사면위의 건물 · 지상철도 등), 지하건축물(지하도 · 지하상가 · 지하차도 · 지하철도 · 지하주차장 등), 지하시설물(상 · 하수도 · 가스 · 전기 · 전화 · 광케이블 · 난방 · 송유관 등) 등이 포함된다(김영학, 2007 : 83)

다. 시간은 개별 필지에서 발생하는 복합적 용도의 변화상을 의미한다. 초기에는 수평적 활용에 초점을 두고 시간적 유형에 따라 수직적 · 입체적 활용으로 전이되는 현상관리로의 전환을 꾀하게 된다. 이러한 일련의 과정 관리는 개별 필지의 정확하고 합리적인 분석을 토대로 설명력 및 예측의 정도를 높일 수 있게 한다. 따라서 토지 관리의 삼각구도는 저차원과 고차원의 밀접한 관계를 맺고 상호조화를 통하여 이상적이고 미래지향적인 토지관리 체계를 구현하는 근간이자 원리라고 할 수 있다.

2.5 4차원 지적의 적용

4차원 지적의 실례로 적용 가능한 것은 동태적 필지 경계의 이동, 시분할(timesharing) 공동 소유 및 이용권, 시간을 기반으로 한 시설물의 등록 등을 언급할 수 있다.

첫째, 동태적 필지는 2차원의 수평적 관리와 시간의 관계를 전제로 하고 있으며, 이러한 사례는 무수히 많이 존재할 수 있으나 필지경계의 이동이 대표적이라 할 수 있다. 필지경계의 이동은 인간 활동에 의한 담장의 설치 및 작물재배를 위한 농경지 경계의 이동과 자연현상에 의한 해안선 및 강의 가장자리의 변화로 나타나고 자연현상에 의한 필지경계의 이동은 지형공간생명선모델(lifeline)[23]과 유사한 면이 있다.

둘째, 시분할 공동소유 및 이용권은 2차원의 수평적 관리 · 3차원의 입체적 관리와 시간에 관계를 전제로 하고 있으며, 이러한 사례는 특수용 부동산[24]에서 찾아볼 수 있다. 시간을 기반으로 한 공동소유 · 이용권으로 콘도, 펜션, 리조트, 골프장 등이 있으며, 일반적으로 교환 · 저당이 가능한 것으로 시분할적(timesharing)인 권리의 성격을 띠고 있어 4차원적인 관리가 요구되고 있다. 시분할 공동소유 및 이용권은 단순히 소유하고 이용하는 차원이 아니라 시간의 흐름에 따라 일정 기간 혹은 일정 시점, 동일 객체에 대한 공동 주체들, 명확한 관리의 한계를 밝히는 객체조사 등이 연계성을 가지고 순방향으로 작용할 때 4차원적 토지관리가 이루어질 수 있을 것이다.

---

23) 지형공간생명선모델(geospatial lifeline model)은 2차원적 평면과 직각으로 유도된 시간 축으로 구성된 추상적인 3차원 공간을 표시한다. 등록된 공간과 시간사이의 차이는 부합하는 보간법(interpolation)과 객체가 발생할 수 있는 경로를 나타나는 것에 의해 보완될 수 있다(M. J. Egenhofer, 2006).

24) 특수용 부동산은 부동산의 용도에 의한 분류 중의 하나로 특수한 목적을 위하여 활용되는 부동산으로 묘지, 콘도, 교회, 클럽, 골프장, 리조트, 공원, 기타 공공용 부동산이 이에 해당된다.

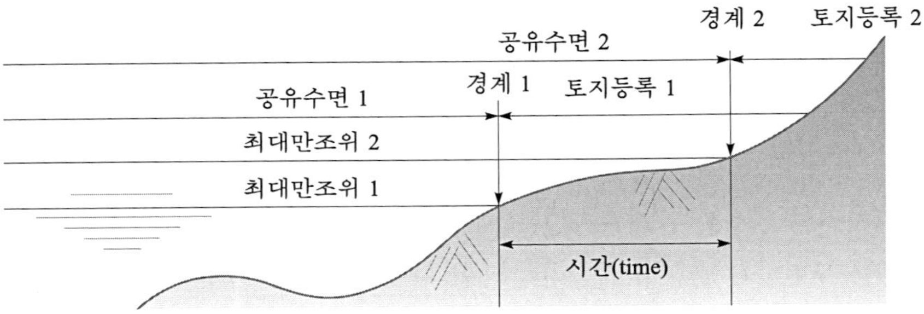

그림 4-4 해안선 경계의 변동

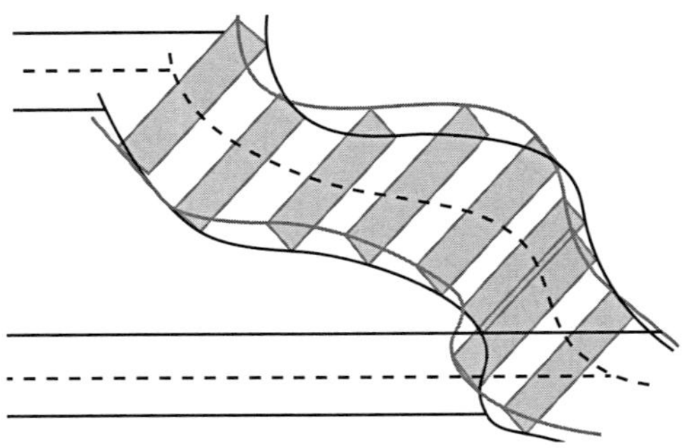

그림 4-5 강 · 하천의 가장자리 변동

그림 4-6 시간을 기반으로 한 공동이용권(콘도와 골프장)

셋째, 시간을 기반으로 한 시설물의 등록은 주요 객체의 고정성에 기인하는 것으로 지상 · 지하시설물 및 건축물의 3차원 입체적 관리와 객체의 변화를 보여주는 시간의 관계를 전제로 하고 있다. 주요 객체는 여러 가지가 존재하지만 제도권 내에서 언급할 수 있는 것으로 지상시설물은 고가도로, 터널, 지상철도 등을 검토해 볼 수 있고, 지하시설물은 도시 시설로 언급되는 상하수도, 전기 · 통신, 선로 등을 고려해 볼 수 있다. 또한 지하건축물은 지하도, 지하상가, 지하차도, 지하철도, 지하주차장 등을 객체로 볼 수 있다. 객체에 대한 시간적 측면은 거래 및 저당, 계획된 네트워크 요소등록, 시간에 따른 네트워크의 확장 및 축소의 변화, 물리적 · 법적 네트워크 차이의 인식 등을 고려해 볼 수 있다. 시간을 기반으로 한 공간개발 및 관리는 사회적 안정성과 국가 및 지역정책의 지침이 되며, 토지의 최유효이용을 가능케 할 수 있다는 것이다. 따라서 3차원적 시설물 관리는 단순히 입체적 이용 · 관리에 국한되는 것이 아니라 시간을 고려함으로써 관리의 효율성 및 경제적 · 사회적 안정성을 확보할 수 있다는 것이다.

3 지적의 구성요소

지적의 구성요소는 외부요소(External Factors)와 주요 구성요소(Central Components)로 구분할 수 있다(Mohamed Ali Dawood, 1987 : 234-248, P. F. Dale and J. D. McLaughlin, 1988 : 28., 박순표외, 1993 : 75-80). 외부요소로는 지리적 요소, 법률적 요소, 사회 · 정치 · 경제적 요소가 있고, 주요 구성요소로는 토지, 경계설정과 측량, 등록, 지적공부를 그 요소로 한다.

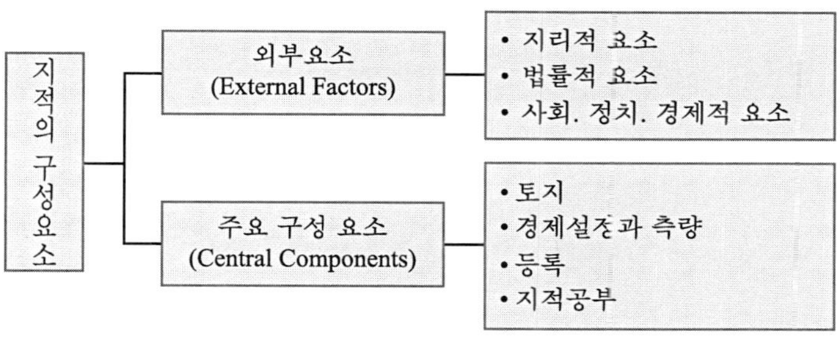

그림 4-7 지적의 구성요소

3.1 외부요소(External Factors)

1) 지리적 요소(Geographic Factors)

지리적 요소는 지적측량에 있어서 지형, 식생, 토지이용 및 기후 등으로서 최적의 측량방법 결정에 영향을 미치게 된다. 특히 이러한 요소들은 지적측량으로 경계점을 설정하는데 있어서 적정한 위치와 표지의 형태에 영향을 준다.

2) 법률적 요소(Legal Factors)

법률적 요소는 물권객체인 토지를 측정하여 확정한 지적제도와 물권객체에 존재하는 물권주체를 명확히 한 등기제도에 관련된 제반 법률관계를 요소로 한다. 즉 토지 소유권은 법률에 의하여 구체화되어야 하고 토지의 등록시 물권은 실체관계와 항상 부합되어야 한다. 토지가 실지 등록내용과 다른 때에는 근본적으로 등록공시의 효력에도 하자가 발생하기 때문이다.

3) 사회 · 정치 · 경제적 요소(Social · Political · Economic Factors)

한 국가 내에서 토지보유권제도는 사회적 · 정치적인 요소들의 관계에 의하여 영향을 받게 되므로 이러한 요소들을 신중하게 평가하여야 하고 지적을 관리하는 사람들의 편견 · 오판과 관습에 의한 형태를 구별할 때 사회전체의 이익을 위한 공익적 측면에서 개선이 이루어질 수 있다. 또한 지적의 발달로 토지의 모든 자료를 보관함으로써 정보를 다른 사람들에게 누출하여 개개인들의 소유권을 위태롭게 만드는 위험이 존재할 수 있는데 사회적 · 정치적 · 경제적 관점에서 볼 때 프라이버시를 위한 특별한 장치가 필요하며 경제적인 측면에서 볼 때 통합관리가 효과적일 수 있다.

3.2 주요 구성요소(Central Components)

1) 토지(Land)

등록객체(대상)인 토지는 지적제도 성립의 중요한 요소이다. 지적은 근본적으로 토지를 대상으로 한 개념이므로 토지는 지적의 가장 기본적인 요소가 된다. 여기서 지적의 대상이 되는 토지(즉 지적공부에 등록할 대상 토지)는 우리나라 국토(영토)의 전부가 된다. 헌법상 대한민국의 영토는 한반도와 그 부속도서로서 되어 있으므로(헌법 제3조) 육지는 물론이고, 섬도 크든 작든 사람이 거주하든 안 하든 해안선(최고만조위) 내의 토지는 모두 지적의 대상이 되며, 이용 가능한 토지이든 이용을 못하고 버려져 있는 토지이든, 국유지이든 사유지이든, 세금을 부과할 수 있는 토지이든 부과할 수 없는 토지이든 관계없이 모두 지적의 대상이 된다.

2) 경계설정과 측량(Demarcation & Surveying)

토지의 등록을 위해서는 우선 일필지의 경계를 반드시 설정하여야 한다. 토지의 경계를 말뚝이나 담 또는 하천, 제방 등을 표시로 하여 정한 경우에는 경계에 관한 분쟁이 자주 발생하게 되므로 이를 막기 위해 정확한 측량이 필요하게 된다. 지적측량의 가장 근본적인 역할은 그 토지의 구획에 대한 명확한 한계를 확정하여 토지소유자의 소유권 확인 목적을 충족시켜 주는 것이다.

3) 등록(Registration)

등록은 인위적으로 구획한 토지의 등록단위를 필지로 하여 필지마다 소재, 지번, 지목, 경계, 좌표, 면적, 소유자 등 일정한 사항을 지적공부에 등록하는 행위를 말한다. 지적공부에 등록된 필지는 독립성, 개별성이 인정되어 비로소 물권거래의 객체가 될 수 있다. 또한 토지의 등록행위는 등록내용의 공정성과 통일성이 보장되어야 하므로 국가기관에 의한 국가업무로서 시행된다.

4) 지적공부(Cadastral Records)

지적공부는 토지를 구획하여 일정한 사항을 기록한 장부를 말하는 것으로 일정한 형식과 규격을 법으로 정하여 일반국민이 언제라도 활용할 수 있도록 항시 비치되어 있어야 한다. 등록된 내용은 실제의 토지내용과 항상 일치하는 것을 이상으로 하고 있으므로 항시 토지의 변동사항을 계속적으로 정리해야 한다. 지적공부 형식은 지적의 이상을 실현하기 위한 중요한 그릇으로서 여러 가지 환경 변화를 수용할 수 있어야 하고 형식이 갖추어야 할 요건이 충족되어야 한다. 즉 지적공부의 형식이 갖추어야 할 요건으로 표준화(standard), 지속성(sustainability), 대응성(correspondence), 효율성(efficiency), 편리성(convenience) 등을 언급할 수 있다(김영학, 2008 : 131). 표준화는 공부의 형식차원에서 통일적이고 일률적인 규격, 지속성은 공부등록관리 차원에서 과거 · 현재 및 미래까지 유지할 수 있는 재질, 대응성은 공부등록의 변화환경 수용차원에서 유연하고 신속한 반응양식, 효율성은 공부관리차원에서 투입 비용대비 산출 효과를 유발하는 유지관리, 편리성은 공부활용차원에서 접근의 용이 등을 의미한다.

Zoom in

지적제도의 3대 구성요소

1. 의의

국가 및 학자에 따라서 구성요소를 다르게 파악하고 있음

① 원영희 교수 : 토지, 등록, 공부 – 우리나라, 독일의 협의 의미

② J. L. G. Henssen : 소유자, 권리, 필지 – 광의의 의미

2. 3대 구성요소(학자별 구분)

〈원영희 교수〉

① 토지(Land) : 지적의 대상으로서 토지

② 등록(Registration) : 지적공부에 등록하는 행위

③ 공부(Records) : 토지를 구획하여 일정한 사항을 기록한 장부

〈J. L. G. Henssen〉

① 소유자(Person) : 토지를 소유할 수 있는 권리의 주체

② 권리(Right) : 토지를 소유할 수 있는 법적 권리

③ 필지(Parcel) : 법적으로 물권이 미치는 권리의 객체

3. 소결

J. L. G. Henssen의 연구에서는 소유자(Man), 권리(Right or Stewardship), 필지(Parcel)로 구분하여 거래증서제도에서의 소유자와 토지와의 관계를 설명하였다. 한편, Kaufmann과 Steudler의 연구에서 Henssen의 연구를 바탕으로 하여 권원등록제도에서의 소유자와 토지와의 관계를 설명하였으며, Zevenbergen은 소유자(Owner), 권리(Right or Title) 그리고 필지(Parcel)로 구분하여 토지등록의 핵심연결실체(Core entities connected)로 나타냈다. 따라서 현재 국내의 지적학 전반에서는 소유자(Man), 권리(Right), 필지(parcel)를 지적제도의 3대 구성요소로서 나타내고 있지만 실질적으로 토지등록의 관계실체로서 나타내는 것이 바람직하다고 본다(J. L. G., Henssen, 1995 : 6., J. Kaufmann, and D. Steudler, 1998 : 27-28., J. Zevenbergen, 1998 : 130-145). 왜냐하면 어느 문헌에서도 지적제도의 3대 구성요소라는 표현을 쓰고 있지 않기 때문이며, 단지 3가지로 설명하고 있어 자의적인 해석에 의한 지적제도의 3대 구성요소라는 표현을 쓰는 것은 비약적이라 판단된다.

4 지적제도의 특징

지적제도의 특징은 권원등록제도의 선도적인 역할을 한 C. F. Brickdale경과 Dowson & Shepard 등이 언급한

① 안전성(security) ② 간결성(simplicity)
③ 정확성(accuracy) ④ 신속성(expedition)
⑤ 저렴성(cheapness) ⑥ 적합성(suitability)
⑦ 등록의 완전성(completeness)

등을 검토해 볼 수 있고, 또한 국제측량사연맹(FIG) 지적분과위원회에서 지적제도의 실질적인 성공을 측정할 수 있는 기준으로 제시한

① 안정성(security) ② 명확성과 간결성(clarity and simplicity)
③ 적시성(timeliness) ④ 공정성(fairness)
⑤ 접근성(accessibility) ⑥ 경제성 및 지속성(cost and sustainability)

등을 고려해 볼 수 있다. 한편 필지식별자(parcel identifier)의 특성으로

① 특정성(uniqueness)
② 영속성(permanence)
③ 간결성(simplicity), 정확성(accuracy), 융통성(flexibility), 경제성(economy), 접근성(accessibility), 유지관리의 용이(ease of maintenance), 지리적 위치의 기준(reference to geographic location)

등이 언급되고 있다.[25)]

따라서 각 학자 및 기관이 언급하는 내용 중 중복되는 특징과 중요성을 고려하여 검토하고자 한다.

25) P. D. Dale and J. D. McLaughlin, Land Information Management, Oxford : Clarendon Press, 1988, pp.39-42., International Association of Assessing Officers, Standard on Digital Cadastral Maps and Parcel Identifiers, 2003, p.10., D. D. Moyer and K. P. Fisher, Land Parcel Identifiers for Information System, American Bar Foundation(ABF-Chicageo), 1973, pp.51-64.

4.1 안전성(security)

토지소유자와 권리에 관련된 자는 권리가 일단 등록되면 불가침의 영역으로 안전성이 확보된다. 따라서 지적공부에 등록되는 필지별 권리, 제한사항 및 의무사항 등을 정확하게 등록하여 용이하게 파악하고 활용이 가능할 수 있도록 해야 할 것이다. 또한 국민의 재산을 등록 · 공시하는 중요한 공적 장부로서 화재 · 수해 · 지진 등 천재지변의 재난에 의하여 분실 · 소실 · 망실 등 불의의 사고가 발생할 경우, 즉시 복구가 가능하도록 지적공부와 관련 자료를 전자적으로 중복 작성하여 관리가 요구된다.

4.2 정확성(accuracy)

지적제도가 효과적으로 운영되기 위해서 요구되며 부정확한 등록은 유용측면에서 해를 끼친다. 즉 기술적 차원에서 국민의 재산권이 미치는 범위를 정확하게 조사 · 측량하여 지적공부에 등록 · 공시하는 지적제도는 정확성의 확보가 필연적이라 할 수 있다. 이는 측량성과에 대한 분쟁을 줄이고 경계분쟁에 관한 민원을 신속 · 정확하게 해소하기 위하여 정확성이 담보되어야 한다.

4.3 간결성(simplicity)

소유권 등록은 단순한 형태로 사용되어야 하며 절차는 명확하고 확실해야 한다. 즉 등록된 내용은 이해 및 사용이 쉬워야 함을 의미하고 가능한 한 절차가 간결해야 한다는 것이다. 또한 복잡하지 않고 이해하기 쉬운 지적제도의 운영은 발생할 수 있는 실수를 최소화할 수 있다는 것이다.

4.4 신속성(expedition)

신속성은 토지등록 절차에 관련된 것으로 신속하지 않을 경우 불평이 정당화되고 체계에 대한 비평을 받게 되어 신속성에 대한 인식이 중요하게 된다. 즉 신속성은 참여경로의 다양화가 가능하고, 현장과 사무실 작업이 동시에 이루어지는 환경이 되어야 하며, 장소에 구애받지 않고 필요한 정보의 접근이 가능해야 된다는 것이다.

4.5 저렴성(cheapness)

지적제도 운영의 경제성은 투입 대비 산출이 월등해야 하는 것으로 효율적인 소유권등록에 의해 소유권을 입증하는 것은 저렴성을 가져야 한다는 것이다. 즉 소급해서 권원(title)을 조사할 필요가 없기 때문이다. 또한 지적제도는 초기 투입비용이 상대적 많이 발생하므로 경제성을 확보하기 위해서는 비용회수 수단이 강구되어야 한다.

4.6 적합성(suitability)

현재와 미래에 발생할 상황이 적합하여야 하며 비용 · 인력 · 전문적인 기술에 유용하여야 한다. 적합성은 지적제도의 운영체계라 할 수 있는 주체, 객체, 형식에 부합되어야 함을 의미한다. 즉 토지의 등록 · 관리 · 공시를 수행하는데 요구되는 운영주체의 능력, 등록객체인 토지의 등록환경, 토지가 등록되는 일정한 형식 등이 연계적으로 적합할 때 지적제도의 운영은 효율적이고 효과적이라는 것이다.

4.7 완전성(completeness)

등록은 모든 토지에 대하여 완전해야 하고, 개별적인 구획토지의 등록은 실질적인 최근의 상황을 반영할 수 있도록 그 자체가 완전해야 한다. 즉 등록이 완전하게 될 때까지 등록되지 않은 구획된 토지는 등록된 토지와 중복될 여지가 있고 각각 적용되는 법률도 다르게 되어 재산권 행사에 여러 가지 제약을 받을 수 있다는 것이다.

표 4-2 지적제도의 특징(성공기준)

특 징	주 내용
안전성(Security)	토지소유자와 권리에 관련된 자는 권리가 일단 등록되면 불가침의 영역으로 안전성이 확보된다.
간결성(Simplicity)	소유권 등록은 단순한 형태로 사용되어야 하며 절차는 명확하고 확실해야 한다.
정확성(Accuracy)	지적제도가 효과적으로 운영되기 위해서 요구되며 부정확한 등록은 유용측면에서 해를 끼친다.
신속성(Expedition)	토지등록 절차에 관련된 것으로 신속하지 않을 경우 불평이 정당화되고 체계에 대한 비평을 받게 되어 신속성에 대한 인식이 중요하게 된다.
저렴성(Cheapness)	효율적인 소유권등록에 의해 소유권을 입증하는 것은 저렴성을 내포한다. 즉 소급해서 권원(title)을 조사할 필요가 없기 때문이다.
적합성(Suitability)	현재와 미래에 발생할 상황이 적합하여야 하며, 비용 · 인력 · 전문적인 기술에 유용하여야 한다.
완전성(Completeness)	등록은 모든 토지에 대하여 완전해야 하고, 개별적인 구획토지의 등록은 실질적인 최근의 상황을 반영할 수 있도록 그 자체가 완전해야 한다.

참고문헌

지적의 어원

김석종, 1984, "지적의 어원에 관한 소고", 「지적」, 제108호, 한국국토정보공사.

김영학, 2005, "지속가능한 발전을 위한 토지관리 방향", 「지적」, 제35권 제2호, 한국국토정보공사.

______, 2009, "토지관리 교육의 패러다임 변화에 관한 연구", 「한국지적학회지」, 제25권 제1호, 한국지적학회.

류병찬, 2006, 「최신 지적학」, 서울 : 건웅출판사.

박순표 외 2, 1993, 「지적학개론」, 서울 : 형설출판사.

Bennett, Cal, Robert, 1986, The Feasibility of Assessment Information Systems As Nuclei for Development of Multipurpose Cadastral Land Information System, Ph. D. Dissertation, University of Washington.

Dale, P. F. 1976, Cadastral Surveys within the Commonwealth, HMSO, London.

Dawood, Mohamed Ali, 1987, Concept of System Modeling for Land-related Information, Ph. D. Dissertation, The University of Wisconsin, Madison.

Ilmoor D., 1954, Cadastro Agricola, Instituto Nacional Agronomico.

Larsson, Gerhard, 1991, Land Registration and Cadastral Systems, N.Y. : John Wiley & Sons, Inc.

Maudsley, R. H. and Burn, E. H, 1980, Land Law, Fourth edition, London : Butterworths.

McEntyre, J. G. 1978, Land Survey System, New York : produce university press.

McLaughlin, J. D., 1975, The Nature, Design and Development of Multipurposse Cadastres, Ph. D. Dissertation, University of Wisconsin, Madison.

National Research Council, 1983, Standards for Multipurpose Cadastre, Washington D. C : National Academy Press.

National Research Council, 1980, Need for Multipurpose Cadastre, Washington D. C. : National Academy Press.

Simmerding, F. Von, 1969, Verwendung and Kerkunft des wortes Kataster, Z. Vermessungswesen 94, Verlag Konrad Wittwer, Stuttgart, Germany.

Simpson, S. R. 1976, Land Law and Registration, Cambridge : Cambridge Univ. Press.

Sternberg Harald and Christoph Hrebs, 2008, "New Perspectives for Geomatics Bachelor and Master Education at the Hafen City University Hamburg", Integrating Generations, FIG Working Week 2008, Stockholm, Sweden, 14-19 June 2008.

UN/FIG, 2001, The Nairobi Statement on Spatial Information for Sustainable Development, FIG Publication No. 30, October 2001.

Uzel, T. 1983, Cadastre Problem of Turkey, FIG XVII International Congress, Sofia, Bulgaria, 19-28 June, 1983.

지적의 정의

강태석, 1984, "토지기록전산화의 개발방향", 「사회과학논총」 제2집, 청주대학교 사회과학연구소.

강태석, 1994, 「지적측량학」, 서울 : 형설출판사

고려대학교 민족문화연구원, 2009, 고려대한국어대사전, 서울 : 고려대학교 민족문화연구원.

교육서관 편집부, 1990, 국어대사전, 서울 : 교육서관.

금성출판사 편집부, 1991, 국어대사전, 서울 : 금성출판사.
김감래 외 3인, 2007, "3차원 지적제도 도입을 위한 지적측량 및 지적등록 방안 연구", 한국국토정보공사 지적연구원.
김갑수, 1988, 「지적행정학개론」, 서울 : 신라출판사.
김영학, 2001, 「지적행정」, 공무원교육교재 충청북도지방공무원교육원.
김영학, 2007, "토지조사사업에 따른 새로운 지적공부 작성방안 연구", 「지적」, 제37권 제1호, 한국국토정보공사.
남궁근, 2010, 「행정조사방법론」, 서울 : 법문사.
來璋, 1981, 「土地行政學」, 臺北 : 中國地政研究所.
한국국토정보공사 지적기술연구원, 1998, 「지적 2014 : 미래지적제도의 비전」.
한국국토정보공사 FIG 추진기획단, 1999, 「지적관련 논문집 : FWW 1999」.
류병찬, 1991, 「지적법」, 서울 : 남광출판사.
류병찬, 1999, "한국과 외국의 지적제도의 비교연구", 박사학위청구논문, 단국대학교 대학원.
류병찬, 2006, 「최신 지적학」. 서울 : 건웅출판사.
박순표 외 2, 1993, 「지적학개론」, 서울 : 형설출판사.
서울특별시, 2009, 입체지적 기반조성사업 완료보고서.
원영희, 1979, 「지적학원론」, 서울 : 홍익문화사.
이범관, 1996, "한국지적제도에 관한 연구", 박사학위청구논문, 단국대학교 대학원.
이범관, 1998, "지적연구", 「한국지적학회지」, 제15권 제1호, 한국지적학회.
이왕무, 1999, "지적민원행정의 운영 실태와 개선방안에 관한 연구", 박사학위청구논문, 전주대학교 대학원.
이정우, 2008, "다양성에 대한 학생과 학부모의 태도", 「사회과 교육」, 제47권 3호, 한국사회과교육연구학회.
이희승 편저, 1986, 국어대사전, 서울 : 민중서림.
지종덕, 2001, 「지적의 이해」, 서울 : 기문당.
최용규, 1990, "지적이론의 발생설과 개념정립", 「도시행정연구」, 제5집, 서울시립대학교
한국어사전편찬위원회 편저, 1991, 국어대사전, 서울 : 도서출판 삼성문화사.
Abrams M. H., 최상규 역, 1990, 문학용어사전, 서울 : 보성출판사.
ACSM, 2005, Definitions of Surveying and Associated Terms, American Society for Photogrammetry and Remote Sensing, American Congress on Surveying and Mapping and American Society of Civil Engineers, N. Y. : ASCE publications.
Agnes, M.E., 2010, Webster's New World College Dictionary, Cleveland, Ohio : John Wiley & Sons, Inc.
Berry, J. K., 1995, Beyond Mapping Concepts, Algorithms and Issues in GIS, GIS World Books, Fort Collins, USA.
Bouvier, J., 1856, a law dictionary, Revised Sixth Edition, Philadelphia : Childs & Peterson.
Catherine Farvacque-Vitković, 2005, Street addressing and the management of cities, World Bank, Washington D.C.
Dale, P. F. & McLaughlin J. D., 1988, 「Land Information Management」, Oxford : Clarendon Press.
Dalrymple, k., 2005, Expanding rural land tenures to alleviate poverty, Ph. D. Disseration, University of Melbourne.
Dowson, S.E. and Sheppard, V.L.O., 1952, Land registration, Colonial Research Publications No.13. Her Majesty's Stationery Office, London, UK.
FAO, 1995, FAO Land Tenure Studies 1 – Cadastral suveys and records of rights in land, Rome : FAO.
FIG, 1995, Statement on the Cadastre, Report prepared for the International Federation of Surveyors by Commission 7 (Cadastre and Land Management), FIG Publication, No.11, Canberra, Australia.
Friedman, J.P, 2000, Dictionary of Business Terms, N. Y. : Barron's Educational Series, Inc.
Harper Collins, 2003, Collins English Dictionary – Complete and Unabridged, UK : Harper Collins.

Hawerk, W. 1995, "Grundbuch and Cadastral Systems in Germany, Austria and Switzerland", Modern Cadastres and Cadastral Innovations, Commission 7 (Cadastre and Rural Land Management), the International Federation of Surveyors (FIG), Delft, The Netherlands, May 1995.

Henssen, J. L. G., 1974, "Cadastre and their Relationship with Real Property Assessment", concepts of the Modern conference Ottawa : ontario, 23–24 October 1974.

Henssen, J. L. G., 1995, "Basic Principles of the Main Cadastral Systems in the World", In proceedings of the one-day seminar on Modern Cadastres and Cadastral Innovations held during the annul meeting of Commission 7 of the FIG, The Netherlands, 16 May 1995, Delft.

Houghton Mifflin Harcourt, 2009, The American Heritage Dictionary of the English Language, Fourth Edition, Boston, M. A. : Houghton Mifflin Harcourt.

Kaufman, J. and Steudler, D., 1998, "Cadastre 2014 : A Vision for Future Cadastra System", International Federation of Surveyors Commision 7, Brighton, Switzerland, 19–25 July 1998.

Larrson, G., 1991, Land Registration and Cadastral Systems, New York : Longman Scienrific & Technical.

Mayhew, Susan., 2004, Oxford Dictionary of Geography, USA : Oxford University press.

McEntryer, J. G., 1978, 「Land Survey System」, New York : produce university press.

National Research Council, 1980, 「Need for Multipurpose Cadastre」. Washington D. C. : National Academy Press.

Nichols, S. E, 1993, Land Registrarion: Managing Information for Land Administration, Ph.D. dissertation, Department of Surveying Enginnering Technical report No. 163, University of New Brunswick, Fredericton, New Brunswick, Canada.

Nkwae, B., 2006, Conceptual framework for modeling and analyzing periurban land problems in southern Africa, Ph. D. Disseration, University of New Brunswick.

Rui Pedro JULIO, Catarina ROQUE and Jose Pedro NETO, "SiNErGIC · A new approach to cadastre", Facing the Challenges – Building the Capacity, FIG Congress 2010, Sydney, Australia, 11–16 April 2010.

Shashi Shekhar, Hui Xiong, 2008, Encyclopedia of GIS(a definition of cadastre by Stubjær, E.), New York : Springer.

Silva, M. A. and Stubkjær, E., 2002, "A review of methodologies used in research on cadastral development", Computers, Environment and Urban Systems, Vol. 26, No. 5

Silva, M.A., 2005, Modeling causes of cadastral development – cases in Portugal and Spain during the last two decades, Ph. D. Disseration, a Aalborg University.

Simpson, S. R., 1984, Land Law and Registration, London : Surveyors publication.

Simpson, S. R., 1976, 「Land Law and Registration」, Cambridge : Cambridge University Press.

Stephen Glazier, 2010, Random House Word Menu, New York, U.S : Write Brothers Inc.

Steudler, D., 2004, A framework for the evaluation of land administration systems, Ph. D. Disseration, a University of Melbourne.

The C. & G. Merriam Co., 1998, Webster' s Revised Unabridged Dictionary(Published 1913), Plainfield, NJ. : MICRA, Inc.

Ting, L.A., 2002, Principles for and integrated land administration system to support sustainable development, Ph. D. Disseration, University of Melbourne.

UNECE, 1996, Land administration guidelines with special reference to countries in transition, Geneva : UNECE.

Williamson, I.P., 1985, "Cadastres and Land Information Systems in Common Law Jurisdictions", Survey Review, Vol.217, No.28.

World Bank, 2009, Mineral Rights Cadastre, Extractive Industries for Development Series 4, June 2009, The International Bank for Reconstruction and Development, Washington, DC, U.S.A : The World Bank.

Zevenbergen, J., 1998, The Interrelated Influence of Technical, Legal and Organisational Aspects on the Functioning of Land Registrations(Cadastres), FIG XXI International Congress, Brighton : FIG.

Zevenbergen, J., 2002, A system Approach to Land Reistration and Cadastre, FIG XXII International Congress, Washington, D.C, USA, April 19-26, 2002.

Zevenbergen, J., 2002, Systems of land registration, aspects and effects, Ph. D. Disseration, Delft University of Technology.

Zhang Lingling, 2010, "Definition and Representation of Property Volume of Three Dimensional Cadastre", Journal of Geo-Information Science(China), 2010, No.2.

지적의 발생설

김옥근, 1980, 「한국토지제도사연구」, 서울 : 대왕사.

민석홍, 1986, 「서양사개론」. 서울 : 삼영사.

민석홍 · 나종일, 1986, 「서양문화사」, 서울 : 서울대학교출판부.

이범관, 1996, "한국지적제도에 관한 연구", 박사학위청구논문, 단국대학교 대학원.

조좌호, 1980, 「서양문화사」, 서울 : 박영사.

최용규 외 2, 1993, 「지적학개론」, 서울 : 형설출판사.

최용규, 1990, "지적이론의 발생설과 개념정립", 「도시행정연구」, 제5집, 서울시립대학교

Dale, P. F., and McLaughlin, J. D. 1988, 「Land Information Management」, Oxford, Clarendon Press. p.46.

Larsson, Gerhard, 1991, Land Registration and Cadastral Systems, N.Y. : John Wiley & Sons. Inc., p20.

National Research Council, 1980, 「Need for Multipurpose Cadastre」, Washington D.C : National Academy Press.

Simpson, S. R., 1976, 「Land Law and Registration」, Cambridge : Cambridge University Press.

지적의 발달단계별 형태

김갑수, 1988, 「지적행정학개론」, 서울 : 신라출판사.

원영희, 1990, 「지적학원론」, 서울: 신라출판사.

최용규 외 2, 2000, 「지적학개론」, 서울 : 형설출판사.

한국지적학회, 1987, "지적공부 재작성을 위한 재조사방안연구".

McLaughlin J. D., 1975, "The Nature, Function and Design Concepts of Multi-Purpose Cadastres", PH. D. Dissertation, University of Wisconsin.

Moyer D. D., 1979, "Multi-Purpose Land Data System" in D. D. Moyer ed., Monitoring Foreign Ownership of Real Estate, A Report to the Congress, Vol.2. Washington D.C. : U. S. Department of Agriculture.

National Research Council, 1980, 「Need for Multipurpose Cadastre」. Washington D.C. : National Academy Press.

Robert Bennett Cal, 1986, "The Feasibility of Assessment Information System As Nuclei for Development of Multipurposs Cadastral Land Information Systems", PH. D. Dissertation, Dept. University of Washington.

학문으로서의 지적

권경득, 1996, 한국행정학의 연구경향에 관한 실증적 연구, 「한국행정학보」, 제30권 제4호, 한국행정학회.

김광웅, 1988, 「행정과학사설」, 서울 : 박영사.

김규정, 2001, 「행정학원론」, 서울 : 법문사.

김영학, 2005, "지속가능한 발전을 위한 토지관리 방향", 「지적」, 제35권 제2호, 한국국토정보공사.

김윤섭, 2006, 「교육학 강의」, 서울 : 한울출판사.

김재기, 2001, 「행정학」, 서울 : 법문사.

박동서, 2001, 「한국행정론」, 서울 : 법문사.

박성복 · 이종렬, 2001, 「정책학강의」, 서울 : 대영문화사.

방경식, 1993, 「부동산학개론」, 서울 : 범론사.

백완기, 2001, 「행정학」, 서울 : 박영사.

신두범, 1997, 「행정학원론」, 서울 : 박영사

신상준, 1988, 「행정학원론」, 대구 : 대구대학교 출판부.

오석홍, 1995, 「행정개혁론」, 서울 : 박영사.

이병렬 · 박기관, 2002, 한국지방자치학 분야의 연구경향 분석, 「한국지방자치학보」, 제14권 제1호, 한국지방자치학회.

이재은, 2006. 한국행정학회 조직연구 경향 실증분석, 「한국조직학회보」. 제3권 제2호, 한국조직학회.

정세욱, 1984, 「지방행정학」, 서울 : 법문사.

조성준, 1992, 「한국행정학」, 서울 : 박영사.

최용규, 1987, "현대지적이론의 체계화 구상", 「사회과학논총」, 제7집, 청주대학교 사회과학연구소.

최용규, 1991, "현대지적이론의 체계화 구상(Ⅱ)", 「사회과학논총」, 제10집, 청주대학교 사회과학연구소.

Leikness Arve, 2008, "Education in Land Administration and Surveying in Bergen University College, Norway", Integrating Generations, FIG Working Week 2008, Stockholm, Sweden, 14-19 June 2008.

Allensworth, Don, 1973, Public Administration, Puiladelphia : J. B. Lippincott.

Blankenship, L. Vaughn, 1971, "Public Administration and the Challenge to Reason", in Dwight waldo(ed.), Public Administration in a Time of Turbulence, Scranton : Chandler.

BORGES Klas ERNALD, 2007, "Changes and Tendencise in European University Education in Land Surveying", GeoCongress Quebec, Canada, 2-5 October 2007.

CELIK Rahmi et al., 2006, "Geomatics Engineering Education at NYUA, Greece and ITU, Turkey : A Compare and Contrast", Shaping the change, XXIII FIG Congress, Munich, Germany, 8-13 October 2006.

David. E.A., 1958, "A comparative Method for the study of Politics", The American Journal of Sociology.

Dimock, Marshall E., 1936, The Meaning and Scope of Public Administration, in John M. Gaus, Leonard D. White and Marshall E. Dimock(eds.), The Frontiers of Public Administration, Chicago : University of Chicago Press.

Dyke, Veron Van, 1960, Political Science : A Philosophical Analysis, University of Chicago Press.

Enemark Stig, 2001, "Land Administration Infrastructure for Sustainable Development", International Conference on spatial Information for Sustainable Development, Nairobi, Kenya, 2-5 October 2001.

Hovhannishan Varazdat and Sargis Stepanyan, 2008, "Higher Education in Real Estate Economic and Management in Armenia", Integrating Generations, FIG Working Week 2008, Stockholm. Sweden, 14-19 June 2008.

Jaton Annick and Yvan Bedard, 2006, "Laval University - Reinventing Surveying and Geomatics Education in Canada since 1907", Shaping the Change, XXIII FIG Congress, Munich, Germany, 8-13 October 2006.

Kuhn Thomas, 1962, 「The Structure of Scientific Revolution」, Chicago : University of Chicago Press.

Lee Dong Hyun and Kim Young Hag, 2008, "Change of Cadastral Policy-making Structure and Its Perspective in Korea", The 6th International Cadastral Symposium, International Society of Cadastre and Korea Cadastral Survey Corp., Kintex, Korea, 8-10 October 2008.

Mair A, 1986, "Thomas Kuhn and Understanding Geography", Progress in Human Geography 10.

Mattson Hans, 2007, "University Education for Land Tenure Development", FIG Working Week

2007, Hong SAR, China, 13-17 May 2007.

Mitchell David and Stig Enemark, 2008, "Land Administration and Management in South East Asia-Considering the Role of Higher Education", Integrating Generations, FIG Working Week 2008, Stockholm, Sweden, 14-19 June 2008.

Molen Paul van der et al. 2006, "New : A School for Land Administration Studies", 15. Shaping the change, XXIII FIG Congress, Munich, Germany, 8-13 October 2006.

National Research Council, 1983, 「procedures and standards for on Multipurpose Cadastre」 Washington D. C. : National Academy.

Newsome Glendon, 2006, "Surveying Education and Training in Jamaica", Shaping the Change, XXIII FIG Congress, Munich, Germany, 8-13 October, 2006.

Pfiffner, John M. and Robert Presthus, 1967, Public Administration, 5th ed. NY : The Ronald Press Company.

Rosenbloom, D., 1989, Public Administration : Understanding Management, Politics and Law in the Public Sector, 3rd ed., NY : Macgraw-Hill.

Simpson, S. R., 1976, 「Land Law and Registration」, Cambridge : Cambridger University Pres..

Sopha Soun, Jan-Peter Munf and Vung Setha, 2006, "Professional Education Program for Land Management and Land Administration in Cambodia", Shaping the change, XXIII FIG Congress, Munich, Germany, 8-13 October 2006.

Sternberg Harald and Christoph Krebs, 2008, "New Perspectives for Geomarics Bachelor and Master Education at the Hafen City University Hamburg", Integrationg Generations, FIG Working Week 2008, Stockholm, Sweden, 14-19 June 2008.

UN/FIG, 2001, 「The Nairobi Statement on Spatial Information for Sustainable Development」, FIG Publication No.30, Octover 2001.

UN-ECE, 1996, 「Land Administration Guideline」, Geneva.

Williamson Ian P, Stig Enemark and Jude Wallace, 2005, 「Sustainability and Land Administration systems」, Proceedings of the Expert Group Meeting, Melbourne, Australia, 9-11 November 2005.

Williamson Ian P., 2001, "Land Adminstration "Best Practice" Providing the Infrastructure for Land Policy Implementation", Journal of Land Use Policy 18, 2001.

Williamson Ian P., 2005, "The Future Role of The Cadastre", 「지적혁신엑스포 학술발표논문집」, 한국국토정보공사.

지적의 원리

김영학, 2006, 「지적행정론」, 서울 : 성림출판사.

박순표 외 2, 2000, 「지적학개론」, 서울 : 형설출판사.

정세욱, 1984, 「지방행정학」, 서울 : 법문사.

최용규 외, 1987, "토지등록을 위한 지적측량의 특성에 관한 연구", 청주대학교 사회과학연구소.

최용규, 1988, "현재지적이론의 체계화 구상", 「사회과학논총」, 제7집, 청주대학교 사회과학연구소.

Dale, P. F, 1983, "Boundaries and surveys", FIG International congress(Sofia Bulgaria : June 19-28).

Mclau G. T., 1984, "다목적 지적제도의 위치", 「FIG 지적논문집 제17차」, 한국국토정보공사.

Wirte, H, 1984, "루마니아 수치지적의 자동화처리", 「FIG 지적논문집 제17차」, 한국국토정보공사.

지적의 성격

김영학, 2006, 「지적행정론」, 서울 : 성림출판사.

김태영 · 김영학, 2000, "지적정보의 활용조건에 관한 연구", 「충청대학논문집」, 제18집, 충정대학교.

박순표 외 2, 1993, 「지적학개론」, 서울 : 형설출판사.

백완기, 1999, 「행정학」, 서울 : 박영사.

안태호, 1987, 「마케팅론」, 서울 : 법문사.

유영옥, 1987, 「행정학」, 서울 : 세룽사.

최용규, 1984, "한국지적행정의 문제점과 개선에 관한 연구", 「사회과학논총」, 제2집, 청주대학교 사회과학연구소.

최용규, 1984, 「신부동산중개론」, 서울 : 형설출판사.

최용규, 1985, "지적불부합", 「사회과학논총」, 제3집, 청주대학교 사회과학연구소.

최용규, 1988, "현재지적이론의 체계화 구상", 「사회과학논총」, 제7집, 청주대학교 사회과학연구소.

하미승, 1996. 「행정정보체계론」, 서울 : 법문사.

National Research Council, 1980, 「Need for Multipurpose Cadastre」, Washington D.C. : National Academy Press.

Simpson, S. R., 1976, 「Land Law and Registration」, Cambridge : Cambridge University Press.

지적의 기능

류병찬, 2006, 「최신 지적학」, 서울 : 건웅출판사.

원영희, 1972, 「지적학」, 서울 : 보문출판사.

이범관, 1997, "지적제도의 구성요소와 기능연구", 「지적연구」, 제16호, 단국대학교 지역연구소

지종덕, 2001, 「지적의 이해」, 서울 : 기문당,

박순표 외 2, 1993 , 「지적학개론」, 서울 : 형설출판사.

최용규, 1988, "현재지적이론의 체계화 구상", 「사회과학논총」, 제7집, 청주대학교 사회과학연구소.

Larsson, G., 1975 "Social and Administrative Functions of a Cadastre : Environmental Studies, planning and Administration", The canadian Surveyor, 29(1).

National Research Council, 1980, 「Need for a Multipurpose, Cadastre」, Washington D.C : National Academy Press.

Simpson, S. R., 1976, Land Law and Registraion, Cambridge : Cambridge University Press.

지적제도의 유형

김갑수, 1982, 「지적행정학개론」, 서울 : 신라출판사.

김영학, 2007, "토지조사사업에 따른 새로운 지적공부 작성방안 연구". 「지적」, 제37권 제1호, 한국국토정보공사.

한국국토정보공사, "U-지적을 위한 3차원 디지털 지적제도 도입", 2005,

류병찬, 「최신 지적학」, 서울 : 건웅출판사, 2006.

박순표 외 2, 1993, 「지적학개론」, 서울 : 형설출판사.

이범관, "한국의 지적제도에 관한 연구", 박사학위논문, 단국대학교 대학원, 1996.

이범관, 1999, "지적연구", 「한국지적학회지」, 제15권 제1호, 한국지적학회.

Allen, J., 1984, "Towards a General Theory of Action and Time", Artificial Intelligence, 23(2).

Al-Taha, Khaled K. A., 1992, "Temporal Reasoning in Cadastral System", Ph. D. Dissertation, University of Main.

Dean, T. and D. McDermott, 1987, "Temporal Data Base Management", Artificial Intelligence, 32.

Egenhofer, M. J., 2006, GeoSpatial Lifelines, in: Spatial Data: mining, prosessing and communicating, Abstracts Collection Dagstuhl Seminar, eds : Jorg-Rudiger Sack, Monika Sester, Michael Worboys3 and Peter van Oosterom.

Henssen, J. L. G, 1988, 「Administrative and legal aspects of Land Registration/ Cadastre」, (ITC Lecture Note).

Langran, G., 1992, Time in Geographic Information System, London : Taylor & Francis.

McLaughlin J. D., 1975, "The Nature, Function and Design Concepts of Multi-Purpose Cadastres", PH. D. Dissertation, University of Wisconsin.

Oosterom van, peter, Hendrik Ploeger, J. E. Stoter, Rod Thompson, and Christiaan Lemmen, 2006, "Aspect of a 4D Cadastre : A First Exploration", XXIII FIG Congress, Shaping the change, Munich, Germany, October 8-10, 2006.

Snodgrass, R., 1987, "The Temporal Query Language TQuel", ACM Transaction on Database Systems, 12(2).

Stoter, J. E., 2004, 3D Cadastre, Ph. D. Dissertation, TU Delft, the Netherlands.

지적의 구성요소

김갑수, 1982, 「지적행정학개론」, 서울 : 신라출판사.

김영학, 2008, "지적공부의 형식에 관한 연구", 한국사회과학연구 제30권 제 1호, 청주대학교 사회과학연구소.

박순표 외 2, 1993, 「지적학개론」, 서울 : 형설출판사.

원영희, 1972, 「지적학」, 서울 : 보문출판사.

이범관, 1997, "지적제도의 구성요소와 기능연구", 「지역연구」, 제16호, 단국대학교 지역연구소.

Dale, P. F., and J. D. McLaughlin, 1988, 「Land Information Management」, Oxford : Clarendon Press.

Dawood Mohamed Ali, 1988, Concept of system modeling for land-related information, Ph. D. Dissertation, University of Wisconsin.

Henssen J. L. G., 1995, "Basic Principles of the Main Cadastral Systems in the World", Modern Cadastres and Cadastral Innovations, FIG, Delft, The Netherlands, 16 May 1988.

Henssen, J. L. G, 1988, 「Administrative and legal aspects of Land Registration/Cadastre」, (ITC Lecture Note).

Kaufmann J. and Steudler D., 1988, Cadastre 2014 : A Vision for a Future cadastral system, FIG, 19-25 July 1988.

Zevenbergen J., 1988, The Interrelated Influence of the Technical, Legal and Organisational Aspects on the Functioning of Land Registrations(Cadastres), FIG XXI International Congress, Brighton : FIG.

지적제도의 특징

박순표 외2, 1993, 「지적학개론」, 서울 : 형설출판사.

Simpson, S, R., 1976, 「Land Law and Registration」, Cambridge : Cambridge University Press.

FIG, 1995, Statement on the Cadastre, FIG Bureau.

Dale P. D. and McLaughlin J. D., Land Information Management, Oxford : Clarendon Press, 1988.

International Association of Assessing Officers, Standard on Digital Cadastral Maps and Parcel Identifiers, 2003.

Moyer D. D. and Fisher K. P., Land Parcel Identifiers for Information System, American Bar Foundation (ABF-Chicageo), 1973.

CHAPTER 02

제 02편

지적제도의 발달

SECTION

05 우리나라의 지적제도

1 상고시대

1.1 고조선

고조선시대에서는 균형 있는 촌락의 설치와 토지분급 및 수확량의 파악을 위하여 정전제(井田制)를 실시하였으며[26], 이에 따르면 소득의 1/9을 세로 하였다. 또한 수장격인 풍백(風伯)의 지휘를 받아 봉가(鳳加)가 지적을 담당하였고 측량실무는 오경박사가 시행하였다. 한편 오경박사(五經博士) 우문충(宇文忠)이 토지를 측량하고 지도를 제작하였으며 유성설(遊星設)을 저술하였다(박순표 외, 1993 : 83-84., 고동영 역, 1986 : 125). 정전제는 일종의 토지구획정리나 경지정리와 유사하다고 볼 수 있지만 목적이나 구획설정 방법 및 배분내용에서는 다소의 차이가 있다고 판단된다.

1.2 부여(夫餘) · 예(濊)

부여에서는 행정구역제도로서 수도를 중심으로 영토를 사방으로 구획하는 사출도(四出道)란 구획방법을 시행하였고 국왕은 사출도를 맡는 사가(史家)를 통솔하였는데, 이 사출도를 시공할때 간단한 측량을 하였을 것으로 본다. 예에서는 각 읍락 간에 토지의 구분소유법령이 존재하였다(김종현, 1977 : 69-72, 박순표외 1993 : 84).

26) 정전법을 시행했다는 내용으로 단기고사에 의하면 "奇子朝鮮 制1世 西余 元年에 微西에게 명을 내려 정전법을 만들어 공포하고 백성들에게 농사일에 힘쓰도록 독려하였으며, 납세의 의무를 알게 하여 소득의 9분지의 1을 바치게 하였다"로 언급하고 있다(고동영 역, 1986 : 125).

2 삼국시대

2.1 지적제도

1) 개요

고구려에서는 길이 단위로 척(尺)을 사용하였으며 면적단위로는 경무법(頃畝法)[27]을 사용하고 구장산술(九章算術)에 의한 방전장(方田章)과 구고장(句股章) 등의 면적측량법을 이용하였다(강진철, 1983 : 363). 특히 국토를 조사 수록한 봉역도(封域圖)와 요동성총도(遼東城塚圖)가 있었는데 이 지도는 군사작전상, 행정상 필요에 의하여 작성되었다.

백제에서는 길이 단위로 척(尺)을 사용하였으며 면적단위로는 두락제(斗落制)와 결부제(結負制)를 사용하였고 구장산술에 의한 면적측량법을 수행하였다. 특히 토지도면으로 근강국수소간전도(近江國水沼墾田圖)가 지금까지 전해오고 있으며, 이런 사실은 백제 무녕왕릉의 지석이면에 새겨진 방위도인 능역도(陵域圖)와 신과의 묘지매매에 관한 문기(文記)에 나타난 묘지한계의 표시로 방위간지(方位干支)를 사용한 것으로 알 수 있다(김종현, 1977 : 68-71).

Zoom in

근강국수소간전도(近江國水沼墾田圖)

① 의의 : 토지를 측량하여 소유자 및 경지의 위치를 표시한 도적(圖籍)

② 특징

- 백제가 전해 준 일보의 飛鳥文化(4~7세기)에서 알 수 있음
- 세계 최고의 지적도로 봄

능역도(陵域圖)

백제 무녕왕능(武寧王陵)의 지석이면(誌石裏面)에 새겨진 방위도(方位圖)

방위간지(方位干支)

신과의 묘지매매에 관해 문기(文記)에 나타난 묘지한계의 표시

---

27) 경무법(頃畝法)은 중국에서 사용한 면적계산법으로 100보가 1무, 100무가 1경이며, 1보장의 길이는 나라마다 각각 조금씩 달랐다(박순표 외, 1993 : 84).

신라에서는 길이 단위로 척(尺)을 사용하였으며 면적단위로는 결부제(結負制)를 사용하였고, 구장산술에 의한 면적측량법을 실시하였다. 신라의 토지제도로서 사전, 관료전, 녹전, 정전, 구분전의 제도가 있었고, 이러한 토지에 대하여 토지의 면적과 소재, 위치 등을 명확히 밝히는 토지측량술이 발달하였으며, 산학박사(算學博士)가 가르친 구장산술 방전장 내용에는 토지를 방전, 직전, 구고전, 규전, 제전, 원전, 호전, 환전 등의 형태로 설정하고 있었다(김종현, 1978 : 88-91).

표 5-1 **고구려 · 백제 · 신라 지적제도 비교**

구 분	고구려	백제	신라
길이단위	尺	尺	尺
면적단위	頃畝法	斗落制, 結負制	結負制
토지도면	봉역도, 요동성총도	圖籍 (근강국수소간전도 - 일본에 전래)	
측량방식	구장산술	구장산술	구장산술
담당조직	부서 : 주부(主簿) 실무 : 사자(使者)	부서 : 內頭在平 실무 : 算學博士,書師	부서 : 稟主, 倉部 실무 : 算學博士

2) 지적관련 부서

고구려의 지적관련 부서로는 위지(魏志)의 주부(主簿), 주서(周書)의 조졸(烏拙), 수서(隨書)의 조졸(烏拙), 당서(唐書)의 울절(鬱折), 한원(翰苑)의 울절(鬱折) 등이 있으며 실무담당자로는 산하기관의 사자(使者)가 있다. 특히 주부는 국왕 · 대노 · 패자 밑에서 왕명의 출납이나 문서 및 부적을 정리하는 사무를 담당하는 관직으로서 이는 중앙집권적 국가체제가 확립된 후에 생긴 관직명이며 중국적인 색채가 농후하였다(정시채, 1986 : 39). 사자는 원래 조

표 5-2 **고구려의 지적관련 부서**

魏志	周書	隋書	唐書	翰苑	비고
主簿	烏拙	烏拙	鬱折	鬱折	실무담당자로는 각각의 使者 류로 볼 수 있음
使者	太大使者 大使者 小使者	太大使者 大使者 小使者	太大使者 大使者 上位使者 小使者	太大使者 大使者 拔位使者 上位使者	

출처 : 김영학, 1996 : 72

부를 거두어들이는 사람의 뜻으로 현재의 과세담당을 일부 관장하였을 것으로 보이며, 태대사자 · 대사자 · 발위사자 · 상위사자 등은 행정적인 관리출신이 그들의 지위에 따라 여러 관등으로 분화 · 편제된 것이었다. 따라서 사자 류의 관등에 차이가 나는 것은 그들의 직위에 따라 사무분담과 품계의 차별화를 통한 관료조직의 특성을 보여준다고 할 것이다.

백제의 지적관련 부서로는 한성시대와 사비시대로 구분하여 살펴볼 수 있다.[28] 한성시대에는 6좌평 중 내두좌평(內頭佐平)에서 재무 · 회계를 담당하였고, 사비시대에는 내관 12부 중 곡내부(穀內部)에서 양정(糧政)을, 육부(肉部)에서 토목공사를, 또한 외관 10부 중 점구부(點口部)에서 호구파악 및 노동력 징발관계를, 사공부(司空部)에서 토목 · 재정관계를 맡아보았다(변태섭, 1993 : 109, 김영학, 1996 : 77). 한편 실무담당자로는 내두좌평 관할 하에 산학박사(算學博士)를 두어 지적과 측량을 관리하도록 하였다.

표 5-3 **백제의 지적관련 부서**

구분 / 기관	한성시대	사비시대				비고
		內官		外官		
擔當部署	內頭佐平	穀內部	本部	點口部	司空部	실무담당자로 내두좌평 관할하의 산학박사(算學博士)
業務內容	財務會計	糧政	土木 工事	戶口 把握 및 租稅業務	土木 事業 및 財政業務	

출처 : 삼국사기 백제본기, 증보문헌비고 직관 고1 백제, 참고 작성

신라의 지적관련 부서로는 통일전후로 나누어 살펴볼 수 있다. 통일 전에는 품주(稟主)에서 행정전반에 관한 사항을 관장하였고, 세부적으로 기밀사무, 왕명출납, 토지업무, 조세업무 등을 담당하였고 진평왕 6년(584)에 조부(調府)가 분치되어 토지업무와 조세업무를 관장하였다(정시채, 1986 : 65, 김영학, 1996 : 79).

통일 후에는 진덕왕 5년(651)에 품주(稟主)에서 분치된 창부(倉部)는 효소왕 8년에 5등 관제로 된 관부로 창부령(倉部令)과 창부경(倉部卿)은 토지에 관한 업두, 토지에서 조세를 거두고 또 그것의 저장 등을 관장한 것으로 보인다.[29] 한편 국학에 산학박사(算學博士)를 두어 고도의 수학지식으로 토지측량과 면적측량에 관련된 사무에 종사케 하였다.

28) 백제의 행정조직은 한성시대조직과 사비천도 이후의 조직으로 나눌 수 있으며, 한성시대는 건국 이후부터 무녕왕 때까지의 행정조직을, 사비천도 이후의 행정조직은 성왕 때부터 백제말기까지의 관제를 말한다.

표 5-4 신라의 지적관련 부서

<table>
<tr><th>구분</th><th>統一前</th><th colspan="3">統一後</th><th>비고</th></tr>
<tr><td rowspan="2">擔當部署
및 業務</td><td rowspan="2">稟主
(機密事務, 王命出納,
土地業務, 租稅業務)
↓
調府
(土地業務, 租稅業務)</td><td>倉部</td><td>調府</td><td>例作府</td><td rowspan="2">실무담당자로
국학 내에
산학박사</td></tr>
<tr><td>※ 倉部令, 倉部卿(土地關聯業務)
※ 倉部大舍(最高實務責任, 租稅의 出納 및 그의 貯藏)
※ 租舍知(實務責任者, 租稅收納實務)</td><td>國家의
貢賦</td><td>土木工事, 建築,
修理, 橋脚,
道路工事. 實施</td></tr>
</table>

출처 : 이인철, 1993 : 28-32, 참고작성

3) 전의 형태

구장산술 방전장에 따르면 전의 형태를 방전, 직전, 구고전, 규전, 제전, 원전, 호전, 환전 등으로 구분하였으며(김혜경 · 윤주영 역, 1998 : 39-51), 이러한 형태로 측량을 실시하였을 것으로 본다.

① 방전(方田) : 사각형의 토지로 長과 廣을 측량
② 직전(直田) : 직사각형의 토지로 長과 平을 측량
③ 구고전(句股田) : 직삼각형의 토지로 句와 股를 측량
④ 규전(圭田) : 이등변삼각형의 토지로 長과 廣을 측량
⑤ 제전(梯田) : 사다리꼴의 토지로서 長과 東闊 · 西闊을 측량
⑥ 원전(圓田) : 원형의 토지로서 周와 經을 측량
⑦ 호전(弧田) : 호형태의 토지로서 弦長과 失闊을 측량
⑧ 환전(環田) : 고리모양의 토지로서 內周와 外周를 측량

29) 倉部令과 倉部卿은 토지에 관한 업무, 토지에서 조세를 거두고, 또 그것을 財歲 등을 관장한 것으로 보이며, 倉部令은 賞賜署와 左右司祿館을 지휘 감독하는 역할도 하였을 것이다. 倉部卿은 倉部令을 補在하였다고 생각되며, 倉部大舍는 租稅의 出納 · 貯藏 등에 관한 최고 실무책임을 지고 있었고 아울러 정책을 실현하는데 있어 일선 책임을 지고 있었던 것으로 여겨진다. 祖舍知는 祖를 거두는 실무책임자로 倉部舍를 지휘 감독한 관직이고, 倉部舍는 租稅收納의 실무자였을 것이다(이인철, 1993 : 28-32).

Zoom in

구장산술(九章算術)-방전장을 중심으로

1. 의의 : 구장산술은 특히 관리들이 실무적인 일을 처리하는데 부딪치는 여러 가지 문제들을 포함하여 수학지식을 집대성하여 정리한 책이다. 지적 분야에서는 토지측량방식으로 적용하였다.
2. 구성 : 이 책은 방전, 속미, 쇠분, 소광, 상공, 균륜, 영부족, 방정, 구고장과 같이 모두 9장 246문제로 되어 있는데, 문제가 나오면 곧바로 답이 나오고 그 다음에 계산법을 기록하고 있다.
3. 방법 : 지형을 당시 측량술로 측량하기 쉬운 형태로 구별하여 측량하는 방법
4. 특징 : 백제의 경우 화사(畵師)가 회화적으로 지도나 지적도 등을 만듦
5. 전의 형태

方田(정사각형), 直田(직사각형), 句股田(직각삼각형), 圭田(이등변삼각형), 梯田(사다리꼴), 圓田(원), 弧田(부채꼴), 環田(고리모양)

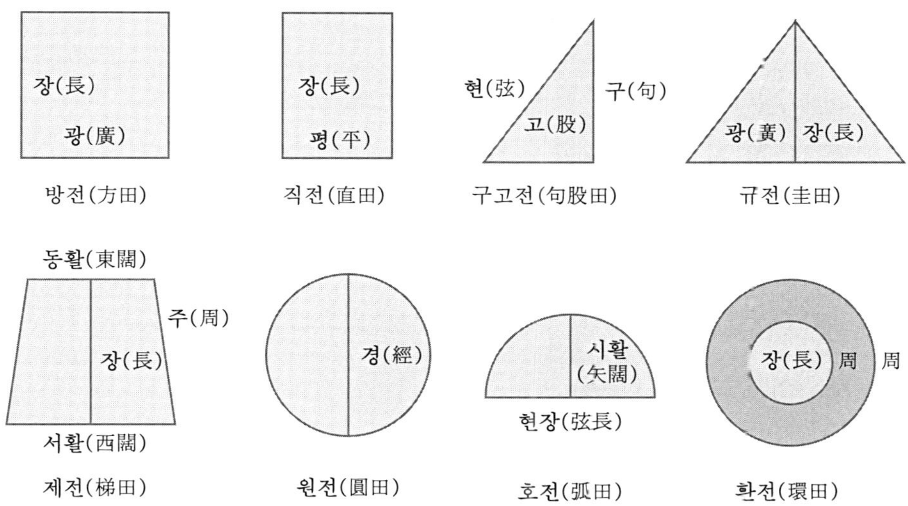

그림 5-1 구장산술 방전장에 따른 전의 형태

4) 결부제(結負制)와 경무법(頃畝法)

토지의 면적과 경계는 그 단위인 결부제 · 경무제와 밀접한 관련이 있다. 結負는 토지의 면적, 그 토지의 수확량을 이중으로 표시하는 독특한 계량법인데 이것은 곡화(穀禾)의 수량을 기준으로 해서 穀禾 1악(握)을 1把(한줌)라 하고 10把를 1束(한단), 10束을 1負 또는 1卜(한짐), 100負를 1結이라 하여 곡화의 수확량을 표시하는 단위인 동시에 그만한 수확량을 산출할 수 있는 토지면적을 의미하기도 하였다(조종식, 1993 : 52, 김영학, 1996 : 88).

結 · 部 · 束을 단위로 하는 결부제에 대립하는 것이 경무제인데, 이것은 頃 · 畝 · 步를 단위로 하는 고정된 면적표시의 계량법이었다. 따라서 경무제가 단순한 면적표준인데 반하여 결부제는 수확표준, 수세표준과 면적단위도 겸한 이중적인 성격의 제도였다. 경무법은 중국의 田地면적단위법으로써 실적표준의 단위법으로 6尺平方을 1步, 100步를 1畝, 100畝를 1頃 혹은 周尺 5尺平方을 1步, 240步를 1畝, 100畝를 1頃으로 쓰기도 하였다(삼국사기 권 13, 구고려본기, 유리왕조, 김영학, 1996 : 87).

표 5-5 결부제(結負制)와 경무법(頃畝法) 비교

구분	결부제(結負制)	경무법(頃畝法)
의의	① 토지의 면적과 수확량을 표시 ② 백제 · 신라에서 사용	① 고정된 면적을 표시하는 방법 ② 고구려에서 사용
단위	① 결(結) · 부(負) · 속(束) · 파(把)= 악(渥) ② 10파를 속, 10속을 부, 100부를 결 ③ 곡화(穀禾)의 수량을 기준	① 경(頃) · 무(畝) · 보(步) ② 주척 6척 평방 = 1보, 5척 평방 = 1보 100보 = 1무 / 100무 = 1경 240보 = 1무 / 100무 = 1경
특징	① 초기에는 일정한 토지에서 생산되는 수확량을 표시 ② 후기에는 일정량의 수확량을 올리는 토지면적으로 표시	① 중국의 전지면적 단위법 ② 단순한 면적 표준

5) 결부제(結負制)와 두락제(斗落制)

결부제와 두락제는 토지면적을 표시하는 방법으로 결부제는 백제와 신라에서 사용하였고, 조선후기에는 양전개전론의 핵심으로 대두하게 되며, 두락제는 백제에서 사용한 것으로 인식하고 있다.

표 5-6 결부제(結負制)와 두락제(斗落制) 비교

구분	결부제(結負制)	두락제(斗落制)
의의	① 토지면적을 표시하는 방법 ② 백제 · 신라에서 사용	① 토지면적을 표시하는 방법 ② 백제에서 사용
단위	① 결(結) · 부(負) · 속(束) · 파(把) ② 10把를 束, 10束을 負, 100負를 結	① 하두락(何斗落) · 하승락(何升落) · 하합락(何合落) ② 대체로 1두락의 면적은 120평 또는 180평
특징	① 초기에는 일정한 토지에서 생산되는 수확량을 표시 ② 후기에는 일정량의 수확량을 올리는 토지면적으로 표시	① 전답에 뿌리는 씨앗의 수량으로 면적을 표시 ② 1石(20두)의 씨앗을 뿌리는 면적을 1석락(石落)이라 함

2.2 토지제도

1) 개요

삼국시대에는 토지국유제를 원칙으로 토지를 경영하고 수취와 생산관계에 따라 토지를 분류하고 이용하였다. 삼국사회에서는 토지를 배타적으로 완전히 독립적으로 지배한다고 생각할 수 없으며, 토지소유의 원칙은 지배적으로 생각할 수 있다. 토지를 완전히 배타적으로 소유하지 못하고 협동적으로, 합유적으로 소유한 원인은 삼국이 혈통적 씨족부족국가에서 강렬한 공동생활을 영위하는 데서부터였다고 생각할 수 있다. 따라서 토지국유화의 경향은 공동체적 토지소유를 토대로 한데서부터 형성된 것이다.

2) 토지의 분류

토지국유제를 원칙으로 한 삼국에 있어서 토지를 경영 · 수취관계를 비롯한 생산관계에 따라 분류하면 국가직영지(國家直營地), 사전(賜田), 식읍(食邑)의 토지, 사원전(寺院田), 국가수조권(國家收租權), 농민보유지(農民保有地) 등으로 나누어진다(김옥근, 1980 : 39).

① 사전(賜田)과 식읍(食邑)

정복, 병합의 진전, 국가 통치기능의 확립과 함께 국가는 공훈을 세운 문무관료들에게 우선 상사의 형태로서 토지를 하사하였다. 즉 사전(賜日)은 국가에 공훈을 세운 문 · 무관료에게 지급한 토지이고(삼국사기 권13, 고구려본기 1., 삼국사기 권4 신라본기 4), 식읍(食邑)은 특별한 공훈을 세웠거나 또는 특별한 이유가 있다고 인정되는 대 관료에게만 지급되는 토지

표 5-7 **삼국시대의 토지분류**

<table>
<tr><th colspan="2">구분</th><th>토지이용</th><th>비고</th></tr>
<tr><td rowspan="8">土
地
國
有
制</td><td>國家直營地</td><td>정복사업을 통하여 점유한 지역의 토지</td><td rowspan="8">삼국시대에는 토지국유제를 원칙으로 토지를 이용했으므로 토지분류 역시 세분화 되지 못했다.
또한 사유지 개념도 다소 차이가 있었고 일반 백성은 조를 바치는 의무가 있었다.</td></tr>
<tr><td>王室直屬地</td><td>각궁에 소속된 토지</td></tr>
<tr><td>賜田</td><td>국가에 공훈을 세운 문 · 무관료에게 지급한 토지로서 상속이 허용된다.</td></tr>
<tr><td>食邑</td><td>특별한 공훈과 특별한 사유가 있을 때 관료에게 지급되는 토지로서 상속이 허용되지 않는다.</td></tr>
<tr><td>寺院田</td><td>불교육성책으로 사원에 지급된 토지</td></tr>
<tr><td>國家收租地</td><td>수조권이 국가에 있는 토지</td></tr>
<tr><td>官僚田</td><td>문무관료들에게 지급하는 직전</td></tr>
<tr><td>丁田</td><td>일반 백성들에게 지급한 土地로 국가에 조를 바쳐야 한다.</td></tr>
</table>

를 말한다(삼국사기 권 28, 백제본기 6., 삼국사기 권 12, 신라본기 2). 고구려에서는 전쟁과 국가에 공훈이 있을 때 사전(賜田)과 식읍(食邑)이 하사(下賜)되었는데 전자는 상속이 허용되었고 후자는 허용되지 않았다는 차이점이 있다(김영학, 1996 : 39, 삼국사기 권 13, 고구려본기 4).

② 국가수조지(國家收租地)와 관료전(官僚田)

국가수조지는 수조권이 국가에 있으며, 이러한 토지를 농민에게 부여하고 농민은 국가에 대해 봉건적 부담으로 지대(조세)를 부담하였다(삼국사기 권24, 백제본기 2., 삼국사기 권8, 신라본기 8). 관료전은 문무관료들에게 지급하는 직전으로 고려시대의 양반전시와 조선시대의 과전과 동일한 범주에 속한다.

③ 정전(丁田)

일반백성에게 지급한 토지로 국가에 조를 바쳐야 했다.[30] 이러한 정전제는 삼국 말 통일전쟁이 진행되는 혼란기에 일부 귀족에 의한 대토지의 점유와 농민의 토지보유상태에 극심한 불균형이 발생한 사회적 배경 하에 실시된 것으로 보고 있다.

---

30) 新羅帳籍에는 연수연답 이외에 官謨田畓, 內視令畓, 村主位畓 등의 명칭이 나오고 있다. 官謨田畓은 그 소출이 국가에 들어가는 관유지이고, 內視令畓은 내시령이라는 관리에 할당된 官僚田이며 村主에게 할당된 토지였는데, 이들 토지는 모두 촌민에 의하여 경작되었다. 그러므로 촌민들은 자기의 烟受烟畓을 경작하여 수확을 걷어 들이는 대가로 이들 토지를 공동 경작하였으니 일종의 搖役인셈이었으며, 통일신라시대의 농민들은 자영농민으로서 독립적으로 烟受烟畓을 소유, 경작하는 한편 촌에 할당된 공유지를 공동체적인 노동으로 경작하는 전통적 유제에 의한 搖役을 부담하고 있었던 것이다(김기홍, 1991).

3 고려시대

3.1 지적제도

1) 개요

고려시대에는 길이의 단위로 尺을 사용하였고 면적단위로는 頃畝法과 結負制를 사용하였다.[31] 문종 23(1069)년에는 양전척의 표준을 정하고 1결의 면적을 정확히 규정한 바 있다. 이 때 규정에 의하면 양전척의 표준은 6寸을 1分이라 하고, 10分을 1尺이라 하며, 6尺을 1步라하여 전 1結의 면적을 方 33步로 정하였다(고려사 권78, 식화지 전제경리조). 또한 고려 말에는 전품을 상 · 중 · 하의 3등급으로 나누어 척수도 다르게 계산하는 隨等異尺制를 사용하였다. 고려시대에는 토지소유자를 확실히 하기 위하여 양전사업을 실시하였으며, 토지국유제 하에서도 매매, 상속을 통한 소유권이전 등에 관한 사료들이 존재하고 있다. 다만, 고려시대의 토지기록부가 전하지 않는 아쉬움이 있다.

표 5-8 고려시대 지적제도

구분	길이단위	면적단위	측량방식	토지기록부	담당조직
고려	척(尺)	경무법 (頃畝法) 결부제 (結負制)	구장산술 (九章算術)	도전장(都田帳) 양전도장(量田都帳) 양전장적(量田帳籍) 도전정(都田丁) 전적(田籍), 전안(田案)	전기 : 호부(戶部) 후기 : 판도사(版圖司)

31) 結負는 토지의 면적, 그 토지의 수확량을 이중으로 표시하는 독특한 計量法인데 이것은 穀禾의 수량을 기준으로 해서 穀禾 1握을 1把(한줌)라 하고, 10把를 1束(한단), 10束을 1負또는 1卜(한짐), 100負을 1結이라 하여 穀禾의 수확량을 표시하는 단위인 동시에 그만한 수확량을 산출할 수 있는 토지면적을 의미하기도 하였다(강진철, 1995 : 105).

2) 양전사업(量田事業)

고려의 토지조사[32]는 경계와 면적을 확정하여 소유권관계를 명확히 하고 이를 토대로 조세체계를 확립시켰으며, 양전사업의 실시는 중앙에서 산사(算使)를 대동한 양전사(量田使)가 파견되고 지방관이 기초조사를 통하여 수행하였으며 이를 토대로 토지기록부를 작성하였을 것으로 본다. 고려시대의 주요 양전사업 결과를 정리하면 다음과 같다(김영학, 1996 : 106-108., 고려사 권 78, 식화지 경리조, 김성호 외, 1989 : 20).

① 성종 10년(991)에 수로왕능(首露王陵)의 위전(位田)을 개혁
(김해를 양전한 양전사(量田使) 조문선이 위전의 과다함을 소청)
② 현종 13년(1022)에 사주(泗州) 풍패(豊沛)의 잘못된 양전결과를 재조사
③ 정종 7년(1041)에 상주관내 중모현(中牟縣)과 홍주관내 세성군, 장단현 관내 임진(臨津), 임강(臨江) 등에 민전(民田)의 등급이 불균하여 양전사를 파견하여 양전
④ 문종 13년(1054)에 양주경내에 있는 견주(見州)의 민전을 재측량
⑤ 문종 18년(1064)에 광주목 관내 토지측량사업 중지
⑥ 공민왕 12년(1363)에 전법(典法)의 폐단에 따라 관리를 잘 선발하여 경리(經理)(토지를 조사 · 분할하는 것)를 다시 시행
⑦ 공양왕 1년(1389)에 완료된 기사양전(己巳量田)을 시발로 하여 전국적인 양전사업을 단행
⑧ 공양왕 3년(1391)에 경기와 6도의 토지를 모두 답험타량(踏驗打量)하여 경기에 실전(失傳)

고려시대에는 이 밖에도 면적과 경계에 관한 문헌기록이 더 있지만 중요한 것은 토지측량을 하여 면적을 산출하고 경계를 확정함으로 토지조사의 중요한 일익을 담당하였다는 것이다.

---

32) 고려의 토지조사는 통일신라 붕괴의 교훈으로 국초부터 정책적인 심려를 기울였고, 이는 곧 중앙집권체계를 구축하고 토지 관리 체계를 정비하여 국가 경제력을 증대시키는 것이 요구되었다. 고려토지조사의 배경은 첫째로 불균등한 토지배분관계, 둘째로 量田事業의 未洽, 셋째로 租稅體系의 未洽, 넷째로 민심의 동요, 다섯째로 土地管理體系의 未洽 등을 들 수 있다. 결국 토지조사는 境界와 面積을 확정하고 이를 합리적으로 토지를 배분하여 토지 관리 체계를 효율적으로 유지하여 조세체계를 바르게 세워 민심을 안정시키고 중앙집권적인 왕권강화를 위한 것이라 할 수 있다(김영학, 1996 ; 103).

3) 전제체계(田制體系)

고려 태조는 집권과 더불어 민심을 수습하고자 전제를 바로 잡을 것과 세액징수를 적정한 율로써 규율 있게 부과 징수할 것을 표방하였으며, 태조의 전제개편의 뜻은 경종대의 전시과로 실시되었고, 조세준칙에 대해서는 집권 초에 십분취일(十分取一 : 수확량의 1/10을 전조로 징수한다는 것)의 전조율을 내세우게 되었다(고려사 권78, 식화지 1 전제). 이러한 고려시대의 전제 체계를 정리하면 다음과 같다.

① 성종 11년(992)에 부득이 조세율을 높여 사분취일(四分取一)을 목표로 조세규정을 수전(水田)과 한전(旱田)으로 구분하고 각각 토질에 따라 3등급으로 나누어 조세액을 결정하였다(조기준, 1994 : 125).

② 문종 8년(1054)에는 모든 전품을 3등급으로 나누어 불양지지(不陽之地)를 상전(上田), 일양지지(一陽之地)를 중전(中田), 재양지지(再陽之地)를 하전(下田)으로 규정하였다(고려사 권78, 식화지1 전제). 여기서 불역전이란 매년 경작을 계속하는 토지이며, 일역전은 1년 휴경전이고, 재역전은 2년 휴경지를 말한다.

③ 문종 23년(1069)에는 양전척(量田尺)의 표준을 정하고 1결의 면적을 명확히 규정하였으며, 이 규정에 따르면 양전척의 표준은 6촌(寸)을 1분(分)이라 하고, 10분(分)을 1척(尺)이라 하며, 6척(尺)을 1보(步)라 하여 전(田) 1결의 면적을 방(方) 33보(步)로 정하였다.[33)]

④ 光宗 24年(973)의 개간규정에 따르면 개간하는 농딘이 私田을 개간할 때 첫 해에는 경작자가 수확의 전부를 차지하고, 2年째부터는 私田主와 半分하기로 하였고, 개간한 陳田이 公田인 경우에는 3年間은 그 수확의 전부를 개간한 자가 차지하고, 4年째부터는 국가에서 정한 조세율, 즉 1/4을 租稅로서 국가에 납부하기로 규정하고 있다(고려사 권78, 식화지1 전제).

4) 지적관련부서

고려전기의 지적관련부서로는 상서성하의 호부(戶部)에서 호구, 극물과 부세, 돈과 식량에 관계되는 정사를 맡았고, 후기에는 호부(戶部)를 판도사(版圖司)로 고치어 업무를 담

33) 여기의 尺은 周尺을 표준으로 한 것으로 보이나 실제 길이는 분명히 알 수 없고, 따라서 1結의 면적이 오늘날의 坪數로 얼마나 되는지 정확히는 할 수 없다(조기준, 1994 : 126).

당하였다. 한편 지방의 군·현에는 수령을 보좌하는 사창(司倉), 창정(倉正), 부창정(副倉正), 창리(倉吏) 등이 있었는데 이들이 양전업무를 담당하였고 측량실무는 향리(鄕吏)가 맡아 하였다.

한편 지적관련 임시부서로는 급전도감(給田都監), 방고감전별감(房庫監傳別監), 찰리변위도감(拶理辨違都監), 정치도감(整治都監), 화자거집전민추고도감(火者據執田民推考都監) 등이 있으며 이러한 부서들은 항구적이기보다는 일시적이며, 수시로 설치·폐지되었다.

표 5-9 **고려시대의 지적 관련 부서**

구분	중 앙		지 방
	고려 전기	고려 후기	
담당기관	상서성(尙書省) (최고집행기관)	첨의부(僉議部) (전기의 3성)	* 양전업무 : 사창(司倉), 창정(倉正), 부창정(副倉正), 향리(鄕吏) * 측량실무 : 향리(鄕吏)
	호 부(戸部)	판도사(版圖司)	
담당업무	호구·공부·전량·양전의 정사를 관장	호구·공부·전량·양전의 정사를 관장	
산하기관 (호부산하)	상서(尙書) : 판서(判書), 시랑(侍郎) : 총랑(摠郎), 낭중(郎中) : 정랑(正郎)·직랑(直郎), 원외랑(員外郎) : 좌랑(佐郎)·산랑(散郎)		

출처 : 고려사 권76권 백관1. 참조작성

문종 때 전시과(田柴科)를 원활히 수행하기 위하여 설치된 급전도감(給田都監)은 토지분급, 토지의 측량을 담당하였다. 1257年(高宗)에 무신난(武臣亂)으로 폐지되었던 급전도감을 부활하여 녹과전을 분급하였으며, 이 때 권력이 있는 자들은 양질의 토지를 차지하고 그렇지 못한 자들은 척박한 토지를 차지하여 분배가 불공평하였다. 이런 이유로 원종원년(元年)에 급전도감에서 왕에게 제의를 하였다.

> 給田都監議請 文武兩班前受之田 肥嶢不均 隨職改給
> 權勢之家 皆占良田 具不便於己 退其議

출처 : 고려사 권78, 식화지 1 경리조

그러나 불공평한 토지분배를 재분배하자는 급전도감의 제의는 권력자들에게 불리하게 작용하므로 이를 방해해서 실시되지 못하였다. 공양왕 4년에 이르러 급전도감은 6부 중 호조에 흡수되었다.

방고감전별감(房庫監傳別監)은 원종 14년에 설치하였고 내사(內侍) 가운데 참상관원(參上官員), 참외관원(參外官員)으로 각각 2명을 임명하였으며, 전지공안(田地公案 : 土地에 대한 공식문서)과 별고소속(別庫所屬)의 노비전적(奴婢賤籍 :노비문서)을 맡게 하였다(고려사 권77, 제사 · 도감과 각 색).

충숙왕 5년에 제폐사목소(除弊事目所)를 찰리변위도감(拶理辨違都監)으로 고쳤으며 '拶理'라는 두 글자는 왕이 친히 지어 붙인 것이다. 이에 세력 있는 자들이 비합법적으로 차지하였던 전민(田民)을 널리 찾아내어 그 본 주인에게 돌려주었으므로 온 백성이 좋아하였으나 다만 세력 있는 자들은 조사사업을 고통으로 여기어 태위왕에게 신소하여 찰리변위도감을 폐지하게 하였다. 8年에 다시 두었으나 얼마 후 또 폐지되었다(고려사 권77, 제사 · 도감과 각 색).

정치도감(整治都監)은 충목왕 3년(1347)에 설치하였고, 여러 도에 파견되어 전지를 측량하게 하였으며 충정왕 원년에 폐지하였다. 절급도감(折給都監)은 신우 8년에 설치하였고, 토지를 분급하여 균전(均田)을 만들었으며, 그 밖에 화자거집전민추고도감(火者據執田民推考都監)은 토지소유자 조사를 통한 원 소유자에게 환원하는 일을 하였다(고려사 권77, 제사 · 도감과 각 색).

고려시대에 토지 관련부서들은 형형색색들의 것들이 존재하였으며, 고려 말까지 이것들이 기복(起伏)한 회수는 무려 수 십차에 달하였다. 13세기 중엽 이후 고려봉건정부의 중요정책은 결국 토지와 노비의 쟁탈전을 법적으로 조정 · 처리하고 또 그것을 다시 반복하는 한 가지에 있었다고 말할 수 있다.

표 5-10 **고려시대의 임시 지적 관련 부서**

부서명	급전도감 (給田都監)	방고감전별감 (房庫監傳別監)	찰리변위도감 (拶理辨違都監)	정치도감 (整治都監)	화자거집전민추고도감 (火者據執田民推考都監)
담당 업무	토지분급 田地測量	田地公案 奴婢賤籍	비합법적 土地調査	여러 도의 田地測量	토지소유자조사
비고	각각의 명칭만 다를 뿐 토지에 관한 제반사항을 담당하였으며 항구적이라기보다는 일시적이며, 수시로 설치 · 폐지되었다.				

5) 토지기록부

고려의 양전 사업은 중앙에서 산사(算士)를 대동한 양전사(量田使)이 파견되었고, 지방관이 사전에 마련한 기초조사를 통해서 이를 재확인하는 정도로 일을 마치거나 또는 처음부터 전국적으로 양전을 함으로써 그 사업을 수행하기도 하였다. 이로 인하여 토지측량을 마친 후 문서화하는 과정을 이해함으로써 문서화된 토지대장, 즉 토지기록부를 이해하는 데 큰 역할을 할 수 있을 것이다.

고려시대 토지측량에서 조사한 내용은 토지의 소유주, 전품, 토지의 형태, 양전의 방향, 사표, 양전척의 단위, 총 결수, 결수 등을 매필지에 관하여 조사하였다. 이러한 조사내용을 토대로 작성한 토지기록부로 삼국유사 권4 보양이목(寶壤梨木)에서는 "都田帳"이라는 명칭으로 토지기록부를 나타내고, 동서 권2 가락국기(駕洛國記)의 淳化 2년조에는 "量田都帳" 그리고 동서 권2 남부여, 전백제의 항에는 "量田帳籍"으로 나타나고 고려사 식화지 의창조에서는 "都丁田(田籍,田案)"으로서 토지기록부의 명칭으로 사용하였다. 고려시대의 토지기록부 내용과 형식을 이해하기 편하게 고성(高城) 삼일포매향비(三日浦埋香碑)를 소개하면 다음과 같다.

표 5-11 **고성(高城) 삼일포매향비(三日浦埋香碑)**

土地의 所在地區	土地의 結數	四標 · 陳起
通州副使 金用卿施納 襄州副使 朴瑛施納		
壤原代 下枰員	畓 二結	東北陳畓大冬音 陳 南道西白丁 千達起畓
北 反伊員	畓 二結	東北州軍陳畓 南軍○○ 陳 西彌勒寺畓
東員	田 二結	東南吐 西陳地 陳 北鐘伊川

※ *양반의 토지기진에 관한 것을 토대로 작성한 것임*

이 金石文 기록은 고성 삼일포매향비[34]의 제4면에 보이는 전권(田券)으로 통주부사 김용경과 양주부사 박전이 이 비(碑)가 건립되었을 때(忠宣王元年 · 1309) 시납한 토지의 세목을 적은 것인데 이는 토지대장 기재의 내용을 일부분 발췌한 것이었다. 문중에 보이는 員은 토지의 소재 지구를 말하고, 농지의 四標는 '西白丁千達起畓', '東北州軍陳畓' '南軍

34) 高城 三日浦理香碑는 현존하지는 않지만 비문의 내용은 "海東金石花" · 黃壽永 編 "續金石遺文" · 李蘭英 編 "韓國金石文追補" 등에 수재되어 있다.

○○', '西彌勒寺畓' 등으로 표기되고, 陳起여부와 함께 토지의 소유자가 명시되고 있다.

금석문의 기록을 통하여 고려시대 토지기록부는 토지의 소유주, 地目, 面積, 等級, 형상, 四至 등이 소상히기록되어 있음을 알 수 있지만, 현존하는 토지기록부가 없는 아쉬움이 있다.

3.2 토지제도

1) 전시과제도(田柴科制度)

고려전기의 토지제도는 전시과(田柴科)를 중심으로 편성되었으며 이 전시과제도는 고려전기 토지제도의 근간을 이루었다. 전시과(田柴科)란 문무백관으로부터 부병(府兵), 한인(閑人)에 이르기까지 국가의 관직이나 직역을 담당하는 사람들에게 그들의 지위에 따라 전토(田土)와 시지(柴地)를 차등하여 나누어 준 토지제도를 말한다(변태섭, 1993 : 200).

① 역분전(役分田)

태조 23년(940)에 역분전을 분급하였는데 이것은 후삼국 통일 후의 농・공・행상적인 토지급여로 조신(朝臣)・군사(軍士)에게 관계(官階)를 논하지 않고 성행의 선악과 공로의 대소에 따라 토지를 차등하여 나누어 준 것을 말한다.

② 시정전시과(始定田柴科)

경종(景宗) 원년(976)에 사색공복을 기준으로 문반(文班), 무반(武班), 잡업(雜業)으로 나누어 8개의 표에 의한 다원적인 구성이었고, 관품 이외에 인품까지 고려하였다. 결국 시정전시과는 고려왕조 성립 후 일정한 시일 간에 조성된 제반 조건들에 기초하여 관계와 인품의 원칙을 동시에 적용하면서 종래의 역분제도에 비하여 개별적 관료들에 대한 수조지급여(收租地給與)는 더욱 감소시키고 국가기구의 확장, 정비와 함께 필연적으로 확장되는 각종 관료성원들에 대하여 전반적인 수조지분권(收租地分權)을 확보하기 위한 제도였다(박시형, 1994 : 204).

③ 개정전시과(改定田柴科)

목종(穆宗) 원년(998)에 지배질서의 성장과 그에 따르는 관인체제의 발전에 호응하여 이룩된 토지제도로 전시급여자의 관등을 18과로 나누어 각 과 등에 대해 응분의 전시수급

액을 규정하였다(박용운, 1993 : 163). 종래의 인품이라는 막연한 기준이 지양되고 관직에 따라 토지를 분급한 것은 관료체제의 확립을 의미하는 것이다.

④ 경정전시과(更定田柴科)

문종(文宗) 30년(1076)에 목종(穆宗) 때의 체제(개정전시과)를 그대로 이어받아 18과등제를 채택하였고, 그 특징과 의의는 일반적으로 개별적 현직문무양반관료(現職文武兩班官僚)들에 대한 수조지 분급량을 목종전시과에서보다도 더 줄이고 특히 개별적 문무산관(文武散官)들에 대한 수조지(收租地)를 격감시켰다(박시형, 1994 : 223). 수조지(收租地)를 감소시키는 동시에 다른 편으로는 마군(馬軍), 보군(步軍) 등 군인의 수조지를 증가시키며, 또 하급관리인들인 유외잡직의 수전대상자 범위를 확장하고 향직(鄕職), 한인(閑人), 잡류(雜類), 공장(工匠) 등에 대한 수전제도(收田制度)를 신설하였다.

2) 토지제도의 유형

고려시대의 토지는 크게 공전(公田)과 사전(私田)으로 구분할 수 있다. 공전은 왕실, 국가와 국가기관의 직접 소유하는 공해지이거나 혹은 그 조(租)가 왕실, 국고 기타 공적기관에 귀속하는 토지로서 이에는 1 · 2 · 3과(科)로 구분하였고 이중에서 가장 중요한 비중을 차지하는 것은 3과 공전(公田)이며, 민전(民田)은 3과 공전(公田)에 해당된다. 사전은 사유지(私有地)와 사인수조지(私人收租地)로 나누어 볼 수 있고, 특히 군인전(軍人田), 식읍전(食邑田)을 제외하면 단순히 명칭상 공전과 구별되었을 뿐만 아니라 토지지배의 성격 그 자체가 크게 다른 이질적인 것이다(김영학, 1996 : 47-53).

(1) 공전(公田)

① 민전(民田)

고려의 백정은 농민계층이며 이들은 국가로부터 토지의 지급은 받지 아니하였으나 조상 대대로 전래하는 그들 자신의 경작지를 소유하고 있으며, 이러한 농민의 사유지(私有地)가 바로 민전이었다.[35] 민전은 사유지나 다름없는 토지이기 때문에 매매, 증여, 상속 등

35) 民田이 私田이 아니라 公田으로 관념된 것은 첫째 民田의 조가 국가재정의 주요한 원천이 되어 民田이야 말로 재정적으로 국가를 지탱하는 직접적인 경제적 기반으로 간주되었기 때문이며 또 하나는 당시의 土地에 대한 개념이 전통적인 왕토사상에 의하여 잘못 粉飾되어 있었기 때문이다(강진철, 1995 : 180).

의 처분이 가능하였다.

② 둔전(屯田)

둔전은 진술군(鎭戌軍)들이 경작하여 그 수확을 군량에 충당하는 토지였다. 둔전은 국가에 직속된 토지의 한 유형인데 그 경작이 군인들에 의하여 이루어졌으드로 특징이 있으며, 둔전에 관한 기록이 처음으로 나타난 것은 현종대의 일이다.[36] 둔전은 서북국경지대뿐만 아니라 내지의 주 · 현에도 설치되었다.[37] 주 · 부 · 군 · 현에 설치된 둔전은 그 각목이 둔전이지만 그 수확으로서 군령을 보충하려는 것이 아니라 주현의 경비를 보충하려는 데에 목적이 있다. 즉 외적방어를 위한 주요지점에 방수군을 주둔시키고 그 경비를 충당하기 위하여 설치한 전지를 둔전이라고 한다. 또한 무장농노(武裝農奴)인 방수군(防戍軍)이 경작하는 전토라고 할 수 있다.[38] 둔전은 조선시대에 군대의 소요경비를 충당하는 국둔전(國屯田)과 지방관청의 경비에 충당하는 관둔전(官屯田)으로 이어진다.

표 5-12 **고려시대의 토지분류**

구분		토지이용	비고(현 지목)
公田	民田	농민의 사유지	學田(學校用地)을 제외한 대부분이 田 · 畓 · 垈 · 牧場用地 · 林野로 볼 수 있다.
	內庄田	왕실 직속 소유지	
	공해전	각 관청에 분급한 收租地와 柴地	
	屯田	鎭戍軍이 경작 수확하여 軍糧에 충당하는 토지	
	學田	각 學校 운영경비 조달위한 토지	
	籍田	神農 · 后稷을 제사지내기 위한 토지	
私田	兩班田	문무량반에 재직중인 官僚에 지급한 토지	寺院田(宗敎用地)을 제외한 대부분이 田 · 畓 · 林野로 볼 수 있다.
	功蔭田	특별한 功勳을 세운자에게 수여한 田柴	
	宮院田	宮殿에 부속된 토지 · 궁원 등 왕의 기번이 지배하는 토지	
	寺院田	佛敎寺院에 소속되는 전장 기타의 토지	
	閑人田	六品이하 하급양반의 子孫을 위한 토지	
	口分田	자손이 없는 하급관리와 군인유가족에 지급	
	鄕便田	지방향리에 지급한 토지	
	軍人田	京軍 소속의 군인에게 지급한 토지	
	投化田	外國人에게 지급하였던 토지	

36) 縣宗五十年正月 都兵馬使秦 發西京畿內河 陰部田民百餘徒嘉州南屯田(高麗史 卷82, 兵志 屯田條)

37) 肅宗4年4月 許令州府郡縣冬 耕屯田5結(高麗史 卷79, 食貨志2 農桑條)

38) 西防面土田 未嘗收租矣六防戌其來尙矣(高麗史 卷78, 食貨志1 田制稅條)

③ 적전(籍田)

적전(籍田)은 국가가 친경(親耕)을 실행하여 그 수확으로 신농(神農 : 농사의 신)과 후직(后稷 : 후는 토지의 신, 직은 곡식의 신)을 제사지내기 위한 토지였으며(고려사 권 62, 예지, 적전조), 국가의 직속지이였다. 적전친경(籍田親耕)의 의식은 중국에서 오랜 옛날로부터 내려오는 왕실 · 국가적 의식의 하나이다.

(2) 사전(私田)

① 공음전(功蔭田)

공음전은 봉건국가에 특별한 공훈을 세운 자에 대하여 수여하는 전시(展示)로서 공훈을 세운 본인에게 수조의 특권을 줄 뿐만 아니라 그 특전을 자손에까지 상속시킬 수 있으며, 이 점에서 수조권을 본인의 일생에 한정하는 일반 양반전시와는 구별되는 것이다(박시형, 1994 : 255). 공음전은 귀족적 신분을 획득한 고위관인들에게 그들의 특권적인 생활을 세습적으로 누릴 수 있는 경제적 토대로 마련해 준 것이었다.

② 한인전(閑人田)과 구분전(口分田)

한인전(閑人田)은 6품 이하의 하급양반의 자손을 위해서 그들의 경제적 생활의 안정을 도모할 목적으로 지급한 토지를 말하고(고려사 권 78, 식화지1 전제 전시과조), 구분전(口分田)은 자손이 없는 하급관리와 군인유가족에게 지급한 토지로서 그들의 생활대책을 마련해 준 것이었다.

③ 군인전(軍人田)

군인전(軍人田)은 경군(京軍) 소속의 군인들에게 군역(軍役)에 복무하는 대가 · 보수로서 지급한 토지를 말하며, 양반들이 관직에 복무하여 직전(直田)을 받았듯이 경군소속의 군인들은 군역(軍役)이라는 직역에 근무하면서 군인전을 받았던 것이다(박시형, 1994 : 214).

④ 투화전(投化田)

투화전(投化田)은 외국인이 본국에 투항 귀화하였을 때 그들에게 지급하였던 토지로서 일정한 특권을 가진 수조지였다. 투화전에 대해서 조준(趙浚)상서(上書)에서 투화전이 한인 · 공음전 등과 같이 점점 많아져 말썽이 되므로 개혁의 대상으로 삼을 것을 소청하였다(고려사 권 78, 식화지 전제조).

⑤ 사원전(寺院田)

사원전은 불교사원들에 소속되는 田莊 기타의 토지를 말한다. 사원의 경제적 토대를 확립한 사원전은 승려들을 종교적 귀족으로서 세속적인 쾌락과 권력을 향수할 수 있게 하였다. 중요한 사원경제의 기반으로서 토지 이외 사원의 고리화 또는 기금인 보(寶)의 기능이었다(조종식, 1993 : 102). 사원전은 사원에 획급한 것으로서 특수한 사정이 없는 한 국가에 반환치 아니하고, 그 경영이 국가권력에 대한 의존도가 비교적 희박하였다는 점에 있어 성격을 달리하고 있었다고 보며 사원, 즉 지주에 전호(佃戶)의 관계로서 소작제가 주류였다.

4 조선시대

4.1 지적제도

1) 개요

조선시대의 토지등록제도는 고려시대의 양전제도가 보다 구체적으로 보완 정비되었으며, 종래의 토지제도가 국유 왕토사상에서부터 농민의 토지보유권의 성장과 보유지 처분권의 확립 등 소유관계의 발전적 변화가 일어나면서 「經國大典」 등 국가 법령에 양전에 관한 조문이 공식화되고 양안의 작성과 토지 변동사항의 파악을 위한 개량 및 토지거래를 위한 文記와 이의 실질적 심사권을 행사한 입안절차 등을 통하여 공신력을 부여하도록 노력하였다. 후에 토지제도가 문란해지자 정약용의 「목민심서(牧民心書)」, 서유구의 「의상경계책(擬上經界策)」, 이기의 「해학유사(海鶴遺事)」 등을 통하여 양전법 개정론이 제기되었으며 이러한 사상은 후일 조선 토지조사사업에도 영향을 미치게 되었다(박순표 외, 1993 : 90).

조선시대에는 길이의 단위로 척(尺)을 사용하였고 면적단위로는 결부제(結負制)를 사용하였으며, 지적관련 부서로는 한성부(漢城府)의 5부(府), 6조(曹) 중 호조(戶曹)의 판적사(版籍司) 등이 있었다. 조선시대의 토지등록제도는 초기부터 약 500년간에는 징세를 위한 양안과 토지매매를 증명한 입안(지금의 토지권리증과 같음)제도로 운용하여 형식상으로는 지금과 같이 지적과 등기가 이원적 형태였다. 그러나 입안제도는 활용이 미약하였으므로 오히려 양안에 등재된 소유자(최초로 양안이 작성된 이후에는 매매에 따른 소유권 변동정리를 하지 않음)에 의하여 권리를 확인하는 경향이 있었다.

표 5-13 조선시대의 지적제도

구분	길이단위	면적단위	측량방식	토지기록부	담당조직
조선	척(尺)	결부제 (結負制)	구장산술 (九章算術)	시대, 사용처, 비치처에 따라 명칭이 다양함 전안(田案), 성책(成册) 양안등서책(量案謄書册) 전답타량안(田畓打量安) 양전도행장(量田導行帳)	• 한성부 : 5부 • 호조(戶曹) : 판적사(版籍司) • 임시 : 전제상정소 (田制詳定所)

2) 양전사업(量田事業)

조선시대의 양전법은 고려말과 같이 전품을 상 · 중 · 하의 3등급으로 나누어 척수도 각각 다르게 계산하는 수등이척제(隨等異尺制)를 사용하였으며, 경국대전(經國大典)에는 모든 전토는 20년마다 양전을 거행하여 토지의 비옥도에 따라서 전등을 조정하고 그 경계를 명확히 밝히도록 규정하고 있다. 그러나 양전이 규정대로 시행되지 못함으로써 여러 가지 폐해가 발생하였다.[39)]

조선시대 대표적인 양전사업으로 세종 10년과 11년 (1428 · 9)에 거행된 무신양전(戊申量田)과 을유양전(乙酉量田), 광해군 5년(1613)에 거행된 삼남양전(三南量田), 인조 12년(1634)에 거행된 갑술양전(甲戌量田) 등이 있다.

① 무신양전과 을유양전

세종 10년과 11년(1428 · 9)에 거행된 戊申 · 乙酉量田은 조선전기의 양전 사업으로 세종실록지리지에 기록된 전국의 전결수를 보면, 1,655,234結에 달하고 있다.[40)] 연산군 7年(1501)에 경기 · 양계를 제외한 충청, 경상, 전라, 황해, 강원도의 전결 수는 총 1,032,070

39) 경국대전에는 모든 전토는 20年마다 양전을 거행하여 토지의 비옥도에 따라서 전등을 조정하고 그 경계를 명확히 밝히도록 규정하고 있다. 그러나 양전이 규정대로 시행되지 못함으로써 여러 가지 피해가 발생하게 되었다. 양전이 제대로 시행되지 못한 까닭은 田形이 자주 바뀌어 짐에 따른 실태 파악의 어려움과 양전 때의 부정, 협잡 등이 두드러진 이유였다. 그뿐만 아니라 양전시행에 따른 경비가 너무 무거워서 백성의 피해가 큰 것도 그 한 이유였다. 그러므로 막대한 경비를 들여 전국적인 규모로 실시한 양전 제도임에도 불구하고 그 결과가 공정하지 못함으로써 백성의 원망이 일어나게 되었다. 그리하여 후기로 내려오면서는 백성의 원성이 높은 지방에 한해서만 부분적인 양전을 실시하여 그 잘못된 점을 바로잡는 소극적인 정책으로 후퇴함으로써 영조에 와서는 다시 전결수가 감소되는 경향이 나타나게 되었고 정치적으로 토지제도의 문란을 초래하였다(국사편찬위원회 1984: 120-121).

40) 成宗實錄 卷267, 成宗 23年 7月 丁丑 및 卷282, 成宗 24年 5月 丁未.

結로 나타났다. 임진왜란 이후의 국가재정은 파탄으로 이끌렸고 양전을 행할 형편이 되지 못했다. 따라서 田結數의 원상복구를 위한 선행조건으로 양전이 시행되어야 했다. 그리하여 宣祖 37年(1604)에 경기, 황해, 강원, 평안, 함경 5도에 양전을 실시하였다.[41]

② 삼남양전

광해군 5년에는 삼남양전을 거행하였으며, 4월에 사간원에서 계언한 것을 보면 부득이 균전사를 보냈으나 긴밀한 절목과 급박한 호령으로 허다한 전결을 순월 내에 책임지고 다 하도록 하였기 때문에 각 읍 수령들이 일시의 죄책을 모면하려고 답사하지도 않고서 등수를 정하여 3도민의 원성이 하늘을 찌를 듯하고 다른 지역으로 옮기게 하였다(光海君日記(65) 5年 癸丑 4月).

③ 갑술양전

광해군 5년에 삼남양전을 거행하였으나 부실한 양전이었고, 그 뒤 인조 12년 다시 삼남양전을 하였으며, 이것이 갑술양전이다. 7월에는 이조참판 지천 최명길이 상답하여 농사가 작은 일에도 실하고 경내가 작은 일에도 평안하므로 이때를 놓치지 말고 비변사가 계략하여 양전은 나중에 하면 곤란하므로 단행하라고 하였다(仁祖實錄 2年 甲子 7月). 갑술양전의 가장 큰 특징은 갑술척(甲戌尺)이라고 하는 양전척을 새로 판각하여 양전한 것이다.

3) 양전척(量田尺)

① 조선의 수등이척제(隨等異尺制)

토지의 면적을 그 등급에 따라 달리하는 것으로서 각 등급의 토지를 측량함에 있어 양척의 길이를 달리하는 것을 수등이척제(隨等異尺制)라 한다. 이에 따라 세종 26년(1444)에 전분 6등급으로 나누어 각 등급에 따라 양척의 길이를 다음과 같이 정했다(經國大典, 戶典, 量田條).

- 1등전의 量尺 周尺의 4尺 7寸 7分 5釐
- 2등전의 量尺 周尺의 5尺 1寸 7分 9釐
- 3등전의 量尺 周尺의 5尺 7寸 3釐

41) 經世遺表 地官修制, 田制別考 諸路量田考 宣組三十七年 京畿, 黃海, 江原, 咸鏡, 平安五道量田

- 4등전의 量尺 周尺의 6尺 4寸 3分 4釐
- 5등전의 量尺 周尺의 7尺 5寸 5分
- 6등전의 量尺 周尺의 9尺 5寸 5分

이와 같이 양척을 6등분했으며 이로써 1결의 면적을 산출하되 4방 1척을 把라 하고, 10把를 1束이라 하고, 10束을 1負라 하였으며, 100負를 1結이라 하였다. 그리하여 각 등전의 면적을 산출하여 다음과 같이 정하였다.

- 1등전 1結 38畝
- 2등전 1結 44畝 7分
- 3등전 1結 54畝 2分
- 4등전 1結 69畝
- 5등전 1結 95畝
- 6등전 1結 152畝

이 각 등전의 1결이 오늘날에 사용되는 尺貫法에 의하면 얼마나 되는지는 정확히 계산해 낼 수 없으나(학자들간에 여러 설이 있다) 대략 1등전 1결은 2,700여 평, 2등전은 3,200여 평, 3등전은 3,900여 평, 4등전은 4,700여 평, 5등전은 6,800여 평, 6등전은 11,000여 평으로 추정된다.

② 갑술척(甲戌尺)

인조 12년(1634)에 임진왜란으로 인해 문란했던 양전제를 바로 잡기 위해 호조(戶曹)에서 새로운 양전척(量田尺)인 갑술척(甲戌尺)을 만들어 양전(量田)을 시행하였다. 갑술척은 갑술양전에 적용한 것으로 200여 년 동안 사용하여 오던 양전척을 새로이 판각한 것이다(仁祖實錄 12年 甲戊 10月).

③ 일등양전척(一等量田尺)

인조 12년의 삼남양전(三南量田) 후 효종 4년(1653)에 준수책(遵守冊)을 인령(印領)함으로써 세종 이후의 수등이척법을 혁파하고 단일척으로 양전하는 양전법을 채택하였다. 탁지지(度支志)에 의하여 수등이척으로 양전할 때에 이어 받는 사람들이 간교(奸巧)하게 폐가 많아서 전제가 날로 문란하였으므로 준수책(遵守冊)을 인령하여 주척(周尺)으로 4척(尺) 7촌(寸) 5리(釐), 포백척(布帛尺)으로 2尺 1寸 2分 6釐인 단일 일등양척(一等量尺)으로 量田하도록 하였다(度支志 版籍司, 田制部, 量田式).

Zoom in

기리고차(記里鼓車)

1. 의의

세종 23년(1441)에 고안된 거리측정기구

2. 특징

① 10리를 가면 북이 1번씩 울리도록 고안된 거리측정용 수레

② 평지에 사용 유리, 산지 · 험지 사용에 불리(노끈으로 만든 보수척 사용)

인지의(印地儀)

1. 의의

세조 12년(1466)에 제작된 땅의 근원을 측량하는 평판측량기구[일명 규형(窺衡)]

2. 특징

① 규형과 방향판의 두부분으로 이루어진 측량기구

② 삼각형의 비례관계를 응용한 측량기구

③ 수직축과 이 축에 직각으로 꽂혀 들어가는 수평눈금판의 두 분으로 됨

④ 수직축에는 규형이 붙어있음

⑤ 수평눈금판에는 24방위가 새겨져 있음

⑥ 약 7° 정도의 정확도로 방위를 관측

4) 전의 형태 및 종류

조선시대에는 전형이 각각 틀리고 문란하기 쉬우므로 알기 쉽게 방전, 직전, 구고전, 규전, 제전 등 5가지 형태로 타량하여 기록하였다(萬機要覽 財用編二,田結條). 전은 자호를 붙이되 千字文의 次弟를 사용하고 다시 1, 2, 3으로 차례를 정하였다.

① 전형

표 5-14 조선시대 전의 형태

전형	내 용
방전(方田)	정사각형의 토지로 長과 廣을 측량
직전(直前)	직사각형의 토지로 長과 平을 측량
구고전(句股田)	직삼각형의 토지로 句와 股를 측량
규전(圭田)	이등변삼각형의 토지로 長과 廣을 측량
제전(梯田)	사다리꼴의 토지로서 長과 東闊 · 西闊을 측량

② 과세의 전의 종류

양전을 실시하는 중요한 목적 중의 하나는 과세의 기본 자료를 얻기 위한 것이었다. 따라서 경작자의 사정이나 자연의 조건 등으로 말미암아 변동하는 田土의 정도에 따라 正田, 續田, 降等田, 降續田, 加耕田, 火田, 등을 調査하여 土地記錄簿에 올렸다. 이렇게 하여 田案(量案)에 기재된 田結을 元帳簿라고 하며 여기에는 免稅田, 給災田, 實結이 포함되어 있다(萬機要覽 財用編二, 田結條).

표 5-15 조선시대 전의 이용과 과세

종 류	내용
정전(正田)	항상 경작하는 전토
속전(續田)	경작하기도 하고 휴경하기도 하여 경작할 때에만 과세하는 전토
강등전(降等田)	오랫동안 버려두어 토질이 저하되었으므로 세율을 감해주는 토지
강속전(降續田)	강등전이 된 뒤에 다시 휴경전으로서 경작한 때에만 과세하는 토지
가경전(加耕田)	원장부 밖의 토지를 개간하여 세율을 새로 정해야 하는 토지
화전(火田)	따비밭을 불태워 조를 심는 토지

5) 지적관련부서

조선시대 최고지적행정기구로서 의정부가 있고, 실제 정무를 담당한 이, 호, 예, 병, 형, 공의 6조가 있었다. 6조(曺) 중 호조(戶曹)는 지적관련 부서로 밀접하게 연계되어 있으며, 호구, 공물과 부세(賦稅), 전지(田地)와 양곡, 경제관계의 정사를 관장하였으며 신라의 창부(倉部), 고려의 호부(戶部)에 속한다. 호조의 속사(屬司)로는 판적사(版籍司), 회계사(會計司), 경비사(經費司)가 있으며, 특히 판적사(版籍司)는 호구, 토지, 부역, 공납이라든지 농사와 양잠의 장려, 농사작황의 조사, 흉년구제와 환자(患者), 곡식(穀食)의 출납에 관한 업무를 담당하였다(經國大典 卷1, 吏典 6條).

한성부는 서울을 관할하는 관청으로 수도에 존재하여 중앙관청으로 인정한 동시에 6조와 같은 격의 관청으로 하였다. 여기에서는 수도의 호구대장(戶口臺帳)으로부터 시장 및 점포와 가옥 및 토지라든지 4방의 산, 도로, 교량, 개천, 관물의 낭비에 더한 추심과 부채 및 지역순찰, 시체의 검사 등을 처리하였다(국사편찬위원회 1981 : 49).

5부는 한성부의 행정구획으로 동서남북 중의 5부를 말하는 것으로 한성부관 내의 각종 거주인의 범법사건과 교량, 도로, 반화(頒火), 금화, 이문(理門)의 경계 및 가옥과 대지의 측량, 시체의 검사 등에 관한 일을 관장하였다. 지방의 경우 실무담당자는 양전사(量田使)가 중앙에서 파견되어 양전사업을 수행하였지만 실제로는 향리(鄕吏) · 서리(胥吏)가 양전을 수행하였다. 또한 이들의 농간에 의한 폐단을 바로잡기 위하여 균전사(均田使)를 어사(御使)로 파견하기도 하였다(변태섭, 1993 : 304).

임시부서로는 세종 25종(1443)년에 토지 및 조세제도의 조사연구 및 신법의 제정을 위하여 설치하였던 전제상정소(田制詳定所)가 있었다(다산연구회 역주, 1988 : 175).[42] 즉 공법(貢法)[43]의 논의에 따라 세종 18년(1436) 6월에는 전제상정소를 설치하고 여기서 공법을 전담하여 추진토록 하였고, 여러 논의를 거쳐 다음 해에는 상정공법(詳定貢法)을 수립하였으며, 7개 조로 되어 있었다. 토품에 따라 전국을 3등도로 구분하고, 다시 각 등도를 종래의 전품에 따라 3등전으로 구분하되 수세액을 다음과 같이 정하였다.

표 5-16 **조선시대 수세액의 결정**

구 분	상전 1결	중전 1결	하전 1결
상등도(경상 · 전라 · 충청)	20두	18두	16두
중등도(경기 · 강원 · 황해)	18두	16두	14두
하등도(함길 · 평안)	15두	14두	12두

출처 : 국사편찬위원회, 1994 : 86

전분의 등급과 연분의 등급이 더 세분화된 이 상정공법은 세종 19년(1437)부터 전국에 시행하기로 하였으나, 각 지방의 관원들이 그 시행의 불가함을 역설하는 상소가 거세게

42) 전제상정소가 만들어진 시기의 차이는 임시부서라는 점과 접근하는 학자에 따라 제시하는 문헌의 차이에 있다고 판단된다.

43) 공법(貢法)이란 원래 여러 해 동안의 토지생산량의 평균치를 기준으로 잡아 1/10에 해당하는 일정한 액수를 과세하는 일종의 정액세법을 말한다.

들어오고 사간원을 비롯한 여론의 반대가 심하여 결국 그 시행을 중단하지 않을 수 없었다. 그러나 다음 해인 세종 20년(1438)에는 토지생산력이 상대적으로 높은 경상 · 전라도에서 우선 시험 삼아 시행키로 하였고, 그 다음 해에는 충청도에서 시행키로 하였으며, 그 뒤로도 상정공법의 미진한 조항들은 계속 수정 · 보완하여 나갔다. 나아가 세종 25년(1443)에는 5등의 전품제, 9등의 연분제, 그리고 결부제 대신 경무제로 고쳐 양전하는 법 등을 골자로 하는 경정공법(更定貢法)을 수립하였는데, 이 때 양전의 근거 척도로서 종래의 지척(指尺) 대신 주척(周尺)을 채택하기로 하였다. 그리고 그 사이 많은 실험과 논의를 거친 끝에 세종 26년(1444)에 드디어 결부제에 의거하는 전분 6등, 연분 9등의 공법을 확정하였다(국사편찬위원회, 1994 : 85-87).

표 5-17 **조선시대 지적관련 부서**

구분	중 앙		지방	임시부서
부서 및 담당 업무	의정부(議政府)(백관과 서무총괄)		양전사(量田使) 향리(鄕吏) 서리(胥吏) 균전사(均田使)	전제상정소(田制詳定所) (토지의 측량 및 조세제도의 조사연구 및 신법의 제정)
	한성부(漢城府) (서울의 행정 · 치안) ↓ 5 부(府) (범법사건, 교량, 도로, 반화, 금화, 가옥의 측량)	6曹(尺曹) (재정, 조세, 호구) ↓ 판적사(版籍司) (호구, 전지, 조세, 부역, 공물, 진상, 잠업, 풍흉조사, 진대렴산)		

출처 : 국사편찬위원회, 1981 : 38-41, 참고작성

6) 토지기록부

① 양안의 의의

조선시대의 양안은 오늘날 지적공부로 토지대장과 지적도 등 대장과 도면의 내용을 수록하고 있는 것이 일반적이다. 양안은 토지대장으로 일명 전적이라고 하는데 토지의 소재, 위치, 등급, 형상, 면적, 자호 등을 적어 둔 책으로 경작면적, 소유관계 등을 추정하는 편리한 토지자료라 할 수 있다. 토지를 정확하게 조사하여 등록한 양안은 조선왕조의 사회적 · 경제적 문란으로 인한 토지문제를 해결하는 기능을 가졌으며, 사인간의 토지거래에 있어서 용이성을 제공하였다 할 것이다. 이와 같은 양안은 토지와 징세의 파악이라는 세정상의 목적과 아울러 토지소유자의 확정의 목적과 기능도 가지고 있었다.

조선시대에 있어서 토지에 관한 제장적부(諸帳籍簿), 문서류의 존재 형태와 거기에서의 양안의 위치에 대하여 도식화하면 다음과 같다(宮嶋博史, 1990 : 48).

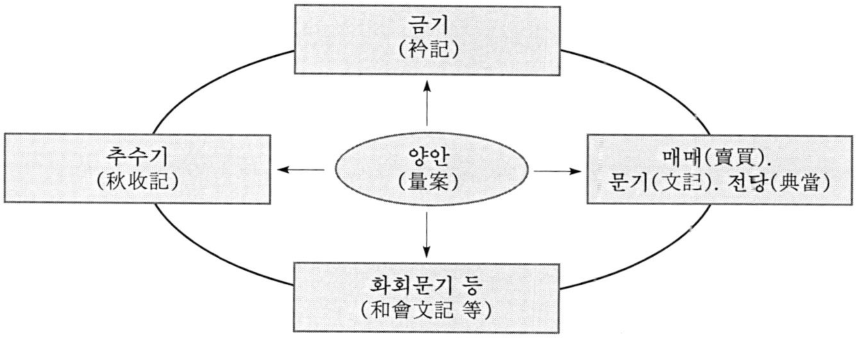

그림 5-2 토지관계 장부 · 문서의 기본적 구조

금기(衿記) 등으로 불리는 장부는 국가의 지세수취를 위한 것으로 매매(賣買) · 전당문기(典當文記)는 토지의 매매 · 전당이 이루어질 때마다, 또한 화회문기(和會文記) 등은 재산상속이 행해질 때마다 작성되는 문서이며, 추수기(秋收記)는 지대 수취를 위한 장부이다. 그리고 이들 문서, 장부류는 토지를 특별히 지정할 때에 원칙적으로 양안에 등록된 字 · 番號에 의거하며 이러한 의미에서 양안은 조선시대에 있어서 토지공부로서의 지위를 점하고 있었다.

조선시대 양안의 명칭은 시대와 사용처, 비치처에 따라 다른데 양안, 量案謄書册, 田案, 田畓案, 成册, 量名謄書次, 田畓結大帳, 田畓結打量正案, 田畓打量册, 田畓打量案, 田畓結正案, 田畓量案, 田畓行審, 量田導行帳 등 다양하며, 조제년의 신구에 의하여 신양안, 구양안, 국왕의 열람을 경유한 御覽量案, 군면동을 구획하는 군량안, 목량안, 면양안, 리양안 등이 있고 또 각궁의 宮打量成册, 衙門屯田 등이 있으며, 일반사유 전답에 의한 모택양안, 노비의 전답에 관한 노비타량성책, 역둔사, 목장사, 사원전에 관한 양안 등이 있다(서울특별시, 1993 : 34-35).

② 양안의 기재내용

경국대전에 의하면 20년마다 한 번씩 양전을 실시하여 새로이 양안을 작성하고 호조, 본도, 본읍에 보관하기로 되어 있다. 그러나 실제는 원칙대로 시행되지 못하고 수십 년 내지 백여년이 지난 뒤에야 다시 양전하는 것이 보통이었다.

조선시대 양안 기재내용에는 자호(字號), 지번, 양전방향(量田方向), 토지등급(土地等級), 지형척수(地形尺數), 결부수(結負數), 사표(四標), 진기(陳起), 주(主) 등이 있었다. 자호(字號)는 양전할 때 각 표지에 천자문의 순서로 번호를 매기는데 그것을 말하며, 원칙적으로 1자호 내에는 5결이 들어 있으며 자호 내의 각 필지에는 고유의 번호가 있다(다산연구회, 1988 : 183). 속대전(續大典) 규정에는 진전과 시기전을 막론하고 5결이 되면 한 자호로 써 표시하고 있다. 양전방향(量田方向)은 南犯 ,北犯 등 東西南北으로 표시하였다. 또한 토지의 형태는 방전(方田), 직전(直田), 구전(句田), 제전(梯田), 규전(圭田), 사전(梭田), 요고전(腰鼓田) 등의 토지형상이 있었고(다산연구회, 1988 : 176-178), 이러한 형태들은 타량(打量)에 적용되어 전산(田算)을 하였다. 토지등급(土地等級)은 조선조 세종 26년(1444) 공법(貢法) 제정당시 종래의 답험손실법(踏驗損失法)을 폐지하고 정액세법(定額稅法)을 제정하는 과정에서 토지의 비옥도에 따라 전분(田分)을 6등으로, 풍흉에 따라 연분(年分)을 9등으로 나누었다. 결부(結負)는 일정한 생산량을 내는 토지의 넓이를 가리키는데, 토지의 넓이를 나타내는 뜻으로 쓰였으며 토지의 비옥도가 다름에 따라서 1결 1부의 넓이는 달랐다. 결부는 소출의 단위이며 같은 소출에 대하여 같은 조세를 부과하였기 때문에 조세의 단위로 쓰였다(다산연구회, 1988 : 174).

양안에서는 토지의 위치를 나타낼 때 동서남북에 있는 토지로서 나타내었다. 예를 들면, 동모답(東某沓), 서모답(西某沓), 남모(南某), 북모전(北某田)으로 나타내는데 이것을 사지(四地) 또는 사표(四標)라 하였다. 진기(陳起)는 경작여부를 밝힌 것으로서 묵밭인 진전(陳田)이 아니고 기경전(起耕田)임을 표시했다. 주(主)는 토지소유자의 표시로 양반은 직함이나 품계를 적은 후 본인의 성명과 가노(家奴)의 이름을 아울러 표기하였고, 평민은 직역과 성명, 그리고 천민은 천역(賤役)의 명칭과 이름만을 기록했다. 본래 군형 양안(郡型 量案)을 실제로는 소유자만을 기록하도록 되어있었으나 소작제도가 본격화되면서 점차 소유자와 경작자를 같이 기재하였다(서울특별시, 1993 : 25). 척수(尺數)는 토지의 실제거

표 5-18 **양안(量案)의 기재내용**

자 호 (지 번)	양전할 때 각 표지에 천자문의 순서로 번호를 매기는 것(1자호 내에는 5결이 들어 있으며 자호내의 각필지에는 고유번호가 있고 이는 현재의 지번)
양전방향	양전의 방향은 南犯, 北犯 등 동서남북으로 표시
토지등급	토지의 비옥도에 따라 전분 6등, 풍흉에 따라 년분 9등으로 분류
지형척수	토지의 실제거리를 양전척으로 측량하여 기재(인조 때는 양전척에서 갑술척으로)
결 부 수	면적을 표시한 것
사 표	토지의 위치를 동서남북으로 나타낸 것(예 : 東某沓, 南某, 北某田 등)
진 기	경작여부를 밝힌 것 즉 陳田이 아니고 起耕田임을 표시
주	토지소유자의 표시(양반은 직함, 품계, 본인성명, 노비의 이름을 기재, 평민은 직역과 성명, 천민은 賤役의 명칭과 이름)

Zoom in

일자오결제도(一字五結制度)

1. 의의

천자문 1자의 부여를 위한 결수의 구성

2. 주 내용

① 양안의 토지표시는 양전의 순서에 따라 1필지마다 천자문의 자번호를 부여

② 천자문의 1자(字)는 폐경전, 기경전을 막론하고 5결이 되면 부여함

3. 특징

1결의 크기는 1등전의 경우 사방 1만척으로 하였음

리를 양전척(量田尺)으로 측량하였다. 인조 12년(1634)에는 임진왜란으로 인해 문란했던 양전제를 바로잡기 위해 호조(戶曹)에서 새로운 양전척(量田尺)인 소위 갑술척(甲戌尺)을 만들어 양전(인조실록 권30, 12월 10일, 갑술조)하여 양안에 등록하였으며, 효종 4년(1653)에 와서는 전품 6등을 6종의 양전척으로 측량하던 수등이척(隨等異尺)의 양전제(量田制)를 고쳐서 일등양전척(一等量田尺) 하나로만 양전하도록 개정하였다(대전통편 호전, 양전조).

③ 양안 예

양안을 이해하고 파악하기에 가장 적합한 것으로는 1719~1720년의 을해 · 경자양안(乙亥 · 庚子量案)이 있는데 이는 숙종 46년(1720)에 전라도와 경상도의 양전사업에서 만들어졌다. 이 양안을 통하여 조선시대의 양안의 형식 및 내용을 알 수 있다.

경자양안은 경상도 남해현 삼동면 경자양안으로 양자대장 전체 제1번에서 제104까지 중 양안을 이해하는데 중요한 부분을 발취한 것이다. 양안 내용의 형식을 보면 각 필지에 대한 기재는 전체적으로 다섯의 蘭으로 나뉘고 해당란에는 각각의 기재사항이 있다. 이러한 구성을 이해하기 쉽게 양안의 내용을 도표로 나타낸 것이 경자양안 중 양자(量字)에 관한 것이다(김영학, 1996 : 136-137).

제1란의 기재사항은 소재지 중심의 지번, 양전의 방향, 토지등급 수, 토지의 형상, 지목으로 나타나고 있다. 양자(量字) 전체를 볼 때 제1란에는 특이한 사항들이 있는데 제62번에 대(垈)는 택지를 추서한 것이고, 제2번에 재(裁)는 토지의 형상의 구정에 있는 5종류의 이외의 경우에 방형(方形(正方形)) 혹은 직형(直形(長方形))으로 나누어 본 것을 나타낸다. 제13번의 반(反)은 이전의 양안에 등록되어 있던 지목이 바뀐 것을 나타내고, 제48번의 속

표 5-19 南海縣 三東面 庚子改量 田案(肅宗 46年 1720)

	地番, 方向, 等數, 形狀, 地目	東西南北의 長尺	結負	四標	舊·新의 起主 및 職役 時作名·職役
	量字				
	第二北犯參等裁直田	南北長伍拾陸尺 東西廣拾貳尺	肆負柒束	南愛生畓 東德成畓 二方月先畓	舊奴 金伊 起主 今龍洞宮時乭手 金德先
	第十三東犯四等反直畓	南北長貳拾伍尺 東西廣貳拾壹尺	貳負玖束	二方同人畓 北高老田 東士仁田	舊無主 起主 令興善牧時良 李元用
加	第四十八南犯陸等續直田	南北長伍拾參尺 東西廣貳拾尺	肆負	北大道 三方山	起主 興善牧時東伍 李成郎
加	第六十二南犯四等垈直田	南北長拾肆尺 東西廣柒尺	伍束	二方陳田 東俊太田 南迪文田	起主 興善牧時海夫 金碩乭伊
以上 舊南	第七十六北犯陸等續直田	東西長參拾柒尺 南北廣陸尺	伍束	東迪文田 南渠 三方山	起主 興善牧時良人 張有哲
加	第八十二北犯四等苧直田	方面各伍尺	壹束	北好昌田 東俊太田 西渠南春萬田	起主 興善牧時海夫 金碩乭伊
	垈(宅地), 裁(土地形狀인 5종류 이외의 形狀), 反(地目이 바뀐 경우), 續(매년 계속 耕作되지 않은 土地), 苧(苧麻田)				

출처 : 규장각 양안 No. 14711., 김영학, 1996 : 136

(續)은 매년 계속하여 경작되지 않은 토지를, 제82번 저(苧)는 저마전을 나타내며, 이외에 저(楮), 완전(莞田), 과전(菓田), 칠림(漆林), 죽림(竹林) 등 특수한 수익 작물이 재배되는 토지의 경우 그를 명기한다.

제2란의 기재사항은 동서남북의 장척(長尺)을, 제3란은 결부(結負)를, 제4란은 사표(四標)를, 제5란은 구·신의 기주(起主) 및 그의 직역, 시작명 및 그의 직역을 나타낸다. 각 필지의란 외에 가(加)라고 기재되어 있는 토지의 전회의 양전, 즉 1634년에 행해진 갑술양전(甲戌量田) 당시에 양안에 등록되지 않았던 토지이다.

남해현의 이 양안에서는 가(加)의 토지가 매우 많은 것이 특징적이며, 섬이라는 자연조건과도 관련하여 조선후기에 급속히 개발이 진전되고 있었던 상황을 엿보게 한다.

제76번의 토지위에 이상구남(以上藍男)이라고 기재되어 있는데 이는 갑술양안에서는 제76번의 토지까지 남(男)의 자호(字號)의 토지였던 사실을 나타내고 있다. 이는 앞의 가(加)의 표시나 구기주(舊起主)의 표기와 함께, 경자양안에서는 이전의 양안과의 계속성이 중시되고 있던 사실을 보이는 것이다(宮嶋博史, 1990 : 52).

4.2 토지제도

1) 개요

조선시대의 토지제도는 커다란 변화가 일어나 고려의 전시과(田柴科)체제에서 새로이 과전법(科田法)체제로 발전하였다. 그 뿐만 아니라 토지에 대한 사적소우가 보다 진전되었고 이에 따라 양인 자작 등이 많아져 전체적으로 농민의 지위가 상승하였다. 과전법의 규정은 토지의 사유를 타파하고 새로운 토지지배관계를 마련한 것이다. 즉 토지공유의 기초 위에 수조권의 귀속에 의하여 전국의 토지는 공전(公田)과 사전(私田)의 두 형태로 구분된다.

2) 과전법(科田法)

① 의의

과전법은 고려 공양왕(恭讓王) 3년(1931)에 발표되었고 이것은 새로 개인관료들에게 분급하는 수조지인 과전(科田)에 관한 규정을 자세히 설정한 이외에 일반적으로 국가수조지, 중앙 및 지방 각 기관 혹은 외역인들의 수조지 등에 관한 규정과 조세 수탈에 대한 일반적 규정을 원칙적으로 설정하였다. 1932년 왕조가 교체된 후에도 과전법은 조선조 전제의 기본법으로 되었다(태종실록 권1, 태조원년 7월 정미조).

② 주 내용

과전법체제 하에서 양반관료들은 時(실직), 散(산관)을 막론하고 1품(品)으로부터 9품까지의 유품관리에서 산직(유품 이외의 관리)에 이르는 각 관리들을 18과(科)로 나누어 최고 150결(結)에서 최하 10결(結)까지의 과전을 지급받았다(고려사, 식화지 전제조). 사전의 지급은 원칙적으로 본인 1대(代)에 한했던 것이며 관리가 사인한 뒤에 그 처가 재가하지 않는 경우에는 수신전(守信田)이란 명목으로, 관리와 그 처가 모두 사망하고 유약(幼弱)한 자녀만이 남게 된 경우에는 휼양전(恤養田)이란 명목으로 과전의 전수를 허용하였다(태종

Zoom in

양안(量案)의 이론적 배경

1. 양안(量案)의 의의(意義)

현재의 토지대장이라 할 수 있는 양안은 고려시대와 조선시대에서 살펴 볼 수 있으며 토지기록부로서 그 가치가 있다 할 것이다.

고려시대의 경우 토지측량에서 조사한 내용인 토지의 소유주, 전품, 토지의 형태, 양전의 방향, 사표, 양전척의 단위, 총결수, 결수 등을 토대로 작성한 양안이 존재하였다. 한편 삼국유사 권4 보양이목에서는 "도전장(都田帳)"이라는 명칭으로 양안을 나타내고, 동서 권2 가락국기의 순화 2년조에는 "양전도장(量田都帳)" 그리고 동서 권2 남부여, 전백제의 항에는 "양전장적(量田帳籍)"으로 나타나고, 고려사 식화지 의창조에서는 "도전정(都田丁)[전적(田籍), 전안(田案)]으로서 토지기록부의 명칭을 사용하였다.

조선시대의 양안은 오늘날 지적공부로 토지대장과 지적도 등 대장과 도면의 내용을 수록하고 있는 것이 일반적이다. 즉 일명 전적이라고 일컬으며 토지의 소재, 위치, 등급, 형상, 면적, 자호 등을 적어둔 책으로 경작면적, 소유관계 등을 추정하는 편리한 토지자료라 할 수 있다. 토지를 정확하게 조사하여 등록한 양안은 조선왕조의 사회적 · 경제적 문란으로 인한 토지문제를 해결하는 기능을 가졌으며, 사인간의 토지 거래에 있어서 용이성을 제공하였다 할 것이다. 이와 같은 양안은 토지와 징세의 파악이라는 제정상의 목적과 아울러 토지소유자의 확정의 목적과 기능도 가지고 있었다.

2. 양안(量案)의 기재내용(記載內容)

양안의 기재 내용에는 자호(字號), 지번(地番), 양전방향(量田方向), 토지등급(土地等級), 지형척수(地形尺數), 결부수(結負數), 사표(四標), 진기(陣起), 주(主)등이 있었다. 자호(字號)는 양전할 때 각 표지에 천자문의 순서로 번호를 매기는데 그것을 말하며, 원칙적으로 1자호 내에는 5결이 들어 있으며 자호내의 각 필지에는 고유의 번호가 있다. 속대전(續大典) 규정에는 진전과 시기전을 막론하고 5결이 되면 한 자호로써 표시하고 있다.

양전의 방향은 남범(南犯), 북범(北犯) 등 동서남북으로 표시하였다. 또한 토지의 형태는 방전(方田), 직전(直田), 구전(句田), 제전(梯田), 규전(圭田), 사전(梭田), 요고전(腰鼓田) 등의 토지형상이 있었고, 이러한 형태들을 타량(打量)에 적용되어 전산(田算)을 하였다.

토지등급은 조선조 세종 26년(1444) 공법(貢法) 제정당시 종래의 답험손실법(踏驗損失法)을 폐지하고 정액세법(定額稅法)을 제정하는 과정에서 토지의 비옥도에 따라 전분을 6등으로, 풍흉에 따라 연분을 9등으로 나누었다. 결부는 일정한 생산량을 내는 토지의 넓이를 가리키는데, 토지의 넓이 나타내는 뜻으로 쓰였으며 토지의 비옥도가 다름에 따라서 1결 1부의 넓이는 달랐다.

결부는 소출의 단위이며 같은 소출에 대하여 같은 조세를 부과하였기 때문에 조세의 단위로 쓰였다.

양안에서는 토지의 위치를 나타낼 때 동서남북에 있는 토지로서 나타내었다. 예를 들면 동모답(東某沓), 서모산(西某山), 남모(南某), 북모전(北某田)으로 나타내는데 이것을 사지(四地) 또는 사표(四標)라 하였다. 진기(陣起)는 경작여부를 밝힌 것으로서 묵밭인 진전(陣田)이 아니라 기경전(起耕田)임을 표시했다. 주(主)는 토지소유자의 표시로 양반은 직함이나 품계를 적은 후 본인의 성명과 가노(家奴)의 이름만을 기록했다. 본래 군형(郡型) 양안을 실제로는 소유자만을 기록하도록 되어 있었으나 소작제도가 본격화되면서 점차 소유자와 경작자를 같이 기재하였다. 척수(尺數)는 토지의 실제거리를 양전척(量田尺)으로 측량하였다. 인조 12년(1634)에는 임진왜란으로 문란했던 양전제를 바로 잡기 위해 호조에서 새로운 양전척인 소위 갑술척(甲戌尺)을 만들어 양전하여 양안에 등록하였으며, 효종 4년(1653)에 와서는 전품 6등을 6종의 양전척(量田尺)으로 측량하던 수등이척(隨等異尺)의 양전제를 고쳐서 일등양전척(一等量田尺) 하나로만 양전하도록 개정하였다.

3. 양안(量案)의 종류

양안의 종류는 여러 가지가 있으며 분류기준에 따라서 명칭이 다양하게 나타난다.

분류 기준으로서 첫째, 시대별 구분이다. 즉 고려시대는 도전장(都田帳), 양전도장(量田都帳), 양전장적(量田帳籍), 도전정(都田丁), 전적(田籍), 전안(田案) 등으로 불리었고, 조선시대는 양안등서책(量案謄書册), 전답안(田畓案), 성책(成册), 양명등서차(量名謄書次), 전답결대장(田踏結大帳), 전답결타량(田踏結打量), 전답타량안(田踏打量案), 전답양안(田畓量案), 전답행심(田踏行審), 양전도행장(量田導行帳) 등이 있다. 둘째, 행정구역별 구분이다. 여기에는 군・현・면・리에는 해당하는 양안으로 모군양안(某郡量安), 모현양안(某縣量案), 모면양안(某面量案), 모동양안(某東量案), 모리양안(某理量案) 등이 있다. 셋째, 신분별 구분이다. 여기에는 입금과 관련된 어람양안(御覽量案), 궁타량성책(宮打量成册), 아문둔전(衙門屯田), 양반・양인과 관련된 모택양안(某宅量案), 노비와 관련된 노비타량성책(奴婢打量成册) 등이 있다. 넷째, 특수목적별 구분이다. 여기에는 역둔토양안(驛屯土量案), 목장토양안(牧場土量案) 등이 있다.

이러한 양안의 종류를 정리하면 다음 표와 같다.

이러한 양안의 유형은 기재양식과 기재내용에 있어서는 동일하며, 개인양안만이 작인(作人)이나 두락(斗落) 및 도조(賭租)관계를 더 첨가하고 있다는 점에서 그 상세성과 구체성을 더하고 있다.

양안의 종류

<table>
<tr><th>분류기준</th><th>양안의 명칭</th><th>비 고</th></tr>
<tr><td>시대별</td><td>• 고려시대
도전장(都田帳), 양전도장(量田都帳), 양전장적(量田帳籍), 도전정(都田丁), 전적(田籍), 전안(田案)
• 조선시대
양안등서책(量案謄書冊), 전답안(田畓案), 성책(成冊), 양명등서차(量名謄書次), 전답결대장(田踏結大帳), 전답결타량(田踏結打量), 전답타량안(田踏打量案), 전답양안(田畓量案), 전답행심(田踏行審), 양전도행장(量田導行帳)</td><td rowspan="4">조제년도의 전후에 따라서는 신양안과 구양안으로 분류함</td></tr>
<tr><td>행정 구역별</td><td>• 군 · 현 : 모군양안(某郡量案), 모현양안(某縣量案)
• 면 · 동 · 리 : 모면양안(某面量案), 모동양안(某東量案)</td></tr>
<tr><td>신분별</td><td>• 임금과 관련된 양안 : 어람양안(御覽量晏), 궁타량성책(宮打量成冊), 아문둔전(衙門屯田)
• 양안 · 양인과 관련된 양안 : 모택양안(某宅量案)
• 노비와 관련된 양안 : 노비타량성책(奴婢打量成冊)</td></tr>
<tr><td>특수 목적별</td><td>• 역둔토양안(驛屯土量案), 목장토량안(牧場土量安), 사원전양안(寺院田量案)</td></tr>
</table>

4. 양안(量案)의 법적(法的) 근거(根據)

조선시대의 기본법전인 경국대전에 의하면 모든 토지는 6등급으로 나누며 20년마다 한 번씩 토지를 다시 측량한 후 대장을 만들어 본조, 본도, 본읍에 보관한다고 규정되어 있다. 따라서 양안을 작성하는 법적 근거는 경국대전에서 찾아 볼 수 있으며 양안을 토대로 토지거래가 이루어졌음을 알 수 있다.

한편 정전(正田)은 토질이 메말라서 곡식이 잘 되지 않는 토지 또는 속전(續田)이 땅이 비옥해져 소출이 곱절로 증가하는 토지에 대해서는 고을의 원이 대장에 기록하여 두었다가 관찰사에게 보고하여 다음 번 식년에 개정하도록 하였다. 따라서 양안의 정리는 식년에 따라서 3년에 한 번씩 이루어졌음을 알 수 있다. 즉 토지측량을 수반할 때에는 20년마다 양안을 새로 작성하였지만 토지측량을 수반하지 않고 토지의 비옥도가 달라질 경우에는 3년마다 양안을 정리한 것으로 보아야 할 것이다.

조선시대에 토지관계 장적·문서로 금기(衿記), 매매(賣買)·전당문기(典當文記), 추수기(秋收記), 화회문기(和會文記) 등이 있다. 금기(衿記) 등으로 불리는 장부는 국가의 지세수취를 위한 것이며, 매매·전당문기는 토지의 매매·전당이 이루어질 때마다, 또한 화회문기(和會文記) 등은 재산의 상속이 행해질 때마다 작성되는 문서이며, 추수기(秋收記)는 지대수취를 위한 장부이다. 그리고 이들 문서, 장부류는 토지를 특별히 지정할 때에 원칙적으로 양안에 등록된 자·번호에 의거하며 이러한 의미에서 양안은 조선시대에 있어서 토지공부로서의 지위를 점하고 있었다.

※ 식년(式年)이란 일정한 행사를 진행하기로 예정된 해를 말한다. 호전의 호적조에서는 "3년마다 호적을 고쳐 만든다"고 하였고, 예전의 제과조에서는 "3년마다 한 차례씩 시험을 보인다"라고 하였다. 속대전에서는 이 조항에 각각 "작년, 오년, 묘년, 유년"이라는 주석을 달아 놓았다. 이 기록을 통하여 알 수 있는 바와 같이 조선초기에는 호적작성이나 정기적인 과거시험과 같은 중요한 국가행사를 3년에 한번 씩 하기로 정해 놓은 것을 후세에 오면서 자년, 오년, 모년, 유년으로 고정시켜 놓고 그런 해를 "식년"이라고 부르게 된 것이다. 여기서는 토지측량을 정기적으로 진행하는 해를 가리킨다.

실록, 16년 5월, 신해조). 이와 같은 조처는 과전의 실질상의 세습화를 초래한 것이기도 하였다.

③ 과전법의 변천[직전법(直田法)] → 관수관급제(官收官給制)]

세조 11년(1466)에는 전제를 직전법(直田法)으로 고쳐서 전지의 급여를 실질자에게만 제한하고 산직(散職)관리에 대해서는 급여대상에서 제외하기로 하였다(왕조실록, 세조 12년 8월, 갑자). 그 후 성종대에 이르러 다시 관수관급제(官收官給制)를 실시하여 관리에게 전지를 지급하되 그들이 직접 수조하지 못하게 하였다. 그리하여 조세는 관부에서 징수하여 세액을 빼고 관리에게 지급하도록 하여 이로써 관리들이 급여로 받은 토지를 직접 지배할 수 없도록 하였다. 과전제를 폐하고 직전제를 채택한 것은 과전이 세습화 되어 사전이 되고 이 사전을 거점으로 하여 인근 공전이 잠식되고 있었으나 직전제의 경우에는 이러한 폐단을 막을 수 있었기 때문이다.

3) 토지의 유형

조선시대의 토지제도는 공전과 사전으로 구분할 수 있다. 즉 공전(公田)은 크게 국가수조지(國家收租地), 공처절급전(公處折給田), 국둔전으로 대별된다. 사전(私田)은 과전(科田), 직전(直田) 이외에 일부 특수한 중앙관료들에게 분급한 사전(공신전, 별사전 등), 그 밖에 군인전, 사원전 등이 있다.

(1) 공전(公田)

① 국가수조지(國家收租地)

국가수조지는 공처절급전(公處折給田)과 사전(私田)을 제외한 나머지로서 고궁전(庫宮田), 녹봉전(祿俸田), 군자전(軍資田), 각사위전(各司位田) 등이 있다.

고궁전(庫宮田)은 왕실재정관계 창고와 궁을 위한 토지를 말하는 것으로 5고 7궁이 있다. 여기서 5庫란 의성고, 덕천고, 내장고, 보화고, 의순고 등의 내용(왕실용)을 위한 창고를 말하고, 7宮이란 왕실관계의 궁들을 말한다(박시형, 1994 : 45). 녹봉전(祿俸田)은 특별한 공신에게 내리는 것으로써 녹봉액이 특히 많은 팽창을 하게 된 것은 세조, 예종(睿宗), 성종시대에 걸친 시기였다. 이 기간에는 수차의 외정(여진정벌), 국내전쟁(咸鏡道 농민전쟁의 탄압), 政變(世租의 찬탈 및 그 후의 왕위계승의 불안정) 등의 사건과 관련하여 소위 공신들이 빈번히 책봉되고 고급 녹봉수급자들이 증가하여 녹봉액은 비상히 팽창하였다(박시형, 1994 : 47). 군자전(軍姿田)은 군자위전이라고도 하며, 그 가운데 중앙의 군자축적을 위한 창고인 군자감창에 소속된 수조지를 군자감창위전(軍資監倉位田), 지방의 군자창고에 그 수조를 유치하는 군자전(軍資田)을 외군자전(外軍資田) 혹은 외군자위전(外軍資位田)이라고도 한다. 각사위전(各司位田)은 중앙 각 관청에서 그 직무에 따라 일정한 위전을 배정한 것을 말한다. 그런데 이 각사위전제도는 막대한 불합리성을 포함한 것으로 되어 결국 세종 27년(1445) 일반적 전재개정 당시에 폐지되고 그 대신 국용전제도가 실시되었다(세종실록 권109, 27년 7월 을유조).

② 공처절급전(公處折給田)

중앙국고에서 직접 수조하지 않고 개별적 국가기관들 혹은 이 기관들에 소속한 일정한 관리들에게 수조를 허여한 일반민전(백성들의 땅)이나 또는 이 기관들에게 소속한 일정한 유역인(그 기관에 복무하는 부역인을 가리킴)들에게 무세경작을 허락한 국가 직속토지들

Zoom in

궁장토(宮庄土)

1. 의의

궁방(宮房)이란 후궁(後宮), 대군(大君), 공주(公主), 옹주(翁主) 등의 존칭으로서 각 궁방 소속의 토지를 궁방전(宮房田) 또는 궁장토(宮庄土)라 하며 또한 일사칠궁 소속의 토지도 역시 궁장토라 불렀다.

2. 일사칠궁(一司七宮)

일사칠궁이란 내수사와 칠궁을 통털어 부르는 명칭이다. 즉 내수사(內需司), 수진궁(壽進宮), 명례궁(明禮宮), 어의궁(於義宮), 용동궁(龍洞宮), 육상궁(毓祥宮), 선희궁(宣禧宮), 경우궁(景祐宮)을 말한다.

3. 토지의 투탁(投托)

궁장토에 대하여서는 국세를 면제할 뿐만 아니라 그 경작자에 대해서도 부역을 면제하는 특전이 있었다. 또 각 궁방은 소작료를 적게 받았으므로 농민들은 궁장토의 소작인이 된 것을 기뻐하며 혹은 스스로 궁방에 청탁하여 자기의 전토를 궁장토인 것처럼 가장함으로써 권력의 그늘에서 타인의 약탈을 면하려 하였다. 뿐만 아니라 조세나 부역을 면제받으려는 예가 생기었는데 토지의 투탁이란 바로 이러한 것이다.

을 총칭하여 이르는 말이다.

- 제사용전(祭祀用田)

  제사용전은 봉건국가의 각종 제사비용을 위하여 설정한 전의 유형이다. 봉건국가는 이 제사의 의식을 통하여 자기의 주권이 위로는 하늘로부터 밑으로는 잡다한 귀신들에 이르기까지의 모든 신들에 의하여 보호되고 있다는 것을 표시하며, 또 더욱 그들의 보호를 받기 위하여 각종 제사를 설정하고 그에 필요한 토지들을 배정한 것이다. 이에는 적전, 제위전, 잡위전(국행수륙전, 제향공상제사채전, 빙브전, 수릉구전) 등이 있다(경국대전, 호전 제전조).

- 공해전 · 학전(學田) · 주현전(州縣田)

  공해전은 원래 중앙의 각 관청에 분급된 수조지로서 그 수조는 관리들에 대한 음식 제공을 주로 하고 또 일부는 용지, 필묵비용 등에 충당한 것이며, 학전은 중앙과 지방의 학교들에 분급된 수조지로서 성균관(成均館田), 향교전(鄕校田), 사학전 등이 있다. 주현전(州縣田)은 주현의 관청, 수령 및 서리 등에게 수조를 허여한 토지로 그 내부에는 주현아록전, 주현공수전, 인리위전 등을 포함한다(경국대전, 호전 제전조).

• 역전(驛田) · 원전(院田) · 도전(渡田) · 참전(站田)

역전(驛田)은 공문서와 진상물품 등을 전달, 수송하고 내외의 사객들을 영송하는 국가적 체신 및 운수기관으로서 하나의 계통을 이루고 있는 집체, 즉 역로에는 감독관원인 찰방, 역승 등이 있으며 매개역에는 역호인 역리, 역노 등이 배치되고 또 역마의 시설이 있다. 이 역의 구성부분들을 유지하기 위하여 역공수전, 인위전, 마분전 등의 토지들이 배정된다. 원전(院田)은 인가가 드문 요소들에 설치되고 이에 배치된 원주들에게 원전이 배정된다. 지정된 강나루 도진들에서 나룻배를 젓는 천역인들을 진부(津夫) 혹은 진척(津尺)이라고 하고, 이들에게 자경무세전 진부전을 급여하며 이에는 도승아록전과 진부전이 있다. 수운판관들에게는 아록전을, 수부들에게는 수부전을 급여하였는데 이를 합하여 참전(站田)이라고 부른다(경국대전, 호전 제전조, 박시형, 1994 : 65-72).

• 관둔전(官屯田)

둔전(屯田)이란 용어의 원래의 의미는 군인들이 위수를 하는 한편, 자기 자신들의 군량을 조달하기 위하여 경작하는 토지였으나 조선시대의 둔전은 오히려 이런 원래의 의미에서 이탈되어 해당기관의 경비부족을 보충하는 것으로 되었다. 이런 종류의 둔전들은 지방주현(地方州縣), 역(驛), 영진(榮進) 등 기관에 소속되었는데 이것들을 주현관둔전(州縣官屯田), 영진관둔전(營鎭官屯田) 등의 이름으로 불렀다(경국대전, 호전 제전조., 세종실록 6년 10월 정미조., 세종실록 6년 2월 신해조., 박시형, 1994 : 79).

• 수군구분전(水軍口分田)과 향화전(向化田)

수군구분전(水軍口分田)은 조선시대에서 일정한 시기에 특수한 수군들에게 그 역의 보상으로서 급여한 자경무세지였는데 미구에 폐지되어 일반 국고수조지로 개편된 것이다. 향화전(向化田)은 고려의 투화전과 같이 조선시대에서는 투화외국인들에게 분급된 토지였으나 고려의 투화전이 수조지였던 것과는 달리 조선시대의 향화전은 일정한 기한부 면세지에 지나지 않았다.

③ 국둔전(國屯田)

관둔전(官屯田)은 주현(州縣), 역(驛), 영진(榮進) 등의 공수전(公須田), 아록전(衙祿田)의 수조부족을 보충하기 위하여 설정한 것이지만 국둔전(國屯田)은 국가적 범위에서의 군수축적을 위하여 설정된 것이었다. 국둔전은 국가의 직속토지였으나 원래의 규정에도 불구하고 국둔전에서는 상번군인들을 사역하기로 되어 있음에도 불구하고 실지에 있어서는 일반농민들을 강제로 대량 동원하였으며, 또 규정된 농우, 농구, 농량 등을 국가기관에서 준비하지 않고 농민들에게 자체 해결하게 하는 일이 예사로 되었기 때문에 부근 농민들은 파산하는 자가 속출하는 형편이었다(세종실록, 11년 7월 신미조).

표 5-20 **조선시대 토지유형**

<table>
<tr><th colspan="3">구분</th><th>토지이용</th><th>비고</th></tr>
<tr><td rowspan="16">公
田</td><td rowspan="4">國家收租地</td><td>庫宮田</td><td>왕실 재정관계 倉庫와 宮을 위한 토지</td><td rowspan="23">현재의 地目중
田, 畓, 垈
果樹園,
墓地,
學校用地,
宗敎用地,
林野,
牧場用地,
道路,
溜地,
溝渠,
雜種地 등이
존재하였을
것으로 추측한다.</td></tr>
<tr><td>祿俸田</td><td>특별한 공신에게 내리는 토지</td></tr>
<tr><td>軍資田</td><td>중앙, 지방의 해당창고의 군량축적을 위한 토지</td></tr>
<tr><td>各司位田</td><td>중앙관청에서 그 직무에 따라 일정배정한 위전</td></tr>
<tr><td rowspan="11">公處折給田</td><td>祭祀用田</td><td>籍田： 神農, 后稷을 제사지내기 위한 토지
祭位田：각종 신사(神社)들에 배정된 위전
雜位田：籍田, 雜位田이외의 제사를 위한 토지
(국행수능전, 祭享供上諸司菜田, 氷夫田, 守陵軍田)</td></tr>
<tr><td>공해전</td><td>중앙의 각관청에 분급된 수조지</td></tr>
<tr><td>學田</td><td>중앙 및 지방의 학교들에 분급한 수조지
(成均館田, 鄕校田)</td></tr>
<tr><td>郡縣田</td><td>주현의 관청 · 수령 및 서리에 수조한 토지
(州縣衙祿田, 州縣公須田, 人史位田)</td></tr>
<tr><td>驛田</td><td>공적 교통기관에 유지를 위한 토지
(驛公須田, 驛人位田, 驛馬分田)</td></tr>
<tr><td>院田</td><td>院에 소속된 국가토지</td></tr>
<tr><td>渡田</td><td>津夫에게 부여된 자경무세지
(渡承衙祿田, 津夫田)</td></tr>
<tr><td>站田</td><td>水運판관(衙祿田)과 水夫(水夫田)에게 준 토지</td></tr>
<tr><td>官屯田</td><td>해당기관 경비보충을 위한 토지</td></tr>
<tr><td>水軍口分田</td><td>특수한 수군에 급여한 자경무세지</td></tr>
<tr><td>向化田</td><td>외국인에 대한 기한부 면세지</td></tr>
<tr><td>國屯田</td><td></td><td>국가차원의 군수축적을 위한 토지</td></tr>
<tr><td rowspan="7">私
田</td><td>科田</td><td></td><td>文 · 武兩班官僚에게 지급된 토지</td></tr>
<tr><td>直田</td><td></td><td>현직 양반관료에게 지급된 토지</td></tr>
<tr><td rowspan="3">分給私田</td><td>功臣田</td><td>공신에게 사급된 토지</td></tr>
<tr><td>別賜田</td><td>왕의 특명에 따라 수시로 급여한 토지</td></tr>
<tr><td>親試登科田</td><td>親試에 합격한 자에게 지급한 수조지</td></tr>
<tr><td>軍田</td><td></td><td>王室宿衛의 의무에 대하여 지급한 토지</td></tr>
<tr><td>寺院田</td><td></td><td>사원에 소속되는 전장 및 기타 토지</td></tr>
</table>

(2) 사전(私田)

① 별사전(別賜田)

과전은 과등급에 따라서 일반관료들에게 급여하는 수조지요, 공신전은 공신들에게 일정한 등급을 나누어 급여하는 수조지이지만, 별사전(別賜田)은 이것들과는 달리 왕의 특명에 의하여 수시로 또 급여액에도 일정한 제한이 없이 급여하는 토지이다. 조선 초기에 별사전 급여의 대상자로서 실지로 많이 있던 것은 왕실의 근친, 측근, 시종인, 토목, 기예 등 사업에서 일정한 공로를 세운자 및 기타였다. 별사전은 대부분의 경우에는 수조지이지만 특별한 경우에는 수조지가 아닌 토지 그것이기도 하였다(태종실록, 11년 9월 을유조 · 13년 7월 무자조).

② 공신전(功臣田)

조선조에서 공신전은 주로 왕위의 탈취 또는 그 유지를 위하여 큰 공훈을 세운 공신들에게 사급되었다. 조선조 성립 전후시기로부터 15세기 말까지 공신으로는 중흥9공신, 위화도회군공신, 개국공신, 좌명공신, 정난공신, 좌익공신, 적개공신, 익대공신, 좌리공신, 제원종공신 등이 있다. 공신전은 과전이나 직전과는 성질이 다른 수조지였다. 과전은 원칙적으로 생전, 직전은 현직 중에 한한 수조지이지만 공신전은 처음부터 자손 영구히 상속할 것을 허여 받은 수조지였다(경국대전, 호전 전주조).

③ 군전(軍田)

과전법제정 당시에 이성계일파는 지방의 토호양반들인 한량관리들을 회유하기 위하여 군전의 명목으로서 5결 혹은 10결 정도의 수조지를 허여하였던 것이다. 군전수급(軍田受給)의 대가로서는 왕실숙위(王室宿衛)의 의무가 지워졌는바, 숙위(宿衛)는 일종의 병역상 의무인 동시에 또 특수 양반군인층에 준 명예이기도 하였다.

④ 친시등과전(親試登科田)

고려 전시과제도에서 등과전이 있었던 것과 같이 조선조 과전법에 있어서도 친시(왕의 친림하에 시행되는 과거)에 합격한 자들에게 주는 수조지인 친시등과전 제도가 있었다. 이 등과전제도에 관하여는 사료의 결핍으로 자세한 것을 알 수 없으나 1413년에 별사전과 친시등과전들 가운데 처음부터 자손상전으로 사패(賜牌)가 되어 있는 것들은 종전대로 상속을 허가할 것이라는 명령이 있었다는 기록이 있다(태종실록, 13년 7월 무자조).

4.3 토지거래(土地去來)

1) 개요

고려시대 이래 조선시대에 이르러서도 토지공유제를 원칙으로 하기 때문에 토지의 사적소유권은 원칙적으로 발생하지 아니하였다고 일반적으로 말하나 조선 중엽 이후 토지제도의 문란으로 토지의 개인적 소유가 현실적으로 존재한 것은 부정할 수 없는 사실이다. 경국대전에 의하면 전지(田地), 가옥(家屋)의 매매(賣買)는 15일이 지나면 변경하지 못하여 모두 매매가 있은 후 100일 이내에 관에 신고하여 관(官)의 증서(證書)를 받아야 하며, 우마(牛馬)는 5일이 지나면 변경하지 못하였다.

속대전에는 전지(田地) 또는 가옥(家屋)의 매매에 있어서는 비록 15일을 한도로 하여 그 한도 내에 소장(訴狀)을 제출할 수 있으나 30일을 경과하여도 취송(就訟)하지 아니하는 경우에는 청송(聽訟)하지 아니하며, 노비(奴婢)의 매매는 당해 용건의 수수료를 납부한 연후에 입안(立案)하여 성급(成給)하였다.

Zoom in

능(陵) · 원(園) · 묘(墓)

1. 능(陵)

1) 의의 : 왕과 왕비 등의 사체를 관에 넣어 지중에 안치하고 제사를 지낼 수 있도록 또는 흙으로써 쌓아 올린 곳을 능이라 한다.

2) 현황 : 능은 약 50여 개가 있으며 능으로 보는 것은 다음과 같다.

① 대왕 및 대왕비의 분묘

② 태조 대왕의 선대를 추존(追尊)한 분묘

③ 왕 및 왕비의 위(位)를 추존한 왕세자, 왕세자비가 될 순위에 있던 자가 일찍 죽은 후에 왕위 및 왕비위를 추존한 자의 분묘

2. 원(園)

1) 의의 : 왕세자나 세자빈 및 왕의 사친(私親) 등의 묘(산소)를 말한다.

2) 현황 : 원이라 부르는 것은 12개소가 있으며 원으로 보는 것은 다음과 같다.

① 왕위나 왕비위로 추존되지 않은 왕세자 및 왕세자비의 분묘

② 왕자 및 왕자비의 분묘

③ 왕의 생모(사친인 빈, 궁의 분묘로 사도세자의 현륭원(顯隆園)이 대표적임)

3. 묘(墓)

1) 의의 : 폐왕, 출가하지 않은 공주 및 옹주, 후궁의 분묘를 말한다.

2) 현황 : 묘라 부르는 것은 42개소가 있으며 다음과 같다.

① 폐왕인 연산군과 광해군의 분묘와 그들의 사친의 분묘

② 아직 출가하지 않은 공주 및 옹주의 분묘

③ 후궁의 분묘로서 왕의 빈(嬪), 귀인(貴人), 소의(昭儀), 숙원(淑媛) 등의 왕자나 왕녀를 낳고 왕의 사망 전에 이들이 먼저 사망하였기 때문에 왕실의 분묘로 된 것

위토(位土)

위토란 능 · 원 · 묘에 소속된 전토(전답)를 말하며 그 외에 향탄토(香炭土)라는 것이 있는데 이는 제사 때에 사용하는 향료와 시탄(柴炭)을 지변(支辨)하는 곳이다.

묘위토(墓位土)

1. 의의 : 분묘에 대한 제사를 지내거나 그를 유지관리 함에 필요한 수익을 얻기 위하여 토지를 부속시킨 것이 있는데 이 토지를 묘위토 또는 묘위전이라 부른다.
2. 주 내용 : 묘위토는 사망자의 유산으로써 마련하는 예도 있고 또는 자손들의 각출(醵出)한 것도 있어 그 설정형태는 일정하지 않다. 또한 분묘를 담당하는 묘직(墓直)으로 하여금 묘위토의 수익으로써 해마다 제사를 지내게 하거나 기타의 비용을 지변하고 혹은 그 수확량을 묘직의 보수로 지변하는 것이 통례였다.

대전통편에는 전지(田地)나 가옥(家屋)의 매매는 15일을 기한으로 하고 이는 변경하지 못하며 모두 100일 이내에 관에 보고하고 입안을 받는다고 규정하고 있다.

토지 · 노비의 매매를 증명하는 문서로서 입안이 있으며, 이와 같은 의미로 문기(文記), 입지(立旨)라는 것도 있었는데 토지의 매매 · 증여 등을 증명하는 일반적인 방법은 문기에 의한 것이었다. 문기의 양식은 다양하나 그 기재사항은 토지의 소재, 면적, 가격, 매매의 사유 등이며, 문기에 표시되는 토지면적의 단위는 결부(結負) · 두락(斗落) · 일경(日耕) 등을 사용한 것이다. 토지의 소재와 경계를 명확하게 하기 위하여 문기 또는 양안에 천자번호(千字番號)를 부쳐 사표(四標)로서 기입하였다.

Zoom in

조방도(條坊圖)

1. 의의 : 토지의 격자형 구획상태를 나타내어 토지모양이 정방향 혹은 장방향으로 그려진 지도
2. 특징
   ① 토지를 종횡으로 나누어 북쪽에서 남쪽으로 1조(條), 2조 등으로 수를 붙여 나가고 서쪽에서 동쪽으로 1리(里), 2리 등으로 붙여 나감
   ② 조방제 또는 조리제라고도 부름
   ③ 평양, 경주, 부여, 진주, 전주, 남원, 상주 등에서 유래를 찾을 수 있음

청구도(靑丘圖)

1. 의의 : 고산자 김정호가 제작한(1834년) 한국지도
2. 수록내용
   ① 본조팔도 주현도총목 ② 도성전도 ③ 신라구주 군현총도
   ④ 고려오도 양계현총도 ⑤ 본조팔도 성경합도 등이 건 · 곤 양권에 수록되어 있음
3. 특징
   ① 본조팔도 주현도 총목은 주현을 찾기 위한 일종의 색인도
   ② 나머지는 역사지도
   ③ 지도이면서 지리적인 부분을 가미한 것으로 대동여지도의 기초가 됨

묘계(墓界)

1. 의의 : 묘의 실제 경계
2. 개념 : 능(陵), 원(園), 묘(墓) 기타 일반 분묘의 실지 경계
3. 특징
   ① 능, 원의 경계는 각각 지형과 비중에 따라 봉분을 중심으로 사면 150~200보
   ② 옛날에는 일반 분묘에도 묘계라는 묘지의 경계가 정해짐

2) 토지의 개별적인 사적점유(私的占有)

토지의 개별적인 사적 점유에 대한 내용으로 토지와 주택에 관한 소송은 5년 이상을 넘으면 심리하지 않는다. 다만 도매, 소송이 미결 중에 있는 자, 부모의 전택(田宅)을 나누지 않고 합집(合執)한 자, 남의 땅을 병작(竝作)하다가 그대르 가진 자, 셋집에 살다가 그대로

가진 자에 대해서는 기한을 제한하지 않는다(경국대전 권2, 호전 전택조). 이 조문은 토지에 대한 개별적인 사적점유를 확인하는 기초 위에서 봉건제도 하에서의 합법적인 사적 점유자를 밝히고 또 일반적으로 토지에 대하여 어떤 하나의 가문이나 기타 집단에 의한 공동점유, 즉 합집(合執)인 것이 아니라 개별적인 사적점유를 촉진하는 등의 취지에서 설정된 것이다.

3) 타인의 토지(土地) · 가옥(家屋)의 불법점유(不法占有)

타인의 토지 · 가옥을 불법 점거하거나 판결 후에도 그냥 불법 점거하는 자는 장(杖) 1백 도(徒) 3년의 엄벌에 처하며, 점거로부터 획득한 이익을 주인에게 변상시킨다. 또한 토지 상속시에 국법에 규정된 수량에 의하지 않고 불공평하게 토지를 나누어 가진 자, 나누지 않고 합집(合執)을 구실로 이익을 독점하는 자 등은 논죄한 후에 그 토지는 국가가 몰수한다(경국대전 권5, 형전 사천조). 한편 토지 · 가옥의 소송에서 원고, 피고를 막론하고 자기의 입장이 불리한 것을 깨닫고 고의로 일정한 기한 내에 법정을 출석하지 않은 자가 있을 경우에 소송물건(訴訟物件)은 출석자에게 무조건 넘겨준다. 소송에서 세 번 같은 판결이 있은 후에는 그 사건은 다시 수리하지 않는다(경국대전 권5, 형전 사천조). 이 조문은 토지의 불법점유, 상속의 비합법적 분배, 합집(合執)의 폐단 등을 방지하는 의미의 벌칙규정이며, 이러한 조문들은 사적점유에서 정확한 귀속을 밝히려는 입장에서 설정된 것으로서, 다른 한편으로는 토지국유원칙에 입각하여 일정한 조건하에 주인 없는 것으로 된 토지들은 국가가 일정한 규정 하에 일정한 개인들에게 점유, 귀속시키려는 것이다.

4) 토지의 상속(相續)

토지의 상속에 관한 조문을 살펴보면, 부모가 죽은 후 아직 분할, 상속하지 않은 토지는 그 자녀들에게 분할, 상속시키며 처음부터 자손이 없는 사람의 토지는 부재차한(不在此限)이다(경국대전 권5, 형전 사천조). 부모, 조부모, 외조부모, 처부모, 남편, 처첩(妻妾), 형제 등의 토지, 가옥을 해당자들이 화의(和議)하여 분집하는 이외의 일체 토지상속은 관청의 서명을 첨가하는 문건을 필요로 한다. 또한 토지, 가옥을 상속하는 자는 1년 이내에 해당관청에 신고하여 입안을 받아야 한다(경국대전 권5, 형전 사천조). 이러한 조문들의 내용은 상속에서 합집이 아닌 분합을 통하여 개별적 점유를 하여야 할 것을 강조하고 상속토지의 분집을 반드시 이행하여야 하며 관청은 또 그것을 공증한다는 사실을 밝힌 것이다. 또한 입안(立案)의 급여(給與)는 전조의 관서문기(官署文記)와 함께 사적 토지점유에 대한 관청의 확인 표시로 되는 것이다.

5) 토지 · 가옥의 매매(賣買)

경국대전에서 토지의 매매에 관한 규정을 보면 토지 · 가옥의 매매는 그 행위가 있는지 15일 이내에 종래의 상태를 개정하지 말 것이며, 100일 이내에 관청에 보고하여 입안을 받아야 할 것이다(경국대전 권2, 호전 매매한조). 토지 · 가옥을 매매하는 경우에는 반드시 관청에 보고하여야 하며, 사사로이 매매할 경우에는 그 토지 · 가옥 및 대가를 모두 관청에서 몰수한다. 만일 그것이 도매(盜賣)일 경우에는 그 대가를 도매자(盜賣者)에게 징수한다(경국대전 권5, 형조 사천조). 토지 · 가옥 매매행위가 있은 지 15일 이내에는 현상을 그냥 유지할 것, 즉 해당한 경작(耕作), 주거관계(住居關係) 등에 개정을 가하지 말며 관계 물건들도 종전대로 둘 것을 요구한 것은 다만 매매행위에 수반하는 쌍방당사자들의 다음 행위의 준비를 위한 여유기간을 설정한다는 의미에서 뿐만 아니라 특히 도매자의 이익을 보호하는 의미에서 그가 부채(負債) 등 부득이한 사정으로 토지를 방매하게 된 원인을 제거하고 토지를 상환할 수 있는 기회를 주기 위한 조치이다. 또한 상속에서와 같이 매매에서도 관청이 그를 장악함으로써 토지 · 가옥의 사적 소유를 법적으로 공고화한다는 것을 의미한 것이다.

6) 문기(文記)

문기(文記)는 토지가옥의 매매계약이 성립하기 위하여 대수인, 매도인 쌍방의 합의 외에 대가의 수수목적물의 인도 시에 서면으로 계약서를 작성하는데 이 계약서를 말하며, 명문(明文), 문권(文券)이라고도 한다. 문기는 양당사자와 증인 그리고 집필인이 작성하며, 토지매매 시에 매도인은 신문기는 물론 그 토지의 권리전승의 유래를 증명하는 구문기(권원증서역할)도 함께 인도해야 하는 요식행위이다.

토지가옥 매매문기의 형식은 먼저 매도 연월일과 매수인을 등록하고 다음에는 매매의 이유, 그 토지의 권리전승의 유래, 토지가옥의 소재처와 四標, 매매대금과 그 수취의 사실, 영구적 매도의 문언(文言), 본 문기의 허급여부(許給與否)와 그 이유, 담보문언의 순서로 記하고, 매도인이 기명화압(記名花押)하고 증인, 증견(證見), 증브(證保) 등이라 칭하는 증인 또는 입회인이 기명화압하고 필집이라 칭하는 그 명문을 쓴 자가 기명화압하는 것이 원칙이었다. 그리고 구문기를 분실, 소실, 오손한 경우에는 그 사실을 증명하는 官의 입안(立案), 또는 입지(立旨)를 성급(成給)받아서 구문기에 대신하였으며 구두계약(口頭契約)으로 매매하였다 하더라도 후에 문기를 작성하여 인도를 받아야 했다(박순표 외, 1993 : 100., 박병호, 1983 : 15).

조선시대에 있어서의 전답매매관계의 고문서를 살펴보면 전답(田畓)의 매매에 있어서는 1필의 전답이 10여회 20~30회에 걸쳐 전매되더라도 매자(買者)는 그 매매문기를 모두

보관하고 있음으로써 그 토지가 자기 것이 된 경위를 밝혀 증명한다. 관방전(官房田)의 양안에서 압토(壓土) 매입시(買入時) 그 토지의 기주(起主)를 수십 년이 지나도록 그대로 토지대장에 기록해 두는 것도 필경 그 이유는 전답 매매문기를 수십 장씩 그대로 보존하기 위함인 것이다.

7) 입안(立案)

당사자 간에 매매계약이 성립하고 소유권이 이전되면 매수인이 매매문기와 구문기 등을 첨부하여 입안청구의 소지(소송의 형식이다)를 매도인의 소재관에게 제출해야 한다. 또한 입안 양식에는 입안일자, 입안관청 명, 입안사유, 당해관의 서명을 기하는 형식이었고, 이는 관에서 교부하는 최종의 입안형식이다. 입안은 매매당사자 간에 매매계약이 체결되어 대금의 수수가 있고 목적물의 소유권이 이전한 후에는 법적으로 100일 기한 내에 신청하는 것이며, 관은 매매당사자, 증인, 필집 등을 봉초(捧招)하여 매매의 합법성 여부를 확인하여 입안을 사급하는 것으로 공증력을 가진다고 볼 수 있다. 입안사급(立案斜給)은 토지가옥 매매계약이 성립하기 위한 요건이 아니고, 당사자 간 성립하고 있는 어느 정도의 효력이 발생한 매매계약에 대해서 매매로서의 결정적 효력을 부여하고 그 효력은 확정력을 가지며, 따라서 권리관계가 명확히 된다. 한편 입안제도는 실시 초기부터 잘 진행되지 않았으며 현종 6년에는 "田畓賣買依法文官斜立案"의 수교로서 입안법을 속행하였으며, 숙종 16년에는 토지매매문기에 입안을 받지 않은 것은 매매문기로서의 효력을 인정하지 않았으며 소송에 당하여서도 증거력을 인정치 않았다. 강행적 필요적인 입안제도에도 불구하고 조선 후기 이후에는 공문화(空文化)하였으며, 드디어 大典會通 刑典決訟用條에 "금폐(今廢)"라고 하여 형식상으로도 입안제도는 폐지되었다. 이러한 이유는 절차가 너무나 비현실적이고 매매에 관하여 매도인, 매수인, 증인, 집필인 등이 직접 관사에 출두요청과 작지부담의 과중으로 인한 것이었으며, 관서(官署) 없이 백문매매가 시작되었다(박순표 외 1993 : 103). 백문매매(白文賣買)란 입안을 받지 않은 매매계약서를 말하며(경국대전 호전 매매한조), 임진왜란 이후 더욱 심해졌다.

4.4 양전개정론(量田改正論)

1) 개요

19세기 개혁의 시대에 전정개선의 문제가 오랜 세월에 걸쳐 여러 계통의 정책이나 지식층에 의해서 거론되고 그 중에서도 양전 문제가 그 기본문제의 하나로 거론되었다. 이러한 양전법 개정에 대하여 방안을 제시한 사람으로 정약용(丁若鏞), 서유구(徐有榘), 이기(李沂), 유길준(兪吉濬) 등을 검토해 볼 수 있다(박순표 외, 1993 : 104-112).

2) 정약용(丁若鏞 : 1762~1836)

정약용은 그의 저서 「목민심서(牧民心書)」를 통하여 양전법 개정을 위한 새로운 양전방안은 정전제(井田制)의 시행을 전제로 하는 방량법과 어린도법의 시행을 주장하였다. 즉

① 결부제하의 양전법의 결함이 전지를 측도하기 어려우므로 경무법으로 고칠 것
② 일자오결법(一字五結法)이나 사표법(四標法)의 부정확성을 시정하기 위해 어린도(魚隣圖)를 작성할 것
③ 진기를 정확히 파악하기 위해서 정전제나 어린도와 같은 국토의 조직적인 관리가 필요
④ 연사의 풍흉을 조사하는데 어린도를 제고하면 부정을 방지할 수 있을 것
⑤ 나라 안의 전을 정방형으로 구분하여 사방이 100척으로 된 정방형의 1결의 형태로 작성 할 것

표 5-21 **양전개정론자의 비교**

구 분	정약용	서유구	이기	유길준
양전방안	① 결부제폐지 : 경무법으로 개혁 ② 양전법안 개정		수등이척제 개선 망척제를 주장	전통제(傳統制)의 주장
저서	목민심서 (牧民心書)	의상경계책 (擬上經界策)	해학유서 (海鶴遺書)	서유견문 (西遊見聞)
특징	• 어린도 작성 • 정전제 강조 • 전을 정방향으로 구분	• 어린도 작성 • 구고삼각법에 의한 양전수법십오제 마련	• 도면의 필요성 강조 • 정방형의 눈들을 가진 그물을 사용	• 양전 후 지권을 발행 • 리 단위 지적도 작성 [전통도(田統圖)]

방량(方量)을 위한 구체적인 방법으로는

① 모전(模田)을 작성하는 것
② 방량법에 의한 측량을 할 때의 모범이 되도록 하려는 것
③ 모든 군현에서의 측량의 방향을 일정케 할 것

또한 어린도의 작성규정으로는

① 자오(子午)의 선을 바르게 하고서 이 선에 의해서 도(圖)를 작성할 것
② 반드시 경위의 선을 그을 것
③ 도의 표시방법이 분명할 것
으로 규정하였다.

3) 서유구(徐有榘 : 1764 ~ 1845)

서유구는 구래의 양전법이 방량법과 어린도법으로 개정되어야 한다고 그의 저서 「擬上經界策」을 통하여 주장하였다. 즉

① 방량법의 실시에 따르는 수법(數法), 양법(量法)의 교육으로 대비하려 하였으나 이를 위해서도 그가 사용하던 "구고삼각법(句股三角法)"에 의해서 "양전수법십오제(量田數法十五題)"를 마련하고 있었으며, 양전을 조직적으로 전국토를 하나의 원칙으로 시행하기 위해서는 양전사업을 전담하는 전문관사를 설치할 것
② 정약용과 마찬가지로 전국의 농지를 어린도로 작성할 것을 구상하고 있었는데, 그도 그것을 정정방방(正正方方)이 每 10頃의 농지를 1區로 하여 한 字號로 표시하고 이를 어린도에 있어서의 1區로 삼으려 했다.

Zoom in

휴도(畦圖)

1. 의의
   ① 방량법의 일환으로서 어린도의 가장 최소단위로 작성된 대적 의미의 지적도
   ② 방량(方量)으로 확정된 휴전(畦田)을 지도로 작성한 것
2. 방법
   ① 휴는 묵필로 자오선을 기준으로 그어지는 경위선으로 그 경계를 구획
   ② 휴 내의 25개의 묘도 각각 1구로써 경위선으로 구획
   ③ 묘 내에 전답의 매 필지는 주필점선으로 구획
3. 특징 : 다산 정약용은 이런 도면을 일휴지도, 즉 휴도라 하였음

표 5-22 **정약용과 서유구가 바라본 결부제의 한계**

구분	정약용	서유구
결점	① 국토관리와 토지파악의 방법으로서 객관성을 잃고 법 자체의 원리상 결점 ② 전품의 원리와 년분의 원칙이 착종(錯綜)있음을 불합리하게 생각 ③ 전품 6등분하는 기술적인 문제 ④ 수등이척, 단일척 등 어느 경우나 차법(差法)이 합리적이지 못함 ⑤ 도단위로 지품을 논하거나 지역에 따라 그 등급을 예정하고 있다는 점	① 결부법에서 세과는 간명하나 지면이 고르지 않으므로 전지누탈(田地漏脫)의 폐를 막을 수 없음 ② 농민의 세를 부담하면서도 그 내용을 쉽게 알기가 어려움 ③ 양척이 다르므로 토지의 실면적을 파악하기 어려우며 기은안모(欺隱眼冒)의 폐단이 일어나게 됨 ④ 결(結)의 실적이 각기 다르고 부세(賦稅)도 불균하게 됨

4) 이기(李沂 : 1848~1909)

이기는 그의 저서 「해학유서(海鶴遺書)」에서 종래의 양전방법이며 측량도인 주척(周尺)에 의한 수등이척법(隨等異尺法)에 대한 개선으로서 망척제(網尺制)를 주장하였다(박순표 외, 1993 : 109).

① 망척제는 전지를 측량할 때에 정방형의 눈들을 가진 그물을 사용하여 어느 전지의 그물 속에 들어온 그물눈을 계산하여 면적을 산출하는 방법이며, 方 · 圓 · 直 · 弧形에 구애됨이 없이 그 그물 한눈 한눈에 들어오는 것을 계산하도록 하였다.
② 그는 전안을 작성하는 데에는 반드시 도면이 있어야 하고 지적이 있어야 비로소 자세하게 갖추어진 것이 된다고 하였다.

Zoom in

수등이척제

1. 의의 : 전품을 일정한 등급으로 나누어 서로 다른 양전척으로 타량한 양전제
2. 특징
   ① 고려, 조선 초 전품을 3등급으로 나누어 척수를 달리하여 타량
   ② 세종 26년 전품을 6등급으로 나누고 각 등급마다 척수를 달리하여 타량
   ③ 효종 4년 전품 6등급 6종의 양전척을 1등급의 양전척 길이로 통일하여 양전

3. 면적계산 : 결부제를 사용.
4. 전형 : 5가지 형태로 타량(방전, 직전, 제전, 규전, 구고전)

망척제(網尺制)

1. 의의 : 李沂가 해학유서(海鶴遺書)에서 수등이척제에 대한 개선책을 주장
2. 방법 : 정방형의 눈들을 가진 그물을 사용하여 그물 속에 들어온 그물눈금을 계산하여 면적을 산출하는 방법
3. 특징 : 방, 원, 직, 호형에 구애됨이 없이 그물 한눈 한눈에 들어오는 것을 계산토록 함

5) 유길준(兪吉濬 : 1856~1914)

갑신정변을 일으킨 개화파의 한 사람인 유길준이 재정개혁을 위한 방안으로 지조개정(地租改正)을 주장하였으나 시행되지 못하였다. 지조개정은 전제개정이며 이를 위하여 양전을 새로이 하여 세의 부과 대상인 토지소유권을 정확하게 파악하여야 한다는 것이다. 양전을 한 후에도 계속 지권(地券)을 발행하여 소유권자의 변동도 알게 하자는 것이다.

양전방안은 전국토를 리(理)단위로 한 전통제(田統制)를 세우려고 하였다. 즉 양전을 한 수 전 · 답 · 산 · 천 · 도로 · 촌락 등을 명시한 전통도(田統圖)를 명시하고 이를 종합하여 전국의 지적도를 만들려는 것이다. 그는 이와 같이 최초로 리(理)단위 지적도와 지목을 구상 및 주장하였다. 담당업무는 면장 밑에 호통장(號統長)과 지통장(地統長)을 두어 전자는 호구(戶口), 후자는 전제(田制)를 관장케 하고 군에는 군감(郡監) 밑에 호통감(戶統監)과 지통감(地統監)을 두어 지통감이 양전업무를 관장케 하라고 주장하였다. 먼저 측량기술자를 양성하고 각 주진(州鎭)에는 측량관을 배치하여 측량의 임무를 맡도록 하며 군에서는 지통감이 측량업무를 겸임하는 내용이다.

이와 같이 측량을 하여 전국의 지적도를 마련한 후에는 지방관들이 매년 이를 조사하고 주에서는 5년에 한 번씩 지적도를 개정하며 호부(戶部)에서는 10년에 한 번씩 개정한다는 것이다.

5 대한제국시대

5.1 광무개혁(光武改革)

대한제국은 갑오개혁(甲午改革)과 을미개혁(乙未改革)의 뒤를 이은 또 한 차례의 근대적 개혁을 단행하였다. 이것을 그 연호에 따라 광무개혁(光武改革)이라 하는데 이 개혁의 방향은 "구본신참(舊本新參)", 즉 구법을 본으로 삼고 신법을 참고한다는데 있었다. 구법을 본법으로 하는 광무개혁의 내용은 복고주의적인 성격이 강하게 나타나고, 특히 황제권의 강화가 강조되었으며, 이것은 당시의 집권층이 보수적인 경향을 띠고 있었던 것과도 관련이 있었다.

광무개혁기에 이루어진 중요한 정책이 토지정책이었다고 할 수 있다. 토지정책 중 대표적인 것은 양전사업으로서 이는 전근대사회의 누적된 폐단 가운데 하나인 진정의 개혁·민생의 안정과 함께 국가재정의 확보를 위한 것이었다.

5.2 양지아문(量地衙門)

1) 개요

1898년 7월 6일 양지아문직원급처무규정(量地衙門職員及處務規程)이 칙령 제25호로 반포됨으로써 양지아문(量地衙門)을 설립하게 되었다(일성록 광무 2년 5월 18일). 조선시대에 있어서는 양전사업은 원래 호조(戶曹) 소관이었고 갑오년(甲午年)의 양전에 관한 조칙(詔勅)에서는 양전을 내무부에서 담당하도록 령하고 있는데 반하여 이번에는 양전을 위한 독립관청을 마련하였다. 한편 이 시기의 양전사업은 농지에 한하지 않고 전체 토지에 대한 조사를 대상으로 한다는 점에서 일단 종래의 양전이 단지 수세지의 확보라는 차원에서 이루어져 왔던 것과는 다른 방향으로 추진될 것을 표명하였다.

2) 조직(組織)

양전사업 관련 조직으로는 양전을 지휘·감독하는 본부의 임원과 실제로 양전에 종사하는 실무진 및 기술진으로 구성되어 있다. 양전사업에 관한 총본부는 양지아문이며, 이에는 총재관, 부총재관, 기사원, 서기, 고원, 사령, 방직 등의 직제가 있었다(김영학, 1996 : 144).

총재관(總裁官)은 3명이며 조칙으로서 임명하였고 그 임무는 양지아문소속의 모든 사무를 총관하고 재처하는 것인데, 특히 국왕에게 상주재가할 사항에 대해서는 의정부의정을 경유하여야 하였다. 이렇게 처리되는 일체의 공문(公文)에는 3명이 모두 품계의 순에 따라 연서성명하도록 되어 있다. 부총재관(副總裁官)은 2명이며 역시 조칙으로서 임명하였고 그 임무는 총재관을 보좌하여 양지아문의 사무를 정리하는데 있으며 총재관 유고시에는 그 직무를 대변하여 공문서에 대리서명 하도록 되어 있다.

기사원(記事員), 서기(書記)는 총재관이 내부(內部), 탁지부(度支部), 농상공부주임(農商工部奏任)중에서 각각 1명, 2명을 천거하여 각각 3명과 6명으로 구성되었으며, 이들의 임무는 총재관이나 부총재관의 지휘감독을 받아 해아문의 일반 도무에 종사하는 것이었다. 고원(雇員)은 3명, 사령(使令)은 9명, 방직(房直)은 3명으로서 내부, 탁지부, 농상공부에서 각각 균등하게 선발되어 왔으며 그들의 임무는 여러 가지 잡역에 종사하는 것이었다.

양전사업의 중요성은 이 아문으로 하여금 하나의 독립된 기구를 이루게 하였으나 이 시기의 제도상[44]으로 보아 양전문제는 이 3部와도 무관할 수 없음에서 연유하는 것이다.

내부(內部)의 토목국에서는 토지측량에 관한 사항과 토지수용에 관한 사항, 판적국(版籍局)에서는 지적에 관한 사항과 무세관유지 처분 및 관리에 관한 사항, 탁지부(度支部)의 사세국(司稅局)에서는 전세 및 유세지에 관한 사항과 삼림시설병삼구역 및 경계의 조사에 관한 사항, 광산국(鑛山局)에서는 토성조사에 관한 사항, 지형측량에 관한 사항, 지질도, 토성도 및 실측 지형도의 편제병기설명서편찬에 관한 사항 등을 취급하고 있었으므로[45] 양지아문과의 양전사업은 이들 관아(官衙)와 밀접한 관련을 맺고 있었다.

양전사업에 종사하는 실무진으로는 양무감리(量務監理), 양무위원(量務委員), 조사위원(調査委員) 등이 있었다. 양지아문에서는 각 도마다 양무감리를 두고 그들로 하여금 양전을 감독 시행케 하여 되도록 빨리 양전사업을 끝내기 위하여 총재관 이도재는 이러한 사유로서 광무 3년 4월 양무감리택임에 관한 청의안을 의정부회의에 제출하게 되고, 동 회의는 이를 통과시켜 칙령(勅令)으로서 반포하였다. 이에 의하면 양무감리는 각 지방에 있어서의 양전사무를 주관하고 그 책임 하에 양전이 행해지도록 되어 있었다. 양무감리의 자격은 관

44) 이 시기는 을미개혁(乙未改革)으로 인한 관제로서 내각에는 外部, 內部, 度支部, 軍部, 法部, 學部, 農商工部 등 7部로 되어 있었다.

45) 法規類編 續2(議政府摠裁官, 光武 2年) 官制門, 第5 · 6 · 7類 參照.

찰사와 대등공문(對等公文)을 사용토록 하여 양전사무에 관계되는 것이면 양지아문이나 각 부부원청(府部院廳)에 직접 통보하고 각 부윤이나 군수들에게는 훈령(訓令)이나 지령(指令)을 내릴 수 있게 하였다.

측량을 함에 있어서는 중앙에서 파견되는 견습생이나 또는 감리 스스로가 모집 교육한 견습생으로써 수행하였으며 경비의 집행에 있어서는 매사에 예산서를 작성하여 총재의 허락을 받도록 하였다. 양전이 끝나면 양안을 작성하여 중앙의 양지아문으로 상송하는데까지 임무를 수행하였다(김용섭, 1995 : 274-275).

양무감리는 도단위로 파견하였으므로 양무위원은 군단위로 이를 임명하여 양전사업의 실무에 종사케 하려 하였고, 양무위원은 양지아문령으로 총재관이 임명하게 되었다. 이러한 임명하에서 업무수행의 원활을 기할 수 없었기에 양지아문에서는 광무 4년에 이르러서는 양무위원의 임명규칙을 새로이 만들게 되었다. 이 규칙으로 인하여 그 후의 양무위원은 초기와는 달리 완전히 양무감리의 관할 하에 들어갔으며 양무위원은 학원의 자격으로는 양전에 종사하고 양무위원의 자격으로서는 양안의 작성 등 그 뒤처리에 종사하게 되었다. 조사위원은 양전이 진행되면서 마련되었으며 양전사업의 마지막 단계는 양안을 작성하는 일인데 이양안의 작성은 대단히 중요한 작업이었다. 양무위원과 학원들이 양안의 초초(初草)를 작성하면 조사위원들은 이것을 다시금 세밀히 조사검토하여 착오를 정정하였다. 조사위원들에 의한 조사는 세밀하게 초사, 재사, 초준재준까지 하도록 되어 있었다. 이와 같은 과정을 거쳐서 양안이 완전히 작성되면 양지아문에서는 이것을 탁지부에 인계하여 탁지부와 지방관청에 각 1부씩 보관케 하였다.

기술진(技術陣)으로서는 수기사와 기수보 그리고 견습과정을 마친 학원이 있었다. 수기사(首技師)는 외국인 측량기사를 고빙하도록 되어 있었고, 기수보(技手補)는 본국인이나 외국인 중에서 적당한 자를 수기사(首技師)가 시취(試取)하도록 하였다. 그리고 견습생은 영어학도와 일어학도로써 충당하도록 되어 있었다. 수기사의 고빙기간은 5개년이었고 기수보와 견습생은 이 기간에 이 수기사의 지휘를 받아 양전사무에 종사해야 하였다. 이러한 규정으로써 수기사는 미국인 巨廉(Raymand Edward Leo Krumm)이 그빙케 되었다. 광무 2年 7월 14日 양지아문 총재관과 거렴사이에는 고빙합동이 체결되고 여기에는 외부대신과 美公使가 인준서명 하였다. 이렇게 해서 고빙된 수기사는 양지아문령을 준수하여 양지사무를 수선행변하고 국내 전지에 설보인수와 도로교량과 건축포대요애등처를 심찰하고, 서울의 도시를 측량하고, 지방의 양전에서 착오가 있을 때는 이를 갱위타량하여 견습생의 양성지도에도 진력하도록 되어있었다. 한편 기술진의 최하에 위치하여 측량의 실무에 종사한 것은 견습생이었다.

표 5-23 대한제국의 양전사업 관련조직

<table>
<tr><th colspan="3">조직</th><th>담당업무</th><th>비고</th></tr>
<tr><td rowspan="13">量地衙田</td><td rowspan="7">본부</td><td>총재관(總裁官)</td><td>양지아문소속의 모든 사무 총관</td><td rowspan="18">기사원에서 방직까지는 내부, 탁지부, 농상공부에서 일부 선발하였고, 양지아문은 독립된 기구였지만 관련부서와의 긴밀한 협조체제를 이루어야 했다.</td></tr>
<tr><td>부총재관(副總裁官)</td><td>총재관보좌, 양지아문사무정리</td></tr>
<tr><td>기사원(記事員)</td><td>해당 아문의 일반서무담당</td></tr>
<tr><td>서기(書記)</td><td>해당 아문의 일반서무담당</td></tr>
<tr><td>고원(雇員)</td><td>여러 가지 잡역에 종사</td></tr>
<tr><td>사령(使令)</td><td>여러 가지 잡역에 종사</td></tr>
<tr><td>방직(房直)</td><td>여러 가지 잡역에 종사</td></tr>
<tr><td rowspan="3">실무진</td><td>양무감리(量務監理)</td><td>각 지방에서 양전사무를 주관하고, 책임 하에 양전실시(도에 파견)</td></tr>
<tr><td>양무위원(量務委員)</td><td>양전과 양안작성의 업무수행(군에 파견)</td></tr>
<tr><td>조사위원(調査委員)</td><td>양안의 세밀한 조사</td></tr>
<tr><td rowspan="3">기술진</td><td>수기사(首技師)</td><td>양지아문령을 준수하여 양지사무 수행</td></tr>
<tr><td>기수보(技手補)</td><td>수기사의 지휘하에 양전사무에 종사</td></tr>
<tr><td>학원(學員)</td><td>측량의 실무에 종사</td></tr>
<tr><td rowspan="2">內部</td><td colspan="2">토목국(土木局)</td><td>토지측량, 토지수용에 관한 사항 관장</td></tr>
<tr><td colspan="2">판적국(版籍局)</td><td>지적, 무세관유지처분에 관한 사항 관장</td></tr>
<tr><td>度支部</td><td colspan="2">사세국(司稅局)</td><td>전세, 유세지 조사
지세의 부과징수</td></tr>
<tr><td rowspan="2">農商工部</td><td colspan="2">농무국(農務局)</td><td>농업토목, 삼림시설병삼구역 및 경계조사</td></tr>
<tr><td colspan="2">광산국(鑛山局)</td><td>토성조사, 지형측량, 지질도, 토성도, 실측 지형도 등 작성</td></tr>
</table>

Zoom in

수기사(首技師) Raymand Edward Leo Krumm

1. 의의 : 양지아문에서 수기사는 외국인 측량기사를 고빙(雇聘)하여 측량사무를 수행하도록 규정하였음(고용 수기사)
2. 거렴의 의무
   ① 양지아문령을 준수하여 양지사무를 수선행변하고
   ② 국내 전지(田地)에 설보인수(設洑引水)와 도로 · 교량과 건축포대요애등처(建築砲臺要隘等處)를 심찰(審察)
   ③ 서울의 도시를 측량
   ④ 지방의 양전에서 착오가 있을 때는 이를 경위타량(更爲打量)하여 견습생의 양성지도에도 진력(盡力)하도록 되어 있음

3) 양전사업(量田事業)

양지아문 기구가 마련되어 가는 동안에는 양전에 관한 원칙도 준비하고 있었으며, 양전사업을 진행시키는데 있어서 기본이 되는 원칙은 여러 가지 면에서 마련되었다. 양전에 있어서의 기본태도의 문제, 양전사목(量田事目), 양안의 기재방식, 경비문제, 원칙을 준수하기 위한 처벌의 방식 등은 그 중에서 두드러진 문제였다(김용섭, 1995 : 285, 조종식, 1993 : 218-219).

① 양전에 있어서 기본태도

양전이 구법을 기본으로 삼고 있다는 것은 양전에 있어서의 제규예(諸規例)를 국조구전(國朝舊典)에서 그대로 이끌어오고 구래의 토지소유관계를 그대로 인정하고 있는 데서 볼 수 있으며, 신법을 참작한다는 것은 서양의 기술을 이용하고 구래의 토지소유권을 근대적인 법제로 제도화한다는 점이다. 이는 양전법에서 오는 결함을 근대적인 서구의 측량기술을 통하여 제거하는 것에서 볼 수 있다.

② 양전사목(量田事目)

종래의 양전원칙에서 볼 수 있는 몇 가지 불합리한 점을 시정하였다. 즉 ㉠ 화속전(火粟田)이나 적강(續降) 등 명목의 전답을 그 소출관계, 재배관계 등을 참작하여 일역전(一易田)이나 재역전(再役田), 삼역전(三易田) 등의 명목으로 정할 것 ㉡ 전답의 형태를 좀 더 구체적으로 파악하기 위하여 그 생긴 모양대로 도형의 명칭을 정할 것 등이 해당된다.

③ 양안의 기재방식

양안의 기재방식으로 ㉠ 전답의 도형을 양안에다 기입할 것 ㉡ 면적을 척수로 표시하고 등급에 따라 결부를 산출할 것 ㉢ 시주(時主)와 시작(時作)을 기입하게 된 것 ㉣ 호구의 소유관계를 명기할 것 ㉤ 두락(斗落) 관계를 기록할 것 등이 있다.

④ 양지아문의 경비

양지아문의 경비는 애초에 예산으로 편성되어 조달되고 있었지만 양전을 하는 현지에서의 비용은 각 지방에서 마련하도록 되어 있었다.

⑤ 원칙을 준수하기 위한 처벌의 방식

양전관(量田官)을 통제하는 방법으로서는 양전이 원칙대로 행하여지지 않았거나 원칙대로 행하여졌다 하더라도 착오(錯誤)가 있을 때는 그들을 적당한 죄(罪)로서 처벌하는 방법을 취하였다.

⑥ 양전사업 경과

광무 3년(1899) 여름부터는 양무감리와 양무위원이 임명됨에 따라 양전은 여러 곳에서 동시에 거행되기 시작하였다. 각 지방에 있어서의 양전은 그 곳 객사의 북벽(北壁)이 측량의 기점이 되었고 서울의 측량은 수기사 일행이 이를 담당하였으며, 공공건물을 측량함에 있어서는 측량일정을 통첩하고 예정된 일자에 시행하였다(지계아문내문). 양전사업은 광무 5년에 이르러서는 매우 어려운 처지를 당하게 되었으며, 이 해에는 흉년이 들어서 앞으로 계속해서 타량하기에는 불편한 점이 많았다. 그래서 동년 12월에 양지아문에서는 양전을 당분간 정지하였다가 풍년을 기다려 다시 시행할 것을 계획하게 되었다. 이 시기에 각 지방의 측량과 양안 작성과정은 실제 들에 나가 측량하여 기록하는 야초(野草)를 작성하는 1단계, 그리고 지방아문(地方官衙)에서 이를 모아 편집하는 중초책양안(中草册量案)을 작성하는 2단계, 다음으로 양지아문에서 이를 정리하고 정서해서 완성하는 정서책양안(正書册量案)을 작성하는 3단계로 나누어 볼 수 있다. 이러한 과정을 거쳐서 그동안 양전을 화한 곳은 경기 15군, 충북 17군, 충남 22군, 전북 14군, 전남 16군, 경북 27군, 경남 10군, 황해 3군으로서 도합 124군이었다(增補文獻備考, 田賦考2, 中卷). 이때의 전국의 행정구역은 9부 1목 331군이었으므로 전국적인 양전의 종료는 아직 요원한 채로 중단됨 셈이었다.

4) 토지기록부(양지아문 양안)

대한제국시대는 양전사업과 더불어 양안의 작성은 중요한 사업이자 정책이었다. 광무양안은 양지아문에서 측량 작성한 양안(양지아문양안)과 지계아문에서 측량 작성한 양안(지계아문양안)의 두 종류가 있는데, 현재 양지아문 양안은 충청도와 경기도 지역의 것이 남아 있고, 특히 충남 부여군 몽상면 양안이 대표적이다.

광무양안 중 양지아문양안은 5결단위로 자호를 붙이고 자호아래 필지마다 네칸으로 구별하여 제1란에는 지번, 양전방향, 지형, 지목, 야미수(夜味數), 제2란에는 지형도, 사표와 장광척수, 제3란에는 면적척수, 토지등급, 결부수, 제4란에는 시주와 시작의 성명(대지의 경우 대주와 가주의 성명 및 와가, 초가의 칸수)을 기재하였다. 이전의 양안과 마찬가지로 면단위로 작성되었다. 면별로 면적척수와 결부수, 주민호수와 초가 · 와가의 칸수를 합계하여 면총을 산출해 놓았다.

표 5-24 **忠清南道 扶餘郡 蒙上面 量案(光武 5年, 1901- 양지아문 양안)**

地番, 犯向, 形狀, 地目, 렬수	土地의 形狀圖, 尺數, 四標	實積尺數, 等數, 結負	時主, 時作名
第九 北犯 兩直田 十렬	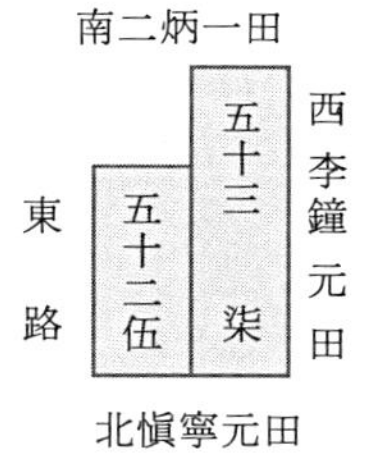	積 一千六百七十二尺 肆等 結 玖負貳束	時主 李象圭 作
第十 北犯 梯帶直田 一座	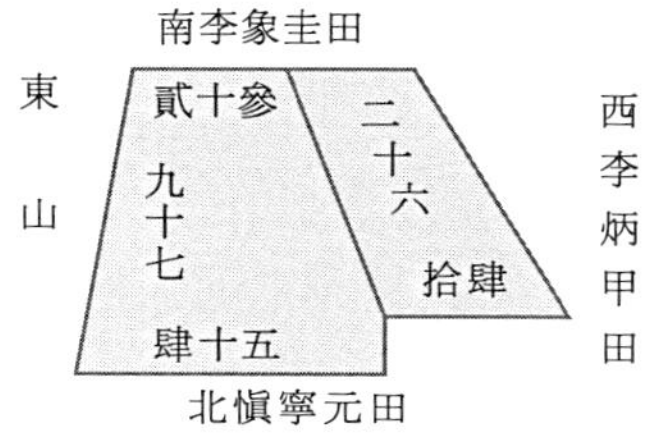	積 三千一百七十七尺 肆等 結 拾柒負伍束	時主 愼寧元 作
第十八 東犯 直田 一座	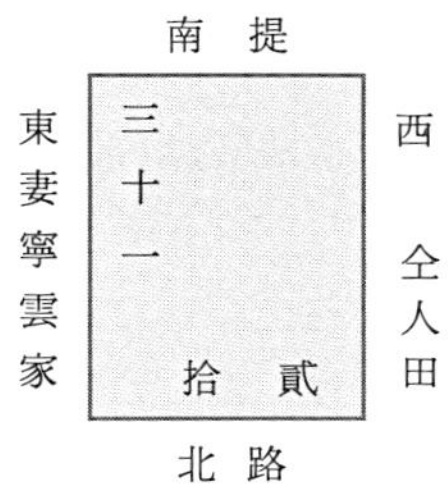	積 三百七十四尺 參等 結 貳負陸束	垈主 愼晟奎 家主 朴致安 挾草三間

자료 : 奎章閣 量案 No. 17663 참조작성

양지아문양안은 이전의 양안과 비교하여 다음과 같은 특징(발전)이 있다.

① 지형을 확대하여 파악함으로써 토지의 모양과 면적을 보다 정확하게 파악할 수 있도록 한 점

② 지형도를 기재하여 토지의 위치와 실태를 파악할 수 있도록 한 점

③ 장광척수를 기재하는데 그치지 않고 면적척수를 계산하여 기재함으로써 절대면적을 직접 알 수 있도록 한 점

④ 작인을 기입하여 납세자 및 지주전호관계를 확인할 수 있도록 한 점

⑤ 대지의 경우 대지의 소유자뿐만 아니라 거주하고 있는 가옥주를 기재하고 또한 와가 및 초가의 칸수를 기재함으로써 거주실태를 확인할 수 있도록 한 점

Zoom in

내부 판적국(版籍局)

1. 의의

1895년 3월 26일 칙령 제53호 내부관계가 공포되었고 주현국 · 토목 국 · 판적국 · 위생국 · 회계국 등 5국을 둔다고 하였으며 이는 양전사무를 맡았던 아문 중 내무아문내에 소속된 부서들이다.

2. 판적국

① 호적에 관한 사항

② 지적에 관한 사항들을 관장하였음

③ 지적이란 용어를 최초[46]로 사용한 규정

3. 측량의 이원화

1895년 4월 17일 내부분과 규정을 반포하였는데 판적국에 호적과와 지적과를 두고 토목국 안에 토목과와 지리과를 둔다고 하였고, 지리과에서는 토지측량과 수용에 관한 사항을 관장한다고 하였다. 이는 근대 초기부터 지적(측량)과 측량은 별개부서로 되어 있다는 것을 알 수 있다.

5.3 지계아문(地契衙門)

1) 개요

1901년 10월 20일 칙령 21호 「地契衙門職員及處務規程」이 반포됨으로써 지계아문이 정식으로 설립되었다. 이 처무규정에는 모두 징개 조항이 규정되어 있는데, 지계아문을 한성부(漢城府)와 13도 각 군(郡)의 전토계권(田土契券)의 리정(釐整) · 실시(實施)하는 사무를 정행하는 기관으로 규정되었으며, 전토의 답사(踏査)와 신계(新契)의 환급 및 구계(舊契)의 작소, 매매증명의 발급 등으로 이루어지는 지계사업에 대해 대체적인 규정을 명문화하고 있다. 구체적인 조항에 대해서는 측조 심의를 거쳐 11월 11일에 「處務規程」을 개

46) 지적이란 용어를 최초로 사용한 것은 일성록(日省錄)에 수록된 1878년 8월에 작성한 함경감사 김세균의 보고문이라고 할 수 있고, 지적이란 용어를 최초로 사용한 규정은 1895년에 제정한 내부관제(내부관제, 1895. 3 . 26 칙령 제53호)라고 할 수 있고, 또한 지적이란 용어를 최초로 사용한 근대적인 법령은 1908년에 제정된 삼림법(森林法, 1908. 0. 21 법률 제1호)이라 할 수 있다(류병찬, 2010 : 21).

정하였다. 이 개정된 처무규정에 의하면 종전에 비해 지계발행의 대상이 확대 · 적용되었다. 즉 농지에 한한 것이 아니라 「山林土地田畓家舍契券」으로 확대되어 전국의 모든 산림과 토지, 전답 및 가사(家舍)까지 포괄하게 되었다. 특히 중요한 점은 종전에는 규정되지 않았던 외국인의 토지소유를 금지하는 조항을 삽입하고 있다는 점이다(김영학 1996 : 145). 1902년 1월부터 지계아문에서는 종전 양지아문의 양전과 양안 작성업무를 인수하는 작업이 수행되었으며, 결국 그해 3월 17일에는 양지아문과 통합하여 토지의 측량과 관계(官契)의 발급기관으로 정립하게 되었다(김용섭, 1995 : 319).

2) 조직

광무(光武) 5년(1901) 10월 20일 의정부 참정(參政) 김성근은 지계아문직원급처무규정(地契衙門職員及處務規程)을 작성 주의(奏議)하였고, 이는 곧 재가(裁可)되어 동일부로 칙령(勅令) 제22호로서 공포되었다. 그러나 이 규정은 조급한 시일 내에 작성되었으므로 11월에 들어서서는 이러한 결함을 시정 보충하여 새로이 그 규정을 반포하고, 이에 의해서 지계아문의 기구는 성립되고 작업은 진행되어 갔다. 이 규정에 의하면 지계발행을 위한 기구는 중앙의 지계아문(地契衙門)과 지방의 실무진(實務陳)으로서 구성되었다. 지계아문에는 총재와 부총재 지휘하에 위원(委員), 주사(主事) 등이 있어서 문서과, 서무과, 회계과 등으로 분화되어 일을 하였으며, 지방의 실무진으로서는 지계감리(地契監理)가 각 도에 1명씩 파견되어 지계(地階)의 발행에 종사하였다.

1902년 1월부터 지계아문에서는 종전 양지아문의 양전과 양안작성업무를 인수하는 작업이 수행되었으며, 결국 그해 3월 17일에는 양지아문과 통합하여 토지의 측량과 관계의 발급기관으로 정립하게 되었다(일성록, 광무 6년 2월 8일 참조). 양지아문이 지계아문에 통합됨으로써 양지아문의 총재관, 부총재관, 양무감리 등은 해임되었지만 그 밖의 모든 기구는 그대로 살아 있는 채 지계아문총재의 지휘 하에 들어가게 되고, 양지아문의 기능이 지계아문에 흡수되어지게 되었다. 지계사업을 담당할 관리는 지계감독(地契監督), 지계감리(地契監理), 지계위원(地契委員) 등으로 이루어지게 되었다.

지계감독(地契監督)은 원래 처무규정에는 해당조항이 없었으나 각도의 관찰사로서 양전과 지계사업을 통괄하면서 각 군 · 현의 행정실무를 직접 명령 · 지휘하는 계통이 필요했기 때문에 마련된 것이었다. 지계감리(地契監理)는 각도에 1명씩 파견되어 관찰사와 대등조회하고 각 군의 지방관에게 지령, 훈령들을 내리면서 양전을 실시하고 지계를 발행하는 모든 업무를 실질적으로 관장하고 있었다. 실제 국토의 조사와 신계의 환급 및 구계의 작소 등을 총괄하는 관리였다. 양전과 관계 사업은 대개 지계위원(地契委員) 혹은 사무원(事務員)을 동원하여 이루어지고 있었다. 직원들을 동원하여 지계사업에 종사케 하였으며 군에서는 호방(戶房)이 중심이 되었다.

3) 양전사업

지계아문에서 추진하는 양전사업은 종전보다 세밀한 양전규정인 지계감리응행사목(地契監理應行事目)을 명문화해 놓고 있었다(지계아문 제2호 훈령). 우선 토지의 측량에 관해서 살펴보면 정전(正田), 정답(正畓)의 경우 토지의 형상을 실제 농지형태와 부합되게 다양한 형태로 양안에 등록하게 하였다. 토지의 등급은 이전과 마찬가지로 6등급으로 하였지만, 토질의 평가와 본가, 즉 토지가격과 곡류를 채탐하고 지번인(地番人)의 평론(評論) 및 구 양안의 등급을 비교하여 결정하는 등 종전보다 합리적인 기준을 마련하고 있었다. 지계감리응행사목(地契監理應行事目)에 나타난 지계의 발행원칙을 보면, 지계는 토지조사를 통하여 결부(結負)와 사표와 칸수 및 면적 등 토지에 관한 일체 조사를 바탕으로 하여 발급한다(지계감리응행사목 8항). 따라서 원칙적으로 양안 상에 등재된 시주(時主), 즉 양전조사 당시의 토지소유자라는 의미를 가지고 있는 지주에게 지계(地契)가 지급된다고 규정하고 있다.

지계아문의 양전, 지계사업은 1902~1903년 2개년 간 전국 각지에 결쳐 94개 군의 양전을 마치고 종전 양지아문에서 행량(行量)한 지역까지 합하면 218개 군에 이를 정도였다. 이에 따라 강원도 전체에 관계가 발행되면서 1903년 11월 12일부터는 충청남도의 38개 군에서 모두 양전사업을 마치게 되어 직산(稷山)을 비롯하여 정산(定山)등 여러 지역에서 관계(官契)를 발행하게 되었다(관보 제 2669호, 1903년(광무7년) 11월 13일 광고 참조).

4) 토지기록부

지계아문에서 측량 작성한 양안은 경상도 산청 · 합천(陝川) · 동래 · 진남, 강원도 간성, 평해의 것이 남아 있는데 이 중에서 경상남도 합천군 북상면 양안이 대표적이다. 지계아문양안은 양지아문양안의 지형도, 작인성명[대지의 경우 가주(家主)의 성명], 가옥(家屋)(와가(瓦家)와 초가)의 칸수를 삭제하고 두락(斗落) 및 일경(日耕)을 추가로 기재하였는데 이러한 점이 두 광무양안의 기재양식의 차이점이다.

양지아문양안의 발전적 측면으로서 지형도, 작인기재, 거주실태 등이 지계아문양안에서는 파악되지 않았는데 그것은 양지아문양안과 지계아문양안의 기능과 성격이 상이하기

표 5-25 **慶尙南道 陜川郡 北上面 量案(光武 8年 1904)**

地番, 犯向, 等數, 形狀, 地目, 렬數		長 · 廣尺數	實積尺數, 結負	斗落數	四標	時主名
光字						
第一東犯	參等 直沓 十五렬	南長一百四十尺 廣十九尺	積貳千六百六十尺 結壹拾捌負陸束	伍斗參升落	東渠南山 西金士守畓 北文時中畓	時主極樂菴
第二	越渠 伍等 直畓 東犯 三렬	南長十七尺 廣十七尺	積二百二十一尺 結玖束	肆升落	東路西渠 南渠 北韓善河畓	時主河景善
第三北犯	肆等 直沓 二十七렬	南長一百十尺 廣二十五尺	積二千七百五十尺 結拾伍負拾壹束	伍斗伍升落	東河洛元畓 南河景善畓 西渠北仝人畓	時主韓善可
地字						
第二東犯	貳等 直畓 一座	東長二十尺 廣玖尺	積一百八十尺 結壹負伍束	一刻耕	東朴俊洪田 南同人垈北路 西朴基敦田	時主柳達益

資料: 奎章閣 量案 No. 17688, 參考作成

때문이었다. 지계아문양안에서는 소유권의 확인을 중요한 목표토 삼고 있었기 때문에 관행적인 면적단위였던 두락 및 일경을 토지등급에 관계없이 일정한 면적척수를 나타내는 절대면적단위로 개편하여 소유면적을 측정하려 하였고 양지아문양안과는 달리 진전(陳田)을 모두 조사 등재하였고[47], 반면 소유권과 관계없는 작인(作人) 관계기록을 제외하였던 것이다.

5.4 가계(家契)와 지계(地契) · 토지증명제도(土地證明制度)

1) 개요

1893년부터 광무 9년(1905)에 이르는 기간에는 가계 · 지계제도가 시행된 시기로서 토

47) 경자양안(庚子量案)에서도 진전(陳田)을 모두 파악하고 있는데 그 이유는 당시 진기의 전이가 매우 빈번하여 진전을 배제하면 수세실결이 크게 줄어들기 때문이었을 것이다. 실제로 경자양안에서 진전을 다수 기경전(起耕田)으로 파악하여 농민의 부담이 증가하고, 이로 말미암아 18세기 중엽 진전의 등급을 강등하는 조치를 취하였다.

지의 상품화가 이루어져 가면서 구제도로부터 근대적 공시제도로 발전하는 과도기라 할 수 있다. 즉 가계 · 지계는 본질적으로 입안과 같은 것이었으나 근대화된 것이었고 토지조사의 미비와 국민들의 의식부족으로 충청남도와 강원도 일부에서 실시하다가 후에 중지되었다. 토지증명제도는 가계 · 지계제도에 뒤이어 근대적인 공시방법인 등기제도에 해당하는 제도이며 소유권 및 저당권의 2종에 한해서 그 계약의 내용을 간접 조사하여 인증을 주었다(박순표 외, 1993 : 117-222, 정우형, 2009 : 57-66, 곽윤직, 1993 : 46-51).

2) 가계제도(家契制度)

① 의의

가계는 가옥소유에 대한 관의 인증이며, 매매 등으로 가옥을 양도할 때에 발급되었고 고종 30년(1893)에 한성부에서 처음으로 발급된 이래 개항지, 개시지(開市地)에서도 발급하였다. 가계의 효력은 제3자에 대하여 권리를 대항하기 위한 요건이었다. 이 가계제도는 일부의 토지에서만 행하여졌지만 소유권의 증명을 위한 근대적 제도였다. 가계의 발급은 필요적 · 강행적이며 가사구권(家舍舊券)이 없거나 가승(家僧)을 통하여 신청해야 했고, 또한 매주는 신계(新契)를 교부받아야 비로소 소유권자로서 인정되었고 수수료는 필문(匹文)이었다.

② 가계형식

가계 앞면에는 가계문언(家契文言)이 인쇄되어 있고 끝부분에 담당공무원, 매도인, 매수인, 증인들이 서명하고 당상관(堂上官)이 화압(花押)하는 것으로 대체로 입안과 같은 형식의 것이었고, 뒷면에는 가계제도의 규칙이 인쇄되었다.

③ 가계발급

광무 10년(1906) 내부령 제2호 '가계발급규칙(家契發給規則)'에 의하여 가옥의 신축, 매매, 상속, 전당의 경우에는 구문권(舊文券)을 첨부해서 관할 관청에 신청하면 신계(新契)를 발급하거나 구권(舊券)에 배서(背書)해서 발급하였으며 가옥의 신축에는 관청에 비치하는 가계원부(家契原簿)에 등록하여야 했다.

3) 지계제도(地契制度)

① 의의

지계는 전답의 소유에 대한 관의 인증으로서 1901년 지계아문을 설치하고 각도에 지계감리(地契監理)를 두어 '대한제국전답관계(大韓帝國田畓官契)' 라는 지계를 발급하였다. 이 이전에는 외국인에게 지계를 발급하였지만 지계아문 설치 후에는 전 · 답 소유자에게 발급하게 된 것이다.

② 지계에 관한 규칙

㉠ 전답소유자가 전답을 매매 · 양여한 경우 관계(官契)를 받아야 하고, 전질(典質)할 경우 인허를 받아야 함

㉡ 매매시의 관계와 전당시의 인허가가 없으면 전답을 몰수하며, 외국인은 전답을 소유할 수 없음

㉢ 관계를 침수, 화재, 유실한 경우 확인 후 재발급

㉣ 관계는 3편(片)으로 구성하여 1편은 본아문(本衙門), 제2편은 소유자(所有者), 제3편은 지방관청(地方官廳)에 보존하였다.

4) 토지증명제도(土地證明制度)

① 의의

토지증명제도는 근대적인 공시방법인 등기제도에 해당하는 제도로서 토지소유의 한계를 마련하는 근거가 되었다. 즉 당시 소유할 수 있는 토지는 거류지로부터 4km 이내로 제한하였다. 또한 증명제도는 증명부라는 공부를 작성하여 공시의 기능을 갖게 하였고, 실질적 심사주의 취하여 증명부의 신속도를 높임으로써 등기제도에 근접하게 되었다.

② 증명발급

광무10년(1906) 시행된 토지가옥증명규칙을 보면 물권변동 중 토지가옥을 매매, 증여, 교환, 전당할 경우에 한하여 그 계약서에 통수, 동장의 인증을 거친 후에 군수 또는 부윤의 증명을 받을 수 있으며 군수 또는 부윤은 토지가옥증명대장에 곧 그 증명을 한 사항을 기재해야 하고 이 대장은 군수, 부윤에게 신청하여 열람할 수 있다. 이의가 있는 자가 지체 없이 그 증명의 취소, 변경을 신청할 수 있으나 이의신청 없이 기간이 지나면 증명된 사항이 확정되었다.

SECTION 06 외국의 지적제도

1 개요

외국의 지적제도의 발달은 11세기 전후로 과세대장과 연결되는 Domesday Book에서 현대의 LIS(Land Information System)에 이르는 과정으로 볼 수 있다. 즉 과세대장, 과세도 → 지적도, 증서등록 → 권원등록제도, 다목적 지적, 토지정보시스템 등으로 변화 · 발전되는 과정 속에 각국의 지적제도의 변화모습으로써 설명된다(G. Barnes, 1988 : 11-32).

근세유럽의 지적제도는 프랑스의 지적을 효시로 하여 1800년대 초에 완성되었으며, 이어 네덜란드, 스위스, 독일 등으로 전파되어 1900년까지 근대지적제도로 발전하였으며, 이들 나라에서는 지적측량과 지적조사를 통하여 대축척 도면과 대장을 작성하고 소유권의 한계를 지적도로서 복원능력을 갖도록 하였다(박순표 외, 1993 : 140). 한편 동양의 경우 일본은 명치유신(1867) 이후 1872년에 "토지매매 양도에 대한 지권(地劵) 도방규칙(渡方規則)"을 제정하고 토지의 개인소유와 거래의 자유를 인정하였으며 지권(地劵)의 교부이서(交附裏書)가 토지소유권규칙(土地調査規則)을 제정하고 1898년부터 토지조사사업을 착수하여 1903년에 완료하였고, 1909년에 임야조사규칙(林野調査規則)을 제정하여 1914까지 임야조사사업을 완료함으로써 근대적인 지적제도로 발전하게 되었다.

외국의 지적제도를 검토하기 위한 기본적인 기준은 지적제도의 개요, 지적 관련 법령, 지적 행정조직, 지적공부, 지적측량 및 조사, 토지정보화 등을 언급할 수 있다. 물론 보다 세부적인 기준을 설정하여 검토한다면 외국의 지적제도를 파악하는데 더할 나위 없이 좋겠지만 지적제도의 수평적 비교를 위해서 제약은 불가피하다고 판단된다. 따라서 한 국가의 지적제도를 개괄적으로 이해할 수 있는 역사적 배경으로서 개요(introduction), 지적제도 운영의 근간이자 가이드라인(guideline)인 지적 관련 법령, 지적제도의 운영주체인 지적행정조직, 지적제도의 운영형식인 지적공부, 토지조사 및 자료수집에 관련된 지적측량 및 조사, 아날로그 환경에서 디지털 환경으로 진화됨에 따른 지적정보화 등을 중심으로 프랑스, 독일, 네덜란드, 스위스, 일본, 대만 등을 검토하고자 한다.

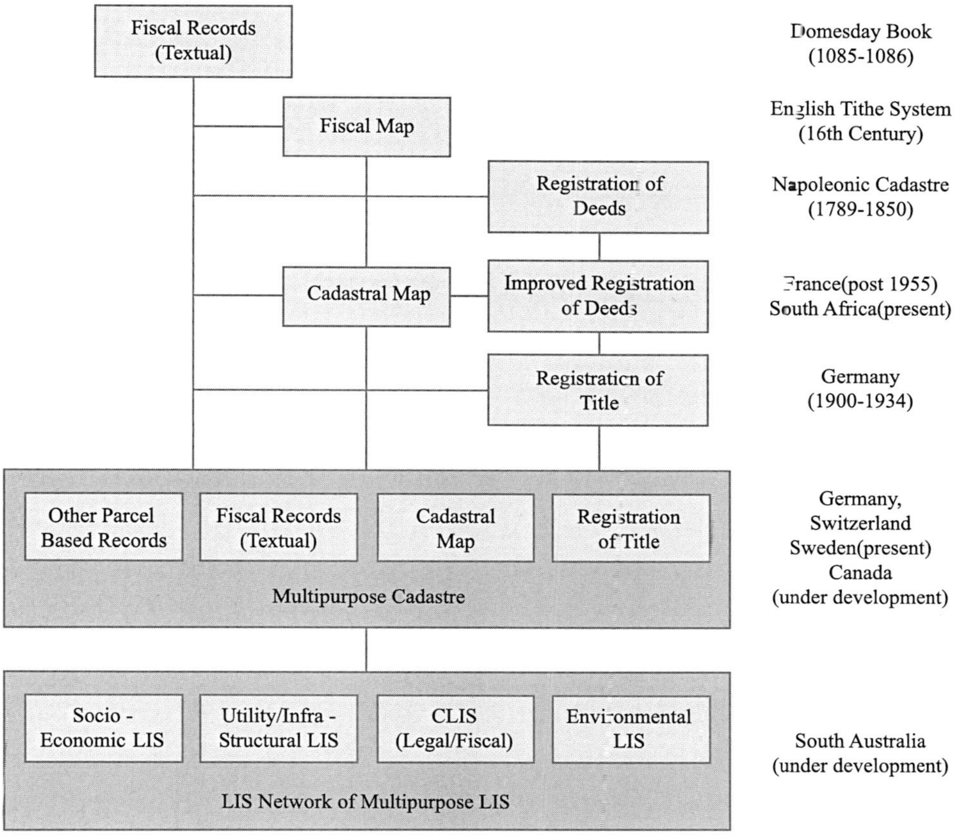

출처 : G. Barnes, 1988 : 32

그림 6-1 외국의 지적 및 LIS 발달사

2 프랑스

프랑스는 근대적인 지적제도를 최초로 창설한 국가로서 오랜 역사와 전통을 간직하고 있을 뿐만 아니라 근대적인 지적제도의 효시라고 일컬어지는 나폴레옹 지적(Cadastral Napoleonien)은 세지적의 대표적인 사례로 꼽히고 있다(류병찬, 2006 : 503).

프랑스 지적제도의 창설은 1804년 공화국의 초대 황제로 즉위한 나폴레옹이 1807년에 나폴레옹지적법(Napoleonien Cadastre Act)을 제정하고, 1808년부터 1850년까지 군인과 측량사를 동원하여 전국에 걸쳐 실시한 지적측량성과에 의하여 완성되었으며, 토지에 대한 공평한 과세와 소유권에 관한 분쟁을 해결하기 위하여 창설되었다(박순표 · 류병찬, 1988 : 23). 즉 나폴레옹은 1807년 9월 15일의 법령에 이어 1808년 1월 27일 발표한 칙령에 의한 전반적인 필지 지적을 실행하기로 결정하였다. 나폴레옹 지적 또는 구지적(Ancien Cadastre)이라고 불리는 이 지적제도는 현재 프랑스 지적의 근간이 되었다. 나폴레옹 지적제도의 창설은 엄밀한 의미에서 1808년부터 시작되었으나 꾸준히 발전하지는 못하였다. 1808년부터 1814년까지 9,000개의 코뮌에서 시행하는 등 초기에는 급속히 확장된 후 1821년까지 느리게 진행되었고, 1850년경에 와서야 완성단계에 이르게 되었다(지적연구원, 2005 : 267-268). 한편 지적제도 창설당시에 도해지적으로 출발하여 도면의 신축 · 마모 등으로 인하여 정확한 경계복원이 불가능하고 각종 토지 정보를 신속 정확하게 제공할 수 없게 되어 1930년부터 1950년까지 전 국토에 대한 지적재조사사업을 실시하였다. 지적재조사사업은 1930년 4월 16일 법률에 재조사사업에 관한 사항을 규정하고, 1941년 12월 17일에 개정된 법률에 의하여 추진하였으며, 1955년 4월 30일 지적재조사 및 관리에 관한 법으로 개정되었다. 지적재조사사업은 지적수정과 지적재작성의 두 가지 방법으로 나누어 추진하였다(박순표 · 류병찬, 1988 : 51., 지적연구원, 2005 : 269-270).

지적 관련 법률로는 민법(Droit Prive) 및 지적법(Loi Cadastre)이 있으며, 1807년에 나폴레옹 지적법을 제정하여 37개 조문으로 구성되어 있었으나 1955년에 지적법을 개정하여 지적재조사, 지적수정, 지적개조, 경계확정위원회, 측량도면의 작성 등에 관한 사항을 규정하였다(류병찬, 1996 : 505).

지적행정조직은 경제 · 재정 · 산업부의 세무국에서 관장하고 있으며, 국과 과 사이에 지적사무, 등기사무, 국유재산관리사무 등을 담당하는 부가 설치되어 있으며, 부 밑에 지적과, 등기과, 국유재산평가과, 국유재산관리과 등 4개과가 설치되어 있다(박순표 외, 1993 : 146). 지적과는 지적에 관한 일반 업무와 토지가격의 조사 공표 · 토지에 관한 입법 · 소송문제 · 부동산평가 등에 관한 사항을 관장하고 있다(한국행정연구원, 1998 : 10-14). 이외에 4개의 지역정보센터, 4개 사진측량사무소, 국립지적국 등의 산하기관을 두고 있다(지적연구원, 2010 : 19). 한편 지방의 시 · 도는 중앙의 세무국 지도 · 감독 하에 지방세무국이 설치되어 있으며, 시 · 군(Department)단위는 지적사무소에서 각각 지적사무를 수행하고 있다. 한편 지적과 등기가 이원화되어 있으나 접수창구 일원화 및 전산처리로 사실상 일원화로 운영되고 있다. 등기신청은 절차 면에서 공증–등록–등기의 3단계의 과정으로 이루어지고 있다.

지적공부는 토지대장, 건물대장, 지적도, 도엽(section)기록부 및 색인부로 구성되었으며, 토지대장과 건물대장은 토지와 건물에 대한 특성을 알 수 있도록 소재지, 지번, 면적,

도로명, 건축물의 위치 등을 등록하고 주요 지형지물, 기준점 등이 표시되어 있다(박순표 외, 1993 : 145). 지적도는 지번지역의 동리단위로 격자형 도곽형태로 지번 순에 의해 작성되는 연속성 지적도(serial map : 도곽에 의거 접합이 가능한 연속된 도면)의 지적도 형식이 아니라 도로, 하천, 구거 등 주요 지형지물을 중심으로 구획하여 지적도를 작성하는 고립형 지적도(insular map=island map=isolated map 도곽에 의거 접합이 불가능한 도면)의 지적도 형식을 채택하고 있다.

지적측량은 도해지적 위주로 운영하고 있으나 평판을 사용하지 아니하고 트랜싯이나 전파 측거기 또는 토털스테이션 등으로 측량을 실시하고 있어 측량성과의 정확성을 확보하고 있으며, 수치지적제도로 전환하는 과정에 있다. 지적측량업무는 전담대행제도가 아닌 측량사자격을 취득한 2명 이상이 합동으로 사무실을 개설하여 분할 · 경계복원 · 현황측량 등 민원인이 위탁하는 지적측량업무를 수행하고 있으나, 지적측량업무만을 전담하여 수행할 수 있는 측량사자격은 제도화되어 있지 않다(류병찬, 2006 : 508, 지적연구원, 2010 : 18).

지적정보화는 토지정보의 신속하고 정확한 최신자료를 효율적으로 관리운영하기 위하여 1965년부터 1978년까지 전산화 1단계사업(MAJIC 1)을 착수하였다. MAJIC 1은 지적공부에 등록된 사항을 중앙집중식전산처리시스템을 구축하여 세무업무와 문서상업무를 전산처리하는 데는 만족할만한 성과를 달성하였으나 토지이동정리 및 지적민원처리는 전혀 이행하지 못하였다. 따라서 MAJIC 1의 취약점을 해결하고 국민과 정부의 새로운 욕구를 충족부터 1990년까지 프랑스 전국의 지적 및 등기사무소에 터미널을 설치하여 운영하고 동시처리와 문답식에 의하여 행하여지는 지방분권화된 관리로서 특징되어진다(김행종, 1993 : 157). 한편 지적도전산화(Plan Cadastral Information : PCI)는 1988년부터 연구개발에 착수하였으며 1991년부터는 전력공사(EDF), 가스공사(GDF), 통신공사(FT) 등에 용역의뢰하여 지적도에 대한 좌표 독취하여 1억 필지에 달하는 도면 데이터베이스를 구축하고 있다(류병찬, 2006 : 505).

3 스위스

스위스의 지적제도는 19세기 초 나폴레옹의 영향 하에 26개 주의 다수 주에서 과세목적을 두고 창설되었고, 1847년 연방헌법에 따라 법의 안정적 규율과 더불어 산업발달이 이루어졌으며, 토지소유권 보호와 토지거래의 허용은 법지적의 필요성을 부각시켰다. 1912년부터 민법은 연방토지등록제도(Federal Land Registry System)의 기반을 이루었고, 민법은 1910년부터 토지등록을 위한 시행령(ordinance)과 1919년에 지적측량 및 Monumenttation을 위한 지침(instruction)으로 세분되었다. 지적제도가 1900년대 초에 창설되었을 때 몇가지 원리[48]는 오늘날에도 여전히 유효하게 적용되고 있다. 1993년 새로운 2개의 시행령(VAV와 TVAV)은 1919년부터 오래된 지침서를 대치하였고, 지적측량제도의 개혁과 수치데이터형식을 소개하는데 목적을 두고 있다. 수치 형태에 데이터의 다양성(versatility)에 기인하여 지적측량데이터의 목적은 단순히 토지대장에 기록하는 것으로부터 다른 유형의 토지정보시스템에 지원하는 것까지 확대되었다(Daniel Steudler, 2003).

지적에 관여된 조직은 연방과 주 사이에 서로 다른 행정적 차원에 위치에 있고, 다른 과업과 기능을 가지고 있다. 지적측량을 고려하면, 지적측량을 위한 연방부서(V+D)는 주의 측량기관(KVA)을 관리 · 감독하는 권한을 갖는다. 이러한 주의 측량기관(KVA)은 지적측량 수행의 책임이 있고, 비록 지적측량을 수행하는데 유사한 해법이라 할지라도 다른 선택을 해왔다. 즉 몇몇 주는 주 자체의 행정적 단위에 의해 지적측량을 수행했지만 대부분의 주는 측량데이터 및 지적도의 유지뿐만 아니라 현장작업을 민간 토지측량사무소와 계약을 체결하고 있다. 이는 주를 대신해서 공공기관(public agents)으로서 수행하는 것이다. 한편 토지등록을 위한 규정, 사무소 및 지역 설정, 등기공무원(land registrars)의 임명 및 보수는 주의 권한(competence)이다. 연방은 거의 5명의 직원에 의해 "토지등록의 연방직무 및 토지법"(Federal Office of Land Registration and Land Law)을 통하여 주를 관리하게 된다(Daniel Steudler, 2003).

지적측량은 민간부문에서 총 80~90%를 수행하고 있으며, 민간부문의 참여는 1900년도 초 지적제도가 창설된 이래로 일반적인 현상이었다. 이러한 현상은 과거 수십 년 동안 지켜본 결과 유용한 것으로 증명되었고, 고 비용 인지와 유연한 시장 규제철폐를 추구하는 새로운 공공관리 현상과 병행하면서 지난 몇 년간 견고해졌다. 한편 민간측량사들은 민원인에게 좀 더 다가가는 분권화된 서비스를 위해 공공기관으로서 측량을 수행하고, 수치데이터의 사용과 함께 연방과 주는 그들의 토지정보시스템을 도입하였으며, 민간측량회사들은 계약 또는 컨설팅 형식으로 프로젝트를 지원하였다(지적연구원, 2010 : 42).

48) ① 토지대장은 5개의 주요부분으로 구성되고 지적도를 기반으로 함 ② 지적도는 지적측량을 토대로 함 ③ 국가의 정치 · 행정적 구조에 따라 지적측량의 시행통제와 토지등록은 주(cantons)가 수행 ④ 스위스 연방은 주를 관리하고 재정지원을 함 ⑤ 지적측량은 민간부문 토지측량사와 계약할 수 있음 ⑥ 지적측량을 수행하는 측량사는 연방의 자격증(license)을 소지해야 함

스위스의 지적공부로는 부동산등록부, 소유자별 대장, 지적도, 수치지적부로 구성되었으며, 이러한 사무는 사법경찰성산하 법무국의 지적과와 측량관리과에서 관장하고, 지적과 등기가 일원화처리 되고 있다(박순표 외, 1993 : 144-145). 즉 지적제도는 토지등록과 지적측량 2가지 주요 요소로 구성되어지고, 지적측량의 내용은 8가지 정보 레이어[49](information layer)를 가진 데이터모델로 설명되며, 토지등기의 내용은 부동산, 지상권과 지역권, 광물과 콘도 등 주로 재산권의 등록이 해당된다. 특히 수치지적도는 8가지의 정보를 가진 레이어로 구성된다. 의미상 토지피복과 토지소유권은 중첩 및 차이(gap) 없이, 반면 다른 레이어는 구조적인 의미의 차이를 가지지만 완전한 방법으로 전국토를 대상으로 한다. 8가지 정보의 레이어 각각은 객체 지향적이며, 객체-관계 다이어그램에 의해 정의되며, 각각의 레이어들은 데이터 모델인 동시에 상호정보교환이 가능한 INTERLIS 데이터 형식으로 변환을 위한 기초 데이터이기도 하다는 것이다.

4 독일

독일(Germany)의 지적제도는 1801년 비바리아(Bivaria) 지방에서 지적측량을 시작하여 1864년에 완성되었으나, 전국적인 지적제도는 1870년 측량에 착수하여 1900년에 완료함으로써 확립되었다(박순표 외, 1993 : 147). 1900년 이래로 일반 사법(common private law)이 전 국토에 적용되었고, 이런 맥락에서 전 국토에 대한 토지등록제도가 구축되었으며, 토지등록제도는 토지 및 건물에 대한 소유권의 모든 권리와 다른 권리를 담고 있다(Winfried Hawerk, 2003). 독일의 지적제도는 19세기에 세지적을 목적으로 출발하였으나 점차 다목적 지적의 기능으로 개선하고 있으며, 지적개선사업은 지적전산화사업을 통하여 수행하고 있다. 지적제도는 토지정보시스템(LIS)과 지리정보시스템(GIS)의 토대가 되고 있으며, 독일 전역의 모든 토지와 건물을 포함한 부동산을 등록 관리하는 부동산지적제도(Real Estate Cadastre)로 발전되고 있으나 연방정부의 지원이 없이 주정부의 부담에 의하여 추진되고 있어 각 주마다 추진방법과 추진실적 등이 다르다(류병찬, 2006 : 514).

---

49) 가지 레이어는 기준점, 토지피복, 단일객체, 높이, 지역 이름, 소유권, 파이프 관, 행정구역 등이 해당된다(Daniel Steudler, 2003).

지적 관련 법령은 민법(Burgerlichesgesetz), 지적법(Katastergesetz), 토지측량법(Land esvermessungsgesetz), 지적 및 측량법(Kataster and Vermessungsgesetz)과 부동산등기법(Grundbuchordnung) 등이 있으며, 니더작센 주의 경우에는 공공측량사법을 별도로 제정하여 지적측량을 집행하는 공공측량사자격을 엄격히 통제·관리하고 있다(류병찬, 2006 : 517).

독일 연방정부는 법무부 민법국 제2부 제4과에서 재산 등에 관한 법적문제를 관장하면서 토지대장법과 구 동독지역의 토지법 등에 관한 업무를 담당하고 있다. 그러나 지적업무에 대하여 주정부에 대한 지도·감독과 조정·통제기능이 전혀 없는 상태로 운영되고 있다. 한편 16개 주정부 중 9개 주정부에서 내무부의 지적국 또는 지적 및 측량국 등에서 지적업무를 관장하고 있으며, 나머지의 주정부는 재무부·무역부·상공부 등에서 관장하고 있다. 주마다 3~4개소의 관구에 주 측량사무소(State Survey Office)를 설치하고 있으며, 주 측량사무소의 하부기관으로서 시·군 단위에 地籍事務所(Cadastral offices)를 설치하고 있다(홍종수·차득기, 1990 : 11-13).

독일의 지적공부는 1970년 말의 수치 지적공부(Automated Property Register : ALB)와 1980년대의 수치지적도(Automated Property Map : ALK), 그리고 토지등기부(land registry)로 구분할 수 있고 최근(2005)에는 ALB와 ALK의 통합시스템인 부동산지적정보시스템(ALKIS)이 있다. 한편 지형 및 지도정보시스템(ATKIS)을 구축하여 부동산지적정보시스템과의 호환 및 연계활용에 적극적인 노력을 하고 있다.[50] 토지등기부는 권원, 재산목록, 1부(소유자 및 재산), 2부(지역권), 3부(저당권) 등으로 편제하고, 수치지적부는 우리나라의 토지대장과 수치지적도는 지적도와 유사한 성향을 보이고 있다(김영학, 2008 : 139).

지적측량은 평판을 사용하지 않고 트랜싯이나 전파측거기, 토털스테이션 등으로 측량을 실시하고 있어 측량성과의 정확성을 확보하고 있으며, 수치지적제도로 전환하는 과정에 있다. 한편 1985년부터 노드라인 베스트팔렌 주에서 GPS 측량방법에 의한 측량을 시작하여 유럽대륙의 단일망인 EUREF망을 기초로 하여 독일 전역을 GPS에 의한 관측을 실시하여 독일 자체의 DREF망을 구축하였다. 지적전산화사업은 1960년대 하노바주 내

50) 독일의 공부의 영어식 명칭은 시기에 따라 달리 표현하고 있다. 즉 ALB의 경우 초기에는 Automated Property Register로 자동화된 부동산대장, 2005년을 전후해서는 Digital Cadastral Records로 수치지적부로 표현될 수 있다. ALK의 경우 초기에는 Automated Cadastral Map으로 자동화된 지적도, 2005년을 전후해서는 Digital Cadastral Map으로 수치지적도로 표현될 수 있다. 한편 ALKIS의 경우 초기에는 Integrated Cadastral Information System으로 통합지적정보시스템, 2005년을 전후해서는 Official Real Estate Cadastre Information System으로 부동산지적정보시스템으로 표현할 수 있다(Winfried Hawerk, 2006).

무부의 지적 및 측량국에서 부동산지적부의 전산화개발에 착수하여 1976년에 완료하였으며, 부동산지적도는 1977년부터 연방정부의 측량 및 지적협의체(Surveying and Cadastral Administration of the Federal Republic of Germany : ADV)에서 전산화개발을 착수하여 1986년에 수치지적도를 사용할 것을 결정하고 1980년대 말부터 전산화사업을 추진하고 있다(류병찬, 2006 : 557-586).

5 네덜란드

네덜란드의 지적제도는 1811년에서 1838년 사이에 지적제도가 창설되었다. 즉 1811년에 프랑스의 영향으로 세지적 구축을 추진하였고 1812년 토지필지의 사용자와 소유자를 정리하는 측량을 시작하였다. 나폴레옹의 패전 이후 네덜란드는 독립되었고, 윌리암 왕은 세지적을 기반으로 토지와 건물의 세금부과를 위한 시스템구축을 지속적으로 추진하여 1938년에 이르러 토지조사사업이 완료되었으며, 전국을 포함하는 세지적이 마련되었다(Paul van der Molen, 2006). 특히 네덜란드의 지적제도는 창설 당시부터 지적과 등기가 통합된 상태로 출발하였기 때문에 일반적으로 지적이라고 하면 등기를 포함하는 개념으로 존재한다.

지적 관련 법률은 민법과 지적법(cadastral act)이 대표적이라 할 수 있다. 특히 지적법은 필지, 등기부의 보존관리, 지적도 작성, 대축척 기본도 작성, 등기부의 형태, 공시요건, 등록사항, 도면 및 좌표망, 등기부와 지적도의 변경정리 및 공시, 선박등록부, 항공기등록부, 등기부, 지적도 등의 정보제공 및 수수료, 지적도의 변경정리와 과오의 시정 등에 관한 내용을 규율하고 있다.

토지등록과 지적도 작성은 국가업무이며, 민법과 지적법에 근거하여 지적과 등기청에 위임된 사무이다. 이 조직은 1838년 재정부의 한 부서로서 설립되었지만 토지정보가 다른 많은 토지 관련 정부활동을 위한 역할이 크다는 정치적 기대에 따라 국무위원회(council of ministers)는 1974년 주택, 공간계획 및 환경부의 한 부서로 옮길 것을 결정하였다. 같은 기간에 토지과세를 국세에서 지방세로 이관할 것을 결정하였고, 현재까지 그대로 운영되고 있다. 1994년 국무위원회는 공공과업으로서 토지등록과 지적을 인식하면서 경영과 같은 방법으로 운영되는 소위 독립된 공공기관으로 전환할 것을 결정하였다. 이 기관(지적청)은 지적조직법이라는 특별법에 의해 만들어졌고, 오늘날 지적청은 본사와 15개 지역사무소를 두고 있으며, 등기자료를 관리하고 지적측량을 수행하며, 지적도와 지형도를 유지하고 정보를 제공하고 있다. 민간부문 차원에서 네덜란드는 민간분야의 측량사가 존재하지 않는다. 즉 모든 지적측량은 지적청에 근무하는 지적측량사만이 수행할 수 있고 어떠한 민간분야도 포함시키지 않고 있다. 다만 민간분야는 지적청의 감독과 책임 하에 특정한 업무를 수행하도록 계약하는 차원에서 역할을 수행할 수 있다(Paul van der Molen, 2006).

네덜란드의 지적공부는 공공등기부(public registers), 지적대장(cadastral registers) 및 지적도(cadastral map)로 구분할 수 있고 공공등기부는 장부식 거래증서 형태인 아날로그 형태로 유지되고, 지적대장 및 지적도는 디지털 형태로 유지되고 있다(Paul van der Molen, 2003). 한편 부동산등기부는 토지대장의 유지 · 관리 및 갱신의 중요한 자료가 되며, 토지대장은 성명, 출생일, 법정주소 및 주소, 직업과 신분, 일필지 표시 및 관련 자료를 등록대상으로 하고, 지적도는 국가좌표계, 지적경계, 필지 식별자, 주소, 건물, 건물호수, 기준점 등을 표현하고 있다.

지적전산화사업은 1975년부터 1985년까지 부동산등록부의 전산화시범사업(AKR)을 추진하고 1985년부터 1990년까지 전국의 부동산등록부에 대한 데이터베이스의 구축을 완료하였다. 그리고 1980년부터 1988년까지 지적도의 전산화시범사업(LKI)을 추진하고 전국의 지적도에 대한 데이터베이스의 구축을 완료하고 중앙의 지적 및 공공등기청과 시 · 도의 지방지적청 간에 온라인 네트워크로 연결하여 운영하고 있다(류병찬, 2006 : 577).

6 일본

일본의 근대적인 지적제도는 1867년 명치유신 이후 1872년 2월 토지매매양도에 대한 지권도방규칙(地券度方規則)을 제정하고 토지거래 금지령을 해제하여 토지의 개인소유와 거래의 자유를 인정하면서 비롯되었다. 토지조사는 농경지, 시가지, 산림, 원야의 순으로 실시되었으며, 1876년부터 1877년경에 농경지와 시가지 조사를 완료하였고, 1988년 전국을 완료하였다. 1884년 지조조례(地租條例)를 제정하고 측량방법, 토지이동신청 절차 등을 규정함으로써 지적제도를 확립하였으며, 1887년 지권을 폐지하고 토지대장을 새로이 신설하였다. 1890년 부동산등기법을 제정하여 등기소가 토지에 대한 최초의 등기인 보존등기를 한 때에는 이를 토지대장 소관청인 부(府), 현(縣), 또는 도청, 군역소에 통지하고 토지대장 소관청에서 분할, 합병 등 토지이동이 있을 경우 이를 등기소에 통지하고 등기소는 등기부에 그 변경사항을 정리하였다. 그 후 1960년 부동산등기법을 개정하여 토지대장과 등기부의 통합 일원화에 착수하여 1966년 완료하였다. 또한 1951년 국토청 주관으로 국토조사법을 제정하여 본격적인 국토조사를 시행하고 있으며 현재에 이르고 있다(지적연구원, 2010 : 71-72).

일본의 지적행정조직은 법무성을 근간으로 이루어지고 있다. 즉 법무성에서 지적 · 등기업무를 관장하고 있으며 법무성은 대신관방과 6국체계르 이루어져 있다. 법무대신 밑에 법무대신을 보좌하는 비서실 개념의 대신관방이 있으며 이에는 조세, 복지 등 5개 소송관련 부서가 포함되어 있으며, 6개의 국은 일반 업무부서와 함께 다양한 특별 업무를 맡고 있다. 민사국, 형사국, 교정국, 보호국, 인권옹호국, 입국관리국이 있다. 그중 민사국의 제3과에서는 부동산등기, 사법서사, 토지가옥조사사 사무를 관장하고 있다. 도(都) · 도(道) · 부(府) · 현(縣)에서는 법무국과 지방법무국에서, 시(市) · 정(町) · 촌(村)은 지국과 출장소에서 지적과 등기가 통합된 등기사무를 수행하고 있다. 일본의 지적측량 업무는 부동산에 관한 소유권과 등기측량 등을 위하여 지적측량을 담당하는 토지가옥조사사, 국토조사법에 의한 지적측량을 담당하는 일반측량사, 토지구획정리사업 등을 통해 지적조사사업을 대신하는 것으로 구별할 수 있으며, 이와 관련된 전문조직은 토지가옥조사사연합회, 국토조사측량협회 등이 있다(류병찬, 2006 : 542-547., 지적연구원, 2010 : 72).

일본의 지적 관련 법령은 부동산등기법, 국토조사법, 국토조사촉진특별법 및 측량법 등이 해당된다. 1890년에 제정한 부동산등기법은 총칙, 등기소 및 등기관, 등기기록부, 등기수단, 등기사항, 필계특정 등을 주요내용으로 규정하고 있고, 1951년에 제정한 국토조사법은 국토의 개발보전과 이용을 고도화하고 토지를 명확히 등록하여 국토의 실태를 과학적이고 종합적으로 조사하여 관리는 것을 목적으로 하고 있다. 한편 1949년에 제정한 측량법은 측량업의 적정한 운영과 건전한 발전을 도모하고 각종 측량의 조정 및 측량제도의 개선발전을 목적으로 하고 있다.

일본의 지적공부는 1960년 부동산등기법의 개정을 통하여 등기제드와 대장제도를 일원화함으로써 토지대장과 가옥대장을 폐지하고 등기부르 통합하여 관리하고 있으며, 현 관련공부로는 표제부, 갑구, 을구로 편성된 토지 · 건물등기부[51], 지적도, 지적측량도, 건

51) 등기부의 표제부는 작성일자, 지도번호, 소재, 지번, 지목, 지적, 등기원인 및 일자를 기재하고 갑구에는 순위번호, 등기의 목적, 접수일자, 접수번호, 등기원인, 권리자 기타사항 등이 기저되며, 을구에는 순위번호, 등기목적, 접수일자, 접수번호, 원인, 권리자 기타사항 등이 기재된다(일본토지가옥조사사회연합회, 2006). 한편 지적도에는 지번, 지목(주로 도로, 하천 등에 표기), 소재(지번), 축척, 보기사항 등이 기재되고 있다.

물도면 등이 있다. 한편 전통적인 지적도는 법무국에 보관·관리하고 있는 공도와 국토조사를 통하여 새롭게 만들어진 지적도 2종류가 있다. 현재 지적도는 토지에 대하여 지적측량한 결과를 담는 공적장부를 등기부와 함께 지적도가 작성된다.

한편 지적정보화사업은 1970년부터 토지등기부의 전산화개발에 착수하고 1981년 1월부터 동경법무국 판교출장소에서 토지등기부의 전산화사업에 착수하여 일본에서 최초로 1989년 2월 27일 등기부의 전산화사업을 완료하였다. 전국 단위의 등기부전산화사업은 제1차(1991~1995), 제2차(1996~2000), 제3차(2001~2005) 5개년 계획을 수립하여 추진하였다(류병찬, 2006 : 577). 즉 2003년 전국적으로 전산화를 구축하고 2005년부터 온라인 구축 및 서비스를 시작하여 2009년 현재 99%의 전산화를 이루고 있다(지적연구원, 2010 : 144).

7 대만

대만은 1895년 청일전쟁 이후 일본에 할양되어 1945년까지 일본의 식민지에 속해 있었다. 1887년 7월 지적규칙과 토지조사규칙을 제정 공포하고 동년 9월 토지조사국 관제를 공포하여 임시대만토지조사국을 설치한 후 1888년부터 토지조사에 착수하여 외업은 1902년 9월에, 내업은 1903년 2월에 각각 완료함으로써 1904년 3월 대만토지조사국은 폐지되었다. 1909년 10월 임야조사규칙을 공포하여 토지조사에서 제외된 토지를 대상으로 1914년까지 임야조사를 완료함으로써 전국적 지적제도가 창설되었다(오현진 외, 1983 : 13). 대만정부 수립 2년 후인 1930년 6월에 토지법(1930년 6월 30일)을 제정 공포하여 지적사무와 부동산등기사무를 일원화하여 단일기기관에서 수행하고 있다(최용규·오현진, 1988 : 20).

한편 대만의 국토조사는 1975년 대만지구측량계획을 수립한 이래로 현재까지 지속적인 사업이 수행되고 있다.[52] 첫째 3차 13년 프로그램(1976~1988)이다. 이 시기는 지적도증축사업의 시기로서 대상은 지적도가 심각히 훼손된 시 또는 군 단위의 도시지역이 해당되고 92,576ha에 1,590,000 lots에 이르렀으며, 단계구분은 제1차 5년, 제2차와 제3차는 4년으로 구분하여 수행되었다. 둘째, 대만성의 지적재조사 후속프로그램(1980~2005)이

52) 국토조사 및 지적도 제작센터(National Land Surveying and Cadastral Mapping Center) : http://www.nlsc.gov.tw/websites/nlsceng

다. 이 시기에는 가장 심각하게 훼손된 지적도를 보유한 지역에 우선권을 주었고 수치방법에 의하여 처리되었으며, 그 대상지역은 352,300 ha에 2,874,500 lots에 이르렀다. 셋째, 지적재조사 프로그램(2006~2014)이다. 이 시기의 대상은 지적도가 손상되고, 심각한 변위, 급속한 개발지역, 중대한 지적도 오류를 안고 있는 지역으로 현재 진행 중에 있으며, 그 규모는 133,000 ha에 1,881,125 lots에 해당된다.

대만은 1976년부터 2008년까지 지적도충측사업이 완성되었고, 총면적 443,392 ha에 달하는 6,203,412도면을 재조사에 의해 완성하였으며, 2008년에만 총면적 25,739 ha에 달하는 197,328도면을 완성시켰다. 현재 재조사사업이 완료된 지역은 Taipei, Kaohsiun, Keelung, Hsinchu, Taichung, Chiayi, Tainan시 등이 해당된다. 한편 임야등록 및 지적조사(Cadastral Survey and Land Registration of National Forest Land)계획은 최적의 개발과 이용을 위하여, 국유임야지 계획 및 관리향상 그리고 통합된 지적데이터베이스 구축을 위해 수행되었다. 1998년에서 2000년까지 3년 제1차 계획은 국유임야의 약 1,000,000 ha에 해당되는 면적을 조사하고 등록하였다. 그 이후로 2004년에 6년 2차 계획이 시작되었고 2008년까지 135,313 ha가 조사 및 등록 성과를 거두었다.[53]

대만의 지적 관련 법령은 토지행정으로서 지적과 등기를 규율하고 있는 토지법(The Land Act 1940년 6월 30일), 토지등기를 규율하는 토지등기규칙(The Land Registration Regulation 1946년 10월 02일), 토지가치를 규율하는 부동산평가법(Real Estate Act 2000년 10월 04일), 토지재조정을 규율하는 농장조정법(Farmland Readjustment 1980년 12월 19일), 지적측량을 규율하는 토지측량 및 지도제작법(Land Surveying and Mapping Act 2007년 3월 21일) 등이 있다. 특히 토지법은 일반원칙, 지적, 토지이용, 토지과세, 토지수용 등을 중심으로 규율하고 있다.

대만의 지적행정조직은 내정부의 지정사, 土地重劃工程處(Land Consolidation Engineering Bureau), 國土測繪中心(National Land Surveying and Mapping Center)에서 관장하고 있다. 특히 지정사는 토지측량 및 토지등록, 토지가치평가, 토지권리의 균등화(equalization), 토지원조사, 토지합병, 토지수용(expropriation), 토지이용, 영토행정 그리고 다른 토지행정업무를 담당한다. 지정사는 12과와 1개의 센터로 구성된다. 즉 지가과, 지권가, 지용과, 측량과, 방역과, 위성측량중심(위성측량센터), 토지등기과, 부동산교역과, 공지행정과, 토지사용편정과, 토지중획과, 구단징수과, 지정자신작업과(地政資訊作業科)로 구성된다.

53) 내정부 지정사 : http://www.land.moi.gov.tw/enhtml

대만의 지적공부는 1930년에 지적사무와 등기사무를 통합하고 1970년부터 종전의 토지대장과 토지등기부를 통합하여 카드식 토지등기부를 작성·비치하고 있으며(류병찬, 2006 : 570). 지적도는 수치지적도, 도해지적도, 종이지적도, 수치화 지적도 등이 공존하고 있다. 토지등기부는 우리나라의 등기부 편제와 유사하게 표시부, 소유권부, 타항권리부의 3개 부로 구성되어 있으며, 토지의 위치, 지번, 지목, 면적, 등급, 소유자, 주소, 신분증자호 등을 등록하고 있다.

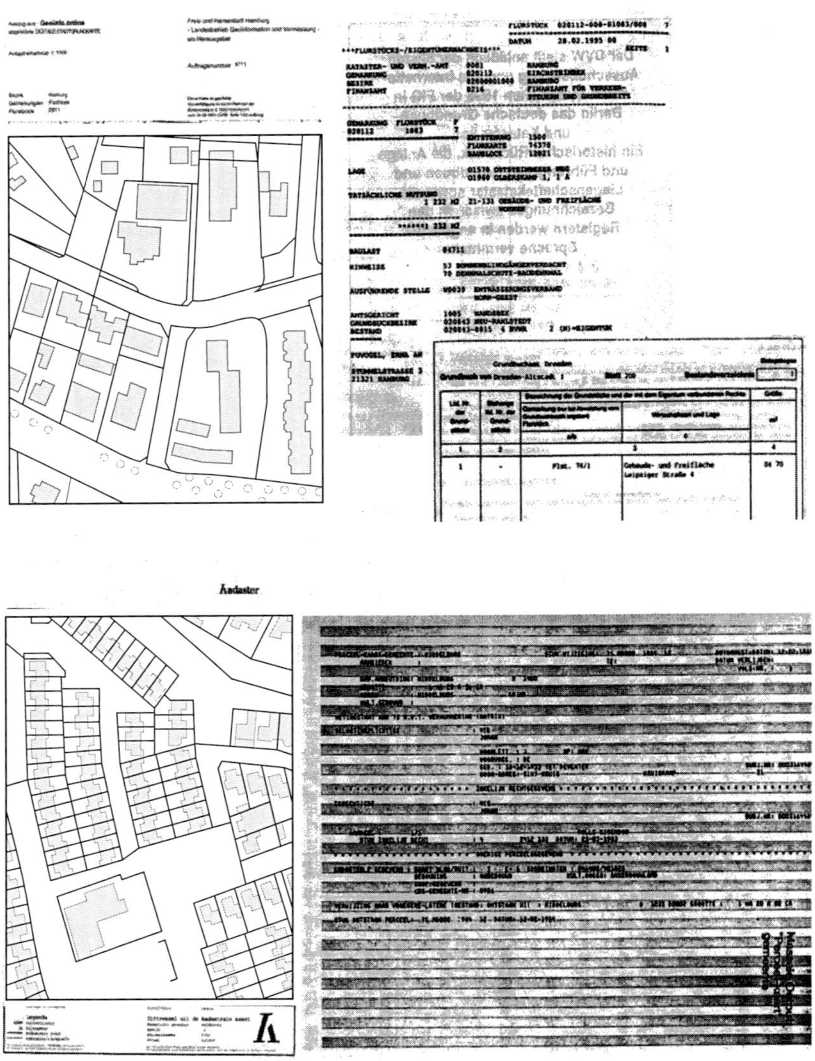

자료 : 김영학, 2007 : 74

그림 6-2 독일(상)과 네덜란드(하)의 등록부 및 지적도

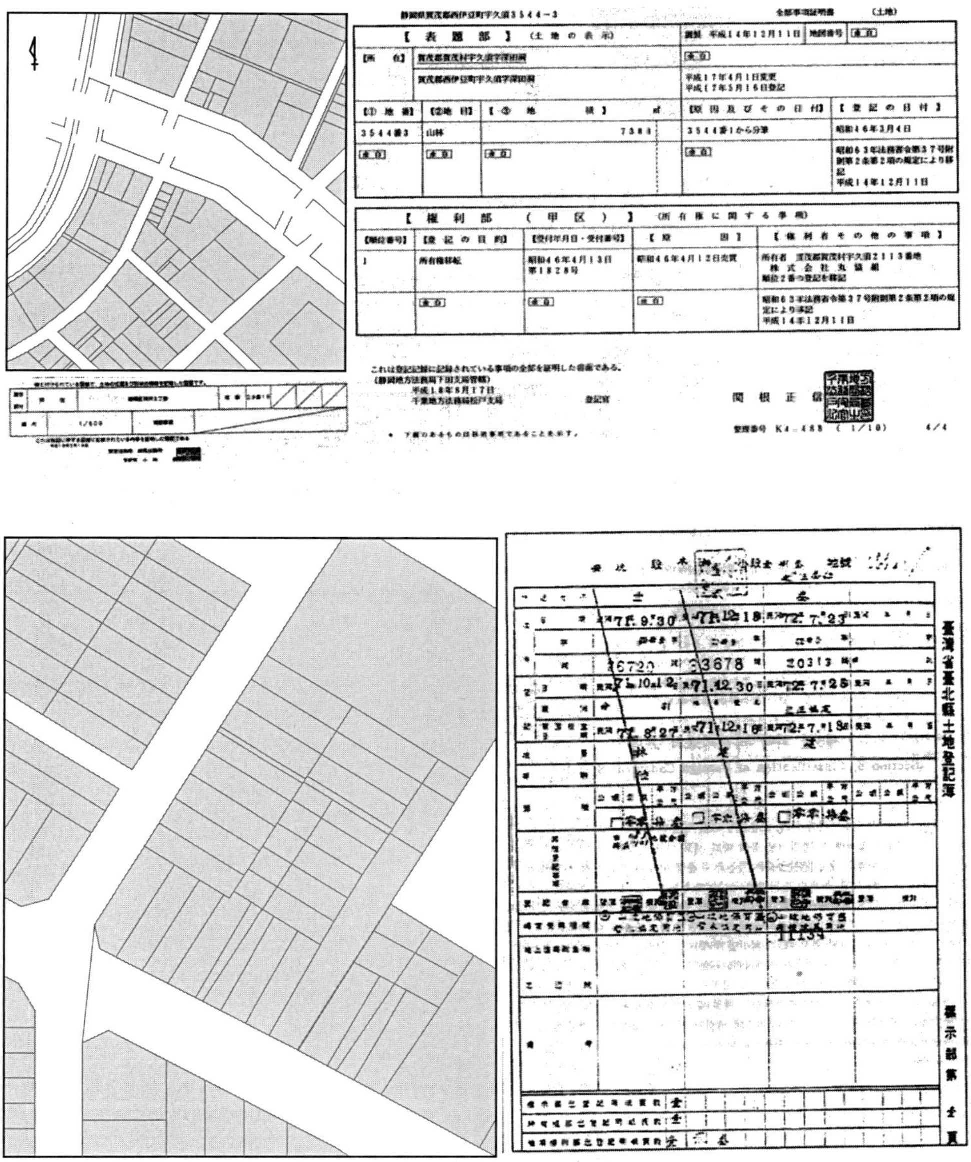

자료 : 류병찬, 2006 : 568,, 김영학, 2007 : 73

그림 6-3 일본(상)과 대만(하)의 지적도오· 등기부

참고문헌

상고시대

김종현, 1977, "한국지적제도변천사", 「지적」 제11권 제8호, 한국국토정보공사.
大野勃 著, 高東永 譯, 1986, 「檀奇古史」, 서울 : 한뿌리.
박순표 외 2, 1993, 「지적학개론」, 서울 : 형설출판사.
서울특별시, 1993, 「서울지적연혁지」.
이진호, 1997, 「지적사」, 한국국토정보공사연수원 강의 교재.

삼국시대

강진철, 1995, 「고려토지제도사 연구」, 서울 : 일조각.
김기흥, 1991, 「삼국 및 통일신라 세제의 연구」, 서울 : 역사비평사.
김영학, 1996, "지적행정의 사적 고찰", 석사학위논문, 청주대학교 대학원.
김옥근, 1980, 「한국토지제도사 연구」, 서울 : 대왕사.
김종현, 1977, "한국지적제도변천사", 「지적」 제11권 제11호, 한국국토정보공사.
김혜경 · 윤주영 역, 1998, 「구장산술」, 서울 : 서해문집.
박순표 외 2, 1993, 「지적학개론」, 서울 : 형설출판사.
박시형, 1994, 「조선토지제도사(상)」, 서울 : 신서원.
변태섭, 1993, 「한국사통론」, 서울 : 삼영사.
삼국사기 권4 · 6 · 13
삼국유사 권3
이인철, 1993, 「신라정치제도사 연구」, 서울 : 일지사.
정시채, 1986, 「한국행정제도사」, 서울 : 법문사.
조종식, 1993, 「한국토지소유권사론」, 서울 : 학영사.

고려시대

강진철, 1995, 「고려토지제도사 연구」, 서울 : 일조각.
고려사 권 76, 백관1
고려사 권77, 제사 · 도감과 각색
고려사 권78, 식화지 전제조.
김성회 외 3, 1989, 「농지개혁사 연구」, 한국농촌개발연구원.
김영학, 1996, "지적행정의 사적 고찰", 석사학위논문, 청주대학교 대학원.
김용섭, 1975, "고려시대의 양전제", 「동방학지」 제16집, 연세대학교.
박시형, 1994, 「조선토지제도사(상)」, 서울 : 신서원.
박용운, 1993, 「고려시대사」, 서울 : 일지사.
변태섭, 1993, 「한국사통론」, 서울 : 삼영사.
이동현, 1994, "한국의 양전에 관한 연구", 「우암논총」 제11집, 청주대학교.
정시채, 1986, 「한국행정제도사」, 서울 : 법문사.
조기준, 1994, 「한국경제사신강」, 서울 : 일신사.

조종식, 1993, 「한국토지소유권사론」, 서울 : 학영사.
최용규 외 2, 1993, 「지적학개론」, 서울 : 형설출판사.

조선시대

경국대전, 호전 제전조
국사편찬위원회, 1981, "조선양반관료국가의 사회구조", 「한국사」 권10.
국사편찬위원회, 1984, "조선-양반사회의 변화", 「한국사」 권13.
국사편찬위원회, 1994, "조선초기의 경제구조", 「한국사」 권24.
宮嶋博史, 1990, "광무양안의 역사적 성격", 「대한제국기의 토지제도」, 서울 : 민음사.
규장각 양안 No. 14711.
김영학, 1996, "지적행정의 사적 고찰", 석사학위논문, 청주대학교 대학원.
김용섭, 1992, 「조선후기농업사연구(Ⅰ)」, 서울 : 일조각.
다산연구회 주역, 「목민심서 2」, 서울 : 창작과 비평사.
대전통편, 호전 양전조.
박시형, 1994, 「조선토지제도사(중)」, 서울 : 신서원.
변태섭, 1993, 「한국사통론」, 서울 : 삼영사.
서울특별시, 1993, 「서울지적연혁지」.
속대전, 호전 직전제.
손세원 · 김영학, 1999, "양안과 토지대장의 비교 연구", 「한국지적정보학회지」 창간호, 한국지적정보학회.
왕조실록, 세조 · 세종 · 명종
이진호, 1997, 「지적사」, 한국국토정보공사연수원 강의교재.
박순표 외 2, 1993, 「지적학개론」, 서울 : 형설출판사.

대한제국시대

곽윤직, 1993, 「부동산등기법」, 서울 : 박영사.
김영학, 1996, "지적행정의 사적 고찰", 석사학위논문, 청주대학교 대학원.
김용섭, 1995, 「한국근대농업사연구(하)」, 서울 : 일조각.
김용섭, 1995, 「한국근대농업사연구」, 서울 : 일조각.
손세원 · 김영학, 1999, "양안과 토지대장의 비교 연구", 「한국지적정보학회지」 창간호, 한국지적정보학회.
양지아문직원급처리규정
이영호, 1990, "광무양안의 기능과 성격", 「대한제국의 토지조사사업」, 서울 : 민음사.
정우형, 2009, 「부동산등기법」, 서울 : 법우사.
조종식, 1993, 「한국토지소유권사론」, 서울 : 학영사.
증보문헌비고, 전부고2, 중권
지계아문직원급처리규정.
박순표 외 2, 1993, 「지적학개론」, 서울 : 형설출판사.
최용규, 1994, 「신부동산학개론」, 서울 : 형설출판사.
류병찬, 2010, "조선왕조실록에 기록된 지적 관련 용어의 사용연혁에 관한 연구", 2008 한국지적학회추계학술대회, 한국지적학회.

외국의 지적제도

김영학, 2007, 토지조사사업에 따른 새로운 지적공부 작성방안 연구, 지적 통권 제 354호, 한국국토정보공사.
김영학, 2008, "지적공부의 형식에 관한 연구", 「한국사회과학연구」 제30권 제1호, 청주대학교 사회과학연구소.

김행종, 1993, “한국의 토지정보관리체계에 관한 연구”, 박사학위논문, 단국대학교 대학원.
한국국토정보공사, 1997, 「지적재조사 사업준비를 위한 외국의 사례연구」.
류병찬, 1999, “한국과 외국의 지적제도 비교 연구”, 박사학위논문, 단국대학교 대학원.
박순표 외2, 1993, 「지적학개론」, 서울 : 형설출판사.
박순표 · 류병찬, 1988, 「외국의 지적제도 비교연구 보고서」, 내무부.
오현진 외, 1988, “지적공부의 재작성을 위한 실지현황조사 분석 연구”, 청주대학교 사회과학연구소.
지적연구원, 2005, 「프랑스 지적연혁 및 재조사」.
지적연구원, 2010, 「선진 외국의 지적제도 비교 연구」.
최용규, 1993, “토지정보의 현대화를 위한 신지적공부 창설”, 「사회과학논총」 제12집, 청주대학교 사회과학연구소.
최용규 · 오현진, 1988, “토지공시제도와 지적의 기능에 관한 연구”, 국토개발연구원.
한국행정연구원, 1988, 「프랑스의 정부조직」, 서울 : 지은문화사.
홍종수 · 차득기, 1990, 「해외지적측량실무연수보고서」, 한국국토정보공사.

Barnes G., 1988, “A Comparative Evlauation Framework for Cadastre-Based Land Information Systems In Developing Countries” Ph. D. Dissertation, University of Wisconsin.
Hawerk Winfried, 2003, Country Report 2003 Germany, Based on the PCGIAP-Cadastral Template.
Hawerk Winfried, 2006, Cadastre for the 21st Century-the German Way, Shaping the Change XXIII FIG Congress, Munich, Germany, 8-13 Octorber 2006.
Molen, Paul van, 2006, Country Report 2006 Netherlands, Based on the PCGIAP-Cadastral Template.
Naional Research Council, 1980, 「Need for a Multipurpose Cadastre」, Washingtion : National Academy Press.
Steudler Daniel, 2003, Country Report 2003 Switzerland, Based on the PCGIAP-Cadastral Template.

CHAPTER 03

제 03 편

토지조사

SECTION 07 토지조사사업

1 사업계획의 변천

일제가 토지조사사업을 처음 계획한 것은 1905년 을사보호조약(乙巳保護條約)에 의하여 대한제국을 반식민지 상태로 만든 직후이다. 이전에 대한제국 정부가 재정상의 필요로 인하여 독자적으로 양전사업을 추진하다가 1903년 중단한 적 있는데 일제는 이때의 자료와 그 이전 양전사업의 자료들도 사용하였지만, 실제로는 식민지 정책노선에 따른 토지조사사업을 실시하기 위해서였다(김영학, 1996 : 153).

1909년 11월 17일부터 1910년 2월 20일까지 준비 작업으로 경기도 부평군의 일부지역에 시험적으로 예비모범조사를 실시하여 그 성과와 경험으로 전국적인 조사계획을 수립하였으며, 그 후 1910년 12월에 조사기간을 단축할 것을 골자로 하는 2차 계획, 조사사무량의 조정 등을 위한 4차 계획으로 사업을 진행하였다(박순표 외, 1993 : 122).

1.1 제1차 계획

1909년 예비모범조사를 실시하여 그 성과와 경험으로써 토지조사의 순서, 방법, 경비, 예산 등을 확정한 계획이다. 한국의 총 면적을 약 14,174방리(方里), 즉 22,043,404정보(正步)로 추정하고 이의 약 8분의 1, 즉 2,755,000정보를 대지와 경작지로 보고, 그 필지수를 13,755,000필, 즉 1필지의 평균면적은 3단보(段步)로 예측한 후 총 소요경비를 14,129,707원으로 예상하고 1910년 3월부터 1917년 10월까지 7년 8개월의 계속사업으로 추진할 계획을 수립하였다. 개국(開局) 후 약 6개월간 대삼각측량원(大三角測量員) 및 조사사무원(調査事務員)을 양성하고 대삼각측량의 일부가 성공할 때까지 현재의 기술원으로 하여금 소삼각측량(小三角測量)을 하도록 하였다(지적기술연수원, 1993 : 62-63).

조사담당기관은 중앙에 본부를, 지방에 지국(支局)과 출장소(出張所)를 두고, 총무부 ·

조사부 · 측량부의 3개부로 나누어 총무부(總務部)는 토지소유권의 쟁의(爭議) · 토지의 구관습 및 토지제도를 조사하고 조사부(調査部)는 토지의 경계 · 소유주 · 지목 및 지위등급 등을 조사하여 대장을 조제하며, 측량부(測量部)는 대삼각측량 · 소삼각측량 · 도근측량 및 1필지측량 등을 실시하고 도면을 작성하며, 조사가 완료되면 순차적으로 지권(地券)을 발급할 계획을 수립하였으나 동년 8월에 한일합방으로 인하여 아쉽게도 일시 중단되었다(원영희, 1988 : 157-160, 류병찬, 2006 : 270-271).

1.2 제2차 계획

토지조사사업 제2차 계획은 1910년 12월에 조선총독부가 주관하여 완성기간을 단축하고 제1차 계획의 불비한 점을 보정하여 총 소유경비를 15,986,202원으로 계산하고 1910년 3월부터 1916년 4월까지 7년 1개월의 계속사업으로 추진할 계획을 수립하였다. 제2차 계획의 주요 조사내용은 다음과 같이 정리된다(원영희, 1988 : 160-161).

① 토지조사는 대지, 농경지에만 국한하고, 그 밖의 토지는 조사지역 속에 끼여 있는 것에 한하여 조사한다.
② 조사지역의 예정면적은 제1차 계획과 동일하게 한다.
③ 조사기관은 대략 구 한국정부 토지조사국에 예를 따른다.
④ 사회적으로 낙후하여 노동임금이 싼 한국인을 많이 채용하여 경비를 절약하게 한다. 다만 감독 · 계획 등을 담당하는 간부급은 거의 전부 일본인으로 충당한다.
⑤ 1개 군의 조사가 완료되면 전체 사업의 완료를 기다릴 것 없이 토지대장과 지적도 등을 작성하여 부 · 군청에 인계한다.

한편 각종 측량의 기초가 되는 대삼각점(大三角點)측량은 한국의 중앙부에 원점을 설치하고 점차 남북으로 확장 시행하려던 당초의 계획을 버리고 일본 대마도(對馬島)의 1등 삼각본점인 어악(御岳) 및 유명산(有名山)의 2점을 연결하는 변(邊)을 기선으로 하여 대한해협을 거쳐 한국의 남단인 절영도(絕影島)와 거제도(巨濟島)에 대삼각본점(大三角本點)인 "절영도"와 "거제도"를 설치하고 이를 기초로 하여 전국에 제1차 기점인 대삼각점을 설치하고 제2차 기점으로 소삼각점을 설치하고 제3차 기점으로 도근점을 설치한 후 이를 기초로 하여 세부측량을 실시하게 되었다(지적기술연수원, 1993 : 65-66).

1.3 제3차 계획

토지조사사업 계획의 근간이 된 조사지역의 면적과 필지 수의 변화는 사업계획의 변경을 초래하게 되었다. 즉 토지조사사업 제3차 계획은 제1차 계획 및 제2차 계획에서 조사지역의 면적이 2,755,000정보이고, 그 필지 수는 13,775,000필지로 추산하였으나, 조사사업이 진전되면서 조사면적은 당초 예정보다 60%인 1,653,000정보가 증가하였다. 이때 필지 수는 19%에 해당하는 2,644,949필지가 증가될 것이 예상되어 조사대상지역의 총면적을 4,408,000정보로, 필지 수는 16,419,949필지로 변경하고 시 · 읍 · 면에 비치할 지세명기장(地稅名寄帳)을 작성하고, 50,000분의 1 지형도를 작성하기 위한 지형측량을 병행하기로 하였다(원영희, 1988 : 163, 류병찬, 2006 : 271-272). 한편 제2차 계획에서 실시예정이었던 지권발급제도를 1912년(大正원년) 10월에 폐지하였으며, 종래에 1필지 조사와 측량을 별도 시행하던 것을 병합 시행하도록 개선하였으며, 소요경비를 19,979,999원으로 변경하였다. 조사기간은 1910년 3월부터 1918년 9월까지 8년 7개월로 변경하여 제2차 계획에 비하여 경비가 3,993,799원이 증가하고 기간은 1년 6개월을 연장하였다(지적기술연수원, 1993 : 68-69).

Zoom in

예비모범조사(시험사업)

1. 개요

예비모범조사에 있어서 구소삼각측량 시행지역으로서 지주로 하여금 소유자의 신고서를 제출토록 하고 지주는 그 소유지에 자호, 사표, 지목 및 지주명 등을 기재한 표항(標杭)을 세우고 실지의 조사에 입회하여 토지경계의 안내를 하도록 하였으며 지주는 매 동리마다 1~2명의 위원을 두어 조사사무에 종사토록 하였다. 이외에도 토지소유권 증명의 임시조치로서 토지가옥증명규칙 등을 발표하였고 토지관습조사를 실시하여 토지조사에 따르는 저항과 분쟁에 대처하려고 하였다.

2. 조사내용

조사내용으로는 ① 행정구역의 명칭 ② 토지의 명칭 및 사용특징 ③ 경지의 경계 ④ 산림 · 임야의 경계 ⑤ 토지표시부호 ⑥ 지주 · 등급 · 면적 및 결수 · 사정관례 ⑦ 결수등급별 구분 ⑧토지소유권 ⑨ 질권 및 저당권 ⑩ 소작인과 지주와의 관계 ⑪ 토지에 관한 장부서류 ⑫ 지주총대(地主總代)로 될 수 있는 인물조사 등이었다.

1.4 제4차 계획

업무가 진전됨에 따라 조사면적과 조사필수는 또 다시 증가하였기 때문에 이미 정해진 경비와 인원과 기간으로는 도저히 소기의 목적과 성과를 거두지 못하겠으므로 그에 알맞도록 1915년 1월에 제4차 계획을 수립하게 되었다. 즉 제4차 계획은 제3차 계획에서 조사대상 필지수를 16,419,949필지로 예상하였으나 작업이 진전됨에 따라 실적에 비하여 2,031,658필지가 증가되어 18,451,607필지로 수정하고 이동지정리 필지수도 거의 배가 늘어나게 되었다. 또한 1913년 2월부터 각 필지의 지가를 산출하는 한편 그 집계사무를 하는 등 새로운 업무의 증가로 경비의 증가는 물론 사업완료의 시기가 늦어지게 되었다(원영희, 1988 : 164-165, 류병찬, 2006 : 272).

따라서 토지조사사무 전반에 걸쳐 간소화를 시도하고 공정급(功程給)제도를 신설하여 각 작업별로 공정표를 작성하여 작업 실적을 향상시키고 성과의 진척을 촉진 유도하였다.[54] 제3차 계획을 수정하여 총 경비는 20,406,189원으로 하고 조사기간도 3개월을 연장한 8년 10개월로 변경함으로써 1918년 12월에 토지조사사업을 완료하도록 계획을 수립하였다(지적기술연구원, 1993 : 70-71).

2 토지조사기관

2.1 토지조사국(土地調査局)

1910년 3월 14일 내각총리대신 이완용과 탁지부대신 고영희는 칙령 제23호로 토지조사국관제를 공포하였다. 이에 따르면 토지조사국은 탁지부대신이 관리하며 토지의 조사와 측량을 관장하고, 직원은 총재 1명, 부총재 1명, 부장 2명, 서기관 3명, 사무관 5명, 기

54) 사무 간소화 및 공정의 증진 등에 채택한 사항은 다음과 같다(원영희, 1938 : 165). ① 경제적 가치가 적은 도서 및 북한 지방의 조사와 측량을 간소화 ② 결수연명부와 토지신고서의 대조사무 폐지 ③ 세부측량원도 및 지적도에 등고선 등의 지형선 등재를 폐지 ④ 면적 일람부 작성방법의 간소화 ⑤ 이동지 정리 방법의 간소화 ⑥ 사무분장규정의 개정 ⑦ 측량 외무원의 증원 ⑧ 원도를 등사하는 전문적 기술자인 사도부의 신설 ⑨ 북한 지방에서 종사하는 외업 인부에게 방한복의 지급 ⑩ 외무원의 사무소경비 지급 ⑪ 내무원의 시간외 특별 근무수당 지급 ⑫ 사업종료 특별 상여금 지급 준비

사 7명, 주사 120명, 기수 270명을 두었다. 총재는 탁지부대신이 겸무하고 총재관방, 조사부, 측량부를 두었다(서울특별시, 1993 : 134).

토지조사국에는 총재[55]와 부총재 하에 총재관방(摠裁官房) 및 조사부(調査部), 측량부(測量部)의 2개부서(部署)를 두고 대구, 평양, 전주, 함흥의 4개 도시에 출장소를 두었으며, 그 사무분장은 각 부서에서 담당하였다. 총재관방 산하 서무과(庶務課)에서는 기밀사항, 직원의 신분사항, 관인의 관수, 문서의 접수 · 보관 도서의 보관, 통계, 토지소유권 쟁의, 타과의 주관에 속하지 않는 사항 등을 담당하였고, 회계과(會計課)에서는 경비 및 제 수입과 예산 및 결산, 영선 및 조달, 관유물의 보관을 담당하였다. 조사부 산하 조사과(調査課)에서는 조사사무의 계획 및 실행, 조사사무의 감독, 토지에 관한 관습 및 토지제도의 조사를 담당하였고, 정리과는 모든 대장 및 장부의 조제, 토지조사위원회 사무측량부(事務測量部)를 담당하였다. 측량부 산하 삼각과(三角課)에서는 삼각측량의 계획 및 실행, 삼각측량의 감독을, 측지과(測地課)에서는 도근측량 및 세부측량의 계획 및 실행, 도근 · 세부측량의 감독을, 제도과(製圖課)에서는 지도의 조제, 토지의 면적계산 등을 담당하였다.

표 7-1 **토지조사국 관제**

구분	담당부서		담당업무
土地 調査局 (摠裁)	총재관방(摠裁官房)	서무과(庶務課)	기밀사항, 직원의 신분사항, 관인의 관수(官需), 통계, 문서접수, 보관, 도서보관, 토지소유권 쟁의
		회계과(會計課)	경비 및 제 수입과 예산 · 결산, 영선(營繕), 조달, 관유물 보관
	조사부(調査部)	조사과(調査課)	조사사무의 계획, 실행, 감독 토지에 관한 관습 및 토지제도의 조사
		정리과(整理課)	모든 대장 및 장부의 작성
	측량부(測量部)	삼각과(三角課)	삼각측량의 계획, 실행, 감독
		측지과(測地課)	도근측량 및 세부측량의 계획, 실행, 감독
		제도과(製圖果)	지도의 작성, 토지의 면적계산
	출장소(出張所)		대구, 평양, 전주, 함흥

자료 : 토지조사국분과규정(1910.03.19) 관보 참고작성

55) 총재는 탁지부대신이 겸무하고 사무관, 기사, 주사, 기수는 필요한 경우에는 정원 외에도 더 둘 수 있도록 신축성 있게 규정하고 있다(원영희, 1988 : 148).

2.2 임시토지조사국(臨時土地調査局)

1910년 9월 30일 조선총독부 임시토지조사국 관제가 일본천황의 칙령 제361호로써 공포되어 그해 10월 1일부터 이를 시행하게 되었는데 이는 구한국 토지조사국의 사무를 전부 계승한 것이다. 임시토지조사국의 사무분담을 살펴보면 임시토지조사국은 개설 이래 7회에 걸쳐 사무분담기구를 개편하였고 토지조사가 종료될 때의 각 부서별 사무분담은 다음과 같다.

총무과 비서계(秘書係)는 기밀사항, 직원의 신분과 상벌, 직원의 복무, 관인관수, 사무원 및 기술원 양성을 담당하였고, 회계계(會計係)는 예산 및 결산, 출납 및 용도, 관유재산관리, 청내 단속 및 고용원의 감독, 영선에 관한 업무를 맡았다. 또 계쟁지계(係爭地係)는 분쟁지 조사, 분쟁지 심사를 맡고, 서무계(庶務係)는 의안 기타 문서심사, 토지조사위원회의 사무, 문서의 수발, 보존, 편찬, 인쇄사무, 통계보고 및 국보발행, 지방경제 및 관습조사, 일반 서무의 삼각과(三角課)는 삼각측량의 계획 및 실행, 삼각측량, 도근측량, 세부측량 및 제도의 감독을, 지형과는 1/50,000 지형도 작성, 측량, 제도를 담당하였다. 또 조리과(調理課)는 면, 리, 동의 명칭 및 강계조사(疆界調査), 지위등급조사(地位等級調査)

표 7-2 임시토지조사국 관제

구분	담당부서		담당업무
臨時土地調査局(局長)	총무과(總務課)	비서계(秘書係)	기밀사항, 직원의 신분과 상벌, 직원의 복무, 관인관수, 사무원 및 기술원 양성
		회계계(會計係)	예산, 결산, 출납, 용도, 관유재산관리, 청내단속, 고용원의 감독, 영선
		계쟁지계(界爭地契)	분쟁지조사, 심사
		서무계(庶務係)	의안, 기타 문서심사, 토지조사위원회의 사무, 인쇄사무, 문서의 수발, 보존, 편찬, 통계보고 및 국보발행, 지방경제 및 관습조사
	기술과(技術科)	삼각계(三角係)	삼각측량의 계획, 실행 삼각, 도근, 세부측량 및 제도의 감독
		지형계(地形係)	1/50,000 지형도작성, 측량, 제도
	조리과(調理課)		면, 리, 동의 명칭 및 강계조사, 지위등급조사
	측지과(測地課)		도근, 세부측량계획실시, 토지소유신고서의 검사
	제도과(製圖課)		지적도의 작성, 토지의 면적계산
	정리과(整理課)		토지대장 기타 부속장부작성, 이동지 정리

자료 : 임시토지조사국분과규정(1913.09.18) 조선총독부 훈령 제48호, 참고작성

를 실시하였다. 그리고 측량과(測量課)는 도근측량 계획실시, 세부측량 계획실시, 토지소유신고서의 검사 등 외업(外業)과 내업(內業)을 하며, 제도과(製圖課)는 지적도의 조제, 토지의 면적계산 그리고 조리과(整理課)는 토지대장 기타 부속장부조제, 이동지 정리 등의 업무를 담당하였다(서울특별시, 1993 : 144).[56] 임시토지조사국의 사업 중 특별한 조사기관을 필요로 하는 업무로는 특별한 세부측량(細部測量)의 성적검사, 분쟁지의 심사, 급여 및 장려제도의 조사, 고원[고원(雇員)]의 고사, 외업의 특별검사, 지지자료조사(地誌資料調査)가 있었다(원영희, 1988 : 153).

3 토지조사사업의 내용 및 목적

1910년대에 우리나라에서 시행한 전국적인 토지조사사업의 내용은 ① 지적제도의 확립을 위한 토지의 소유권조사 ② 지세제도의 확립을 위한 토지의 가격조사 ③ 국토의 지리를 밝히려는 토지의 외모조사 등의 세 가지로 나눌 수 있는데, 이 세가지 중에서 지적제도의 확립이 가장 큰 비중을 차지하고 있었다(조선토지조사사업보고 전문, 1918.11.02, 원영희, 1988 : 664-665).

3.1 토지의 소유권조사

이 사업과는 별도로 조사하게 된 임야를 제외한 우리나라 전체토지의 종류와 소유자 등을 조사하여 토지조사부 및 지적도를 만들며, 한편 토지의 소유자 및 강계를 사정함으로써 오랜 세월을 두고 내려오던 토지에 대한 분쟁을 일거에 해결하여 지적제도를 확립하려는 것이다. 즉 토지소유권의 조사는 토지의 소재, 지적 및 소유권자 등을 조사하고 지적도에 의하여 그 위치 및 형상을 그림으로 표현하며, 토지의 소유권 및 강계를 사정하여 지적을 명확히 함으로써 다년(多年) 분규(紛糾)를 극(極)하였던 토지계쟁(土地係爭)을 해결하고, 아

56) 한편 1912년 8월에 조선총독부 고등토지조사위원회관제(1912.08.12 칙령 제3호)를 제정하고 제1조에 조선총독부에 고등토지조사위원회를 설치하고 토지소유권에 관한 사정 · 불복신립 · 재결 · 사정과 재결에 관한 재심의를 담당하도록 규정하고, 제2조에 위원장 1인, 위원 9인 이내로 구성하도록 규정하였다. 또한 같은 날 조선총독부 도지방토지조사위원회를 설치하고 토지소유권에 관한 사정과 조선총독부임시토지조사국장의 자문에 응하도록 규정하였으며, 제2조에 위원장 1인과 위원 5인 이내로 구성하도록 규정하였다(류병찬, 2006 : 314).

울러 토지등기제도의 설정을 기한 것이다. 토지조사사업은 예산으로 20,406,489원으로 최종 책정하였고, 토지 소유권의 사정을 한 소유권자는 1,871,636명이었으며, 토지의 면적은 4,871,071정보에 달하였다.

3.2 토지의 가격조사

과세의 공평을 기하기 위하여 시가지는 그 지목 여하에 불구하고 전부 시가에 따라 지가를 평정하며, 시가지 이외에 있어서 대(垈)는 임대가격을 기초로 하여 지가를 정하고 기타의 전, 답, 지소(池沼) 및 잡종지는 그 수익을 기초로 하여 지가를 결정함으로써 당시 제세(諸稅)의 대종이던 지세제도를 공고히 하려는 것이었다. 즉 지가조사는 시가지에 있어서는 지목에 관계없이 전부 시가에 의하여 지가를 평가하여 정하고 각 지방 전체를 115급으로 하고, 시가지 이외에 있어서 택지는 임대가격을 기초로 하여 지가를 결정하고 53급으로 나누며, 전 · 답 · 지소 및 잡종지는 그 수익을 토대로 지가를 정하여 132급으로 나누었다. 원래 지가평정(地價評定)의 당부(當否)는 즉각 지세부담의 경중을 초래하여 그 영향이 매우 중요함으로써 그 조사에 대하여는 충분한 신중을 기하여 곡가 및 금리의 관계를 고려함은 물론이고 교통의 편부(便否) 기타 토지수익에 관한 제반의 관계를 고려하였다. 조선 전토 모두에 통일적으로 이 조사를 행하여서 지위 및 그 등급을 전정(詮定)하고, 항상 균형을 잡아 지세제도를 확립하는데 유감이 없도록 기하였다. 한편 지가를 평정(評定)한 것은 18,059,140필지로 그 지가 총액은 939,203,459원에 달하였다.

3.3 토지의 외모조사

토지의 외모조사는 지형측량이라 일컫는 것으로서 우리나라 전체에 걸쳐 자연적 혹은 인위적으로 형성된 지물을 그리며 아울러 고저를 표시한 지형도를 작성하여 지리를 밝힘으로써 군사, 산업, 교통 등에 쓰이게 하려는 것이다. 한편 지형측량은 대삼각점 · 소삼각점 및 세부측량용 도근점을 기초로 하여 작성된 지적도를 축도(縮圖)한 도면 위에 일반적인 지형과 행정구역등을 그려 넣어 지형원도를 만드는 업무로써 1/10,000, 1/25,000, 1/50,000의 지형도를 작성하여 지세를 통람(通覽)하고 계획과 통계 등에 활용하기 위하여 실측도를 축도하여 작성한 전국 단위의 1/200,000, 1/1,500,000, 1/2,500,000의 지세도와 각 도 단위의 1/500,000의 지세도를 작성하였다(원영희, 1988 : 335-336, 류병찬, 2006 : 274).

3.4 토지조사의 목적 및 특징

토지조사의 목적은 ① 토지사유권 확립과 토지거래는 조선시대부터 이루어지고 있었으나 사유권을 보장하는 지적제도와 등기제도 등 증명제도가 불충분하므로 이에 대한 제도적 보장을 위한 토지소유의 증명제도를 확립하고 ② 당시 토지세가 국가세입의 주종을 이루었으므로 지세수입의 증대를 위하여 은결(隱缺) 등을 찾아내고 각 필지의 면적, 경계 등을 정확히 조사하여 세원을 확보하기 위한 조세수입체제를 확립하며 ③ 18세기 초의 양안에 기초하여 그 이후의 토지소유관계를 무시한 채 역둔토 등을 조사 · 정리하여 무상으로 국유지를 창출하고 따라서 조선총독부의 소유지를 확보하는 것이었다. ④ 토지에 대한 정량성(定量性)을 지닌 면적단위의 통일성이 확립되도록 이를 시정하고 ⑤ 토지조사사업 이전에 진출한 일본 상업고리대 자본의 토지점유가 보장 되는 법률적 제도를 확립하고 ⑥ 각종 관유지와 일부 민유지까지도 조선총독부의 소유로 하여 이를 동양척식주식회사를 비롯한 일본의 식민사회를 통해 일본 이민에게 토지를 불하하여 일본 식민에 대한 제도적 지원 대책을 확립하며 ⑦ 조선총독부가 한국 내 미개간권(未開墾權)의 광대한 면적에 착안하고 경작지로 개간 가능한 미개간지를 점유하게 되었다. 특히 ⑧ 일본의 식량 부족에 대비하여 식량과 원료, 특히 미곡을 일본으로의 수출증가를 위해서 이를 지원할 수 있는 토지이용제도를 정비하고 ⑨ 일본의 공업화에 따르는 노동력 부족문제를 한국의 소작농을 임금노동화 함으로써 충당하도록 하는 제도적 · 구조적 기초를 마련하기 위하여 소작농의 제 권리를 완전히 배제하고 노동인력을 흡수하여 토지소유형태의 합리화를 꾀할 목적 등을 들 수 있다(박순표 외, 1993 : 120-121, 원영희, 1988 : 81-83, 김영학, 1996 : 162-163).

따라서 토지사업의 목적을 고려할 때 토지조사사업의 특징은 다음과 같이 정리할 수 있다(박순표 외, 1993 : 120-121). ① 일본의 지조개정사업이나 대만에서의 토지조사사업의 경험을 총괄하여 토지조사사업을 시행하였으므로 연속성, 통일성을 기하였고 ② 일본의 요구에 부응할 수 있는 특정 지주적인 토지소유의 옹호육성이었으며 ③ 지가결정의 기준이 되는 수확량의 사정에 있어서 개량농법, 개량품종의 우대조치에서 나타나는 쌀 수출정책으로서의 의의가 있다. 또한 ④ 국유지 강제적 창출에 따른 토지분쟁의 해결을 사법적 권리에 의하지 않고 행정처분, 즉 사업주체인 토지조사국 및 고등토지조사 위원회의 판단에 위임하여 토지소유자가 명확하게 되지 못하는 사례가 발생하였고 ⑤ 일필지 측량방법에 있어서는 완전히 당국이 시행하여 처음부터 비교적 정확도가 높은 도면을 만들도록 하였다.

4 토지조사업무의 내용

4.1 개요

대규모 토지조사의 방법은 사무와 측량의 2가지로 크게 나눌 수 있다. 사무에 속하는 것은 주로 인사, 회계, 문서의 처리 외에 소유권의 조사, 지가조사 및 일반 업무의 계획 관리에 관한 것들과 측량의 외업 및 내업 등[57]으로 구분할 수 있다(원영희, 1988 : 85).

소유권 및 지가조사관계		측 량 관 계	
① 준비조사	② 일필지조사	① 삼각측량	② 도근측량
③ 분쟁지조사	④ 지위 등급조사	③ 세부측량	④ 면적측량
⑤ 장부작성	⑥ 지방토지조사위원회	⑤ 지적도 등의 작성	⑥ 이동지측량
⑦ 사정	⑧ 고등토지조사위원회	⑦ 지형측량	
⑨ 이동지정리			

4.2 준비조사

토지조사사업에 있어서 준비조사는 면·동·리의 명칭 및 그 강계를 조사하며, 한편으로는 토지소유신고서를 수합하고 아울러 지방의 경제사정 및 토지에 대한 관습 등을 조사하는 것을 말한다(원영희, 1988 : 170).

① 토지조사 취지의 홍보(선전)
② 지방 관공서가 가지고 있는 토지조사 참고자료의 조사
③ 면·동·리의 강계(경계) 및 그 명칭조사
④ 토지소유신고서의 용지의 배부·작성방법 설명 및 취합
⑤ 지방경제상황 및 토지에 대한 관습의 조사

57) 외업(外業)은 현지에 직접 나아가서 조사 또는 측량을 수행하는 것을 의미하고, 내업(內業)은 외업에서 얻은 자료를 정리하여 소기의 성과를 거두기 위한 내무사무를 말한다.

4.3 일필지조사

일필지조사는 준비조사와 도근측량에 뒤이어 일필지 측량과 아울러 시행하여 1916년 11월에 모두 완료하였는데 업무종목별로 나누어 보면 ① 지주(토지소유자)의 조사 ② 강계 및 지역의 조사 ③ 지목의 조사 ④ 증명 및 등기필지의 조사 등이 있다(원영희, 1988 : 183-184).

첫째, 지주의 조사는 원칙적으로 신고주의를 채택하였기 때문에 같은 토지에 대하여 2인 이상의 소유권리를 주장하는 경우와 그렇지 않고 1사람이 권리를 주장한다 하더라도 그가 의심스러운 때 등을 제외하고는 구태여 소유권조사를 거칠 것 없이 신고의무인(申告義務人)을 지주로 인정하였다. 둘째, 강계의 조사는 신고자로 하여금 자기 토지의 사방에 말뚝을 세우게 한 후 지주나 이해관계인 또는 지주총대를 입회시켜 지주의 조사와 아울러 부근 토지와의 관계도 조사케 하였다. 셋째, 지목의 조사는 전체 토지를 18종으로 구분한 다음 조사당시의 현 상태에 따라 그 18종중에서 가장 적당한 1개씩 골라서 그 토지의 지목으로 정하게 하였다. 넷째, 지번의 조사는 1개 동리를 통산하여 1필지마다 순서적으로 수호(數號)를 붙이게 하였다.

Zoom in

지목의 조사

1. 의의

지목의 조사는 과세지, 면세지, 비과세지로 대별할 수 있다. 과세지는 직접적인 수익이 있는 토지로서 현재 과세 중에 있으며 또는 장래과세의 목적이 될 수 있는 토지를 말하고, 면세지는 직접적인 수입은 없으나 대부분이 공공용에 속하여 지세를 면제할 것들이며, 비과세지는 일반적으로 개인소유를 인정할 성질이 못되고 또한 전혀 과세의 목적으로 하지 않는 것을 말한다.

2. 과세지 · 면세지 · 비과세지 : 18개 지목

① 과세지 : 전, 답, 대, 지소, 임야, 잡종지

② 면세지 : 사사지, 분묘지, 공원지, 철도용지, 수도용지

③ 비과세지 : 도로, 하천, 구거, 제방, 성첩, 철도선로, 수도선로

Zoom in

양입지(量入地)

양입지란 다른 지목에 병합하여 조사할 토지를 말하는 것으로 ① 주된 지목(본지)의 토지의 편익을 위하여 설치된 도로 · 하천 · 구거 등(통로 · 수로)의 부지와 ② 주된 지목의 토지에 접속되거나 둘러싸인 다른 지목의 협소한 토지는 주된 토지에 편입하여 일필지로 할 수 있다. 다만, ① 지목이 대인 경우와 ② 종된 토지의 면적이 주된 토지면적의 10%를 초과하거나 330㎡를 초과하는 경우에는 별개의 필지로 확정한다.

Zoom in

불조사지(不調査地)

1. 개요

토지조사를 하지 않은 토지는 주로 넓고 큰 면적의 임야였으나 이는 후일 실시한 임야조사사업에서 자세히 조사하게 되었다. 그런데 그러한 임야 속에 개재된 다른 지목의 토지로서 현상에 의하여 조사할 필요를 인정하지 않는 것과 기타 특수한 사정으로 조사를 하지 않은 것도 적지 않았다. 또한 도서는 후일 적당한 시기에 조사하는 것이 편리하다고 인정하여 당시에는 조사하지 않은 것이 있었다. 즉 토지조사는 그 지목의 여하를 막론하고 모두 조사하는 것이 이상적임은 다시 말할 필요도 없다 하겠으나 예산, 인원 등에 비추어 경제가치가 있는 토지만을 조사대상으로 하게 된 것이다. 당시 도로, 하천, 구거, 제방, 성첩, 철도선로, 수도선로는 지목만 조사하고 특별한 사정이 없으면 지반을 측량하거나 지번을 붙이지 아니하였다.

2. 토지조사를 하지 않은 토지의 종류

1) 조사를 하지 않은 임야 속에 존재하거나 혹은 이에 접속되어 조사의 필요를 느끼지 않은 것

① 도로, 하천, 구거, 제방, 성첩, 철도선로, 수도선로

② 현재는 경작하고 있으나 일시적인 시험경작으로 인정되는 전, 답

③ 경사 30° 이상의 화전(火田)

2) 조사를 하지 않은 임야 속에 점재하여 특수사정으로 조사를 하지 않은 것

① 지소, 분묘지, 포대용지(砲臺用地), 등대용지

② 사사지(社寺地)

③ 봉산 또는 금산의 구역 내 및 보안림 혹은 국유임야로 결정된 구역 내에서 다른 용도에 쓰이는 토지

④ 산림령 또는 국유미간지 이용법에 의하여 대부한 토지로서 아직 개간 등에 성공 하지 못한 토지

⑤ 산간부의 경사지에 있는 3,000평 미만의 화전

⑥ 1집단지의 면적이 10,000평 이내의 화전

⑦ 가장 가까운 조사지역에서의 거리가 2,000간 이상이며, 또한 그 집단지의 면적이 10,000평 이내인 토지

⑧ 조사를 하지 않은 화전과 임야사이에 점재하는 대 (단 ⑤, ⑥, ⑦은 일부지역에서는 조사지로 하였음)

3) 도서로서 조사하지 않은 것

① 압록강 및 도문강의 유역 내에 있어 1개 도서가 행정구역상 1개 면을 구성하지 않은 것 또는 경지면적 결수 100결 이하에 상당하는 것

② 1개도가 1면을 이루지 못하는 보통의 도서로서 ㉠ 대 및 경지의 총계 10정보 또는 2결 미만이거나 ㉡ 편의(便宜)한 지역에서 매월 3회 이상의 선편이 없고 ㉢ 임시 용선할 수도 없으며 1항해에 2일을 넘는 거리에 있는 것

5 토지의 사정(査定)

5.1 개요

토지(임야대장등록지를 제외한다)의 사정은 토지의 소유자와 그 강계를 확정하는 행정처분으로서 이는 행정관청인 임시토지조사국장에게 전속된 권한이었다. 즉 토지조사령의 규정에 따라 행정처분으로서 최후의 확정을 보게 되고, 사정의 확정 또는 재결에 대하여서는 그 이유의 여하를 불문하고 이를 다시 사법재판에 회부할 수 없는 것으로서 토지조사 이전에 있던 모든 사유는 사정을 함으로써 일체 단절되는 것이었다(서울특별시, 1993 : 190). 이렇게 사정된 토지의 경계를 사정선 혹은 강계선이라 일컫게 되었다. 그런데 임야(토지대장 등록임야를 제외한다)의 사정은 그 뒤에 도지사가 하였는데 이때에는 강계선이라 하지 않고 경계선이라 일컬었다. 이처럼 우리나라에서는 토지대장등록지는 임시토지

조사국장이 그 소유자와 강계를 사정하고, 임야대장등록지는 도지사가 그 소유자와 경계를 사정하는 이원적인 사정제도를 채택하였다. 한편 토지조사사업은 토지소유자의 토지신고와 그 소유자의 실지 입회를 조사의 기초로 하는 관계로 정당한 사유가 없이 토지조사의 입회하지 않은 자는 사정에 대한 이의를 제기할 수 없는 것이었다.

5.2 사정의 방법

사정은 토지신고 또는 통지가 있은 그 날 현재의 토지소유자 및 강계를 기초로 하는 것으로서 만약 신고 또는 통지를 하지 아니한 토지에 대하여서는 그 사정당일의 현재에 따르도록 규정하였다. 그런데 토지조사령에 의하여 신고 또는 통지를 하지 않은 토지는 그 사정당일의 현재에 의한다고 규정하였지만 실지 문제에 있어서 그 많은 토지에 대하여 사정당일의 현재 사항을 알아내기란 사실상 불가능한 일이므로 그 토지의 실지를 조사한 날의 토지소유자 및 강계를 사정당일의 현재로 간주하여 사정하도록 하였다(서울특별시, 1993 : 190).

사정은 토지조사부 및 지적도에 의하여 이를 하기로 되어 있다. 토지조사부는 토지의 일구역마다 지번, 가지번, 지목, 지적, 신고 또는 통지 연월일, 소유자의 주소, 성명 또는 명칭을 등록한 것이고, 지적도는 토지 일구역의 위치, 지번, 지목, 지주를 달리하는 토지와 토지와의 강계선, 동일지주의 소유인 일필지와 일필지의 한계, 조사시행지와 조사 미시행지, 즉 도로, 구거, 산야 등과 지계를 표시하는 지역선을 등록한 것이다(원영희, 1988 : 396).

5.3 사정의 효력

사정은 이를 30일간 공시하고 불복하는 자는 60일 이내 고등토지조사위원회에 재결을 요청하였다. 이 때 사정 사항에 불복하여 재결을 받은 때의 효력발생은 사정일로 소급하였다. 토지의 소유자는 자연인 또는 법인이나 이와 유사한 법령상 또는 관습상의 명의로서 서원이나 종중 등을 인정하였고, 토지의 강계는 지적도에 등록된 토지의 경계선인 강계선이 대상이었고 지역선에 대하여는 사정하지 않았기 때문에 이는 이의 신청의 대상이 되지 않았다. 한편 분쟁의 원인은 ① 토지소속의 불분명 ② 역둔토 등의 정리미비 ③ 토지소유권 증명의 미비 ④ 미간지 등이 주가 되었으며, 분쟁지의 조사방법은 외업조사, 내업조사, 위원회의 심사 등 세 가지로 구분하여 실시하였다(박순표 외, 1993 :125).

토지나 임야의 소유권을 확정하는데 행정처분인 사정으로서 한 이유는 토지조사당시와 임야조사당시에는 다수의 토지분쟁을 일시에 해결하고 아울러 빠른 시일 내에 토지제도의 정리를 하기 위하여서도 행정처분에 의하여 소유자와 강계를 확정하는 것이 가장 시기에 알맞다고 판단되었기 때문이다.

5.4 강계선(疆界線) · 지역선(地域線) · 경계선(境界線)

강계선이란 사정선이라고도 하며 토지조사당시 확정된 소유자가 다른 토지간의 사정된 경계선을 가리킨다. 또한 지역선이란 토지조사당시 소유자는 같으나 지목이 다른 관계 등으로 지적정리 상 별 필로 하여야 하는 토지간의 경계선과 토지조사 시행지와 토지조사 말 시행지와의 지계선의 2가지를 말한다. 토지의 강계선과 지역선을 합쳐서 경계선이라고 하는데 이들의 관계를 도식하면 다음과 같다(서울특별시, 1993 : 191).

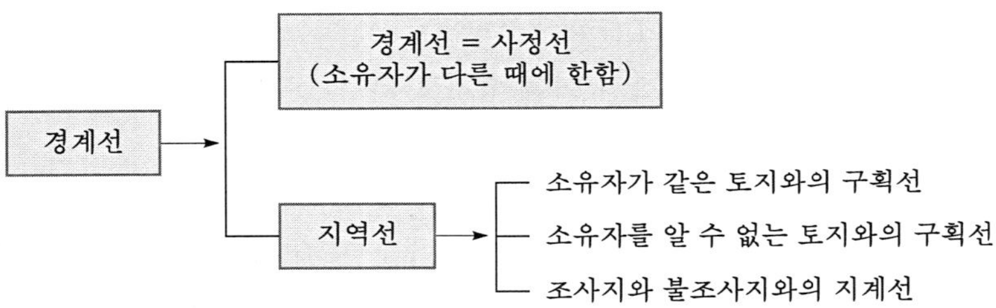

그림 7-1 강계선 · 지역선 · 경계선의 체계도

5.5 사정의 공시

사정을 공시하는 근거는 토지소유자와 이해관계인, 기타에 대하여 토지사정의 결과를 널리 알리고 열람시키는데 있으며, 사정에 대한 불복은 공시기간 만료 후 60일 이내에 신청하도록 하였다. 사정의 공시는 사정의 종료와 동시에 시행하는 것을 원칙으로 하고, 공시를 함에 있어서는 사정의 지역, 도부열람 장소, 열람기간, 불복신청의 방법 등을 조선총독부 관보 및 도보(道報)에 게재하여 일반에 주지시키고, 토지조사부 및 지적도를 토재소재의 부 · 군청에 비치함으로써 이를 30일간 열람시켰다. 다만, 사정 공시 중인 약 5개년간에 걸쳐 열람연인원수는 1,004,352명이었으므로 이는 토지소유자 총수 1,871,636명에 대하여 53.7%에 해당한다(원영희, 1998 : 398-399).

Zoom in

일필지의 강계(疆界)

1. 의의

일필지의 강계는 주로 ① 지목을 구별하고 ② 소유권의 분계를 확정하기 위한 것으로서 토지의 소유자 및 지목이 동일하고 연속된 토지를 1필로 함을 원칙으로 하였다.

2. 별필(별개의 필지)로 하는 경우

① 도로, 하천, 구거, 제방, 성곽 등에 의하여 자연으로 구획을 이룬 것
② 특히 면적이 광대한 것
③ 심히 형상이 만곡(彎曲)하거나 협장(狹長)한 것
④ 지방 기타의 상황이 현저히 상이한 것
⑤ 지반의 고저가 심하게 차이가 있는 것
⑥ 시가지로서 연와병(煉瓦塀) · 석원(石垣) 기타 영구적 건축물로서 구획된 지역
⑦ 분쟁에 걸린 것
⑧ 국도부근 면 또는 조선총독부가 지정한 공공단체의 소유에 속한 공용 또는 공공의 용에 공하는 토지
⑨ 잡종지 중의 염전 및 광천지로서 그 구역이 명확한 것
⑩ 전당권 설정의 증명이 있는 것은 그 증명마다 별필로 취급할 것
⑪ 소유권증명을 거친 것은 그 증명번호마다 별필로 할 것 등

6 토지검사(土地檢査)

6.1 개요

광의적으로 토지검사는 토지의 현황에 대한 국가 또는 그 권한이 있는 다른 기관의 점검사무 일체를 뜻한다. 토지소유자의 신고 · 신청사항을 현지에 가서 조검하는 것뿐만 아니라 토지 소유자의 신고 · 신청이 없는 경우에 당국이 자진해서 이동유무를 점검하는 일 및 토지측량의 적부를 확인하는 것까지도 광의적인 토지검사에 포함되고 있다. 그러나 현

재 토지검사라면 협의의 토지검사로 토지측량에 관한 사항을 제외하고 순수한 토지의 현황검사만을 가리키게 된다. 이처럼 측량에 관한 사항을 빼 놓은 토지검사도 다시 2가지의 경우를 포함하고 있다. 즉 하나는 토지소유자 등의 신청 · 신고가 있는 토지의 이동사실을 확인하려고 행하는 현지검사를 토지검사라 한다. 다른 하나는 그와 반대로 토지이동에 대한 아무 신청 · 신고도 없지만 국가 또는 그 권한이 있는 다른 기관이 자진하여 무신고이동지를 발견하기 위하여 행하는 현지검사를 특히 지압조사라고 한다.

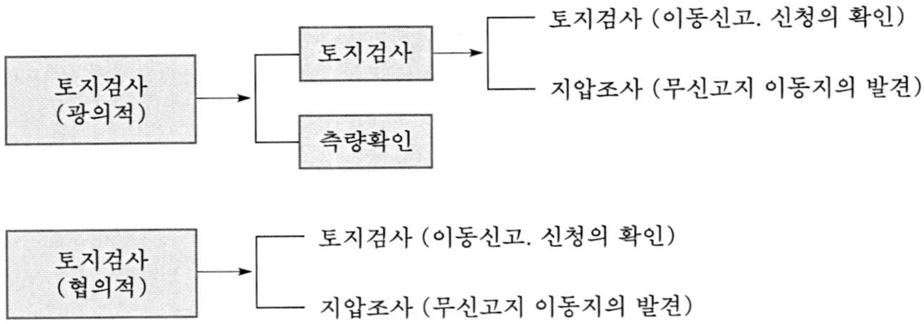

그림 7-2 토지검사의 구분

6.2 토지검사의 실시

협의의 토지검사를 다시 세분하면 토지의 이동에 관하여 신고 또는 신청을 전제로 한다. 이러한 토지검사를 실시할 경우는 다음과 같다(원영희, 1990 : 509-510).

① 새로이 토지대장이나 임야대장에 토지를 등록할 때(지목의 설정을 포함)
② 지목을 변경할 때
③ 토지의 분할, 합병을 하거나 지위등급을 알 필요가 있을 때
④ 지적공부의 誤謬를 정정할 때(필요한 것에 한함)
⑤ 지적공부에서 토지를 말소할 때
⑥ 기타 특히 실지의 검사를 필요로 할 때 등

이상의 경우라 하더라도 도면 혹은 기타의 자료에 의하여 그 지목이나 임대가격 등이 적당하다고 명백하게 인정되는 것은 실지의 검사를 생략할 수 있다. 토지검사에서 검사할 사항은 그 때 그 때의 신고 · 신청사항이 다르기 때문에 이를 일률적으로 언급할 수 없다.

즉 새로이 토지대장에 등록하는 경우 이것이 토지대장에 등록할 수 있는 토지인가 또는 그 지목의 설정은 정당하며, 토지의 등급부과는 타당한가 등이 그 검사사항이 된다. 토지검사의 성과는 일정한 서식의 야장에 기입하든지 또는 신청 · 신고 등의 여백에 기입하는 등 그 사적(事蹟)을 밝히도록 한다.

6.3 지압조사(地押調査)

지압조사란 무신고 이동지를 발견하기 위하여 실시하는 토지검사로서 토지검사의 일종이기는 하지만 이는 어디까지나 신고와 신청을 전제로 하지 않는다는 점이 특징이다. 지압조사는 일반적으로 등급도 등을 펼쳐들고 현지에서 지번 1로부터 시작하여 2, 3, 4, 5 등 순서적으로 실지와 도면을 대조하여 그 이동의 유무를 검사하는 방법을 사용하였다. 그러나 이 방법은 전국적인 대규모의 지압조사에 응용한 것이고 국지적인 경우에는 반드시 지번의 순서를 따를 필요 없이 해당지역을 중점적으로 검사하는 편이 좋다. 지압조사의 성과는 일정한 서식의 야장에 기입하며, 지압조사에서 발견된 무신고 이동지는 소관청의 직권으로 지적공부를 정리하고 필요하다면 토지소유자 뜨는 이해관계인에게 통지하는 등의 조치가 있어야 한다(원영희, 1990 : 510-511).

SECTION

08 임야조사사업

1 개요

농경지 사이에 끼여 있는 5만평 이하의 낙산 임야는 토지조사의 대상으로 하였으나, 그 이외 대부분의 임야에 대해서는 1916년에 시험조사부터 시행하여 1924년까지에 걸쳐 조선임야 조사사업을 실행하였다(박순표 외, 1993 : 128).

① 조사방법이나 그 절차는 토지조사의 경우와 유사하였으며, 다만 조사 및 측량기관은 府나 面이 되고 조정기관은 도지사, 분쟁지에 대한 재결은 도지사 산하에 설치된 임야심사 위원회가 처리하였다.

② 조사대상에 있어서도 토지조사에 제외된 임야, 임야 내에 개재된 임야 이외의 토지로 되어 있었다.

③ 소유자사정에 있어서는 1908년 시행된 산림법의 규정에 따라 소유신고 불이행으로 부당하게 국유로 귀속된 민유임야에 대하여 양여형식으로 원래의 소유자에게 사정하도록 조치하였다.

한편 임야는 수백 년 동안 각종 분규가 심하였으며, 소유권을 확정하여 지적제도를 확립, 일반주민의 이용에 기여함과 동시에 임정(林政), 산업, 건설의 기초자료를 제공하였다. 토지조사는 지세부담의 공평을 위하여 정확한 측량을 하여야 하나 임야는 상대적으로 가치가 토지에 비하여 현저히 떨어지기 때문에 측량의 정확도가 낮았다(서울특별시, 1993 : 233). 그러나 토지조사 때 방대한 기구에 비하여 거의 기존 관서를 이용하였고, 총면적의 73%가 넘는 많은 면적과 험준한 산악, 맹수들의 습격 등 여러 가지 어려움이 많았다. 더욱이 1919년 3 · 1운동으로 민심이 흉흉하고 반일 감정이 팽창하여 종사원들이 핍박을 받는 사례가 많았다.

2 집행기관

임야조사가 시작될 무렵 중앙의 임야행정은 농상공부였고, 1918년 8월 19일 식산국으로 변경되었다. 당시 식산국에는 농무국, 산림과, 상공과, 광무과가 있었다.

실행기관은 두 단계로 하여 조사와 측량은 부윤 또는 면장의 사업으로 하였고 이에 필요한 비용은 부면이 부담하되 사정은 국비로 하였다. 군·부윤·면장이 제1차 조사와 측량을 하고 그 결과를 보고하면 도지사는 이를 신중히 심사하여 소유자와 강계를 사정하여 일반에게 공고하였다(지적기술연수원 b, 1993 : 25). 도지사 직속으로 임야조사위원회를 두어 분쟁업무를 조사하여 재결하는 사무를 관장하였다. 임야조사사업의 종사원은 채용한다는 방침을 세워 1917년도 보조기관으로서 직원을 모집하였다. 즉 토지조사에 경험이 있는 자, 본부 삼림과 직원으로 임무행정에 종사한 자 또는 농림학교 졸업자 등 다수의 지망자 중에서 엄선한 결과 일본인 54명, 한국인 39명으로 총 93명을 채용하였다. 이들은 조선총독부에서 1개월간 산림과장, 주임기사 등의 지도하에 임야조사에 필요한 학술강습 및 작업의 실습훈련을 하였다. 그리고 제일 먼저 임야조사를 시행할 경기도외 6도에 이들을 배치하였으며, 이곳에서 사업이 진척됨에 따라 타도에 배속시키는 방침을 세웠다(서울특별시, 1993 : 236, 지적기술연수원 b, 1993 : 30).

3 사업계획

3.1 사업계획

1916년 경기도와 몇 개도에서 부분적으로 시험조사 결과 평균 1면에 1,000필지에 정도로 나와 전국 12부 2,508면에서 대한 252만 필지라고 예상하고, 비교적 권리관념이 발달한 남한부터 조사를 시작하여 순차적으로 북한지방으로 올라가 1917~1922년까지 6년 동안에 완성하는 계획을 세웠다(서울특별시, 1993 : 237). 한편 임야조사사업은 부윤 또는 면장의 감독에 따라 시행하고, 사정은 도지사가 담당하였으며, 당초에는 1917년에 시작하여

1922년에 완료할 계획이었으나 1918년 조선임야조사령(1918년 5월 1일 제령 제5호)이 제정되어 시행됨에 따라 토지조사사업에서 제외되었던 임야 내의 게재지도 사업범위에 포함되어 당초 예정 필지 수 252만 필지의 40%가 증가한 325만 필지가 되어 2년을 연장하여 시행하게 되었다(이진호, 1993 : 697).

3.2 조사범위와 수량

1918년 10월 임야조사령시행규칙에 따르면 토지조사에서 제외된 임야와 임야 내에 게재된 임야 이외의 토지로 하였다. 한편 경기도 임야면적은 임야조사 결과 종래 715,000정보라 하였으니 전국 면적의 상당한 비중을 차지한다. 그 중 요존예정(要存豫定) 국유임야 41,000정보를 제외한 것은 사유임야와 장래 이유(移有)로 옮길 국유임야나 예정면적은 산출한 근거가 없어 정밀한 숫자를 얻기 어려움으로 통첩면적으로 하였다(서울특별시, 1993 : 242).

4 실시조사측량

실시조사측량은 외업준비, 실지측량, 소유권조사, 경계조사, 측량방법 등으로 구분하여 검토해볼 수 있다(서울특별시, 1993 : 245., 지적기술연수원 b, 1993 : 49-59).

외업준비는 도근망도의 작성, 신고서의 정리, 참고 서류의 작성 취합, 삼각점과 도근점의 전개를 하는 한편 각 면 총대의 임명, 경계 표항, 건설의 독려를 위해 종사원숙소를 선정하였다. 실지조사측량은 1리 · 동을 단위로 1부면마다 시행하였는데 면리동계 조사와 함께 일필지에 대하여 소유, 연고관계 및 경계를 조사 측량하여 원도를 만들었다. 조사와 측량은 별도로 하는 것이 이상이겠지만 인원관계로 특수한 경우를 제외하고는 동시에 하였다. 동일 리 · 동 안에 있어 소유자 또는 연고자가 같은 동일지목의 1단지는 이를 일필지로 하였다. 실지조사에 있어서는 매필지마다 소유권 또는 연고에 대하여 조사하고 경계까지 결정하는 동시에 지목등급까지 조사하였다. 더욱이 국 · 사유 구분과 연고지에 대한 처분 예상까지 야장에 기입하였다.

소유권은 임야조사령 반포 이전은 국유 · 공유는 사유로 구분하였으나 1912년 훈련 제4호 산림산야 및 미간지 국유 · 사유구분표준에 의하여 미간지에 대하여는 1914년 토지훈련 제 18조에 의하여 이를 조사하였다. 연고지의 인정은 1912년 부령 제1호 조선 국유 삼림 미간지 및 임산물 특별처분령에 의한 중요 물산제조업자 및 목지업자자격의 건에 의하여 구분하였다. 그 중 미 처분에 속하는 연고 임야처분예상조치에 대하여는 1912년 부령과 1914년 관통첩 제94호 국유삼림무료임대에 관한 건에 의하여 조사하였다. 임야게재지는 모두 토지조사의 규정에 준하여 조사하였고, 능원묘 기타의 분묘지에 대하여는 국유가 아닌 것은 그 권리관계를 명확히 하였다. 사고 또는 연고지에 대하여는 그 신고서의 정부, 총대인인, 소유자와 연고자 주소, 성명, 명칭 또는 대리인, 관리인, 이해관계인, 단체 등의 신고에 관계된 자격, 토지의 소재, 사표, 기타 사항을 검사하는 동시에 실지의 지황, 임황 등을 조사하였다.

경계조사는 일필지마다 소유 또는 연고에 분계를 확정하는 것으로 모두 근접관계자의 협정에 의하는 것으로 하여 그 소유자 또는 연고자로 하여금 일필지 주위에 표항을 세우도록 하였다. 실지와 신고 또는 통지서 기재의 사표와 대조하여 지주, 관리인, 이해관계인 또는 그 대리인과 지주총대를 입회하에 결정하였다. 경계에 이의가 발생하였을 경우에 조사원은 적당히 경계를 정하여 화해를 시도하고 협정이 불가능할 때에는 분쟁지로 다루었으며, 국유지로 이미 경계를 정하여 화해를 시도하고 협정이 불가능할 때에는 분쟁지로 다루었으며, 국유지로 이미 경계가 결정된 것은 국비에 의하여 답사를 하고 필요한 경우에는 양쪽 보관관청의 입회를 구하였다. 한편 측량방법은 평판측량을 사용하여 삼각점, 도근점에 의하여 도해법으로 행하였으며, 도곽 내에 포용하는 지역은 전부 표시하고 1필지가 도곽을 넘으면 도곽의 여백에 기재하였다. 여백에 도시하기 어려운 경우에는 도곽으로 절단하고 2엽의 도면에 도시하였으며, 도면상에 지번, 지목, 소유자 또는 연고자 성명을 기입, 순차적으로 연속하여 측량하였다. 측량감독은 외업감독원이 전담하였는데 그들은 항상 조사지를 순회하면서 특히 수련치 못한 조사원이나 불성실하다고 인정하는 조사원의 현장에는 자주 순회하여 법규적용과 운용을 알려주며 주의를 주었다.

5 분쟁지 조사

분쟁사건의 조사는 권리관계의 결정상 가장 곤란한 업무로서 역대의 비정(秕政)은 전정이 원인이 되었고, 평민의 권리는 항상 권력자에게 침범 당하였으며, 평민의 토지는 수탈,

강점당하는 역정(歷程)이 되풀이되었다.

분쟁의 종료는 소유권, 경계 급 연고의 분쟁으로 국대국(國對國), 민대민(民對民)이다. 국대민 분쟁은 주로 구분조사 또는 처분조사로 국유하고 결정된 것에 대하여 불복하는 것이고, 면대 부락민, 부락민대 개인의 소유의 분쟁이 없지는 않지만 거의 헤아릴 수 있을 정도였다. 권리를 증명하는 서류인 입지(立旨), 입안(立案), 완문(完文) 등은 중복되거나 불비가 많아 오히려 분쟁을 일으키는 요인이 된다(서울특별시, 1993 : 245). 한편 소유권 또는 연고관계에 있어서 분쟁에까지 이르지 않았으나 현재로 신고인 소유권 또는 연고관계가 있는지 또는 없는지 확실하지 못하여 의심할 여지가 있을 때 역시 분쟁지 경우와 마찬가지로 조사를 수행한 다음, 조서를 작성하여 모든 관계서류를 첨부해서 도지사에게 게출하게 하고 사정자료로 사용하게 하였다.

6 사정

조선임야조사령에 의한 사정은 토지조사령에 의한 사정을 하지 아니한 임야와 임야 내 게재지에 대한 행정처분이다. 도지사는 조사측량을 한 사항에 대하여 일필지마다 그 토지의 소유자와 강계를 임야조사서와 임야도에 의하여 사정하였다. 권리의 확정은 사정 또는 재결에 의하여 확정하는 것으로 사정에 대하여 불복이 있는 자는 공사기간 만료 후 60일 이내에 임야조사위원회에 신청을 하여 재결을 구할 수 있도록 하였다.

임야조사는 임야신고와 실지입회(實地立會)를 기초로 하는데 정당한 사유 없이 입회를 하지 않을 경우에는 사정에 대하여 이의를 제기할 수 없었다. 사정으로 확정되었거나 재결을 거친 사항이라도 ① 처벌받은 행위로 사정 또는 재결이 되었을 때 ② 증빙문서가 위조 또는 변조하여 처벌될 행위로 결정이 났을 때 ③ 형사소수의 개시 또는 실행이 되었을 때 사정이나 재결이 되었을 때도 3년 안에 임야조사위원회에 재심을 신청할 수 있다(지적기술연수원, 1993 : 90-104).

사정과 재결에 대하여서는 이유 여하를 불문하고 소송을 제기할 수 없으며, 사정은 부윤 · 면장으로부터 전달된 조서도서(調書圖書), 분쟁지조사, 의문 있는 토지조서 등을 심사하는 것이었으며, 사정기관으로는 임야조사위원회를 두었다(서울특별시, 1993 : 247). 한편 분쟁사건의 심사는 일반조사의 심사와 동시에 행하는데 건수가 많은 내용이 복잡하여 심지어 하루 1건의 심의도 쉽지 않는 것이 있어 일시에 다수의 심사를 행하는 것이 불가능하기 때문에 심사 전에 심사를 하여 놓고 일반조사 심사 때 처리상황만 부의하였다.

표 8-1 **토지조사사업과 임야조사사업결과 비교**

구분	토지조사사업	임야조사사업
기간	1910~1918(8년 10개월)	1916~1924(9개년)
소요경비	20,406,489원(圓)	3,862,000원(圓)
총종사인원수	7,113명	4,670명
사정기관	임시토지조사국장(臨時土地調査局長)	도지사 [권업과(勸業課) 또는 산림과(山林課)]
재결기관	고등토지조사위원회(高等土地調査委員會)	임야심사위원회(1919–1935)
조사측량기관	임시토지조사국(臨時土地調査局)	府와 面
조사대상	① 전국에 걸친 평야부(平野部)의 토지 ② 낙산 임야	① 토지조사에서 제외된 임야 ② 산림 내 개재지(토지)
도면축척	1/600, 1/1,200, 1/2,400	1/3,000, 1/6,000
지적공부	토지대장 109,188 권(卷) 지적도 812,093 매(枚)	임야대장 22.2.2권(卷) 임야도 116,984매(枚)
필수	19,107,520필	3,479,915필
면적	14,613,214,028坪	16,302,429정(町) 0129
분쟁지	33,937건(件)에 99,455筆	17,925건(件)에 28,015필
지형측량	50,000분도(分圖) 620매(枚)를 위시하여 지형도 925매(枚)	
삼각점	34,447점(대삼각점 2,801점) (소삼각점 31,646점)	
도근점	3,551,606점	
수준점	2,823점[선로장(線路長) 6,693km]	
이동측량	1,818,364필	49,321건(件)[충남북미상(未詳)]

자료 : 김갑수, 1991 : 69., 류병찬, 2006 : 284–285

SECTION 09

지적과 등기의 형식

1 지적의 형식

1.1 개요

토지조사령(1912)과 임야조사령(1918)에 의하여 토지조사와 임야조사를 완료한 후 지세령(1914)과 토지대장규칙(1914) · 임야대장규칙(1920)에 의하여 토지이동정리와 토지세를 징수하였으며 8 · 15 해방 이후 지적법(1950)과 지세령(1950)이 분리 · 제정되어 체계화되기에 이르렀다.

초기에는 오늘날의 지적업무 이외에도 지형도, 측량표 관리, 토지등급조사 등 보다 다양한 업무를 수행하였다. 초기의 지적공부는 그 종류에 있어서 수치지적부 이외에는 지금의 공부와 같으나 부속도부로서 토지조사부와 지세명기장, 토지대장집계부와 지적약도, 임야약도, 역둔토도 등도 중요한 관리 도서였다(박순표 외 1993 : 133).

Zoom in

토지등기제도(土地登記制度)

1. 토지등기제도의 성립

① 1910년 민사에 관해서는 「조선민사령」을 발포하여 일본의 민법, 기타 법률을 한반도에 의용케 되었으며 부동산등기에 관해서는 「조선부동산등기령」을 발포하여 동령에 특별 규정이 없는 한 일본의 부동산등기법에 의하여 하였다.

② 등기령의 보충적 역할로서 1912년 3월에 「조선부동산증명령」을 제정하여 종래의 토지가옥증명규칙과 토지가옥소유권증명규칙에 대치하였다. 이 령은 대체로 구증명 규칙과 내용이 같으나 증명사항이 넓어지고 형식적 심사주의로 바뀐 것이며 지적이 완비되어 등기령이 시행되는 지역에서는 증명령은 그 효력을 잃었다.

③ 토지조사사업이 진행되는 가운데 1914년 「토지대장규칙」을 정하여 조사 사정의 결과를 바탕으로 토지대장이 작성되고, 이를 기초로 등기부가 작성되어 1918년에는 전 한반도에 등기령을 시행하게 되었다.

2. 토지등기의 관리

초기에는 지방법원 그 지청, 또는 출장소가 등기소로서 등기업무를 관장하였고 등기공무원의 고의 · 과실에 의한 재산상 손실이 발생한 때에는 배상책임을 지는 것으로 하였다. 토지등기제도를 적용함에 있어서는 지적소관청과 등기소를 밀접히 연결시켜 토지의 소재, 지번, 지목, 면적, 소유자 등을 기재하고 등기령은 토지대장을 토지소유권을 증명하는 공부로 인정하고 토지대장에 등록한 미등기의 토지는 토지대장의 등본에 의하여 등기부를 개설하고 소유권 보존등기를 하였다. 또한 토지조사를 시행하지 아니하여 토지대장이 작성되지 않은 토지의 등기는 증명령에 의하여 부윤 또는 군수가 인증한 소유권을 증명하는 자가 이를 신청할 수 있도록 특별규정을 두었다.

1) 과세지견취도(課稅地見取圖)

과세지견취도(課稅地見取圖)는 일제초기에 세금부과를 목적으로 각 필지(筆地)의 개형(槪形)을 각필지의 실측작성, 각 필지 주위를 간승으로 측정 작성, 각 필지 주위의 보측작성, 단지 지형을 견취 작성의 방법 등으로 그린 약도(略圖)로(간이지적도)를 말한다. 조선총독부는 1912년 3월 4일(明治 45年) 부령(府令) 제20호로 "1912년 4월 1일부터 면은 부윤 또는 군수의 지휘에 따라 지세를 부과할 토지의 개형을 표시한 견취도를 작성한다."를 골자로 한 전문 3조의 과제지견취도 작성의 건을 전국에 통보했다(조선총독부 관보, 1912.03004). 일제가 과세지견취도를 작성하게 된 배경은 한 마디로 과세지에 대한 전국적인 견취도를 작성하여 이것을 결수연명부와 대조하여 연명부를 토지대장으로서 공부화하려는 것이다(한국국토정보공사, 2005 : 519-526). 또한 견취도가 간이지적도로서의 역할을 충분히 할 수 있도록 용지 규격, 지목사항, 실측, 나침방법, 방위, 적수, 범례, 측량도구 등을 상세히 규정하였다.

2) 결수연명부(結數連名簿)

1908년 작부는 지세징수대장을 작성하기 위한 기초 조사였지만 작부방식에 대한 통일적인 규정이 없었기 때문에 각 재무감독국별 상이한 형태, 내용의 징세대장이 만들어졌다. 그러나 지세부과 목적의 장부가 통일이 되지 않아 종전의 작부부를 통일시킬 필요가 있었다. 이에 통감부는 1909년 7월 한 면 내의 결수를 납세의무자별로 조사하고, 지세징수대장의 내역부인 결수연명부 조제에 관한 통첩을 내려 통일된 양식의 징세대장인 결수연명부를 작성하도록 했다. 이에 따라 토지의 소재지 등을 납세자별로 기재한 결수신고서를 동·리별로 동·리장이 작성하여 면에 제출케 하여 작부방식이 통일되었다. 그러나 1909년의 결수연명부 작성은 모든 지역에서 완성되지 못하였고, 지방에 따라서는 종전의 작부책을 그대로 사용하였다. 더 큰 문제는 납세자인 경작자, 즉 소작인의 변동이 심한 것이었다. 따라서 1909년 지세의 징수실적이 부진하자 통감부는 지세를 안정적으로 확보하기 위해서 소작인 납세를 폐지하고 지주납세를 제도화하는 방향으로 결수연명부 작성방침을 변경하였다. 1910년 6월 18일 결수연명부완제계획요항(結數連名簿完製計劃要項)이 바로 그것이다. 그 주요 특징은 동·리 단위로 신고를 받아 그것을 지주가 신고했던 면 단위로 편철하는 형식을 취했다. 부득이한 경우 소작인 또는 리·동장, 면장이 대신하여 지주의 주소 성명을 기재했기에 주의를 기울여야 했다. 이렇게 하여 1910년의 결수연명부는 지주의 입장에서는 자기 소유지에 대한 최초의 신고에 해당되는 것이었다(한국국토정보공사, 2005 : 567-568).

결수연명부는 과세지견취도의 보완을 받게 됨으로써 토지에 관한 유일한 공부라는 지위를 갖게 되었고, 이 결수연명부를 기초로 해서 토지신고서가 작성되고, 결국 토지대장이 만들어진 것이었다.

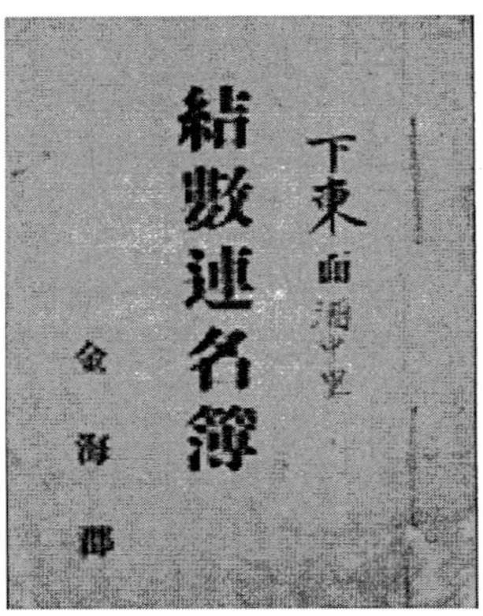

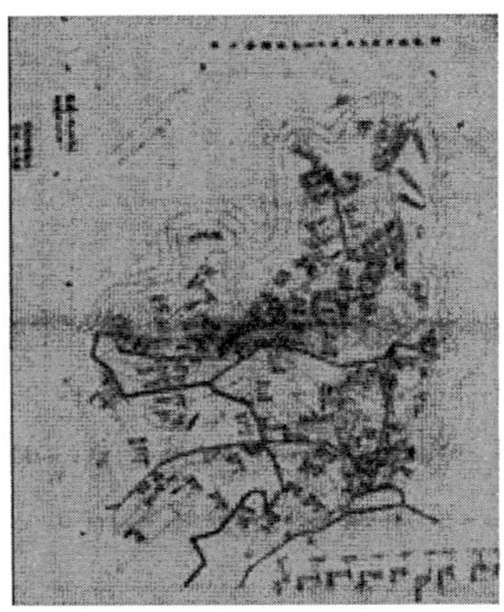

자료 : 한국국토정보공사, 2005 : 448

그림 9-1 경남 김해군 결수연명부와 하동군 과세지견취도

3) 토지조사부(土地調査簿)

토지조사부는 토지소유권의 사정원부로 사용된 것으로 동·리마다 지번 순에 따라 지번, 가지번, 지목, 지적(地積), 신고 연월일 및 소유자의 주소, 성명을 등재하고 분쟁이나 기타 특수한 사고가 있는 토지의 적요란에 그 요점을 기입하며 책미(冊尾)에 지목별로 지적 및 필수를 집계하고 다시 이를 국유지와 민유지로 구분하여 합계하였다. 또한 3인 이상 공유지에 대하여는 따로 연명(連名)을 작성하여 책미에 붙이고, 2명의 공유지는 이름을 연기하여 적요란에 공유지임을 표시하였다(원영희, 1988 : 402). 이와 같이 해당항목의 기입이 끝나면 정밀하게 검사, 교정한 다음, 토지면적과 필수를 재차 검산하고, 분쟁심사 중이어서 소유자 성명과 토지면적 등이 미정인 경우는 그것이 결정된 다음에 기입하였다(지적기술연수원 a, 1993 : 381). 토지조사부는 토지대장의 완성과 함께 그 기능을 상실하였다.

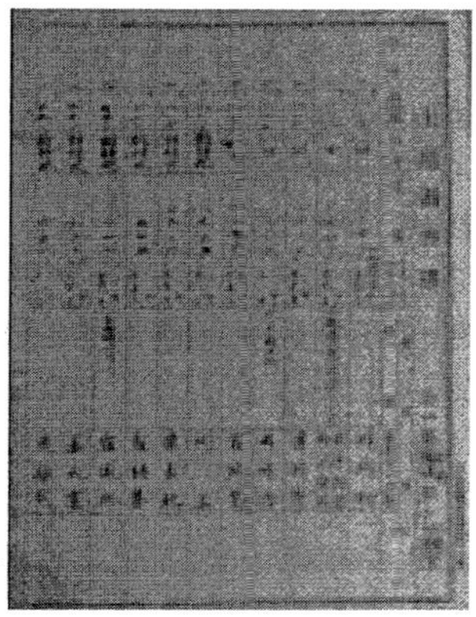

자료 : 한국국토정보공사, 2005 : 31
그림 9-2 토지조사부 : 양평군 · 울산군

4) 토지대장 및 집계부

토지대장은 일필지를 1매의 대장에 작성하고 토지조사부, 등급조사부, 100평당 지가금표(地價金表)를 자료로 하여 1동·리마다 작성하여 약 200필지를 1책으로 하여 편성하였다. 토지대장에는 토지소재로서 동리명과 지번, 지목, 지적, 사정년월일, 소유자의 주소, 성씨명을 기재하고 공유지에 대하여는 따로 공유지연명부를 만들어 공유자의 성명 및 그 소유비율의 지분을 기재하였다. 그 외 일필지마다 등급과 임대가격, 경지에 대하여는 기준수확량을 등재하고 소유자 이외에 질권설정자의 주소, 성명을 적색으로 표기하기로 하였다(박순표 외, 1993 : 134-135).

토지대장의 집계부는 1개 면마다 국유지, 민유과세지, 민유비과세지의 세 가지로 분책하고, 지목마다 지적, 지가 및 필수를 기재하고 다시 이의 부, 군, 도 합계를 하였으며, 지목별 · 등급별 집계표 및 토지조사부의 합계와 대조하여 정확을 기하였다(원영희, 1988 : 403).

5) 임야대장 및 집계부

임야대장은 토지대장의 양식을 모방하여 작성하였으며 일필 1매에 동리별 지번 순에 의하여 지번, 지목, 지적 및 소유자의 주소, 씨명 또는 명칭을 기재하였다. 그 내용은 주로 임야조사서나 불복신입지(不服申立地)는 임야조사위원회의 재결등본에 의하여 이기하고, 토지대장과 같이 약 200매를 1책으로 하여 편성하였고 임야대장집계부도 토지대장집계부와 같이 작성하였다(박순표 외, 1993 : 135-136). 즉 임야대장은 토지대장과 같이 영구적인 원부로 한 지부책으로 된 장부이며, 1필지에 1장씩 동리별 지번 순으로 지번, 지목, 지적, 소유자의 주소 및 성명 또는 명칭을 임야조사서를 기준으로 모필(毛筆)로 이기, 등록하고 약 200매를 한 권으로 편철하였다. 한 동리의 필지수가 적을 때에는 수개 동리의 장부를 묶어서 합권하였고, 소유자가 3인 이상일 때에는 임야대장의 부록으로 공유지연명부를 작성하되 여기에 공유자 전원을 등록하게 해서 이동사항을 정리하게 하였다. 원래 임야대장은 사정이나 재결에 의해서 확인된 사항만을 등록하는 것이지만 일반 민중의 편리를 위해서 사정 · 공시 전에 임야조사서를 기준으로 하여 미리 임야대장을 작성한 다음 엄밀한 교정을 수행하여 이것을 부 · 군 · 도의 관청에 인계함으로써 임야대장 규칙실행의 준비작으로 한 것이다(지적기술교육연수원 b, 1993 : 124-131).

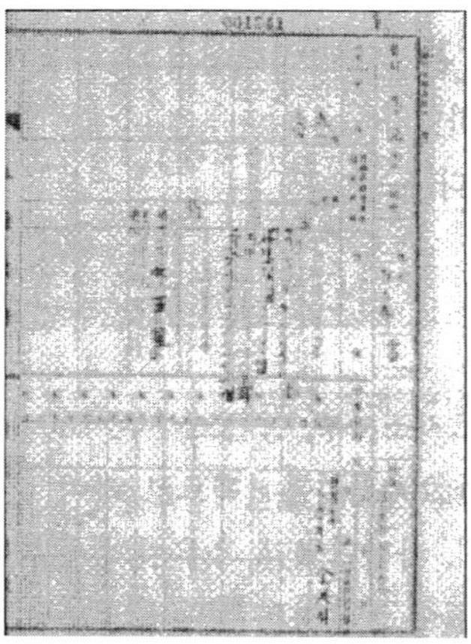

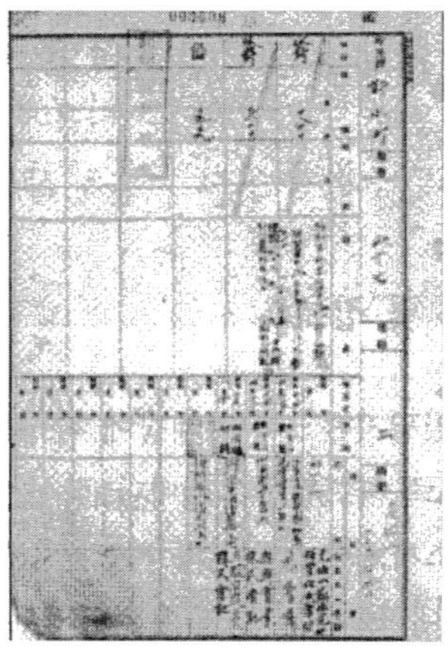

자료 : 한국국토정보공사, 2005 : 45

그림 9-3 토지대장 및 임야대장(한지부책식)

6) 지적도와 임야도

현대적인 대축척 지적도가 생기게 된 법적 근거는 일제가 1912년 8월 13일 제령 제2호 토지조사령 제17조에 "임시토지조사국은 토지대장 및 지적도를 조세하여 토지의 조사 및 측량에 대하여 사정함으로써 확정된 사항 또는 재결을 거친 사항을 이에 등록함"이라고 규정한데서 비롯되었다. 지적도는 토지대장과 함께 부·근·도에 비치하기 위하여 원도에 그린 1필지 경계 및 도로, 하천, 구거와 같은 각종의 선체(線體) 및 기타의 삼각점과 도근점의 위치 등을 등사하여 작성한 것이다(한국국토정보공사, 2005 : 527). 초기의 지적도는 세부측량원도를 점사법(點寫法) 또는 직접자사법(直接刺寫法)으로 등사하여 작성하고 정비작업은 수기법에서 활판인쇄를 하고 지번, 지목도 번호기를 사용하여 작성하였다. 지적도에는 토지경계와 지번, 지목이 등록되고, 토지대장에 등록된 토지 외에 단지 山, 海 등 "산"자나 "해"자의 아래위에 괄호를 하여 표시한 부분이 있다. 그런데 이는 토지조사를 시행하지 않은 지역으로서 다만 그 부분이 산이나 바다라는 것을 가리켰을 뿐, 결코 이를 산이나 바다라고 지적도에 등록한 것은 아니다. 새 지적도에도 토지조사를 하지 않은 지역을 표시하였는데 여기서는 한글 (산)·(해) 등 "산"자와 "해"자의 좌우에 괄호를 하였으며 이밖에 지번은 아라비아 숫자, 지목은 한글로 쓰고 있다(원영희, 1990 : 63-64).

임야도는 임야조사시간(1917~1924년) 중 1918년 조선임야조사령 제17조에 "도장관은 임야대장 및 임야도를 조제하여 제8조 제1항의 규정에 의해 사정으로 확정된 사항, 재결을 거친 사항을 등록할 것"이라고 규정하여 공식화하였다. 이 당시 조선임야조사령 시행규칙 제6조에 의하여 임야조사서와 함께 도면을 임야소재, 부, 군, 도청에 비치하여 30일간 공람하고 조선총독부 관보와 임야소재지 도의 도보(道報)에 게재해야 했다.

한편 임야원도 작성은 도곽의 종횡선수치는 약 7리(厘) 크기의 아라비아 숫자로 주서하고, 경계선은 실선으로 묵서하며, 실측한 도·부·군·면·동·리의 경계선 및 명칭은 묵서하였다. 하천·구거 및 호해(湖海)는 남색의 실선으로 하고, 호해는 복선으로 표시하였으며, 하천 및 구거의 내부는 남색으로 동일하게 나타내었다. 도로는 실선으로 주서하고, 삼각점의 부호·명칭 및 번호는 주서하였으며, 인접한 도부, 군·면·동·리의 명칭, 지번, 지목, 임야 도곽 외의 각종 주기는 묵서하였다. 따라서 임야도는 임야원도를 등사하여 그대로 사용하거나 약간 수정하여 만들어 사용하는 것이었다(한국국토정보공사, 2005 : 531-532).

표 9-1 지적도 임야도의 도곽선 길이

구분	남 북	동 서
지적도	1척(尺) 1촌(寸) (33.33cm)	1척(尺) 3촌(寸) 7분(分) 5리(厘) (41.67cm)
임야도	1척(尺) 3촌(寸) 2리(厘) (40cm)	1척(尺) 6촌(寸) 5리(厘) (50cm)

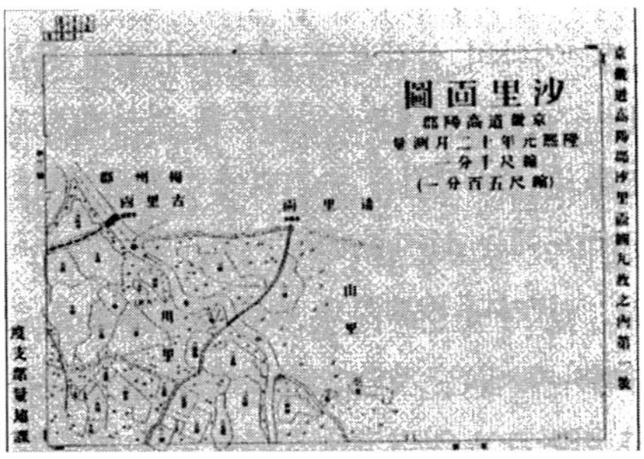

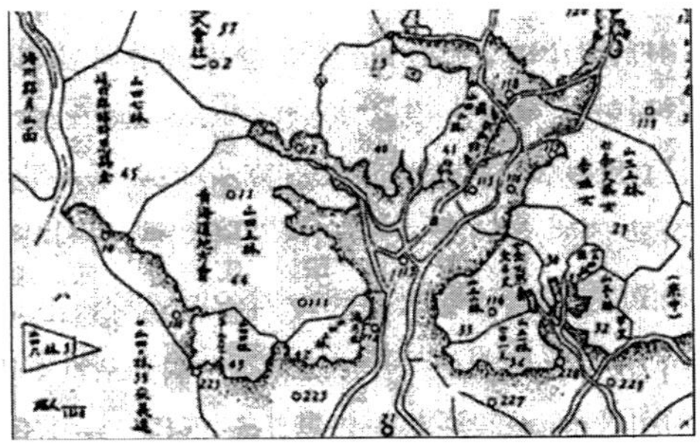

자료 : 교육인적자원부, 2003 : 69-70

그림 9-4 초기 지적도와 임야도

Zoom in

증보도(增補圖)

1. 의의 : 본도(지적도)에 등록하지 못할 위치에 새로이 등록할 토지가 생긴 경우 새로이 만드는 지적도
2. 특징
   ① 토지조사령에 의한 지적도와 대등한 도면
   ② 증보도가 지적도의 부속도면 혹은 보조도면이란 것은 잘못된 것으로 본다.

부호도(符號圖)

1. 의의 : 지적도에 등록된 토지의 모형 안에 그 지번이나 지목을 주기할 수 없는 경우 작성
2. 주 내용 : 도형 내에는 단지 부호만 주기하고 다른 도면에 따로 그 부호를 빼내어 지번과 지목을 주기함
3. 특징 : 부호도는 지적도의 일부분이지 부속도면 또는 보조도면은 아님

역둔토도(驛屯土圖)

역둔토도는 역둔토의 분필조사를 시행하기 위하여 별도로 조제에 관계되는 지번, 지목, 지적조서 등에 의하여 측량원도에 있는 해당 지목의 1필지를 미농지(tracing paper)에 투사 묘시(猜示)한 것이다.

7) 간주지적도 및 간주임야도

조선총독부는 토지대장규칙을 개정하여 임야도로써 지적도로 간주할 지역을 따로 고시할 뜻을 규정하였고, 이것을 근거로 하여 재무국장은 "임야도로서 지적도로 간주하는 지역의 고시가 있는 경우의 취급방안에 관한 건"이란 공문을 각 도지사(경북, 충북)에게 통첩하였다(지적기술연수원, 1993 : 290-292). 이 내용에 따르면 '토지대장규칙'에 의하여 토지에 관한 사무의 취급을 하지 않는 지역은 종래 지세대장 시행지역으로 취급해 왔지만, 조선임야조사령에 의한 조사의 진행에 따라 임야대장 시행지역으로 된 지역은 새로 이를 토지대장규칙에 의하여 토지에 관한 사무를 취급하는 지역으로 하고, 동시에 이 지역은 임야도로써 지적도로 간주할 지역으로 조선총독부에서 이를 고시한다." 또한 "임야도로써 지적도로 간주하는 지역의 토지대장은 이를 구분하여 별책으로 할 것"을 지시하였다(한국국토정보공사, 2005 : 528-529).

토지조사령에 의한 토지조사는 우리나라 전체를 대상으로 하였지만 원칙적으로 산림지대, 즉 임야는 제외하였기에 산림지대에 있는 토지는 지적도가 만들어지지 않았다. 그러나 토지조사령에 의한 조사지역 밖인 산림지대에도 지목에 전, 답, 대 등 지적도에 올려야 할 토지가 있어 이를 신규측량한 후 지적도에 등록하여야 하겠으나, 이러한 토지는 보통 토지조사 시행지역에서 약 200간 이상 떨어진 곳에 위치하여 기존 지적도에는 등록할 수 없는 경우가 대부분이었다. 그렇다고 새로 증보도를 만들려면 많은 노력과 경비가 들고, 도면의 매수만 늘어나서 취급이 불편하였다. 그래서 산간벽지, 또는 도서지방에서 이미 비치되어 있는 임야도를 지적도로 간주하여, 그 구역 안에 있는 것은 전, 답, 등 등 이른바 과세지라 하더라도 지적도에 신규 등록할 것 없이 그 지목만을 수정하여 임야도에 존치하도록 하였다. 다만 그에 대한 토지대장은 일반적인 토지대장과는 별도로 작성하여 이를 "별책토지대장", "을호토지대장", "산토지대장"등으로 불렀는데, 이 때 지적도로 간주하는 임야도를 "간주지적도"라고 불렀다(원영희, 1988 : 509-510).

즉 간주지적도란 산간벽지 또는 도서지방에서는 임야대장규칙에 따라 이미 비치되어 있는 임야도를 지적도로 간주하여 지적도에 신규등록 할 것 없이 그 지목만을 수정하여 임야도에 등록한 것을 말하며, 이 간주지적도에 등록된 토지의 대장은 토지대장과는 별도로 작성하여 "별책토지대장", "을호토지대장" 혹은 "산토지대장"등으로 불렀다. 간주지적도는 원칙적으로 토지조사령에 의하여 조사를 한 최종 지역선에서 거리 약 200間을 넘는 지역으로 산림지역내의 전, 답, 대 등을 대상으로 하였으며, 200間 이내 지역 내의 토지 대부분이 과세지역, 기타의 원인에 의하여 이미 지적도에 등록되었을 때에는 그 등록된 토지로부터 약 200間 이내의 토지를 지적도 등록지역으로 편입하였다.

간주임야도는 일제가 조선임야조사사업 당시 전국의 일부지역에 있어서 임야지의 이용가치가 낮고, 정밀도가 그다지 요구되지 않고, 임야조사측량을 실시하기 곤란한 광대한 면적을 가진 심산유곡의 국유임야지 가운데 일부 지역에 대해서 1/3,000, 1/6,000 임야도를 작성하지 않고 축척 1/25,000이나 1/50,000 지형도 위에 임야경계선을 조사 · 등록하고 임야도로 한 것을 의미한다(한국국토정보공사, 2005 : 533). 한편 1/25,000과 1/50,000 지형도상에서 면적을 측정하였기 때문에 신뢰성이 낮고 공신력 있는 공부로서의 역할을 다하지 못했다. 또한 이 간주임야도는 축척 1/25,000 또는 1/50,000 지형도의 경도 · 위도로 구분한 도곽을 사용하였기 때문에 위도에 따라 그 도곽의 절대 길이가 약간씩 변화되는데, 북반구에서는 위도가 높을수록 그 횡선의 길이가 짧아지는 현상이 나타나며 심지어 같은 도면에서 조차 위 횡선보다 아래 횡선이 약간 길다고 할 수 있다.

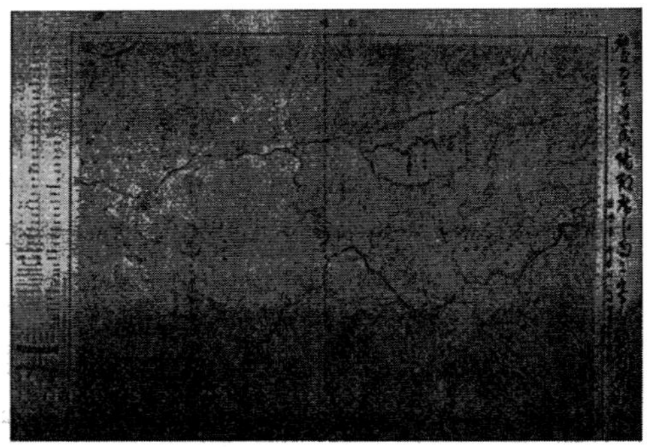

자료 : 한국국토정보공사, 2005 : 43-44

그림 9-5 간주지적도와 간주임야도

Zoom in

산토지대장 · 별책토지대장 · 을호토지대장

〈임야도를 지적도로 간주하는 지역 내의 토지대장〉

1. 의의

과거 조선지세령(朝鮮地稅令)에 의하여 조선총독이 지정하는 지역에 있어서 임야도를 지적도로 간주하고 이 지역의 토지는 일반 토지대장에 등록하는 것이 아니라 따로 토지대장을 작성하였으며 이를 산토지대장(山土地臺帳), 을호토지대장(乙號土地臺帳), 별책토지대장(別册土地臺帳)이라 불렀다.

2. 특징

산토지대장은 구 토지대장과 서식이 같으나 면적은 구 임야대장등록처럼 우선 무(畝) 단위(30평단위)로 산정하고 그것을 30배(倍)하여 평 단위로 등록하였기 때문에 면적은 30평의 배수(倍數)로 표현되는 특색이 있다.

8) 지세명기장(地税名寄帳)

지세명기장(地税名寄帳)은 지세징수를 위하여 이동정리를 끝낸 토지대장 중에서 민유과세지만을 뽑아 각 면마다 소유자 별로 연기한 후 이것을 합계하였다. 지세명기장을 만드는 방법은 소유자명을 50음순(일본어 가나 순)으로 하고, 성이 같은 자가 많을 경우에는 이름의 첫 자를 50음 횡열순(일본어 가나 순)으로 순서에 맞추어서 인명란에 기입한 다음, 난외 상부에다 번호를 매겨서 약 200매를 한 권으로 작성하였다. 즉 과세지에 대한 인적편성주의에 따라 성명별 목록을 작성한 것으로서 약 200매를 1책으로 하고 책머리에는 소유자 색인을 붙이고 책끝에는 면계를 붙였다. 또 동명이인의 경우에는 동리명, 통호명을 부기하여 식별하였다(한국국토정보공사, 2005 : 573). 한편 지세명기장은 토지대장에 기초하여 작성되었지만 토지대장에는 결수가 기록되어 있지 않기에 결수는 다른 장부를 참조하여 기입하였다. 첫째로 결수연명부에 기재된 결수를 그대로 옮겨 적는 방법, 둘째로 임시토지조사국의 개활도에 의해 과세지견취도가 작성된 군에서 이것과 지적도를 대조하여 과세지 견취도 상의 결수를 옮겨 적는 방법, 셋째로 지주총대로 하여금 토지신고서와 결수연명부를 대조하여 토지신고서상의 결수를 옮겨 적는 방법 등이 이용되었다. 이러한 과도기적 특성은 토지조사사업이 종료되고 지세령이 개정되어 지세부과 방식이 변화되면서 해소되었다. 즉 결가제에 의한 지세부와 방식을 폐지하고 지가에 따라 지세를 부과함으로써 지세명기장에 결수를 기재할 필요가 없게 되어 결수란이 삭제되었다. 조선시대와 일제시대의 과도기에 사용되었던 결수연명부는 징세대장으로서의 역할이 최종적으로 폐기되었다(한국국토정보공사, 2005 : 575-576).

2 등기의 형식

2.1 개요

근대적 등기제도가 도입되기 이전의 조선왕조의 부동산공시제도는 조선시대 초기부터 1893년(고종 30년)까지의 약 500년의 시간 동안은 문기(文記)라는 서면에 의한 부동산양도와 입안(立案)이라는 일종의 공증제도가 행해졌으며, 1893년부터 1905년(광무 9년)까지는 지계제도(地契制度)와 가계제도(家契制度)라는 지권제도가 시행되었으며, 1906년부터 약 5년간은 불안전하기는 했지만 근대적 등기제도의 시초라 할 수 있는 증명제도가 시행되었다(곽윤직, 1993 : 42-43). 이와 같은 부동산등기는 1906년(광무 10년) 칙령 제65호로 토지가옥증명규칙과 뒤이어 1908년(융희 2년) 칙령 제 47호로 제정된 토지가옥소유권증명규칙을 시행하여 처음으로 부동산에 대한 증명제도를 실시하였다.

근대적인 토지등기제도는 조선민사령(1912년 3월 18일 제령 7호)을 공포하여 일본의 민법 기타의 법률을 한반도에 의용(依用)하기로 하였으며 같은 날 조선부동산등기령(1912년 3월 18일 제령 제9호)을 공포하여 일본의 부동산등기법을 그대로 사용하도록 하였으나 토지대장 등 지적공부가 작성되지 아니하여 경성, 부산, 인천, 원산, 마산, 군산, 성진(成津), 평양, 진남포(鎭濫浦) 등 일본인의 거류지가 형성되었던 9개 도시의 일부 지역에 한하여 시행되었으며, 기타 지역에서는 이의 시행을 보류하다가 토지조사사업이 진행되면서 토지대장규칙(1914년 4월 25일 조선총독부령 제45호)을 제정하고 이를 근거로 토지대장을 작성한 후 토지대장을 기초로 토지등기부를 작성하기 시작하였다. 우리나라의 초기의 등기제도는 1906년부터 1914년 4월 30일까지 부동산증명제도가 1914년 5월 1일부터 1918년 6월 30일까지는 증명·등기가 함께 시행되었고, 1918년 7월 1일부터는 등기제도가 전국적으로 시행되었다. 이렇게 하여 시행된 조선부동산등기령은 토지조사 이후 1959년까지 지속되었고, 1958년 민법이 공포되고 1960년 부동산등기법이 제정됨으로써 비로소 조선부동산등기령이 폐지되었다.

2.2 등기의 형식

등기업무는 초기부터 지금까지 지방법원, 지원 또는 출장소에 등기소를 설치하고 있으며, 부동산등기부는 토지등기부와 건물등기부로 나누어 기록하고, 각 등기부는 1필의 토지와 1

동의 건물에 각각 1등기 용지를 둔다. 각각 용지에는 표제부(表題部)와 갑(甲) · 을구(乙區)를 두어 표제부에는 부동산의 표시를 갑구에는 소유권, 을구에는 기타권리에 관한 사항을 기재한다. 등기의 신청에는 등기의 허락이나 원인행위의 공증(公證)이 요구되지 않고 등기완료 시에 등기소에서 등기권리자에게 주어지는 등기필증(登記畢證)의 제출이 요구되었다.

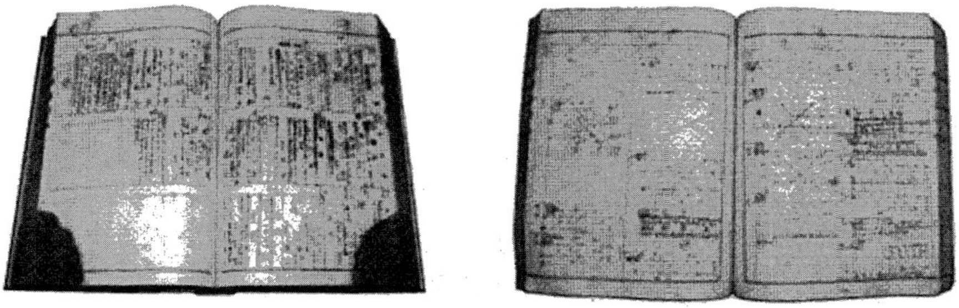

자료 : 법원행정처, 2004 : 화보

그림 9-6 장부식 등기부(세로식 · 가로식)

3 지적과 등기제도의 비교

3.1 개요

지적제도는 토지에 대한 물권이 미치는 경계와 면적 등 물리적 현황을 지적공부에 등록 · 공시하는 제도로써 행정부인 국토교통부 주관 하에 광역자치단체와 기초자치단체인 시 · 도와 시 · 군 · 구에서 지적 관련 법령에 의하여 수행하고 있다. 등기제도는 토지에 관한 무형적인 권리관계를 등기부에 기재하여 공시하는 제도로써 사법부인 법원행정처 주관 하에 산하기관인 지방법원과 지원 및 등기소에서 부동산등기법령에 의하여 수행하고 있다.

3.2 지적과 등기의 관계

지적은 토지에 대한 시실관계를 공시하고 등기는 토지에 대한 권리관계를 공시한다는 점에서 차이가 있다 할지라도 그 대상은 동일 토지라는 점에서 등록과 등기는 밀접한 관련을 가진다. 즉 권리관계를 공시함에도 그 목적물이 특정되어야 하고 사실관계를 공시함에 있어서도 권리변동의 효력이 발생하여야만 그 신고 또는 신청의무가 특정되는 것이므로 지적과 등기는 그 목적물의 표시 내지 소유권의 표시에 관한 한 항상 부합되어야 한다. 따라서 등기에 있어서 토지의 표시에 관하여는 지적을 기초로 하고 지적에 있어서 소유자의 표시는 등기를 기초로 한다. 그러나 미등기토지의 소유자 표시에 관하여는 지적을 기초로 하는 것은 등록기관의 사실조사권에 바탕을 두고 등기기관의 형식적 서면심사권 밖에 없는 데에 기인한다(한국지적학회, 1993 : 25). 물론 등기, 지적의 부합여부와 지적과 실제 토지현황의 부합여부 또는 등기와 실체권리의 부합여부와는 전연 별개의 문제다. 지적사항과 등기사항이 부합된다 할지라도 지적과 실제 토지가 부합하지 않거나 등기와 실체권리관계가 부합하지 아니할 경우에는 지적, 등기의 부합은 아무런 의미가 없게 된다.

3.3 지적과 등기 비교

근대적 지적제도와 등기제도의 창설 이후를 기준으로 하여 양 제도의 목적, 기본이념, 공부종류, 등록사항, 담당기관, 등록방법, 심사방법, 편제방법 등에 관한 사항을 비교하면 다음과 같다.

표 9-2 지적제도와 등기제도의 비교

구분	지적제도	등기제도
목적	① 효율적인 토지 관리와 소유권의 보호 목적으로 토지의 실체를 명확히 하기 위한 제도 ② 토지에 대한 물리적 현황의 등록 공시 ③ 국가적 필요에 의한 제도	① 토지에 대한 법적권리관계의 등기 공시 ② 부동산물권의 공시수단 및 권리 변동의 효력발생요건으로 거래의 안전을 위한 공시제도 ③ 개인의 권리 보호를 위한 제도
기본이념	① 국정주의 ② 형식주의 ③ 공개주의	① 형식주의(성립요건주의)
공부종류	① 토지대장 ② 임야대장 ③ 지적도 ④ 임야도 ⑤ 경계점좌표등록부 ⑥ 공유지연명부 ⑦ 대지권등록부 ⑧ 지적전산파일	① 토지등기부 ② 건물등기부 ③ 기타 : 임목등기부 · 공장재단등기부 · 광업재단등기부 · 선박등기부 등
등록사항	소재, 지번, 지목, 면적, 소유자의 주소, 성명, 고유번호, 도면번호, 등급, 용도지역 등	소유권, 지상권, 지역권, 전세권, 저당권, 임차권의 설정 · 보존 · 이전 · 변경 · 소멸 · 처분의 제한 등
담당기관	① 행정구역중심으로 운영 즉 ② 행정부(국토교통부, 시 · 도 , 시 · 군 · 구)	① 재판관할구역중심으로 운영 즉 ② 사법부(법원행정처, 지방법원, 지원, 등기소)
등록방법	① 적극적 등록주의(직권등록주의) ② 단독신청주의	① 소극적 등록주의 ② 당사자신청주의(공동신청주의)
심사방법	실질적심사주의	형식적심사주의(서면심사)
편제방법	① 물적 편성주의(1필지 1카드) ② 동리별 지번 순	① 물적 편성주의(1필지 3카드) ② 동리별접수순에서 지번 순

자료 : 한국지적학회, 1993 : 29

SECTION

10 지적재조사

1 지적재조사사업의 개요

지적재조사는 토지이용의 효율성과 국민의 재산권 보호에 있어서 그 태생적 한계로 인하여 지속적으로 지적관리에 혼란을 초래하고 있는 지적불부합지 문제를 근본적으로 해소하고, 토지의 현황을 도면경계와 일치화하며 일필지의 표시를 명확히 함으로써 능률적이고 효율적인 지적관리체제로의 개선을 위하여 기존 지적제도를 전면적으로 개편하는 작업이다. 또한 지적재조사는 과거 토지조사사업에서 작성했던 지적공부의 질적 향상을 추구하고 현행 법적 · 기술적 측면을 보다 완벽하게 하여 지적관리를 현대화하기 위한 수단으로 생각된다. 여기서 지적공부의 질적 향상이라 함은 지적측량성과의 정확도를 재고함은 물론 지적에 포함되는 요소들의 확장 및 개편을 의미한다.[58)]

따라서 지적재조사는 ① 특정지역에 대하여 새로운 지적측량의 시행을 의미하게 되며, 이것은 결국 새로운 경계의 확정이나 경계의 설정을 뜻한다. ② 지적측량방법이나 지적요소의 수정을 요하며 ③ 가능한 지역에 대하여는 도해지적도의 수치화를 필요로 한다. 한편 국토교통부에서 표방하는 지적재조사사업의 목표는 첫째, 세계좌표계기반의 디지털 지적체계를 구축한다. 즉 지난 100년간 사용해온 지역좌표계(동경원점)을 폐기하고 세계좌표계를 적용하여 디지털 수치 형태로 지적공부를 구축한다. 둘째, 정길한 측량과 조사를 통해 지적정보의 정확도를 높인다. 즉 지적불부합지, 잘못된 지목 등 지적정보 상에 있는 오류를 시정하여 지적제도에 대한 국민의 신뢰를 회복한다. 셋째, 지적의 다양한 활용체계를 개발한다. 즉 지적정보시스템을 전면 재설계하여 한편으로는 세계좌표계 기반의

58) 지적재조사와 같은 의미로 지적선진화는 최첨단 인공위성측량(GPS)방법을 이용한 정확한 측량으로 지적정보를 디지털화하여 지적불부합지 문제를 해소하고 일필지의 토지표시를 명확히 함으로써 능률적인 지적관리체제로 개선하기 위한 한국형 첨단지적시스템 구축 및 국가 공간정보 인프라를 구축하는 국토디지털화 작업을 말한다(양근우, 2011 : 16).

디지털 지적정보를 지원하는 동시에, 다른 한편으로 관련 업무 및 정보들을 유기적으로 연계하도록 하여 지적정보의 활용도는 높인다. 지적정보를 활용한 차세대 서비스도 함께 발굴하여 지적재조사의 투자효과를 높이도록 한다(한국개발연구원, 2011 : 74).

따라서 지적재조사사업은 새로운 지적제도의 근간을 만드는 초석을 다지는 것으로 지적행정의 효율성과 신뢰성을 확보하고 지적정보의 정확성과 유용성을 극대화하며, 지적기반 인프라 구축을 통한 국가의 신 성장산업을 육성하는 중장기 프로젝트라 할 수 있다.

2 지적불부합지(地籍不符合地)의 정리

2.1 의의

지적불부합지의 정의는 제도적 관점에서 파악하는 경우와 비제도적 관점에서 파악하는 경우로 나누어 볼 수 있으며, 이는 일반적으로 구분하는 협의의 개념과 광의의 개념으로 구분하는 형태로 대동소이하다고 볼 수 있다(경기도 광주, 2005 : 50).

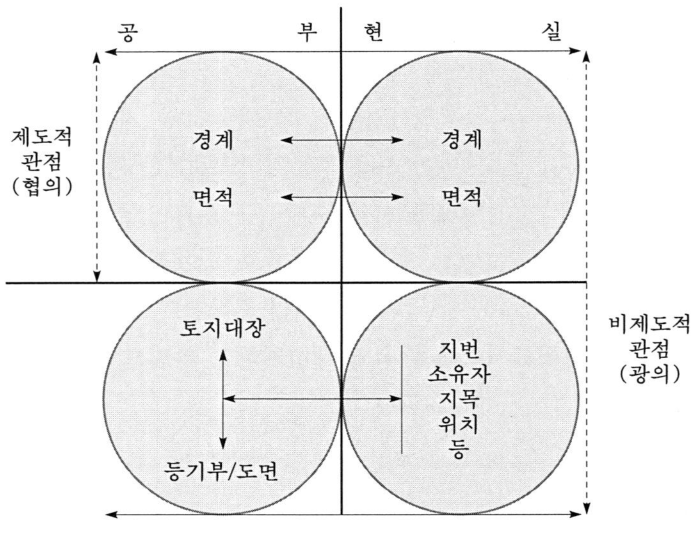

그림 10-1 지적불부합지의 개념도

제도적 관점에서 지적불부합지는 측량성과의 검사범위를 벗어나는 것을 의미하며, 학자들의 정의는 대체로 지적공부에 등록된 경계 및 면적이 실제 현장의 경계 및 면적과 부합하지 않는 상태의 토지를 의미하는 것으로 볼 수 있다. 비제도적 관점에서 지적불부합지는 지적공부의 등록내용와 현장의 실제 현황이 일치하지 않는 경우와 지적공부와 등기부의 불일치, 지적공부 상호간의 불일치 등을 포함하는 개념으로 해석할 수 있다.

한편 제도적 관점의 지적불부합지(地籍不符合地)는 지적공부의 경계등록사항이 실지와 부합되지 않는 지역을 말하며, 그 한계는 세부측량에서 도상에 영향을 미치지 않는 지상거리의 축척별 한계인 축척분모의 10분의 1mm로 규정하고(지적측량시행규칙 제 18조 제8항), 또한 경계점 측량성과의 인정을 도해지적에서 10분의 3mm로 규정(지적측량시행규칙 제27조 제1항 제4호)하고 있다. 한편 지적공부의 경계와 현지경계가 30~50cm 이상으로 차이가 나는 필지가 10필지 이상인 지역을 지적불부합지로 볼 수 있다(지적불부합지정리지침, 2005.10.17. 행정자치부 예규 제 177호).

2.2 지적불부합지의 발생원인

지적불부합지의 발생원인은 제도적 원인, 행정적 원인, 정책적 원인, 기술적 원인 등으로 구분하여 파악해 볼 수 있다(경기도 광주시, 2005 : 51-52). 즉 제도적 원인은 일정 제도의 변화에 따른 원인과 조직의 비협력체계에 기인하는 원인들을 말하고, 행정적 원인은 등록과정에서의 오류와 공부의 비효율적 관리에 기인하는 원인들을 의미한다.

첫째, 제도적 원인은 지적관리체계의 비효율성에 기인하는 것으로 법 개정에 따른 일관성 및 통일성 저하에서 오는 오류, 측량수행체계의 변화에서 오는 일관성 저하, 조직체계의 조정에 따른 유지관리의 저하, 각종 지적관련 부서 및 업무의 이원화 등으로 안정적이고 체계적인 토지관리가 이루어지지 못하여 발생하는 원인을 의미한다. 둘째, 행정적 원인은 지적업무 수행과정에서 발생하는 원인으로 청산에 따른 규정의 미미로 행정 처리의 복잡, 분쟁해소 방안의 미흡, 수작업에 의한 도면작성, 천재지변에 따른 지적복구의 부정확, 도면재작성 과정에서 오는 제도오차, 토지이동정리과정에서 파생되는 오류, 도면의 보존 · 관리에서 발생하는 오류 등의 원인을 의미한다. 셋째, 정책적 원인은 지적제도 발전을 위한 대안의 집행과정에서 파생되는 원인으로 원점 및 좌표계 적용상 발생하는 원인, 전자지적을 지향하기 위한 수치지적으로의 전환에 따른 오류, 측량방법의 적용에 따른 일시적 혼돈, 정보화환경에 부합하는 시스템 구축과정에서 발생하는 오차 등의 원인을 의미한다.

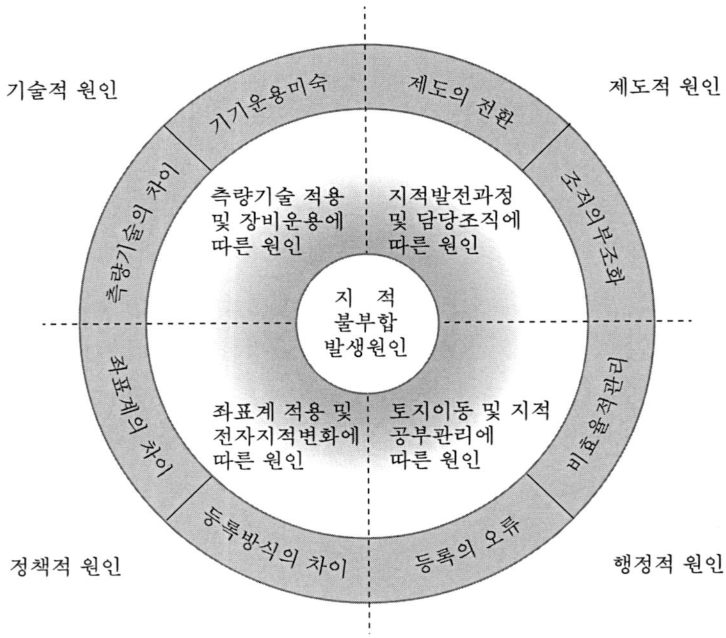

그림 10-2 지적불부합지의 발생원인

넷째, 기술적 원인은 전문성과 숙련도의 결여에서 오는 원인으로 기준점을 설치하는 경우 사용원점의 차이에서 발생하는 오차, 경계점 복원과정에서 발생하는 제반 문제에 의한 오류, 장비운영의 미숙련에서 발생하는 오류 등 측량기술의 변화와 측량기기의 운용미숙에서 발생하는 원인을 의미한다.

한편 어떤 기준에 의한 발생 원인이 아닌 나열식으로 혹은 세부적으로 발생 원인을 검토하면 다음과 같이 정리된다, 즉

① 토지조사당시부터 기초측량 및 세부측량이 잘못된 경우
② 측량원점이 통일되지 아니하여 원점간 오차로 인한 경우(특별소삼각점 : 10초독, 구소삼각점 : 20초독)
③ 도근측량에 있어서 도선간, 도근망간 오차의 누적과 오측에 의한 경우
④ 일필지 측량의 오차누적과 명확한 기지점을 이용하지 않은 세부측량에 의한 경우
⑤ 집중적 토지이동에 따른 기술인력, 관리자업무조직 미약으로 인한 경우
⑥ 6 · 25 전쟁으로 지적삼각점의 80% 이상이 망실되었으며 지적복구과정에서 증빙서류가 없어 정확한 복구가 안 된 경우

⑦ 지적기준점의 문제로 인한 경우(한반도 전역의 별로 Laplace점을 설치하지 않음, 동경원점 변화에 따른 경도 10.405초의 성과보정 필요)

등이 있다.
한편 지적도면 불부합의 발생원인은

① 도면축척의 다양성(미터법 채용으로 인한 지적도 축척 7종, 임야도 2종, 연속된 토지의 도상설계 시 도곽접합의 어려움)
② 원점계열의 상이(원점의 좌표계 : 동일원점, 구소삼각점, 특별소삼각점 등 다양한 좌표계로 구성되어 있어 좌표계간의 도곽선의 연결이 곤란, 원점계열마다 다른 측량정확도로 좌표변환 요소의 통일성을 기하기 어려움)
③ 지적도 관리의 부실(열람자의 부주의, 등사로 인한 도면의 과다한 신축)
④ 지적도 재작성의 부정확(신축, 오손, 마멸 빈번한 토지의 이동)
⑤ 토지이동의 부정확(기존 지적도상의 오류, 측량기준점의 미비, 이동 측량의 부정확)
⑥ 토지경계 관리의 불합리(경계와 다른 시공, 경계표지의 미설치, 부정확한 기지점 이용으로 측량오류)

등이 있다.

2.3 지적불부합지의 특성 및 영향

지적불부합지의 발생은 그 자체로 사회적으로 제약이 따르고 지역경제에 부의 영향을 초래하며, 지적행정업무 수행의 지연을 유발하는 특성 및 영향력을 갖고 있다(이성화, 2001 : 67-69).

첫째, 사회적 제약은 빈번한 토지분쟁과 토지거래질서의 문란, 주민의 권리행사지장, 권리 실체 인정의 부실을 초래한다. 즉 지적불부합지의 사회적 제약은 토지의 정량성의 부정확이나 절대위치의 불확실로 이어져 사회적으로 많은 문제점을 야기한다. 또한 토지표시사항의 부정확은 인접 토지소유간의 토지경계분쟁을 야기하고 금융기관의 담보대출이 어려워지고 재산권행사에 막대한 지장을 초래하게 된다. 더욱이 토지의 경계나 면적이 실지와 불일치하면 토지거래기피 현상이 발생하여 거래가 이루어진다고 하더라도 소송

등의 분쟁이 예상된다. 둘째, 행정업무처리의 지연은 지적행정의 불신을 초래하고 토지이동정리의 정지, 지적공부에 대한 증명발급의 곤란, 토지과세의 부적정, 부동산등기의 지장초래, 공공사업 수행의 지장, 소송 수행의 지장 등 많은 영향을 끼치고 있다. 셋째, 지역경제의 악화는 토지가치의 하락, 불로소득의 가능성, 토지보상의 제약 등에 연계된다. 즉 면적의 증감은 물론 경계와 위치의 불일치는 토지거래, 세금부과에 불로소득을 얻을 수 있는 연계성이 존재한다.

2.4 지적불부합지의 유형

지적불부합지가 발생하는 원인과 지역 및 여건변화에 따라 그 유형도 다양하게 발생하고 있다. 대체로 지적불부합지의 유형은 제도적 관점의 개념에 부합하는 유형과 비제도적 관점에 부합하는 유형으로 나누어 볼 수 있다. 즉 제도적 관점이라는 것은 지적공부와 실제현장이 상이한 형태로 도면과 실제 측량한 결과가 중복 · 편이 · 공백 · 위치상이 · 불규칙 등의 형태를 보이는 것을 의미한다. 비제도적 관점은 지적도와 토지대장 또는 토지대장과 등기부 상호간의 내용이 불일치하는 경우로 행정의 불신과 서비스의 질적 저하로 연결된다. 지적불부합지의 유형은 대체로 제도적 관점에서 바라본 유형 등을 언급하고 있다 (최용규, 1985, 김행종, 1997, 이성화, 2001, 행정자치부, 2003).

중복형은 일필지의 일부가 인접된 다른 필지에 중첩되어 나타나는 것으로 등록전환을 하는 경우 측량착오나 골조측량을 하는 경우에 사용되는 원점이 상이한 경우 원점구역의 접합지역에서 발생하는 사례가 대표적이라 할 수 있다. 즉 측량상의 오류는 인접 동 · 리의 토지를 측량할 때에 다른 동 · 리 경계선 부근에 이미 등록된 다른 토지의 경계선을 충분히 확인하지 않고 처리함으로써 야기되는 것이 대부분이다. 공백형은 삼각점 또는 도근점의 계열과 도선의 배열이 서로 상이한 경우 신규등록, 등록전환과 같은 이동지 정리측량의 오류에서 발생한다. 이러한 사례는 많은 필지가 산재되는 경우가 많으며, 집단적으로 발생되는 예가 미미한 것으로 나타나고 있다. 편위형은 도근점의 위치가 부정확하거나 도근점의 사용이 어려운 지역에서 현황측량방식으로 대단위지역의 이동측량을 할 경우에 발생하는 유형으로서 측판점의 위치결정의 오류로 인한 것이 대부분이다. 이러한 유형은 면적과 필지수가 많은 토지의 집단지로 구성되어 있어 행정 처리의 곤란과 토지이동정리를 할 경우 국부적으로 편위시켜 처리함으로써 오류발견 이후에도 오류지역이 확대되는 성향이 있다.

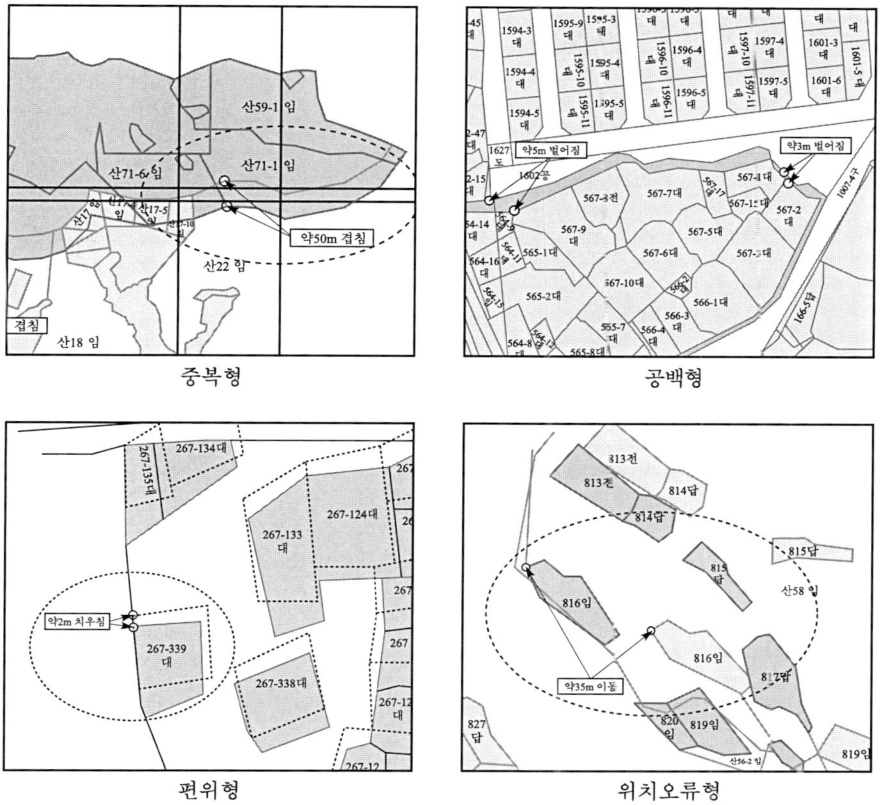

그림 10-3 지적불부합지의 유형

불규칙형은 일정한 방향으로 밀리거나 중복되지 않고 산발적으로 오류 등록된 경우를 말한다. 이러한 유형은 기초점 자체의 위치오류, 토지경계 인정의 착오, 토지소유자들의 토지경계의 혼동으로 인한 경계구조물 설치의 부정확 등 다양한 원인으로 인하여 형성된 복합 형태이다. 위치오류형은 일필지의 토지가 형상과 면적은 사실과 일치하나 지적도면 위치는 전혀 다른 곳에 놓여 있는 것을 의미한다. 이러한 유형은 주로 세부측량 당시에 측량기준점이나 기지 경계선으로부터 비교적 멀리 떨어진 산림속의 경작지에서 많이 발생되는 사례들이다. 지형변동형은 등록당시와 현재의 이용 상황이나 변동된 사례로서 주로 6 · 25 전쟁이나 천재지변, 재난 · 재해 등으로 토지이용형상이 달라져 경계가 보존되지 못하고 있는 경우를 말한다. 즉 홍수 등으로 하천이 범람하여 포락지 등이 새로이 형성된 경우와 인위적으로 변동시킨 경우를 들 수 있다. 경계선 이외의 불부합형은 지적공부와 실지가 서로 일치하지 않고 다른 형태로 발생되어 문제시되고 있는 필지를 말한다.

Zoom in

경계 이외의 불부합

1. 의의 : 공부와 실지가 서로 다른 지목과 소유자의 성명, 주소 등 표시시항이 맞지 않는 오류

2 유형

① 지적공부와 실지 토지표시사항이 다른 경우

② 토지대장과 지적도의 등록사항이 서로 다른 경우

③ 토지대장과 등기부의 등록사항이 서로 다른 경우

2.5 지적불부합지의 조사 및 정리

지적불부합지는 지적재조사 기본계획수립(1995년) 당시에는 0.08%로 추정하였으나, 지적불부합지정리 기본계획(2002년)에 의하여 조사한 결과 3.9%로 조사되었다. 그 이후 정확한 지적불부합지 실태와 통계확보를 위하여 2007년 경계정비대상 조사지침을 제정하여 지적 · 임야도의 경계와 수치지도, 항공사진 및 위성영상 자료, 측량결과도 등의 자료를 전산 S/W로 일정범위를 벗어난 경계점을 색출하여 조사한 결과, 지적불부합지가 13.8%로 조사되었다. 그리고 2009년 디지털지적구축 시범사업을 추진하면서 충남지역을 추가로 조사하여 현재 지적불부합지는 14.8%로 집계되어 지속적으로 증가하는 것으로 나타났다(한국중소기업학회, 2010 : 23).

표 10-1 **지적불부합지 조사 현황 (단위 : 천 필지, km²)**

연도별	필지 수	지적공부(A)	지적불부합지(B)		비율(A : B)	
		면적	필지 수	면적	필지 수	면적
1995년	33,698	99,203	28	54	0.08%	0.05%
2002년	35,462	99,538	1,383	1,802	3.90%	1.80%
2007년	37,157	99,720	5,119	5,546	13.80%	5.60%
2009년	37,530	99,897	5,536	6,130	14.80%	6.10%

자료 : 한국중소기업학회, 2010 : 23

지적불부합지정리사업은 지적불부합 지역의 토지경계의 분쟁해소 및 재산권행사의 불편해소를 위하여 축척변경사업, 등록사항정정의 방법으로 추진되었다. 세부추진계획에 의하면 지적불부합지를 1%로 추산하고, 20년간 1단계(2001~2003년) 준비단계, 2단계(2004~2010년) 실행단계, 3단계(2011년 이후) 마무리 단계로 되어 있다(내무부, 2002).

표 10-2 **지적불부합지 정리실적 (단위 : 천 필지, km²)**

내 용	연 도	필지 수	면적
합계		55	1,078
지적민원처리개선과제	1980~1983	38	1,036
행정쇄신과제	1993~1996	10	34
지적행정역점시책	1997~2001	7	8

자료 : 한국중소기업학회, 2010 : 25

2004년에 12개 시 · 도별로 정리가 용이한 지역을 선정하여 5억 7,000만원의 국고보조금과 지방비 1억 4,600만원으로 한국국토정보공사와 계약하여 축척변경사업, 등록사항정정방법으로 지적불부합지 정리시범사업을 추진하였으며[59], 2004년부터 2006년까지 국고보조사업지구를 선정하여 3년동안 131개 지구 43개 지구에 대하여 공부정리를 하였다.

한편 경계분쟁 및 민원이 유발되고 지적불부합지를 직접측량으로 디지털화를 추진하는데 지적도 경계가 실제경계와 불일치하는 10필지 이상 집단지를 지적불부합지의 대상으로 하여, 수치지도, 위성영상, 정사사진 등의 자료 및 현지조사로 지적불부합지정리사업이 실시되어야 한다. 특히 전국 3,761만 필지 중 14.8%를 차지하고 있는 지적불부합지는 국토교통부가 기본 계획수립 및 지침시달하고 소관청이 실시계획을 수립하여 추진하도록 하며, 경계결정, 조정금산정 등 민감한 사안에 대하여 법적 근거가 마련되어야 안정적으로 추진 가능하므로 지적재조사특별법에 따라 다음과 같은 절차에 의하여 추진되어야 할 것이다.

59) 지적불부합지정리사업에서 나타난 한계로는 첫째, 축척변경과 등록사항정정방법으로 공부정리를 하는 것으로 권리면적의 차이에 따른 청산 및 합의가 곤란하였으며, 이는 제도적으로 청산과 토지소유자의 사망 · 행방불명 · 이전등기 미필 등 대장상 소유자가 실제 소유자가 상이한 사업시행 지구 등에 법적인 근거가 없어 사업추진에 어려움이 있었다. 둘째, 토지소유자의 무관심 동의율이 저조하여 사업추진이 무산되는 경우가 발생하고 토지소유자의 동의 없이 시 · 군 · 구에서 직권으로 정리하기가 불가능하여 실적이 저조하다는 것이다.

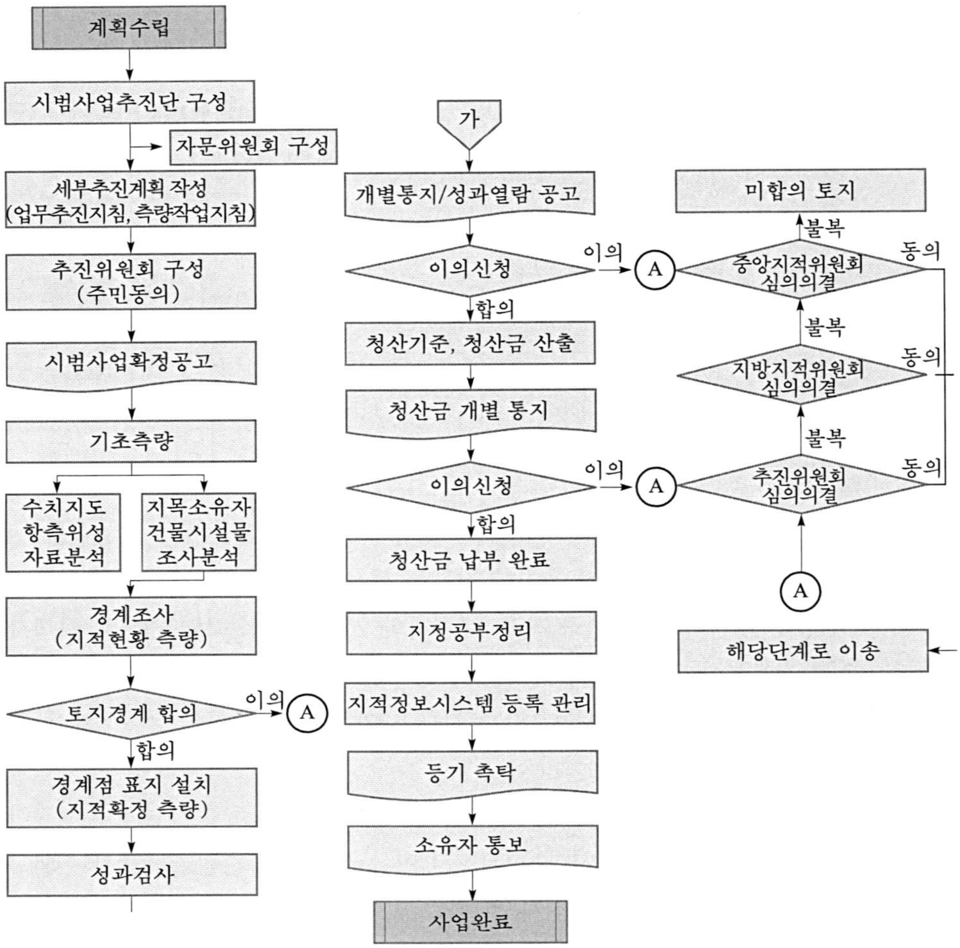

자료 : 양근우, 2011 : 23

그림 10-4 지적불부합지 정리 절차

3 지적재조사사업의 추진경위

지적재조사사업이 거론된 것은 1980년대 초부터 1990년대 지적재조사를 위해 사전 연구를 거쳐 경남 창원시 2개동과 지적도면전산화를 위해 대전광역시 유성구 전체를 대상으로 실험사업을 추진하였으며, 이를 토대로 1995년도 지적재조사추진계획 수립 및 지적재조사특별법 입법예고를 통하여 사업추진 기반을 마련하고자 하였다. 1980년대 새마을

사업의 일환으로 정부에서 전국적인 지적불부합지 정리를 추진하여 37,880필지가 해결되었으며, 1993년에는 행정쇄신위원회에서 국민제안으르 채택, 일제정리가 추진되어 10,039필지가 해결되었다. 1997년에는 지적행정역점시책으로 채택하여 7,085필지가 정리되었다. 행정자치부에서 2000년도에 본격적으로 지적재조사사업을 추진하고자 하였으나, 감사원 권유에 의거 사업의 방향을 우선 시급한 지적불부합지역을 중심으로 정비하는 것으로 변경하였다. 이에 따라 2002년도에 "지적불부합지 정비사업의 기본계획"을 수립하여 추진하였으나 지적불부합지정리사업만으로는 지적이 안고 있는 근원적인 문제를 해소할 수 없고, 지적불부합지정리사업 완료시 지구계 내외간에 또 다른 불부합지를 양산하는데 문제점이 제기되어 2006년 일시 중단되었다.

표 10-3 **지적재조사사업 추진경위**

기간 및 연도	지적재조사사업 추진 내역
1992~1993	지적재조사사업을 위한 사전연구(보고서 5종 발간)
1994(01~12)	지적재조사 실험사업 추진(경남 창원시 2개 동)
1995	행정쇄신위원회 지적재조사사업추진 기본 방향 확정
1996	지적재조사특별법 입법예고(내무부 공고 제 1996-74)
2000	지적재조사사업추진 기본계획 수립 * 2001년 감사원 권고에 의한 지적불부합정리사업으로 전환
2002	지적불부합지정리 기본계획 수립
2004	지적법 전문개정(지적재조사사업 규정 신설)
2006	노현송 의원 외 24인 의원입법으로 토지조사특별법(안) 발의 * 기획재정부는 막대한 예산이 투입되는 사업으로 선 시범사업 후 특별법 저정으로 제안
2007	행정자치부의 전국 지적불부합지조사 후 시범사업 계획수립
2008	디지털지저구축 시범사업(2008~2010) 실시
2009	디지털지적구축 시범사업 중간평가, 국경위 지적재조사 권고
2010~2011	기회재정부 예비타당성조사 실시, 결과 보완 연구용역 추진
2011	지적재조사특별법안 의원발의(김기현 의원) / 법안 국회 통과

2006년 9월 17대 국회 행정자치위원회에서는 의원입법으로 토지조사특별법을 발의하여 법안심사 소위원회에서 심사가 진행되는 동안 행정자치부는 지적제도의 현대화에 대한 검토를 하였고, 기획재정부에서는 많은 예산이 소요되는 사업인 만큼 우선 시범사업을 추진하여 타당성 검토 및 안정적 사업추진 토대로 마련한 후에 법 제정과 본 사업추진을 하는 것을 제안하였다. 국회에서 이를 받아들여 시범사업추진 후 법제정을 검토하기로 하였으며, 행정자치부는 2007년 전국에 산재해 있는 지적불부합지를 일제조사하고 시범사업계획

을 수립하여 2008년부터 2010년까지 3년간 150억 원의 예산으로 전국에 17개 지구에 대하여 시범사업을 추진하게 되었다. 시범사업은 동경측지계를 탈피하여 세계좌표계를 적용하고 21C 글로벌시대에 걸맞는 디지털지적구축을 하기 위한 사업으로 행정자치부장관이 기본계획을 수립하고, 시 · 도 담당과장 회의를 개최하여 대책을 모색하였다. 2008년 지적사무가 국토교통부로 이관되었으며, 국토교통부장관이 디지털지적구축 세부추진계획을 수립하고 시범사업 관련 업무처리지침과 측량작업규정을 제정 · 시달하고 시범사업의 깃발을 내딛게 되었다(양근우, 2011 : 18., 한국중소기업학회, 2010 : 7., 한국개발연구원, 2010 : 2).

4 지적재조사사업의 법적 근거

지적재조사사업의 법적 근거로는 공간정보의 구축 및 관리 등에 관한 법률 제23조, 제64조, 제45조와 국가공간정보에 관한 법률 제12조 지적재조사에 관한 특별법 등에서 찾아볼 수 있다.

지적재조사사업에 관한 직접적인 법적 근거는 지적재조사에 관한 특별법에 따른 지적재조사에 관한 규정으로 국토교통부장관은 토지의 효율적 관리 등을 위하여 지적재조사사업을 할 수 있다고 언급하고 있다. 이러한 지적재조사사업을 수행하는데 절차 및 내용에 관련된 규정으로는 동법 제10조 토지의 조사 · 등록, 그리고 동법시행규칙 제4조 토지의 조사 · 등록에서 찾아볼 수 있다. 즉 국토교통부장관은 모든 토지에 대하여 필지별로 소재 · 지번 · 지목 · 면적 · 경계 또는 좌표등을 조사 · 측량하여 지적공부에 등록하여야 하고, 지적공부에 등록하는 지번 · 지목 · 면적 · 경계 또는 좌표는 토지의 이동이 있을 때 토지소유자(법인이 아닌 사단이나 재단의 경우에는 그 대표자 관리인)의 신청을 받아 지적소관청이 결정한다. 다만 신청이 없으면 지적소관청이 직권으로 조사 · 측량하여 결정할 수 있다. 또한 지적소관청은 토지의 이동현황을 직권으로 조사 · 측량하여 토지의 지번 · 지목 · 면적 · 경계 또는 좌표를 결정하려는 때에는 토지이동현황조사계획을 수립하여야 하고, 토지이동현황조사계획은 시 · 군 · 구별로 수립하되 부득이한 사유가 있는 때에는 읍 · 면 · 동별로 수립할 수 있다.

국가공간정보에 관한 법률 제12에 따르면 국토교통부장관은 지형 · 해안선 · 행정경계 · 도로 또는 철도의 경계 · 하천경계 · 지적 · 건물 등 인공구조물의 공간정보, 그 밖에 주요 공간정보를 기본공간정보로 선정하여 관계 중앙행정기관의 장과 협의한 후 관보에 고시하여야 한다.

특히 지적재조사사업수행의 근거가 되는 지적재조사에 관한 특별법은 총칙, 지적재조사사업의 시행, 지적재조사위원회, 보칙 등으로 구분하여 사업이 원활히 수행될 수 있도록 규정하고 있다.

5 지적재조사사업의 내용

지적재조사사업은 전 국토를 대상으로 2011년에서 2020년까지 10년간 전액국고를 투입하여 수행하는 것으로 국토교통부의 지적재조사사업계획서(2010년 7월)에서 언급하고 있다. 즉 국토교통부에서는 2010년 상반기 예비타당성조사 당시의 사업계획서에서 1차례 사업물량과 이에 따라 총사업비, 세부 사업추진단계를 수정하였다. 사업규모는 전 국토 37,157천 필지에서 37,530천 필지로 수정하였고, 사업비용도 3조 4,678억원에서 3조 7,407억 원으로 증가하였다. 또한 기존에는 사업추진 계획의 1단계가 2년 동안 지적불부합지, 2단계가 3년 동안 국 · 공유지, 3단계가 5년 동안 기타 지역이었으나, 1단계가 3년으로 지적불부합지인 우선정리지역, 2단계가 5년 동안 시가지와 농경지, 3단계가 2년 동안 임야지역으로 부분 수정하여 국토교통부에서 이에 대한 분석을 요청하였다(한국개발연구원, 2010 : 81–82).

표 10-4 **지적재조사사업 개요**

구 분	지적재조사사업 개요	
사업대상	전 국토 37,530천 필지	
사업범위	• 기준점 측량 • 세계측지계 전환 • 운영 및 유지보수	• 세부측량 • 정보시스템 구축 • 사업추진단 운영 및 기타
총사업비	3조 7,407억 원(전액국고)	
사업기간	2011~2020(10년간)	
추진단계	1단계(3년) : 우선정리지구 정리(5,536천 필지) 2단계(5년) : 시가지 및 농경지 정리(28,442천 필지) 3단계(2년) : 임야지역 정리(3,552천 필지)	
사업주체	국토교통부	

자료 : 한국중소기업학회, 2010 : 13, 한국개발원, 2010 : 81–82

6 지적재조사사업의 추진체계

지적재조사사업은 국토교통부가 주축이 되어 사업을 추진하게 되며, 각 추진체계별로 지적 재조사사업의 실무를 수행하는 지적재조사기획단과 사업의 주요 정책을 심의 · 의결하는 지적재조사위원회를 결성하여 추진하게 된다.

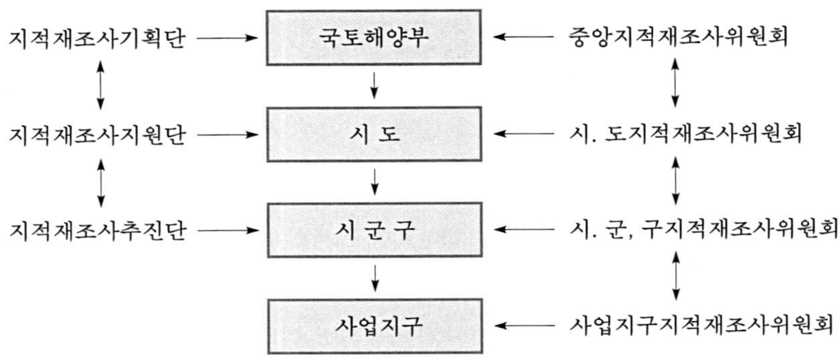

자료 : 한국개발연구원, 2010 : 85., 한국중소기업학회, 2010 : 16

그림 10-5 지적재조사사업의 추진체계

Zoom in

사업추진체계

지적재조사사업에 소요되는 인력은 사업기간 10년간 연간 평균 지적측량종사자 약 1,450명을 필요로 하며, 지적공무원 765명(기획단 21명, 지원단 48명, 추진단 696명) 등 약 2,100명이 요구된다. 지적통계에 의하여 매년 약 1,000명의 졸업생이 배출되고 있으며, 이중 국가기술자격인 지적기사 및 지적산업기사 자격취득률을 20%로 가정하였을 경우 약168명이 자격을 취득하는 것으로 나타난다.[60] 인력 및 교육은 현실적으로 현행 지적불부합지정리를 디지털지적구축 경험이 있는 지적측량기술자를 재교육 후 활용하는 것이 최선책이 될 수 있다는 것이다.

60) 전문인력 확보를 위한 방안으로 지역별로 지적재조사사업을 위한 인재양성 거점대학을 지정하는 방안을 검토하고 있다. 지역은 서울 · 경기권 · 강원도 · 충청권 · 전라권 · 경사권으로 나누고 지적 관련 학과가 설치되어 있는 2~3개 대학을 지정하여 운영하면 되고, 지적공사연수원을 활용한 방안으로 1개월 동안 지적재조사사업에 필요한 기본적인 소양을 함양토록 위탁교육을 실시하면 인력확보는 가능할 것으로 보고 있다(한국중소기업학회, 2010 : 16).

7 지적재조사측량 방향

지적재조사측량에 있어서 중요한 것은 현재 제시되고 있는 다양한 측량방법에 대하여 지적측량에 최적으로 부합할 수 있도록 지역별, 측량방법별 기술적인 분류와 통합을 통하여 지적 재조사 측량방법이 정리되어야 할 것이다. 따라서 현재 제시되고 있는 측량방법들에 대하여 재조사 측량방법을 구현함에 있어 크게는 기초측량과 세부측량으로 구분하고, 세부측량에 대해서는 다시 사업추진단계 · 지역별로 구분하여 통합화된 모형형태의 재조사측량방법을 검토하고자 한다(곽정완 · 김진, 2011 : 37-39).

지적삼각측량 및 지적삼각보조측량은 GPS측량 기법 중 정지측량(Static survey) 기법 적용을 고려해 볼 수 있다. 즉 정지측량 방법은 장시간의 위성 수신 데이터를 이용하여 가장 정확하게 대상지점의 위치를 결정할 수 있기 때문이며, 높은 정확도와 단기간 및 실시간 위치결정을 요구되지 않는 위치결정에 있어서 최적 측량기법이라 할 수 있다. 특히 현지적 분야에서 정지측량 방법을 이용하여 전국 지적 기준점에 대한 성과 점검 및 수신데이터를 보유하고 있어 이에 대한 성과도 기반 데이터로 충분히 활용할 수 있으며, 지적재조사 측량방법으로 적용 시 효율성을 극대화 할 수 있을 것으로 판단된다. 한편 각과 거리를 동시에 측량할 수 있는 토털스테이션 측량도 기초측량에 이용할 여지가 있으나 토털스테이션 측량의 경우 시통확보나 측량 인원측면에서 GPS 측량보다 효율성이 저하될 수 있기 때문에 기초측량에 있어서는 GPS 측량방법을 원칙으로 하고, 필요시 예외적으로 토털스테이션 측량을 적용하는 것이 바람직할 것으로 본다. 지적도근측량의 경우 상대적으로 지적삼각(지적삼각보조) 측량보다 높은 정확도를 요하지 않으므로 정지측량과 정지측량과 같이 장시간 수신을 요하는 위치결정 방식은 비효율적이다. 따라서 지적도근측량에 GPS 측량기법을 적용하기 위해서는 이동측량(Kinematic survey)기법 적용을 고려할 수 있으나, RTK-GPS 측량과 같은 방법은 1~2초 정도의 수신을 통하여 위치결정이 이루어지기 때문에 신속정지측량보다는 상대적으로 정확도와 안정성이 떨어지므로 지적도근측량에는 수신시간이나 정확도를 고려할 경우, 신속정지 GPS 측량기법이 더 효율적일 수 있다. 지적삼각 및 삼각보조측량은 현재까지 제안된 기술 중에는 GPS 측량 방법이 가장 정확하고 효율적이다. 그러나 지적도근측량의 경우는 GPS 측량과 토털스테이션 측량 방식의 연계가 가능한데, 이유는 토털스테이션 측량 방식이나 신속정지 GPS 측량방식은 지형에 따라 측량시간이나 작업자 등의 소요 측면에서 효율성이 달라지기 때문에 어떤 측량 방식이 절대적으로 효율적이라고는 판단하기 어렵다. 따라서 지적도근측량에 있어서는 지형적인 측량여건에 따라 측량방식을 선택하여 이용하는 것이 효율적이라 판단된다. 즉 수신 장애가 있고 대상지역이 광범위하지 않은 지역에서는 토털스테이션 측량이 효율적일 수 있고, 지형이 넓고 수신 장애가 적은 지역에서는 신속정지 GPS 측량방식이 효율적일 수 있으므로 지적재조사 측량에 있어서는 이를 상호 병행하여 활용하는 것이 효율적일 것이다.

지적재조사사업에 활용할 수 있는 세부측량방법으로 최근에 제시되고 있는 기법들로는 Network RTK 장비를 활용한 2인 1조 및 다인 1조 측량 방법과, T/S와 전자평판을 활용한 3인 1조 측량방법 및 항공사진측량 등이 있다. 그러나 이러한 측량방법들은 어느 한 가지 방법으로 모든 지역에 대해서 세부측량에의 적용이 곤란하며, 데이터 취득원리와 비용 및 인력활용의 효율성에 따라 각기 지역별 한계성을 나타내기 때문이다. 지적재조사 기반조성 연구에서는 항공사진측량에 의해 필지경계취득이 가능한 영역은 시가지 65%, 농경지 80% 임야 80%인 것으로 결정되었으며 나머지 영역은 시가지 35%, 농경지 20%, 임야 20% 지역에 대해서는 지상측량을 실시하는 것으로 하여 총 세부측량을 실시하는 방안을 제시하고 있다(국토교통부, 2011). 지상측량방법에 있어서는 그 인력활용의 효율화가 필요하므로 시가지에는 3인 1조에 의한 전자평판측량방법을, 농경지와 임야의 일부지역에서는 Network RTK 장비를 활용한 2인 1조 및 다인 1조 측량 방법을 활용함으로써 정확성과 인력 및 비용이 효율성을 기할 수 있을 것으로 판단된다. 또한 일부지역에서는 KDI의 예비타당성조사 보고서에서 제안한 항공 사진측량을 병용할 경우 시가지, 농경지에 대해서는 항공사진측량방법을 수용하고, 임야지역은 적용하지 않는 방법을 채택하는 것이 합리적이라고 판단하였다. 그 이유는 임야지역은 필지 당 면적이 크므로 면적을 기준으로 측량비용을 산출하는 항공사진측량에 의한 측량비용이 과다하게 책정될 수 있어 효율성과는 다소 거리가 있을 수 있기 때문에, 따라서 사업물량의 정밀하고 정확한 산출과 지상측량 시 농경지와 임야에 대해서는 2인 1조 및 다인 1조 측량방법의 적용이 필요하며, 시가지, 농경지에 대해서는 가능한 한 항공사진측량 방법과 지상 3인 1조 측량방법을 통하여 보완하는 방법으로 지적재조사를 수행한다면 지적재조사 사업비용의 절감과 정확성에 있어서는 가장 큰 효과를 거둘 수 있을 것으로 판단된다.

8 외국의 지적재조사

외국의 지적제도 변화 추이는 크게 제도적 개편(institutional reform)과 지적재조사(survey)로 구분할 수 있고, 전자는 지적 관련 제도 및 시스템적인 변화를 의미하고, 후자는 기존 시스템에 물리적 변경을 수반하는 것을 의미한다. 제도적 개편이 무게를 두고 지적재조사를 수행한 국가로는 독일, 프랑스, 네덜란드, 말레이시아 등이 있고[61], 토지경계의 조정에 무게를 두고 지적재조사를 수행한 국가로는 일본, 대만, 캐나다 등을 언급할 수 있다. 따라서 우리나라와 지적재조사의 성격이 비슷한 일본, 대만, 캐나다를 검토하고자 한다.

8.1 캐나다

캐나다 퀘벡 주의 지적 분야 업무는 전문가들로 구성된 TF팀의 성격을 가진 조직이 담당하고 있어 업무의 효율적인 추진이 이루어지고 있다(한국개발연구원, 2010 : 91., 한국중소기업학회, 2010 : 39-41, 양근우, 2011 : 17-18). 캐나다에서는 지적(Cadastre)과 지오매틱스(Geomatic)를 동일한 개념으로 취급하여 넓은 국토의 개발에 대한 전산화 투자가 활발히 이루어지고 있다. 캐나다의 지적개혁 시작은 지적공부의 정확도가 50% 정도 밖에 되지 않아 실시하게 되었으며, 퀘벡 주의 지적개혁의 목적은 주(state)의 지적정보를 정확하게 파악하는 것이며 개인과 공공토지에 대한 권리를 보호하고 많은 물과 산림 및 광산 등의 풍부한 자원을 보호하면서 적절히 개발하는데 있다. 지적재조사는 우리나라와 같이 재조사(Resurvey)의 개념보

---

61) 제도개편을 추진했던 국가들의 공통점은 대부분 지적시스템을 국가공간정보의 일부로서, 보다 효과적인 지적정보를 제공함을 목표로 하였다는 것을 꼽을 수 있다. 즉 표준화된 지적정보를 국가공간정보시스템 상에 구축함으로써 다른 공적기관의 토지관련 정보와의 효율적인 활용을 목적으로 지적제도의 개편이 추진되고 있는 것이다. 이는 정보의 체계화, 집적화를 통한 효율성 제고 차원에서의 타당성이 인정되고 있다. 일찍이 제도개편을 추진한 프랑스의 경우, 제조사의 주목적(primary goal)을 토지의 효율적 관리에 두고 지적시스템의 현대화를 추진하였다. 프랑스의 지적개편 사업은 중앙 정부가 주도하는 방식으로 추진되었으며, 1930년에 시작하여 1974년에 완료되었다. 독일의 지적제도는 지적과 일반측량 및 등기업무가 분리되어 있지만 국가공간정보의 통합화 사업의 일환으로 추진된 것이다. 즉 주정부에서 관리하고 있는 지적정보시스템, 지형시스템, 등기시스템을 독일연방 전체에서 사용하는 국가공간정보인프라(NSDI) 환경에서 통합 운용할 수 있도록 국가통합 시스템 개편을 목적으로 하고 있는 것이다. 한편, 네덜란드의 지적개편 사업은 추진 초기에는 지적도의 경계와 지형도의 경계를 일치시키는 재측량적 성격이 강했으나, 지적도 개편이 추진된 이후에는 그 외의 토지관련 정보들, 즉 지형도 · 지적 · 등기를 통합적으로 운영할 수 있는 시스템 통합구축을 위한 개편에 초점을 두고 진행되었다(한국중소기업학회, 2010 : 30-31).

다는 개혁(Reform)을 의미하는 것으로 사업기간은 1995년부터 시작하여 2021년까지 27년간 계획하고 있으며, 현재 진행률은 전체 380만 필지 중 250만 필지가 재조사가 완료되어 전체 필지 수 대비 약 66%의 진척율을 보이고 있다. 당초 사업 시행 시 기간을 10년으로 예상하였으나 사업을 진행하는 과정에서 그 기간이 연장되었고 총 사업비는 7억 캐나디언 달러이며 모두 자체 충당할 예정이다. 퀘벡 주의 지적개혁은 GPS 장비 등을 이용하여 조경, 도시설계, 산림개발, 토지평가 및 지적정보개선에 이용하고 있으며, 이러한 시스템은 개인사업자와 공공연구단체, 교육기관의 3개 기관을 총체적으로 그룹화 하여 정보를 공유하며 협력관계를 유지하고 있다.

8.2 일본

지적조사의 주목적은 국토 실태에 대한 과학적이고 복합적인 조사를 통해 토지관련 기초 데이터를 제공함으로써 국토를 효율적이고 합리적으로 이용하고 토지정책의 효율적인 수행 및 지적공부의 정밀도 향상을 목적으로 하고 있다(한국국토정보공사, 1997). 일본의 토지조사는 1951년에 제정된 국토조사법에 의해 실시되었으며 1962년 「국토조사촉진특별조치법」을 제정하여 10개년 계획에 의한 조사 추진 및 제1차 국토조사사업(1963~1972)을 완료하였다. 그러나 지적조사가 행정처분의 성격을 갖지 않는 단순 행정조사 일환으로 추진됨에 따라 여러 가지 문제점이 발생하여 2009년 12월 현재 전 국토 대비 약 49%의 부진한 진척율을 보이고 있다. 이렇게 부진한 진행을 독려하기 위해 2000년부터 긴급 실시가 필요한 지역을 선정하고 5개년 계획을 수립하여 시행하고 있으며 도 · 도 · 부 · 현의 토지 중 국유림과 도유림 및 호수가 늪, 대학연습림, 하천, 북방영토 등은 조사지역에서 제외하고 있다(한국중소기업학회, 2010 : 42). 국가나 도 · 도 · 부 · 현에서 부담하는 지적조사 비용은 일필지조사, 지적측량, 면적측정, 기타 지적도와 지적부의 작업에 필요한 경비이다. 일반적으로 지적조사 사업비용 중 전체의 50%는 국가에서, 25%는 도 · 도 · 부 · 현에서 부담하고 나머지 25%는 지적조사사업을 주관하는 시 · 정 · 촌이 부담하여 실시하므로 토지 소유자는 비용에 부담이 없으나 경계가 결정되지 않거나 인접지 소유자의 입회불가에 의해 경계확인이 불가능한 경우에는 「필계미정」으로 분류하여 사업 종류 후에 소유자 개인의 비용부담으로 처리하고 있다(한국개발연구원, 2010 : 91). 지적조사와 관련된 특별교부세에 대한 성령에 의거 시 · 정 · 촌에 특별교부세(매년 12월)로 교부되므로 실질적으로 시 · 정 · 촌에서 부담하는 직접비용은 전체 비용의 5%가 된다. 국가는 매년 1,500억 원이상의 예산을 국토조사사업 예산으로 책정하고 있으나 높은 지가와 국민 참여 부족 등으로 사업진척이 낮아 예산을 증액할 계획이다.

8.3 대만

대만은 1800년대 말 처음으로 토지조사가 시작되어 지적도가 작성되었으나 오랜 기간 사용으로 지적도의 오손 및 마모가 심하고 정확도에 있어서 실제에 부합하지 못함은 물론 도해지적으로 인한 오차의 한계로 경계지점에 있어서 분쟁이 계속적으로 발생하여 정부의 신뢰와 명예에 큰 영향을 미치게 되어 재조사를 시작하게 되었다. 지적재조사의 목적은 국민의 재산권을 보호하며 경계불명으로 인한 분쟁을 방지하고 토지세부담을 합리화함은 물론 지적도와 도시계획을 일치시켜 도시계획의 관리와 통제 또는 공공시설용지의 징수 등에 대한 근거를 마련함은 물론 미등록 토지를 재측량하여 공익재산으로 등록하는 데 있다(한국중소기업학회, 2010 : 42). 1976년 실시된 「대만지역 토지측량계획」에 의한 단계별로 제1기(5년 : 1976~1980)는 대북시, 대만성, 4개 직할시, 11개 현 직할시, 제2기(4년 : 1981~1984)는 도시지역, 제3기(4년 : 1985~1988)는 일반지역 및 산지를 대상으로 지적재조사사업이 실시되었다. 또한 측량방법은 1976년부터 1988년까지는 도해법을 사용하였고 1990년부터는 5기의 사업계획을 수립하여 수치측량 방법과 GPS 측량을 적용하였다. 지적재조사에 소요되는 경비는 원칙적으로 중앙정부에서 50%, 각 관할 성 · 시 정부에서 50%를 부담하고 있다. 한편 3기 13년 계획 총비용은 20억 341만 5,750원이며 대만성의 경우 10억 8천 4백만 원의 예산이 투입되었다(한국개발연구원, 2010 : 91).

표 10-5 **주요 외국의 지적재조사 현황**

구 분	일 본	대 만	캐나다
창설주체	일본	일본	캐나다
구축기간	138년	122년	126년
재조사 목적	• 국토의 효율적 이용 • 효율적 토지정책 수용 • 지적공부 정밀도 향상	• 국민재산권 보호 • 토지분쟁 해결 • 토지세 부담 합리화	• 토지에 대한 권리보호 • 개발사업 적정성 결정 기여
재조사 시기	1951~현재(60년)	1973~2010(38년)	주별 상이
추진실적	49%(전국)	완료(7개시)	주별 상이
비용부담	국가(50%) 도 · 부 · 현(25%) 시 · 정 · 촌(25%)	국가(50%) 지방(50%)	주 정부(100%)

자료 : 양근우, 2011 : 18

참고문헌

토지조사사업

김갑수, 1991, 「지적행정개론」, 서울 : 신라출판사.

김영학, 1996, "지적행정의 사적 고찰", 석사학위논문, 청주대학교 대학원.

류병찬, 2006, 「최신 지적학」, 서울 : 건웅출판사.

박순표 외 2, 1993, 「지적학개론」, 서울 : 형설출판사.

서울특별시, 1993, 「서울지적연혁지」.

원영희, 1988, 「한국지적사」, 서울 : 신라출판사.

_____ , 1990, 「지적학원론」, 서울: 신라출판사.

이진호, 1997, 「지적사」, 한국국토정보공사연수원 강의교재.

조선토지조사사업보고 전문(1918. 12.2).

지적기술연수원 a, 1993, 「조선토지조사사업보고서」.

토지조사령.

토지조사령시행규칙.

토지조사법.

임야조사사업

김갑수, 1991, 「지적행정개론」, 서울 : 신라출판사.

박순표 외 2, 1993, 「지적학개론」, 서울 : 형설출판사.

원영희, 1988, 「한국지적사」, 서울 : 신라출판사.

_____ , 1990, 「지적학원론」, 서울 : 신라출판사.

이진호, 1997, 「지적사」, 한국국토정보공사연수원 강의교재.

이진호, 1999, 「한국지적사」, 서울 : 바른길.

조선임야조사령.

조선임야조사시행규칙.

지적기술연수원 b, 1993, 「조선임야조사사업보고서」.

지적과 등기형식

곽윤직, 1993, 「부동산등기법」, 서울 : 박영사.

한국국토정보공사, 2005, 「한국지적백년사–역사편」.

원영희, 1990, 「지적학원론」, 서울 : 신라출판사.

유병찬, 1996, 「지적법」, 서울 : 건웅출판사.

지적기술연수원 a, 1993, 「조선토지조사사업보고서」.

지적기술연수원 b, 1993, 「조선임야조사사업보고서」.

최용규 외 2, 1993, 「지적학개론」, 서울 : 형설출판사.

한국지적학회, 1993, 「토지등록 공시제도의 일원화 방안」.

지적재조사

교육인전자원부, 2003, 「지적실무」.

경기도, 1997, 「지적불부합정리사례집」.

곽정완 · 김진, 2011, "지적재조사에 따른 효율적인 지적측량방안", 2011한국지적학회 · 한국지적정보학회 춘계학술대회-지적재조사와 국가발전, 한국지적학회 · 한국지적정보학회.

국토해양부, 2011, 「지적측량 정확도 향상을 위한 최신 측량기술 도입 및 실시간 검증체계 적용방안 연구-지적재조사 기반조성연구」.

김행종, 1998, "지적불부합지의 원인과 해결방안 연구", 「지역사회발전연구」, 제23권 제1호, 한국지역사회발전학회.

내무부, 2002, 지적불부합지정리 기본계획(안).

한국국토정보공사, 1997, 「지적재조사를 위한 외국의 지적제도 연구」.

박순표 외 2, 1993, 「지적학개론」, 서울 : 형설출판사.

법원행정처, 2004, 「등기업무 전산화 백서」.

양근우, 2011, "지적선진화 방향", 2011 한국지적학회 · 한국지적정보학회 춘계학술대회-지적재조사와 국가발전, 한국지적학회 · 한국지적정보학회.

이동현, 2000, "지적재조사사업의 성공요인 분석", 박사학위논문, 청주대학교 대학원.

이성화, 2001, "지적불부합지가 토지이용에 미치는 영향과 해소방안에 관한 연구", 「부동산학연구」, 제7권 제2호, 한국부동산분석학회.

최용규, 1984, "지적불부합지", 「사회과학논총」, 제3집, 청주대학교 사회과학연구소.

최용규, 1997, "전국지적재조사사업계획", 사회과학논총 제17집, 청주대학교 사회과학연구소.

한국개발연구원, 2010, 「2010년도 예비타당성 보고서-지적재조사사업」, 기획재정부.

한국중소기업학회, 2010, 「지적재조사사업 타당성 연구」, 한국국토정보공사,

행정자치부, 1995, 「21세기정보화시대를 대비하기 위한 지적재조사사업추진 기본계획-필지중심토지정보시스템(PBLIS)구축」.

행정자치부, 2003, 「지적불부합지정리를 위한 학술연구」.

행정자치부, 1997, 「지적재조사법(안)에 대한 관계부처 의견취합보고」.

행정자치부, 2000, "지적재조사사업추진 기본계획"

CHAPTER 04

제 04편

토지등록

SECTION 11 토지등록제도

1 토지등록(land registration)

1.1 의의

토지등록(land registration)은 부동산 과세 및 양도를 지원하는 것뿐만 아니라 토지에 법적으로 인정된 권익을 공적으로 등록하는 것(FIG, 1995 : 7), 부동산의 증서(deeds) 또는 권원(title)을 통하여 토지에 대한 권리를 공적으로 등록하는 과정(J. L. G. Henssen a, 1995 : 2.1), 사람과 토지 사이에 법적 관계에 대한 정보의 수집, 저장, 공급, 유지 등 연계된 복합체(combined complex)(Jaap Zevenbergen, 2003 : 2), 또한 토지의 등록(land registration)은 국가기관인 토지소관청이 토지등록사항의 공시를 위하여 토지에 관한 공부를 비치하고 이를 토지소유자나 기타 이해관계자에게 필요한 정보를 제공하기 위한 행정행위이다(박순표 외, 1993 : 165). 이러한 의미의 개념은 각 국가 혹은 제도에 따라 다소 차이를 보일 수 있어 지역 · 환경 · 문화 · 제도에 따라 재해석할 필요가 있다고 본다. 즉 토지등록을 나타내는 객체(object)가 무엇(what)이고, 참여 및 수혜자는 누구(who)이며, 어떤 방법(how)으로, 어디에(where-forms) 등을 포괄하는 개념이 되어야 한다는 것이다. 따라서 토지등록(land registration)은 권위 있는 기관이 토지의 표시사항 및 제 권리관계를 일정한 형식인 공적장부에 등록 · 관리하고 이를 정보수요자에게 제공하는 일련의 행정행위로 보아야 할 것이다. 우리나라에서 실정법상 토지의 등록이라고 하면 지적관리만을 의미하고 사법부에서의 토지공시인 토지등기는 포함하지 않으나 국제적 · 일반적 관점에서 토지등록의 개념은 지적과 등기를 통합한 포괄적인 개념이라 할 수 있다.

한편 토지등록의 개념 속에 포함된 일정한 형식 토지공부의 역할은 개인(individual or citizen)과 정부(government or society)에 대한 역할로 구분할 수 있다(J. L. G. Henssen, 1990 : 9-11).

개인 혹은 시민에 대한 공부의 역할(사법적 장부로서의 역할)은

① 재산권의 법적 상황에 부합하는 법적 안정성의 증대(법적 안정성의 증대는 소유자 및 보유자(tenant)의 토지 및 재산권에 대한 투자 의욕을 고취시킴)
② 투자를 위한 재원 확보 가능(법적 안정성에 따라 재원마련을 위한 저당 및 은행 대출의 수단이 용이해짐)
③ 토지의 취급이 보다 용이하고 저렴하며 빠르고 안전해짐(토지의 접근의 향상됨)
④ 권원 및 경계분쟁 그리고 관련된 소송(litigation)의 감소(정부 및 시민의 소송비용 절감)

등에 나타난다.

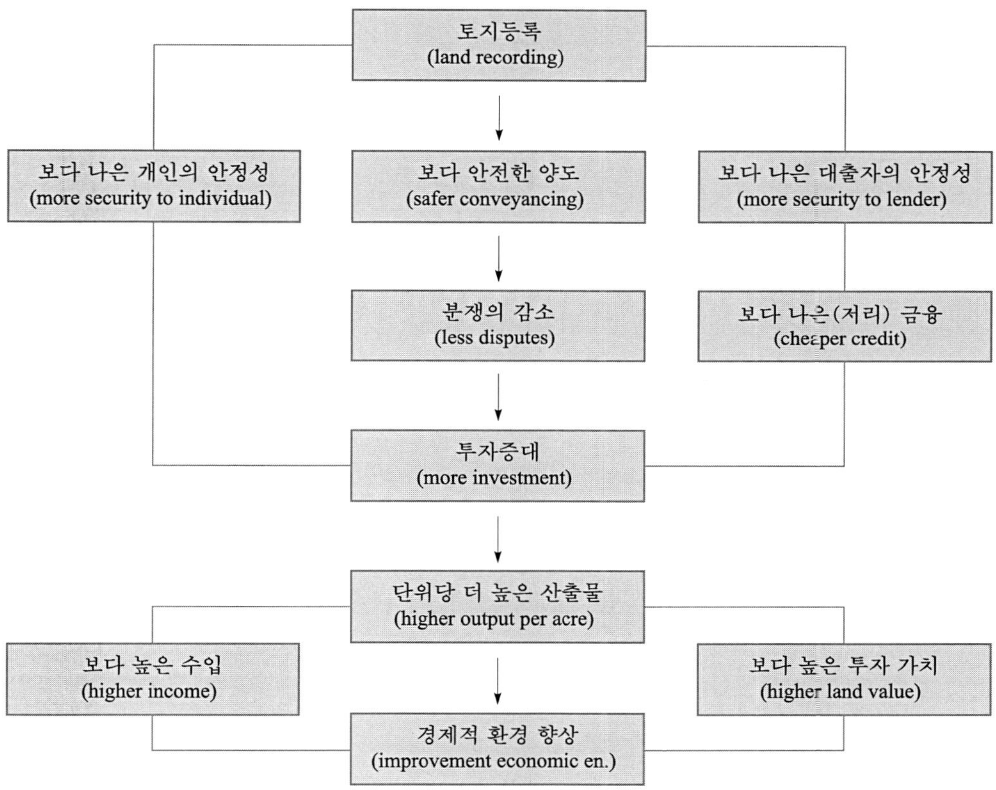

자료 : J. L. G. Henssen, 1990 : 10
그림 11-1 개인의 편익(advantages to individual)

정부 혹은 사회에 대한 공부의 역할(공법적 장부로서의 역할)은

① 정부의 정당한 토지과세 부과(levying)를 위한 효율적이고 공정한(equitable)제도의 구축
② 토지개발에 관련 된 활동 지원
③ 정부의 의사결정 지원
④ 다수의 다른 정부 과업(tasks)의 집행(execution) 대행 도구
⑤ 지적도 외의 다른 대축척 지도의 기반
⑥ 확장된 토지정보시스템(LIS) 개념의 토대
⑦ 장기적으로 정부의 실제 비용절약
⑧ 토지권리의 제도권 내에 바람직하지 않은 요소의 제거 기회 제공
⑨ 전체 인구파악에 정부지원

등에서 검토된다.

표 11-1 **토지등록의 효과**

개인적 측면의 효과	정부 및 사회적 효과
① 토지보유권이 안정성 증진	① 토지의 평가나 토지과세자료의 확인기능
② 토지에 대한 사적 투자가 용이함	② 토지배분 정책 수행과 토지의 이용 효율화
③ 사인간의 토지거래에 용이성과 경비절감	③ 공공계획(도시 · 주택 · 교통계획)에 이용
④ 토지에 대한 장기신용 확보(저당대출)	④ 지도제작의 기초 · 정보 통합의 열쇠
⑤ 토지분쟁의 해결을 위한 개인의 경비 · 시간을 절감하고 소송사건의 감소	⑤ 토지의 공개념을 실현(토지규제 · 거래 · 이용 · 소유 등)
	⑥ 각종통계(농업 · 토지평가 · 건물 · 인구)와 사회적 자료의 작성시 토지와 관련 기초 정보제공
	⑦ 수수료에 의한 비용 회수

자료 : J. L. G. Henssen, 1988 : 32-33

1.2 토지등록의 중요성

인구가 증가하고 생활공간이 급변하고 있으나 토지는 한정되어 있으므로 개인의 토지 소유권에 대한 여러 가지 문제가 발생되고, 국가의 조세정책, 국토개발정책 등에 따른 합리적인 공공정책이 요구됨에 따라 국토전반에 걸친 토지등록이 매우 중요한 과제로 대두

되고 있다(박순표 외, 1993 : 165).

한편 토지등록은 권위 있는 기관으로서 국가가 토지의 표지사항 및 제 권리관계를 일정한 형식인 공적장부에 등록 · 관리하고 이를 정보수요자에게 제공하는 일련의 행정행위이다. 즉 국토의 전반에 걸쳐서 일정한 사항을 등록한 공부는 국가의 재정적 · 행정적 목적달성을 위한 공법적 장부로서의 역할과 국민개개인의 이익과 관련되어 토지소유자의 권리를 확실히 해주고 토지거래를 안전하고 신속하게 해주는 사법상의 장부로서의 역할을 한다. 토지등록은 소유권과 조세를 위한 목적만이 아니라 인구의 증가와 도시화 · 산업화에 따라 고도로 분화하는 사회구조의 안정적 관리를 위한 각종 토지정보를 제공하는데 그 중요성이 있는 것이다.

1.3 토지등록제도의 모형화(modeling)

토지등록제도의 모델은 설명의 쟁점(focuses)을 어디에 두는가에 따라 정적모형(static model)과 동적모형(dynamic model)로 구분된다(Jaap Zevenbergen, 2004 : 15-17). 즉 토지등록제도의 정적모형은 객체(object)에 관하여 식별자를 가지고 정보가 유지되는 것을 설명하는데 중점을 두고, 동적모형은 사정(adjudication), 거래 및 분할(subdivision) 등이 이루어지는 주요 기능을 이해하고 설명하는데 중점을 두고 있다.

1) 토지등록제도의 정적모형(Static model of the system of land registration)

토지등록제도의 정적형태는 소유자(owner) · 소유권(rights) · 필지(parcel)에 연계하여 설명된다. 즉 사람들이 어떻게 권리가 있는 필지를 보유하는지의 의문에서 검토된다. 이러한 객체들은 매우 밀접하게 상호 관련되어 있고, 상호연계 될 때 토지등록제도에 대하여 언급할 수 있다는 것이다. 소유자 또는 사람은 정당하게 권리를 요구하는 사람의 집단 혹은 개인을 의미하고, 누구(who)에 대한 질문의 답을 부여한다. 필지는 재산(property)으로서 토지의 부분을 의미하고, 위치가 어디이며, 규모와 가치가 어느 정도인지에 대한 질문의 답을 부여한다. 권리 혹은 권원은 소우권, 차지권(leasehold), 기타 보유권 형태의 법적 관계를 나타내고 어떻게(how)에 대한 질문의 답을 제시한다. 이러한 세 가지의 실체는 아주 밀접하게 상호 관련되어 있고, 토지관계에 대한 인간의 서로 다른 다양성들을 나타낼 수 있다(J. Kaufmann & D. Steudler, 1998 : 37-38).

정적모형에서 소유자에서 필지까지의 화살표는 증서제도접근(deeds approach)이 가정되어 있으며, 법적 측면제도의 관점으로서 설명될 수 있다. 다른 견해는 필지에서 소유자까지의 화살표는 지적2014에 제시되었으며, 기술적 측면의 관점으로서 정보관리의 관점을 수반하고 있다(Jaap Zevenbergen, 2004 : 37-38). 토지등록제도의 정적모델은 초기 연구에 성행하였지만 토지등록제도와 토지시장 사이의 상호작용, 등록되지 않은 거래활동에 대한 이유, 그리고 전체의 신뢰성(trustworthiness)을 설명하는데 한계가 있다.

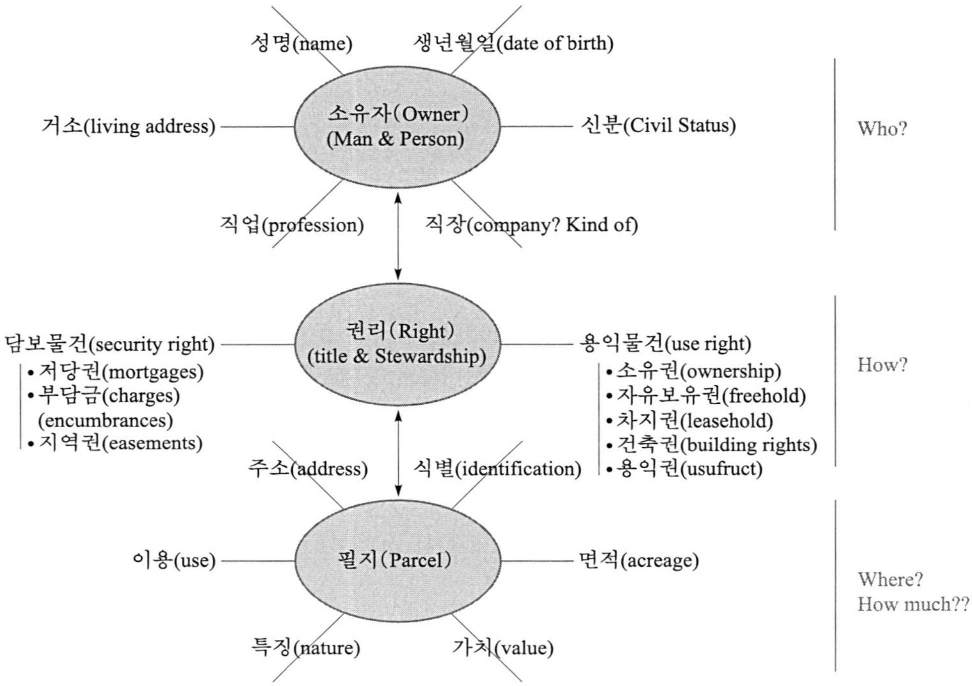

자료 : Jaap Zevenbergen, 2004 : 12., J. L. G. Henssen b, 1995 : 6. 참고작성

그림 11-2 토지등록제도의 정적모형-토지등록의 실체관계

2) 토지등록제도의 동적모형(Dynamic model of the system of land registration)

토지등록제도의 동태적 모형 내에는 3가지의 기능인 사정(adjudication), 거래 및 분할(subdivision)로 수행된다(Harsono Soni, 1996 : 3-4). 즉 토지권리의 사정, 토지거래 및 이동(mutation)의 3가지 중요한 지적과정(cadastral process)으로서 설명된다. 토지등록제도는 세 가지 기능 각각이 다른 기능들과 수행될 때 유용하기에 대체로 하나의 통합된 시스템으로 취급되어 진다. 갱신(updating)할 수 있게 하기 위하여 현재 무언가 존재해야 하고, 그리고 만약 갱신이 초기의 편집(compilation)을 대처하지 못한다면 아주 쓸모없게

매우 빠르게 진행된다. 국가의 발전 및 역사에 따르면 중요성(emphasis)은 우선 등록 혹은 갱신이 될 것이고, 신뢰성 관행(trustworthy' manner)에 있어 동시에 양자를 붙잡는 것은 쉬운 일이 아니라는 것이다(Jaap Zevenbergen, 2004 : 16-17). 개발도상국에서 첫 번째 기능은 대부분의 토지가 아직도 등록되지 않았기에 큰 관심은 있는 반면 권익을 보유한 많은 사람들은 실제로 등록을 하지 않고 있다. 왜냐하면 사람들이 등록을 인식함으로써 얻는 편익이 투자에 따른 시간과 비용을 보상하지 않기 때문이다. 더욱이 전에 공부에 등록했었던 토지에 따른 거래조차도 공부를 갱신하지 않고 대치하고 있다는 것이다.

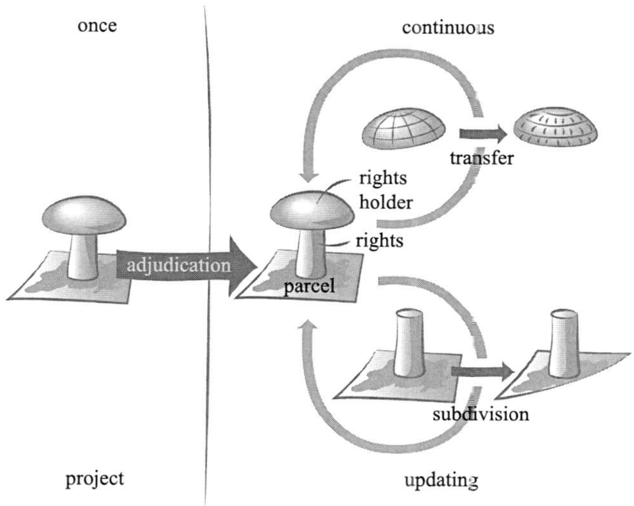

자료 : Jaap Zevenbergen, 2004 : 16
그림 11-3 토지등록제도의 동적모형

토지등록제도는 동태적 모형의 강조 그림으로 설명되며, 동태적 모형은 정적 모형을 포함한다는 것이다. 그림 왼쪽에서 토지보유상황이 등록되지 않은 것을 알 수 있고, 사정을 통하여 등록된 상황으로 전환될 수 있으며, 한번 수행된 프로젝트로서 알 수 있다. 그림 중간은 버섯모양에 의해 설명되는 소유자, 권리 및 필지 등 서로 관련된 상황이 등록된다. 이러한 등록상황은 거래 및 분할이 이루어지는 2가지 순환과정의 부분이고, 갱신 및 지속적인 활동으로서 알 수 있다. 갱신의 양자 유형(types)은 버섯의 다른 부분으로 집중된다. 그렇지만 토지등록제도의 정적 모형을 형성하는 3개의 객체 중 하나의 동일성에 변화는 다른 객체에 관련되는 한 유용한 활동이라 할 수 있다. 이는 제도적 접근으로서 대체로 토지등록 제도를 우선적으로 바라보는 다른 이유로서 설명될 수 있다.

2 토지등록의 제 원리

토지등록제도의 원리는 토지등록행위의 규범 또는 보편적 진리라고 볼 수 있고, 이러한 원리는 지적제도의 발전과정과 토지보유제도의 사회적 전통 및 관습에 따라 국가마다 다르게 채택하고 있으나 일반적으로 받아들여지는 것을 검토할 필요가 있다고 본다. 즉 토지등록 제도를 운영하는 많은 국가들의 다른 제도에도 불구하고 일반적으로 인식할 수 있는 등록원리(booking priniple), 동의원리(consent principle), 공개원리(psinciple of publicity), 특정화 원리(principle of speciality) 등 4가지의 기본적인 법적 원리를 제시하고 있다(J. L. G. Henssen, 1990 : 16-17). 또한 토지등록(land register) 형태의 일반적 특성에 따라 편승의 원리(overriding principle of registration), 공개원리(principle of disclosure), 공신원리(fiduciary principle) 등 3가지의 토지등록 원리를 언급하고 있다(Walter H. Rechberger, 1998 : 9-11). 한편 토지등록 제도를 종합적 관점에서 적용할 수 있는 원리로 등록의 원리, 신청의 원리(principle of application), 특정화의 원리, 직권주의 및 국정주의, 공시의 원리(principle of public notification), 공신의 원칙 등 6가지로 구분하기도 한다(박순표 외 2, 1993 : 168-179). 이러한 토지등록의 제 원리 중 일반적이고 보편적인 원리를 선별적으로 검토하고자 한다. 이는 용어의 표기가 달라서 여러 가지 유형으로 보이지만 실제로 용어가 내포하는 의미를 기준으로 보면 몇 가지로 범주화할 수 있다.

2.1 등록의 원리(Principle of Registration)

등록의 원리(principle of registration · booking registration · overriding principle of registration)는 토지의 모든 권리의 행사는 토지대장 또는 토지등록부에 등록하지 않고는 모든 법률상의 효력을 갖지 못하도록 하는 것으로 우리나라의 경우 형식주의(形式主義)가 유사한 개념으로 채택되고 있다. 즉 토지에 관한 표시사항은 공적 장부에 반드시 등록하여야 하며, 토지의 이동이 발생하면 그 이동사항을 공적장부에 등록하여야 한다는 원리를 의미한다. 특히 거래에 의한 부동산의 실제 권리 변화는 기대된 권리가 토지대장에 등록 혹은 기록되어서야 비로소 법률적 효력이 발생한다는 것을 의미한다(J. L. G. Henssen, 1990 : 16). 또한 부동산 권리의 취득, 거래, 제한 및 소멸(extinction)은 토지대장에 등록될 때만 발생하는 것을 의미한다. 이런 편승의 원리(overriding principle)는 토지대장에 법적 변화의 기입(entry)이 효력을 발생하게 하는 필요조건을 충족시키는 경우에 부동산 권리의 취득에 관하여 법적 상황이 발생된다. 이런 의미에서 입법자(legislator)는 사람들에게 부동산 거래의 공부로서 토지대장의 활용을 강요하게 되고, 기입은 관련된 사람들의 요구에 의해서 이루어진다(Walter H. Rechberger, 1998 : 9).

등록의 원칙과 관련하여 유사한 개념으로 우리나라에서는 지적의 형식주의를 채택하고 있으며, 이 개념은 그 사물의 형태 이외에 결정의 형식을 갖추지 않으면 결정의 요건을 완성하지 못한다는 주의로서 현재 '우리 민법의 부동산물권 변동에 대하여 등기를 하지 않으면 효력이 없다(민법 제 186조)' 라고 한 규정은 형식주의 한 예라 할 수 있다.[62] 또한 지적공부에 등록 되지 않은 토지이거나 등록된 토지라도 실지로 변동된 내용으로 변경되지 않으면 인정을 받지 못한다, 즉 공간정보의 구축 및 관리 등에 관한 법률에서는 토지에 관한 표시사항을 지적공부에 반드시 등록하여야 하며 토지의 이동이 있으면 지적공부에 그 변동사항을 등록하여야 한다(제64조 제1항 및 제2항)는 토지등록의 원칙을 나타내고 있다.

2.2 공시 및 공개의 원리(Principle of Public notification or Publicity)

토지등록의 법적 지위에 있어서 토지이동이나 물권의 변동을 반드시 외부에 알려야 한다는 원리를 공시의 원리라 하고, 이는 토지에 관한 등록사항을 지적공부에 등록하여 이를 국가의 편의에만 쓰는 것이 아니라, 일반인에게 공시하여 토지소유자는 물론 이해관계자 및 기타 누구나 이용할 수 있도록 토지의 등록사항을 언제나 외부에서 인식하고 활용할 수 있게 하는 것이다(원영희, 1990 : 35). 또한 법적 공부(registers)는 공적 조사를 위해서 개방되어야 하고, 공시된 사실(published facts)은 선의의 제3자에 의해 더 정당화되거나 그렇지 않게 될 수가 있으므로 법에 의해 보호를 받을 수 있게 되는 것이다. 공적조사에 관하여 다양한 국가에서 토지대장은 공적조사를 수행하기를 원하는 사람들에게 공개하고 있으며(네덜란드, 벨기에, 프랑스), 공시된 사실에 법적으로 인식된 권익(interests)을 보유한 사람에 의해(독일), 또는 등록된 소유자 또는 등록된 소유자로부터

62) 등록의 원리는 적극적 등록제도(positive system)와 법지적(legal cadastre)을 채택하고 있는 나라에서 주로 적용하고 있는 원리로서 토지의 모든 권리의 행사는 토지대장 또는 토지등록부에 등록하지 않고는 모든 법률상의 효력을 갖지 못하도록 하는 원리이다. 이러한 원리가 가장 잘 보장되는 국가에는 스위스, 오스트리아, 호주, 네덜란드, 대만 등 토렌스 시스템(Torrens system)을 채택하고 있는 국가를 언급할 수 있다(박순표 외, 1993 : 169).

승인된 사람(1990년까지 영국)에 의해 공개되고 있음을 주지할 수 있다(J. L. G. Henssen, 1990 : 16). 한편 오스트리아의 모든 토지등록 실체가 저장된 토지 데이터뱅크는 지역 법원에 접속할 수 있고, 등기부에 접속은 최소한의 자료 혹은 출력물의 제공에 의해 직접 가능하며, 토지등기부에 직접 접속은 전문가 집단 혹은 협회에서 이용이 가능하다(Walter H. Rechberger, 1998 : 10). 우리나라 지적공부의 공시방법으로는

① 지적공부의 열람 · 등본하여 인식하는 방법
② 등록사항을 실지에 복원하여 결정사항을 알아내는 방법
③ 등록사항과 실지상황이 맞지 않을 때 실지상황에 따라 변경등록 하는 방법

등이 있다.

공시의 원리는 나라마다 제도적 상이로 인하여 토지등록의 공시에는 반드시 선의의 제3자를 보호하기 위한 공신의 원리를 보완해 주고 있으며[63], 이를 위해 토지등록에 요구되는 변동사항에 대한 실질적 심사권을 부여하고 있다.

2.3 공신의 원리(Principle of Public Confidence or Fiduciary)

물권의 존재를 추측케 하는 표상, 즉 공시방법을 신뢰해서 거래한 자가 있는 경우에, 비록 그 공시방법이 진실한 권리관계에 일치하고 있지 않더라도 마치 그 공시된 대로의 권리가 존재하는 것처럼 다루어서 그자의 신뢰를 보호하여야 한다는 원리이다. 즉 선의의 거래자를 보호하여 진실로 그러한 등기내용과 같은 권리관계가 존재한 것처럼 법률효과를 인정하려는 법률원리를 말한다(정우형, 2009 : 76-79., Walter H. Rechberger, 1998 : 10). 공신의 원칙은 선의의 거래자를 보호하여 진실로 등기내용과 같은 권리관계가 존재한 것처럼 법률효과를 인정하려는 법률원리를 의미한다. 독일, 스위스 그리고 토렌스식 등기제도 하에서는 이러한 공신원리를 인정한다. 프랑스에서는 등기의 공신력이 인정되어 있지 않으나 공정증서를 제출케 함으로써 실제에 있어서는 공신력을 인정하는 것과 비슷하다. 그러나 우리나라에 있어서는 지적과 등기 모두 공신의 원리를 인정하지 않는다는 것이다(곽윤직, 1993 : 41).

63) 우리나라에서는 토지등록에 있어서 공시의 원리를 인정하고 있으나 지적과 부동산등기가 모두 공신의 원리는 인정하지 않고 있으며, 다만 토지의 변동사항에 대한 공개성의 기능만을 가지고 있다(박순표 외, 1993 : 178).

2.4 특정화의 원리(Principle of Speciality)

특정화의 원리는 토지등록을 위해서 제출된 서류들에 관련된 주체 및 객체는 명확하게(unambiguosly) 확인되어야 하며, 이런 관계는 성명으로 주체를 확인하거나 주민번호의 사용에 의하여 확인하는 것을 의미한다. 또한 사람의 개인번호는 토지대장 및 관련서류에 포함되는데 아주 편리해야만 한다. 그렇지만 민감한 개인자료를 결합시키는 자동화된 시스템의 이용 때문에 성명 · 주민번호 · 개인번호 등으로 야기되는 프라이버시 문제가 있을 수 있다. 한편 많은 국가에서 토지의 객체를 확인하는 것은 지적의 과업(task)으로 보고 있다(J. L. G. Henssen, 1990 : 17).

따라서 권리의 객체로서의 모든 토지는 반드시 특정적이면서도 단순하고 명확한 방법에 의하여 의식될 수 있도록 개별화함을 의미하는데, 이 원칙이 실제적으로 지적과 등기와의 관련성을 성취시켜 주는 열쇠가 된다. 즉 지번은 독립적으로 다른 일필지에 대하여 단순하고도 명확한 방법으로 구별될 수 있게 작용하고 부동산은 식별할 수 있도록 적절히 표시하고 있는 것이다. 토지를 특정화하여 표시하는 방법은 물론 지번 이외에도 경계라든가 소유자와 같은 사항이 있으며 또한 미국과 같은 나라에서는 그리드시스템(Grid System)이라고 하는 구분제도를 이용하여 모든 토지를 식별할 수 있도록 표시하기도 한다(박순표 외, 1993 : 171-172).

2.5 신청의 원칙(Principle of Application)

토지등록은 토지소유자의 신청을 전제로 처리하는 원칙을 말한다. 즉 공간정보의 구축 및 관리 등에 관한 법률상 지적정리를 함에 있어서 토지소유자의 신청을 전제로 하되 신청이 없을 때에는 직권으로 직접조사하거나 측량하여 처리토록 규정하고 있다. 지적공부에의 등록은 토지의 실상을 정확하게 파악하는 것을 목적으로 하므로 등록사항이 있는 경우에는 소유자 등에게 신고의무를 부과하고 있으며, 이 의무를 해태하거나 허위신고를 한 때에는 엄한 처벌을 받게 된다. 여기서 신청이란 국가나 공공단체에 대하여 어떤 사항을 희망하거나 청구하는 의사표시를 말하며 지적정리, 즉 토지등록이라는 행정행위는 소유자의 신청을 필요로 하므로 이러한 의미에서 쌍방적 행정행위 또는 협력을 요하는 행정행위[64]에 해당할 것이다. 그러나 지적정리는 신청이 없는 경우에는 국가의 단독의사에 의해

64) 행정행위는 그 주체 · 법률효과 · 구성요소 · 성질 · 형식 등의 여러 관점에서 분류 할 수 있다(김동희a, 2001 : 225~238, 류지태, 2001 : 116~132, 홍종선(상), 2000 : 257~297). 즉 국가의 행정행위와 지방자치단체 등의

처리가 가능하므로 쌍방적 행정행위인 동시에 독립적 행정행위라는 양면성을 아울러 지니고 있다(박순표 외, 1993 : 170).

2.6 국정주의(Principle of National Decision)

국정주의란 지적사무는 국가의 고유사무로 지적에 관한 사항인 토지의 지번, 지목, 경계, 좌표 및 면적의 결정은 국가공권력으로서 결정한다는 것[65]으로서 아무리 전문기술자나 법률가라 하더라도 개인이나 법인의 자격으로는 토지표시사항의 결정권한이 없고 국가만이 가능하다는 것이다(김영학, 2006 : 173). 이는 국가의사의 공정력 · 확정력 · 강제집행력을 갖고 있음을 뒷받침한다. 국가의사의 공정력이란 지적결정에 있어서 국가의사는 비록 그 성립에 하자가 있을지라도 그것이 중대하고 명백하여 무효원인이 되지 않는 한 일단 적법하고 유효하다는 주장을 받는다. 국가의사의 확정력이란 행정행위의 불가쟁력이라고도 하는데 행정주체의 행정처분에 하자가 있다 하더라도 일정한 기간이 경과되면 당사자는 물론 제3자도 그 행정처분의 효력을 다툴 수 없는 것을 말한다. 국가의사의 강제집행력이란 국가의사의 실효성을 확보하기 위하여 행정행위의 의사에 위배되는 행위에 대한 제재의 형식으로서 행정죄를 부과하는 것이 있으며, 그 이외에 의무불이행에 대한 강제집행 수단으로서 구체적으로 대집행과 강제징수가 있다. 이러한 원리는 토지의 표시방법의 전면적인 통일성 · 획일성 · 일관성의 유지나 표시의 정확성 · 정밀성 · 객관성의 확보라는 측면에서 볼 때 지적의 결정권한을 토지소유자의 임의대로 맡길 수 없으며 지방에 따라서도 그 처리에 있어서 국지적인 차이를 들 수 없다는 취지이다.

행정행위로 분류하는 기준은 주체에 따른 분류, 법률행위적 · 준법률행위적 행정행위의 분류는 법률효과의 발생원인과 구성요소에 의한 분류, 부담적 · 수익적 행정행위의 분류는 법률효과의 내용에 따른 분류, 수익적 · 침입적 행정행위는 법적 효과의 성질에 의한 분류, 요식 · 불요식 행위는 형식에 의한 분류라 볼 수 있다. 그러나 일반적인 견해에 따르면 행정행위는 그 구성요소와 법률효과의 발생원인을 표준으로 법률행위적 행정행위와 준법률행위적 행정행위로 분류하고 있다(류지태, 2001 : 116, 김동희a, 2001 : 225, 홍정선a, 2000 : 282). 법률행위적 행정행위란 의사표시를 요소로 하고 그 효과도 의사표시의 내용에 따라 정해지는 행정행위를 말하고, 준법률적 행정행위란 의사표시 이외의 정신작용을 요소로 하고 그 효과는 행위자의 의사에 관계없이 직접 법규에 의해 정해지는 행위를 말한다. 법률행위적 행정행위는 다시 명령적 행위와 형성적 행위로 구분되고, 준법률행위적 행정행위는 확인 · 공증 · 통지 · 수리로 구분된다.

65) 토지표시사항을 국가가 결정하는 이유로 첫째, 모든 토지를 지적공부에 등록하여야 하는 적극적 등록주의를 채택하고 있기 때문이다. 둘째, 등록사항의 결정방법과 운용이 지역에 따라 차이가 없어야 하기 때문이다. 셋째, 기술적으로 공시의 내용이 전통성에 의하여 결정되므로 법률에 의한 통제가 필요하기 때문이다(박순표 외, 1993 : 172-173).

Zoom in

토지등록(土地登錄)의 제 원칙

1. 의의

토지공시제도의 기본이념에 따라 등록의 원칙, 신청의 원칙, 특정화의 원칙, 국정주의 및 직권주의, 공시의 원칙(공개주의), 공신의 원칙으로 구분됨

2. 등록의 원칙

① 의의 : ㉠ 토지에 관한 모든 표시사항을 공부에 반드시 등록하여야 한다는 원칙

㉡ 공부와 등기부에 등록하지 않고서는 모든 법률상의 효력을 갖지 못함

② 특징 : ㉠ 적극적 등록제도와 법지적을 채택한 국가에서 주로 채택(스위스, 오스트리아, 호주, 네덜란드, 대만 등)

㉡ 유사개념으로 우리나라의 지적형식주의가 있음

3. 신청의 원칙

① 의의 : 지적정리는 토지소유자의 신청을 전제로 처리하는 원칙

② 특징 : ㉠ 신청이 없을시 직권으로 직접조사하거나 측량하여 처리

㉡ 신청 : 지적은 단독신청주의, 등기는 공동신청주의

4. 특정화의 원칙

① 의의 : 권리의 객체로서 모든 토지는 반드시 특정적이고 단순하며 명확한 방법에 의하여 인식될 수 있도록 개별화함을 의미

② 특징 : 실제적으로 지적과 등기와의 관련성을 성취시켜 주는 열쇠

5. 국정주의 및 직권주의

① 의의 : 지적사무는 국가의 고유사무로 지적의 표시사항인 토지의 지번, 지목, 경계, 좌표 및 면적의 결정은 국가 공권력으로 결정한다는 원칙

② 특징 : 국가의사의 공정력, 확정력, 강제집행력을 갖고 있음

6. 공시의 원칙(공개주의)

① 의의 : 토지등록의 법적 지위에 있어서 토지이동이나 물권의 변동은 반드시 외부에 알려야 한다는 원칙

② 특징 : 토지 소유자는 물론 이해관계자, 기타 누구나 외부에서 인식하고 활용가능

7. 공신의 원칙

① 의의 : 물권의 존재를 추측하게 하는 표상

② 특징 : ㉠ 거래의 안전을 확보

㉡ 공시방법을 신뢰해서 거래한 선의의 제3자 보호

3 우리나라 토지등록의 제 원리

국가의 통치권이 미치는 영토에 대한 물리적 현황과 법적 권리관계 등을 등록공시하기 위하여 국정주의(國定主義), 형식주의(形式主義), 공개주의(公開主義), 실질적심사주의(實質的審査主義), 직권등록주의(職權登錄主義) 등을 토지등록의 원칙으로써 채택하고 있다(박순표 외, 1993 : 265., 원영희, 1990 : 31-36., 류병찬, 2005 : 26-31).

3.1 지적국정주의(地籍國定主義)

지적국정주의란 지적사무는 국가의 고유사무로 지적에 관한 사항인 토지의 지번, 지목, 경계, 좌표 및 면적의 결정은 국가공권력으로서 결정한다는 원칙을 말한다. 즉 지적공부의 등록사항은 토지소유자나 지적측량사 또는 지적직 공무원이 결정하는 것이 아니고 국가기관의 장인 시장 · 군수 · 구청장이 국가의 공권력에 의하여 결정한다는 것이다. 지적업무는 전국적으로 표준화하여 통일적이고 획일성 있게 수행되어야 하는 국가의 고유 업무이기 때문에 지적제도 창설 당시부터 국정주의를 채택하여 적용하고 있다. 또한 미국 · 캐나다 · 호주 등 국토의 면적이 넓은 국가를 제외한 대부분의 국가에서도 국정주의 원리를 채택하여 지적제도를 운영하고 있다(류병찬, 2005 : 27).

지적국정주의의 예로는 공간정보의 구축 및 관리 등에 관한 법률 제64조 토지의 조사 · 등록과 동법 제107-111조 법칙 등에서 파악되고 있다. 즉 ① 지적공부에 등록할 지번, 지목, 경계와 면적은 신규등록 할 토지가 생기거나 토지의 이동이 있을 때에 토지소유자의 신청에 의하여 지적소관청이 이를 결정한다(공간정보의 구축 및 관리 등에 관한 법률 제64조 ②). 신청의무에 대한 불이행자에게 부과하는 벌칙(공간정보의 구축 및 관리 등에 관한 법률 제 46~49조) 등의 규정에서 지적국정주의 예를 파악할 수 있다.

3.2 지적형식주의(地籍形式主義)

지적형식주의란 그 사물의 형태 이외에 결정의 형식을 갖추지 않으면 결정의 요건을 완성하지 못한다는 원칙을 말하고, 모든 토지는 필지마다 지번, 지목, 경계 또는 좌표와 면적을 정하여 지적공부에 등록하여야 공식적인 효력이 인정된다는 것이다. 즉 국가의 통치권이 미치는 모든 영토를 필지단위로 구획하여 지번, 지목, 경계 또는 좌표와 면적 등을 정하여 국가기관인 지적소관청(시장·군수·구청장)이 비치하고 있는 공적장부인 지적공부에 등록·공시하여야만 공식적인 효력이 인정된다는 것이다(원영희, 1990 : 33-34., 류병찬, 2005 : 28). 또한 지적공부에 등록된 표시사항은 토지에 대한 평가·과세·거리·토지이용 및 도시계획 등 업무에 기초자료를 활용하게 된다. 한편 지적형식주의 예로는 공간정보의 구축 및 관리 등에 관한 법률 제64조 토지의 조사·등록과 민법 제186조 부동산물권변동 등에서 파악할 수 있다. 즉 국토교통부장관은 모든 토지에 대하여 필지별로 지번, 지목, 경계 또는 좌표와 면적 등을 조사·측량하여 지적공부에 등록하여야 한다(공간정보의 구축 및 관리 등에 관한 법률 제64조 ①). 또한 부동산에 관한 법률행위로 인한 물권의 득실변경은 등기하여야 그 효력이 생긴다(민법 제186조)라는 규정에서 지적형식주의를 파악할 수 있다.

3.3 지적공개주의(地籍公開主義)

지적공개주의란 지적공부에 등록된 모든 사항은 이를 토지소유자나 이해관계인 등 일반국민에게 신속·정확하게 공개하여 정당하게 이용할 수 있도록 하여야 한다는 원리이다. 국가의 통치권이 미치는 모든 영토를 지적공부에 등록·공시하여 국가기관의 행정목적에만 이용하는 것이 아니라 다른 국가기관이나 지방자치단체 및 공공기관 등은 물론 일반국민에게 널리 공개하고 이를 정당하게 이용할 수 있도록 하여 국가의 경제·사회발전은 물론 각종 토지정책의 기초자료로 활용하고 있다(원영희, 1990 : 35., 류병찬, 2005 : 29). 지적공개주의의 예로는 공간정보의 구축 및 관리 등에 관한 법률 제75조 및 제76조의 지적공부의 열람 및 등본과 지적전산자료의 이용, 그리고 각종 경계분쟁 등에서 파악할 수 있다. 즉 지적공부 및 전산자료를 직접 열람하거나 등본 및 이용에 의하여 외부에서 인식하는 경우, 경계분쟁 시 지적도(임야도)에 등록된 경계 또는 경계점좌표등록부에 등록된 좌표에 의하여 경계선을 현지에 복원하여 민원을 해결하는 경우, 민사소송이 제기된 경우 지적공부에 등록된 경계를 현지에 복원하여 토지에 대한 분정을 해결하는 경우 등이 일반적인 예로서 볼 수 있다.

3.4 실질적심사주의(實質的審査主義)

실질적심사주의란 지적공부에 새로이 등록하는 사항이나 이미 등록된 사항의 변경등록은 국가기관의 장인 소관청이 지적 관계 법령이 정한 절차상의 적법성뿐만 아니라 실체법상의 사실관계와 부합되는지의 여부를 심사하여 지적공부에 등록하여야 한다는 원리이다. 실질적심사주의 예로는 지적공부에 등록된 토지의 현황이 변경된 때에는 토지소유자의 신청이 없더라도 지적소관청이 직권으로 이를 조사 · 측량하여 지적공부의 등록사항을 실제 현황과 부합되도록 변경정리를 하여야 하는 경우(공간정보의 구축 및 관리 등에 관한 법률 第84조 ②), 신청을 허위로 하였거나 신청의무를 게을리 한 자에게 부과한 벌금 또는 과태료의 경우, 지적측량업자가 실시한 측량성과는 반드시 소관청이 그 정확여부에 대한 측량검사를 실시하여야 하는 경우(공간정보의 구축 및 관리 등에 관한 법률 제25조), 토지이동(합병 · 지목변경 등)이 있을 때 소관청이 토지이동조사를 실시하여 사실관계와 부합여부를 확인한 후 지적공부에 정리하는 경우(공간정보의 구축 및 관리 등에 관한 법률시행규칙 제59조 ③) 등에서 파악할 수 있다.

3.5 직권등록주의(職權登錄主義)

직권등록주의란 국가의 통치권이 미치는 모든 영토를 필지 단위로 구획하여 국가기관의 장인 시장 · 군수 · 구청장이 강제적으로 지적공부에 등록 · 공시하여야 한다는 원리이다. 직권등록주의의 예로는 국가기관인 지적소관청이 직접 조사 · 측량하여 직권으로 정정하는 사례들이 대표적이라 할 수 있다. 즉 소관청은 지적공부에 등록되지 아니한 미등록 도서 또는 도로 · 구거 · 하천 등 미등록 공공용지 등을 발견한 때에는 이를 직권으로 조사 · 측량[66]을 하여 토지의 소재, 지번, 지목, 경계 또는 좌표와 면적 및 소유자 등을 지적공부에 새로이 등록하여야 한다(공간정보의 구축 및 관리 등에 관한 법률 제64조 ② 단서).

---

66) 직권등록주의는 지적법 제정(1950.12.01 법류 제165호) 당시에 처음으로 채택하였으나 지적법 첫 번째 전문개정(1975.12.31. 법률 제2801호) 당시에 토지의 이동이 있는 경우에는 토지소유자의 신청에 의하여 소관청이 지적공부의 등록사항을 결정하여야 하나 신청이 없는 때에는 직권으로 조사 · 측량하여 등록하도록 개정하여 더욱 강화된 원리이다. 직권등록주의에 따라 1950년 제정된 지적법 제37조의 규정에 의하여 토지조사사업과 임야조사사업 당시부터 지적공부에 등록하지 아니한 도로 · 구거 · 하천 등 공공용지를 1950년대 후반에 전국적으로 일제 조사하여 지적공부에 등록하는 소위 지적법 제 37조의 규정에 의한 미등록지 등록업무를 추진하였다(류병찬, 2005 : 31).

SECTION 12 토지등록의 유형 및 편성

1 지적

토지등록의 유형은 부동산양도 절차(conveyancing processing)에 국가의 개입정도 및 본질에 따라 날인증서등록제도(deed registration system)와 권원등록제도(title registration system)로 구분하고(J. L. G. Henssen a, 1995 : 2.5., Jaap Zevenbergen, 2003 : 4), 토지등록의 의무형태에 따라 소극적 등록주의(negative system)와 적극적 등록주의(positive system)로 구분되며(J. D., McLaughlin, 1975 : 79-87., Jaap Zevenbergen, 2003 : 5) 토지사정의 방법 및 등록시점에 따라 분산등록주의(sporadic system)와 일괄등록주의(systematic system)로 구분된다(S. R. Simpson, 1976 : 189-190., Jaap Zevenbergen, 2004 : 18., 류병찬, 2006 : 180-181).

1.1 날인증서등록제도(Deeds Registration System)

날인증서등록제도(捺印證書登錄制度)란 토지의 이익에 영향을 미치는 문서의 공적등기를 보전하는 것을 말한다. 즉 모든 토지의 거래에 있어서 매도자와 매수자간에 합의 작성한 최초의 증서인 매매계약서로부터 최근의 거래를 위하여 작성한 증서인 매매계약서까지 중간이 누락되지 않도록 모든 증서를 하나로 묶어 종전의 권리와 현재까지 모든 권리의 변동사실이 집성되어 있는 증서부(chanin of deeds)를 작성하는 제도를 말한다(Ian. P., Williamson, 1994 : 8). 한편 등기가 보전되는 방법에 따라 다양한 효과를 갖는 것으로서 가장 기본적인 원칙은 등록된 문서가 등록되지 않은 문서 또는 뒤늦게 등록된 서류보다 우선권을 갖는다. 그러나 문서는 본질적으로 소유권을 입증하지 못하면 단지 독립된 거래에 대한 기록에 지나지 않는다. 즉 특정한 거래가 발생했다는 것은 나타내지만 그 관계자들이 법적으로 그 거래를 수행할 권리가 주어졌다는 것을 입증하지 못하므로 그 거래가 유효하다는 것을 증명하지 못한다(S. R. Simpson, 1976 : 15). 날인증서등록제도는 등기부의 활동적인 역할 뿐만아니라 소관 서기의 서류 및 조사에 기반 한 기본(basis) 혹은 개선된 (impoved) 날인증서등록제도로 구분할 수 있다(J. L. G. Henssen a, 1995 : 2.5). 기본 권원증서등록(basic deed registration)은 다음과 같은 특징 갖고 있다.

① 취급하는 토지는 구두표현에 의한 날인증서(deed)[67]를 가리키고, 초기 날인증로서부터 복사되거나 또는 스케치에 의해서 복사된다.
② 등기는 취급하는 토지단위를 언급하지 않고 날인증서의 성명부분에 유일하게 색인된다.
③ 등기는 수동적이고 사전적으로 등기된 날인증서와 동일시하기 위해 등록을 위해 제시된 날인증서의 내용을 조사할 필요가 없다.

한편 개선된 날인증서등록은 다음과 같은 특성이 있다.

① 날인증서에 언급된 토지단위는 수용할 수 있는 측량계획에 의해서 항상 나타나게 되고, 기준이 기술되며, 독특한 참조 번호(reference number)가 부여된다. 날인증서는 공공서기 또는 법무사(solicitor)의해 작성된다.
② 등기는 성명부분에 의해서 뿐만 아니라 토지단위 필지참조번호를 참고해서 색인된다.
③ 등록을 위해 제시된 모든 날인증서는 앞서 등기된 날인증서와 일치시하기 위해 등기부로 설명된다.
④ 날인증서등록을 위한 법적 기반을 부여하는 민법 혹은 토지법에서 등기부를 참고하는 제3자를 더 보호하게 된다. 이러한 선의의 제3자는 등록의 불완전성(incompleteness) 혹은 부정확성(incorrectness)의 경우에 확실히 보호된다. 한편 날인증서등록제도 채택하고 있는 국가로는 네덜란드, 남아프리카, 인도, 네팔 등이 대표적인 사례라 할 수 있다.

67) Deed는 증서 또는 날인증서라고 하며, 부동산 물건의 표시, 보유조건, 보류사항, 약관 등을 기재하고 작성자가 날인해서 상대방에게 교부하는 사증서로서 토지를 매수하고자 하는 자는 해당 토지에 대한 권원(title)을 조사하는 것이 필요한데, 권원의 조사는 매우 곤란한 일로 변호사에게 다액의 보수를 지급하고 의뢰하는 것이 보통이어서 이러한 불편을 벗어나기 위하여 토렌스 제도를 창설하게 되었다(안갑준, 1996 : 18).

표 12-1 날인증서제도와 권원등록제도의 비교

구분	날인증서등록제도	권원등록제도
의의	토지의 이익에 영향을 미치는 문서의 공적등기를 보전하는 것	공적기관에서 보존되는 특정한 사람에게 귀속된 명확히 한정된 단위의 토지에 대한 권리와 그러한 권리들이 존속되는 한계에 대한 권위 있는 등록
특징	① 등록된 문서가 등록되지 않은 문서 또는 뒤늦게 등록된 서류보다 우선권을 가짐 ② 문서가 본질적으로 소유권을 입증하지 못함 ③ 단지 독립된 거래에 대한 기록에 지나지 않음	① 날인증서제도의 결점보완 ② 소유권 등록은 언제나 최후의 권리 ③ 정부는 등록한 이후에 이루어지는 거래의 유효성에 대한 책임을 짐 ④ 권원등록의 기본적인 정보 ㉠ 일필지를 소유함으로써 보유하는 다른 토지에 대한 특정권리 ㉡ 개인 또는 법인의 소유주성명과 주소 ㉢ 소유주 외의 다른 사람이 보유하는 일필지에 영향을 미치는 특정이익의 세목

2 권원등록제도(Registration of Title)

권원등록제도(權原登錄制度)는 공적기관에서 보존되는 특정한 사람에게 귀속된 명확히 한정된 단위의 토지에 대한 권리와 그러한 권리들이 존속되는 한계에 대한 권위 있는 등록이다. 또한 권원등록제도하의 등기부는 2부분으로 언급할 수 있다. 첫째부분은 각필지가 독특한 필지 식별자에 의해 확인되고 설명되는 지적도이고, 둘째부분은 제한하는 계약조항(covenants) 혹은 저당권과 같은 필지 소유자와 관련된 제한 혹은 권리, 소유자, 권원에 대한 세부 기록인 본문(text)이다. 부동산의 간단한 거래는 등록된 성명에 변화의 단순한 결과이다. 토지의 분할 혹은 경계의 변형은 새로운 서류 및 증명의 문제와 계획의 수정이 요구되고, 공적권원등록은 완성이 된다(UNECE, 1996 : 24-27). 소유권등록은 언제나 최후의 권리이며 정부는 등록한 이후에 이루어지는 거래의 유효성에 대해 책임을 진다(S. R. Simpson, 1976 : 16). 이 제도 하에서 확인하는 것으로는

① 일필지를 소유함으로써 보유하는 다른 토지에 대한 특정권리

② 개인 또는 법인의 소유주 성명과 주소
③ 소유주 외의 다른 사람이 보유하는 일필지에 영향을 미치는 특정이익의 세목

등이 있으며, 이러한 확인사항을 위하여 토지표시부, 소유권 및 저당권 등 기타권리로 나눈다. 권원등록제도를 채택하고 있는 국가로는 프랑스, 독일, 스위스, 덴마크 등을 비롯하여 한국, 일본, 말레이시아 등이 대표적이고, 토렌스 제도를 따르는 영국, 미국, 캐나다, 호주 등의 일부주에서 채택하고 있으며, 이 제도는 등기관에 의한 등기시에 오기, 누락 등이 발생할 위험이 있으나 매우 간편하게 공시할 수 있는 장점이 있다(류병찬, 2006 : 424).

3 소극적 등록제도(Negative System)

소극적 등록제도(消極的登錄制度)는 기본적으로 거래와 그에 관한 거래증서의 변경기록을 수행하는 것이며, 일필지의 소유권이 거래되면서 발생되는 거래증서를 변경・등록하는 것이다. 이 제도를 채택하고 있는 나라에서의 거래행위에 따른 토지등록은 일반적으로 사유재산 양도증서의 작성과 거래증서의 등록으로 구분되며, 사유재산의 개인적인 양도증서의 작성은 모든 사인간의 계약에 의하여 발생하고 거래증서의 등록은 법률가에 의해서 조정되고 취급되는 경우를 말한다. 또한 토지등록의 의무화되고 잇는 것이 아니라는 것이 특징이고, 거래의 등록은 정부에 의해서 수행되지만 서류의 합법성 또는 유용성에 대한 사실조사가 이루어지는 것은 아니다(박순표 외 1993 : 182-183).

한편 소극적 등록제도의 주요 특징으로는

① 양수인(transferee)을 위한 등록의 완전성, 정확성 및 타당성에 대한 보증의 결여
② 함께 관련된 등록제도의 비활성화(inactiveness)
③ 보증을 수반하는 권익 자체의 완전한 등록의 결여
④ 전체 등록제도에 대한 정부의 신뢰성 형성에 재정적 보증의 결여

등을 언급하고 있다(Jaap Zevenbergen, 2003 : 5). 소극적 등록제도를 채택하는 국가는 네덜란드, 영국, 프랑스, 이탈리아 그리고 미국 일부 주, 캐나다의 일부 주이다.

4 적극적 등록제도(Positive System)

적극적 등록제도(積極的登錄制度) 하에서의 토지등록은 일필지의 개념으로 법적인 권리보장이 인증되고 정부에 의해서 그러한 합법성과 효력이 발생한다. 이 제도의 기본원칙을 지적공부에 등록되지 아니한 토지는 그 토지에 대한 어떠한 권리도 인정될 수 없고, 등록은 강제되고 의무적이며, 공적인 지적측량이 시행되지 않는 한 토지등기도 허가되지 않는다는 이론이 지배적이다. 토지등록의 효력이 정부에 의해 보장되기 때문에 선의의 제3자에 대하여도 토지등록상의 문제로 인한 피해는 법적으로 보호되고 있다. 그리하여 피해자는 정부에 대하여 소송을 제기할 수 있고 부당성에 대하여는 보상을 받을 수 있다(박순표 외, 1993 : 183). 적극적 등록제도의 발달된 형태로 유명한 것은 토렌스 시스템이 있다. 이를 채택하고 있는 나라는 대만, 일본, 오스트레일리아, 뉴질랜드, 스위스, 미국의 몇몇 주와 캐나다 일부이다.

표 12-2 **소극적 등록주의와 적극적 등록주의 비교**

구분	소극적 등록주의	적극적 등록주의
의의	기본적으로 거래와 그에 관한 거래증서의 변경 기록을 수행하는 것	모든 토지를 공부에 강제 등록시키는 제도
특징	① 사유재산의 양도증서와 거래증서의 등록으로 구분 • 양도증서의 작성은 사인간의 계약에 의하여 발생 • 거래증서의 등록은 법률가에 의해 취급 ② 거래증서의 등록은 정부가 수행(단, 합법성, 유용성에 대해 사실조사가 이루어지지 않음) ③ 거래의 등록이 소유권의 증명에 관한 증거나 증빙 이상의 것이 되지 못함 ④ 일반적으로 지적측량과 측량도를 필요로 함	① 공부에 등록되지 않은 토지는 어떠한 권리도 인정되지 않음 ② 등록은 강제적이고 의무적임 ③ 공적인 지적측량이 실시되지 않는 한 토지등기도 허가되지 않음 ④ 토지등록의 효력이 국가에 의해 보장됨(토지등록상의 문제로 인한 피해는 법적으로 보호됨) ⑤ 적극적 등록제도의 발달된 형태로 Torrens System이 있음
채택국가	네덜란드, 영국, 프랑스, 이탈리아, 미국의 일부주, 캐나다	스위스, 오스트리아, 호주, 네덜란드 대만

5 토렌스 제도(Torrens System)

토렌스 제도는 호주연방의 남 오스트리아 주에서 토렌스(Robert Richard Torrens) 경이 선박의 양도·입질(入質)에 관한 등록제도로부터 시준을 받아 창안한 제도로서 1857년 토렌스경이 아델에이드(Adelaide)시의 시장으로 취임한 후 스스로 입안하여 지방의회에 제출한 부동산재산법이 1858년에 통과되어 확정 시행되게 되었다(곽윤직, 1993 : 30). 토렌스 제도는 오스트레일리아 Robert Torrens경에 의해 창안되었고, 목적은 토지의 권원(title)을 명확히 하고 토지거래에 따른 변동사항 정리를 용이하게 하여 권리증서의 발행을 손쉽게 행하는데 있다. 즉 법률적으로 토지의 권리를 확인하는 대신에 토지의 권원을 등록하는 행위라 할 수 있다. 또한 특정한 필지에 대한 권원증명 행위는 첫째로 일필지의 경계표시와 둘째로 그 필지에 대한 소유자나 공유자를 막론하고 권리관계를 명확히 하는 모든 권원조사와 등록행위의 기초가 되는 것이다(박순표 외, 1993 : 184). 한편 토렌스 제도는 등기용지를 개설하기 위한 우리나라의 보존등기에 해당하는 최초등기를 매우 중요시하며 신중한 절차로 행하여진다. 미등기 토지에 대하여 처음으로 등기용지를 개설하기 위해서는 철저한 권원심사를 실시하며, 권원심사는 실질적 심사주의의 원칙에 따라 권리자가 제출하는 과거의 거래증서와 기타의 모든 증거방법에 의하여 형식적이 아니라 실질적으로 신청자의 소유권을 심사하고 이해관계인을 위하여 통지나 공고를 하여 일정 기간 내에 이의신청서를 제출케 하여 심리할 뿐만 아니라 필요하면 직권조사를 실시하기도 한다. 이러한 절차를 거쳐 최초의 등기를 하게 되면 등기된 토지소유자에게 우리나라의 등기권리증과 유사한 권원증명서를 교부한다. 토렌스 제도에 의한 등기에는 공신력이 인정된다. 그 이유는 최초의 등기신청 당시에 실질적 심사를 하고 있으며, 진정한 권리자가 그의 권리를 잃게 되는 경우 국가배상제도를 채택하고 국가배상제도의 합리적인 운영을 위하여 각종 등기신청에 필요한 수수료의 일정부분을 기금으로 적립하고 있기 때문이다(곽윤직, 1993 : 29-30).

토지등록제도의 효과에 관련하여 특히 권원등록제도는 3가지 원리가 지지된다. 즉 토렌스 시스템의 기본 원리는 영국 런던 왕립등기사무소장인 Theodore B. Ruoff씨에 의하여 주장되고 캐나다의 Magwood씨에 의하여 구체화된 이론이다(S. R. Simpson, 1976 : 22., J. L. G. Henssen b, 1995 : 8., Mahamed Ali Dawood, 1987 : 234, J. D. McLauglin, 1975 : 85., 류병찬, 2006 : 426-427).

5.1 거울이론(mirror principle)

거울이론은 권원등기부가 정확하고 완벽하게 반영하는 거울과 같고 권원의 실체(material)인 현 사실을 정리하는 것 이상이라는 진술(proposition)을 의미한다. 즉 토지권리증서의 등록은 토지의 거래사실을 이론의 여지없이 완벽하게 반영하는 거울과 같다는 입장이다. 또한 등기부가 실제 법적 상태를 대표하는 것으로 소유권어 관한 현재의 법적 상태는 오직 등기부에 의해서만 이론의 여지없이 완벽하고 투명하게 브인다는 것이다. 따라서 권원증명서(certificate of title)에 기재된 사항은 국가에 의하여 적법성을 보장받게 되며 등기부에는 필지별로 현존하는 모든 법적 권리상태를 완벽하고 투명하게 등록·공시하여야 한다는 것이다.

5.2 커튼이론(curtain principle)

커튼이론은 등기부가 커튼 뒤에 놓인 공정성과 신빙성에 관여할 필요도 없고 관여해서도 안 되는 매입신청자를 위한 유일한 정보의 원천을 제공한다는 것이다. 즉 소유권의 법적 상태와 관련한 확실성을 보장하기 위하여 단지 현재의 등기부에 등기된 사항만 논의되어야 한다는 것이다. 또한 일단 권리증명서가 발급되면 당해 토지에 대한 새로운 권리증명서 발급 이전의 모든 권리관계와 거래사실 등은 고려대상이 될 수 없다는 원리이다. 따라서 종전의 권리 관계에 관한 내용을 국민들이 받아보기가 불가능하게 되며, 현행 권리증명서에 기재된 권리가 실제적인 권리관계와 일치하여야 한다는 이론이다.

5.3 보험이론(insurance principle)

보험이론은 등기부가 토지의 권원을 아주 정확하게 반영하는 것이나 인간의 과실로 인하여 착오가 발생하는 경우에 해를 입은 사람은 누구나 다 피해보상에 관한 한 법률적으로 선의의 제3자와 동등한 입장에 놓여야만 된다는 것이다. 즉 권원증명서에 등기된 모든 정보는 정부에 의하여 보장된다는 것이다. 따라서 권원증명서에 기재된 모든 사항은 정확성이 보장되고 실체적인 권리관계와 일치되어야 한다. 만약 사실 소유자가 등기부와 부합하지 아니하여 권리를 잃게 되는 경우나 실제 법적 상태와 다르게 공시된 등기로 인하여 손해를 입었을 때에는 국가나 혹은 이러한 목적으로 특별히 적립된 기금을 통하여 그 피해를 보상해야 한다는 이론이다.

6 분산등록제도(Sporadic system)

분산등록제도는 토지의 매매가 이루어지거나 소유자가 토지의 등록을 요구할 경우 필요에 따라 그때그때 토지를 공부에 등록하는 제도로서 국토가 넓고 인구가 비교적 적은 도시지역에 집중 거주하는 국가에서 채택하고 있다. 이는 등록제도를 일으키는 부동산 소유자의 활동 및 특정 활동에 기반을 두고 있고 분산등록을 야기하는데 활용되는 가장 일반적인 활동은 부동산의 매매이다. 예를 들면, 분산등록은 1925년 이후 영국 및 웨일스에 정리된 등록지역을 강제 등록하기 위한 주요 유인(trigger)으로서 이용되었다(cadastral template 2003-www.cadastraltemplate.org.). 분산등록제도 하에서는 토지의 등록이 점진적으로 이루어지며, 도시지역에만 지적도를 작성하고 산간지역이나 사막지역 등은 지적도를 작성하지 아니하기 때문에 일시에 많은 예산이 소요되지 아니하는 장점이 있으나, 지적공부 등록에 관한 예측이 불가능하며 필지별 등록 단가가 비교적 높은 단점이 있다. 따라서 국토관리를 지적도에 비하여 상대적으로 정확도가 낮은 지형도에 의존할 수 밖에 없으며 전국적으로 지적도가 작성되어 있지 아니하기 때문에 지형도를 기본도로 활용하고 있다(류병찬, 2006 : 180, Jaap Zevenbergen, 2004 : 18-19).

분산등록제도를 채택하고 있는 국가에서는 대체로 소극적 등록주의(negative or passive system)를 채택하고 국가의 개입 여부에 따른 날인증서등록제도(deed registration system)를 적용하고 있다(J. L. G. Henssen, 1990 : 18).

7 일괄등록제도(Systematic System)

일괄등록제도는 일정지역 내의 모든 필지를 일시에 체계적으로 조사 · 측량하여 공부에 등록하는 제도로 국토가 좁고 인구가 많은 국가에서 채택하고 있다. 즉 일괄등록제도는 국토면적이 비교적 작고, 평양지역이 많으며, 인구밀도가 높은 국가에서 채택하고 있는 제도로 초기에 많은 예산이 소요되는 반면 분산등록제도에 비하여 소유권의 안전한 보호와 국토의 체계적 이용관리가 가능하고 필지별 등록 단가가 비교적 저렴한 장점이 있다(cadastral template 2003-www.cadastraltemplate.org). 따라서 정확도가 낮은 지형도에 비하여 상대적으로 정확도가 높은 지적도에 의하여 국토관리를 할 수 있으며, 또한 전국적으로 지적도가 작성되어 있기 때문에 지적도를 기본도를 활용하고 있다(류병찬, 2006 : 181). 일괄등록제도를 채택하고 있는 국가에서는 적극적 등록제도(positive or active system) 국가의 개입여부에 따른 권원등록제도(title registration system)를 적용하고 있다(J. L. G. Henssen, 1990 : 18).

표 12-3 **분산등록제도와 일괄등록제도 비교**

구분	분산등록제도	일괄등록지도
의의	토지의 매매, 토지소유자의 토지등록을 요구할 경우 필요에 따라 공부에 등록	일정지역 내의 모든 필지를 일시에 체계적으로 조사 · 측량하여 공부에 등록
특징	① 국토가 넓고 인구가 적은 도시지역 ② 도시지역에만 지적도 작성 (산간지역 · 사막지역 작성 제외) ③ 일시에 많은 예산이 소요되지 않음 ④ 국토관리를 지적도보다 지형도에 의존 (지적도를 기본도로 활용 안함)	① 국토가 좁고 인구가 많은 지역 ② 모든 토지를 일시에 조사 · 측량하여 공부에 등록 ③ 초기에 많은 예산이 소요됨 (필지당 단위 단가는 저렴) ④ 소유권의 안전한 보호와 국토의 합리적인 이용관리 가능 ⑤ 지적도를 기본도로 활용
채택국가	미국, 호주	한국, 대만

8 토지등록의 편성

토지등록의 편성은 편성방법에 따라 물적 편성주의(system des realfoliums), 인적 편성주의(system des personalfoliums), 연대적 편성주의(chronologisches system), 물적 · 인적 편성주의(system der real-personalfolien) 등과 같이 다양한 방법을 적용할 수 있다(박순표 외, 1993 : 190-193., 곽윤직, 1993 : 32-34., 류병찬, 2006 : 429-430).

8.1 물적 편성주의(物的編成主義)

물적 편성주의는 개개의 토지를 중심으로 해서 등록부를 편성하는 것으로서 1토지에 1등기 용지를 두는 경우를 말하며, 우리나라의 토지대장과 같이 지번 순에 따라 등록되고 분할되더라도 본번과 관련하여 편철하고 소유자의 변동이 있을 때에는 이를 계속 수정하여 관리하는 방식이다. 가장 합리적이고 우수한 제도로 등록객체인 토지를 필지로 구획하고 이를 등록단위로하므로 토지의 이용, 관리, 개발측면에서는 편리하나 권리주체인 소유자별 파악이 곤란한 단점이 있다. 물적 편성주의를 채택하기 위해서는 무엇보다도 토지대장의 완비가 그 전제요건이 된다는 점을 유의하여야 한다. 즉 등기가 공시기능을 다하기 위해서는 등기부에 등기된 부동산의 표시사항과 실제의 부동산이 일치하여야 한다.

8.2 인적 편성주의(人的編成主義)

인적 편성주의는 개개의 토지소유자를 중심으로 해서 편성하는 것인데, 토지대장이나 등기부를 소유자별로 작성하여 동일소유자에 속하는 모든 토지는 당해 소유자의 대장에 기록하는 방식이다. 이는 연대적 편성주의보다는 공시기능을 발휘하지만 같은 성명을 가진 사람이 많을 뿐만 아니라 동일인이 여러 부동산을 소유하고 있으면 특정 소유자의 부동산을 찾기가 곤란하여 합리적인 제도라 할 수 없다. 이러한 인적 편성주의를 그대로 채택하고 있는 국가는 거의 없으나 1955년 이전 프랑스의 등기부는 공정증서를 작성하여 이것을 가지고 등기부의 필요한 부분을 찾았기 때문에 흔히 인적편성주의를 취하는 것을 여기고 있다. 또한 과세별 과세물건을 확실히 하려는데 목적을 둔 세지적의 소산이라 할 수 있고, 물적 편성주의 장점이 단점으로 나타난다.

8.3 연대적 편성주의(年代的編成主義)

연대적 편성주의는 어떤 특정한 기준을 두지 않고 당사자의 신청순서에 따라서 순차로 기록해 가는 것이며 프랑스의 등기부, 미국의 여러 곳에서 아직도 사용되는 리코딩시스템(recoding system)이 이에 속한다. 이것은 등기부 편성방법으로서는 가장 유효한 것이며, 그 자체만으로는 공시의 작용을 거의 못하는 흠이 있다. 리코딩시스템은 권원증서의 등록제도라 하는데 이것은 토지에 관한 권리자체를 등록하는 것이 아니라 단순히 토지의 처분에 관한 증서의 내용을 등록해 두어서 뒷날의 증거로 하는 제도이다. 한편 프랑스와 같이 공정증서만을 연대적으로 편철해서 등기부로 사용하는 국가에서는 색인제도만 완비되면 공시기능에 문제가 없으나 미국의 리코딩시스템(recording system)과 같이 단순한 사서증서를 연대적으로 편철하는 국가에서는 색인제도가 완비되더라도 공시방법으로서는 극히 불완전하게 된다. 따라서 부동산을 매수하고자 할 경우에는 반드시 권원조사를 변호사나 권원조사를 대행하는 권원보험회사에 의뢰하기도 한다.

8.4 물적 · 인적편성주의(物的 · 人的編成主義)

물적 · 인적 편성주의는 물적 편성주의를 기준으로 하여 운영하되 인적편성주의 요소를 가미하는 것이다. 즉 소유자별 토지등록부를 동시에 설치함으로써 효과적인 토지행정을 수행하는 방법이다. 스위스와 독일의 경우 2개 이상의 토지를 하나의 등기용지, 즉 공동용지를 사용하는데 이 경우가 한 예이다.

표 12-4 **토지등록의 편성주의 비교**

구분	의 의	특 징
물적 편성주의	개개의 토지를 중심으로 등록부를 편성	① 1토지에 1등기용지 ② 지번순서에 따라 등록 ③ 분할할 경우 본번과 관련하여 편철 ④ 소유자의 변동이 있을 때 계속 수정하여 관리하는 방식 ⑤ 토지이용, 관리, 개발 측면에 편리, 권리 주체이 소유자 파악이 곤란
인적 편성주의	개개의 소유자를 중심으로 편성(동일소유자에 속하는 모든 토지는 당해 소유자의 대장에 기록)	① 과세에 목적을 둔 세지적의 소산 ② 토지행정상 지장이 많음 ③ 네덜란드에서 사용
연대적 편성주의	당사자의 신청순서에 따라서 순차적으로 기록하는 것	① 프랑스 등기부, 미국의 리코딩시스템 ② 공시기능 발휘하기 위해서는 색인 등의 보완 필요
물적 · 인적 편성주의	물적 편성주의를 기본으로 인적편성주의 요소 가미	① 소유자별 토지등록부를 동시에 설치함으로써 효과적인 토지행정을 수반 ② 스위스, 독일에서 채택

SECTION 13

토지등록관리

1 토지등록절차(土地登錄節次)

1.1 토지이동(土地異動)

토지이동은 광의적으로는 지적관리상의 일체의 변동을 의미하고 법률적으로는 토지표시사항이 달라지는 것을 말한다. 한편 토지이동을 법률적 토지이동과 토지의 특수이동으로 구분할 수도 있으며, 이하에서는 이들을 살펴보고자 한다.

1) 법률적 토지이동

토지이동이란 신규등록 할 토지가 생기거나 기등록지의 지번, 지목, 경계, 좌표 또는 면적이 달라지는 것을 의미하고, 광의의 토지이동은 지적공부에 등록된 사항 중 토지표시, 즉 지번, 지목, 경계 또는 좌표 및 면적의 변동은 물론 토지소유자의 주소, 성명 또는 명칭의 변경 혹은 등록을 말소할 때 또는 토지소유권의 이전까지 토지에 관한 일체의 변동으로 본 1920년대의 이동지정리가 해당된다. 한편 토지표시사항을 변경 또는 설정하는 토지이동은 신규등록, 등록전환, 합병, 분할, 지목변경, 토지구획정리 등이고 처리절차상 지적측량에 의한 지적측량성과도를 첨부하는 경우와 실질적 토지조사에 의하여 처리되는 경우가 있다.

2) 토지의 특수이동

토지의 특수이동이란

① 지적공부에 등록된 사항 중 오류가 있을 경우 이를 정정함으로써 생기는 지번, 지목, 경계, 면적의 이동

② 현행의 지번이 아주 혼란한 경우 이를 전면적으로 개정함으로써 일어나는 지번의 이동

③ 행정구역의 통합, 분할 등 변경으로 인한 지번의 변경
④ 도시계획사업이나 농지개량사업 등으로 일어나는 지번, 지목, 경계, 면적의 이동
⑤ 지번의 증설, 측량규정의 변경 등 토지표시방법의 변경

등의 경우를 말한다. 토지의 특수이동도 토지의 이동임에는 틀림없으므로 이는 행정처분에 속한다. 토지의 특수이동은 지적국정주의 원칙에 따라 지적소관청인 시장 · 군수만이 그 지번, 지목, 경계, 면적을 결정할 권한이 있다(원영희, 1990 : 428-434).

Zoom in

과세지성(課稅地成)

과세지성이란 토지에 대한 세(稅)를 부과하지 않던 토지가 세를 부과하는 토지로 됨을 의미한다. 토지에 대한 세가 국세(國稅)이던 시절에 과세지성이란 국세를 새로이 부과할 토지를 가리키었다. 그러나 국세가 지방세로 이관된 1962년부터는 과세지성(課稅地成)이라는 관념(觀念)을 다만 "토지에 대한 세를 부과하게 된 토지가 있었다"는 의미일 뿐 토지가 국세이건, 지방세이건 상관할 바가 아니었다.
과세지성의 가장 대표적인 예로서는 공유수면을 매립 준공한 경우가 있다. 한편 임야 · 도로 · 하천 · 구거 등이 전 · 답 · 대 등으로 되는 경우도 종전에는 이를 과세지성이라 하였다. 그러나 새 지적법에서는 전자의 경우를 신규등록이라하고, 후자의 경우는 지목변경이라 하고 있다.

비과세지성(非課稅地成)

비과세지성(非課稅地成)은 과세지성의 반대 개념으로 해석할 수 있고, 다만 각 종의 면세년기지(免稅年期地), 재해면세지(災害免稅地), 사립학교용면세지(私立學校用免稅地)는 비과세지로 취급하지 않았다. 한편 새 지적법에서는 비과세지성이라 하지 않고 모두 지목변경이라 하였다.

1.2 신고(申告)와 신청(申請)

토지의 등록 및 이동에 관하여 지적공부 정리할 것을 요청하는 방법에는 신고 또는 신청주의를 채택하고 있으며, 신고 또는 신청이 없거나 불필요한 때에는 소관청에서 직접 조사하는 직권주의를 적용하고 있다(박순표 외, 1993 : 213-214).

1) 신고주의(申告主義)

토지의 이동이 있을 경우에 소유자 본인의 의사와는 관계없이 의무적으로 정부에 그 사유와 이동현황에 대하여 소정 기일 내에 소정양식에 의한 신고서를 제출하여야 함을 의미한다. 이를 이행하지 아니할 경우 벌금과 과태료 처분의 벌칙이 적용된다.

2) 신청주의(申請主義)

토지이동에 대하여 법률적으로 강제되지 않고 소유자의 의사에 맡겨 정리하는 것을 말한다. 토지의 이동에 있어서 신청은 지적정리에 대하여 등록을 원한다는 뜻의 당사자의 소관청에 대한 의사표시이며, 토지이동은 원칙적으로 당사자의 신청에 의하여 이를 처리하게 된다. 이전에는 토지의 합병을 제외한 대부분의 토지이동에 대하여 신고주의를 채택하였으나 최근에는 신고사항도 대민관계에 있어서는 신청으로 표현하는 경향이 나타나가고 있으며, 이제는 법률용어로서 신고와 신청은 구분할 수 없고, 다만 관행상 구분해 오던 것을 모두 신청으로 용어를 통일하고 있다.

3) 직권조사주의(職權調査主義)

토지의 이동이 있어도 신청을 기피하거나 신청을 강제하지 않는 경우에는 소관청의 공무원이 토지이동의 사실을 인지한 때 또는 일정기간마다 조사를 실시하여 지적정리를 실시하는 것을 말한다. 소유자가 의무적으로 신청해야 하는 경우는 신청이 없더라도 소관청이 직권으로 처리할 수 있고 소유자의 의사에 의하여 처리되는 경우는 소관청의 직권처리를 할 수 없다.

1.3 신청권자(申請權者)

1) 원칙(原則)

토지의 이동 신청은 이동의 책임이 있는 소유자 단독으로 하는 것을 원칙으로 하고 있으며, 소유자가 아닌 자가 토지이동의 신청을 할 수 있는 경우는 제3자로부터 토지이동이 강제되어 이루어지거나 토지이동권을 제3자에게 위임한 경우이다. 토지소유자로 인정하는 자는 부동산 등기부에 등기된 소유권자를 말하며, 미등기토지에 대하여는 지적공부에 등록된 소유자를 말한다.

2) 신청의무의 승계(承繼) : 개정법률에서는 삭제되었음

토지이동이 된 때의 전소유자는 신청의 의무가 소유권의 이전과 함께 상실되고, 새로이 소유권을 취득한 신소유자가 포괄 승계되어 소유권의 변경이 있는 날로부터 30일 이내에 신청의 의무를 지게 하고 있다(지적법 제22조 : 1999년 1월 18일 삭제되었음). 따라서 토지이동을 한 전소유자는 신청의 의무가 없고 토지이동을 한 기간이 길어도 신청해태의 책임이 없으며 과태료의 처벌을 받지 않는다고 보아야 한다.

신소유자가 하여야 할 신청기간의 개시점은 소유권의 득실변경의 효력을 등기하였을 때 갖게 하는 성립요건주의(민법 제186조 참조)에 따라 소유권이전의 등기초일부터 계산이 되어야 하며, 등기초일은 기간에 산입하지 않는 것이 일반원칙이다(민법 제157조 참조).

3) 신청의 대위(代位)

토지이동의 신청은 당해 토지의 소유자가 하는 것이 원칙이나 이미 토지의 이동목적이 학교용지, 철도용지, 하천, 구거, 유지, 제방 등의 지목으로 공공용 토지로 되는 때와 국가 또는 지방자치단체가 매입 등으로 취득할 토지 또는 그 토지를 관리할 소유자의 권리를 행사할 수 있는 채권(債權)이 성립될 경우는 사실상 소유자의 신청권이 위임된 상태이므로 소유자를 대신하여 관계자가 신청할 수 있는 경우가 발생한다.

1.4 토지등록 처리절차(處理節次)

토지등록은 국가기관인 소관청이 토지등록 사항의 공시를 위하여 토지에 관한 공부를 비치하고 이를 토지소유자, 기타 이해관계인에게 필요한 정보를 제공하기 위한 행정행위로서, 그 절차는 현지조사, 이동결의, 지적공부정리, 이동통지 등의 순으로 이루어진다(박순표 외, 1993 : 217-218).

1) 현지조사(現地調査)

토지의 이동신청서가 제출되면 소관청은 신청토지의 현황을 파악하기 위하여 현지조사를 실시하거나 지적측량을 시행한다.

2) 이동결의(異動決議)

관계공무원이 현지조사 또는 지적측량 결과를 확인하였을 경우에는 조서를 작성하여 조사사항을 기록한 토지이동의 결의를 한다.

3) 지적공부정리(地籍公簿整理)

이동결의가 완료되면 지적공부를 정리하여야 하며, 이 때에는 대장에 토지이동의 사유를 기재하고 지적공부 정리가 완료됨으로써 토지이동의 효력이 발생된다.

4) 초일불산입(初日不算入)의 원칙(原則)

토지의 이동은 일반적으로 법률에 규정된 기간 안에 신청 또는 신고를 하도록 하고 있으나, 그 기간의 산정에 있어서 특별한 규정이 없는 한 민법상의 초일불산입(初日不算入)의 원칙이 적용된다.

5) 이동통지(異動通知)

토지등록사항에 변동이 생기면 토지정보를 필요로 하는 기관에 그 변동내용을 통보하여 이용하도록 하고 있다. 필요로 하는 기관으로는 토지 관련세를 취급하는 기관, 토지등기관련 업무를 관장하는 읍 · 면 · 동의 행정기관이 있으며, 직권 처리한 토지이동사항은 소유자에게 그 변동내용을 통지한다.

2 토지등록의 말소(抹消)

2.1 의의

토지의 멸실에 따른 등록말소는 물권의 대상인 토지가 자연적 또는 인위적 원인으로 사실상 소멸되고 또 등록요건을 갖춘 토지가 그 요건을 상실하게 되었을 때 그에 대한 법상의 등록내용과 등록효력을 해제케 하는 행정처분을 하게 된다. 토지등록의 말소가 될 수 있는 경우는 해면성 말소가 있다. 임야의 등록전환이나 토지합병 등 등록요건변경에 따른 말소도 있으나 물건으로서의 말소가 아니라 등록사항의 변경에 따른 말소이므로 엄밀한 의미에서 말소로 보기는 어렵다. 토지가 해면성 되어 객관성과 특정성을 상실하여 일정한 지목을 부여할 수 없는 토지로 된 경우에는 등록말소의 절차를 취하게 된다. 해면성 말소는 등록의 객체인 토지가 해면이 됨으로써 토지실체의 물리적 소멸이 되고, 실체상 특정된 등록사항을 지속시킬 수 없는 상태가 되어 토지실체를 법상으로 말소하게 되는 것이다(박순표 외, 1993 : 218-223).

2.2 해면성(海面成) 토지의 등록말소

토지의 함몰(陷沒)이나 호수의 침식 등 원인으로 등록된 토지가 해면으로 될 때가 있다. 해면으로 된 토지는 물리적 · 인위적으로 확인될 수 없는 상태가 되어 지번, 지목, 경계, 면적 등으로 등록할 수 없다. 따라서 지적공부에 등록된 토지가 해면이 되어 원상 복구할 수 없다고 판단되는 경우는 "권리의 목적물이 멸실한 때는 그에 대한 물권이 소멸된다"는 민법의 입법정신에 따라 당연히 지적공부 등록도 말소된다. 토지의 합병이나 분할은 형성적 처분이고 토지멸실은 실체적 내지 물리적 변경이다.

멸실의 원인은 자연적 해몰(自然的 海沒)과 인위적 해몰로 구분할 수 있다. 우선 자연적 해몰의 원인으로서 일반적으로 고려되고 있는 것은 지반의 침하, 지진, 파도 등의 자연현상에 의하여 토지가 해면하에 침몰하는 경우이다. 인위적 해몰(人爲的 海沒)은 인공을 가하여 해안선이 변경되어 공부상 등록된 토지가 해면으로 된 경우 그 토지 또한 법적으로 멸실되게 된다. 항만건설 등의 목적을 위하여 인공적으로 토지를 굴삭함으로써 해몰된 경우에도 일반적으로 토지가 멸실되는 것으로 취급된다(원영희, 1990 : 432-433). 한편 토지의 멸실(해면성)로 보는 기준은 등록된 토지가 해면이 될 것(자연적 기준)과 원상회복 또는 다른 지목으로 될 가능성이 없는 것(인위적 기준) 등이 제시되고 있다.

3 토지등록의 효력

지적공부에 새로이 토지를 등록하거나 이미 등록된 토지의 지번, 지목, 경계, 면적 등을 변경등록하는 행위에 대한 법률적 효력은 일반적으로 행정처분에 의한 구속력 · 공정력 · 확정력 · 강제력이 있는 것으로 보고 있다. 한편 행정행위는 적법 · 유효하게 성립된 경우에만 완전한 효력을 발생한다. 일반적으로 행정행위는 법과 공익에 적합하여야 하고, 또한 합리적 이성 또는 법의 내재적 논리에 배치되지 않아야 한다. 행정행위의 성립에 관해서는 실정법상 일반적인 규정은 없으며, 학자들에 따라 약간의 차이는 있으나, 다음과 같은 성립요건을 갖추는 경우에 적법 · 유효한 행위로서 완전한 효력을 발생한다(김동희a, 2001 : 284-285).

내부적 성립요건은 주체, 내용, 절차, 형식에 관한 요건으로 구분하여 살펴볼 수 있다. 첫째, 주체에 관한 요건이다. 행정행위는 정당한 권한을 가진 자가 권한 내의 사항에 관하여 정상적인 의사에 기하여 행한 것이어야 한다. 즉 공무원이 아닌 자 또는 적법하게 구성되지 않은 행정위원회의 행위는 위법한 것이다. 또한 권한에는 사항적 권한 · 지역적 권한 · 대인적 권한 등이 있다. 그리고 원칙적으로 의사능력이 있는 자의 행위이어야 하고, 사기 · 강박 등에 의한 것이어서는 아니된다. 둘째, 내용에 관한 요건이다. 행정행위는 그 내용에 있어 실현가능하고 명확한 것이어야 하며 법과 공익에 적합한 것이어야 한다. 셋째, 절차에 관한 요건이다. 관계법상 또는 불문법상 일정한 절차를 거쳐야 하는데 이러한 절차들은 그 성질 · 중요도 등에 따라 행정행위의 효력에 미치는 영향에 차이가 있다.[68] 넷째, 형식에 관한 요건이다. 법령이 특별한 형식을 정하고 있지 않는 경우 문서 · 구두 기타의 형식으로 행해질 수 있다. 문서에 의한 행정행위는 법령에 특별한 규정이 없는 경우 상대방의 주소 · 성명 또는 명칭, 행위내용, 일부 등을 기재하고 행정청의 관인을 날인하면 된다.

외부적 성립요건으로 행정행위는 행정결정의 외부에 대한 표시행위이므로 행정 내부에서의 결정이 있는 것만으로는 아직 행정행위가 성립하였다고 할 수 없고 외부에 표시되어야 비로소 성립된다. 행정행위는 일단 성립하면 그것이 상대방에 도달되지 않은 경우에는 행정청은 이유없이 이를 취소 · 변경할 수 없게 되는 구속을 받게 된다.

---

68) ① 쌍방적 행정행위에 있어서의 상대방의 협력(신청, 동의)
② 당사자 간의 이해 조정 또는 이해관계인의 권익보호를 위한 절차(의견제출, 청문 등)
③ 행정의 신중 · 공정을 도모하기 위한 행정조직 내부에서의 협의 · 심의 · 자문 · 동의 등
④ 기타 절차가 있다.

행정행위는 적법요건을 갖추면 효력을 발생하게 된다고 하는데 여기서의 효력은

① 행정행위가 법적으로 존재한다는 것
② 행정행위는 관계자에 대하여 구속적이라는 것
③ 행정행위는 지속적으로 법적 의미를 갖는다는 것

등을 의미한다고 본다(홍정선a, 2000 : 309~310).

이러한 행정행위의 효력을 살펴보면 다음과 같다(김동희a, 2001 : 288~299, 류병찬, 2006 : 251-254).

3.1 행정처분의 구속력(拘束力)

1) 의의

구속력이란 법정요건을 갖추어 행정행위가 행하여진 경우에는 그 내용에 따라 상대방과 행정청을 구속하는 효력을 말하는 것으로서 상대방은 행정행위에 대하여 불복이 있는 경우에는 법률에 의하여 이를 다툴 수 있으나 이 경우에도 취소가 있기 전까지는 그 행위에 의하여 구속되며, 행정청도 그 행위가 취소되지 않는 한 그에 구속된다(홍정선, 2000 : 31).

2) 적용 예

지적공부에 새로이 토지를 등록하거나 이미 등록된 토지의 지번 · 지목 · 면적 등을 변경 등록하는 행위가 법정요건을 갖추어 이루어진 경우에는 행정청과 상대방을 구속하게 된다. 따라서 소관청이나 토지소유자 또는 이해관계인은 토지등록의 행정처분이 유효하게 존재하는 한 그것을 존중하고 또 그에 복종하여야 하는 것이다.

3.2 토지등록의 공정력(公定力)

1) 의의

공정력이란 행정행위가 이루어지면 비록 법정요건을 갖추지 못하여 흠이 있더라도 절대무효인 경우를 제외하고는 권한 있는 기관에 의하여 취소되기까지는 상대방 · 제3자에

대하여 구속력이 있는 것으로 통용되는 힘을 말한다. 행정행위의 구속력은 행정행위의 내용에 따라 또는 직접 법률의 규정에 따라 일정한 효력을 발생하는 실체법상 효력인데 비하여 공정력은 그러한 구속력이 있는 것을 승인시키는 절차적 효력에 해당한다.

2) 적용 예

토지등록에 있어서의 행정처분이 유효하게 성립하기 위한 요건을 완전히 갖추지 못하여 하자가 있다고 인정될 때라도 절대 무효인 경우를 제외하고는 소관청, 감독청, 법원 등 권한 있는 기관에 의하여 쟁송 또는 직권으로 그를 취소할 때까지 그 행위는 적법의 추정을 받고 누구도 그 효력을 부인할 수 없는 것으로서 무하자추정 또는 적법성이 추정되는 것이다.

3.3 토지등록의 확정력(確定力)

1) 의의

일단 유효하게 등록된 표시사항은 일정한 기간이 경과한 뒤에는 그 상대방이나 이해관계인의 그 효력을 다툴 수 없을 뿐만 아니라 소관청 자신도 특별한 사유가 없는 한 그 처분행위를 다툴 수 없는 것을 불가쟁력(不可爭力)또는 형식적 확정력(形式的 確定力)이라 하며, 행정행위를 한 행정청(처분청)이 스스로 그 행정행위를 취소 · 변경 또는 철회할 수 없는 힘을 불가변력(不可變力) 또는 실질적 확정력(實質的 確定力)이라 한다.

2) 적용 예

유효하게 지적공부에 새로이 등록하거나 이미 등록된 사항을 변경등록한 경우에는 그 상대방이나 이해관계인이 그 효력을 다툴 수 없을 뿐만 아니라 소관청이 임의로 이를 취소 · 변경 또는 철회할 수 없다.

3.4 토지등록의 강제력(强制力) : 자력집행력(自力執行力)

1) 의의

강제력은 의무를 부과하는 하명행위(下命行爲)에 있어 그 상대방이 의무를 이행하지 않을 때 사법행위(私法行爲)와는 달리 법원의 힘을 빌리지 않고 행정청이 자력으로 이를 실현할 수 있는 것을 말한다. 강제력은 행정행위에 내재하는 효력이 아니라 그에 관한 법률상의 근거가 있어야 한다.

2) 적용 예

지적측량이나 토지등록사항에 대하여 사법권의 힘을 빌릴 것이 없이 행정청 자체의 명의로서 자력으로 집행할 수 있는 강력한 효력을 갖는 것을 말한다. 토지분할이나 신규등록 또는 경계복원측량 등을 지적공사에 대행시키는 것도 국가업무를 대행하는 것으로 이에 따른 모든 효력이 동일하며 그 처분결과는 물론 국가가 최종적으로 책임을 지게 된다.

3.5 토지등록의 법률적 효력에 있어서의 문제점

토지등록내용과 법률적 효력이 일반 행정적 자료처리에 기초를 두고 있기 때문에 등록사항에 하자가 발생한 경우에도 오류정정(誤謬訂正) 처리로 끝나고 이에 대한 주민피해에도 전혀 국가배상제도(國家賠償制度)를 시행하지 못하고 있다. 또한 현행 토지공시제도가 토지표시제도는 지적에서, 소유권 등 권리관계는 등기에서 공시책임을 맡고 있으며, 부분적으로 토지표시에 대한 지적소관청의 사실심사와 국정주의에 의한 직권등록주의를 채택하고 있으나 국가가 이에 대한 공신의 원칙을 부정함으로써 토지의 표상에 대한 지적공시의 효력을 부정하고 있는 것이다. 따라서 지적은 물론 소유권의 공시를 위한 등기의 효력까지도 문제시되고 있는 것이다.

표 13-1 **토지등록의 효력**

효 력	주 내 용
구속력(拘束力)	법정요건을 갖추어 행정행위가 행하여진 경우 그 내용에 따라 상대방과 행정청을 구속하는 효력
공정력(公定力)	행정행위가 행해지면 법령이나 조례에 위반되는 경우에 권한 있는 기관이 이를 취소하기 전까지는 유효
불가쟁력(不可爭力)	위법한 행정행위일지라도 취소하지 않는 한 국민은 행정행위에 의하여 구속을 면치 못함(형식적 확정력)
불가변력(不可變力)	행정행위를 한 행정청이 스스로 행정행위를 취소 · 변경 또는 철회할 수 없는 힘(실질적 확정력)
강제력(强制力)	상대방의 의무를 이행하지 않을 때 행정청이 자력으로 이를 실현할 수 있는 것(자력집행력)

참고문헌

토지등록제도

박순표 외 2, 1993, 「지적학개론」, 서울 : 형설출판사.

곽윤직, 1993, 「부동산등기법」, 서울 : 박영사.

원영희, 1990, 「지적학원론」, 서울 : 신라출판사.

손성태, 1996, 「부동산관계법규」, 서울 : 박문각.

류병찬, 1996, 「지적법」, 서울 : 건웅출판사.

정우형, 2009, 「부동산등기법」, 서울 : 법우사.

김동희a, 2001, 「행정법 Ⅰ」, 서울 : 박영사.

김동희b, 2001, 「행정법 Ⅱ」, 서울 : 박영사.

홍정선a, 2000, 「행정법원론(상)」, 서울 : 박영사.

홍정선b, 2000, 「행정법원론(하)」, 서울 : 박영사.

류지태, 2001, 「행정법신론」, 서울 : 신영사.

Simpson, S. R., 1976, 「Land Law and Registration」, Cambridge : Cambridge University Press.

Henssen, J. L. G, 1988, 「Administrative and legal aspects of Land Registration/Cadastre」 (ITC Lecture Note).

Henssen, J. L. G, 1990, "Land registration, cadastre and its interaction : a world perspective", the XIXth International Congress of Surveyors in Helsinki, Finland, June 1990.

Henssen, J. L. G a, 1995, "Cadastre and its legal aspects", First joint European conference and exhibition on geographical information : Workshop E : Cadastral information systems, Masstricht the Netherlands, March 1995.

Henssen, J. L. G b, 1995, "Basic principles of the main cadastral systems in the world", Modern Cadastres and Cadastral Innovations, FIG Seminar, Delft, 16 May 1995.

Rechberger, Walter H., 1998, "The Austrian land register : its basic principles and general institutional con-ditions", International conference on the development and maintenance of property rights : part 3 : key-note addresses. -Vienna : World Bank, 1998.

Zevenbergen, Jaap, 2003, "The Dutch system of land registration : title registration with a "privatized" regis-trar", EULIS Seminar on Conveyancing Practices, Lund Sweden, 15-16 May 2003.

Zevenbergen, Jaap, 2004, "A systems approach to land registration and cadastre", Nordic Journal of Surveying and Real Estate Research, Vol.1.

Robert Bennett Cal, 1986, "The Feasivility of Assessment Information Systems As Nuclei for Development of Multipurposs Cadastral Land Information Systems", Ph. D. Dissertation, University of Washington.

Williamson, Ian P. 1994, "호주 및 아시아 태평양지역의 지적제도", 한국국토정보공사.

FIG Commission 7, 1995, 「The FIG statement on the cadastre」.

UN ECE, 1996, 「Land Administration Guidelines」,

Kaufmann, J. and Steudler D., 1998, Cadastre 2014, A Vision for a Future Cadastral System, Working Group 1 of FIG Commission, 7 July 1998.

Soni Harsono, 1996, "Opening speech by the minister of Lands", United Nations Inter-Regional Meeting of Cadastral Experts of Asia and the Pacific, Boger, 18-22 March 1996.

토지등록의 유형 및 편성

곽윤직, 1993, 「부동산등기법」, 서울 : 박영사.

류병찬, 2006, 「최신 지적학」, 서울 : 건웅출판사.

박순표 의 2, 1993, 「지적학개론」, 서울 : 형설출판사.

안갑준, 1996, 「부동산등기법」, 한국국토정보공사연수원

원영희, 1990, 「지적학원론」, 서울 : 신라출판사.

Dale P. F., 1988, 「Land Information Management」, Oxford : Clarendon Press.

Dawood Mohamed Ali, 1987, "Concept of system Modeling For Land Related Information", Ph. D. Dissertation, University of Washington.

Henssen, J. L. G a, 1995, "Cadastre and its legal aspects", First joint European cinference and exhibition on geographical information : Workshop E : Cadastral information systems, Masstricht the Netherlands, March 1995.

Henssen, J. L. G b, 1995, "Basic principles of the main cadastral systems in the world", Modern Cadastres and Cadastral Innovations, FIG Seminar, Delft, 16 May 1995.

Larsson, G. 1991, 「Land Registration and Cadastral System」, N. Y. : John Wiley and Sons, Inc.

McLaughlin. J. D., 1975, "The Nature, Function and Design Concepts of Multi-Pupose Cadastres", Ph. D. Dissertation, University of Wisconsin.

Simpson, S. R., 1976, 「Land Law and Registration」, Cambridge : Cambridge University Press, pp.189-190.

UNECE, 1996,「Land Administration Guidelines」.

Williamson, Ian P. 1994, "호주 및 아시아 태평양지역의 지적제도", 한국국토정보공사.

Zevenbergen, Jaap, 2003, "The Dutch system of land registration : title registration with a "privatized" registrat", EULIS Seminar on Conveyancing Practices, Lund Sweden, 15-16 May 2003.

Zevenbergen, Jaap, 2004, "A systems approach to land registration and cadastre", Nordic Journal of Surveying and Real Estate Research, Vol.1.

토지등록관리

박순표 외 2, 1993, 「지적학개론」, 서울 : 형설출판사.

류병찬, 2006, 「최신지적학」, 서울 : 건웅출판사.

류병찬, 1996, 「지적공부정리실무」, 서울 : 남광출판사.

원영희, 1990, 「지적학원론」, 서울 : 신라출판사.

석종현, 1992, 「일반행정법(상)」, 서울 : 삼영사.

손성태, 1996, 「부동산관계법규」, 서울 : 박문각.

곽세운, 1994, 「부동산관계법규」, 서울 : 육서당.

홍용석, 2000, 「부동산공법」, 서울 : 박문각.

김동희a, 2001, 「행정법 Ⅰ」, 서울 : 박영사.

홍정선a, 2000, 「행정법원론(상)」, 서울 : 박영사.

CHAPTER 05

제 05편 토지등록사항

SECTION

14 토지등록의 설비

1 지적공부(Cadastral Record)

1.1 의의

지적공부[69]는 토지의 거래 및 과세 그리고 토지정보를 위한 기초자료로서 이용하기 위하여 토지를 측량하여 구획된 단위 토지를 등록해서 비치하는 공적 장부를 의미한다(박순표 외, 1993 : 193). 즉 지적공부는 토지를 등록하고 관리하는 주체, 토지의 등록대상인 객체, 토지를 등록하고 관리하는 형식 등이 조화를 이루면서 토지의 효율적인 관리 및 국민의 재산권을 보호하는 요체라 할 수 있다(김영학, 2007 : 59). 일반적으로 형식은 "사물이 외부로 나타나 보이는 모양" 혹은 "일을 할 때의 일정한 절차나 양식"을 의미하는 것으로 지적공부의 형식은 "토지의 효율적인 관리 및 국민의 재산권 보호를 위한 일정한 양식"이라 할 수 있다.

지적공부 형식은 지적의 이상을 실현하기 위한 중요한 그릇으로서 여러 가지 환경 변화를 수용할 수 있어야 하고 형식이 갖추어야 할 요건이 충족되어야 한다. 즉 지적공부의 형식이 갖추어야 할 요건으로 표준화(standard), 지속성(sustainability), 대응성(correspondence), 효율성(efficiency), 편리성(convenience) 등을 언급할 수 있다. 표준화는 공부의 형식차원에서 통일적이고 일률적인 규격, 지속성은 공부등록관리 차원에서 과거 · 현재 및 미래까지 유지할 수 있는 재질, 대응성은 공부등록의 변화환경 수용차원에서 유연하고 신속한 반응 양식, 효율성은 공부관리차원에서 투입 비용 대비 산출 효과를 유발하는 유지관리, 편리성은 공부활용차원에서 접근의 용이 등을 의미한다.

69) 지적공부(cadastral records)는 지적부(cadastral book)와 지적도(cadastral map)을 의미하고, 지적부는 물리적 현황, 법적 권리현황, 등록대상의 가치현황, 등록대상의 규제현황 등 속성자료를 등록 · 공시하기 위하여 작성하는 국가의 공적장부의 일종이라 할 수 있다. 지적도는 토지에 대한 물권이 미치는 범위를 나타내는 경계, 지번, 지목, 축척 등 물리적 현황과 규제현황을 등록 · 공시하는 지적공부의 하나로 국가의 공적장부를 의미한다(류병찬, 2006 : 172-178).

표 14-1 **지적공부의 변화방향**

구분	기존의 지적공부	미래의 지적공부
지적과 등기	공부의 개별적 관리	공부의 통합적 관리
대장과 도면	대장과 도면의 개별적 정보제공	대장과 도면의 종합적 정보제공
관리방식	아날로그 방식	디지털 방식
핵심주체	정보제공자(국가) 중심	정보이용자(국민) 중심
정보범위	공부별 단절성 · 개별성 · 한정성	공부별 연계성 · 종합성 · 다양성

최근 지적공부 형식의 지속성에도 불구하고 지적을 둘러싼 환경의 변화[70]는 지적공부의 양식, 규격 및 재질의 조정이 요구되고 있다. 즉 공적 장부 간의 통합관리, 속성자료와 도면자료의 일체화, 아날로그 관리방식의 디지털 관리방식으로 전환, 정보제공자 중심에서 정보수요자 중심으로 핵심주체의 이동, 공시범위의 단절성 · 개별성 · 한정성에서 연계성 · 종합성 · 다양성 등 지적공부의 변화방향에 따라 이에 부합하는 공부의 형식 및 양식이 강력히 요구되고 있다.

1.2 공적장부의 유형

공적장부의 유형은 각기 다른 문화 및 제도에 따라 다양한 형태로 나타날 수 있다. 즉 등록대상을 어디에 둘 것인가에 따라 공부의 유형이 달라지고 제도적 틀에 한정할 것인가 아니면 비 제도권까지 파악할 것인가에 따라서 그 유형이 다양한 형태로 나타날 수 있다. 이러한 등록대상 · 제도 및 비제도적 틀을 고려하여 지적공부의 유형을 검토해 볼 수 있다. 등록대상은 지상 · 지표 · 지하의 제반 등록객체를 관리하기 위한 일체의 공부 중 지적공부와 밀접한 관련이 있는 공부를, 제도 및 비제도적 틀을 고려한 공부의 유형은 지적관련법에서 규정하고 있는 공부 유형을 넘어서 법적 기반을 두고 있는 공부와 관리주체가 자체관리하고 있는 공부를 대상으로 검토해 볼 수 있다(김영학, 2007 : 61-62).

첫째, 지표를 관리하는 공부의 유형으로 근거법령이 주로 측량 · 수로조사 및 지적에 관한 법률 · 도로법 · 부동산등기법 · 지방세법에 연유하며, 대장(부)은 토지 · 임야대장 · 공유

70) 지적을 둘러싼 환경의 변화는 거시적으로는 지적2014성명, 토지와 지속가능성 선언, 표준화 FIG가이드, 산업구조의 변화 등을 언급할 수 있고 미시적으로는 수요자의 능력향상, 지적측량기술의 발달, 토지정보수요자의 다변화, 공사협력체계(public private partnership) 등을 언급할 수 있다(김영학, 2006 : 366). 한편 정보환경의 변화는 Dynamic 토지관리, u-lancer지향 토지관리, 지식기반 창조형 토지관리, KLIS에 연계한 3차원 토지관리 등이 요구되고 있다.

지연명부 · 토지등기부 · 토지과세대장 · 도로대장 등[71]이 있고, 도면은 지적도 · 임야도 · 경계점좌표등록부 · 지형도 · 편집지적도 등이 있다. 이러한 지표의 관리에 관련된 공부는 대체로 토지의 표시사항, 소유권 및 권리관계, 토지가치 등을 등록하여 관리하고 있다.

둘째, 지상을 관리하는 공부의 유형으로 근거법령이 측량 · 수로조사 및 지적에 관한 법률 · 건축법 · 집합건물의소유및관리에관한법률 · 지방세법 · 부동산등기법 등에 연유하며, 대장(부)은 건축물대장 · 집합건축물대장 · 건물과세대장 · 건물등기부 · 대지권등록부 등이 있고 도면은 건축물현황도 및 집합건축물현황도 등이 있다. 이러한 지상의 관리에 관련된 공부는 대체로 건축물 현황 및 전유부분 · 개별주택자격 · 건물의 표시사항 · 대지권비율 등을 등록하여 관리하고 있다.

셋째, 지하를 관리하는 공부의 유형으로 근거법령이 건축법 · 도시철도법 · 도로법 · 시설물안전관리에 관한 특별법 · 수도법 · 하수도법 · 도시가스사업법 · 수치지도작성작업규칙 등에 연유하며, 대장(부)은 지하상가 자체관리대장 · 지하주차장관리대장 · 지하철역시설물대장 · 도시가스배관대장 · 전기 · 난방 관련 대장 등이 있으며 도면은 상 · 하수도시설도면 · 도시가스배관도면 및 지하시설물도 등이 있다. 이러한 지하의 관리에 관련된 공부는 대체로 상가표시 사항 · 연면적 및 주차현황 · 지하철 시설물 현황 · 상 · 하수도 현황 · 배관 등을 등록하여 관리하고 있다.

1.3 우리나라의 지적공부

지적공부의 형식을 바라보는 관점을 연구자에 따라 다양하게 나타날 수 있으나 대체로 시계열적 관점, 등록대상에 따른 차원별 관점, 지적의 모법 존재 유무에 따른 법제화 관점으로 볼 수 있다. 이러한 관점들은 독립적이고 개별적인 구분이라기보다는 상호연관성을 가지고 있다는 것이다. 시계열적 관점의 구분은 모법의 존재 유무에 따라 시기 및 단계가 결정될 수 있고 모법에서 규정하고 있는 지적공부의 양식은 시계열적으로 동일한 것이 아니라 단계별 혹은 제도의 발달에 따라 유동적이라는 것이다. 따라서 시계열적 · 차원별 · 법제화 관점의 종합화가 요구되고 연계성을 고려한 지적공부 형식의 변화과정을 설명할 수 있는 관점이 되어야 할 것이다. 즉 법제화 이전의 2차원 공부, 법제화 이후 2차원 공

71) 외국의 경우 대장을 등록대상에 따라 토지대장(land cadastre), 건물대장(houses cadastre), 과세대장(fiscal cadastre), 지하시설물대장(utility cadastre), 광산등록부(dike cadastre), 수로관리대장(sluice cadastre) 등 다양한 형태가 있다(이왕무 외, 2002 : 186).

부, 법제화 이후 3차원 공부[72] 등으로 구분하여 지적공부 형식의 변화과정을 고려해 볼 수 있다. 다만 제3장에서 법제화 이전의 2차원 공부는 검토하였기에 법제화 이후를 살펴보고자 한다.

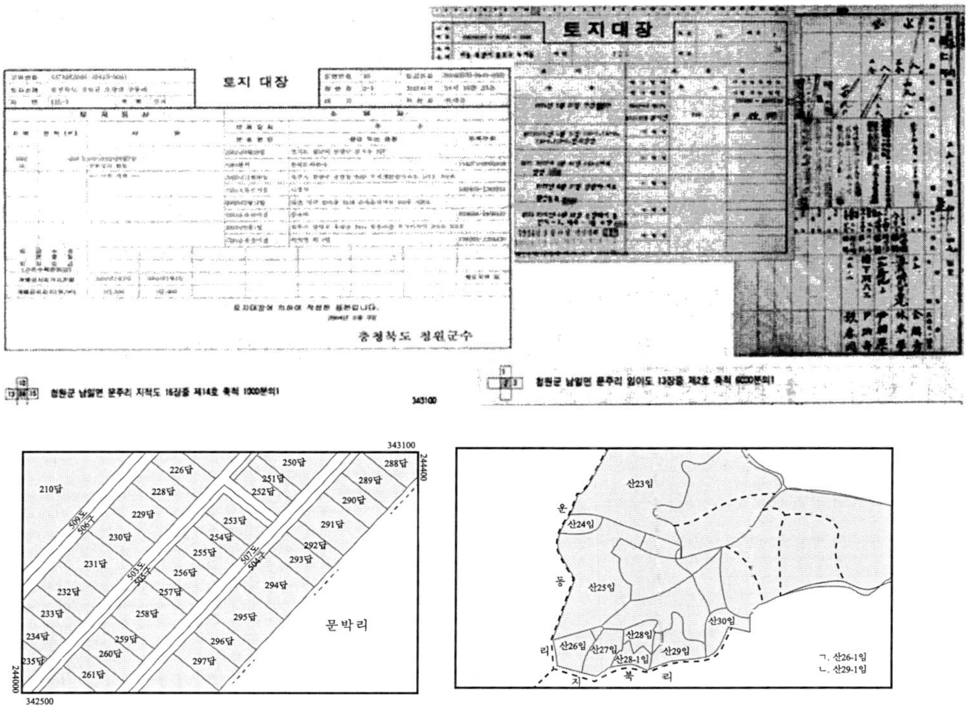

그림 14-1 법제화 이후의 토지대장 및 지적도

첫째, 법제화 이후의 2차원 공부이다. 1950년 12월 지적법이 제정된 이래로 지적공부 중 부책식 대장인 토지대장 및 임야대장은 최초의 사정 필지를 기준으로 하여 50~200필지로 장부식으로 편철 및 보관상자에 넣어 보관하였다가 필지별 등록사항을 장부식으로 편철 보관한 대장으로 카드화 작업이 완료되기 이전까지 사용되었고, 1975년 12월 제2차 지적법을 개정하면서 지적전산화사업 기반 조성을 위하여 한지 부책식 토지대장과 임야대장 및 공유지연명부를 카드식 대장으로 개편하고 경계를 좌표로 등록할 수 있도록 개선함으로써 수치지적부(경계점좌표등록부)를 새로이 작성하기 시작하였다. 카드식 대장은 카드화 작업

72) 법제화 이전 · 이후 구분은 현 지적법이 제정된 1950년과 부동산등기법이 제정된 1960년을 기준으로 구분한 것이며, 이는 현 지적공부의 모습이 법제화 이전의 내용에 근간을 두고 변화되었다는 점에 착안한 것이다.

시 켄트지 사이에 나일론 망사를 넣어 접착시켜 잘 찢어지지 않고 오래 견딜 수 있도록 하였으며, 토지대장 전산화 이전까지 사용되었다.[73] 1986년 4월 집합건물의 소유 및 관리에 관한 법률(1984년 4월 10일 법률 제3,725호)을 제정 공포하고 아파트 · 연립주택 · 복합상가 등의 집합건물을 구분소유단위로 대지권표시의 등기를 한 공유토지에 대하여는 토지대장과 임야대장 이외에 별도로 집합건물의 대지권을 등록하는 공유지연명부[74]를 작성하여 비치하기 시작하였다. 1990년 12월 제4차 지적법(1990년 12월 31일 법률 제4273호)을 개정하고 제8조의 2에 지적공부에 등록한 사항을 전산정보처리조직에 의하여 처리할 수 있는 형태로 작성한 집합물을 지적공부로 보도록 하였다. 한편 필지중심토지정보시스템(PBLIS)이 2000년 11월 개발 완료됨에 따라 일부 지방자치단체에서는 토지대장과 지적도를 결합한 지적공부 등본을 발급하는 사례가 나타났고[75], 2001년 4월 행정자치부와 건설교통부에 의해 진행되던 국가차원의 토지정보와 관련사업인 행정자치부의 "필지중심토지정보시스템"과 건설교통부의 "토지종합정보망"을 보완하여 하나의 시스템으로 통합구축하고 토지대장의 문자정보를 연계 활용하는 방안을 강구하려는 감사원의 감사결과에 따라 정보화사업의 효율적인 추진과 토지정보의 일관된 체계구축을 위해 한국토지정보시스템이 시작되었다.

둘째, 법제화 이후 3차원 지향 공부이다. 법제화 이후 3차원 지향 공부는 현재의 대장 및 도면의 등록사항과 소유권 및 구분지상권을 포함한 일체형과 분리형의 지적부, 지적부 · 등기부 · 건축물대장을 결합한 일체형 부동산등록부, 지적부 · 등기부 · 건축물대장을 결합한 분리형 부동산등록부 등으로 언급되고 있다(지적연구원, 2007 : 187-195). 일체형 지적부는 토지조사사업과 연계되어 설계된 공부의 형식으로 기존의 구분지상권을 등록하고 있는 토지대장에 경계선과 좌표를 함께 1장으로 편제하고, 분리형 지적부는 토지표시부와 소유권부로 구분하며 토지표시부는 토지의 물리적 현황 및 가치 현황을 등록하고, 소유권부는 토지소유자 및 일필지공간상에 존재하는 권리로 구분지상권을 등록할 수 있도록 설계되었다. 일체형 부동산등록부는 지적부와 부동산등기부 및 건축물대장의 등록대상을 하나로 편제하는 형식을 의미하고, 분리형 부동산등록부는 표제부, 갑구, 을구, 병구

73) 대장 및 수치지적부를 카드화한 이후 분실 또는 다른 카드와의 섞임을 방지하기 위하여 다시 지번 부여지역별 100장 단위로 바인더에 넣어 보관 관리하고 있다. 카드식 대장 편철은 필요한 필지별 카드나 자료를 빼거나 삽입하기 쉽고 바인더의 크기에 따라 필지수를 증감시킬 수 있는 장점이 있다(교육인적자원부, 2003 : 67).

74) 지적법 제7차 개정(1995.1.5 법률 제4869호)에서 집합건물의 대지권을 등록하는 공유지연명부의 명칭을 대지권등록부로 변경하였다.

75) 필지중심토지정보시스템은 행정자치부가 지적도면을 Base Map으로 건물, 도시계획 등 형상과 관련된 도면정보와 속성정보를 효과적으로 저장, 관리, 처리할 수 있는 시스템을 개발하여 측량 및 현지조사 등 여러 경로를 통해 수집된 자료를 데이터베이스화는 시스템이라 할 수 있다(김영학, 2006 : 252).

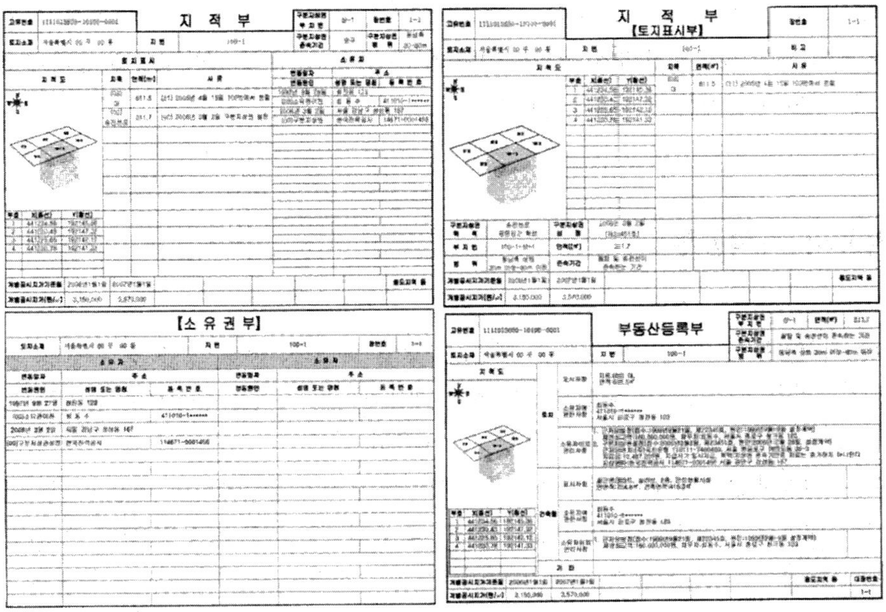

자료 : 지적연구원, 2007 : 191-195

그림 14-2 법제화 이후의 지적부(일체형 · 분리형) 및 부동산등록부(일체형)

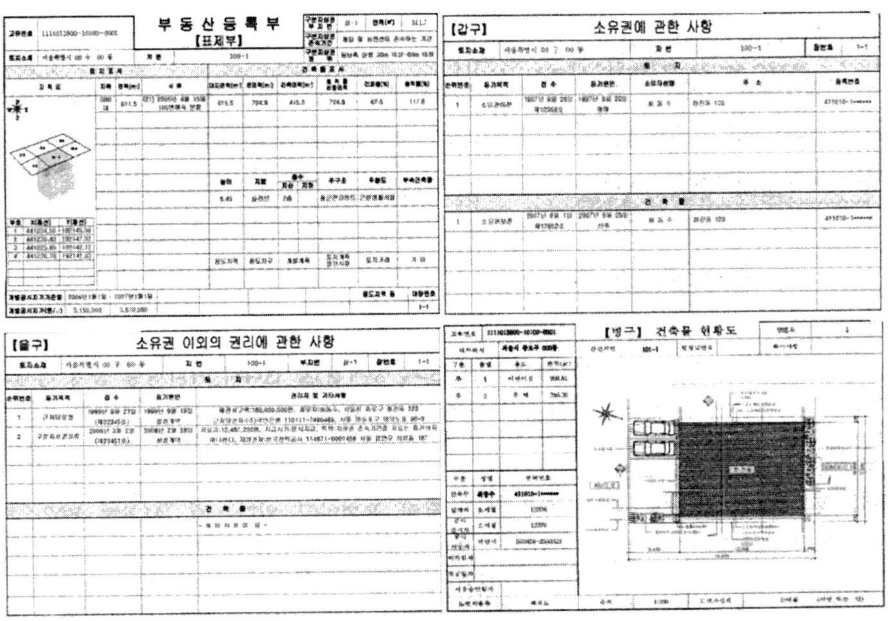

자료 : 지적연구원, 2007 : 191-195

그림 14-3 법제화 이후의 부동산등록부(분리형)

로 구분하고, 갑구에는 부동산에 관한 표시사항을, 을구에는 부동산에 관한 소유자 및 기타 권리관계를, 병구는 건축물 현황도를 각각 등록할 수 있는 형태로 편제된다. 즉 3차원 등록을 위한 대상, 정보의 종류, 규격 및 형식 등을 통합하여 상호 호환성을 증진시키고, 효율성과 활용도를 향상시킬 수 있는 형식으로의 전환을 의미한다. 또한 현 지적공부에 지하철, 터널, 송전선로 등과 같은 시설물을 등록할 수 있고, 부동산등기법에 의한 구분지상권에 설정된 일필지 공간에 대한 물리적 현황을 부동산등록부에 등록할 수 있도록 설계한 형식을 의미한다.

1.4 외국의 지적공부

외국의 지적공부는 아시아의 일본과 대만, 유럽의 독일과 네덜란드를 검토해 볼 수 있다. 즉 일본과 대만은 부동산등기 중심으로 독일과 네덜란드는 지적을 중심으로 관리형식을 편제하여 지적관리를 수행하고 있다(김영학, 2008 : 139-140).

일본의 지적공부는 1960년 부동산등기법의 개정을 통하여 등기제도와 대장제도를 일원화함으로써 토지대장과 가옥대장을 폐지하고 등기부로 통합하여 관리하고 있으며, 현 관련 공부로는 표제부, 갑구, 을구로 편성된 토지 · 건물등기부[76], 지적도, 지적측량도, 건물도면 등이 있다.

대만의 지적공부는 1930년에 지적사무와 등기사무를 통합하고 1970년부터 종전의 토지대장과 토지등기부를 통합하여 카드식 토지등기부를 작성 · 비치하고 있으며, 우리나라의 등기부 편제와 유사하게 표시부, 소유권부, 타항권리부의 3개 부로 구성되어 있으며, 토지의 위치, 지번, 지목, 면적, 등급, 소유자, 주소, 신분증자호 등을 등록하고 있다(류병찬, 2006 : 570).

독일의 지적공부는 1970년 말의 수치 지적공부(ALB)와 1980년대의 수치지적도(ALK), 그리고 토지등기부(land registry)로 구분할 수 있고 최근(2005)에는 ALB와 ALK의 통합시스템인 부동산지적정보시스템(ALKIS)이 있다. 한편 지형 및 지도정보시스템(ATKIS)을 구축하여 부동산지적정보시스템과의 호환 및 연계활용에 적극적인 노력을 하

76) 등기부의 표제부는 작성일자, 지도번호, 소재, 지번, 지목, 지적, 등기원인 및 일자를 기재하고 갑구에는 순위번호, 등기의 목적, 접수일자 및 접수번호, 등기원인, 권리자 기타사항 등이 기재되며, 을구에는 순위번호, 등기목적, 접수일자, 접수번호, 원인, 권리자 기타사항 등이 기재된다(일본토지가옥조사사회연합회, 2006). 한편 지적도에는 지번, 지목(주로 도로, 하천 등에 표기), 소재(지번), 축척, 보기사항 등이 기재되고 있다.

고 있다.[77] 토지등기부는 권원, 재산목록, 1부(소유자 및 재산), 2부(지역권), 3부(저당권) 등으로 편제하고, 수치지적부는 우리나라의 토지대장과 수치지적도는 지적도와 유사한 성향을 보이고 있다.

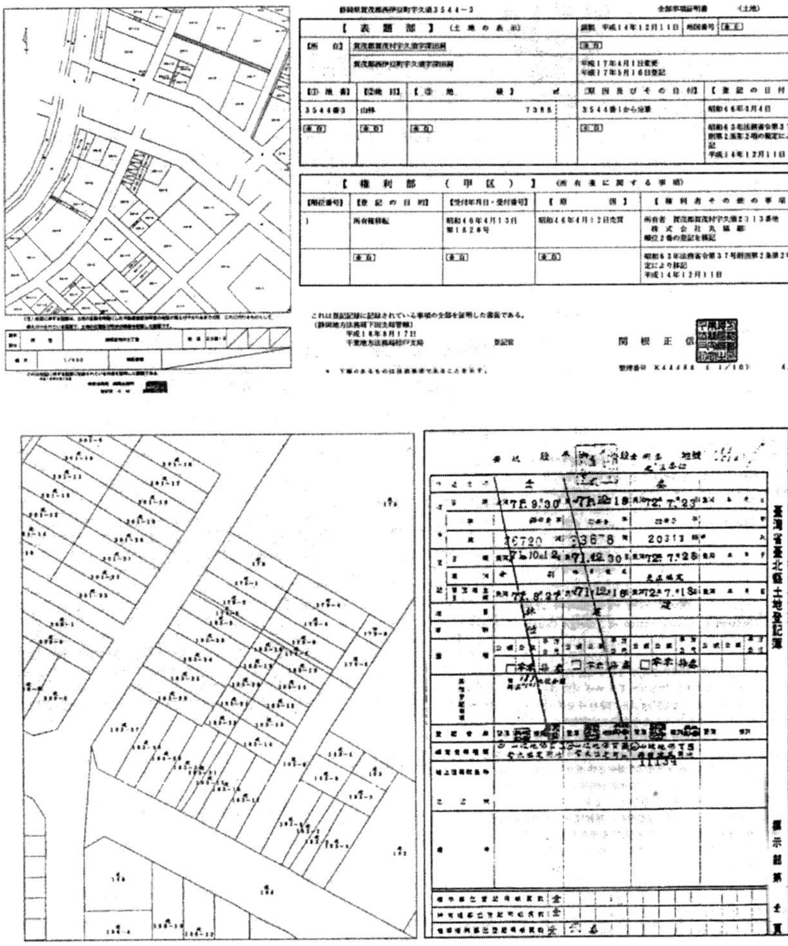

자료 : 류병찬, 2006 : 568, 김영학, 2007 : 73

그림 14-4 일본(상)과 대만(하)의 지적도와 등기부

77) 독일의 공부의 영어식 명칭은 시기에 따라 달리 표현하고 있다. 즉 ALB의 경우 초기에는 Automated Property Register로 자동화된 부동산대장, 2005년을 전후해서는 Digital Cadastral Records로 수치지적부로 표현될 수 있다. ALK의 경우 초기에는 Automated Cadastral Map으로 자동화된 지적도, 2005년을 전후해서는 Digital Cadastral Map으로 수치지적도로 표현될 수 있다. 한편 ALKIS의 경우 초기에는 Integrated Cadastral Information System으로 통합지적정보시스템, 2005년을 전후해서는 Official Real Estate Cadastre Information System로 부동산지적정보시스템으로 표현할 수 있다(Winfried Hawerk, 2006).

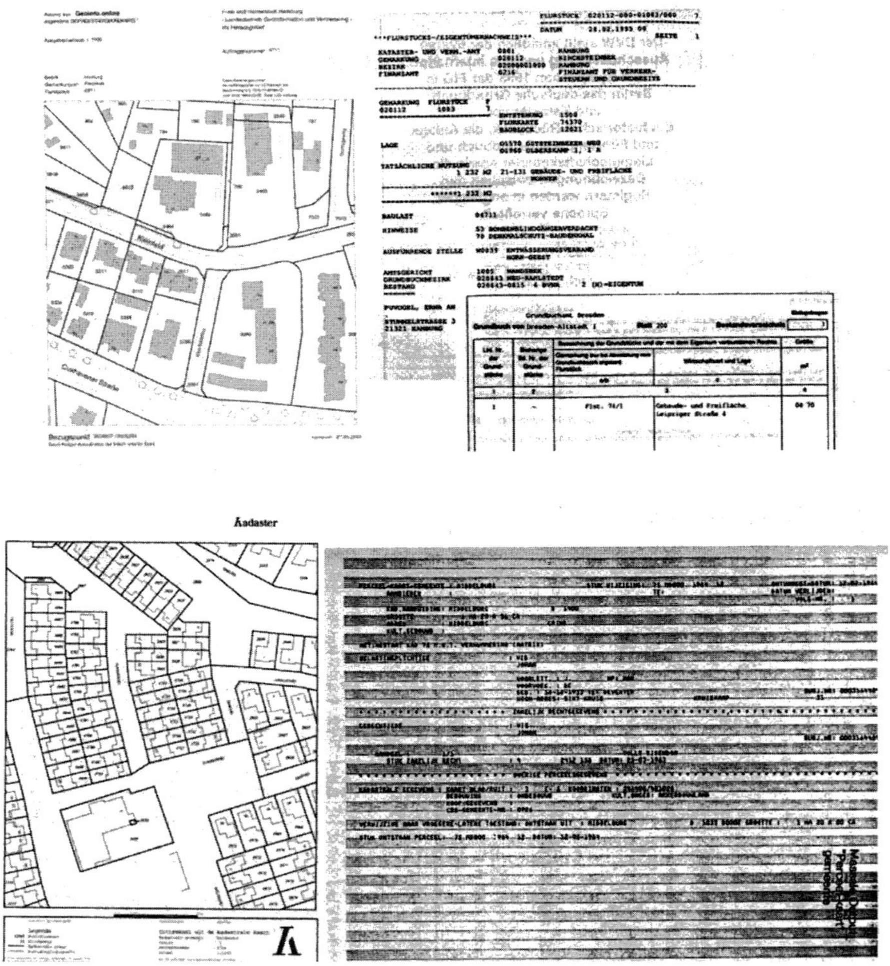

자료 : 김영학, 2007 : 74.

그림 14-5 독일(상)과 네덜란드(하)의 등록부 및 지적도

네덜란드의 지적공부는 공공등기부(public registers), 지적대장(cadastral registers) 및 지적도(cadastral map)로 구분할 수 있고 공공등기부는 장부식 거래증서 형태인 아날로그 형태로 유지되고, 지적대장 및 지적도는 디지털 형태로 유지되고 있다(Paul van der Molen, 2003). 한편 부동산등기부는 토지대장의 유지 · 관리 및 갱신의 중요한 자료가 되며, 토지대장은 성명, 출생일, 법정주소 및 주소, 직업과 신분, 일필지 표시 및 관련 자료를 등록대상으로 하고, 지적도는 우리나라의 지적도와 유사한 성향을 보이고 있다. 외국의 지적공부 사례에서 나타난 여러 가지 특징 중 각 국가마다 저차원에서 고차원을 지향

하고 있다는 것과 각 공부간의 통합 및 유지 · 관리, 등록대상의 지속적 변화 등은 향후 지적공부 형식에 반영되어야 할 것으로 판단된다.

Zoom in

외국의 경우 대상에 따라 구분됨

① Land Cadastre : 토지대장
② Utility Cadastre : 지하시설물대장
③ House Cadastre : 건물대장
④ Dike Cadastre : 광산등록부
⑤ Fiscal Cadastre : 과세대장
⑥ Sluice Cadaastre : 수로관리대장

1.5 지적공부 형식의 한계

지적공부 형식의 한계는 공부 자체의 한계도 있지만 무엇보다도 변화되는 사회 환경 및 정보욕구에 대한 갈망을 충족시키지 못하는 결과에 기인한 것으로 볼 수 있다. 또한 어느 한 분야의 문제라기보다는 다양한 영역의 연계체계 및 체계적 지원의 결여에서 나타난다고 볼 수 있다. 따라서 지적공부 형식의 한계를 법 · 제도적 관점, 관리적 관점, 기술적 관점에 따른 한계를 검토하고자 한다.

첫째, 법 · 제도적(legal and systematic viewpoint) 관점의 한계이다. 공적 장부는 등록객체를 지속적이고 안정적인 등록 · 관리가 될 수 있도록 형식에 부합해야 한다. 그러나 현 지적공부는 시간적 추론(temporal reasoning)을 충분히 반영하지 못하고 등록객체의 입체적 관리를 위한 형식으로는 다소 미흡하다는 것이다. 이러한 이면에는 관련 법률의 복잡성과 지나친 세분화에 기인한 규정, 근거 법 규정의 미흡 및 제약 등으로 인하여 급속히 변화하는 환경에 부합하지 못하고 분산된 법체계를 유지하고 있다고 판단된다. 즉 국가공간정보에 관한 법률, 부동산등기법, 측량 · 수로조사 및 지적에 관한 법률, 각종 관련된 토지공법 및 사법 등 법률의 복잡성과 해당 부서 업무 중심의 개별적 등록객체의 규정, 토지 관리의 모법이라고 할 수 있는 측량 · 수로조사 및 지적이 관한 법률상 입체등록을 위한 규정의 미흡 및 모호성, 상대적으로 소홀한 지적공부의 형식 및 양식에 관한 규정의 미약 등을 언급할 수 있다. 최근 정부조직 개편에 따른 관련 법률의 통합 및 조정을 수행하였으나 지적공부의 형식 및 양식에 관한 규정은 상대적으로 소홀하다는 것이다.

둘째, 관리적 관점(management viewpoint)의 한계이다. 지적공부의 관리는 행정의 효율성을 달성할 수 있는 차원에서 접근이 이루어져야 하고 관련 부서간의 긴밀한 협력체계를 기반으로 한 관리가 이루어져야 한다. 그러나 동일객체에 대한 공간의 분리로 다양한 부서에서 담당하다보니 업무 성향에 따른 부서간의 갈등과 지향하는 성향에 따른 관리와 이용의 이원화가 행정의 비효율성을 초래한다는 것이다. 특히 관점의 차이와 중심 성향의 차이는 수단, 목적, 제도, 공간이라는 영역별 관리를 초래하여 통일되고 합리적인 관리를 저해하는 요인이 될 수 있다는 것이다. 또한 지적공부의 형식은 단절적인 형태가 아닌 지속적으로 변화하는 형식으로 전환됨에 따라 시간을 고려한 형식이 되어야 하지만 아직까지 인식이 미미하다는 것이다. 따라서 행정의 효율성 차원에서 관련 부서간의 긴밀한 협력체계 및 각종 관련 공부간의 연계를 통한 등록객체의 관리 및 갱신이 실시간으로 이루어지도록 방향을 설정해야 할 것이다.

셋째, 기술적 관점(technical viewpoint)의 한계이다. 지적공부의 형식은 평면 중심의 2차원 관리와 입체 중심의 3차원 관리의 중간인 2.5차원 관리가 세계적인 흐름으로 변화되고 있다. 정보시스템 상에서는 3차원의 표기방식이 가시적으로 가능하지만 실제 output의 경우 공부 자체의 수량을 증가시킬 수 있고 일필지의 정확성에 기반 한 지적의 특성에 비추어보면 완전한 3차원적 공부의 구현은 현 시점에서 한계가 있다는 것이다. 또한 2차원 혹은 3차원의 일정 시점의 관리가 아닌 연속성을 고려한 시간의 개념을 가미 할 경우 기존의 지적공부 형식이나 양식은 부합하지 않는다는 것이다. 지적공부의 형식에 관련되어 발생되는 한계로 입체의 수평적 등록, 시간적 추론의 도면화, 시스템 간 연계, 새로운 코드부여, 등록객체에 대한 전문지식, 새로운 mapping 기술의 접목 등이 있으며, 이러한 한계를 점진적으로 극복할 수 있는 대안을 모색하는 것이 시급히 요구되고 있다.

1.6 새로운 지적공부 형식의 쟁점

새로운 지적공부 형식의 쟁점은 한계를 극복할 수 있는 방향이 무엇이며 현실적으로 가능한지에 관계된다. 즉 법적 안정성 실현 차원의 법 · 제도적 관점의 한계, 행정의 효율성 확보 차원의 관리적 관점의 한계, 고차원 등록객체의 제도화 차원의 기술적 한계를 고려한 지적공부 형식의 재조명이 선행되어야 할 것이다.

첫째, 법 · 제도적 관점의 지적공부 형식의 쟁점이다. 법적 안정성 토대 위에 지적공부 형식을 고려할 때 과연

① 지속적으로 변화되는 환경변화와 정보 욕구에 부합하는 근거 규정의 가능성?
② 산재해 있는 관련 법령의 정비가 이루어질 수 있는가?
③ 모호한 법 규정에 의한 권리와 의무를 어떻게 명확히 할 것인가?
④ 시간적 추론을 고려한 법 규정이 가능한가?

등이 쟁점으로 부각된다.

둘째, 관리적 관점의 지적공부 형식의 쟁점이다. 등록객체를 지적공부에 효율적으로 등록 · 관리하는 차원에서 지적공부의 형식이

① 직간접적으로 산재되어 있는 조직 간의 협력체계 구축?
② 다양하게 관련된 공부를 어떻게 연계시킬 것인가?
③ 이원적 혹은 다원적 관리체계의 통합이 가능한가?
④ 토지 관리를 위한 시간적 위상의 적용이 가능한 형식은?

등을 쟁점으로 고려해 볼 수 있다.

셋째, 기술적 관점의 지적공부 형식의 쟁점이다. 등록객체의 표현은 기술의 발달 및 적용에 밀접한 관계를 보이고 고차원 등록객체를 제도권 내로 유인하는 중요한 사안이라 할 수 있다. 기술을 기반으로 한 지적공부 형식의 쟁점은

① 저차원과 고차원의 지적도 표기 방식은?
② 급속도로 발전하는 최신 측량기술의 적용은?
③ 새로운 정보의 등록에 따른 인식코드의 대안은?
④ 동일 대상에 대한 개별적 관리시스템의 활용 및 연계화?

등으로 제도권 내에서 심사숙고할 대상이라 할 수 있다.

지적공부 형식의 쟁점은 어느 한 영역의 문제가 해결된다고 모든 것이 완전해지는 것이 아니라 종합적이고 연쇄적인 접근을 통하여 점진적으로 해결해야 할 것이다. 특히 저차원에서 고차원으로의 전환은 기술적으로 가능하다고 해도 이를 제도권 내로 끌어들이는 법 · 제도 및 관리의 지원이 없이는 실현이 불가능할 것이다. 새로운 지적공부의 형식은 아날로그 시대에 부합했던 기존의 형식을 탈피하여 디지털 시대에 부합하는 형식으로 전환이 불가피하며, 일필지 내에 파생되는 다양한 정보를 일정 시점이 아닌 연속선상에서

표현할 수 있고, 정보 수요자에게 신속 · 정확한 서비스 제공과 정보 공급자에게는 관리의 최적화를 구현할 수 있는 형식이 요구된다.

1.7 이상적 지적공부 형식의 변화 방향

지적공부 형식의 변화는 수단과 목표, 시스템과 공간의 중심성향에 따라 형식이 결정될 수 있고, 이런 연계체계는 영역의 중심 성향에 따라 다양한 조합의 결과가 나타날 수 있다. 즉 토지정보의 조사 · 측량에 기반을 둔 수단지향 성향, 효율적인 토지 관리와 소유권 보호에 기반을 둔 목표지향 성향, 관리 및 보호제도에 기반을 둔 시스템 지향 성향, 관리의 범위 정도에 기반을 둔 공간지향 성향의 조합여부에 따라 지적공부의 형식이 달라질 수 있다. 따라서 이상적인 지적공부의 형식은 4개의 영역을 포괄하여 종합적인 관점에서 조합을 찾는 것이 바람직할 것으로 판단되며, 이를 실현하기 위한 미래지향적인 방향을 검토하고자 한다.

첫째, 일필지의 3차원적 정보를 등록하기 위한 지적공부 형식으로 전환이다. 단기적으로는 2.5차원적 토지정보의 등록 · 관리를 위한 지적공부가 요구되지만 장기적으로는 하나의 필지에 대한 수직적 정보를 등록 · 관리할 뿐만 아니라 시간적 위상을 고려한 공적 장부로의 전환이 이루어져야 할 것이다. 따라서 입체적 등록을 위한 공부의 편제는 다수의 편제방식을 채택하여 정보의 다양성을 기할 수 있어야 할 것이다.

둘째, 업무처리의 저비용 · 고효율을 달성할 수 있는 지적공부 형식으로 전환이다. 즉 지상시설물의 등록은 국토지리정보원에서 구축한 1/1,000 수치지형도 및 수치정사사진을 이용하고, 지하시설물은 NGIS와 지방자치단체의 지하시설물관리시스템(UIS)에 활용되는 데이터를 이용한 지적공부의 형식을 고려할 수 있다(김영학, 2007 : 83). 이를 등록하기 위한 지적공부의 형식은 법정 지적공부의 형식에 2차원적 등록방식을 취하고 전산정보처리조직에 의한 부가적인 전산 파일로 작성하여 데이터의 3차원적 시각화가 되도록 도안하는 형식을 고려할 수 있다.

셋째, 국토공간관리의 법 · 제도 · 기술적 지원에 의한 지적공부 형식의 전환이다. 제도적 지원은 입체필지의 개념도입 및 지적정보의 범위확대, 지상 · 지하 건축물의 등록, 3차원 지적제도 시행을 위한 전담기관 설립, 새로운 지적조사사업의 조속한 시행을, 법률적 지원은 3차원 지적제도 도입을 위한 특별법 제정, 입체부동산 법률의 제정, 민법상 토지 소유권 상 · 하 범위의 명확화, 구분지상권의 이용확대 및 보완, 구분소유권의 대상범위

확대를, 기술적 지원은 3차원 지적측량 기술의 도입, 지상과 지하건축물 및 시설물 측량의 도입, 데이터 시각화 · 통합모델 개발 등으로서(한국국토정보공사, 2005 : 198) 이를 기반으로 지적공부의 형식을 새로이 설계해야 할 것이다.

넷째, 공부형식의 변화 대상인 4개의 영역을 반영할 수 있는 지적공부 형식의 전환이다. 즉 지적공부의 형식이 수단지향 · 목표지향 · 제도지향 · 공간지향 등 최적의 조합에 의한 토지정보를 등록 · 관리할 수 있는 편제 방식을 따라야 한다는 것이다.

2 토지대장의 유형

토지대장의 형식은 대장 및 등기부의 변화에 따라 구분할 수 있으며, 대체로 장부식 대장(ledger), 편철식 대장(bound volume), 편철식 바인더(locse-leap binder), 카드식 대장(card or loose page system), 정보처리조직에 의한 전산파일 등으로 구분된다(박순표 외, 1993 : 196-197).

2.1 장부식 대장(ledger)

우리나라의 부동산 등기부나 영국, 네덜란드의 구토지대장은 한정된 크기로 제작된 부기원장과 같은 대장에 순서대로 수기방법에 의하여 기록한다. 이러한 대장은 토지대장의 열람이나 이동 정리시 취급하기가 매우 불편하고 말소된 필지를 제거할 수 없으며 새로운 페이지를 추가할 수도 없어 추가사항은 관련 장부 번호로 연결하여 다음 번호의 대장을 참조해야 한다. 연대적 편성주의를 채택하는 경우에 사용된다.

2.2 편철식 대장(bond volume)

우리나라의 구토지대장과 같이 최초의 사정 필지를 기준으로 하여 50~200필지별로 장부식으로 편철하였다가, 토지분할 등에 의하여 추가할 때에는 삽지를 넣어 다시 편철 정리하며 불필요한 부분은 제거할 수 있어 장부식 대장의 불편을 보완한 것이다. 물적 편성주의와 토렌스 시스템에 주로 쓰인다.

2.3 편철식 바인더(loose-leap binder)

우리나라의 토지대장을 카드화한 이후 분실 또는 다른 카드화의 혼합을 방지하기 위하여 다시 지번설정지역별로 바인더에 다시 묶어 관리하고 있는 소관청이 있는데, 이 편철식 바인더 대장은 필요한 필지별 카드나 자료를 빼내거나 삽입하기가 용이하고 바인더의 크기에 따라 필지수를 증감시킬 수 있다는 장점이 있다. 이 방법은 영국, 독일에서 사용하고 있다.

2.4 카드식 대장(card or loose page system)

카드의 재질이나 크기, 규격 등은 나라마다 다양하나 최근에는 대장을 카드화하는 경향이 두드러지고 있다. 우리나라에서는 토지대장의 카드화 작업시 켄트지 사이에 나일론 망사를 넣고 접착시켜 잘 찢어지지 않고 오래 견딜 수 있도록 하였다.

3 토지등록사항

우리나라에서의 토지등록은 협의의 토지만을 그 대상으로 하고 있으며 건물이나 지하시설물 등은 제외하고 있으나 외국에서는 거의 모두 건물 등을 추가하고 있으며 구미지역에서는 지하시설물과 선박, 항공기나 식생 등 기타 부동산 등을 추가하고 있다. 또한 등록사항도 토지소재, 지번, 지목, 경계, 면적, 소유자, 등급이외에 건물, 건물번호, 토양구분, 소유자의 직업 등도 등록하는 경우가 있다. 이것은 지상, 지하의 구조물을 토지의 종속물로 보는 물권법의 원칙이기 때문이다. 한편 외국의 토지등록사항은 국가의 여건에 따라 다소의 차이가 있으며, 대표적인 일본, 독일, 네덜란드의 사례를 검토하고자 한다.

일본은 1960년 부동산등기법의 개정을 통하여 등기제도와 대장제도를 일원화함으로써 토지대장과 가옥대장을 폐지하고 등기부로 통합하여 관리하고 있으며, 현 관련공부로는 토지 · 건물등기부, 지적도, 지적측량도, 건물도면 등이 있다. 등기부는 표제부, 갑구, 을구로 구분되며, 표제부는 토지에 대한 표시, 갑구는 소유권에 관한 사항, 을구는 소유권 이외의 사항을 기재하고 있다. 등기부의 기재내용으로 표제부는 작성일자, 지도번호, 소재, 지번, 지목, 지적, 등기원인 및 일자, 등기일자를 기재하고 있다. 갑구에는 순위번호, 등기의 목적, 접수일자 및 접수번호, 등기원인, 권리자 기타 사항 등이 기재되며, 을구에는 순위번호, 등기목적, 접수일자, 접수번호, 원인, 권리자 기타 사항 등이 기재된다(일본토지가옥조사사회연합회, 2006). 한편 지적도에는 지번, 지목(주로 도로, 하천 등에 표기), 소재(지번), 축척, 보기사항 등이 기재되고 있다.

독일의 공부는 1970년 말의 수치지적공부(ALB)와 1980년대의 수치지적도(ALK), 그리고 토지등기부(land registry)로 구분할 수 있고 최근(2005)에는 ALB와 ALK의 통합시스템인 부동산지적정보시스템(ALKIS)이 있다. 한편 지형 및 지도정보시스템(ATKIS)을 구축하여 부동산지적정보시스템과의 호환 및 연계활용에 적극적인 노력을 하고 있다. 토지등기부의 구성 및 기재내용은 권원(관할 지방법원, 관할 구역, 장부 수), 재산목록(재산 수, 필지수, 필지의 설명–면적 · 토지이용 · 위치, 공동소유), 1부(토지소유자 성명, 재산의 수), 2부(모든 형태의 지역권, 이의신청 및 제한사항, 권리의 순위), 3부(모든 형태의 저당권)로 구성된다. 수치지적공부(ALB)에는

① 성명, 생년월일, 주소, 소유자 지분
② 가로명, 건물번호, 중심 좌표와 같은 필지의 위치
③ 구획 및 지번
④ 필지의 면적
⑤ 공식적 토양평가의 결과
⑥ 필지의 발생 · 관리년도, 지적도의 번호, 측량계획의 번호 등의 내부정보
⑦ 토지등기부에 등록된 장부 및 재산의 번호
⑧ 필지에 대한 부가적 세부사항(구획정리사업, 토양오염, 역사적 유물, 천연자원 또는 수자원 등의 일부분)

등이 기재된다. 한편 수치지적도(ALK)에는

① 필지의 경계 및 코너 경계점 표시
② 필지번호부여
③ 지구경계
④ 측량기준점
⑤ 주택 및 건물의 현황
⑥ 건물번호
⑦ 가로명
⑧ 공식적 토양평가의 결과
⑨ 토지이용의 형태

⑩ 보도의 연석, 자전거 도로, 나무, 제방, 벽 등의 지형적 세부사항

등이 기재된다(Winfried Hawerk, 2003).

네덜란드의 공부는 공공등기부(public registers), 지적대장(cadastral registers) 및 지적도(cadastral map)로 구분할 수 있고 공공등기부는 장부식 거래증서 형태인 아날로그 형태로 유지되고, 지적대장 및 지적도는 디지털 형태로 유지되고 있다(Paul van der Molen, 2003). 공공등기부는 부동산등기부(register of immovable property), 선박등기부(register of shipping), 항공기등기부(register of aircraft) 등이 있으며, 특히 부동산등기부는 토지대장(cadastral registration)의 유지 · 관리 및 갱신의 중요한 자료가 된다.[78] 토지대장은 성명, 출생일, 법정주소 및 주소, 직업과 신분(civil status), 일필지 표시 및 관련된 자료를 기재한다. 즉 일필지 표시, 사실권리자에 관한 등록, 기타 권리관계의 등록, 해당 일필지의 취득 및 양도일자, 매수년도 및 매수가격, 상수도 관할국의 표시, 매수인이 임차인을 거주시키고 있는지의 여부, 소유권 제한 및 공익을 위한 법률적 제한사항, 저당권 관련 자료 등을 기재한다(Kadasterwet section 48, 한국국토정보공사, 1997 : 132). 한편 지적도의 기재사항은 국가그리드, 필지경계, 필지인식자, 가로의 주소, 건물 및 주택번호, 그리고 측지기준점 등이 있다.

일반적인 토지등록사항으로 고려할 수 있는 대상과 외국의 사례로 볼 때 토지등록사항은 대체로 입체적 · 물리적 · 권리적 표시사항, 가치 및 이용규제사항에 따른 현 지적 관련 법률의 규제에 의한 등록사항, 지상시설물(다층주택 · 도로 위 및 밑의 건물 · 도로 위로 이어진 건물 · 고가도로 · 터널 · 사면위의 건물 · 지상철도 등), 지하건축물(지하도 · 지하상가 · 지하차도 · 지하철도 · 지하주차장 등), 지하시설물(상 · 하수도 · 가스 · 전기 · 전화 · 광케이블 · 난방 · 송유관 등)등으로 확대할 수 있다. 또한 해양지적과 관련된 등록사항도 장기적으로 등록객체에 포함시켜 관리가 이루어질 때 종합적인 국토공간관리가 가능해질 것으로 판단된다.

---

78) 부동산등기소는 지적사무소와 연결되어 하나의 조직을 이루며, 저당권의 설정, 권리변경, 기타 권리설정(건축권, 임차용, 지역권), 부동산의 양도 등과 같은 법률적 사실을 공시한다.

4 지적부 등록사항

일반적으로 지적공부(cadastral records)는 지적부(cadastral book)와 지적도(cadastral map)를 의미하고, 지적부[79]는 물리적 현황, 법적 권리현황, 등록대상의 가치현황, 등록대상의 규제현황 등 속성자료를 등록 · 공시하기 위하여 작성하는 국가의 공적장부의 일종이라 할 수 있다. 지적도[80]는 토지에 대한 물권이 미치는 범위를 나타내는 경계, 지번, 지목, 축척 등 물리적 현황과 규제현황을 등록 · 공시하는 지적공부의 하나로 국가의 공적장부를 의미한다. 우리나라의 지적공부는 토지대장 · 임야대장 · 공유지연명부 · 대지권등록부 · 지적도 · 임야도 및 경계점좌표등록부 등 지적측량을 통해서 조사된 토지의 표시와 해당 토지소유자 등을 기록한 대장 및 도면(정보처리시스템을 통하여 기록 · 저당된 것) 등이 있다. 즉 토지에 관련된 물리적 현황과 제 권리관계 등을 등록하는 토지대장 · 임야대장, 일필지의 토지를 2인 이상이 공동으로 소유하고 있는 공유토지를 등록하는 공유지연명부, 집합건물을 구분소유단위로 대지권 표시의 등기를 한 공유토지를 등록하는 대지권등록부, 토지에 대한 물권이 미치는 범위를 나타내는 경계를 선의 연결로 표시하는 지적도 · 임야도, 도시개발사업 등이 완료됨에 따라 지적확정측량을 수치측량방법으로 하여 등록한 토지가 등록되는 경계점좌표등록부, 지적측량을 통하여 조사된 토지의 표시와 해당 토지소유자 등을 정보처리시스템을 통하여 기록 · 저장한 지적전산파일 등이 있다. 이러한 지적공부의 등록사항은 물리적 현황(토지표시사항), 법적 권리현황(소유자표시사항), 등록객체의 가치현황(등급 표시사항), 등록객체의 규제현황(기타표시사상)으로 나누어 살펴볼 수 있다.

물리적 현황(토지표시사항 또는 기본정보)은 각 필지를 특정화하기 위하여 필지별로 당해 토지의 소재, 지번, 경계, 면적, 좌표 등을 지적공부에 등록하는 대상을 말한다.

79) 우리나라의 경우 지적부를 토지 · 임야대장, 공유지연명부, 대지권등록부로 구분하여 등록 · 관리하고 있으나 지적과 등기가 일원화된 국가에서는 지적부와 등기부를 하나의 장부로 작성하고 있으며, 이를 부동산등록부(real estate registration book), 부동산지적부(property cadastre book), 토지등록부(land register), 토지등기부(land registry) 등으로 표현하고 있다.

80) 외국의 경우는 축척을 달리하는 지적도만을 작성하고 있으며, 국가에 따라서 지적도(cadastral map or land map), 부동산지적도(real estate cadastral map), 재산지적도(property cadastral map) 등으로 표현하고, 작성방법에 따라 고립형 지적도(island map or insular map)와 연속형 지적도(serial map or continuous map)의 두 가지로 구분하고 있다(유병찬, 2006 : 173).

법적 권리현황(소유자표시 혹은 소유정보)은 해당 필지에 대한 소유권 및 소유권이외의 권리를 취득한 자를 표시하기 위하여 등록단위별로 권리자의 성명, 명칭, 등록번호, 생년월일, 성별, 국적, 주소, 소유자 지분, 결혼여부, 직업 등 지적공부에 등록하는 대상을 말한다. 이러한 등록대상 중 우리나라의 등록대상은 성명 또는 명칭, 등록번호, 생년월일, 성별, 국적, 주소, 소유권 지분 등이 포함된다.

표 14-2 **물리적현황(토지표시사항 또는 기본정보)**

등록사항	등록사항의 내용
토지소재(location)	등록대상 토지가 위치하고 있는 행정구역 또는 지적구역의 명칭
지번(parcel number)	하나의 필지에 부여하여 지적공부에 등록한 번호
지목(land category)	토지의 주된 용도에 따라 토지의 종류를 구분하여 지적공부에 등록한 것
좌표(coordinate)	지적측량기준점 또는 경계점의 위치를 평면직각종횡선수치로 표시한 것
경계점(boundary point)	필지를 구획하는 선의 굴곡점으로 도해형태 혹은 좌표형태로 등록한 것
경계(boundary)	필지별로 경계점들을 직선으로 연결하여 지적공부에 등록한 선
면적(area)	지적공부에 등록한 필지의 수평면상 넓이를 말함

표 14-3 **법적 권리현황(소유자 표시사항 또는 소유정보)**

등록사항	등록사항의 내용
성명 · 명칭 (name)	성명은 자연인(사람)의 성과 이름 명칭은 자연인을 제외한 법인 · 비법인 사단 및 재단 등의 소유자 이름
등록번호(registration Num.)	소유자별로 개별화 · 특정화하기 위하여 부여한 고유번호
생년월일(date of birth)	자연인이 출생 해 · 달 · 날(주민등록번호에 의해 확인)
성별(Sex)	토지소유자의 남녀 구분(주민등록번호에 의해 확인)
국적(nationality)	특정 국가의 구성원이 되는 자격(외국인 등록번호의 확인)
주소(address)	생활의 근거가 되는 곳
소유권 지분(share of ownership)	공유토지에 대한 소유의 비율

등록객체의 가치현황(등급표시사항 또는 이용정보)은 이용가치와 자산가치로 구분 할 수 있고 이용가치는 해당 필지에 대한 이용현황을 의미하고, 지목, 건축상황, 지질 등이 그 대상으로 한다. 한편 자산 가치는 해당 필지에 대한 과세의 기준으로 활용하기 위하여 필지별로 토지의 기준수확량, 임대가격, 토지등급, 공시지가, 거래가격 등을 그 대상으로 한다. 이러한 대상 중 현 지적공부에 등록하는 사항은 기준수확량, 토지등급, 공시지가 등이 해당된다.

표 14-4 **등록객체의 가치현황(등급 표시사항 또는 이용정보)**

등록사항	등록사항의 내용
지목(land category)	토지의 주된 용도에 따라 토지의 종류를 구분하여 지적공부에 등록한 것
기준수확량(standard corp)	풍흉을 제외한 곡식류를 생산하는 5개년의 평균수확량
토지등급(land grade)	필지별로 토지의 지목 · 품위 또는 정황에 따른 단위면적당 설정한 등급
공시지가(notice land price)	각 필지별 개별공시지가를 조사 · 결정하여 공시는 1㎡ 당 가격

등록객체의 규제현황(기타 표시사항, 제한 및 의무정보)은 각 필지에 더한 zoning, 지목변경, 분할 등 관계 법령에서 규정한 제한사항 및 의무사항을 의미하고, 기타 사항은 특수한 목적을 달성하기 위하여 등록하는 사항을 의미한다. 이러한 등록대상 중 우리나라의 등록대상은 용도지역, 도면번호, 축척, 도곽선 수치, 삼각점 및 도근점 위치 등이 포함된다.

표 14-5 **등록객체의 규제현황(기타 표시사항 또는 제한 및 의무정보)**

등록사항	등록사항의 내용
용도지역(zoning)	국토의 이용실태 및 특성으로 도시 관리 계획으로 결정하는 지역
축척(scale)	당해 토지가 등록된 지적도 · 임야도의 축척
도면번호(map number)	당해 토지가 등록되어 있는 지적도의 도호
도면색인도(map index)	인접도면의 연결순서를 표시하기 위하여 기자한 도표와 번호
도곽선(neat line)	지적측량기준점의 전개 · 방위 · 인접 도면과의 접합 · 도곽의 신축 보정 등에 따른 기준선
도곽선 수치 (neat line number)	도곽의 왼쪽 아래 부분과 오른쪽 윗부분의 종횡선 교차점 바깥쪽에 부여된 아리비아 숫자

표 14-6 **현 지적공부의 등록사항**

구분	등록사항	
(토지 · 임야) 대장	① 토지의 소재 ② 지번 ③ 지목, 면적 ④ 소유자 성명 및 명칭 ⑤ 주소, 주민등록번호 ⑥ 고유번호, 도면번호	⑦ 필지별 대장의 장번호 및 축척 ⑧ 용도지역 ⑨ 소관청의 직인 및 날인번호 ⑩ 토지등급 및 기준수확량등급 ⑪ 개별공시지가와 그 기준일 ⑫ 토지의 이동사유
(지적 · 임야) 도면	① 토지의 소재 ② 지번 ③ 지목, 경계 ④ 도면의 색인도 ⑤ 도면의 제명 ⑥ 도면의 축척	⑦ 도곽선 ⑧ 도곽선 수치 ⑨ 경계점간 거리(수치지역) ⑩ 삼각점 및 지적측량기준점의 위치 ⑪ 건축물 및 구조물 등의 위치 ⑫ 소관청 직인
공유지연명부	① 토지의 소재 ② 지번, 지목 ③ 소유권 지분 ④ 소유자 성명 및 명칭	⑤ 주소, 주민등록번호 ⑥ 고유번호 ⑦ 필지별 공유지 연명부의 장번호 ⑧ 토지소유자가 변경된 날과 그 원인
대지권등록부	① 토지의 소재 ② 지번 ③ 대지권 비율 ④ 소유자 성명 및 명칭 ⑤ 주소, 주민등록번호 ⑥ 토지의 고유번호	⑦ 전유부분의 건물표시 ⑧ 건물명칭 ⑨ 집합건물별 대지권등록부의 장번호 ⑩ 토지소유자가 변경된 날과 그 원인 ⑪ 소유권 지분
경계점좌표등록부	① 토지의 소재 ② 지번 ③ 좌표 ④ 고유번호	⑤ 도면번호 ⑥ 장번호 ⑦ 부호 및 부호도 ⑧ 소관청 직인

SECTION

15 지번 및 지목의 설정

1 지번(Parcel Number)

1.1 의의

지번(parcel number)이란 토지의 특정화를 위하여 지번부여지역별로 시작하여 필지마다 하나씩 붙이는 번호를 말한다. 토지의 등록을 위해서는 토지를 필지별로 개별화하고 특정화해야 하는데 이를 위하여 물리적으로 연속되는 토지를 구획한 필지를 각각 필지와의 구분을 위하여 중복되지 않는 고유의 번호를 부여한 것으로 토지의 식별과 위치확인에 활용된다. 우리나라의 지번 부여방식은 일필지가 2필지 이상으로 분할될 경우 원번지인 本에 가지번호인 副番을 붙여 2지번으로 한다.

지번(parcel numbers)은 필지의 식별자(identifiers)로서 등록단위 지역 내에 유일한 것(Surveying and Mapping Authority of the Republic of Slovenia, 1997)이며, 각 필지에 부여하여 지적공부에 등록한 번호를 의미한다. 즉 필지에 부여하여 지적공부에 등록한 번호로서 토지의 특정성과 개별성을 확보하기 위하여 소관청이 지번부여지역인 법정 동·리 단위로 기번하여 필지마다 아라비아숫자를 순차적으로 부여한 번호를 말한다(류병찬, 2005 : 149-150., 박순표 외, 1993 : 193-197., 지종덕, 2001 : 179). 한편 지번의 개념 속에 내포되어 있는 인자들은 객체로서 필지, 형식으로서 지적공부, 주체로서 공적 기관, 매개체로서 아라비아 숫자, 부여단위로서 동·리 등이 있으며, 이러한 인자들의 적절한 조합이 명확한 개념을 정립한다고 볼 수 있다. 지번은 토지의 특정성·고정성·개별성을 기반으로 필지 식별자(parcel identifiers)로 적용하여 토지 관리의 이상실현을 꾀하는 것으로 볼 수 있다. 특히 필지식별자의 평가기준 혹은 필지식별자의 특성은 학자 혹은 기관에 따라 다소 차이가 있지만 특정성(uniqueness), 영속성(permanence), 단순성(simplicity), 정확성(accuracy), 융통성(flexibility), 경제성(economy), 접근성(accessibility), 유지관리의 용이(ease of maintenance), 지리적 위치의 기준(reference to geographic location)등이 언급되고 있다(P. D. Dale and J. D. McLaughlin,

1988 : 10., D. D. Moyer and K. P. Fisher, 1973 : 51-64., 지종덕, 1999 : 211-221).

한편 지번이 식별자로서 역할을 할 때 참조체계(reference system)에 있어 바람직한 특징(features)은 다음과 같이 제시된다(Gerhard Lasson, 1991 : 157., Peter F. Dale & John D. McLaughlin, 1988 : 40-41., 류병찬, 2006 : 183).

① 이해하기 쉬워야 한다.
② 토지소유자가 기억하기 쉬워야 한다.
③ 일반 대중과 행정가들이 이용하기 쉬워야 한다.
④ 매매의 사례에 따라 변화되는 것이 아니라 영구적이어야 한다.
⑤ 분할 혹은 합병(amalgamation)에 따라 갱신이 가능해야 한다.
⑥ 공부의 등록사항과 실제 현장사이에는 완벽하게 일치해야 하고 독특해야 한다.
⑦ 착오를 범하지 않고 정확해야 한다.
⑧ 토지행정의 모든 수행에 이용될 수 있을 만큼 유연(flexible)해야 한다.
⑨ 도입 및 유지에 경제적이어야 한다.

1.2 지번의 부여방법

지번의 부여방법은 진행방향 · 부여단위 · 기번위치에 따라 분류된다. 진행방향에 따라 사행식 · 기우식 · 단지식 등으로 구분하고, 부여단위에 따라 지역단위법 · 도엽단위법 · 단지단위법 등으로 구분하며, 기번위치에 따라 북서기번법과 북동기번법으로 구분된다(원영희, 1990 : 109-131, 김영학, 2002 : 89-93, 류병찬, 2006 : 183-195).

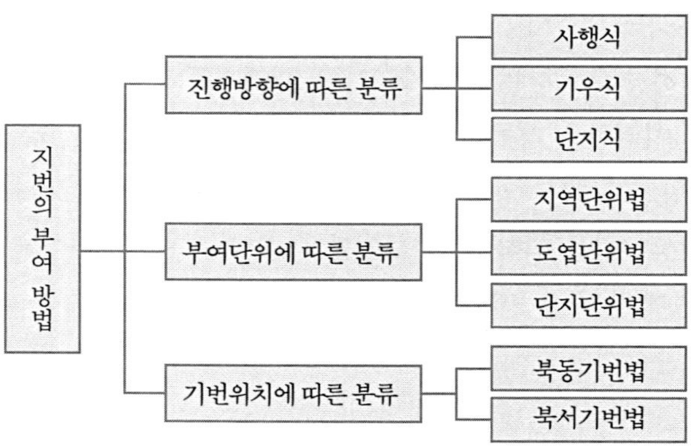

그림 15-1 지번의 부여방법 유형

1) 진행방향에 따른 분류

진행방향에 따른 분류로서 사행식(蛇行式)은 글자 그대로 뱀이 기어가는 형상으로 지번을 부여하는 것을 말하는 것으로 지번부여 진행방법 중 가장 많이 쓰이는 것으로서 우리나라 토지의 대부분은 이 방법에 의하여 지번을 부여하였다. 기우식(奇偶式)은 교호식(交互式)이라고도 부르며, 이는 도로 등을 중심으로 한쪽은 홀수(奇數)로 다른 한쪽은 짝수(偶數)로 지번을 부여하는 방식이다. 이 방법은 시가지를 형성하는 지역 등에 이용할 때에는 토지의 소재를 추측하기 쉬워 통신 · 방문 등에 편리하다. 단지식은 1단지 마다 하나의 지번을 부여하고 단지 내 필지마다 지번을 부여하는 방법을 말하는데 일명 Block식이라고도 하며 토지구획정리 및 농지개량사업시행지역 등의 지번설정에 적합한 방법이다. 한편 절충식은 사행법 · 기우법 등을 적당히 취사선택(取捨選擇)하여 번호를 부여하는 방식이다.

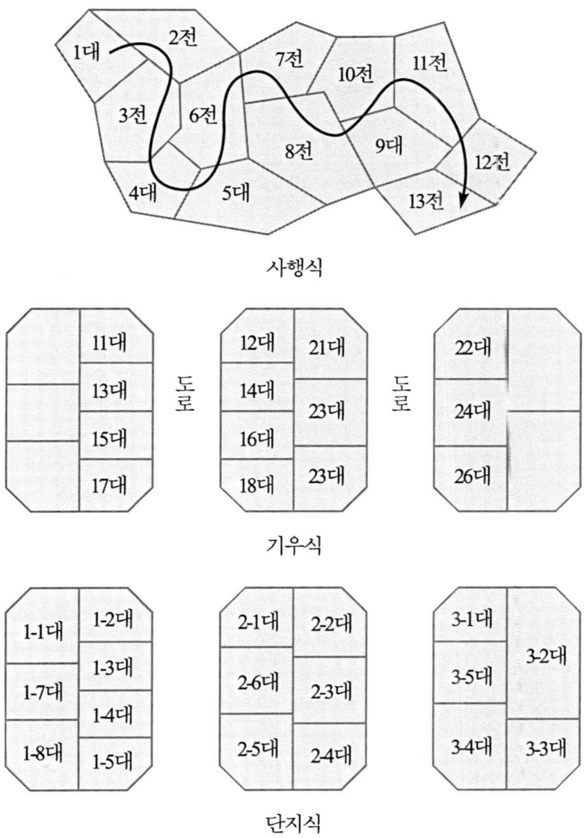

그림 15-1 진행방향에 따른 지번부여방법

2) 부여단위에 따른 분류

설정단위에 따른 분류 중 지역단위법은 지번부여지역 내의 지적도 또는 블록 등의 배역과는 관계없이 그 지번부여지역을 통하여 순차적으로 번호를 부여하는 방식으로서 이는 도엽단위법이나 단지단위법과는 구별된다. 이 방법은 지번부여지역의 면적이 비교적 적고 지적도의 매수가 적을 경우, 토지의 구획이 정연한 시가지 등에서 노선전장이 비교적 긴 가로별로 지번을 연속시킬 필요가 있을 때에 채택하면 좋은 방법이다. 도엽단위법은 지번부여지역 내의 지적도 단위도엽의 지번이 끝나면 그 다음 도엽으로 옮겨가는 방식으로서 이는 현재 우리나라를 비롯한 대부분의 국가에서 채택하는 일반적인 지번 부여 방식이다. 이 방법은 해당 지번설정지역의 면적이 비교적 넓고 또 지적도의 매수가 많을 때에 흔히 채택하는 방식이다. 단지단위법은 지적도의 배열에 관계없이 몇 필의 토지가 1개의 집단을 형성하고 있는, 이른바 일단지마다 연속적으로 번호부여가 끝나면 다른 단지로 옮겨가는 방식이다. 이 방법은 단지수는 많으면서도 그 면적이 각각 작게 구획된 시가지계획지구나 경지정리지구 등에 적합한 방법이다. 또한 토지의 색출을 용이하게 하려는 데 가장 큰 목적이 있다.

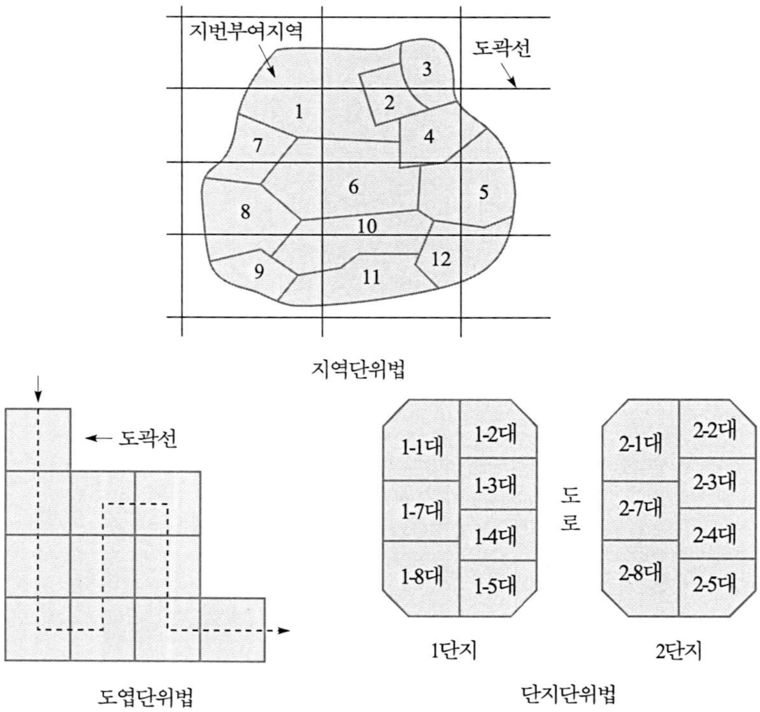

그림 15-3 부여단위에 따른 지번부여방법

3) 기번위치에 따른 분류

기번위치에 따른 분류 중 북동기번법은 지번부여지역의 븍동쪽에서 1번부터 번호를 부여하고 순차로 진행하다가 남서쪽에서 끝내도록 하는 방식이다. 이 방법은 한문자를 위주로 하는 사회에서 많이 쓰이는 방법이다. 북서기번법은 지번부여지역의 북서쪽에서부터 번호를 부여하고 순차로 진행하다가 남동쪽에서 끝내도록 하는 방식이다. 이는 한글, 영어, 아라비아 숫자 등을 사용하는 사회에서 많이 쓰인다.

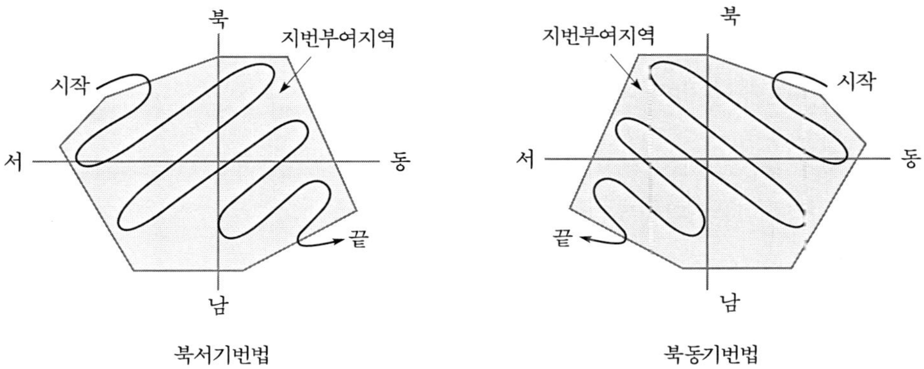

그림 15-4 지번위치에 따른 지번부여방법

1.3 필지별 지번부여방법(부번의 부여방법)

지번은 1, 2, 3 … 등의 아라비아 숫자로 부여하는 본번(mother parcel number)과 −1, −2, −3, … 등과 같이 "−"와 아라비아숫자를 포함한 부번(sub parcel number)으로 구성되어 있다.

지번은 리 · 동 또는 이에 준하는 지역을 지번부여단위지역으로 하여 1번부터 기번하여 연속적으로 부여한다. 지번은 국가마다 서로 다른 방법으로 부여하고 있는데 일반적으로 분수식 지번부여제도, 기번식 지번부여제도, 자유식 지번부여제도의 세 가지 유형으로 구분할 수 있다(J. L. G. Henssen, 1984 : 8−9., 류병찬, 2006 : 187−191., 박순표 외, 1993 : 208−209).

1) 분수식 지번부여제도(fraction system)

원지번을 분자로 하고 부번을 분모로 한 분수형태로 나타나는 지번형태로서, 예를 들면

원지번 6의 2는 6/2로 표시되며 이것이 2필지로 분할되고 동일구역의 유효한 최종지번이 6/3일 때 원지번 6/2번지는 사라지고 6/4, 6/5로 표시되며, 이는 독일에서 사용한다. 또 다른 경우는 본지번이 분모가 되고 부번이 분자가 된다. 예를 들어, 567번지가 2필로 분할되고 동일구역 내 최종 부번이 1234라면 새로운 지번은 1235/567, 1236/567이다. 분수식 지번부여제도는 본번을 변경하지 아니하는 장점이 있으나 분할 후의 지번이 정확히 어느 지변에서 파생되었는지 그 연혁을 파악하기가 용이하지 아니하며, 근본적으로 지번을 주소로 활용할 수 없는 단점이 있다. 이 방법은 독일, 오스트리아, 핀란드, 불가리아 등이 채택하고 있다.

2) 기번식 지번부여제도(filiation system)

인접지번 또는 지번의 자리수와 함께 원지번의 번호로 구성되어 지번상의 근거를 알 수 있게 된다. 이 경우 사정지번이 모지번으로 편철 보존될 수 있다. 예를 들면, 989번지가 분할될 경우 이것을 989a, 989b, 989c로 표시하고, 그 중 989b가 또 3필로 분할될 경우 이것은 989b1, 989b2, 989b3로 표시된다. 기번식 지번부여제도의 특징으로는 분할된 유래를 잘 설명할 수 있으나 여러 차례 분할될 경우 상황이 복잡하다는 단점이 있으며, 벨기에 등의 국가에서 채택하고 있다.

3) 자유식 지번부여제도(自由付番制度 : free numbering system)

자유식 지번부여제도는 새로운 경계를 설정하기까지의 모든 절차상의 번호가 영원히 소멸 되고 토지등록구역에서 사용되지 않는 최종지번 다음 번호로 대치된다. 예를 들면, 545번지와 인접지번 1230번지가 분할되거나 합병되면 이상의 지번은 완전히 사라지고 그 구역의 최종지번이 5675라면 분할된 지번은 5676, 5677과 5678로 표시된다. 이 제도는 부번이 없기 때문에 지번을 표기하는데 용이한 장점이 있으나, 필지별로 그 분할 연혁을 파악하기 위해서는 별도의 보조장부나 전산화가 필요하며, 분수식 지번부여제도와 동일하게 지번을 주소로 사용할 수 없는 단점이 있다. 이를 채용하고 있는 국가로는 스위스, 네덜란드, 호주, 뉴질랜드 등이 해당된다.

2 지목(Land Category)

2.1 의의

지목(land category)은 토지의 주된 용도에 따라 토지의 종류를 구분하여 지적공부에 등록하는 명칭이며, 지목은 용도에 의한 구분 이외에도 지형구분과 토양의 성질, 수익성 등에 의하여 또는 지질생성의 차이에 의하여 구분하기도 하고 단식 또는 복식지목으로 구분하기도 한다. 지목의 분류는 토지현황, 소재지역, 산업여건, 국가발전, 구성내용에 따라 세부적으로 분류된다(이범관, 1995 : 388-390). 토지현황에 의한 지목은 지형지목 · 토성지목 · 용도지목 등으로 분류되고, 소재지역에 의한 지목은 농촌 · 도시형 지목으로, 산업별 지목은 1차 · 2차 · 3차 산업형 지목으로, 국가발전에 따른 지목은 후진국 · 선진국형 지목으로, 구성내용에 따른 지목은 단식 · 복식지목으로 세분된다.

2.2 지목의 분류

1) 토지현황에 의한 지목의 분류

토지현황에 의한 지목은 지형의 형태, 토지, 토지의 이용현황에 따라 지형지목, 토성지목, 용도지목에 등 세 가지로 분류되며(원영희, 1990 : 146-148), 이를 설명하면 다음과 같다. 첫째, 지형지목(地形地目)은 토지에 관한 지표면의 형태, 토지의 고저, 수륙의 분포 상태 등 토지가 생긴 모양에 따라 지목을 결정하는 것을 의미한다. 즉 지형지목은 지형의 형성 상태에 따라는 것이다. 지형은 주로 그 형성 상태에 따라 하식지, 빙하지, 해안지, 건조지, 카르스트지, 분지, 습곡지, 화산지 등으로 나눌 수 있으므로 지목도 현실화하여 그와 같이 표기할 수 있을 것이다. 그러나 지형지목은 국토전체에 대한 종합계획 등에는 이용가치가 있으나 현행 우리나라의 지적제도가 지향하는 것처럼 필지별 관리에는 적당하지 못한 지목이므로 우리나라에서는 채택하지 않는 지목유형이다. 둘째, 토성지목(土性地目)은 토지의 성질, 즉 지질이나 토질(지층이나 암석 또는 토양의 종류)에 따라 결정하는 지목으로서 이것 또한 국토의 종합계획이나 토목공사, 농업 등에는 이용하기 편리하지만 우리나라에서는 채택하고 있지 않다. 셋째, 용도지목(用途地目)은 토지의 용도에 따라 결정한 지목을 말하며, 우리나라의 지적제도에서 채택하고 있는 지목이다. 용도지목은 일필지마다 구체적으로 그 용도를 표시하기 때문에 필지별 관리의 효율화를 위하여 지목을 붙이는 취지에 적합한 지목이다.

표 15-1 **지목의 분류**

<table>
<tr><td rowspan="12">지목의 유형</td><td rowspan="3">토지현황별 분류</td><td>지형지목</td><td>토지에 관한 지표면의 형태, 토지의 고저, 수륙의 분포상태 등에 따라 분류함</td></tr>
<tr><td>토성지목</td><td>토지의 성질(지질이나 토질)에 따라 분류함</td></tr>
<tr><td>용도지목</td><td>토지의 용도에 따라 분류함</td></tr>
<tr><td rowspan="2">소재지역별 분류</td><td>농촌형 지목</td><td>임야, 전, 답, 과수원, 목장용지, 염전, 광천지, 제방, 유지, 잡종지 등이 속함</td></tr>
<tr><td>도시형 지목</td><td>대, 공장용지, 수도용지, 학교용지, 도로, 공원, 체육용지 등이 속함</td></tr>
<tr><td rowspan="3">산업별분류</td><td>1차 산업형 지목</td><td>일필지의 토지가 농업 및 어업 위주의 용도로 이용됨</td></tr>
<tr><td>2차 산업형 지목</td><td>일필지의 토지이용도가 제조업 중심으로 이용됨</td></tr>
<tr><td>3차 산업형 지목</td><td>일필지의 토지이용도가 서비스산업 위조 이용됨</td></tr>
<tr><td rowspan="2">국가발전별 분류</td><td>선진국형 지목</td><td>토지가 3차 산업, 즉 서비스업에 주로 이용됨</td></tr>
<tr><td>후진국형 지목</td><td>1차 산업 용지의 핵심인 농 · 어업에 주로 이용됨</td></tr>
<tr><td rowspan="2">구성내용별 분류</td><td>단식지목</td><td>1개의 필지에 대하여 그 용도에 따라 지목을 분류</td></tr>
<tr><td>복식지목</td><td>2개 이상의 기준에 따라 일필지의 토지에 지목을 부여함</td></tr>
</table>

2) 소재지역에 따른 분류

지목의 소재위치에 따른 분류로 지목의 다양한 이용현황을 현장조사 없이 지적공부상에서 일별(一瞥)하는데 도움이 된다. 또한 다양한 정보평가, 소재지별 이용도 파악에 그 목적을 두고 있다. 즉 농촌형 지목(農村型 地目)은 농어촌 소재에 형성된 지목형태로 임야, 전, 답, 과수원, 목장용지, 염전, 광천지, 제방, 유지, 잡종지 등이 있다. 도시형 지목(都市型 地目)은 도시지역에 형성된 지목형태로 대, 공장용지, 수도용지, 학교용지, 도로, 공원, 체육용지 등이 있다.

3) 산업별 분류

산업별 분류에 따른 지목의 유형은 1차 산업형 지목, 2차 산업형 지목, 3차 산업형 지목으로 분류된다. 첫째, 1차 산업형 지목은 일필지의 토지가 농업 및 어업 위주의 용도로 이용되고 있는 지목을 말하는 것으로 소재 지역에 따른 분류 중 농촌형 지목이 대부분 1차

산업형 지목에 해당된다. 둘째, 2차 산업형 지목은 일필지의 토지이용도가 제조업 중심으로 이용되고 있는 지목으로 공장용지, 수도용지, 하천 등이 일반적인 지목이다. 셋째, 3차 산업형 지목은 일필지의 토지용도가 서비스산업 위주로 이용되는 것으로 소재 지역에 따른 분류 중 도시형 지목에 해당되며 문화시설용도로 사용되는 지목형태가 이에 속한다.

4) 국가발전에 따른 분류

국가발전에 따른 분류는 지목의 구성 비율을 분석하여 국가발전 정도를 파악하는 분류방식이다. 이는 지목의 유형, 지목별 면적, 필지 수 등의 구성 비율을 상대적으로 비교한 것으로서 발전정도의 지표로 사용할 수 있는 방법이다. 즉 후진국형 지목은 토지의 이용형태가 산업화 · 공업화 · 도시화의 용도로 사용되지 않고 1차 산업 용지의 핵심인 농 · 어업에 주로 이용되는 지목이다. 즉 후진국형 지목은 토지의 면적, 필지수가 1차 산업형태의 토지이용에서 나타난다. 선진국형 지목은 토지의 이용형태가 3차 산업, 즉 서비스업 형태의 토지이용에 관련된 지목을 말한다. 선진국형 지목은 경제적, 사회적, 문화적 가치에 중점을 두고 고밀도의 토지이용 현황을 보여 준다.

5) 구성내용에 따른 분류

구성내용에 따른 지목이란 일필지의 토지용도를 하나만 부여하느냐 또는 두 가지 이상의 지목을 부여하느냐에 따른 분류로서 단식지목과 복식지목으로 분류된다. 즉 단식지목은 1개의 필지에 대하여 그 용도에 따라 1개의 지목을 부여하는 것을 말하는 것으로서 우리나라, 일본, 대만 등이 단식지목을 사용하고 있다. 예를 들면, 단식지목은 일필지의 토지에 전, 답, 대 등으로 지목을 표기하는 것이다. 따라서 단식지목은 토지의 이용 상태가 단순한 지역에 적합하다. 복식지목은 2개 이상의 기준에 따라 일필지의 토지에 지목을 부여하는 지목을 말한다.

예를 들면, 독일의 영구녹지대 중 녹지대라는 것은 용도지목이면서 다른 기준인 토성까지 곁들인 토성지목을 별도로 표시하기 때문에 복식지목의 유형에 속한다.

2.3 지목의 설정원칙

지목의 설정원칙은 실제 적용의 빈도에 따라 일부만을 소개하는 경우(원영희, 1990 : 150-151)가 있는데 발생한 가능성이 적어도 이에 대한 기준을 설정하는 것은 지목제도의 운영을 의한 바람직한 방향이라 판단된다. 지적 관련 법률에서 언급하고 있는 1필 1지목의 원칙, 주지목추종의 원칙, 일시변경불변의 원칙 이외에 지목법정주의 원칙, 등록선후의 원칙, 용도경중의 원칙, 사용목적추정의 원칙을 고려해 볼 필요가 있다고 본다(손세원, 1997 : 39-40, 류병찬, 2006 : 227-230).

1) 지목법정주의(地目法定主義)

다양한 토지이용의 태양에 따라 모두를 지목화 할 수 없으므로 지목의 종류를 법률로 정하여 이용형태를 분류하여 지목을 정하고 이외는 등록을 인정하지 아니하는 원칙이다.

2) 일필일목(一筆一目)의 원칙(原則)

토지의 이용이 고도화 또는 입체화되면서 지하상가를 설치하는 등 수직적 경합이 되고 있으나 모든 토지는 필지별로 하나의 지목만을 설정토록 하고 있다. 이러한 원칙에 따라 1필지의 토지에 2개 이상의 지목설정이 불가능하기 때문에 1필지의 토지가 2개 이상의 용도로 사용하는 때에는 그 중에서 가장 주되는 용도의 지목 1개만을 등록하여야 하며, 또한 지적공부에 등록된 1필지의 전의 일부에 건축허가를 받아 건축공사를 완료하고 사용승인신청을 하여 사용승인서를 교부받은 경우에는 건축공사가 준공된 부분을 분할하여 당해 건물의 용도에 따라 지목변경을 하여야 한다.

3) 주지목추종(主地目追從)의 원칙(原則)

일필지의 토지가 단일지목으로만 사용되지 못하고 2종 이상의 지목이 수평적으로 경합하여 다양하게 이용될 때에는 주된 토지의 이용 상태에 따라 지목을 결정하게 된다. 지목의 판단기준은 장기적이고 직접적인 이용 행태를 보아야 하므로 임시적 · 일시적인 용도변경은 지목의 변경으로 보지 않는다. 이러한 원칙은 주로 농어촌의 농가주택에서 발견될 수 있다. 즉 주거용 건축물을 중심으로 농기구 창고, 축사, 마당, 우물, 텃밭 등 다양하게 이용되고 있는 경우 주거용 건물에 부합하는 대지가 바람직한 지목이 되는 것이다.

4) 등록선후(登錄先後)의 원칙(原則)

도로, 철도용지, 하천, 구거, 제방, 수도용지 등의 지목이 서로 중복될 때에는 먼저 등록된 토지의 사용목적에 따라 지목을 설정하여야 한다는 원칙이다. 이러한 원칙의 대표적인 사례는 하천 위에 교량을 축조하여 개설한 도로와 제방위의 도로 및 하천을 복개하여 도로로 사용하는 경우 등은 지목변경을 하지 아니하고 지적공부에 시기적으로 앞서 등록된 지목으로 결정하는 것이다.

5) 용도경중(用途輕重)의 원칙(原則)

도로, 철도용지, 하천, 구거, 제방, 수도용지 등의 지목이 서로 중복될 때에는 용도가 중요한 토지의 사용목적에 따라 지목을 설정하여야 한다는 원칙이다. 이러한 원칙의 사례로는 도로를 가로질러 철도를 개설한 경우에는 당해 부분을 분할하여 철도용지로 지목을 설정하여야 하나 철도를 도로의 지하에 개설하거나 지상에 고가를 설치하여 개설하는 경우에는 그러하지 아니하다.

6) 사용목적추종(使用目的追從)의 원칙(原則)

도시계획사업, 토지구획정리사업, 농지개량사업, 공단조성사업 등의 완료로 인하여 조성된 토지는 사용목적에 따라 지목을 설정하여야 한다는 원칙이다. 이러한 원칙에 따라 택지조성을 목적으로 시행한 도시개발사업내에 있어 각 필지의 지목은 대로 설정하여야 하며, 도시 관련 법률에 의하여 공원이나 학교용지 등으로 지정된 경우에는 그 지정목적에 부합되도록 지목을 설정하여야 한다.

7) 일시변경불변(一時變更不變)의 원칙(原則)

지목의 설정원칙에 따라 필지단위로 지목을 새로이 설정하거나 변경 등록하여야 한다. 그러나 임시적이고 일시적인 용도의 변경은 토지의 이동으로 볼 수 없기 때문에 지목변경을 하여서는 아니된다는 원칙이다. 이 원칙에 따라 건축물을 개축 또는 증축하기 위하여 일시 철거하였거나 농경지의 지력을 증진시키기 위하여 일시 휴경하는 경우에는 임시적이고 일시적인 사용목적의 변경으로 보아 지목변경을 하지 아니하고 종전 지목으로 존치하여야 한다.

2.4 지목의 변천

지적제도 창설 이후 지목의 연혁은 특정 시기에 의한 구분보다는 관계 법령의 규정에 의한 구분이 바람직할 것으로 본다. 즉 지목을 언급하고 있는 법령으로서 ① 토지측량에 관한 타합사항의 규정(1907.05.27) 제3조 17개 지목 ② 토지조사법(1910.08.23) 제3조 17개 지목 – "전답"을 하나의 지목으로 표기와 토지조사령(1912.08.13) 제2조 18개 지목 – "전답"을 전과답으로 분리 ③ 개정 지세령(1918.06.18) 제1조 19개 지목 ④ 조선지세령(1943.03.31) 제7조 21개 지목 ⑤ 지적법 제2차 개정(1976.05.27) 제5조 24개 지목 ⑥ 지적법 제10차 개정(2002.01.27) 제5조 28개 지목 등을 고려할 수 있다.

첫째, 대구시가지 토지측량에 관한 타합사항 제3조에 지목은 대 · 전 · 답 · 산림 · 원야 · 지소 · 잡지 · 사묘 · 사원 · 묘지 · 철도용지 · 공원 · 도로 · 구거 · 하천 · 제방 · 철도 등 17개로 규정되어 있다.

둘째, 토지조사법 제3조에 지목은 전답 · 대 · 지소 · 임야 · 잡종지 · 사사지 · 분묘지 · 공원지 · 철도용지 · 수도용지 · 도로 · 하천 · 구거 · 제방 · 성첩 · 철도선로 · 수도선로 등 17개 지목으로 규정되어 있다. 토지로 측량에 관한 타합사항의 지목 중 전과 답을 전답으로, 산림과 원야를 임야로, 사묘와 사원을 사사지로 각각 통합하였으며, 잡지를 잡종지로, 묘지를 분묘지로, 공원을 공원지로, 철도를 철도선로 명칭을 변경하였고, 수도용지 , 성첩, 수도선로 등 3개의 지목을 신설하였다. 한편 토지조사령 제2조의 지목은 전 · 답 · 대 · 지소 · 임야 · 잡종지 · 사사지 · 분묘지 · 공원지 · 철도용지 · 수도용지 · 도로 · 하천 · 구거 · 제방 · 성첩 · 철도선로 · 수도선로 등 18개 지목으로 규정하고 있다.

셋째, 개정 지세령 제1조의 지목은 전 · 답 · 대 · 지소 · 임야 · 잡종지 · 사사지 · 분묘지 · 공원지 · 철도용지 · 수도용지 · 도로 · 하천 · 구거 · 유지 · 제방 · 성첩 · 철도선로 · 수도선로 등 19개 지목으로 규정하고 있다. 이는 토지조사령과 지세령의 지목유형에 유지를 신설하여 1개 지목을 추가한 것으로 판단된다.

넷째, 조선지세령 제7조의 지목은 전 · 답 · 대 · 염전 · 광천지 · 지소 · 잡종지 · 사사지 · 공원지 · 철도용지 · 수도용지 · 임야 · 분묘지 · 도로 · 하천 · 구거 · 유지 · 제방 · 성첩 · 철도선로 · 수도선로 등 21개 지목으로 규정하고 있다. 이는 이전의 19개 지목에 염전과 광천지를 신설하여 2개 지목이 늘어났다.

다섯째, 제2차 개정 지적법 제5조의 지목은 전 · 답 · 과수원 · 목장용지 · 임야 · 광천지 · 염전 · 대 · 공장용지 · 학교용지 · 도로 · 철도용지 · 하천 · 구거 · 유지 · 수도용지 · 공원 · 운동장 · 유원지 · 종교용지 · 사적지 · 묘지 · 잡종지 등 24개 지목으로 규정하고 있다. 이전의 21개 지목 중에서 철도용지와 철도선로를 철도용지로, 수도용지와 수도선로를 수도용지로, 유지와 지소를 유지로 각각 6개의 지목을 3개 지목으로 통합하였으며, 공원지를 공원으로, 사사지를 종교용지로, 성첩을 사적지로, 분묘지를 묘지로 4개 지목의 명칭을 변경하였으며, 과수원 · 목장용지 · 공장용지 · 학교용지 · 운동장 · 유원지의 6개 지목을 신설함으로써 3개 지목이 늘었다. 여섯째, 10차 개정 지적법 제5조에 지목은 이전의 24개 지목에 주차장 · 주유소용지 · 창고용지 · 양어장 등 4개 지목이 추가되어 28개 지목으로 확대되었다.

표 15-2 **지목구분의 변천**

법령	지목수	과세구분	지목의 구분
토지측량에 관한 타합사항 (1907.05.27)	17		전, 답, 대, 산림, 원야, 지소, 잡지, 사묘, 사원, 묘지, 철도용지, 공원, 도로, 구거, 하천, 제방, 철도
토지조사법 (1910.08.23)	17	과세지목	전답, 대, 지소, 임야, 잡종지
		면세 지목	사사지, 분묘지, 공원지, 철도용지, 수도용지
		비과세 지목	도로, 하천, 구거, 제방, 성첩, 철도선로, 수도선로
토지조사령 (1912.08.13)	18		이전의 "전답"을 전과 답으로 구분됨
지세령 (1914.03.06)	18	과세 지목	전, 답, 대, 지소, 잡종지
		면세 · 비과세 지목	임야, 사사지, 분묘지, 공원지, 철도용지, 수도용지, 하천, 구거, 제방, 성첩, 철도선로, 수도선로
개정지세령 (1918.06.18)	19	과세 지목	전, 답, 대, 지소, 잡종지
		면세 · 비과세 지목	임야, 사사지, 분묘지, 공원지, 철도용지, 수도용지, 도로, 하천, 구거, 유지, 제방, 성첩, 철도선로, 수도선로
조선지세령 (1943.03.31)	21	과세 지목	전, 답, 대, 염전, 광천지, 지소, 잡종지
		면세 · 비과세 지목	임야, 사사지, 분묘지, 공원지, 철도용지, 수도용지, 도로, 하천, 구거, 유지, 제방, 성첩, 철도선로, 수도선로
지적법 (1950.12.01)	21	과세 지목	전, 답, 대, 염전, 광천지, 지소, 잡종지
		면세 지목	사사지, 공원지, 철도용지, 수도용지
		비과세 지목	임야, 분묘지, 도로, 하천, 구거, 유지, 제방, 성첩, 철도선로, 수도선로
개정지적법 (1975.12.31)	24		전, 답, 과수원, 목장용지, 임야, 광천지, 염전, 대, 공장용지, 학교용지, 도로, 철도용지, 하천, 제방, 구거, 유지, 수도용지, 공원, 운동장, 유원지, 종교용지, 사적지, 묘지, 잡종지
개정지적법 (1991.11.30)	24		"운동장"을 "체육용지"로 명칭변경
개정지적법 (2001.01.26)	28		"주차장" "주요소용지" "창고용지" "양어장" 등 신설

2.5 지목의 구분과 유형

우리나라의 현 지목은 전 · 답 · 과수원 · 목장용지 · 임야 · 광천지 · 염전 · 대 · 공장용지 · 학교용지 · 주차장 · 주유소용지 · 창고용지 · 도로 · 철도용지 · 제방 · 하천 · 구거 · 유지 · 양어장 · 수도용지 · 공원 · 체육용지 · 유원지 · 종교용지 · 사적지 · 묘지 · 잡종지로 구분하고 있다(측량 · 수로조사 및 지적에 관한 법률 시행령 제58조).

1) 전(dry paddy)

전은 물을 상시적으로 이용하지 않고 곡물, 원예작물(과수류는 제외), 약초, 뽕나무, 닥나무, 묘목, 관상수 등의 식물을 재배한 토지와 식용을 목적으로 죽순을 재배하는 토지를 말한다.

2) 답(rice paddy)

답은 물을 상시적으로 직접 이용하여 벼, 연, 미나리, 왕골 등의 식물을 주로 재배하는 토지를 말한다. 농작물을 재배하기 위하여 설치한 유리온실, 고정식 비닐하우스, 고정식 온상, 버섯재배사, 망실 등의 시설물부지는 농지를 보아 전 또는 답으로 설정한다.

3) 과수원(orchard)

과수원은 일정한 구역을 정하여 사과, 배, 밤, 호도, 귤나무 등 과수류를 집단적으로 재배하는 토지와 이에 접속된 저장고 등 부속시설물의 부지를 의미한다. 다만 주거용 건축물의 부지는 대로 한다.

4) 목장용지(pasture)

목장용지는 일정한 구역을 정하여 축산업 및 낙농업을 목적으로 가축을 사육하거나 사육하기 위해 초지를 조성한 토지 또는 축산법 제22조 제1호의 규정에 의한 가축을 사육하는 축사 등 부속시설물의 부지를 의미한다. 다만 주거용 건축물의 부지는 대로 한다.

5) 임야(forestry)

임야는 산림 및 원야를 이루고 있는 수림지, 죽림지, 암석지, 자갈땅, 모래, 습지, 황무지와 간석지 등의 토지는 임야로 한다.

6) 광천지(mineral spring)

광천지는 지하에서 온수, 약수, 석유류 등이 용출되는 용출구 및 그 유지에 사용되는 부지를 의미한다. 다만 온수, 약수, 석유류 등을 일정한 장소로 운송하는 송수관, 송유관 및 저장시설의 부지는 제외한다.

7) 염전(saltpans)

염전은 바닷물을 끌어들여 소금을 채취하기 위하여 조성된 토지와 이에 접속하는 제염장 등 부속시설물의 부지를 말한다. 다만 천일제염방식에 의하지 아니하고 동력에 의하여 바닷물을 끌어들여 소금을 만드는 제조공장시설의 부지는 제외한다.

8) 대(building site)

대는 영구적 건축물 중 주거, 사무실, 점포와 박물관, 극장, 미술관 등 문화시설과 이에 접속된 정원 및 부속시설물의 부지, 국토의 계획 및 이용에 관한 법률 등 관계 법령에 따른 택지 조성공사가 준공된 토지를 의미한다.

9) 공장용지(factory site)

공장용지는 제조업을 목적으로 하는 공장시설물의 부지와 관계법령에 따른 공장부지 조성공사가 준공된 토지와 당해 토지와 같은 구역 안에 있는 의료시설 등 부속시설물의 부지를 의미한다.

10) 학교용지(school site)

학교용지는 일정한 구역 내에 학교의 교사와 이에 접속된 부속시설물의 부지 및 체육시설 등, 학교시설구역으로부터 떨어진 실습지, 기숙사, 사택 등의 부지와 교육용에 직접 이용되지 아니하는 임야는 학교용지에서 제외한다.

11) 주차장(parking lot)

자동차 등의 주차에 필요한 독립적인 시설을 갖춘 부지와 주차전용 건축물 및 이에 접속된 부속시설물의 부지를 의미한다. 다만 주차장법에 따른 노상주차장 및 부설주차장, 자동차 등의 판매 목적으로 설치된 물류장 및 야외전시장은 제외한다.

12) 주유소용지(gas station site)

주요소용지는 석유 · 석유제품 또는 액화석유가스 등의 판매를 위하여 일정한 설비를 갖춘 시설물의 부지와 저유소 및 원유저장소의 부지와 이에 접속된 부속시설의 부지 등을 의미한다. 다만 자동차 · 선박 · 기차 등의 제작 또는 정비공장 안에 설치된 급유 · 송유시설 등의 부지는 제외한다.

13) 창고용지(warehouse site)

물건 등을 보관하거나 저장하기 위하여 독립적으로 설치된 보관시설물의 부지와 이에 접속된 부속시설물의 부지를 말한다.

14) 도로(road)

도로는 일반 공중의 교통운수를 목적으로 보행 또는 차량운행에 필요한 일정한 설비 또는 형태를 갖추어 이용되는 토지와 관계법령에 의하여 도로로 개설된 토지 또는 고속도로의 휴게소 부지와 2필지 이상의 대에 진입하는 통로로 이용되는 토지를 의미한다. 다만 아파트 · 공장 등 단일 용도의 일정한 단지 안에 설치된 통로 등은 제외한다.

15) 철도용지(railroad site)

철도용지는 교통운수를 목적으로 하여 일정한 궤도 등의 설비와 형태를 갖추어 이용되는 토지와 이에 접속된 역사, 차고, 발전시설 및 공작창 등 부속시설물의 부지를 말한다.

16) 제방(bank)

제방은 방수제, 방조제, 방파제, 방사제 등으로 조수, 자연유수, 모래, 바람 등을 막기 위하여 설치된 둑의 부지를 말한다.

17) 하천(river)

하천은 자연의 유수가 있거나 있을 것으로 예상되는 토지를 말한다.

18) 구거(ditch)

구거는 용수 또는 배수를 목적으로 하여 일정한 형태를 갖춘 인공적인 수로, 둑 및 그 부속 시설물의 부지와 자연의 유수가 있거나 있을 것으로 예상되는 소규모의 수로부지를 말한다.

19) 유지(pond)

유지는 일정한 구역 내에 물이 고이거나 상시적으로 물을 저장하고 있는 댐, 저수지, 소류지, 호수, 연못 등의 토지와 연, 왕골 등이 자생하는 배수가 잘 되지 아니하는 토지를 말한다.

20) 양어장(fish farm)

육상에서 인공으로 조성된 수산생물의 번식 또는 양식을 위한 시설을 갖춘 부지와 이에 접속된 부속시설물의 부지를 말한다.

21) 수도용지(water supply site)

수도용지는 물을 정수하여 공급하기 위한 취수, 저수, 도수, 정수, 송수 및 배수시설의 부지 및 이에 접속된 부속시설물의 부지와 수도관의 매설부지를 의미한다.

22) 공원(park)

공원은 일반 공중의 보건, 휴양 및 정서생활을 향상시키기 위하여 일정한 구역 내에 필요한 시설을 갖춘 토지로서 국토의 계획 및 이용에 관한 법률에 따라 공원 또는 녹지로 결정 · 고시된 토지를 의미한다. 다만 도시공원법에 묘지공원으로 결정, 고시된 토지는 묘지로 설정한다.

23) 체육용지(physical site)

체육용지는 국민의 건강증진과 여가선용에 이용할 목적으로 일정한 구역 내에 체육활동에 적합한 시설과 형태를 갖춘 종합운동장, 실내체육관, 야구장, 골프장, 스키장, 승마장, 경륜장 등 체육시설의 토지와 이에 접속된 부속시설물의 부지를 말한다. 다만 체육시설로서의 영속성과 독립성이 미흡한 정구장, 골프연습장, 실내스영장, 체육도장 등 유수를 이용한 요트장, 카누장 등 산림을 이용한 야영장 등의 토지는 제외한다.

24) 유원지(recreation ground)

유원지는 일정한 구역 내에 일반 공중을 위하여 위락, 휴양 등에 적합한 시설물을 종합적으로 갖춘 수영장, 유선장, 낚시터, 어린이놀이터, 동물원, 식물원, 민속촌, 경마장 등의 토지와 이에 접속된 부속시설물의 부지를 말한다. 다만 이들 시설과 거리 등으로 보아 독립적인 것으로 인정되는 숙식시설 및 유기장의 부지와 하천, 구거 또는 유지를 분류되는 것은 제외한다.

25) 종교용지(religious site)

종교용지는 일반 공중의 종교의식을 목적으로 예배, 법요, 설교 등을 하거나 제사를 지내기 위한 교회, 사찰, 향교 등 건축물의 부지와 이에 접속된 부속시설물의 부지를 말한다.

26) 사적지(historical site)

사적지는 문화재로 지정된 역사적인 유적, 고적, 기념물 등을 보존할 목적으로 구획된 토지를 말한다. 다만 유적, 고적, 기념물 등이 학교용지, 공원, 종교용지 등 다른 지목으로 된 토지에 있는 유적 · 고적 · 기념물 등을 보호하기 위하여 구획된 토지는 제외한다.

27) 묘지(burial ground)

묘지는 사람의 시체나 유골이 매장된 토지와 도시공원 및 녹지 등에 관한 법률에 따른 묘지 공원으로 결정 · 고시된 토지 및 장사 등에 관한 법률에 따른 봉안시설과 이에 접속된 부속시설물 부지를 의미한다. 다만 묘지의 관리를 위한 건축물의 부지는 대로 한다.

28) 잡종지(miscellaneous land)

갈대밭, 물건을 쌓아두는 곳, 돌을 캐내는 곳, 흙을 파내는 곳, 야외시장, 비행장, 공동우물과 영구적 건축물 중 변전소, 송신소, 수신소, 송유시설, 도축장, 자동차운전학원, 쓰레기 및 오물처리장 등의 부지와 다른 지목에 속하지 아니하는 토지를 의미한다. 다만 원상회복을 조건으로 돌을 캐내는 곳 또는 흙을 파내는 곳으로 허가된 토지는 제외한다.

Zoom in

현행 지목의 문제점과 개선방안

1. 의의

지목은 토지정책의 목표를 달성하기 위한 기초단위로서 토지정책과 많은 연관이 있다. 그러므로 지목이 토지정책을 수행하는데 있어서 어떠한 역할을 하고 있는지 지목의 운영 실태와 문제점을 검토하여 지목운용의 발전적 대안을 모색하게 된다.

2. 지목의 운용실태

① 관리적 측면 : 토지이용계획상 지목활용 미약, 토지행정부서의 독자적인 토지분류, 지목과 토지 관련 법률의 상이

② 경제적 측면 : 개별공시지가산정에 활용미약, 지가상승을 의식한 지목변경, 지목변경으로 인한 개발이익환수 미흡, 토지 관련 조세의 누세

③ 사회적 측면 : 지목의 설정과 변경의 사회성 결여, 지역성장의 영향력 미약

3. 현행지목의 문제점

① 지목불부합 : 토지소유자와 토지 관련 부서의 지목변경 신청해태, 불법적 지목변경

② 현행 지목분류로는 토지이용현황을 정확히 반영하기 어려움 : 경제적 측면의 치중, 토지이용패턴의 변화에 대한 대처 미흡

③ 토지 관련 법률과 지적 관련 법률의 토지분류가 상이함 : 하천법, 농지법, 초지법, 도로법, 묘지설치에 관한 법률 등이 상이함

4. 지목운용의 발전적 대안

① 단기적 대안

㉠ 관리적 측면 : 지목분류의 다양화, 토지 관련 법률의 정비, 입체지목의 도입

㉡ 경제적 측면 : 지목변경에 따른 경제적 이익환수, 지목변경 타당성 검토

㉢ 사회적 측면 : 지목설정원칙 준수, 임의의 지목변경 근절할 수 있는 제드장치

② 장기적 대안

㉠ 28개 지목 토지이용의 특성에 따라 재분류

㉡ 입체지목 도입

㉢ 토지 관련 법률을 정비하여 토지분류의 일관성 확보

SECTION 16 토지의 경계(境界)

1 경계의 의의

경계는 부동산의 각 넓이의 한계를 표시하는 것 또는 토지의 경제는 한 지역과 다른 지역을 구분하는 외적표시이며 토지의 소유권 등 사법상의 권리의 범위를 표시하는 구획선이다. 두 인접한 토지를 분할하는 선 또는 경계를 표시하는 가상의 선으로서 지적도에 등록된 것을 법률적으로 유효한 경계로 본다(Peter F. Dale & McLaughlin, 1999 : 50). 이것은 단순히 토지 경계 자체를 표시하는데 사용할 뿐만 아니라 토지경계가 내포하고 있는 실제적인 대상물을 표시하는데 사용된다. 따라서 경계는 위치와 거리만 있을 뿐 면적과 폭이 없다. 한편 영국의 토지법에서는 토지란 지표상에서 분리여부 또는 건물이나 건물의 일부가 수평적으로 분할된 집합건물, 아니면 수직적으로 구분된 건물 또는 어떤 행위로 된 것이든 간에 그리고 유형의 자산과 특정소유토지와 광산광물 등이 포함되는 것으로 정의하고 있다(English Land Law, 제205조 제19항, 1925).

2 경계의 종류

경계의 종류는 바라보는 관점과 제시되는 기준[81]에 따라 여러 형태로 나타낼 수 있다고 본다. 다만 일반적으로 수용할 수 있고 검증 된 유형이냐의 질문에는 다소 회의적일 수 있

81) 토지경계의 종류를 구분하는 기준으로 ① 설정내용에 의한 분류 ② 공시방법에 의한 분류 ③ 등록 기준에 의한 분류 등을 적용하고 있다(이범과 · 백승철, 2010 : 11-14, 심우섭, 2010 : 22-34). 즉 설정내용을 기준으로 설정위치에 의한 분류(지상 · 도상경계), 설정주체에 의한 분류(법정 · 현실경계), 설정권리에 의한 분류(점유 · 사실경계) 등으로

다. 따라서 국내외에서 일반적으로 언급되고 있는 영국의 토지등록제도에 적용된 일반경계(general boundary), 고정경계(fixed boundary), 보증경계(guaranteed bounday)를 검토하고(S. R. Simpson, 1976 : 134-143., UNECE, 1996 : 28-30) 토지경계 운영의 관계 법령을 토대로 검토하고자 한다.

2.1 일반경계

일반경계는 한 지역과 다른 지역을 구분하는 외적표시이며, 일필지에 있어서의 경계는 이론적으로 지구중심에서 무한한 끝까지 포함한다. 한편 영국의 토지등록제도에 있어서는 경계를 일반경계, 고정경계, 보증경계로 구분하고 있다.

1) 일반경계(General Boundary)

일반경계는 특정 토지에 대한 소유권을 담장·울타리·구거·제방·도로 등 자연적 또는 인위적 형태의 지형지물에 의하여 오랜 기간 존속해왔기 때문에 이들의 지형지물을 필지별 경계로 인식하는 것을 의미한다. 따라서 토지등기부에 첨부되는 도면에는 경계선이 울타리·담장·도로·구거 등의 중심선을 지나는지 또는 안쪽이나 바깥 면을 지나는지 정확하게 나타내주지 못하나, 지역공동체는 이러한 것들을 소유권이 미치는 진정한 경계로 받아들이고 있는데 이런 것을 영국식 일반경계의 개념이라고 한다(J. L. G. Henssen, 1990 : 20). 이러한 시스템은 필지별로 측량해야 할 명확한 경계가 없기 때문에 거래 당시에 토지측량사가 당해 토지를 측량할 필요가 없어 등록비용이 저렴하게 드는 장점이 있으나 홍수 등 자연재해에 의하여 경계가 유실되었을 경우 정확한 경계복원이 곤란한 단점이 있다.

2) 고정경계(Fixed Boundary)

고정경계는 특정 토지에 대한 경계점의 지상에 석주, 철주, 말뚝 등의 경계표지를 설치

검토하였고, 공시방법을 기준으로 관련 법률에 의한 분류(사법상·민법상·형법상 경계), 표시형태에 의한 분류(자연·인공경계), 사정여부에 의한 분류(사정·분할경계) 등으로 검토하고 있다. 또한 등록기준에 따라 등록유형에 의한 분류(고정·일반 경계), 등록차원에 의한 분류(지상·지표·지하경계), 등록방법에 의한 분류(도해·수치경계) 등을 제시하고 있다.

하거나 또는 이를 정확하게 측량하여 지적도상에 등록 관리하는 경계를 의미한다. 고정경계는 특정경계(specific boundary)로 표현되며, 정밀한 지적측량에 의하여 결정된 경계로서 일반경계와 법률적 효력은 유사한 반면 그 정확도는 높다는 것이다. 또한 고정경계의 장점은 제도적 범위 내에서 공식적으로 인정하기 때문에 토지소유자가 토지소유권의 범위에 대한 확신을 가질 수 있다는 점이다. 경계가 보이지 않거나 펜스, 울타리, 건물, 구거 등과 같은 영구 지형물이 없는 경우, 정확히 측량된 고정경계가 경계분쟁을 줄이는데 효과가 있다. 건물의 신축, 토지수용 사업과 같은 특정사업의 경우 정확한 측량으로 새로운 경계를 설정하는 것이 이후에 추가적인 측량 업무를 줄일 수 있어 고정경계는 인공경계와 유사하다는 것이다(UNECE, 1996 : 28-30). 따라서 경계선은 최초 발생당시에 항상 현지에 명확하게 표시되며, 경계표지의 위치와 경계점간의 측정결과를 정확하게 기록하고 망실되었을 경우 언제든지 경계표지를 재설치하거나 복원할 수 있다(J. L. G. Henssen, 1990 : 20). 고정경계는 프랑스, 독일, 네덜란드, 일본, 대만 등 지적제도를 갖고 있는 대부분의 국가에서 채택하고 있다.

3) 보증경계(Guaranteed Boundary)

보증경계는 토지측량사에 의하여 정밀지적측량이 수행되고, 또한 토지소관청으로부터 사정의 행정처리가 완료되어 확정된 토지경계를 말한다. 다만 이 보증경계도 토지경계에 대한 정확도에 대하여는 특별한 보장이 없고 이 지역에서의 토지소유권은 법률적으로 보증되기 때문에 토지경계와 일반경계와의 구별은 의미가 없다. 또한 토렌스 시스템 시행지역에서 법률적으로 보호하는 것은 선의의 제3자에 대한 소유권이며 경계를 보증하는 건 아니다. 실제로 경계의 보장이란 수치지적 또는 도해지적제도에 있어서 하자 있는 지적측량을 수행하였을 경우 이에 대한 경제적 피해보상을 의미하는 것이나 법률적으로 보장할 수는 없다.

2.2 관계법령 상 경계

1) 공간정보의 구축 및 관리 등에 관한 법률상 경계

공간정보의 구축 및 관리 등에 관한 법률에서 규정한 경계는 필지별로 경계점들을 직선으로 연결하여 지적공부에 등록한 선을 말한다. 여기서 경계점은 필지를 구획하는 선의 굴곡점으로서 지적도나 임야도에 도해 형태로 등록하거나 경계점좌표등록부에 좌표 형태로 등록하는 점을 말한다(공간정보의 구축 및 관리 등에 관한 법률 제2조 제25호, 제26호).

2) 민법상 경계

민법상의 경계는 실제 토지 위에 설치한 담장이나 전 · 답 등의 구획된 둑 또는 주요 지형 · 지형에 의하여 구획된 구거 등을 말하는 것으로 일반적으로 지표상의 경계를 말한다(민법 제237조 · 제239조).

3) 형법상 경계

형법상의 경계는 토지의 소유권 등 권리의 장소적 한계를 나타내는 선을 의미한다. 즉 소유권 · 지상권 · 임차권 등 토지에 관한 사법상의 권리의 범위를 표시하는 지상의 경계(권리의 장소적 한계를 나타내는 지표)뿐만 아니라 도 · 시 · 군 · 읍 · 면 · 동 · 리의 경계 등 공법상의 관계에 있는 토지의 지상경계도 포함된다(형법 제370조).

Zoom in

경계에 관한 법률행위

1. 민사소송(民事訴訟)
   ① 경계소송
      ㉠ 상린지의 경계분쟁에 관한 법률관계를 소송물로 하는 소
      ㉡ 경계표의 설치 및 보존에 관한 소와 토지경계확정의 소가 대표적
   ② 경계확정의 소
      ㉠ 인접한 토지와 경계선이 불명한 경우에 법원의 판결에 의하여 이를 확정할 것을 구하는 소송
      ㉡ 일종의 행정처분을 법원의 판결의 형식으로 행하는 점에서 형식적 형성소송
2. 경계에 관한 형사책임
   ① 손괴죄(損壞罪)(형법 제366조) : 경계표를 손괴, 이동, 제거하거나 기타의 방법으로 토지경계의 효용을 저해하는 죄
   ② 경계침범죄(형법 제370조) : 경계표를 손괴, 이동, 제거하거나 기타의 방법으로 토지의 경계를 인식 불능케 한 경우

3 경계의 제 원칙

경계를 결정하는 원칙으로는 축척종대의 원칙, 경계불가분의 원칙, 선등록우선의 원칙, 경계국정주의, 경계직선주의, 행정구역경계 중앙설정의 원칙 등이 있으며[82](류병찬, 2005 : 201, 원영희, 1990 : 97-98), 이 중에서 가장 일반적인 경계의 결정원칙은 축척종대의 원칙, 경계불가분의 원칙, 선등록우선의 원칙 등이 있다.

3.1 축척종대(縮尺從大)의 원칙(原則)

동일한 경계가 축척이 다른 도면에 각각 등록되어 있는 때에는 축척이 큰 것에 따른다는 것을 축척종대의 원칙이라고 한다. 일반적으로 축척이 큰 도면은 축척이 작은 도면보다 그 정밀도가 높다고 인정되므로 동일한 경계가 축척이 다른 도면에 각각 등록되어 있는 때에는 그 경계는 축척이 큰 도면에 따라야 한다.

3.2 경계불가분(境界不可分)의 원칙(原則)

토지의 경계는 유일무이(唯一無二)한 것으로 어느 한쪽의 필지에만 전속하는 것이 아니고 인접 토지에 공통으로 작용하기 때문에 이를 분리할 수 없다는 것을 말한다. 즉 인접된 토지의 경계는 이를 양필지로 나누어 분리할 수 없으며 경계선은 위치와 길이가 있을 뿐 너비는 없는 것으로 기하학상의 선과 동일한 성질을 갖고 있다.

3.3 선등록(先登錄)우선(優先)의 원칙(原則)

동일한 경계가 축척이 서로 다른 도면에 각각 등록되어 있는 경우에는 등록시기가 빠른 것에 따른 다는 것을 선등록우선의 원칙이라 한다. 즉 경계가 상호 일치하지 않는 경

82) 경계국정주의란 지적공부에 등록하는 경계는 국가가 조사.측량하여 결정한다는 원칙을 말하며, 경계직선주의란 지적공부에 등록하는 경계는 직선으로 한다는 원칙을 말한다. 한편 행정구역경계 중앙설정의 원칙은 1필지의 토지로 획정하여 지적공부에 등록하는 토지가 2개 이상의 행정구역경계를 이루는 경우 그 중앙을 경계로 설정하여야 한다는 원칙을 말한다.

우에는 경계에 잘못이 있는 경우를 제외하고 등록시기가 빠른 토지의 경계를 따른다는 원칙이다.

4 현지경계의 결정방법(경계설정설)

현지 경계의 결정에 있어서 토지경계가 명확하지 못할 때어는 지적공부에 의한 경계복원을 원칙으로 하지만 지적공부가 현지와 부합하지 않을 때어는 지적공부에 의한 경계복원은 불가능하다. 따라서 지상경계를 결정하기 곤란한 때의 처리방법은 점유설, 평분설, 보완설 등에 의한다(박순표 외, 1993 : 234-238).

4.1 점유설(占有說)

토지소유권의 경계는 불명하지만 양지의 소유자가 각자 점유하는 지역의 명확한 1개의 선으로서 구분되어 있을 때에는 이 1개의 선을 소유자의 경계로 하여야 할 것이다. 우리 민법에도 "점유자는 소유의 의사로 선의, 평온, 공연하게 점유한 것으르 추정한다"라고(민법 제 197조 참조) 명백히 규정하고 있다.

4.2 평분설(平分說)

경계가 불명하고 또 점유상태까지 확정할 수 없을 경우에는 분쟁지를 물리적으로 평분하여 쌍방토지의 소속시켜야 할 것이다. 이는 분쟁당사자를 대등한 입장에서 자기의 점유경계선을 상대방과는 다르게 주장하기 때문에 이에 대한 해결은 마땅히 평등 배분하는 것이 합리적이기 때문이다.

4.3 보완설(補完說)

현 점유선에 의하거나 혹은 평분하여 경계를 결정하고자 할 패에 그 새로 결정되는 경계가 이미 조사된 신빙할 만한 다른 자료와 일치하지 않을 경우에는 이 자료를 감안하여 공평하고도 적당한 방법에 따라 그 경계를 보완하여야 할 것이다. 이 경우는 반드시 경계의 일직선화를 고집할 필요 없이 적당한 형태로 결정하는 것이 바람직하다.

5 경계설정기준 및 등록방법

5.1 경계설정기준

토지의 지상경계는 둑·담 그 밖에 구획의 목표가 될 만한 구조물 및 경계점표지 등으로 표시한다(공간정보의 구축 및 관리 등에 관한 법률 제65조 ①).[83] 또한 경계를 새로이 정하기 위하여 토지의 구획이 되는 지형·지물 또는 지상구조물 경계로 설정할 때의 설정기준은 다음에 따른다(공간정보의 구축 및 관리 등에 관한 법률시행령 제55조 ①).

① 연접되는 토지사이에 고저가 없는 경우에는 그 지물 또는 구조물의 중앙
② 연접되는 토지사이에 고저가 있는 경우에는 그 지물 또는 구조물의 하단부
③ 토지가 해면 또는 수면에 접하는 경우에는 최대만조위 또는 최대만수위가 되는 선
④ 도로·구거 등의 토지에 절토 된 부분이 있는 경우에는 그 경사면의 상단부
⑤ 공유수면매립지의 토지 중 제방 등을 토지에 편입하여 등록하는 경우에는 바깥쪽 어깨 부분

단, 토지의 구획이 되는 지형·지물 또는 지상구조물의 소유권이 다른 때에는 그러하지 아니하다. 또한 분할에 따른 지상경계는 지상건축물을 걸리게 결정하여서는 아니된다. 다만 ① 법원의 확정판결이 있는 경우 ② 도시개발사업 등의 사업시행자가 사업지구의 경계를 결정하기 위하여 분할하고자 하는 경우 ③ 국토의 계획 및 이용에 관한법률의 규정에 의한 도시계획 결정고시와 지형도면 고시가 된 지역의 도시계획선에 따라 토지를 분할하

83) 지상경계점에 경계점표지를 설치한 후 측량할 수 있다(공간정보의 구축 및 관리 등에 관한 법률시행령 제55조 ③) 즉 ① 도시개발사업 등의 사업시행자가 사업지구의 경계를 결정하기 위하여 분할하고자 하는 경우 ② 사업시행자와 국가기관 또는 지방자치단체의 장이 토지를 취득하기 위하여 분할하고자 하는 경우 ③ 국토의 계획 및 이용에 관한 법률에 의한 도시계획결정고시와 지형도면고시가 된 지역의 도시계획선에 따라 토지를 분할하고자 하는 경우 ④ 소유권 이전, 매매 등을 위하여 또한 토지이용상 불합리한 지상경계를 시정하기 위하여 분할하고자 하는 경우 ⑤ 관계 법령에 의하여 인·허가 등을 받아 분할하고자 하는 경우

고자 하는 경우 등은 그러하지 아니하다(공간정보의 구축 및 관리 등에 관한 법률시행령 제55조 ④).

한편 경계의 등록방법은 도해지적방법과 수치지적방법으로 구분할 수 있다. 즉 도해지적 방법은 지표상에 설정된 경계를 정해진 축척에 따라 측정하고 그 성과를 지적도(임야도)에 선으로 등록하는 것을 의미하고, 수치지적방법은 경계의 굴곡점을 평면직각종횡선 좌표로 등록하는 것을 의미한다.

6 경계의 문제점과 개선을 위한 경계점 표지관리

6.1 지상경계가 안고 있는 문제점

지상경계가 안고 있는 문제점으로 첫째, 경계에 대한 법률해석의 차이이다. 즉 민법과 형법은 토지경계를 법률상의 정당한 경계가 아니라 사실상의 경계로 해석을 하고, 측량·수로조사 및 지적에 관한 법률에서는 일반적인 지표상의 경계가 아닌 지적공부에 등록된 경계를 의미한다. 따라서 민법·형법과 측량·수로조사 및 지적에 관한 법률의 경계 해석이 다르다는 것이다. 둘째, 도해지역의 경계복원측량 방법이 적합하지 않다는 것이다. 즉 축척의 크기에 따라 허용오차가 크며 도면의 신축방지와 보관관리가 어렵고 작업상 인위적, 기계적, 자연적 오차가 유발되기 쉬워 경계복원능력이 떨어진다. 셋째, 등록당시 일필지 측량에 문제점을 안고 있다는 것이다. 즉 토지조사사업 당시 세부측도실시규정(細部測度實施規定) 제67조에 의하면 일필지의 형상은 현황과 차이가 없도록 적당히 측점을 배치하여 직선의 연속에 의하여 이를 현시할 것으로 규정하고 있다. 넷째, 공인된 경계표지(境界標識)를 사용하지 않는다는 것이다. 1975년 이후 일필지 경계를 플라스틱 항목으로 표시하게 하였으나 그 동안 관념상의 문제 또는 시공문제 등으로 완벽히 실현되지 못하고 기존에 설치한 경계표지도 보관관리가 전혀 이루어지지 않고 있다는 것이다.

6.2 토지경계의 개선사항

지상경계가 안고 있는 문제점을 해소하는 방향은 법적 보완, 경계표지 설치에 대한 지적관련법령의 보완, 경계복원측량방법의 전환, 경계점표지의 다양화, 경계점에 대한 지상위치오차의 설정, 경계표지의 등록 차원에서 검토할 수 있다.

첫째, 법적 보완이 선행되어야 할 것이다. 즉 국가에서 인정하는 기관에 의해 지상에 설치한 경계(표지)도 민법 및 형법에 구성객체로 존재하여야 하고, 민법에서 인정하는 경계표로서의 기능을 하려면 측량비용과 경계표의 설치를 공동의 비용으로 부담해야 하며, 경계표지를 손상, 훼손 등을 하는 자에게 형사책임을 부여하는 것이 고려되어야 할 것이다. 둘째, 경계표지 설치에 대한 지적 관련 법률의 보완으로서 경계점 표지설치의 의무화를 고려해야 할 것이다. 법률의 보완사항으로 경계점표지의 설치, 경계점표지의 설치 및 관리, 경계점표지의 종류 및 규격과 재질, 기타 벌칙 등이 고려되어야 할 것이다. 셋째, 경계복원측량방법의 전환이 이루어져야 할 것이다. 경계복원측량의 새로운 변화를 얻기 위해선 도면의 경계보정도 중요하지만 새로이 결정되는 토지경계는 지상경계를 원칙으로 하는경계복원측량방법의 근본적인 정의가 개선되어야 할 것이다. 넷째, 경계점표지의 다양화가 이루어져야 할 것이다. 경계표지는 간단하게 옮길 수 없도록 부동성을 가져야 하고 경계표지의 위치는 목표물로서 누구나 쉽게 분별할 수 있도록 명확성을 지녀야 하며 경계표지는 영구히 보존되지 않으면 안 되기 때문에 파손되거나 부식되지 않는 영속성을 지닌 재료를 사용하여야 할 것이다. 다섯째, 경계점에 대한 지상위치오차의 설정을 고려해야 할 것이다. 지상경계점에 대한 위치오차로 간주하여 적용할 수 있는 규정이 명문화되어야 할 것이다. 여섯째, 경계표지의 등록이 이루어져야 할 것이다. 지상에 설치한 경계표지에 대하여는 일정한 등록절차를 거쳐 경계표지대장을 작성 공부의 성격을 갖도록 명문화하여 국가가 관리해야 할 것이다. 또한 경계표지대장에는 표지의 위치 및 설치일자, 인접소유자의 서명 날인, 측량일자 및 설치일자, 경계점표지의 고유번호, 표지의 종류, 약도 등이 등록객체로서 등록되어야 할 것이다.

7 경계의 결정

우리나라는 지적국정주의의 이념으로 토지의 경계는 국가기관이 지적공부상에서 결정하게 하고 있다. 이것은 원래 토지는 자연적으로 볼 때에는 홍수, 풍화작용, 지진 등으로 항상 그 형태가 변화하기 때문이다. 한편 인위적으로 볼 때에는 도로, 철도 등의 개설, 주택 등의 건축, 경지정리 및 시가지계획에 따르는 구획정리 등으로 인하여 24시간 쉬지 않고 변모하는 것이기도 하다. 그런데 이러한 변화무쌍한 토지의 경계를 지상에만 의존한다 함은 매우 불안전한 일이기 때문에 국가가 비치하는 지적공부상에 국가가 자기의 권한으로서 이를 결정표시하는 것이 타당하다고 인정되기 때문이다.

SECTION 17 토지등록단위(필지 · 면적)

1 필지(筆地 : Parcel)

1.1 의의

일필지는 소유권의 단위인 동시에 경영의 단위이며, 독특하고 유사한 관계가 구별되는 내에 토지의 연속하는 지역을 말한다. 따라서 지적의 일필지란 독특하고 유사한 법률적 관계가 구별되는 내에 토지의 연속하는 지역으로 그것은 일정한 선과 독특한 번호에 의해 지적도 위에 나타난다.

측량 · 수로조사 및 지적에 관한 법률 상 필지는 하나의 지번이 부여되는 토지의 등록단위를 말하며, 토지에 대한 물권의 효력이 미치는 범위를 정하고 거래 단위로서 개별화시키기 위하여 인위적으로 구획한 법적 등록단위를 말한다. 따라서 지적공부에 등록하는 필지는 자연적인 토지의 구획 단위가 아니고, 지적측량에 의하여 연속되어 있는 모든 영토를 인위적으로 구획하여 지적공부에 등록하는 하나의 지번을 부여한 토지의 등록단위를 말한다.

1.2 일필지의 성립요건(조건)

일필지의 조건으로는

① 지반이 연속될 것
② 지번부여지역이 같을 것
③ 지목이 같을 것
④ 지적공부의 축척이 같을 것
⑤ 소유자가 같을 것
⑤ 소유권 이외의 권리관계가 같을 것
⑦ 등기여부가 같을 것

등이 있다.

첫째, 지반이 연속되어야 한다. 일필지의 토지를 확정하기 위해서는 지반이 연속되어야 한다는 것으로 도로 · 구거 · 하천 · 계곡 · 능선 등 주요 지형 · 지물에 의하여 지반이 연속되지 아니하는 경우에는 별개의 필지로 확정하여야 한다. 둘째, 지번부여지역이 같아야 한다. 일단의 토지가 소유자와 지목이 동일하고 지반이 연속되어 있더라도 법정 리 · 동이 다른 경우에는 별개의 필지로 획정하여야 한다. 셋째, 지목이 같아야 한다. 일필지의 토지로 획정하기 위해서는 지목이 동일하여야 한다는 것으로 토지의 사용목적 또는 용도가 다를 경우에는 별개의 필지로 획정하여야 한다. 넷째, 지적공부의 축척이 같아야 한다. 일필지의 토지로 획정하기 위해서는 축척이 동일하여야 한다는 것으로 토지가 축척이 다를 경우에는 별개의 필지로 획정하여야 한다. 다섯째, 소유자가 같아야 한다. 토지를 일필지로 구획하는 가장 중요한 목적은 토지에 대한 소유권이 미치는 범위의 한계를 분명히 하는 것으로 일필지의 소유자는 동일인이어야 한다. 여섯째, 등기여부가 같아야 한다. 일필지로 할 수 있는 토지는 등기 혹은 미등기의 구별이 같아야 한다. 즉 기등기지는 기등기지와 미등기지는 미등기지가 아니면 일필로 구획할 수 없다. 일곱째, 소유권 이외의 권리가 같아야 한다. 토지에 대하여 소유권 이외의 물권이 같아야 일필지로 구획할 수 있다는 것을 말한다. 다만 소유권 이외의 권리가 서로 다르더라도 그 전원이 동의가 있으면 이를 일필지로 할 수 있다.

2 면적(Area)

2.1 의의

일반적으로 면적이란 수평면상의 면적 · 구면상의 면적 · 경사면상의 면적 등으로 구분할 수 있는데 지적공부에 등록하는 면적은 수평면상의 면적을 말한다. 즉 토지의 면적은 일필지를 둘러싼 경계선을 기준면에 투영시켰을 때 그 경계선 내의 넓이를 말하며 평균해수면(meansea level)에 의한 수평면적을 말한다. 이 면적은 지적도 또는 경계점좌표로부터 측정 또는 계산하고 m²를 사용하고 있으나 나라마다 다른 경우도 있다. 1975년까지는 尺貫法에 따라 坪과 町步를 단위로 하였으나 현재에는 m²를 사용한다.

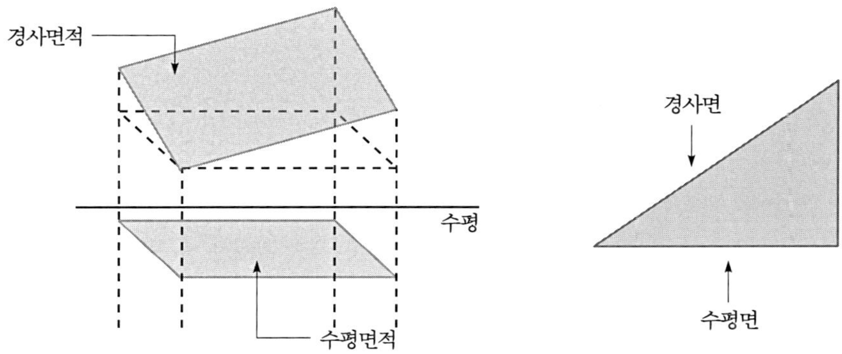

그림 17-1 경사면적과 수평면적

2.2 면적의 등록단위

토지조사사업 및 임야조사사업 당시부터 1975년 지적법 전문개정 이전까지는 척관법에 의하여 면적단위를 사용하였고 1975년 지적법개정 이후부터 현재까지는 미터법에 의한 제곱미터(㎡)를 면적단위를 사용하고 있다. 즉 토지조사사업(1910~1918년) 및 임야조사사업(1916~1924) 당시부터 1975년 지적법 전문개정 이전까지는 척관법에 의하여 토지대장에는 평(坪) 또는 보(步)로, 임야대장에는 정(町), 단(段), 무(畝), 보(步)로, 1975년 지적법 전문개정 이후부터 제곱미터(㎡)를 사용하고 있다.

척관법에 의하면 1정(町)=10단(段), 1단(段)=10무(畝), 1무(畝)=30보(步), 1보(步)=1평(坪)으로 환산이 된다. 또한 척관법에 의한 면적을 미터법으로 환산하면 다음과 같다.

$$\text{평(坪) 또는 보(步)} \times \frac{400}{121} = \text{제곱미터(㎡)}$$

그림 17-2 토지 및 임야대장의 면적등록단위

2.3 오사오입(五捨五入)의 원칙(原則)

방위각의 각치, 종횡선 수치 또는 거리에 계산이 있어서 구하고자 하는 자리수의 다음 숫자가 5를 초과하는 경우에 올리고, 5 미만인 경우에는 버리고, 5인 경우에는 구하고자 하는 끝자리의 숫자가 0 또는 짝수인 때에는 버리고 홀수인 때에는 올리는 것을 오사오입(五捨五入)이라 한다. 다만, 전자계산조직에 의하여 연산할 때에는 최종수치에 한하여 이를 적용한다.

2.4 면적측정대상

세부측량을 하는 경우에는 필지마다 면적을 측정하여야 한다. 다만, 경계복원측량 및 지적현황측량은 그러하지 아니하다. 한편 세부측량을 하는 때에 필지마다 면적을 측정하여야 하는 경우는

① 지적공부의 복구 · 신규등록 · 등록전환 · 분할 및 축척변경을 하는 경우
② 면적 또는 경계를 정정하는 경우
③ 도시개발사업 등으로 인한 토지의 이동에 의하여 토지의 표시를 새로이 결정하는 경우
④ 경계복원측량 및 지적현황측량에 의하여 면적측정이 수반되는 경우

등이 해당된다. 다만, 면적측정대상에서 제외되는 것으로 합병 · 지목변경 · 위치정정 · 지적도의 재작성 등이 있다.

참고문헌

토지등록의 설비

교육인적자원부, 2003, 고등학교 지적실무.

김갑수, 1988, 「지적행정학개론」, 서울 : 신라출판사.

김영학, 2006, 「지적행정론」, 서울 : 성림출판사.

김영학, 2007, "토지조사사업에 따른 새로운 지적공부 작성방안 연구", 「지적」 통권 제 354호, 한국국토정보공사.

김영학, 2008, "지적공부의 형식에 관한 연구", 「한국사회과학연구」제30권 제1호, 청주대학교 사회과학연구소.

류병찬, 2006, 「최신지적학」, 서울 : 건웅출판사.

박순표 외 2, 1993, 「지적학개론」, 서울 : 형설출판사.

원영희, 1990, 「지적학원론」, 서울 : 신라출판사.

일본토지가옥조사사회연합회, 2006, 개정 · 부동산등기법관계법령집.

지적연구원, 2007, 「3차원 지적제도 도입을 위한 지적측량 및 지적등록방안 연구」.

Hawerk Winfried, 2003, Country Report 2003 Germany, for the PCGIAP-Cadastral Template.

Hawerk Winfried, 2006, Cadastre for the 21st Century-the German Way, Shaping the Change XXIII FIG Congress, Munich, Germany, 8-13 Octorber 2006.

Kadasterwet section 48, 1997, 한국국토정보공사.

Molen, Paul van, 2006, Country Report 2006 Netherlands, for the PCGIAP-Cadastral Template.

지번 및 지목의 설정

김갑수, 1988, 「지적행정학개론」, 서울 : 신라출판사.

류병찬, 2005, 「지적법해설」, 서울 : 건웅출판사.

류병찬, 2006, 「최신지적학」, 서울 : 건웅출판사.

박순표 외 2, 1993, 「지적학개론」, 서울 : 형설출판사.

손세원, 1997, "한국의 지목운영실태에 관한 연구", 박사학위논문, 단국대학교

원영희, 1990, 「지적학원론」, 서울 : 신라출판사.

지종덕, 1999, "지번체계의 특수성과 실태에 관한 연구", 「지리학연구」 제33권 제4호, 한국지리교육학회.

지종덕, 2001, 「지적의 이해」, 서울 : 기문당.

Dale, P.D. Dale and McLaughlin, J. D., 1988, Land Information Management, Oxford : Clarendon Press.

International Association of Assessing Officers, 2003, Standard on Digital Cadastral Maps and Parcel Identifiers.

Moyer, D. D. and Fisher, K. P., 1973, Land Parcel Identifiers for Information System, American Bar Foundation(ABF-Chicageo).

Surveying and Mapping Authority of the Republic of Slovenia, 1997, Workshop on definition and numbering of objects Cadastres and Land Registers.

토지의 경계

김갑수, 1988, 「지적행정학개론」, 서울 : 신라출판사.

류병찬, 1996, 「지적법」, 서울 : 건웅출판사.

류병찬, 2005, 「지적법해설」, 서울 : 건웅출판사.

류병찬, 2006, 「최신지적학」, 서울 : 건웅출판사.

박순표 외 2, 1993, 「지적학개론」, 서울 : 형설출판사.

심우섭, 2010, "토지경계의 효율적 관리방향에 관한 연구", 박사학위논문, 경일대학교 대학원.

원영희, 1990, 「지적학원론」, 서울 : 신라출판사.

이범관.백승철, 2010, 「토지경계론」, 대구 : 삼지출판사.

Dale Peter F. and John D. McLaughlin, 1999, Land Administration, Oxford : University Press.

Henssen, J. L. G, 1990, "Land registration, cadastre and its interaction : a world perspective", the XIXth International Congress of Surveyors in Helsinki, Finland, June 1990.

Simpson, S. R., 1976, 「Land Law and Registration」, Cambridge : Cambridge University Press.

UN ECE, 1996, 「Land Administration Guidelines」.

토지등록단위

박순표 외 2, 1993, 「지적학개론」, 서울 : 형설출판사.

원영희, 1990, 「지적학원론」, 서울 : 신라출판사.

김갑수, 1988, 「지적행정학개론」, 서울 : 신라출판사.

류병찬, 2006, 「최신지적학」, 서울 : 건웅출판사.

이범관, 1996, "필지의 태양과 변동연구", 「지역사회발전연구」 제21권 제2호.

CHAPTER 06

제 06편 토지정보

SECTION

18 토지정보(시스템)의 개념

1 용어의 정의

1.1 정보(Information)

정보는 "사회전반에 걸쳐 산재해 있는 수많은 다양한 재료를 체계적으로 수집 · 정리하여 좀 더 가치 있는 형태로 가공한 것"으로 정의할 수 있다(Yvan Bedard, 1986 : 51-52).[84] 또한 법규에서 정의한 정보는 "공공기관이 직무상 작성 또는 취득하여 관리하고 있는 문서, 도면, 사진, 필름, 테이프, 슬라이드 및 컴퓨터에 의하여 처리되는 매체 등에 등록된 사항"으로 정의하고 있다(공공기관의 정보공개에 관한 법률 제2조). 그러나 정보라는 개념에 대하여 학자들마다 다양하게 정의하고 있고 그 분류 역시 다양한 측면에서 정의하고 있다. 즉 과학 · 기술적, 경영 · 관리적, 사회적, 군사적 측면에서 정보에 대한 개념을 정의하고 있다.

1.2 지적정보(Cadastral Information)

지적정보는 "정보이용자나 공공기관의 구성원들이 제반활동 및 정책 활동의 합리성 · 능률성을 제고할 목적으로 토지의 일정한 사항을 유효 · 적절하게 활용할 수 있는 형태로 처리된 자료나 정보원"이라고 정의할 수 있다(최용규 · 김영학, 1998 : 63). 이러한 개념 속에는 지적행정의 특징을 반영해야 한다는 것이다. 즉 지적행정의 특징인 ① 전국을 단위로 이

84) 이반 베다드 (Yan Bedard)는 정보의 개념을 4가지 형태로 정리하였으며, 그 내용은 첫째, 사고(mind)와 인식과정을 포함하는 내부의 정신적 모델의 변화 혹은 형성을 할 수 있게 하는 것, 둘째, 전달과정에 의해서 변화된 생산품(commodity), 셋째, 통신(message)이 가능한 결과의 하나, 넷째, 내형(content)과 외형(form)의 단위로 정보를 설명하고 있다. 따라서 정보란 내적 모델 형성에 기여 하고 표준데이터(metadata)를 포함하는 자료의 해석과 해독(decoding)의 결과이다((Yvan Bedard, 1986 : 51-52)

루어지는 행정(광역성) ② 주민의 일상적 접촉을 통한 행정(친밀성) ③ 사회 환경의 다양성을 반영한 행정(다양성) ④ 직접적인 대민 서비스 중심의 행정(직접성) ⑤ 타 행정과의 밀접한 관계를 맺고 이루어지는 포괄적이고 종합적인 행정(종합성) 등에서 지적정보의 개념 도출의 근거를 찾아 볼 수 있는 것이다(김영학, 2006 : 13-16). 한편 지적정보의 인자로서는 물리적 현황을 나타내는 토지소재, 지번, 지목, 면적, 소유자성명, 주민등록번호, 고유번호, 과세등급, 좌표, 경계 등이 있다.

1.3 토지정보(Land Information)

토지정보는 "토지활동과정에서 획득 · 생성되어 체계적으로 축적 · 가공 · 유통 · 활용되는 제반 지식, 자료 또는 메시지"로서 토지활동의 주체 및 객체의 의사결정이나 행동을 위하여 사용될 수 있는 의미 있는 내용을 말한다. 이러한 토지정보의 개념 속에 토지행정정보의 특성이 반영되어야 그 의미가 있다는 것이다. 즉 토지행정정보의 특성으로는 공공성, 광역성, 독점성, 합법성, 정치성이 있다(이윤식, 1992 : 214).

① 공공성 : 행정정보는 공공의 행정목적을 달성하는데 필요한 제반 결정을 합리적이고 능률적으로 지원해 주는 역할을 한다.

② 광역성 : 행정정보는 일반 사기업의 경영정보와 달리 수집 · 활용 및 전달에 있어서 행정관리 및 통제영역의 전반에 걸쳐 이루어지거나 적어도 사기업경영정보에 비해 광역을 커버한다.

③ 독점성 : 행정정보는 행정기관에 의해 독점적으로 소유 · 운영 · 관리되기 때문에 사조직의 경영정보와 같이 대가를 지불하고 쉽게 활용할 수 없는 특징을 갖고 있다.

④ 합법성 : 행정정보는 사기업 정보와 달리 그 수집 · 처리 · 활용 · 전달 등이 관계법이나 규칙에 준거하지 않고 원칙적으로 실행되지 못한다.

⑤ 정치성 : 행정정보는 사기업 정보와 달리 공공활동을 지원할 목적을 가짐으로써 그 정치적 역할이 크다. 특히 토지정보는 공공재로서 성격과 사적재로서의 공격을 갖는 클럽재의 성격을 갖고 있다. 일반적으로 공공재는 시장가격이 형성되지 않는 경우가 대부분이며 가격을 지불하지 않아도 정보의 혜택을 볼 수 있어 다른 부분에 미치는 외부효과가 크다. 이러한 성격으로 인하여 시장의 실패(market failure)가 존재한다. 그러나 지적정보는 사유재산과 관련된 정보(사적재)가 존재하고 공공재로서의 성격을 함께 갖고 있어 클럽재의 성격을 띠고 있는 것이다(신윤식 외, 1992 : 47. 참조).

1.4 지리정보(Geographic Information)

지리정보는 “도면 내에 그려진 요소들의 형상 및 위치를 나타내는 자료” 또는 “지리적 자료의 분석 · 해석 등을 통하여 얻어진 결과의 지식”을 말한다(이강원 · 함창원, 1999 : 136). 이는 다양한 분야, 다양한 지역, 다양한 사용자에 의하여 활용되고 수집되어 진다. 한편 geographic information이란 단어는 geo(지표)와 graphic(묘사) 그리고 information(정보)라는 단어들이 합성된 의미로서 지표면에 존재하는 각종 자연적이고 인위적인 정보를 포함하는 것이다. 자연적으로 생선된 지리정보로는 하천의 흐름이나 토양의 성분, 지표면의 높이 등을 들 수 있고, 인위적으로 생성된 정보로는 도로나 시설물 등을 들 수 있다(김계현, 2000 : 2).

1.5 토지정보시스템(Land Information System)

토지정보시스템이란 “지적도를 기반으로 토지와 관련된 공간정보(위치정보 · 속성정보)를 수집 · 처리 · 저장 · 관리하기 위한 정보체계”로서 필지를 기초로 토지와 관련된 정보를 대상으로 한다(김영학, 2000 :15). 이는 지적중심토지정보시스템, 토지행정종합정보체계, 지적도면전산화, 지적전산화, 토지행정종합전산화 등의 용어로 사용되고 있어 통일이 요구된다. 정보시스템의 범주는 기능적인 목적, 정보의 형태, 기술적 특성, 기본적 표현 매체, 사용자 집단, 정보의 본질에 따라 달라진다.[85] 이런 범주에 입각하여 볼 때 국제측량사연맹(FIG : Federation Internationale des Geometres)에서 정의한 토지정보시스템(LIS)은 법적, 행정적, 경제적 의사 결정을 위한 수단(tool)이며 등록지역에 대하여 공간적으로 연계된 토지 관련 자료를 포함하는 데이터베이스(DB)와 자료의 체계적 수집, 갱신, 처리, 배분을 위한 절차와 기법에 의해 이루어지는 계획 및 개발에 대한 보조수단으로 보고 있다. 국제측량사연맹의 정의에 대하여 Raymond는 토지정보시스템을 목적, 내용, 기반으로 분류하였다.(G. Raymond, 1986 : 111-134). 즉 토지정보시스템의 목적은 의사결정과 계획을 지원하는 것이고, 내용은 토지관련 자료와 그 자료를 관리하는 기법이며, 기반은 공간기준계(spatial referencing)와 데이터의 연계에 두고 있다. 한편 Hamilton과

---

85) 미국의 국립연구위원회(NRC)에서는 각각 범주의 예를 ① 시스템의 기능적 목적 : 관리정보시스템 ② 정보의 유형(type) : 토지 · 수질정보시스템 ③ 기술적 특성 : 수기(manual), 전산화(computerized) ④ 기본 표현 매체 : 의학 · 법률정보시스템 ⑤ 정보의 본질 : 공간 · 비공간정보시스템 등으로 제시하고 있다(National Research Council, 1983).

Williamson은 FIG의 정의에 대한 비평에서 토지정보시스템은 어떤 다른 도구(tool)처럼 사고 팔 수 없는 것과 마찬가지로 도구가 아니며 토지정보시스템을 하드웨어와 소프트웨어의 조합으로 간주하는 것은 잘못된 것이라 지적하였다(A. H. Hamilton and I. P. Williamson, 1984 : 28).[86)]

1.6 지리정보시스템(Geographic Information System)

지리정보시스템은 "지형도를 기반으로 복잡한 계획과 관리 문제를 해결하기 위하여 컴퓨터를 기반으로 공간자료를 입력·저장·관리·분석·표현하는 체계"로서 공간상에 분포하는 제반요소의 정보를 대상으로 한다(이강원·함창원, 1999 : 137). GIS에서 G와 I 두 문자의 의미를 각각 고려하여 지리정보시스템을 설명하기도 한다(Julie Delaney, 이재기 외 역, 2004 : 24-25). 즉 G(Geographic)는 우리가 실제공간과 가상공간에 대해 이야기 하는 것과 질과 양이 공간상에서 분포된 것을 고려하는 것을 말한다. 보다 학술적인 것일수록 이런 데이터가 지리적으로 의미있는 데이터가 되기 위하여 경위도체계, 동서남북 또는 x,y 좌표인 직각좌표체계에 등록되어야 한다. I(Information)는 시스템 환경 내에서 어떤 데이터들을 가진다는 것을 말한다. 지식이 성장하는 것은 정보로부터 온다. 적어도 GIS정보의 한 요소는 G와 관련되어야 한다. 다시 말해 어떤 지리학적 정보들(예를 들어, 지도좌표로 유도한 것)과 관련 있어야 한다. 다른 정보는 속성 또는 위상기하학과 관련된다. S(System)는 분리된 개체들을 하나로 연관시키는 것을 말한다. 이 개체들은 컴퓨터 하드웨어, 소프트웨어, 데이터, 사용자가 될 것이다. 이런 개체들이 결합 또는 연계되었을 때 그 개체들은 상호작용과 상호의존 관계를 형성한다.

86) 한편 비평이 있기 1년 전에 McLaughlin은 토지정보시스템을 일련의 조직화 과정과 함께 인간과 기술적 자원(resources)의 조합이며 확실한 정보 산출물(예 : 지도)과 토지에 관련된 서비스(예 : 기술적 진단)를 제공하는 것으로 정의하였다. 이런 정의의 특징은 도구라는 용어 대신에 자원이라는 용어를 사용한데 있다(J. D. McLaughlin, 1983 : 701.4/1~10).

Zoom in

도시정보시스템(UIS : Urban Information System)

1. 의의 : 도시의 복잡한 시설물관리, 도시계획, 환경감시, 교통 등에 체계적인 관리시스템
2. 필요성
   ① 도시의 교통문제
   ② 지상과 지하의 시설물관리
   ③ 효과적인 토지이용계획
   ④ 도시와 관련된 환경문제 해결
   ⑤ 도시구조물의 유지관리
   ⑥ 행정의 간편화 및 공개화
3. 역할
   ① 행정업무를 체계적으로 표준 처리함으로써 행정능률 향상
   ② 시정에 관한 정보관리가 용이, 각종 도시계획을 효율적이고 과학적으로 수립
   ③ 각종 도면 및 대장 발급업무와 인 · 허가업무 등을 신속처리 함으로써 대민행정서비스 향상

수치지형모델(DTM)

1. 의의 : Digital Terrain Model은 지형을 수치적 또는 수학적으로 표현한 모델
2. 주 내용
   ① 적절한 수의 수평좌표와 지형의 표고를 관측하여
   ② 지형의 경사, 사면방위, 미근선, 곡선 등 지형에 관한 정보를 저장하고
   ③ 저장된 기지의 좌표로부터 원하는 평면좌표에 대한 표고를 구할 수 있음
   ④ 필요에 따라 여러 가지 지형정보를 3차원으로 수치화 할 수 있는 기법
3. 데이터 취득
   ① 지형도로부터 취득
   ② 항공사진 등에 의하여 취득하는 경우

시설물관리시스템(FMS)

1. 의의 : Facility Management System은 컴퓨터 매핑 시스템의 한 분야로 시설물관리를 목적으로 하는 시스템
2. 주 내용
   ① 주요시설물의 위치, 크기, 연계성, 내용을 지도 위에 도형적 요소와 비도형적 요소의 정합에 의하여 표시하거나 분석하여 관리할 수 있도록 한 시스템
   ② 공공시설물이나 대규모의 공장, 관로망 등에 대한 위치 및 제반정보를 수치입력하여 시설물에 대한 효율적인 운영관리를 하는 종합적인 체계

3. 운영방법
   ① 수치화 된 도면을 기본으로 하여 시설물에 대한 도형 및 속성정보를 입력
   ② 도면을 검색하여 필요에 따라 기호표시
   ③ 속성정보를 검색하고 종별 및 특성에 따라 분류, 집계하는 통계적인 과정을 수행
   ④ 검색, 분류한 도형 및 속성정보를 보고서 또는 도면형식으로 출력
4. 응용분야 : 상 · 하수도, 가스 · 전기 및 전화, 도로 및 철도, 치안

자동지도제작시스템(AMS)

1. 의의 : Automated Mapping System은 지도제작을 전문으로 하는 컴퓨터지원 지도제작 시스템
2. 주 내용
   ① 지도데이터 취득, 데이터입력, 처리 분석, 출력에 이르기까지의 시스템
   ② 공학적 접목을 통한 컴퓨터매핑 시스템의 가장 중요한 항목 중의 하나
3. 지도제작기술
   ① 지상측량 데이터에 의한 방식과 공중사진 해석도화에 의한 디지털매핑기술
   ② 입력데이터의 지도도식 규정에 의한 구분 및 속성데이터의 추가입력 및 수정편집에 이르는 전반적인 과정을 총체적으로 다룸

컴퓨터지도제작시스템(CMS)

1. 의의 : Computer Mapping System은 일반적으로 항공사진, 위성사진 및 기타 이미 제작된 지도 등으로부터 지상물에 대한 위치정보를 수치로 입력, 편집하고 데이터베이스를 구성하여 여러 가지 형태의 지도를 만드는 시스템
2. 구성
   ① 주 컴퓨터에 디지타이저, 스캐너 등의 하드웨어
   ② 도면자료 및 관련도면의 수치정보를 처리할 수 있는 소프트웨어
3. 응용
   ① 지구의 천문측지좌표를 기준으로 지도제작
   ② 지형 · 지리의 도형 및 비도형 자료를 컴퓨터와 통신의 정보처리기술과 접목하여 생성, 표현, 조작, 처리 및 저장
   ③ 지적, 토목, 환경, 자원, 도시관리 시설 등에 응용

2 토지정보시스템의 필요성 및 목적

2.1 토지정보시스템의 필요성

토지와 관련된 업무는 정책수립, 소유·거래관리, 이용규제, 개발 등 다양하게 지방자치단체로 위임하여 처리하고 있다. 그러나 토지로부터 파생되는 방대한 양의 자료와 다양한 업무를 종합적으로 파악하고 관리할 수 있는 합리적인 체계가 부족하여 중앙과 지방간의 업무 및 자료가 효율적으로 연계되지 못하고 있는 실정이다. 정부에서는 전국적으로 분산되어 있는 토지관련 자료를 신속·정확하게 수집하기 어려우므로 시의 적절한 토지정책을 수립하지 못하고 지방자치단체에서는 담당자의 업무가 과중하고 정책수립을 위한 통계작성에 많은 시간을 보내는 편이다(건설교통부, 1988 : 15). 또한 1910년대에 전국적인 토지조사를 실시한 성과를 현재까지 사용함으로써 도면의 신축·노후화로 신속하고 정확한 토지정보를 제공하지 못하고 있다. 이러한 문제점을 해결하여 미래의 토지정보 수요에 신속·정확하게 대처하고 최신의 토지 관련 정보를 제공하기 위하여 토지정보를 총체적으로 관리할 수 있는 토지정보시스템이 요구되고 있다. 건설교통부(현 국토교통부)가 전국 토지 관리 업무 담당자를 대상으로 토지 관련 업무를 정보화해야 하는 이유를 조사한 결과 ① 여러 가지 대장을 쉽게 관리하기 위해 ② 컴퓨터로 업무를 빠르게 처리하기 위해 ③ 타부서, 타 기관과 자료를 쉽게 공유하기 위해 ④ 수작업으로 인한 오류를 방지하기 위해 ⑤ 도면을 정확하고 훼손 없이 유지 관리하기 위해 토지관련 업무의 정보화가 필요한 것으로 나타났다(건설교통부, 1988 : 129). 이러한 토지정보시스템의 필요성을 정리하면 다음과 같다(박순표 외, 1993 : 367-369., 김영학, 2000 : 15-16). 첫째, 정책 자료의 다양한 활용이다. 즉 토지이용계획·토지구획정리자료, 국·공공용지 현황 등 토지관련 자료를 사회적·경제적 공공계획에 유용하게 활용할 수 있다. 둘째, 민원행정의 신속한 처리이다. 지적공부의 열람이나 등본의 발행업무를 전산처리하고 토지이동, 소유권변동 등 변동자료의 전산처리로 토지민원사항의 신속·정확한 처리가 가능하다. 셋째, 지방행정전산화의 획기적인 계기이다. 지적의 자동화는 정확한 지방행정 관련 통계자료의 유지·관리를 가능하게 하고, 전산전문요원의 양성 및 기술향상을 도모할 수 있어 지방행정전산화의 획기적 촉진 기회가 된다.

2.2 토지정보시스템의 구성 내용

토지정보시스템은 토지의 소유권 · 개발 · 행정 · 계획 · 관리 및 토지의 속성 등을 위한 자원으로 간주되고, 토지정보시스템은 시스탬 내의 포함되는 환경, 하부구조, 법 · 재정, 사회 · 경제 등 4개의 일반적 범주로 구분한다(Grenville Barnes, 1988 : 22-26). 그러나 토지정보시스템을 활용하는 분야 및 범위를 고려한다면 다소 작은 범주라고 볼 수 있다. 따라서 4개의 범주에다가 토지측량 자료, 자연자원 및 기술적 시설물 등을 각각의 범주로 나누어 구성내용을 검토해 볼 수 있다(박순표 외, 1993 366-367). 첫째, 토지측량자료로는 기하학적 자료와 토지표시자료 등이 해당되고, 둘째, 법률 자료는 제한물권과 각종 제한사항이 포함되며, 셋째, 자연자원에 관한 자료는 지질자원 및 입목 등이 해당된다. 넷째, 기술적 시설물에 관한 자료는 지하 · 지표 · 지상시설물 등이 해당되고, 다섯째, 환경보존에 관한 데이터는 각종 공해 및 자연 훼손 등이 해당되며, 마지막으로 경제 및 사회 · 정책적 자료는 인구, 교통, 의료시설 등이 해당되며, 이러한 토지정보시스템 구성을 위한 내용을 정리하면 다음과 같다.

표 18-1 **토지정보시스템 구성을 위한 내용**

구 분	구 성 내 용
① 토지측량자료	기하학적 자료(현황, 지표형상) 토지표시자료(지번, 지목, 면적, 가격, 시설물)
② 법률 자료	소유권, 저당권 등 제한물권, 법률상의 각종 제한
③ 자연자원에 관한 자료	지질 및 광업자원, 유량, 입목, 기후
④ 기술적 시설물에 관한 자료	지하시설물, 전력 및 산업공장, 주거지, 교통시설
⑤ 환경보전에 관한 자료	수질, 공해, 소음, 기타 자연훼손자료
⑥ 경제 · 사회 · 정책적 자료	인구, 고용능력, 교통조건, 문화시설(교육 및 레저시설), 의료시설

2.3 토지정보시스템의 구축 목적

토지정보시스템의 필요성에 의하여 토지정보시스템이 구축되면 다음과 같은 목적을 달성할 수 있다.

① 체계적이고 과학적인 지적사무와 지적행정의 실현

② 전국 통일 시스템의 활용으로 각 시 · 도 분산 시스템 상호간 또는 중앙시스템간의

인터페이스 완전확보

③ 토지기록관련 변동자료의 온라인 즉시처리로 기존 배치처리에서 오는 업무의 이중성 배제

④ 지적공부의 전산화 및 전산파일 유지로 지적서고의 팽창방지

⑤ 토지기록관련 자체와 상부 보고문서의 전산처리로 업무처리의 능률 및 정확도 향상

⑥ 최신의 자료 확보로 지적통계와 정책정보의 정확성 제고 및 온라인에 의한 신속성 확보

⑦ 전국적인 등본, 열람이 가능하게 하여 민원인의 편의 증진

⑧ 지적도면 관리전산화의 기초 확립 및 운용의 효율성 달성

등의 효과를 발휘할 수 있다.

3 토지정보시스템의 특성 및 기능

3.1 토지정보(지적정보)의 특성

정보의 특성은 일반적 정보, 경제적 · 재화적 정보, 조직적 · 사회적 정보로 대별하여 살펴볼 수 있다.[87] 특히 일반적 정보의 특성은 보편성을 갖고 있으므로 이를 중점적으로 살펴보면 다음과 같다. 일반적인 정보의 특성으로는 무형성, 보편다재성, 의존성, 표현의 다양성, 표현의 전환성 등이 있고 토지정보의 특성으로는 공공성, 독점성, 신용 · 정확성, 다양성, 광역성, 유형 · 무형성 등이 있다. 무형성은 정보 자체가 물리적 형태를 지니지 않고 다만 표현된 내용으로서만 존재한다는 것을 의미하며 또한 정보는 내용적 · 추상적 형용이라고 할 수 있다. 보편다재성은 정보가 모든 기존의 사실상황 및 공상적인 내용뿐만 아

87) 경제적 · 재화적 특성으로는 ① 경제재 ② 노동성 ③ 다재성 ④ 시한성 ⑤ 독점성 ⑥ 누적성 ⑦ 신용성 ⑧ 비인전성 ⑨ 비상각성 ⑩ 가치변동성 ⑪ 부가가치성 등이 있고, 조직적 · 사회적 특징으로는 ① 사회성 ② 교환성 ③ 다면성 ④ 도출성 ⑤ 전방향성 ⑥ 자기규제성 ⑦ 자기조직성 ⑧ 비분리성 ⑨ 연결성 등이 있다(Glen O. Robinson, 1978 : pp.35-36. ; 하미승, 전게서, pp.99-102. ; 김행종, 전게논문, pp. 18-20).

니라 추정된 사실이나 상황 또는 공상적인 내용으로부터 유출될 수 있으므로 인간의 모든 분야에 걸쳐서 골고루 발생되어 존재하게 된다는 것이다. 의존성이란 정보는 그 자체로서 형태를 갖고 있지 못할 뿐만 아니라 표현되지 못해서 실제에 있어서는 특정한 매체에 의존하여 나타나는 것을 말한다. 표현의 다양성은 정보를 인지하는 조건 여하에 따라 표현이 매우 다양하게 나타나는 것을 말한다. 또한 표현의 전환성이란 정보가 매체적 전환을 통하여 그 의미나 내용을 전달하게 되는데 이 때에 정보의 내용이 전환되어서는 안되지만 표현상 전환이 불가피하게 발행하는 것을 말한다. 이러한 일반적 정보의 특성을 토대로 지적정보의 특성을 살펴보면 다음과 같다.

1) 공공성

지적정보는 공공의 이익을 추구하는 것을 그 기본적인 목적으로 한다. 즉 지적은 토지의 일정사항에 대하여 효율적인 토지 관리와 소유권보호를 목적으로 국가공권력에 의하여 이를 일정한 장부에 등록 · 관리하는 것을 말하며, 이는 지적국정주의를 표방하는 것으로 공공성을 뒷받침해준다. 또한 지적공부에 등록된 정보[88]는 토지소유자나 이해관계인 등 일반국민에게 신속 · 정확하게 공개하여 정당하게 이용할 수 있도록 지적관련법 상에 규정하고 있어 지적정보의 공공성을 대변하고 있다.

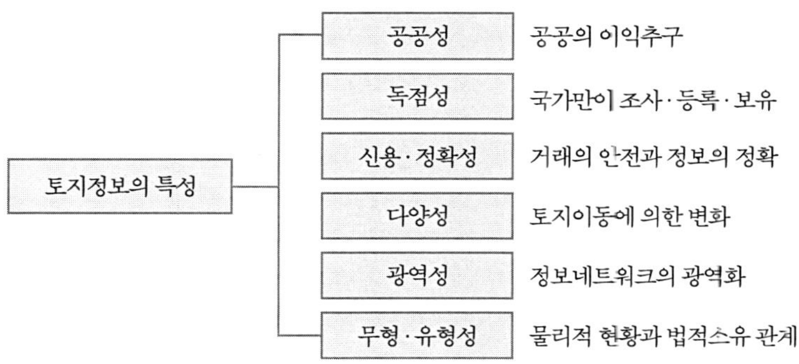

그림 18-1 토지정보의 특성

88) 지적정보는 공공재로서의 성격과 사적재로서의 공격을 갖는 클럽재의 성격을 갖고 있다. 일반적으로 공공재는 시장가격이 형성되지 않는 경우가 대부분이며 가격을 지불하지 않아도 정보의 혜택을 볼 수 있어 다른 구분에 미치는 외부효과가 크다. 이러한 성격으로 인하여 시장의 실패(market failure)가 존재한다. 그러나 지적정보는 사유재산과 관련된 정보(사적재)가 존재하고 공공재로서의 성격을 함께 갖고 있어 클럽재의 성격을 띠고 있는 것이다(신윤식 외 : 1992 : 47. 참조).

2) 독점성

지적정보는 국가가 토지의 물리적 현황을 조사 · 등록한 것으로 국가만이 보유할 수 있으며 민간부분의 정보보다 독점성이 강하다. 한편 지적측량성과는 지적정보를 생성하는 기초자료로 전담 대행기관인 한국국토정보공사에서 작성하고 국가기관인 소관청이 검사를 하는 이원체제로 이루어지고 있다. 따라서 지적정보의 기초자료인 측량성과는 경쟁원리가 적용되지 않고 대행기관의 독점에 의하여 작성되고 있다.

3) 신용 · 정확성

부동산거래의 안전은 정확하고 신뢰성 있는 지적정보에 기초하게 된다. 부동산거래의 안전을 도모하기 위해서는 거래 목적이 되는 부동산물권정보의 귀속주체를 공시하는 것보다 더 기본적인 것이 있다. 그것은 바로 거래의 대상이 될 부동산정보 자체를 정확하게 공시하는 것이다. 부동산물권정보를 공시하면서 그 물권정보의 목적인 부동산이 부적절하게 공시된다면 본래 의도했던 공시의 취지는 치명적으로 손상될 것이다(한국국토정보공사, 1995 : 46). 또한 토지등록요소의 정확한 명기와 함께 지적도의 대축척화, 수치지적부(경계점좌표등록부)의 도입은 지적정보의 정확성을 기하려는 일련의 조치이며 지적공부를 중심으로 한 관리 · 운영의 정확성은 지적기구의 조직과 업무의 분화와 관련이 크다 할 것이다.

4) 다양성

도시성장에 따른 다양성[89]은 지적정보의 변화를 초래하는 근본적인 원인이 된다고 할 수 있다. 즉 공간적 확대와 사회기반시설의 구축은 토지이동을 수반하게 된다. 토지이동은 광의적으로는 "토지에 대한 변동"또는 "지적관리상의 일체의 변동"전부를 말하나, 법률적으로는 "신규등록 할 토지가 생기거나 기등록지의 지번, 지목, 경계, 좌표 또는 면적이 달라지는 것"을 말한다. 토지표시사항을 변경 또는 설정하는 토지이동은 신규등록, 등록전환, 분할, 합병, 지목변경, 토지구획정리 등이고 처리절차상 지적측량에 의한 지적측량성과도를 첨부하는 경우와 실질적 토지조사에 의하여 처리되는 경우가 있다. 이러한 의

89) 도시의 성장은 도시가 공간적으로 확대되고 인구규모가 증대되는 양적 성장과 토지이용도의 제고라든가, 기능의 성숙 등 주민생활의 질을 향상시키는 질적 성장으로 나눌 수 있다. 또한 도시의 공간적 확대는 외면적으로 지역을 확장하는 평면적 확장과 수직적으로 건축물이 높아지는 수직적 확장을 포함하고 있다. 이런 도시성장의 현상은 도시가 지니는 높은 고용기회, 비농업 부문의 높은 소득, 안정되고 지속적인 고용형태, 도시의 높은 생활수준, 교육 및 사회복지시설, 도시의 심리적 매력등의 다양한 요인에 의하여 나타난다.

미에서 파악해 볼 때 다양성은 지적정보의 특성 중 하나가 될 수 있다.

5) 광역성

정보사회에서는 모든 정보네트워크가 광역적으로 구성되는 것이 보통이며 지적정보의 경우 정부와 민간, 중앙정부와 지방자치단체, 국내와 국제간 정보교환과 확산의 필요성이 민간정보보다 더 크며 광범위하다. 지적행정은 전국적으로 통일적이고 획일적인 국가사무로서 특징을 갖고 있다. 즉 지적공부에 등록하는 면적단위, 지목구분, 측량방법 및 절차 · 지적공부정리방법 등 지적행정 전반에 관한 사항을 지적법령에 의거하여 전국적으로 표준화하며 통일성과 획일성을 유지할 수 있도록 운영하고 있다. 따라서 지적정보의 인자들은 일정지역을 기준으로 관리 · 유지되는 것이 아니라 광역적으로 통일성과 획일성에 입각하여 관리 · 유지되는 것이다.

6) 무형 · 유형성

일반적인 정보는 물리적 형태를 지니지 않고 다만 표현된 내용으로서만 존재한다. 그러나 지적정보는 토지의 물리적 현황과 법적 소유관계 등을 공시하고 있어 정보의 무형 · 유형의 형태로 존재한다. 즉 도면에 내재된 정보는 토지에 대한 소유권 등 물권이 미치는 범위와 규모 등을 나타내는 경계가 있어 토지의 형상을 반영하고 있다.[90]

3.2 토지표시사항이 갖추어야 할 특성

일반적으로 각종 토지표시사항이 될 수 있는 것들로서는 일필지에 대해서는 토지의 소재, 지번, 가로명, 주택번호, 토지경계굴곡점의 좌표 등이 될 수 있고 가구어 대하여는 가구번호, 지적도의 도호의 굴곡점 좌표 등이 될 수 있다. 이러한 토지표시사항은 다음과 같은 특성이 있어야 한다(D. D. Moyer and Fisher K. P., 1973 : 51-64).

---

90) 도면의 등록정보는 토지의 소재와 지번 및 지목은 대장의 등록사항과 같고 경계의 경우 수치측량지역은 평면직각종횡선수치로 등록하여야 하며 도해측량지역은 폐쇄된 다각형으로 등록하여야 한다. 한편 도곽선은 기초점의 전개, 방위, 인접도면과의 접합, 도곽의 신축보정 등에 따른 기준선으로서의 역할을 하기 때문에 모든 지적도와 임야도에는 도곽선을 등록하여야 하며 기타 일정한 요건에 따라 등록하고 정리한다(최용규 · 김영학, 1998 : 96~97).

① 정확성(accuracy) ② 단순성(simplicity)
③ 통일성(uniqueness) ④ 융통성(flexibility)
⑤ 경제성(economy) ⑥ 검색성(accessibility)

3.3 토지정보시스템의 기능

토지정보시스템은 토지와 관련된 여러 가지 현상을 상호 · 연결하여 원활한 행정활동 및 정책 활동이 이루어질 수 있도록 지원하는 기능을 갖추어야 한다. 토지정보시스템은 대체로 토지정보의 분석기능, 토지정보관리의 수직적 기능, 수평적 기능, 통합적 기능으로 구분된다(A. Stan, 1991 : 196., T. Lucey, 1987 : 78-93). 이러한 기능을 갖고 있는 토지정보시스템의 구성요소는 일반적으로 통합된 하드웨어, 공간 · 연구주제 자료를 입력 · 저장 · 처리 · 출력을 할 수 있는 소프트웨어로 구성된다.

1) 토지정보의 분석기능

토지정보의 분석기능으로는 공간자료의 유지 및 분석, 속성자료의 유지 및 분석, 공간 및 속성자료의 통합분석, 분석결과의 출력 등으로 구분할 수 있다(이성화, 1999 : 32). 공간자료의 유지 및 분석을 위해서는 형태변환, 좌표체계 교환, 지도투영간 변환, 동형화, 도곽접합, 공간요소 수정, 선형단순화(line coordinate thinning)[91]의 기능 등이 있어야 한다. 속성자료의 유지 및 분석은 속성자료의 갱신을 위한 속성자료의 편집기능과 속성자료의 일정한 조건을 만족시키는 속성자료 검색을 위한 속성질의 기능이 요구된다. 공간 및 속성자료의 통합분석은 재분류(reclassification), 중첩(overlay), 연결성분석(distance and connectivity measurement), 인접 영향분석(neighbourhood characterization) 등으로 분류된다(D. Martin, 1991 : 52-53). 재분류 기능은 토지이용, 인구밀도 등의 속성정보 변화에 따른 종전의 공간정보를 재구성하는 작업을 말하고, 중첩은 두 개 이상 지도의 조합이 필수적이며 새로운 경계 묘사의 결과로 나타난다. 연결성 분석은 일정지점이나 지역의 표시는 좌표계를 이용한 벡터나 격자구조를 이용하므로 위치의 이동에 따른 일정속성의 누적된 합계를 이용하여 거리 및 인접범위를 측정하는 분석을 말한다. 인접영향분석

91) 선형단순화란 곡선의 경우 선을 표현하기 위해서 굴곡점을 표현하기 위해서는 많은 좌표 값을 갖게 되기 때문에 분석 등에 있어서 부하가 걸리게 됨을 방지하기 위한 작업이다.

은 어느 한 지점과 관련된 주변 지역의 특성과 관련하여 어떤 가치를 표현하는데 필요한 기능이다. 분석결과 출력은 공간분석, 속성분석, 공간 및 속성의 통합분석에 따른 결과가 지도, 문자, 문장, 선형, 그래픽, 도표 등으로 출력됨으로써 분석자가 인식하기 편리한 기능을 갖고 있다. 이상의 토지정보 분석기능은 시스템자체의 성능과 적합성에 관련된 것으로 공간자료의 유지 및 분석, 속성자료의 유지 및 분석, 공간 및 속성자료의 통합분석, 분석결과의 출력 등에 관련된 토지정보시스템의 사양이 높을수록 기능이 제대로 발휘될 수 있다.

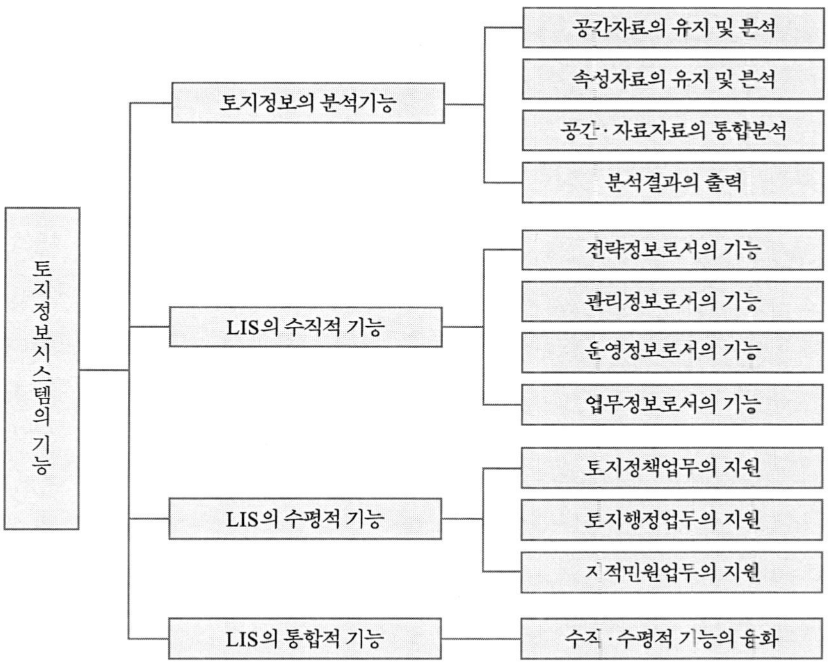

그림 18-2 토지정보시스템의 기능 분류

2) 토지정보시스템의 수직적 기능

토지정보시스템의 수직적 기능은 조직구조상의 계층에 따른 기능으로 토지정보 활용부서의 업무처리 및 토지정책 활동을 지원해 주는 역할을 한다. 즉 토지정보시스템은 계층별로 전략적 기획, 관리통제, 운영통제, 일선행정 업무처리를 원활히 수행될 수 있도록 지원을 하며, 이를 구체적으로 살펴보면 다음과 같다(이윤식, 1999 : 176-178).

첫째, 전략정보로서의 기능이다. 토지정보시스템을 이용한 토지관련 정보의 신속·정확하고 시의 적절한 정보의 제공은 최고관리층 또는 정책결정자들의 토지행정방침의 수립, 새로운 토지정책의 입안, 정책이나 사업 간의 조정을 위한 의사결정을 지원해주는 역할을 수행한다. 둘째, 관리정보로서의 기능이다. 토지행정부서의 중간관리자들이 행정활동의 성과를 측정하고 통제조치를 취하며, 하위관리자들에 의하여 적용될 새로운 결정규칙들을 설정하고 부서활동에 필요한 제반 자원을 배분하는데 기여하는 것을 말한다. 셋째, 운영정보로서의 기능이다. 운영정보는 토지행정실무 담당자인 하위관리자들이 운영통제를 하는데 요구되는 정보를 의미한다. 운영정보로서의 조건은 최근의 정보와 정확성, 표준화된 정보, 활용가능한 정보이어야 한다. 넷째, 업무정보로서의 기능이다. 이는 토지정보가 일상적이고 반복적인 민원업무처리를 수행하는데 필요한 정보로서 지적 및 토지관련 업무를 취급하는 공무원들에게 적절한 정보이다.

3) 토지정보시스템의 수평적 기능

토지정보시스템의 수평적 기능은 하위토지행정부서의 업무분야에 따라 달리 지원하는 역할을 한다. 토지업무 성격상 토지정책의 업무, 토지행정업무, 민원업무 등에 따라 지원하는 토지정보시스템의 기능을 말한다. 토지정책업무는 용도지역 · 지구의 지형, 토지이용 · 개발 · 보전, 토지의 공정한 소유 및 거래, 안정적인 지가유지 등에 토지정보를 상호지원 받게 된다. 토지행정업무는 업무처리형태에 따라 토지거래, 부동산중개업, 외국인토지관리 등을 허가 · 신고하는 업무와 개발부담금 등을 부과 · 징수하는 업무, 개별공시지가, 토지이용상황 등을 조사하는 업무, 대장 · 도면을 유지 관리하는 업무에 토지정보를 상호지원 받게 된다. 민원발급업무는 지적공부, 공시지가, 도시계획 등 주로 민원인이 각종 대장과 도면을 확인 · 열람하도록 하는 업무에 토지정보를 상호지원 받게 된다. 이러한 수평적 기능을 보다 능률적이고 효율적으로 수행하기 위해서는 이들 기능을 조정하는 조정기능이 토지정보시스템 내에 구비될 때 가능하게 된다.

4) 토지정보시스템의 통합적 기능

토지정보시스템은 실제에 있어 수평적 기능과 수직적 기능을 별도로 수행하기보다는 거의 동시적으로 수행하기 때문에 토지정보시스템의 기능은 통합적인 면에서 검토된다. 토지정보시스템의 통합적 기능은 수평적 기능과 수직적 기능이 동시에 이루어지는 것을 말하는 것이 아니라, 두 기능의 구성 비율상의 차이는 있더라도 특정한 목적을 달성하기 위하여 동시에 수행되어지고 있음을 나타내는 것이다. 즉 토지행정보서의 하위계층에서 민원업무를 처리하기 위하여 필요한 토지정보를 관리하게 되는데, 이것은 민원업무처리 담당자가 정보관리활동을 통하여 상위계층에 업무상 요구되는 토지민원 관련 정보를 제공하게 되어 결국에는 토지행정부서 전체가 유기적으로 정보기능을 함께 수행하게 됨을 말한다.

3.4 토지정보시스템의 활용

1) 기관별 토지정보시스템 활용

기관별 토지정보시스템의 활용은 중앙정부, 지방자치단체, 정부 관련 기관, 민간부문으로 구분하여 검토해 볼 수 있다.

① 중앙정부의 경우 안전행정부, 국토교통부, 해양수산부, 환경부, 문화체육관광부, 산림청을 중심으로 토지정보시스템을 활용하고 있다.
② 지방자치단체는 시·도 및 시·군·구에서 토지정보시스템을 활용하고 있다.
③ 정부 관련 기관은 한국토지주택공사, 한국국토정보공사, 한국수자원공사, 한국도로공사, 농어촌진흥공사, 한국관광공사 등에서 활용하고 있다.
④ 민간은 감정평가기관, 부동산중개업소, 주택관리업소, 일반측량업소 등이 토지정보시스템을 활용하고 있다.

2) 업무분야별 토지정보시스템 활용

업무분야별 토지정보시스템 활용은 기획·계획분야, 토지관리 분야, 토지과세 분야, 토지개발 분야 등에서 이루어지고 있다.

① 기획·계획분야의 경우 토지정보시스템을 국토이용계획 및 도시계획 수립 시 활용하고 있다.
② 토지관리 분야는 토지거래허가, 개발 부담금 관리, 공시지가관리, 부동산중개업관리를 위하여 활용하고 있다.
③ 토지과세분야는 각종 토지관련 세금부과 시 활용하고 있다.
④ 토지개발 분야는 택지개발과정에서 토지정보시스템을 활용하고 있다.

4 토지정보시스템의 구성요소

일반적으로 토지정보시스템은 통합된 하드웨어, 공간 · 연구주제 자료를 입력, 저장, 처리, 출력을 할 수 있는 소프트웨어, 토지정보시스템을 구축하고 운영하는 조직과 인력, 각종 자료의 효율적 관리를 위한 공간데이터베이스로 구성된다. 이들 구성요소 중 시스템을 이해하기 위하여 필요한 토지정보시스템의 하드웨어, 소프트웨어를 이하에서 개괄적으로 검토하고자 한다.

4.1 하드웨어 고려사항(Hardware Considerations)

토지정보시스템을 운영하기 위해서는 최소한의 하드웨어 구성물이 필요하고 하드웨어 구성물에는 중앙처리장치(CPU), 최소한의 대용량 기억장치, 다양한 입력장치, 다양한 출력장치 등이 있고 기타 장치로는 스캐너, 비디오 테이프장치, 광디스크 장치, 망 하드웨어(network hardware) 등이 있다. 이러한 장치들은 시스템 자원의 배치(allocation)를 통제하는 명령센터로서 작동하는 중앙처리장치(CPU)에 주로 연결된다(Stuart McFarlane, 1992 : 10-11), 중앙처리장치는 주기억장치, 제어장치, 산술논리 연산장치(ALU : airthmetic/logic unit)의 세 가지 장치의 용어로 간주할 수 있다. 주기억장치[92]는 현재 사용하고 있는 자료와

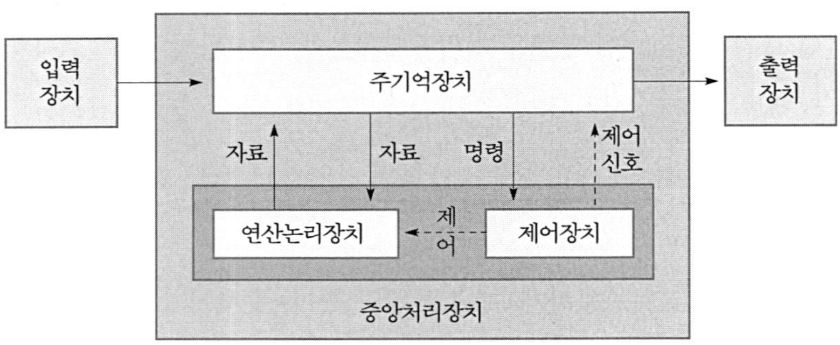

그림 18-3 중앙처리장치의 구조

92) 토지정보시스템을 운영을 위해서는 16~32메가바이트의 기억용량이 요구되고 최근 워크스테이션들은 최소 32메가바이트로 용량화 되어 있다.

저장명령에 이용되고, 산술논리 연산장치는 주기억장치의 자료에 관한 활동(acts)과 명령을 수행하며, 제어장치는 주기억장치와 연산장치 간의, 중앙처리장치와 입출력장치들 간의 전자신호의 흐름을 지시한다.

디지타이저(digitizers)는 도면을 디지털 전자형태로 변환하는데 이용하고 점, 선, 면적과 같은 다양한 공간대상의 X, Y좌표를 기록하기 위하여 이용되는 전자기 장치이다. 좌표는 공간대상의 물리적 형태를 설명하는데 이용되고 위치는 선택된 좌표체계 혹은 투영(projection)에 관련된다. 일단 자료가 변환되면 디지타이저는 디지털 산물(product)을 소거하고 갱신하기 위하여 이용된다. 플로터(plotters)는 상하좌우로 움직이는 펜을 사용하여 단순한 문자에서부터 그림 그리고 복잡한 설계도면에 이르기까지 거의 모든 정보를 인쇄할 수 있는 출력장치이다.

4.2 소프트웨어 고려사항(Software Consideration)

토지정보시스템에는 많은 소프트웨어 구성요소가 있으며 이에 대하여 Burrough는 모듈(modules)로서 구성요소를 다섯 가지로 분류하였다. 즉 자료입력, 자료저장 및 데이터베이스 관리, 자료 출력 및 프레젠테이션, 자료변환, 사용자와 대화(interaction)로 분류하였다(P. A. Burrough, 1986 : 8). 자료저장 모듈은 공간자료가 시스템 내에 조직화되는 통로와 관련이 깊고 자료출력[93]과 프레젠테이션 모듈은 시각적으로 만족스럽고 의미 있는 방식에 의해 자료를 표현하는데 관련이 있다. 자료변환 모듈은 에러를 수정 · 갱신하는데 이용되고 단순한 자료로부터 복잡한 모델과 시나리오(scenario) 개발까지 다양한 자료 분석 기법을 제공하는데 이용된다. 사용자 대화모듈은 사용자와 하드웨어 · 소프트웨어 사이에 원활하고 직관적인 호환(interface)을 제공한다. 사용자 시스템 인터페이스의 개발은 시스템 적용의 실질적 성공을 결정하는데 매우 중요하며 시스템 선택뿐만 아니라 개발하는 동안에 모듈에 대하여 깊은 관심이 요구된다. 공간관련성(relationship)의 모델링은 일반적으로 위상(topology)으로서 설명되고 인접(adjacent) 및 비인접(non-adjacent) 공간지형 사이에 관련성을 정확하게 나타내기 위한 토지정보시스템의 능력으로 나타난다. Levine과 Landis는 위상을 지도에 나타난 지형의 연계성(connectivity), 연속성(contiguity) 혹은 근접성(proximity)을 표시하는데 이용하는 공간관련성의 기술

93) 자료출력물로는 지도, 표, 그림(그래프, 차트) 등으로 이루어진다.

(description)로서 정의하고 있다(J. Levine & J. Landis, 1989 : 209-220). 위상은 토지정보시스템의 소프트웨어가 크기, 형태, 대소(magnitude), 색상과 같은 특성과 속성을 공유하는(sharing) 비인접 공간지형이 유사한지 혹은 다른지를 알 수 있게 한다. 아크노드(arc-node) 위상모델은 점, 선, 면적의 공간적 관련성을 부호화(encoding)하는 방법으로 광범위하게 이용되고 있으며[94], 이런 모델의 기본적인 논리적 엔티티(entity)는 두 개의 노드에 일련의 시점과 종점에 의해 공간적으로 설명되는 아크(arc)이다. 위상을 확실하게 하기 위한 다양한 소프트웨어 모듈과 도구의 개발은 컴퓨터 과학의 중요성에 있고, 자료입력, 조작(manipulation)과 출력에 관련된 이런 논점(issues)은 토지정보시스템사용자의 관심에 있다.

94) 점(point)은 하나의 노드에 지리적 위치를 나타내고, 선(line)은 유사한 속성을 공유하는 것으로서 분류된 2개의 노드사이에 공간범위를 나타내며, 다각형의 면적(area)은 지역의 경계를 묘사하는 폐쇄된 연결 아크(arcs : 방향을 가지고 있는 그래프에서 노드와 노드를 연결하기 위하여 사용되는 간선)에 의해서 나타난다.

SECTION 19 토지정보의 자료

1 자료의 형태

정보체계는 자료기반(database)을 효율적으로 형성하기 위해서 많은 종류의 자료를 필요로 한다. 이러한 자료들은 크게 위치정보(positional information)와 특성정보(descriptive information)로 대별된다. 위치정보는 상대적 위치정보와 절대적 위치정보로 대별되고 특성정보는 도형정보(graphic informatiom), 영상정보(image information), 속성정보(attribute information)로 세분되며 각 자료에 관해서는 고유의 특징이 있고, 처리와 표현에 따른 과정이 필요하다. 이러한 자료의 형태 중 지적정보와 관련 있는 절대위치정보, 도형정보, 속성정보 등이 있다(김영학 · 김태형, 2000 : 129-137).

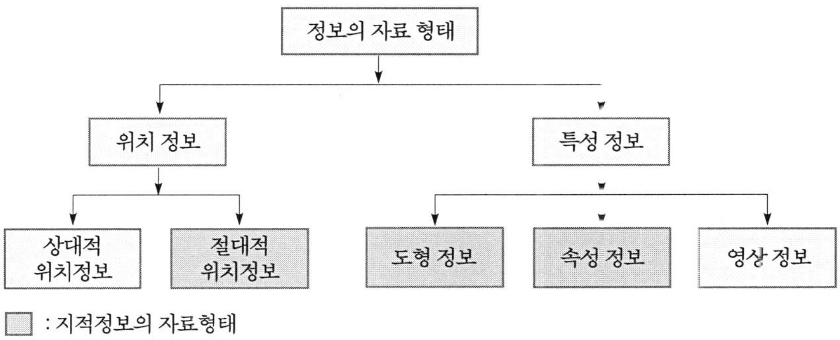

그림 19-1 정보의 자료형태 및 지적정보위치

1.1 절대적 위치정보

위치정보는 영상이나 지도 위의 점이나 선 위치를 평면위치(X,Y좌표), 수직위치(Z좌표)로 나타내며, 다각형, 대상물 등 다른 복잡한 것을 설명한다. 위치정보는 크게 상대위치정보와 절대위치정보로 구분할 수 있는데, 상대위치정보는 모델공간에서의 위치정보를 말하는 것으로서 상대적 위치 또는 위상관계를 부여하는 기준이 된다. 또한 절대위치정보는 실제공간에서의 위치정보를 말하며, 지상, 지하, 해양, 공중 등 지구공간 또는 우주공간에서의 위치기준이 된다. 절대적 위치정보의 예로는 지적공부 중 경계점좌표등록부를 들 수 있고 등록정보로는 토지소재, 지번, 좌표, 고유번호, 도면번호, 경계점좌표등록부의 장번호, 부호 및 부호도, 소관청의 직인날인, 직인날인 번호 등이 있으며, 이는 소유권이 중요시되는 현대에 정확성과 정밀성을 나타내는 척도가 되고 있다.

1.2 속성정보

속성정보는 지도형상의 특성, 질, 관계와 지형적 위치를 나타낸다. 이 자료는 알파벳숫자 형태로 체계를 다루는데 격자형태로 저장된다. 속성정보는 다시 속성, 지형적으로 표준화된 자료, 지형목록, 공간적 관계로 나누어진다. 속성(attribute)은 도형요소에 의해 나타난 성질을 문자나 숫자로 설명한다. 지형적으로 표준화된 자료(geographic referenced data)는 물리적 현상, 인공형상, 고유의 지형위치를 설명한다. 지형목록(geographic index)은 지형인식을 위해 기초가 되는 자료와 지도형상을 위치화하는데 필요하다. 공간적 관계(spatial relationship)는 지도형상의 관계와 연계성 및 인접성을 설명하는데 이용한다. 지적정보에 있어서 속성정보의 예[95]로는 문자정보 형태인 대장이 있으며, 대장에는 토지대장, 임야대장, 대지권등록부, 공유지연명부가 있다. 문자정보는 토지소재, 지번, 지목, 경계, 면적, 소유자 및 기타권리자, 개별공시지가, 용도지역 · 지구구분, 고유번호 등을 그 요소로 하고 있다.

1.3 도형정보

도형정보는 지도형상의 수치적 설명이다. 도형정보는 지도의 특정한 지도요소를 설명한다. 지적정보체계에서는 이 도형정보를 전산기의 영상면, 종이 등에 나타내기 위한 지도나 도면을 생성하는데 사용한다. 도형정보는 일정한 격자 크기나 영상소의 선추적이나

95) 속성정보의 예로서는 ① 등기정보로 토지등기부, 건물등기부 ② 토지평가정보로 토지특성조사표, 표준지가격조사표, 지가조사부 ③ 토지과세정보로 종합토지세대장, 재산세 과세대장, 토지가격확보율, 지가조사부 ④ 토지이용정보로 토지이용계획확인원 ⑤ 건축물정보로 건축물관리대장 ⑥ 지하시설물정보로 지하시설물관리대장 등이 있다.

격자형으로 입력된다. 격자형 자료는 일정한 격자 셀(cell)에 대한 고유한 설명으로 나타난다. 구성계획은 여러 형태가 있으며, 행렬 값으로 지정된다. 일정한 격자구조가 정의되고 각 속성 값은 각 셀에 할당된다. 이 방법의 정확도는 격자 셀의 크기에 있으며, 필요에 맞게 적당한 크기를 선택하는 것이 중요하다. 크기가 크면 정확도가 떨어지고, 크기가 작으면 자료기반(database)이 너무 커진다. 영상처리에서는 위성자료의 처리에서 격자 셀을 영상소라 부르며, 이것은 가장 작은 영상소이다. 이 경우 값은 속성보다는 영상특성을 나타낸다. 도형정보는 지도형상과 주석을 설명하기 위해 6가지 도형요소를 사용한다. 즉 점과 선, 면적, 격자, 셀, 영상소(pixel), 기호(symbology)인 6가지이다(류복모, 1994 : 57).

1.4 자료 유형간 관계

지적정보는 크게 문자정보와 도형정보로 대별되며 문자정보는 지적공부 중 대장을 중심으로 이루어지고 도형정보는 도면을 중심으로 이루어진다. 따라서 문자정보와 속성정보는 별개로 존재하는 것이 아니라 상호보완적인 관계로 이루어진다. 그러나 우리나라에서는 속성정보에 해당하는 대장정보는 이미 전산화가 완료되어 활용되고 있고 도형정보는 전산화를 추진하는 과정에 있어 양자의 상호보완적 연계가 미흡한 상태이다. 한편 필지를 토대로 한 토지정보를 활용하기 위하여 속성정보와 도형정보를 동시에 활용하기 위해서는 연결키가 되는 식별자가 필요하다. 즉 전국토의 모든 필지는 필지단위로 부여된 지번에 의하여 관리되고, 개개인에 부여된 주민등록번호를 활용하기 위해서는 식별자로 지번을 활용하게 된다.

2 수치지도의 생성을 위한 도형자료의 입력

2.1 수치지도(Digital Map)

1) 의의

수치지도란 지도에 표시된 정보와 관련정보를 수치화하여 전산기용 기록매체에 기록한 수치 좌표계를 사용하는 지도를 말한다. 즉 기존의 도면에 나타난 각종 정보를 컴퓨터를 이용하여 수치화시키거나 신규로 항공측량에 의한 해석도화로 수치화시킨 지도로서 다양한 분석과 활용이 가능하며 GIS/LIS 공간 DB의 핵심을 이룬다(이강원 · 함창학, 1999 : 93).

2) 수치지도 활용에 따른 장점

수치지도 활용에 따른 장점은 비용과 제작 속도, 자료변환과 가공의 측면에서 고려될 수 있다는 것이다(김계현, 2000 : 58). 수치지도는 지도제작 비용이 저렴하며 제작 속도가 빠르다. 수치지도는 출력시에 축척과 투영법 등의 손쉬운 변환을 통한 사용자의 요구사항을 최대한 만족시킬 수 있다. 또한 다른 수치지도와의 합성을 통한 정보의 재가공이 가능하다. 특히 자료 분석을 위한 기능의 제공에 있어서 수치지도는 면적의 정확한 측정과 다양한 공간자료의 해석기법을 제공할 수 있다. 임의로 지도상의 지역을 확대 혹은 축소하거나 3차원의 실시간 해석 기능의 제공 역시 가능하다.

3) 수치지도 활용에 따른 단점

수치지도 활용에 따른 단점은 초기 수치지도 제작을 위한 컴퓨터 하드웨어, 소프트웨어를 포함한 매핑시스템의 구입에 초기비용이 많이 소요된다는 점이다(김계현, 2000 : 58). 또한 초기예상과는 달리 그다지 경제성이 크지 않다는 점도 고려되어야 한다. 특히 주목하여야 할 것은 고가의 컴퓨터 기술도입 자체가 높은 품질의 지도제작을 보장하지는 않는다는 것이다. 즉 정보의 수집단계에서 얻어진 원시정보의 정확도(예 : 사용된 종이지도)는 수치지도로서 표현된 정보에도 마찬가지로 적용된다는 것이다. 결국 수치지도의 이용자체가 다양하고 수많은 정보의 손쉬운 저장과 관리, 분석에는 많은 기여가 있으나 수치지도에 저장되고 표현되는 정보의 정확도 향상과는 무관하다고 볼 수 있다.

2.2 도형자료의 입력

공간상에 존재하는 각종 토지정보를 컴퓨터에 입력하여 수치지도의 형태로 사용하는 방식에는 여러 가지가 있다. 우선 수치지도의 생성을 위한 도형자료의 입력에는 5가지 방식이 주로 사용된다(김계현, 2000 : 59-66, 이재기 외 역, 2004 : 46-47).

이상의 방식 중 디지타이징이나 스캐닝의 경우는 기존의 종이 지도와 같은 자료가 조사

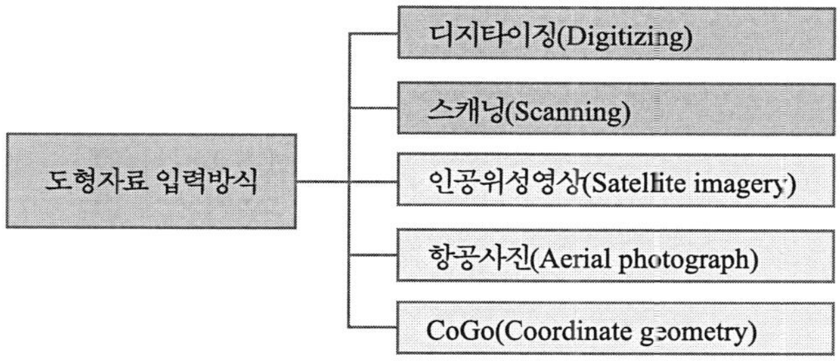

그림 19-2 도형자료의 입력방식

대상지역 내에 존재할 때에 유용하게 쓰이는 방식이다. 즉 디지타이징이나 스캐닝을 이용하여 기존 도면에서 필요한 도형자료를 추출하여 컴퓨터에 입력하여 수치지도를 제작할 수 있다. 반면 종이지도와 같은 기존 자료가 없는 경우에는 항공사진을 찍어서 도화기를 이용하여 수치지도를 제작하는 항공사진 디지타이징이나 현지 측량을 이용하는 COGO, 다양한 위성에서 얻어지는 인공위성 영상 등을 이용할 수 있다. 비용측면에서 고려할 때 기존의 지도를 사용하는 것이 훨씬 경제적이라 볼 수 있다. 이 경우에 고려하여야 할 것은 지도는 일반적으로 제작시기가 오래된 관계로 갱신을 위한 추가 비용의 지출이 수반된다는 것이다. 5가지 방식 중 현재 지적 분야에서 도형자료 입력 방식으로 쓰고 있는 디지타이징과 스캐닝을 이하에서 검토하고자 한다.

1) 디지타이징(Digitizing)

디지타이징은 디지타이저(Digitizer)라는 테이블에 컴퓨터와 연결된 마우스를 이용하여 주제(도로나 하천 등)의 형태를 컴퓨터에 입력시키는 것으로서 해당 주제의 형태를 따라서 X, Y좌표 값을 컴퓨터에 입력시키게 된다. 디지타이징의 결과물로서 생성되는 수치자료는 벡터구조를 갖게 되며, 벡터는 현실세계의 객체 및 객체와 관련되는 모든 형상이 점, 선, 면을 이용하여 마치 지도상에 나타나는 것과 같이 표현된다. 즉 벡터는 현실세계 객체의 형상에 가장 가깝게 표현되는 방식으로 취급된다. 디지타이저에 의한 입력은 시간이 많이 걸리나 반면 작업자가 입력 내용을 판단할 수 있으므로 다소 낡은 도면도 입력이 가능하고 지적도 등의 대축척 지도 입력에도 유용하게 사용될 수 있다.

2) 스캐닝(Scanning)

스캐닝은 스캐너라는 장비를 이용하여 도형자료를 입력시키는 방식으로 스캐닝 테이블에 종이지도를 부착시키면 지도상의 모든 자료(도형자료와 문자를 포함한)를 스캐너가 자동으로 인식하게 된다. 스캐너는 광학주사기를 이용하여 일정 파장의 광선을 지도에 주사하여 반사되는 값에 수치 값을 부여하여 컴퓨터에 저장시킴으로써 기존의 지도를 영상의 형태로 만드는 방식이다. 영상의 형태로 만들어진 격자형태의 자료구조를 가지게 되며, 대부분의 경우 소프트웨어를 이용하여 벡터로 변환을 거치게 된다. 스캐너는 디지타이저와 같이 특정 주제만을 선택하여 입력시킬 수는 없으나 지도상의 모든 정보를 함께 신속하게 입력시킬 수 있으며, 사람의 수작업이 최소화되는 이점이 있다. 경우에 따라서는 투명지를 사용하여 종이지도에서 도로망이나 하천망과 같은 입력하려고 하는 대상 주제의 형태를 그려낸 후, 투명지를 스캐닝하여 입력할 수 있다. 또한 스캐닝할 때 빨강, 파랑, 녹색의 세 가지 칼라 필터를 사용하여 동일 지역을 세 번 반복하여 읽음으로써 칼라영상을 얻을 수 있다는 장점이 있다.

3) 디지타이징과 스캐닝의 비교

일반적으로 스캐닝은 디지타이징과 비교하여 5~10배 이상 빠른 작업속도를 보여주고 있다. 스캐닝은 전반적으로 자동화된 작업과정으로 이루어지므로 디지타이징과 비교하여 덜 숙련된 작업자도 수행할 수 있다. 반면 가격이 비싸고 다루기 까다로운 장비를 운영하여야 하고 디지타이징보다는 비싸고 복잡한 소프트웨어의 사용을 필요로 한다. 동일 크기의 스캐닝 장비를 구입할 때 디지타이징 장비에 비하여 적어도 3~4배의 비용지출이 필요하다. 또한 스캐닝은 격자를 벡터로 전환하기 위한 소프트웨어의 사용이 수반된다. 스캐닝에 가장 적합한 지도는 깨끗하고 단순하며, 문자나 그래픽 심볼과 같은 부수적 정보를 많이 포함하지 않은 지도의 입력에 사용이 적합하다. 또한 스캐닝은 다량의 지도입력에 유리하다. 지도에 나타난 폴리곤이 적어도 1,000개 이상이거나 불규칙하고 복잡한 폴리곤을 많이 가진 지도를 입력할 때 스캐닝의 장점을 최대한 살릴 수 있다. 반면 디지타이징은 입력될 지도의 양이 적고 스캐닝이 용이하지 않은 지도의 입력에 편리하다. 본질적으로 스캐닝은 디지타이징의 역할을 대신할 수는 없으나 기술의 발전과 더불어 보다 정확도 높은 스캐닝이 가능하리라 판단된다(김계현, 2000 : 66).

표 19-1 디지타이징과 스캐닝의 비교

구분	디지타이징(Digitizing)	스캐닝(Scanning)
의의	지도나 도면을 표현할 수 있는 전자적 또는 전자기적 평판인 디지타이저를 사용하여 점, 선, 면의 좌표를 입력하는 지도 또는 도면의 수치화 작업	지도나 사진 또는 중첩 자료 등의 아날로그 자료형식을 컴퓨터에 의해 수치 포맷형식으로 전환하는 과정이다. 도면의 요소, 문자, 기호, 선 등의 아날로그 자료를 반사 또는 투과된 광선을 광센서가 감지하여 개별적인 셀이나 픽셀로서 구성된 래스터 자료로 변화하는 것
장점	① 입력될 지도의 양이 적은 것에 유리 ② 스캐닝이 용이하지 않은 지도입력에 유리 ③ 다소 낡은 도면 입력이 가능 ④ 지적도 등의 대축척 지도입력에 유용 ⑤ 시스템의 처리속도에 영향이 적음 ⑥ 특정 주제만을 선택하여 입력가능	① 디지타이저보다 5~10배 이상 작업속도가 빠름 ② 전반적으로 자동화된 작업과정 (덜 숙달된 작업자도 수행가능) ③ 다량의 지도입력에 유리(폴리곤이 적어도 1,000개 이상, 불규칙하고 복잡한 폴리곤을 많이 가진 지도 입력)
단점	① 원래 위치의 정확도를 유지하기 위하여 보완 측량이 요함 ② 작업소요시간 과다 ③ 물리적 공간이 확보되어야 함 ④ 운영자의 기술이나 도면의 신축 등 물리적 상태에 의존하게 됨	① 디지타이저보다 가격이 고가 (3~4배의 비용지출이 요함) ② 복잡한 소프트웨어의 사용 ③ 격자를 벡터로 전환하기 위한 소프트웨어의 사용이 수반됨 ④ 깨끗하고 단순한 지도가 적합함 ⑤ 문자나 그러픽 심벌과 같은 부수적 정보를 많이 포함하지 않은 지도의 입력에 적합

3 자료구조의 유형

토지정보 · 지리정보와 연관된 공간 객체의 형태와 관련된 정보를 표현하는데 있어서 벡터와 격자의 두 가지 자료구조가 존재한다(김계현, 2000 : 122–123, 박기석, 1997 : 37–42, 이재기 외 역, 2004 : 40–41).

3.1 벡터자료 구조(Vector data structure)

벡터는 현실세계의 객체 및 객체와 관련되는 모든 형상의 점, 선, 면을 이용하여 마치

지도상에 나타나는 것과 같이 표현된다. 각각의 객체는 지도에 표시되는 공간상에 좌표시스템을 이용하여 정확하게 표시되며 지도상에 나타난 모든 원소는 위치를 갖는다. 점(point), 선(line, arc), 면(polygon, area)이 공간상에 존재하는 불규칙한 형상의 객체를 나타낸다. 여기서 의미하는 면, 즉 폴리곤의 개념은 이차원으로서 일차원인 선이 모여서 만들어진 닫힌 형태의 면적을 갖는 형태를 나타낸다. 선은 영차원인 점들의 집합으로 연속적인 점들의 표현으로 다루어진다. 예로서 현실세계의 산림이나 건물 등은 폴리곤으로 표시되며, 도로나 철도와 같은 것은 선으로 표시된다. 벡터구조는 격자구조와 비교하여 객체의 형상을 현실에 가장 가깝게 표현하는 방식이다.

3.2 격자자료 구조(Raster data structure)

격자구조에서 공간은 일정 크기의 격자(cell, pixel 등으로 나타내기도 함)로서 나누어지며, 공간객체의 위치는 행(column)이나 열(row)로서 표시된다. 각각의 격자가 나타내는 면적의 크기는 바로 자료의 정확도를 표시한다. 즉 격자가 나타내는 면적이 적을수록 그 만큼 자세한 현실세계의 표현이 가능하며, 나타내는 면적이 클수록 자세한 현실의 표현보다는 개략적인 현실세계의 표현에 치중한다. 위치가 행과 열로써 표시되는 까닭에 현실의 주요 사물의 위치는 가장 근접하여 있는 격자로서 표현된다.

격자구조에서 각 격자에 저장되어 있는 수치값은 해당 위치의 객체의 형태나 관련 정보를 표현한다. 따라서 공간은 다수의 동일한 혹은 서로 다른 값을 가진 격자들로 구성된다. 벡터구조와는 달리 격자구조에서는 현실세계에 존재하는 객체의 형태를 표현하는 것이 아니고 각각의 격자위치에 존재하는 객체를 나타내는 수치값 만을 가지고 있다. 예를 들면, 도로를 격자구조에서 표현할 때는 실제 도로의 형태를 있는 그대로 나타내는 것이 아니고 도로의 위치에 있는 격자에 도로에 해당되는 속성값을 부여한 것이다.

3.3 벡터와 래스터자료 구조 비교

지적도면의 전산화 대장은 도면정보와 문자 · 수치정보로 대별되고 입력방법은 Digitizer나 Scanner를 이용하여 직접 전산입력하여 수치화하게 된다. 자료의 형태는 스캐너를 이용할 경우 격자형 자료(Raster Data)의 형태와 디지타이저의 선추적형자료(Vector Data)의 형태로 구분된다.

1) 백터자료(Vector Data)

백터자료의 장점은 다음과 같다.

① 격자형 자료에 비해 훨씬 압축되어 간결한 형태를 가짐
② 위상관계에 대한 부호입력이 용이한 경우 지형학적인 자료를 필요로 하는 망조직 분석에 매우 효과적임
③ 수작업에 의해 완성된 지도와 거의 비슷한 도형제작에 적합
④ 위상관계를 입력하기 용이하므로 위상관계 정보를 요구하는 분석에 효과적임
⑤ 그래픽의 정확도가 높고 그래픽과 관련된 속성정보의 추출 및 일반화, 갱신 등이 용이함

표 19-2 **벡터자료와 래스터자료 구조 비교**

구분		벡터자료 구조	래스터자료 구조
특징	데이터 형식	임의로 가능	정방향으로 일정함
	정밀도	기본도에 의존	매쉬 간격에 의함
	도형표현방법	점, 선, 면으로 표현	면으로 표현
	속성 데이터	점, 선, 면 각각의 도형, 정보와 결합	속성데이터로 면을 표현
	도형처리기능	점, 선, 면을 이용한 도형처리	면을 이용한 도형처리
데이터	데이터 구조	현상학적으로 우수한 표형이 가능하지만 복잡한 데이터구조가 된다.	단순한 데이터 구조
	데이터량	데이터 양이 작을 수 있음	일반적으로 데이터 양이 많음
지도표현	지도표현	기본도 축척에 의존하지만 정확히 표현할 수 있다.	• 메쉬간격에 의존하지만 벡터형 지도와 비교하면 거칠기 표현됨 • 메쉬내부의 상황은 불명확함
	지도축척	지도를 확대하여도 형상이 변하지 않는다.	지도를 확대하면 grid가 커지기 때문에 형상구조를 인식할 수 없음
가공처리	공간해석	고도의 프로그램이 필요	다양한 해석0 쉽다. 도화데이터와 원격탐사더 이터의 중첩 및 조합이 용이하다.
	시뮬레이션	위상구조(Topology)를 가진 것은 시뮬레이션 곤란	각 단위의 형터와 크기가 균일할 때 시뮬레이션이 쉽다.
	네트워트해석	네트워크 연결에 의한 위상구조 (지리적 요소의 연결)를 표현할 수 있다.	네트워크 결합은 곤란

자료 : 박기석, 1997 : 38

백터자료의 단점은 다음과 같다.

① 간단한 격자형 자료보다 훨씬 복잡한 자료구조
② 중첩기능을 수행하기 어렵고 공간적 편의를 나타내기에 비효과적임
③ 자료의 조작과정과 영상의 질을 향상시키는데 비효과적임
④ 수치이미지의 조작이 비효율적임
⑤ 초기비용이 많이 듦

2) 래스터자료(Raster Data)

격자형 자료의 장점은 다음과 같다.

① 간단한 자료구조, 중첩에 대한 조작이 용이함
② 다양한 공간적 편의가 격자형 형태로 나타남
③ 자료의 조작과정이 효과적이고 수치영상의 질을 향상시키는데 매우 용이함
④ 수치이미지의 조작이 효율적임
⑤ 격자의 크기와 형태가 동일한 까닭에 시뮬레이션이 용이함

격자형 자료의 단점은 다음과 같다.

① 격자형 자료는 압축하여 사용하기가 어렵고, 지형관계를 나타내기 어려움
② 격자형 자료는 주로 네모난 형태를 가지기 때문에 수작업에 의하여 형성된 선에 비해 미관상 매끄럽지 못함
③ 데이터의 용량이 큼
④ 위상적인 관계설정이 곤란함

4 데이터베이스관리시스템(DBMS)

4.1 데이터베이스(Database)

1) 의의

논리적으로 연관된 레코드나 파일의 모임으로서 데이터베이스는 단순한 자료의 모임이라기 보다는 어떠한 조직 내에서 여러 사람에 의해 공유되어 사용될 목적으로 통합적으로 조직되고 관리되는 운영 자료의 집합이라고 할 수 있다(장옥배 외, 1999 : 185). 즉 어느 한 조직의 여러 응용 시스템들이 공유(shared)할 수 있도록 통합(integrated), 저장(stored)된 운영(operational) 데이터의 집합이다. 이는 이전에 여러 개의 파일이나 응용 프로그램에 의해 저장되고 처리되던 자료들을 하나의 통합된 시스템으로 만들어서 이들 자료의 가치를 더욱 높이는 기능을 한다.

2) 데이터베이스의 특성

데이터베이스의 특징은 접근하는 시각에 따라 다소 차이를 보이고 있다. 즉 데이터베이스의 특징으로 실시간 접근(real-time accessibility), 계속적인 변화(continuous evolution), 동시공유(concurrent sharing), 내용에 의한 참조(content reference), 데이터의 독립성(data independance), 데이터의 무결성(data integrity), 데이터의 보호(data protection)등 다양하다(장옥배 외, 1999 : 187-188). 여기서는 일반적으로 받아들이는 실시간 접근, 계속적인 변화, 동시공유, 내용에 의한 참조 등을 간략히 언급하면 다음과 같다.

표 19-3 데이터베이스의 특성

구분	내용
실시간 접근 (Real-time accessibility)	질의에 대한 실시간 처리 및 응답을 처리할 수 있도록 지원해 준다.
계속적인 변화 (continuous evolution)	삽입, 삭제, 갱신을 통해서 현재의 정확한 데이터를 동적으로 유지할 수 있다.
동시공유 (concurrent sharing)	여러 사용자가 동시에 공용할 수 있다.
내용에 의한 참조 (content reference)	위치나 주소가 아닌 데이터의 내용, 즉 값에 따라 참조할 수 있다.

3) 데이터베이스의 논리적 구성

데이터베이스의 논리적 구성은 사용자 입장에서 볼 때 개체와 관계의 집합으로 구성된다.

① 개체(Entity)

개체는 표현하려는 유형 · 무형 정보의 대상으로 "존재"하고 서로 구별이 될 수 있는 것을 말하며 독립적인 정보 단위로 하나 이상의 속성(attribute)으로 구성된다. 속성은 개체의 특성이나 상태를 기술하는 것으로 데이터의 가장 작은 논리적 단위가 되지만 단독으로 존재하기가 어렵다.

개체 예	직원, 부서, 학생, 교수, 과목
속성 예	직원 개체의 경우 직원번호, 이름, 입사일, 부서 명

② 관계(Relationship)

관계는 어떤 의미를 나타내는 정보의 대상이므로 개체와 같이 데이터베이스에 표현해야 하며, 속성관계(attribute relationship)는 개체 내(intra-entity)로, 개체관계(entity-ralationship)는 개체 간(inter-entity) 관계로 표현된다.

속성관계 예	직원 개체 내의 직원번호, 이름, 입사일 등 속성 자체들 간의 관계
개체관계 예	직원 개체와 부서 개체 사이의 소속관계

4) 데이터베이스의 구조

데이터베이스의 구조는 논리적 관점인가 물리적 관점인가에 따라 논리적 구조와 물리적 구조로 나누고, 전체적 관점인가 부분적 관점인가에 따라 전체 스키마(개념)와 부분 스키마(응용)로 구분된다. 이러한 구분 중 가장 대표적인 논리적 구조와 물리적 구조를 고려해 볼 수 있다(하미승, 1996 : 282). 논리적 구조(logical structure)는 사용자의 관점에서 데이터를 어떻게 구성할 것인지를 개념적으로 나타내는 데이터 모델을 말한다. 즉 개념적 모델이라고 볼 수 있다. 논리적 구조의 설계에 있어서는 사용자나 프로그래머의 데이터 요구를 보다 잘 충족시켜 줄 수 있도록 데이터를 정의하고, 데이터 항목간의 상호관계를 구성하며 데이터 레코드의 논리적 순서를 작성하는 등의 과정이 필요하다. 한편 물리적 구조(physical structure)는 데이터를 컴퓨터 또는 보조기억장치에 저장 · 기억시키고,

사용하고자 할 때 데이터를 검색 · 호출해내는 물리적인 방식을 규정하는 것을 말한다. 물리적 구조의 중점은 하드웨어적 구조의 설계에 있다.

4.2 데이터베이스관리시스템(DBMS : Data Base Management System)

1) 기존 자료처리(DP)의 한계

논리적 파일구조와 물리적 파일구조 간에 일 대 일(1:1)로 사상되고 물리적 데이터 구조에 대한 접근방법을 응용프로그램에 구현하여야 한다. 따라서 자료처리 시스템의 문제점으로 데이터의 종속성과 중복성이 존재한다. 데이터의 종속성(data dependency)은 응용프로그램과 데이터간의 상호의존 관계가 배치되는 것으로 데이터 구성방법이나 접근방법의 변경으로 관계된 응용프로그램도 같이 변경해야 한다. 데이터의 중복성(data redundancy)은 한 시스템 내에 같은 데이터가 중복되어 저장관리 되는 것으로 내부적 일관성(internal consistency), 보안성(security), 경제성(economics), 무결성(integrity) 등의 문제점이 있다.

2) 데이터베이스관리시스템의 정의 및 기능

데이터베이스 관리시스템(DBMS)은 데이터베이스 시스템에서 사용자와 물리적 데이터베이스 사이에 위치하여 데이터베이스를 관리하고 데이터의 검색, 삽입, 갱신, 삭제 그리고 데이터의 생성과 같은 사용자의 요구에 대해 데이터베이스에 대한 연산을 수행해서 정보를 생성하는 소프트웨어를 의미한다(장옥배 외, 1999 : 194). 한편 데이터베이스 관리시스템(DBMS)은 데이터베이스를 정의 · 형성하고, 사용자 프로그램을 데이터베이스에 접근시키며, 응용프로그램을 해석하여 필요한 데이터를 필요한 형태로 제공하는 등 다양한 기능을 수행한다. 특히 데이터베이스관리시스템은 데이터베이스 정의기능, 데이터베이스 조작기능, 데이터베이스 제어기능을 필수적 기능이라 한다(하미승. 1996 : 273).

첫째, 정의기능(definition facility)은 하나의 저장 형태로 여러 사용자의 관점을 만족시키기 위해 데이터베이스의 구조(스키마)를 정의하는 기능을 의미한다.

둘째, 조작기능(manipulation facility)은 체계적 처리를 위한 데이터의 접근에 지원하는 능력(검색, 갱신, 삽입, 삭제)을 의미한다.

셋째, 제어기능(control facility)은 데이터의 정확성과 안정성을 유지하는 기능으로 무결성 유지, 보안, 권한검사, 병행수행 제어 등을 수행하는 기능이다.

넷째, 변환기능(conversion facility)은 사용자의 프로그램을 해석하고, 응용프로그램에서 요구하는 데이터 구조와 DB의 데이터 상태를 체크하며, 데이터를 응용프로그램의 구조로 변환하여 전달한다.

3) 데이터베이스관리시스템의 장 · 단점

데이터베이스관리시스템의 장점은 다음과 같다. 첫째, 자료의 중복성(redundancy) 제거, 즉 데이터관리의 능률성, 데이터 보관을 위한 공간의 절약과 아울러 데이터관리비용의 감소가 가능하다. 둘째, 자료의 정확성 · 일치성(consistency) 증가로 자료는 DB내에서 일원적으로 관리되므로 일관성 있는 자료 갱신이 가능하고 이를 통해 최신자료의 사용이 가능하다. 셋째, 자료에의 접근성(accessibility) 향상으로 사용자 프로그램이 DB에 한 번만 접속되면 DB 내 저장된 다수의 자료를 확보 · 사용할 수 있고 DB간 네트워크의 연결은 그 범위를 더욱 확대해 줄 수 있다. 넷째, 프로그램으로부터의 독립성(independence) 확보로 자료와 프로그램 간에는 독립성이 있으므로 프로그램의 수정 없이 DB 스키마 갱신만으로도 데이터의 끊임없는 추가 또는 수정이 가능하다. 다섯째, 자료의 안전성(security) · 완전성(completeness) 확보로 DB에 의한 통합적인 안전관리가 가능하며, 이는 집중통제가 용이하고 전문 관리자 확보가 가능하기 때문이다. 여섯째, 데이터의 표준화(standard)로 여러 가지 데이터를 집중적으로 관리하므로 데이터의 구조와 형식을 표준화하기 쉽다. 일곱째, 융통성(flexibility)과 대응성(correspondence) 향상으로 DB관리방식은 데이터가 풀의 형태로 저장되고 제공되므로 예기치 못한 정보요구에 신속 · 유연하게 대응할 수 있다.

데이터베이스관리시스템의 단점은 다음과 같다. 첫째, DB 운영기술이 복잡하므로 전문가가 부족할 경우 데이터 관리에 에러가 발생할 수 있고 전문가를 양성하거나 고용하려면 그만큼 비용이 많이 소요될 수 밖에 없다. 둘째, 복잡한 자료파일의 재구성, 방대한 DBMS 프로그램 개발 등 초기비용과 관리비용이 크게 증가한다. 셋째, 하드웨어, 소프트웨어의 확장이 필요하다. 즉 직접접근장치, 강력한 통신능력, 부수적인 처리기능 등을 수행하는데 필요한 하드웨어와 소프트웨어가 그것이다. 이는 데이터 관리비용의 중대한 증가요인이 된다. 넷째, 안전성의 문제가 없지 않다. 한 곳에 집중관리 되고 있는 DB에 재해가 발생할 경우 치명적인 위험이 따를 수밖에 없으며, 불법사용자가 DB에 접근할 경우 대량의 자료를 부당하게 사용할 수 있으므로 그 만큼 자료누출의 피해정도가 커진다(이진주, 1993 : 192).

Zoom in

용어의 정의

1. Schema(스키마)

스키마란 데이터베이스의 구조(개체, 속성, 관계)에 대한 정의와 이에 대한 제약조건 등을 기술한 것으로 컴파일되어 데이터 사전에 메타데이터로서 저장된다. 또한 외부, 개념, 내부 스키마의 3단계로 기술된다.

① 외부 스키마(External schema) : 사용자나 응용프로그래머가 접근할 수 있는 데이터베이스를 정의한다. 전체 데이터베이스의 한 논리적인 부분으로 서브스키마(subschema)라고 한다.

② 개념 스키마(Conceptual schema) : 범 기관적 입장에서 본 데이터베이스의 정의를 기술한 것으로 모든 응용에 대한 전체적으로 통합된 데이터 구조로서 단순히 스키마라고도 한다.

③ 내부 스키마(Internal schema) : 물리적 저장 장치의 관점에서 본 전체 데이터베이스의 명세로서 개념 스키마의 물리적 구조에 대한 정의를 기술한 것이다.

2. Domain(도메인)

① 어떤 관계(relation)에 의하여 어떤 값이 다른 값으로 대응될 때 원래의 값이 취하는 범위이다. 즉 A×B의 부분집합 R이 어떠한 관계일 때, A를 R의 정의구역이라 한다.

② 관계형 데이터베이스 이론에서, 테이블의 각 어트리뷰트가 가질 수 있는 모든 경우에 대한 집합이다. 예를 들면, 3자리 정수가 갖는 양수의 '정의구역'은 001, 002, …, 999이다.

③ 관심이 있는 문제의 분야 또는 어떤 시스템이 처리할 수 있는 분야이다.

3. Table(테이블)

① 빠른 참조를 위해 적당한 형태로 자료를 모아 놓은 것이다. 자료는 연속적인 기억장치 영역에 저장되거나 또는 행과 열의 배열에 기록된다. 행과 열이 주어지면 특정한 정보가 있는 곳을 알게 된다. 또한 각 항목의 일부로 저장되어 있는 키를 지정함으로써 원하는 항목을 꺼낼 수도 있다. 보통 테이블은 배열로 구현되나 이진 트리, 해시 테이블, B트리 등으로 구성되는 경우도 있다.

② 관계 데이터베이스 모델(relational database model)에서 자료의 구조를 2차원의 표로 나타낸 것이다.

4. View(뷰)

데이터베이스에 저장된 자료가 사용자에게 어떤 모양으로 보이는가 하는 것이다. 이는 꼭 실제 그 자료가 데이터베이스와 저장된 형태와 일치할 필요가 없으며, 하나의 데이터베이스에 대하여도 그 데이터베이스를 사용하는 사용자나 응용프로그램에 따라 뷰는 달라지기 마련이다.

5. Index(인덱스)

배열 내의 한 항목을 나타내기 위해 사용하는 기호나 숫자이다. 예를 들어, X[5]라는 배열의 한 항목에서 5가 색인으로서, 이는 X라는 배열 내의 다섯 번째 항목을 나타낸다.

5 데이터베이스의 구조설계모형

데이터베이스의 설계는 현실세계의 모델링으로서 개념적 설계(conceptual design : 현실 세계를 정보 모델링을 통해 개념적으로 표현), 논리적 설계(logical design : 개념 세계를 데이터 모델링을 통해 논리적으로 표현), 물리적 설계(physical design : 구현을 위한 데이터 구조화)로 구분된다. 개념적 설계에 해당되는 데이터베이스 구조설계모형은 개체-관계 모형(Entity-Relationship Model)이 있고 논리적 설계에 해당하는 데이터베이스 구조설계모형은 계층적 모형(hierarchical model), 네트워크 모형(network model), 관계 모형(relational model), 객체지향 모형(object oriented model) 등이 있으며 이들을 살펴보면 다음과 같다(김계현, 2000 : 163-173., 이윤식, 1999 : 371-374., 장옥배 외, 1999 : 197-200., 하미승, 1996 : 288-293., 한재민, 1998 : 203-210).

5.1 개체-관계 모형(E-R 모형 : Entity - Relationship Model)

1) 의의

E-R 모형은 현실세계의 개념적 표현으로서 개체 타입과 관계 타입을 기본개념으로 현실세계를 개념적으로 표현하는 방법으로 1976년 P. Chen이 제안하였다. 개체-관계는 데이터의 수집·분석 대상이 되는 개체와 실체 사이의 연결 관계를 나타내며, 이러한 구조를 도식화해보는 방법이다. 이는 필요한 데이터에 가장 용이하고 신속하에 접근하기 위

하여 데이터 세트간 또는 데이터 항목간의 관계를 어떻게 설정·연결시켜 둘 것인가를 모색하는 방법이라고 할 수 있다.

2) E-R 다이어그램

E-R 모형의 그래픽 표현은 개체 타입(Entity type)을 표현하는 사각형, 관계 타입(Relationship type)을 표현하는 다이아몬드, 속성(Attribute)을 표현하는 타원, 그리고 이들을 연결하는 링크(Link)로 구성된다. 레비블(Lable) : 관계의 사상 원소수를 표현, 즉 일 대 일(1 : 1), 일 대 다(1 : n), 다 대 다(n : m)로 표현된다.

3) E-R 다이어그램의 다른 표현

E-R 다이어그램의 그래픽 심벌은 문헌에 따라 약간씩의 차이를 보이는데 이는 학생과 교수관계에서 검토할 수 있다. 예를 들어, "학생"이라는 실체(entity)는 그 속성(attributes)으로 성과 이름, 주민등록번호, 강좌 등을 가지고 있다. 이것은 "강좌코드"라는 속성을 통하여 "교수"라는 실체와 연결될 수 있다.

5.2 계층적 모형(Hierarchical model)

1) 의의

계층적 모형은 데이터 레코드들을 부모-자식이라는 관계로 표현하고 있다. 즉 부모라고 불리는 하나의 레코드는 자식이라고 불리는 하나 이상의 레코드들을 소유할 수 있고, 자식레코드는 단 하나의 부모 레코드에 소유되는 구조를 가지고 있다. 이 모형의 장점은 체계적인 데이터 분류구조로 개념적 인식이 용이하다는 것이다. 반면, 단점으로는 계층으로 이루어져 있기 때문에 접근에 따른 시간이 소요되고, 새로운 데이터 구조를 만들 때 데이터 항목의 분리가 어려워 새로운 요구적응에 어려움이 있으며, 획일적 구조를 가지므로 경직적이고 융통성이 결여된다.

2) 장·단점

이 모형의 장점은 체계적인 데이터 분류구조로서 개념적인 인식이 쉽다는 것이다. 그러나 이러한 구조에서는 특정 레코드를 계층에 따라 단계적으로 찾아 들어가므로 접근에 시간이 소요되는 등 비능률성이 존재한다. 또한 다른 목적으로 새로운 데이터 구조를 만들려고 할 때, 기본 구조로부터 데이터 항목의 분리가 어려워 새로운 요구에 적응하기 어렵다. 즉 획일적인 구조를 가지므로 경직적이고 융통성이 없다. 그리고 계통을 따라 데이터 항목이 분류되다 보면, 데이터 항목이 중복 존재하게 된다. 즉 동일한 하위레코드가 서로 다른 상위레코드 아래 각각 따로 존재하게 된다.

5.3 네트워크 모형(Network model)

1) 의의

네트워크 모델은 그래프 구조를 사용하여 자료를 표현하는 것으로서 엔티티 또는 레코드라고 불리는 각각의 정보가 하나의 정점으로 표현되고 이들 엔티티 사이에 관계가 하나의 간선으로 표현된다. 즉 현실세계에 나타나는 모든 정보들이 상호관계에 따라 아무런 제약 없이 그물처럼 얽혀 있기 때문에 전반적으로 구조가 복잡하다는 문제점이 있기는 하지만 m : n 관계를 표현할 수 있는 가장 일반적인 형태의 모델링 방법이라는 장점이 있다.

2) 장 · 단점

이 구조모형은 계층형보다 훨씬 더 융통성이 있다. 부자관계(계측정 관계)에 얽매이지 않고 데이터 저급이 가능하므로 접근가능성(accessibility) 또는 접근효율성이 매우 높다. 그러나 데이터 구조와 연결관계가 너무 복잡하여 데이터 구조의 작성 및 인식이 어려운 단점이 있다(Gorr, 1984).

5.4 관계 모형(Relarional model)

1) 개념

관계모델은 관련된 자료 레코드간에 관계를 2차원적 표(two-dimensional table) 형식으로 나타낸 것을 말하며, 표구조(tabular structure)라고도 한다. 즉 현실 세계에 존재하는 모든 정보를 관계 또는 릴레이션(relation)이라는 이름으로 불리는 2차원 형태의 테이블로 표현하여, 이때 테이블의 열을 속성 또는 어트리뷰트(attribute)라는 이름으로 부르고, 각각의 행을 터플(tuple)이라는 이름으로 부른다. 관계구조는 데이터를 단순화하고 각 구성요소를 솔직히 표현하면서 데이터의 형태를 정형화하였으며, 관계적 구조는 유연성이 크며 수학적인 연산을 이용하여 요구조건을 만족시킬 수 있고 자료의 삽입, 삭제가 용이한 반면 특정자료를 찾기 위해서는 많은 파일을 순차적으로 검색하게 되므로 많은 시간이 소요되고 처리속도가 느린 단점이 있다.

2) 관계형 테이블의 요건

2차원의 테이블은 열과 행, 그리고 필드 등으로 이루어진다. 첫째, 테이블의 각 열은 데이터 실체(entity)의 속성(attributes)을 나타내며, 데이터 항목에 해당한다. 각 데이터 항목은 서로 달라야 하며 중복이 없어야 한다. 둘째, 각 행에도 고유한 이름이 있어야 하며, 중복된 행은 없어야 한다. 각 행은 하나의 레코드라는 개념을 갖는다. 셋째, 열과 행의 순서는 바뀌더라도 테이블을 이용하여 얻을 수 있는 정보의 내용이 바뀌어서는 안 된다. 넷째, 파일(file)은 관계들(relations)을, 레코드(record)는 터플(tuple)을, 그리고 필드(field)는 속성(attributes)을 나타낸다.

3) 데이터구조 작성방법

특정사용자가 필요로 하는 데이터 파일을 구성하여 사용하기 위해서는 기존의 2차원 테이블에서 열 발췌, 행 발췌, 결합, 그리고 분할 등 여러 가지 방법을 쓰게 된다. 첫째, 투사(projection)이다. 이는 필요한 행(column), 즉 데이터 항목을 발췌하는 것을 말한다. 둘째, 선택(selection)이다. 이는 필요한 열(row), 즉 데이터 레코드를 발췌하는 것이다. 셋째, 결합(join)이다. 이는 두 개 이상의 파일에서 필요한(또는 조건에 갖는) 데이터 항목들을 골라 제3의 새로운 데이터 세트를 만들어 내는 과정이다.

4) 데이터 검색방법

데이터를 검색할 때 관계형 구조에서는 포인터(Pointer, 주소값)를 사용하지 않는다. 그리고 자료검색을 위한 경로가 미리 정해져 있지 않다. 레코드들 간의 관계는 포인터값에 의해서가 아니라, 레코드의 필드(field) 내의 값(value)에 의하여 이루어진다. 즉 특정 데이터 항목에 대하여 같은 값을 가진 레코드는 이를 연결고리로 하여 서로 연관시켜서 자료검색을 하게 된다.

5) 장점

첫째, 새로운 데이터 세트를 편리하게 무수히 창출할 수 있다. 즉 데이터세트 구성 · 사용의 융통성이 크다. 이는 자료를 보는 논리적 관점을 단순하게 해줌으로써, 강력한 자료조작능력을 제공해 준다는 의미이다.

둘째, 고정된 구조를 갖지 않으므로 미리 정해진 접근경로를 통하지 않고 필요한 데이터 레코드에 접근할 수 있다. 미리 계획 · 준비되지 않은 비정기적인 데이터 조회 · 질의에 유연하고 탄력적으로 응답할 수 있다.

셋째, 자료구조를 테이블 형태로 나타내므로 단순하고 이해하기 쉬우며 사용하기 용이하다. 그리고 데이터베이스의 갱신과 수정이 용이하다. 또한 데이터 구조의 명확성과 가시성이 증가된다.

넷째, 자료간의 관계가 자료 그 자체를 통하여 밝혀진다. 여러 파일이 동일한 휠드를 가진 경우 파일간의 연결 관계가 성립될 수 있다.

다섯째, 복잡한 프로그래밍을 하지 않고도, 데이터 정의어(DDL)와 데이터 조작언어(DML)에 의해서 간단하게 데이터를 사용할 수 있다. 또 사용자와 데이터베이스 사이의 대화를 원활하게 해주는 언어를 사용할 수 있다. 동일한 SQL을 사용하면 상이한 컴퓨터 사이에도 용이한 자료교환이 가능하다.

5.5 객체지향 모형(Object oriented model)

객체지향 데이터베이스란 용어의 뜻 그대로 데이터베이스시스템으로서 갖추어야 할 특성인 동시성제어, 회복기능, 질의 기능, 외부기억장치관리기능 등은 물론 객체지향시스템으로서의 복합객체(complex object), 계승(inheritance) 등의 개념을 지원하는 데이터베이스 구조를 말한다. 즉 관계형 데이터베이스가 표(table)를 이용하여 정보의 데이터베이스를 구축하는 반면, 객체지향 데이터베이스는 계층별 프로세스에 따른 자료구조를 표현하고 자료와 그 처리를 함께 취급한다.

이는 다양한 데이터타입을 수용하고 연산하는 능력을 갖고 있어 좀 더 강하게 현실세계를 모델링 할 수 있게 되는 등의 장점을 갖고 있기는 하지만, 이미 광범위하게 사용되고 있는 기존의 관계형 데이터베이스의 호환성에 대한 해결책이 마련되어야 한다.

6 데이터베이스 시스템 구성

토지정보시스템은 정보처리의 중심역할을 중앙컴퓨터가 수행하는가 아니면 분산컴퓨터가 수행하는가에 따라 중앙집중형과 분산형으로 구분할 수 있다. 집중형은 주로 중앙의 주전산기(mainframe computer)가 데이터를 처리하는 시스템인 반면, 분산형은 사용자의 개인용 컴퓨터(PC)가 주로 정보를 처리하는 시스템이다. 정보처리의 측면이 아닌 프로그램이 데이터 보유측면에서도 어느 쪽의 비중이 더 큰가에 따라 집중형과 분산형으로 나눌 수 있다. 최근 정보시스템은 날이 갈수록 사용자 PC를 중심으로 한 정보처리가 일반화되고 있으며, 이러한 다운사이징(Downsizing)현상이 정보처리 프로그램을 더욱 지능화 · 고급화시키는 요인이 되고 있다. 특히 정보처리의 대부분은 사용자 컴퓨터가 행하고 데이터베이스(DB) 제공 등 필요한 서비스 기능만을 중앙의 컴퓨터가 수행하는 소위 클라이언트/서버(Client/Server)시스템이 요즈음 정보시스템의 일반적인 형태로 자리잡아가고 있다. 여기서는 정보의 '처리'를 위한 컴퓨터 운영시스템이라는 관점에서 집중형과 분산형을 비교 · 설명하고자 한다. 아래에서 이 두 시스템의 개념과 특징 및 장 · 단점을 각각 살펴보고, 각 시스템이 어떤 환경조건하에서 더 유리한지 그 결정요소에 관해서도 알아본다(신정철 외, 1993 : 67., 하미승, 1996 : 317-320).

6.1 집중처리시스템(Centralized processing system)

집중처리시스템이란 중앙의 컴퓨터 시스템이 대부분의 정보처리를 담당하고, 모든 데이터 전송이 원격터미널과 중앙컴퓨터 사이에서 이루어지는 유형을 말한다. 터미널과 터미널 사이의 지점에는 집중화 기능을 담당하는 집중기(concentrator)가 존재하며, 이것은 터미널과 컴퓨터의 시스템 간에 교통정리를 해준다. 중앙집중형 통신망에서 터미널은 입력과 출력의 기능만을 수행하고 자료처리능력은 없다.

6.2 분산처리시스템(Distributed processing system)

종래의 컴퓨터 운영체제는 대형의 컴퓨터를 전산실에 설치해놓고 멀리 떨어져 있는 사용자의 단말기와 통신선으로 연결하여 자료를 처리하는, 온라인 실시간 처리와 온라인 일괄처리방식을 병행하는 중앙집중식 정보처리방법이었다. 그러나 이러한 방법은 모든 자료처리기능이 중앙에 집중됨으로써 중앙의 컴퓨터는 업무량이 폭주하게 되고, 이로 인해 처리가 지연될 수 있으며, 더욱 큰 컴퓨터의 설치를 요구하게 된다. 또한 중앙의 전산실에 이상이 생겼을 때는 전체의 정보처리 서비스가 마비되는 결과도 발생하게 된다. 이에 반해, 분산처리방식은 자료의 보관과 처리를 위하여 컴퓨터를 이용자가 가장 편리하게 사용할 수 있도록 바로 옆에 설치해 두고, 부서와 부서 간에는 서로 필요한 자료만 주고받을 수 있도록 해주는 시스템이다. 이 시스템에서는 분산된 사용자 컴퓨터들이 자료처리능력을 갖고 있어서, 사용자 터미널에서 발생한 데이터는 대부분 현장에서 처리하고, 규모가 큰 작업이나 중앙컴퓨터에 의한 처리가 요구되는 작업만을 중앙시스템에서 처리하게 된다.

그리고 분산처리 시스템은 신뢰도를 증가시키기 위해 시스템 안전 대책(backup)을 자체 내에서 제공하기도 한다. 즉 하나의 특정한 원격터미널이나 컴퓨터가 어떤 요인에 장애가 발생하더라도 다른 터미널 및 중앙의 컴퓨터는 정상 가동하게 되는 것이다. 이러한 방식은 가격이 낮은 마이크로컴퓨터의 출현으로 가능하게 되었으며, 이로 인해 정보처리의 자동화 · 분산화가 더욱 가속화되고 있다. 반면, 지원자 · 통합관리자(server, system integrator)들에 의한 강력한 시스템 지원과 관리기능이 요구되고 있다.

표 19-4 **집중처리시스템과 분산처리시스템의 장 · 단점 비교**

구분	집중처리시스템	분산처리시스템
장점	• 동시에 대량의 자료 처리(일괄처리에 유리) • 단위처리비용의 감소가능 • 데이터 관리 용이(통합 DB의 구축가능) • 표준화, 전문가의 확보 및 연구개발 용이 • 책임의 소재 명확	• 신속한 자료처리가 가능 • 사용자의 접근이 용이, 처리결과를 신속 · 정확하게 볼 수 있음 • 장애가 발생하더라도 부분적 장애에 그침 • 현장에서의 보안조치가 가능 • 자료입력방식의 다양화 • 터미널과 중앙컴퓨터와의 통신에 따른 비용을 절감
단점	• 에러발생의 요인 증가(터미널의 반응시간이 길어짐) • 터미널사이의 통신비용 증가 • 자료입력 형태가 일정한 범위 내로 제한 • 시스템 장애 또는 보안상 문제가 전체시스템에 피해를 미침	• 자료가 분석화되어 통합DB의 구축이 상대적으로 어려움 • 복수의 CPU가 필요하여 하드웨어 비용이 증가, 규모의 경제가 갖는 장점을 살리기 어려움. • 운영조직이 복잡, 표준화 · 전문화가 집중처리 시스템보다 어려움 • 보안 및 통제에 어려움

자료 : 신정철 외, 1993 : 67 참고작성

표 19-5 중앙집중형과 분산형 처리망의 요인별 비교

구분	중앙집중형 통신망	분산형 통신망
처리속도	① 일괄처리의 경우에 신속 ② 업무가 밀리면 느림	① 데이터의 신속한 현장처리 ② 데이터의 신속한 처리
신뢰도	중앙시스템에 장애발생시는 전체시스템의 정지	장애발생시에도 부분적인 기능마비에 그침
입력자료	① 데이터 관리가 용이 ② 입력방식의 제약이 있음	① 자료의 분산관리 ② 가공 데이터 전송 ③ 다양한 입력방식
CPU 가격	규모의 경제성을 기할 수 있음	복수의 CPU필요
데이터베이스 액세스 요청	집중화	분산화
운용조직	간단	복잡
경제성	현장업무 처리의 제약성	① 현장작업의 효율화 ② 둔서 및 사무량 감소
인원	소수	다수
소프트웨어와 하드웨어	가격분리가 가능	가격분리가 어려움
변경 및 확장	제약이 많음	용이함
보안유지	용이함	어려움
터미널	입출력용	지능화 가능
유지보수	간단	복잡

자료 : 하미승, 1999 : 319, 이상범 외, 1996 : 235

SECTION
20 다목적 지적과 토지정보시스템

1 다목적 지적(Multipurpose Cadastre)

다목적 지적(multipurpose cadastre)은 최대한으로 가능한 사람에게 토지보유 권익(interests) 가치의 포괄적 기록을 제공하고 이러한 기록의 접근에 대하여 매우 쉽고 유연하게 함으로써 보다 한정된 접근에 관련된 어려움을 극복하기 위하여 설계되었다. 따라서 다목적 지적은 토지에 법적으로 인지된 모든 공·사적 권리와 제한을 서류화하는 지적공부를 제시하게 될 것으로 보았다(J. D. McLaughlin, 1975 : 74-75). 또한 다목적 지적은 토지 관련 정보의 종합적인 기록을 지속적인 열정으로 제공하고, 필지차원의 정보를 제시하는 것에 의해 보다 한정된 접근에 관련된 어려움을 극복하기 위해서 설계되었으며, 운영 및 행정적으로 통합된 토지정보시스템으로서 개념지을 수 있고, 필지차원에서 종합적인 토지 관련 정보, 신속한 이용, 지속적인 지원을 한다고 보았다(National Research Council, 1980 : 13., National Research Council, 1983 : 16). 한편 다른 시각에서 바라본 다목적 지적은 다목적 토지자료체계의 위치적 구성물로 파악하였고, 이러한 내용에는 종합적인 토지데이터베이스와 지역적 구성물을 포괄하는 개념적 접근이라 할 수 있다(Robert Bennett carl, 1986 : 40-42). 다목적 지적이 처음으로 고안되었을 때 천연자원과 다른 환경정보를 포함하는 모든 토지정보가 지적 필지에 기반한 제도로서 지원할 수 있을 것으로 믿었지만 과대망상(overambitious)임을 깨닫게 되었다. 즉 다목적 지적을 위한 절차 및 기준에 관한 NRC의 보고서에서 천연자원 정보는 지적필지의 속성으로서 효과적으로 수집되거나 설명될 수 없다고 보았고, 다만 다목적 지적에 연계될 수 있는 비 필지 기반 자원 또는 환경의 토지정보시스템에 의해서 취급된다고 보았다(Grenvile Barnes, 1988 : 22). 그러나 현 정보기술 및 제도의 발전을 고려하면 천연자원 및 환경에 관련된 정보의 수집·가공처리 및 활용이 가능하다고 볼 수 있다.

다목적 지적의 구성요소는 토지에 관한 종합적인 정보를 필지별로 지속적으로 지원하게 되는 토지정보체계를 의미하게 된다. 실제적으로 다목적 지적은 각 나라의 사정에 따라 다양하게 구성 이용되고 있으나 기본적인 토시표시사항과 권리관계를 바탕으로 하여 건물이나 식생, 토양의 성질, 지하시설물, 지가와 입목 등 필요한 정보를 망라하여 등록 관리하고 있다. 따라서 다목적 지적은 최근에 많이 이용되고 있는 컴퓨터를 통하여 그 실효성을 증대시키고 있다.

Zoom in

토지정보시스템의 구성 체계

1. 의의

Land Information System은 지적도를 중심으로 관련된 공간정보를 수집 · 처리 · 저장 · 관리하기 위한 정보체계이며 국가나 지방정부의 의사결정도구로서 토지관련 데이터를 체계적으로 입수, 정리, 처리 분배를 위한 방식 및 기술로서 속성정보와 문자정보로 구분된다.

2. LIS의 구성체계

도형정보와 대장정보를 DB화하여 상호연결하고 운용하는 것과 data들을 표준화하여 상호트러블 없이 DBMS에 의한 운용이 요구된다.

① 문자정보(토지대장 등재사항)

지번, 토지이동(합병, 분할, 신규등록, 등록전환), 토지소재, 행정구역, 대장종류, 지목, 면적, 소유권(변동사항, 공유자, 주민등록번호), 토지등급, 도면축척

② 도형정보(지적도면자료)

㉠ 기본 관리도(지적도, 임야도, 수치지적부) : 행정구역명, 축척, 도곽선좌표, 필지좌표, Polygon, 지번, 지목

㉡ 지형 관리도(지형도) : 각 Layer들간의 기초점, 독립점 Overlay 출력

㉢ 통합 관리도 : 지형도와 지적도간의 overlay에 의한 통합출력

3. 외국의 사례

① 호주와 뉴질랜드 : 측량국에서 수치지적 데이터베이스(DCDB : Digital Cadastral Data Base), 수치 지형데이터베이스(DTDB : Digital Terrain Data Base)

② 싱카포르 : 측량에서 ILUS(Intergrated Land Use System) 구축 : 지적도를 전산화하여 국토개발성 제공

③ 프랑스 : 지적도를 베이스로 한 토지정보시스템(UTS : Urban Information System) 구축 : MAJIC Ⅰ · Ⅱ

④ 스위스, 독일 : 연방차원에서 LIS 구축

2 다목적 지적의 특징

다목적 지적은 토지보유 및 토지평가 정보뿐만 아니라 광범위하고 다양한 필지관계정보를 기록 · 저장 · 제공하기 위하여 설계된 것이다. 이런 의미에서 많은 분야로부터 정보와 자료를 받을 뿐만 아니라 많은 다양한 목적과 많은 사람에게 관련된 재화와 용역을 제공한다는 것이다. 다목적 지적은 소유토지단위를 토지정보의 공간적 기본단위로 사용하고 각 지방의 지적사무소인 소관청을 정보보급의 기본단위로 사용하여 공공기관과 민간인 모두에게 봉사하도록 고안된 대규모의 공동체 지향적인 정보시스템의 핵심적 기본단위이다(National Research Council, 1983 : 15–16).

3 다목적 지적의 요소

다목적 지적의 구성요소는 측지기준망, 기본도, 지적중첩도, 필지식별번호, 토지자료화일로 이루어져 있으며 이 중에서 측지기준망, 기본도, 지적중첩도를 다목적 지적의 3대 구성요소라 한다(National Research Council, 1980 : 14–15., National Research Councill, 1983 : 16).

3.1 측지기준망(Geodetic reference network)

측지기준망은 토지의 경계선과 측지측량이나 그 밖의 토지 및 토지관련 자료와 지형간에 상관관계를 맺어줄 수 있어야 하며, 아울러 지상에 영구적인 표시되어 지도상에 등록된 경계선을 현지에 복원할 수 있는 정확도를 유지하여야 한다. 따라서 지적측량에 이용되는 측지기준망은 서로 관련 있는 토지의 전 지역을 망라하면서 기준점들이 단일의 통합된 망이어야 하고, 지역별로 특수목적을 위하여 설정한 국지좌표계도 전국단위로 통합되어야 하며, 나아가 전 세계적으로 통합되어야 할 것을 요구하고 있다.

3.2 기본도(Base map)

기본도는 측지기준망을 기초로 하여 작성된 도면으로서 지도작성에 기본적으로 필요한 정보를 일정한 축척의 도면위에 등록한 것으로 변동사항이 있을 때마가 이를 변동 · 정리하여 최신화시켜야 하며 특정한 자료를 추가하여 수록할 수 있는 기본도면으로 활용한다. 기본도는 각 필지와 측지기본망, 하천, 도로, 건물, 담장 등 주요 지형물 및 행정구역 또는 선거구 등의 경계선과 서로 연결을 시켜주는 기초매체의 역할을 한다. 이러한 기본도는 일정한 크기의 제도용 도면에 도해의 형태로 등록 관리할 수도 있으며 가상적 지도로서 수치형태로 등록 관리하기도 한다.

3.3 지적중첩도(Cadastral Overlay)

지적중첩도는 측지기본망 및 기본도와 연계하여 활용할 수 있고 토지소유권에 관한 경계를 식별할 수 있도록 토지의 등록단위인 필지를 획정하여 등록한 지적도와 시설물 · 토지이용 · 지역지구도 등을 결합한 상태의 도면을 말하는데, 전국적으로 통일성 있게 지적표준(cadastral standards)규정에 의거 작성하여 기본도 위에 중첩시킬 수 있어야 한다.

3.4 필지식별번호(Unique Parcel Identification Number)

필지식별번호는 각 필지별 등록사항의 저장과 수정 등을 용이하게 처리할 수 있는 가변성이 없는 고유번호를 말한다. 즉 지적도에 등록된 모든 필지에 고유번호를 브여하여 개별화함으로써 필지별 대장의 등록사항과 도면의 등록사항을 연결시키며 기타 토지자료화일과 연계하거나 검색하는 등 필지에 관련된 모든 자료의 공통적 색인번호의 역할을 한다.

3.5 토지자료화일(Land data file)

토지자료화일은 토지에 관한 정보의 검색이나 다른 자료철에 보관되어 있는 정보를 서로 연결시키기 위한 목적으로 만들어진 필지식별번호가 포함된 일련의 공부 또는 토지자료철을 말하는데 과세대장, 건축물관리대장, 천연자원기록, 기타 토지이용, 도로, 시설물 등 토지 관련 자료를 등록한 대장을 뜻하며 필지식별번호에 의거 상호 정보교환과 자료검색이 가능하게 된다.

4 다목적 지적제도를 확립하기 위한 선결과제

다목적 지적제도를 확립하기 위해서는 공부의 정확성, 공부와 실제의 일치, 정보의 이용 및 관리의 과학화, 등록객체의 조정 등을 언급하고 있다(박순표 외, 1993 : 410).

① 기본도로서 사용될 지적도의 정확성이 보장되어야 하고 항상 동일한 성과가 컴퓨터에 의하여 기억, 연산, 출력되도록 경계의 수치측정이 필요하다.
② 토지등록정보가 기초가 되므로 항상 실지와 일치하도록 등록, 관리하는 체제가 유지되어야 하고 지적을 기본조직으로 한 전산 시스템이 구성되어야 한다.
③ 토지등록정보의 종류에 있어서는 용도의 편의성, 관리의 능률성을 감안하여 재편되어야 한다.
④ 지적관련 자료, 즉 건축물, 지하시설물, 토양, 산림, 도로 등의 관리체제가 지적제도의 모형으로 완비되어야 하고 전산화가 이룩되어야 한다.

이러한 과제들은 지적제도의 개편, 등록객체의 정확한 조사 및 등록관리, 새로운 지적공부의 창안, 지적공부 관리를 위한 새로운 프로그램 개발, 다른 제도 및 정보시스템 간 연계 등을 함께 고려해야 할 것이다.

5 다목적 지적과 토지정보시스템 관계

5.1 의의

다목적 지적이 토지정보시스템의 보편적인 개념에 근접한 유형이라 하더라도 다목적 지적은 일필지를 단위로 하여 토지 관련 정보를 종합적으로 최신화하여 계속 유지, 관리하여 지속적으로 손쉽게 정보를 제공할 수 있는 종합적인 지적제도로서 토지정보시스템과의 관계는 토지정보시스템에 기초가 될 수는 있지만 토지정보시스템이 곧 다목적 지적이 되는 것은 아니다.

5.2 토지정보시스템과 다목적 지적의 정의

1) 토지정보시스템(LIS)

토지정보시스템은 지적도를 기반으로 토지와 관련된 공간정보(위치정보와 속성정보)를 수집 · 처리 · 저장 · 관리하기 위한 정보체계로서 필지를 기초로 토지와 관련된 정보를 대상으로 한다. 다만 아직까지도 통일된 용어가 아닌 지적중심토지정보시스템, 토지행정종합정보체계, 지적행정전산화, 토지행정종합전산화 등 다양한 명칭으로 사용되고 있다.

2) 다목적 지적(Multipurpose cadastre)

다목적 지적은 필지단위로 토지와 관련된 기본적인 정보를 집중 관리하고 계속하여 즉시 이용이 가능하도록 토지정보를 종합적으로 제공하는 기본 골격이라 할 수 있으며, 종합지적(comprehensive cadastre) 또는 통합지적(integrated cadastre)이라고 한다(류병찬, 2006, 97). 한편 다목적 지적은 지리학적 위치측정의 기초이며, 토지와 관련된 기술적, 법률적, 재정 및 경제적 정보의 기본이라 할 수 있다.

5.3 구성요소

1) 토지정보시스템의 구성 내용

토지정보시스템의 구성내용은 환경, 하부구조, 법 · 재정, 사회 · 경제 등 4개의 일반적 범주로 구분하거나(Grenville Barnes, 1988 : 22-26) 세부적으로 6가지의 영역으로 구분하기도 한다(박순표 외, 1993 : 366-367). 양 구분의 중복성을 고려하여 6가지 영역으로 구분하여 정리하면 다음과 같다.

① 토지측량데이터 : 기하학적 자료(현황, 지표형상), 토지표시자료(지번, 지목, 면적, 가격, 시설물)
② 법률데이터 : 소유권, 저당권 등 제한물권, 법률상의 각종 제한사항
③ 자연자원에 관한 자료 : 지질 및 광업자원, 유량, 임목, 기후
④ 기술적 시설물에 관한 데이터 : 지하시설물, 전력 및 산업공장, 주거지역, 교통시설
⑤ 환경보전에 관한 데이터 : 수질, 공해, 소음, 기타 자연훼손 자료
⑥ 경제 및 사회 · 정책적 자료 : 인구, 고용능력, 교통조건, 문화시설, 의료시설

2) 다목적 지적(3대 기본요소, 필지식별번호, 토지자료화일)

다목적 지적의 구성요소는 National Research Council의 보고서에서 제시하고 있는 측지기본망, 기본도, 지적중첩도, 필지식별번호, 토지자료파일 등을 고려해 볼 수 있으며, 이를 정리하면 다음과 같다.

① 측지기본망(Geodetic reference network)
㉠ 토지의 경계선과 측지측량이나 그 밖의 토지 및 토지관련 자료와 지형간의 상관관계 형성
㉡ 지상에 영구적으로 표시되어 지적도상에 등록된 경계선을 현지에 복원할 수 있는 정확도 유지
② 기본도(Base map)
㉠ 측지기준망을 기초로 하여 작성된 도면
㉡ 지도작성에 기본적으로 필요한 정보를 일정한 축척의 도면위에 등록한 것

③ 지적중첩도(Cadastral overlay)

㉠ 토지소유권에 관한 현재 상태의 경계를 식별할 수 있도록

㉡ 일필지 단위로 등록한 지적도, 시설물, 토지이용, 지역구도 등을 겸한 상태의 도면

④ 필지식별번호(Unique parcel identification number)

㉠ 각 필지별 등록사항의 조직적인 저장과 수정을 용이하게

㉡ 각 정보를 인식 · 선정 · 식별 · 조정하는 가변성이 없는 토지의 고유번호

⑤ 토지자료화일(Land data file)

각 필지의 식별번호를 포함한 일련의 공부 또는 토지자료철

5.4 특징

토지정보시스템은 필지와 관계없이 토지와 관련된 모든 정보를 그 대상으로 하고 일반적으로 필지 단위의 정보라기보다는 지역단위의 정보성향이 크다는 것이다. 반면, 다목적 지적은 일필지를 기준으로 하나의 필지 내에 존재하는 토지 관련 정보를 그 대상으로 하고, 지적제도의 발달 단계에 따른 세지적과 법지적의 한계를 극복하고 토지 관리의 효율화를 추구한다는 것이다.

표 20-1 **다목적 지적과 토지정보시스템 비교**

구분	다목적 지적	토지정보시스템
필지상	일필지를 기준으로 다양한 정보제공	필지와 관계없이 토지와 관련된 모든 정보 시스탬
범위	세지적, 법지적의 한계를 극복하기 위한 지적제도의 발달형태	필지의 집합형태로서의 광범위한 지역에 걸친 토지 정보도 필요

5.5 시사점

정보기술이 발달하기 시작한 시기로 구분해 볼 때 1980년대를 전후하여 컴퓨터의 일반화는 다목적 지적의 한계인 도면전산화를 극복할 수 있는 토지정보시스템이 출현하게 되었다. 현재에 와서 필지중심토지정보시스템의 출현으로 다목적 지적과의 구분이 모호해지게 되는 경향이 나타나게 되었다. 활용측면에서도 지적도(일필지)를 중심으로 토지정보시스템을 구축한 국가에 있어서는 다목적 지적과 구분 없이 토지정책 · 행정 · 경제 · 환

경 · 관련법령 등 다양한 분야에서 활용하고 있다. 따라서 다목적 지적과 토지정보시스템 간의 관계는 토지를 바라보고 관리하는 방식이 미시적 관점이냐 아니면 거시적 관점이냐로 귀결된다고 볼 수 있다. 즉 양자는 기본단위에서 일필지와 지역 간의 충돌과 등록객체의 다양성 차원에서 양자의 시각차 등이 있다. 결국 다목적 지적이 등록객체와 등록단위가 거시적이고 포괄적으로 된다면 토지정보시스템과 같아진다고 볼 수 있고, 이러한 단계의 지적은 아마도 정보지적(information cadastre)이 될 것으로 본다.

SECTION 21

한국토지정보시스템의 진화

1 대장 및 도면의 전산화

1.1 개요

토지(임야)대장 전산화사업은 1975년 12월 지적법을 전면 개정하면서 시작되었다. 1978년부터 1982년까지 시범사업을 수행하였으며, 1990년까지 토지기록전산화와 부동산 전산화사업을 완료하여 전국의 토지(임야)대장의 온라인 통신망(1992년 2월)이 구축되었다. 이후 1995년에 국토정보센터를 설치하여 지적전산자료와 주민등록전산자료, 공시지가 전산자료를 통합한 데이터베이스를 구축하였다. 이후 국가지리정보체계 구축계획(1995년 5월)의 일환으로 지적도면 전산화 사업이 진행되어 전국의 지적(임야)도면이 전산화 되었다(한국개발연구원, 2010 : 87).

1.2 토지(임야)대장의 전산화

대장전산화는 준비단계, 구축단계, 운영단계 등의 과정을 거쳐 오늘에 이르고 있다(내무부 · 한국전산원, 1993 : 35~38, 이성화, 1999 : 112~115, 행정자치부, 1999 : 132~134).

준비단계는 1975년 2월부터 시작된 정부 행정전산화 사업에 따라 1976년 지적업무를 정부의 주요 업무로 선정하고 1977년 8월 내무부(현 행정자치부)는 지적전산화 기본계획을 확정하였으며 동년 11월에는 충남 대전시를 전국 지적전산 시범시로 선정하여 1978년 5월부터 1979년 6월까지 1년여 간에 걸쳐 한국과학기술연구소(KIST)와의 용역계약을 체결하여 본격적인 연구활동에 들어갔다. 준비과정에는 토지 · 임야대장의 카드화, 항목의 코드화, 업무의 표준화, 소유권 주체의 고유번호화, 경계표시의 좌표화, 면적 표시단위의 미터법 환산정리 등의 내용을 추진하였다.

구축단계는 전산기기 도입 및 자료입력을 제1단계와 전국 온라인화 단계인 제2단계로 나누어 추진되었다. 제1단계는 1980년 12월 지적정보화계획을 착수하여 1982년부터 13개 시·도별로 전산기기의 도입 및 전산실을 설치하고, 전국의 토지·임야대장 31,399천 필지의 자료입력을 시작하여 1984년에 완료하였다. 제2단계는 부동산 전산화 사업으로 제1단계에 이어 내무부에 중앙전산본부를 설치, 15개 시·도의 전산실에 39대의 주전산기를 보강하여, 전국 시·군·구에 833대의 워크스테이션을 설치하고 온라인 네트워크로 연결하는 시스템구축과 온라인 프로그램개발 등을 추진하여 부산, 인천, 광주, 경남, 제주 등 일부지역에 시험운영을 실시하였다.

운영단계는 1990년 4월 전국 온라인 서비스를 시작한 단계로 제1단계와 제2단계로 구분할 수 있다. 제1단계는 여러 가지 종류의 응용 SW 유지보수·지원을 위하여 신규프로그램의 작성과 응용 SW의 기능을 보완한 시기로 1990년에서 1998년까지의 기간으로 볼 수 있다. 제2단계는 중앙부처 중심의 행정전산화가 시·군·구 중심으로의 행정정보화 필요성에 의거 시·군·구 행정종합정보화의 일환으로 지적행정시스템의 재개발과 시·군·구 확산시기로 볼 수 있다. 즉 지역정보화 추진에 따라 직접 DB를 구축하고 이용할 수 있는 시·군·구 행정종합정보시스템을 1998년부터 추진하여 2000년 10월부터 본격적으로 운영하게 되었다. 지적행정시스템은 종전 DOS 환경의 토지기록전산시스템의 토지이동관리 및 소유권변동관리, 창구민원관리, 지적업무관리, 통합업무관리를 Window GUI환경으로 재개발하여 사용의 편리성을 도모하고 DB도 C-ISAM에서 RDBMS인 ORACLE로 변환 구축하여 시·군·구 행정의 기본 data인 지적행정정보를 공동·활용할 수 있는 체계를 구축하였다(행정자치부, 2000 : 20, 행정자치부, 2001 : 19). 이에 따라 2001년 1월부터 현재의 기존시스템과 재개발된 지적행정시스템이 병행 운용중이다.

1.3 지적(임야)도의 전산화

내부무(현 행정안전부)는 도면전산화를 위하여 한국전산원·한국국토정보공사·민간기업 등과 공동으로 1992년 초부터 지속적인 연구를 수행하여 1993년도에는 전산화를 위한 사전연구결과로서 필지중심토지정보시스템 구축방안을 제시하였다. 1994년에서 1995년도에는 경남 창원시 일원을 대상으로 실험사업을 실시하여 재조사 측량 데이터 획득, 토지정보시스템 프로토타입 개발을 완료하였다. 이어서 1996년에서 1997년도에는 기존 지적도면 전산화의 시범사업으로 대전시 유성구를 대상지역으로 지정하고, 시범시스템을 개발함과 동시에 시범운영을 위한 데이터로 유성구 전체 지적도면의 데이터베이스를 구축한 후 부동산관리시스템과 연계하였다(내무부 · 한국전산원 · (주)한국항공, 1997 : 1).

도면전산화 사업의 추진은 행정자치부(행정안전부)가 총괄하고 한국국토정보공사가 전담하여 사업을 수행하되, 시 · 도가 주관하고 시 · 군 · 구가 한국국토정보공사 본부와 계약하여 집행하도록 하였다. 사업량이 방대한 관계로 1999년부터 2003년까지 5개년 계획으로 총 1,058억을 투입하여 추진하도록 효율적인 업무 추진을 위하여 2단계로 구분 시행하기로 하고, 1단계는 지적도면 수치파일을 우선 작성하고, 2단계에는 작성된 지적도면 수치파일을 보정하여 데이터베이스 구축 작업을 하기로 하였다. 그러나 예산절감 및 공무원의 정보처리 기술 습득을 위하여 일부 데이터 작성과 데이터베이스 구축 작업은 지적담당 공무원이 직접 수행하도록 계획을 변경하여 475억의 예산으로 2003년 완료하였다(김순태, 2007 : 7-8).

2 한국토지정보시스템(Korea Land Information System)

2.1 개요

전국의 토지(임야)대장과 지적(임야)도를 전산화 한 이후 이를 바탕으로 필지중심토지정보시스템(Parcel Based Land Information System)과 토지종합정보망(Land Management Information System) 그리고 한국토지정보시스템(Korea Land Information System)을 구축하였다. 필지중심토지정보시스템(PBLIS)은 지적공부를 전산화한 것으로서 지적자료와 지적측량 성과를 작성하는 시스템이며, 대민서비스, 양질의 토지정보제공과 지적재조사측량을 위해 도입하였다. 토지종합정보망은 전국 지방자치단체의 공간자료관리시스템과 시 · 도의 토지행정 서비스를 지원하는 시스템으로 연속지적도, 용도지역지구도, 지형도 등의 데이터베이스를 구축하였다. 이후 필지중심토지정보시스템과 토지종합정보망을 통합하여 전국의 지방자치단체의 지적정보자료를 관리 · 운영하는 한국토지정보시스템(Korea Land Information System)이 개발되었으며, 국토교통부, 시 · 도, 시 · 군 · 구에서 운영하고 있다. 한국토지정보시스템은 행정안전부의 새주소안내시스템 등의 공간 관련한 42종의 정보시스템과 온라인으로 연결되어 있다. 이러한 한국토지정보시스템의 진화과정 및 지적정보 On-line 연결 현황을 정리하면 다음과 같다.

표 21-1 **한국토지정보시스템의 진화**

구분	필지중심토지정보 시스템(PBLIS)	토지종합정보망 (LMIS)	한국토지정보시스템 (KLIS)	부동산정보관리센터 (REIMC)
구축기간	1996.08~2000.04	1998~2005	2003~2010	1994~2010
추진성과	• 지적공부관리 • 지적시스템 구현	• 연속지적도 등 DB구축 • 토지행정관리 시스템 개발	• 토지이용계획서 외 6종 민원발급	• 도형 · 속성자료 시스템 구축
사업비	한국국토정보공사 예산 13.5억원	887억원 (국비 443.5억원, 지방비 443.5억원)	국비 355억원	국비 180억원

자료 : 한국개발연구원, 2010 : 88

표 21-2 **지적정보 On-line 연결 활용 현황**

부처별	계	국토교통부		행정안전부		대법원		자치단체	
	42	25		2		3		12	
업무별	계	공간정보	행정	부동산	건축	등기	정책	금융	가격
	42	29	3	1	2	3	5	2	2

자료 : 한국개발연구원, 2010 : 89

2.2 필지중심토지정보시스템(Parcel Based Land Information System)

필지중심토지정보시스템은 행정자치부가 지적도면을 Base Map으로 건물, 도시계획 등 형상과 관련된 도면정보와 속성정보를 효과적으로 저장, 관리, 처리할 수 있는 시스템을 개발하여 측량 및 현지조사 등 여러 경로를 통해 수집된 자료를 데이터베이스화하는 시스템이라 할 수 있다(한국국토정보공사, 2002). 다양한 토지관련 정보를 필요로 하는 정부나 국민에게 정확한 지적정보를 제공하고 지적재조사 사업을 위한 기반을 확보하며 지적정보 및 각종 시설물 등의 부가정보를 효율적으로 통합 관리하여 이를 기반으로 소유권 보호와 다양한 토지관련 서비스를 제공하며 기존의 정보통신 인프라를 적극 활용할 수 있는 전자정부 실현에 일조할 컨텐츠를 제공하며 기존의 정보통신 인프라를 적극 활용할 수 있는 전자정부 실현에 일조할 컨텐츠를 개발하고 행정처리 단계를 획기적으로 축소하여 그에 따른 비용과 시간을 절감하기 위해 필지중심토지정보시스템 구축하게 되었다. 필지중심토지정보시스템의 추진과정을 다음과 같이 간략히 정리할 수 있다.

- 1992년 7월 ~ 1993년 6월 : 지적도면 전산화 사전연구
- 1994년 1월 ~ 1995년 12월 : 지적재조사 실험사업 실시(경남 창원시 일원)
- 1994년 12월 : PBLIS 개발계획수립
- 1995년 2월 ~ 1996년 8월 : PBLIS 업무분석 및 추진방향 설정
- 1996년 8월 : PBLIS 개발착수
- 2002년 7월 : 시범사업지역 선정(경기 고양시 일산구)
- 2000년 11월 : PBLIS 개발완료
- 2001년 1월 : 운영자 및 사용자 교육, 도면 데이터구축 전국 확산
- 2002년 1월 : PBLIS 확대개발 및 PBLIS 전국 확산
- 2003년 1월 : PBLIS 시험운영

필지중심토지정보시스템은 지적관련 업무를 개선하고 관련정보를 국가 및 국민에게 복합적이고 신속하게 제공하여 과학적 지적행정을 도모하기 위하여 이미 구축된 시군구 행정종합정보시스템에서 운영되도록 하고 있다. 주요 사업내용은 지적공부 관리시스템, 지적측량 시스템, 지적측량 성과작성 시스템 등이 있고, 기초 데이터베이스는 토지대장 · 임야대장, 지적도, 지적관련도면, 기준점 표석대장 등이 있으며, 관리 데이터베이스는 지적도, 지적기준점, 도곽 등으로 구성되어 있다. 필지중심토지정보시스템의 구축 · 운영에 따른 기대효과는 대민서비스 측면에서 대장과 도면이 통합된 다양하고 입체적인 토지정보를 전국 온라인처리 함으로써 재택 민원 서비스와 정보공유로 증명 서류의 감축 및 수수료 절감을 가져올 수 있다. 행정적 측면으로는 지적정보의 완전 전산화로 정보의 공동 활용을 극대화하고 행정처리 단계 축소에 따른 예산 절감은 물론 토지정책의 효율적인 입안을 할 수 있다는 것이다. 경제적 측면으로는 21세기 정보화 사회에 대비한 정보인프라 조성으로 토지정보의 부가가치 창출과 국가 경쟁력 확보에 기여할 수 있다는 것이다. 한편 필지중심토지정보시스템은 측량성과에서 토지이동 정리 및 활용까지 통합관리 할 수 있는 시스템이지만 시스템의 OS 환경 및 타 시스템과의 상호 연계가 되지 않으므로 모든 환경에서 사용이 가능하도록 개선이 요구되고 있다.

2.3 토지종합정보망(Land Management Information System)

토지관리정보망은 건설교통부가 지리정보시스템을 핵심기술로 토지와 관련된 각종 정보를 체계적으로 통합 관리하여 일반 국민이 원하는 정보를 쉽게 이용할 수 있도록 구축

하는 종합정보시스템이다(서울특별시, 2005 : 236-244).

토지관리 업무를 통합 관리하는 체계가 미흡하여 토지정책 수립에 필요한 정보를 신속, 정확하게 파악하기 어렵고 중앙과 지방간에 업무연계도 비효율적이었다. 각종 도면이나 공간자료가 일관성 없이 부서별로 중복생산, 관리되고 표준화가 결여되어 공유가 불가능하였을 뿐만 아니라 토지이용계획 확인서 등 관련 민원서류 발급이 수작업으로 이루어지고 있어 업무처리에 장시간이 소요되고, 주제도나 현황도 출력을 외부발주에 의존하고 있어 추가비용이 소요되었다. 또한 지자체별로 토지관련 업무 전산화를 추진하고 있어 중복투자에 따른 예산낭비 문제와 호환성 확보에 어려움을 겪었다. 토지종합정보망은 합리적인 정책수립에 활용할 수 있으며, 투기가 우려되는 지역을 분석하여 투기를 방지할 수 있는 정책을 입안하도록 지원할 수 있고, 각종 토지이용계획을 분석하여 합리적인 정책지원을 할 수 있도록 설계되었다. 또한 광역자치단체는 지역의 발전을 도모하기 위하여 토지의 전략적 개발이나 낙후지역의 균형개발등 토지이용계획 수립에 이용할 수 있으며, 토지행정 업무의 전산화로 공공행정의 생산성을 향상시키고 대민 서비스의 질적 향상을 도모할 수 있도록 하였다. 이러한 토지종합정보망의 추진과정을 간략히 정리하면 다음과 같다.

- 2000년 4월 : 건교부 주관 토지관리정보망 도입
- 2000년 9월 : 구청별 토지관리정보망 사업 설명회 및 기초현황조사
- 2001년 4월 : 구청별 토지관리정보망 구축계획 작성완료
- 2001년 10월 : 25개 자치구 개별지적도면 DB구축
- 2001년 12월 : 연속지적도면 DB구축 및 토지관리시스템 설치
- 2003년 5월 : 25개 자치구 용도지역, 지구도면 검수 완료

토지종합정보망은 일선 시, 군, 구 광역시도, 건설교통부에서 이루어지는 토지관련 업무를 GIS 등 정보기술을 이용하여 데이터베이스를 구축하고 이를 공유함으로써 토지행정업무의 생산성을 높이고, 토지이용계획 확인서 등 민원서류를 전국 온라인으로 연결하여 인터넷으로 발급·열람하도록 하며, 이러한 자료를 종합적으로 분석하여 과학적인 토지정책을 수립하고자 하는 국가정보화사업이라 할 수 있다. 토지종합정보망의 주요 사업내용은 토지행정지원 시스템, 토지정책지원 시스템, 부동산중개업 관리시스템, 투기자료취합시스템, 지적도 관리시스템, 수치지적 관리시스템, 주제도 관리시스템, 공간계획 관리시스템, 통합민원 발급시스템, 공간검색 시스템, 토지이용규제법률 서비스, 시도통계시스템 등이 있다.

토지종합정보망의 기초 데이터베이스는 토지대장 · 임야대장, 공시지가 자료, 지적도 · 주제도 · 지형도, 토지용도규제 관련 법령 등을 대상으로 하고, 관리데이터베이스는 공시지가 자료, 연속지적도, 편집지적도, 용도지역, 용도지구 등을 대상으로 하고 있다.

토지종합정보망이 구축됨에 따라 대민서비스 측면에서 민원첨부서류가 감소되고 실시간 서비스가 가능할 것으로 판단된다. 시 · 군 · 구 업무 생산성 측면에서 코면 인건비 등 각종 행정비용과 시스템 중복개발 비용이 절감되며 공간자료와 속성자료의 통합관리는 물론 업무자동화로 인한 반복 업무가 제거되어 효율적이라 할 수 있다. 한편 건설교통부의 토지정책 활용에 있어 과학적이고 분석적인 의사결정을 지원하면 국토이용 및 토지업무에 관한 종합행정서비스를 제공할 수 있어 행정의 효율성을 달성할 수 있다고 본다. 한편 다양한 전산환경, 자료, 응용시스템과 원활한 호환이 가능한 시스템을 구축해야 하고, 의사결정 지원을 위한 다양한 정보기술을 적용하여야 하며, 지역계획, 도시계획 등에 필요한 토지이용 기본지리정보를 구축하고, 토지자료 활용 및 유통체계를 마련해야 할 것으로 본다. 또한 토지정보화를 위한 관련제도의 정비와 표준화 방안에 대한 문제도 해결해야 할 과제로 남아 있다.

2.4 한국토지정보시스템(Korea Land Information System)

현행 업무는 행정안전부의 지적관련 업무와 국토교통부의 토지관련 업무가 분리되어 행정처리가 이루어지고 있다. 이로 인해 토지이동시 사용자들은 두 시스템의 복잡하고 중복되는 작업 절차로 많은 불편이 있으며 지적도 DB의 중복 관리로 많은 예산을 낭비하고 있다. 또한 필지중심토지정보시스템은 전국온라인 민원발급에 한계를 가지는 2-Tier 구조 문제점을, 토지 종합정보망은 토지 및 임야 속성정보가 연계되어 있지 않는 문제점을 가지고 있다.

따라서 행정자치부(현 행정안전부)의 필지중심토지정보시스템과 건설교통부(국토교통부)의 토지종합정보망을 보완하여 하나의 시스템으로 통합 구축하고, 기존 전산화 사업을 통해 구축 완료된 토지(임야)대장의 속성 정보를 연계 활용하여 데이터 구축의 중복을 방지하고, 데이터 이중관리에서 오는 데이터간의 이질감 등을 예방하기 위하여 필지중심토지정보시스템과 토지관리정보체계를 연계 통합한 한국토지정보시스템을 구축하게 되었다(행정자치부 · 건설교통부, 2004). 즉 2001년 4월 행정자치부와 건설교통부에 의해 진행되던 국가차원의 토지정보화 관련 사업인 행정자치부의 "필지중심토지정보시스템과 건설교통부의 토지종합정보망을 보완하여 하나의 시스템으로 통합구축하고 토지대장의 문자정보를 연계 활용하는 방안을 강구"하라는 감사원의 감사결과에 따라 국가적인 정보화 사업의 효율적인 추진과 토지정보의 일관된 체계구축을 목표로 한국토지정보시스템이 시작되었다. 이에 따라 한국토지정보시스템의 추진과정 및 추진체계를 간략히 정리하면 다음과 같다.

① 한국토지정보시스템 추진과정

- 2001년 4월 : 감사원에서 시스템 통합 조정을 요청
- 2001년 5월 : 관계기관회의 개최
- 2001년 6월 : 각 기관에 추진방향 결정 통보
- 2001년 12월 : 시스템 통합 권고안 및 통합구축 추진방안 마련 및 명칭 합의
- 2002년 1월 : 통합관련 공동작업반 구성안 통보
- 2002년 5월 ~ 2002년 6월 : 사업계획(안) 확정
- 2002년 10월 : 관계기관 최종 의견 수렴회의
- 2003년 6월 ~ 2004년 8월 : 시스템 구축 착수
- 2004년 12월 ~ 2005년 2월 : 4개 자치단체 시범운영
- 2005년 4월 ~ 2006년 3월 : 234개 자치단체 전국적으로 확산
- 2006년 4월 ~ 2010년 : 완료(예정)

② 한국토지정보시스템 추진체계

- 한국토지정보시스템은 건설교통부와 행정자치부의 공동추진체계
- 국토연구원 · 한국국토정보공사 : 제도개선, 표준화, 기술개발 지원

③ 행정자치부 지적담당관실 : 지적업무총괄 및 관리를 수행

④ 건설교통부 토지관리과 : 토지업무를 총괄하고 관리

⑤ 한국국토정보공사(LIS사업부)와 지자체(지적담당부서) : 시스템개발을 지원

⑥ 쌍용정보통신 : GIS사업팀에서 사업관리, 품질관리, 시스템관리, 지적공부시스템개발, 지적측량성과시스템개발, 고딕 DP개발, DB관리개발, 도로명시스템개발(한국공간정보통신 위탁용역)

⑦ 삼성 SDS : 공공IE실에서 시군구행정종합시스템 연계개발, DB관리개발을 담당

⑧ SK C&C의 공공사업단 : 연속/편집 도면 관리 시스템 개발, 통합민원발급 시스템 개발, 코바미들웨어 추가 개발을 담당

한국토지정보시스템은 국토의 근간이 되는 토지정보를 효율적으로 관리하고 신속한 민원처리 및 대국민 서비스를 제공하고 정책결정 및 의사결정을 지원하기 위한 시스템으로 행정자치부가 담당하는 다양한 지적관련업무와 함께 건설교통부가 담당하는 6대 토지행정업무 지원기능과 공간자료 관리기능을 제공하며, 주요 사업내용은 지적공부 관리시스템, 지적측량 성과작성 시스템, 연속 · 편집관리 시스템, 토지민원발급 시스템, 도로이름 및 건물번호 관리 시스템, DB관리 시스템, 용도지역지구관리 시스템 등이 있다.

한국토지정보시스템은 양 부처의 업무에 따라 분리 운영되어 온 필지중심토지정보시스템과 토지종합전산망을 통합한 시스템으로 전환함으로써 토지이동관련 업무의 통합을 통한 중복된 업무의 탈피, 사용자의 능률성 배가 및 사용자 편리성 지향, 토지이동 관련 업무 담당자의 업무처리시간 단축 등 업무의 능률성을 향상시키고, 3-Tire 개념을 적용한 아키텍처 구현으로 시스템 확장성을 향상시킬 수 있을 것으로 본다. 또한 지적도 DB의 통합으로 데이터의 무결성을 확보하고, 지적도DB활용의 극대화를 추구할 수 있으며, 전국 온라인 민원발급의 효율적 처리 가능, 민원처리 절차 간소화를 통해 대민 서비스가 개선될 것으로 기대된다.

한국토지정보시스템의 향후 발전 방향은 중앙부처 및 광역시도 시스템과의 연계 및 현재 운영 중인 G4C시스템과, 도시계획정보시스템, 국방시설통합정보시스템, 도시정보시스템, 국공유지관리 시스템, 전자결재시스템, 생활주소 안내시스템 등과의 연계를 추진하고, 토지이동에 따른 변동자료의 실시간 갱신을 위해 지적측량 대행업체 등과 연계를 추진하고 기타 지적 · 토지자료 기반의 타 정보시스템과의 연계를 지속적으로 추진하여 국가 GIS의 기반 시스템으로 발전해야 할 것이다.

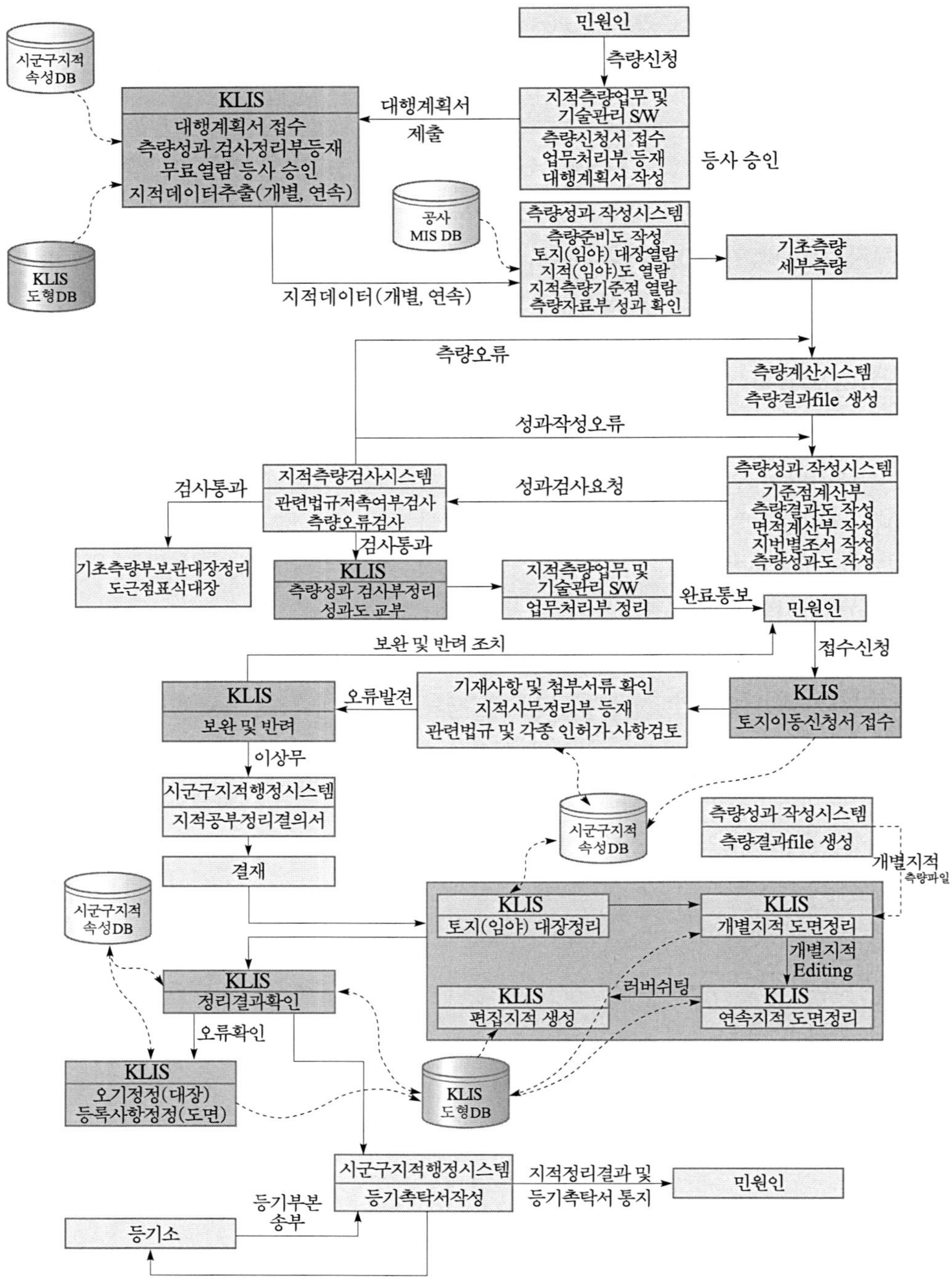

그림 21-1 토지 이동 통합 프로세스

3 국가지리정보시스템(NGIS)

3.1 국가GIS기본계획

국가GIS기본계획은 「국가지리정보체계의 구축 및 활용 등에 관한 법률」에 의해 국가의 지리정보 관련 정책을 종합하고 체계화하기 위해 1995년부터 5년 단위로 수립되고 있다. 제1차, 제2차 국가 GIS기본계획이 국가기본도 및 지적도 등 지리정보 인프라를 구축하는데 주력했다면, 제3차 국가GIS기본계획(2006~2010년)은 급변하는 정보기술의 발전에 따른 변화에 부응하고 국가지리정보의 구축 및 활용을 촉진시키기 위해 수립된 계획이다.[96] 또한 공공기관 간 지리정보 구축의 중복투자를 방지하고, 상호 연계를 통한 국가지리정보의 활용가치를 극대화 하는 종합계획의 필요성에 의해 수립되었다. 따라서 제3차 국가GIS기본계획은 국가지리정보체계의 구축 · 관리 및 유통, 지리정보체계의 표준화 등의 계획을 담고 있다.

표 21-3 **국가GIS기본계획(제1차~제3차)**

구분	제1차 국가GIS기본계획	제2차 국가GIS기본계획	제3차 국가GIS기본계획
계획 기조	국가경쟁력 강화 및 행정생산성 제고를 위한 국가공간정보 구축	국가공간정보기반을 확충하여 디지털국토 실현	유비쿼터스 세상을 향한 지능형 사이버국토 구축
목표	• 국가정보 DB구축 • 국가표준수용 및 GIS S/W개발 • 기본공간정보 DB표준안 확립	• 디지털 국토 초석 마련 • GIS DB의 유통 · 활용 • 기술개발 및 산업육성 • 표준화, 인력양성 등 기반 환경 개발	• GIS기반 전자정부 구현 • GIS를 통한 삶의 질 향상 • GIS를 이용한 뉴-비즈니스 창출
추진 전략	• 기본공간정보 DB 구축 • 공간정보 표준화 • GIS활용체계 개발 • 관련 제도 정비	• 국가공간정보기간 확충 및 유통체계 정비 • 국가차원 강력 지원 • 상호 협력체계 강화 • 국민 중심서비스 극대화	• GIS기반확대 및 내실화 • GIS 활용가치 극대화 • 수요자중심의 국가공간정보 구축 • 국가정보화사업과의 협력적 국축

자료 : 한국개발연구원, 2010 : 94-95

96) GIS가 1990년 국내에 소개된 이래로 많은 분야에서 무분별하게 추진되고 있었고, 이에 따라 표준형문제가 대두되어 1995년부터 2001년까지 건설교통부 주관 하에 국가지리정보시스템이 추진되고 있다. 한편 추진경위는 각종 국토개발의 사전 타당성 검토, 지하시설물의 안전관리 및 재난방지, 도시계획사항 등 도시 관련 정보 등을 전산화하여 일선 업무에 활용, 국민에게 다양한 정보제공 등의 필요에 기인하여 국가 GIS 구축사업이 추진되었다.

3.2 국가공간정보정책 기본계획

제3차 GIS기본계획(2006~2010)에 이어 국가공간정보의 활용을 촉진하기 위한 「제4차 국가공간정보정책 기본계획(2010~2015)」이 수립되었다(2010년 3월). 제4차 국가공간정보정책기본계획은 녹색성장의 기반이 되는 공간정보, 어디서나 누구라도 활용 가능한 공간정보, 연계 · 개방 · 융합적인 공간정보 거버넌스를 목표로 하고 있다. 녹색성장의 기반이 되는 유비쿼터스 컴퓨팅 기술과 공간정보를 활용하여 신 성장동력을 창출하고, 실세계와 정보세계의 일체화를 통해 어디서나 누구나 쉽게 공간정보에 접근하고 활용할 수 있도록 하며, 공간정보인프라의 개발 · 공유를 통해 다양한 정보 · 기술 · 서비스 등과 연계 및 융 · 복합하여 거버넌스를 구축하는 것을 그 내용으로 한다.

이중 상호 협력적 거버넌스 추진과제로서 국가공간정보 통합체계를 직접적으로 연계하여 통합 DB 및 관련시스템 DB의 일관성 및 최신성을 유지할 수 있도록 하고 있다. 또한 공간정보기반통합 추진과제의 일환으로 디지털지적 구축에 대한 내용을 담고 있다. 이는 측지 · 지적 · 해양 등 모든 측량분야에서 통일되게 활용할 수 있는 국가측량기준의 통일 및 통합체계를 구축하고, 지적불부합지 해소 등을 통해 정확하고 신뢰성 있는 토지정보를 확립하여 대국민 서비스를 제고할 수 있도록 하고 있다. 또한 국가기본공간정보의 활용성을 높이기 위해 지적과 관련하여서 세계측지계 및 통합기준점 전환에 따른 고품질의 기본공간정보를 제공할 수 있도록 하고 있다.

표 21-4 **국가지리정보체계 추진실적 및 내용(제1차~제3차)**

구분	제1차 국가GIS사업	제2차 국가GIS사업	제3차 국가GIS사업
지리정보 구축	• 지형도, 지적도 전산화 • 토지이용현황도 등 주제도 구축	• 도로, 하천, 건물, 문화재 등 부문 기본지리정보 구축	• 국가/해양기본도, 국가기준점, 공간영상 등 구축 중
응용시스템 구축	• 지하시설물도 구축 추진	• 토지이용, 지하, 환경, 농림, 해양 등 GIS활용체계 구축 추진	• 3차원 국토공간정보, UPIS, KOPSS, 건물통합 등 활용체계 구축 추진 중
표준화	• 국가기본도, 주제도, 지하시설물도 등 구축에 필요한 표준제정 • 지리정보 교환, 유통 관련 표준제정	• 기본지리정보 1건, 지리정보구축 13건, 유통 5건, 응용프로그램 4건의 표준제정	• 지리정보표준화, GIS국가 표준체계 확립 등 사업 추진 중
기술개발	• 맵핑기술, DB Tool, GIS S/W 기술개발	• 3차원 GIS, 고정밀 위성영상처리 등 기술개발	• 지능형국토정보기술혁신사업을 통한 원천기술 개발 중

구분	제1차 국가GIS기본계획	제2차 국가GIS기본계획	제3차 국가GIS기본계획
인력 양성	• 정보화근로사업을 통한 인력양성 • 오프라인 GIS교육 실시	• 오프라인 및 온라인 GIS교육실시 • 교육교재 및 실습프로그램 개발	• 오프라인 및 온라인 GIS교육실시 • 교육교재 및 실습프로그램 업데이트
유통	• 국가지리정보유통망시범사업 추진	• 국가지리정보유통망 구축, 총 139종 약 70만 건 등록	• 국가지리정보유통망 기능개선 및 유지관리 사업 추진 중
지원 연구	• 국가GIS구축사업의 원활한 추진을 위한 지원연구과제 수행	• 국가GIS현안과제 및 중장기 정책 지원과제 수행	• 2007년까지 국가GIS현안 과제 수행, 2008년 변화된 정책 환경 지원을 위한 지정과제 수행
산업 육성	• 데이터베이스(DB) 구축 중심의 GIS산업 태동	• 시스템통합(SI) 중심으로 GIS산업 발전	• GIS사업의 적정한 이윤을 보장하여 GIS사업 활성화 • GIS사업의 해외진출을 지원하여 GIS 산업의 국제교류 증진
예산 (억원)	2,787	4,997	4,177

자료 : 국토교통부, 2010, 제4차 국가공간정보정책 기본계획, p.12

표 21-5 **국가공간정보 통합체계 연계사업**

사 업 명	구 축 내 용	기 간
GIS기반 건물통합정보사업	건물 DB	2008~2012
국가교통수요조사 및 DB구축사업	교통주제도 (도로, 철도, 교통시설물, 존센트르이드 등)	2000~계속
하천지도 전산화사업	국가하천, DB, 홍수위험지도	1999~2012
국가공간정보체계 구축사업	국가공간정보 통합DB (기본공간정보, 주제정보 등)	2008~2012
공간정보 구축사업	항공사진 DB, 수치표고모델 국토변화율 등	2001~계속

자료 : 국토교통부, 2010, 제4차 국가공간정보정책 기본계획, p.47

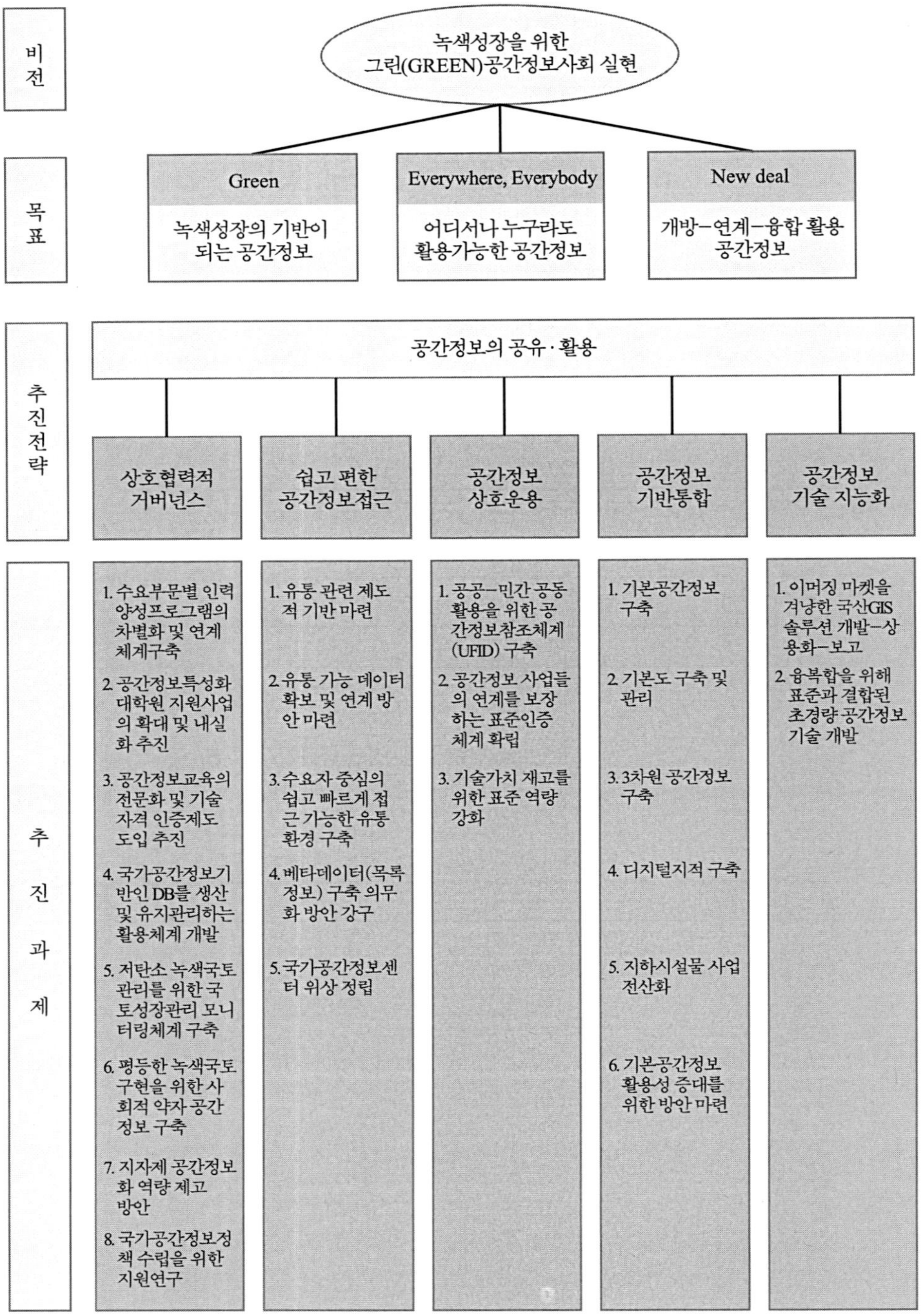

그림 21-2 국가공간정보정책 기본계획의 정책기조

참고문헌

토지정보의 개념

건설교통부, 1998, 「토지관리 정보화 종합계획(안)」.

김경우, 1997, 「현대정보관리시스템」, 서울 : 학문사.

김계현, 2000, 「GIS 개론」, 서울 : 대영사.

김영학, 2000, "도시정보의 토지정보시스템 평가에 관한 연구", 박사학위논문, 서울시립대학교 대학원.

김영학 · 김태형, 2000, "지적정보의 활용조건에 관한 연구", 충청대학논문집 제18집, 충청대학.

김행종, 1993, "한국의 토지정보관리체계에 관한 연구", 박사학위논문, 단국대학교 대학원.

한국국토정보공사, 1995, 「지적측량대행제도에 관한 연구」.

박기석, 1997, 「지리정보시스템」, 서울 : 동서.

박순표 외 2, 1993, 「지적학개론」, 서울 : 형설출판사.

신윤식 외, 1992, 「정보사회론」, 서울 : 데이콤 출판부.

안문석, 1997, 「정보체계론」, 서울 : 학현사.

유복모, 1994, 「지형공간정보론」, 서울 : 동명사.

이성화, 1999, "국가지리정보시스템을 위한 LIS 구축현황과 발전방향에 관한 연구" 박사학위논문, 대구대학교 대학원.

최용규 · 김영학, 1998, 「부동산정보론」, 청주 : 청주대학교.

하미승, 1996, 「행정정보체계론」, 서울 : 법문사.

함창학 · 이강원, 1999, 「GIS 용어해설집」, 서울 : 구미서관.

행정자치부, 1999, "지적도면 전산정보의 활용화 방안"

Barnes Grenvile, 1988, "A comparative Evaluation Framework For Cadastre-Based Land Information System in Developing Countries", Ph. D. Dissertation, University of Wisconsin.

Bedard Yvan, 1986, "A Study of the Nature of Data Using A Communication-Based Conceptual Framework of Land Information Systems", Ph. D. Dissertation, University of Maine at Orono.

Bell D., 1982, The Socal Science Since the Second World War, Transaction, New Brunswick : New Jersey.

Burrough, P. A., 1986, Principles of Geographical Information Systems for Land Resource Assessment, Oxford, U. K : Clarendon Press.

Davis G. B. and Olson M. H., 1985, Management Information System, McGraw Hill : New York.

Delaney Julie, 이재기 외 역, 2004, 「지리정보시스템」, 서울 : 동화기술.

Hamilton A. H and Williamson, I. P., 1984, "A Critique of the FIG Definition of Land Information Systems", Proceedings of FIG Symposium, Edmonton, Alberta.

Levine, J. and J. Landis, 1989, "Geographic Information Systems for Local Planning", American Planning Association Journal, Spring.

Lucey T., 1987, Management Information System, Hants, Publication Ltd.

McFarlane, Stuart, 1992, "Land Information System Issues in Ontario Municipal Planning", M.S.Dissertation, University of Waterloo.

McLaughlin J. D., 1983, "Standards for Multipurpose Cadastral Systems". Proceding of FIG Conference, Bulgaria.

Moyer D. and Fisher K. P., 1973, Land Parcel Identifiers for Information System, Chicago, American Bar Foundation.

Raymond G., 1986, "Land Information System in Canada", The Canadian Surveyor, Vol. 40, No. 2,

Summer.
Robison Glen O., 1978, Communication for Tomorrow : Policy perspectives for the 1980's, New York : Praeger Publishers.
Stan A., 1991, Geographic Information System : A Management Perspective, Ottawa, WDL Publication.

토지정보의 자료

김계현, 2000, 「GIS 개론」, 서울 : 대영사.
김태영 · 김영학, 2000, "지적정보의 활용조건에 관한 연구", 충청대학논문집 제18집, 충청대학.
박기석, 1997, 「지리정보시스템」, 서울 : 동서.
신정철 외, 1993, 「도시의 정보체계 구축에 관한 연구」.
안문석, 1997, 「정보체계론」, 서울 : 학현사.
유복모, 1994, 「지령공간정보론」, 서울 : 동명사.
이상모 · 이규영, 1989, 「전산학 개론」, 서울 : 정익사.
이윤식, 1999, 「행정정보체제론」, 서울 : 법영사.
이진주, 1993, 「경영정보시스템」, 서울 : 다산출판사.
장옥배 외, 1999, 「컴퓨터의 이해」, 서울 : 홍진출판사.
최용규 · 김영학, 1998, 「부동산정보론」, 청주 : 청주대학교.
하미승, 1996, 「행정정보체계론」, 서울 : 법문사.
한재민, 1998, 「경영정보시스템」, 서울 : 학현사.
함창학 · 이강원, 1999, 「GIS 용어해설집」, 서울 : 구미서관
Delaney Julie, 이재기 외 역, 2004, 「지리정보시스템」, 경기 : 동화기술.

다목적 지적과 토지정보시스템

강태환, 1996, "필지중심의 토지정보시스템 구축방안에 관한 연구", 박사학위논문, 대구대학교 대학원.
박순표 외 2, 1993, 「지적학개론」, 서울 : 형설출판사.
유병찬, 2006, 「최신 지적학」, 서울 : 건웅출판사.
유복모, 1994, 「지형공간정보론」, 서울 : 동명사.
이성화, 1999, "국가지리정보시스템을 위한 LIS 구축현황과 발전방향에 관한 연구" 박사학위논문, 대구대학교 대학원.
Barnes Grenville, 1988, "A comparative Evaluation Framework For Cadastre-Based Land Information System in Developing Countries", Ph. D. Dissertation, University of Wisconsin.
McLaughlin J. D., 1975, "The Nature, Function and Design Concepts of Multi-Purpose Cadastres", PH. D. Dissertation, University of Wisconsin.
National Research Council, 1980, Need for a Multipurpose Cadastre, Washingtion D. C. : National Academy Press.
National Research Council, 1983, Procedures and Standards for a Multipurpose Cadastre, Washington D. C. : National Academy Press.
Robert Bennett Cal, 1986, "The Feasibility of Assessment Information Systems As Nuclei for Development of Multipurpose Cadastral Land Information Systems", PH. D. Dissertation, Dept. University of Washington.

한국토지정보시스템의 진화

국립지리원, 1997, 「국가지리정보체계(NGIS)정책의 효율적 추진방안 연구」.
국립지리원, 1998, 「지리정보관리 및 공급시스템에 관한 연구 1」.
국립지리원, 1998, 「지리정보관리 및 공급시스템에 관한 연구 2」.
국토해양부, 2010, 제4차 국가공간정보정책 기본계획.
김순태, 2007, "한국토지정보시스템(KLIS)의 이해", 지적연수원 수탁교육 교재.
김영표 외, 1999, 「GIS의 기초와 실제」, 서울 : 하나디앤피.
내무부 · 한국전산원, 1993, 「한국종합토지정보시스템 구축방안」.
내무부 · 한국전산원 · (주)한국항공, 1997, 「지적도면전산화 시범사업 최종결과보고서」.
한국국토정보공사, 1997, 「지적도면전산화 시범사업 최종결과 보고서」.
한국국토정보공사, 2002, 「필지중심토지정보시스템 운영자 지침서」.
서울특별시, 2005, 「서울지적연혁지」.
유복모, 1994, 「지형공간정보론」, 서울 : 동명사.
이성화, 1999, "국가지리정보시스템을 위한 LIS 구축현황과 발전방향에 관한 연구, 박사학위논문, 대구대학교 대학원.
캐드랜드, 1992, 「전국 지역정보시스템 구축방안」.
한국개발연구원, 2010, 「2010년도 예비타당성조사 지적재조사사업」.
행정자치부, 1999, 「지적도면 전산정보의 활용방안에 관한 연구」.
행정자치부, 1999, 「지적도면 전산정보의 활용화 방안」.
행정자치부, 2000, 「시 · 군 · 구 행정종합정보화사업」.
행정자치부, 2001, 「2002년도 주요 지적업무 운영지침」.
행정자치부 · 건설교통부, 2004, 「한국토지정보시스템 완료보고서」.

CHAPTER 07

제 07 편

지적측량

SECTION

22 지적측량의 개요

1 지적측량의 의의

측량(surveying)은 두 가지의 의미를 담고 있다. 즉 포괄적이고 광범위한 조사(view)의 의미와 지도나 지적도를 제작하기 위하여 측정(measurement)의 의미를 함께 갖고 있다. 또한 측량(測量)은 측천양지(測天量地)의 준말로서 "하늘을 재고 땅을 헤아리다"라는 뜻으로 땅의 위치를 별자리에 의하여 정하고 그 정해진 위치에 의하여 땅의 크기를 결정한다는 뜻이다. 따라서 측량을 뜻하는 Survey라는 말은 사회학적으로는 사회현상을 조사하여 계량화하고 그 크기와 비중을 잰다는 의미가 있다. 또한 토지측량(land surveying)은 토지행정(land administration)의 한 분야로서 기본적으로는 일필지에 대한 정확한 위치와 경계, 면적을 결정하고 토지특성을 도해적으로 또는 서술적으로 기록하는 동시에, 현지에 물리적으로 표시하여 별개의 토지임을 인식시키기 위한 작업이며, 부차적인 목적은 토지행정에 필요한 전면적인 정보를 제공하는 것이다(박순표 외, 1993 : 309).

한편 실용적이고 법 규정의 적용에 따른 지적측량(cadastral surveying)은 국토의 기본자료를 효율적으로 관리하기 위하여 토지의 소재, 지번, 지목, 면적, 경계 및 위치와 소유자 등 토지에 관한 필요한 정보의 수집과 물권이 미치는 한계를 밝히는 측량을 말하며(강태석, 2000 : 6), 엄격한 규범 속에서 국가가 시행하는 행정행위에 속하는 기속측량이다. 따라서 지적측량은 물권을 확정하여 지적공부에 공시하고 공시된 물권을 현지에 확인함으로써 관념적인 소유권을 실체적으로 특정하여 물권의 소재를 명확히 하는데 목적이 있다.

Zoom in

지적측량의 성격

1. 기속측량

법률로 정하여진 규정에 따라 시행하는 행정행위로서 지적측량의 성과는 새로운 기술이 개발되더라도 법률이 정한 내용과 다른 방법으로 측량성과를 결정할 수 없다.

2. 사법측량

토지에 대한 물권이 미치는 범위, 위치, 수량 등을 결정하고 보장하는 것으로 지적측량은 규제된 방법과 절차에 의하여 토지에 대한 물권이 미치는 범위인 일필지의 경계를 확정해야 한다.

2 지적측량의 목적

지적측량의 목적은 ① 토지를 지적공부에 등록하는 경우와 ② 지적공부에 등록된 경계를 지표, 즉 실지상에 복원하는 경우로 구분할 수 있다. 지적측량은 물권을 확정하여 지적공부에 공시하고, 공시된 물권을 현지에 확인함으로써 관념적인 소유권을 실체적으로 특정하여 물권의 소재를 명확히 하는데 그 목적이 있다(강태석, 2000 : 7). 지적측량은 토지의 효율적인 관리와 소유권의 보호에 기여할 수 있는 일필지의 토지경계를 결정하여 관리함에 있어서 등록되거나 보관된 자료를 토지이동에 따라 정확하게 정리 보존하는 반면 등록된 자료에 의하여 지상의 복원능력이 지적측량의 기술적 특성이라 할 수 있으므로 토지를 지적공부에 등록하거나 지적공부에 등록된 경계점을 지상에 복원하는 경우로 구분할 수 있다(공간정보의 구축 및 관리 등에 관한 법률 제2조).

따라서, 지적측량의 목적은 물권을 확정하여 지적공부에 등록 · 공시하고, 공시된 물권을 현지에 확인함으로써 관념적인 소유권을 실체적으로 특정하여 물권의 소재를 명확히 하는데 있다.

3 지적측량의 대상

지적측량은 지적공부에 등록할 경계의 설정과 복원측량 및 경계에 관련하여 관계위치를 밝히는 모든 측량은 지적측량의 대상이 된다. 우리나라 공간정보의 구축 및 관리 등에 관한 법률에서는 지적측량을 수행하는 대상을 규정하고 있으며, 그 대상을 정리하면 다음과 같다(공간정보의 구축 및 관리 등에 관한 법률 제 23조 제1항, 동법률 시행령 제18조).

① 지적기준점을 정하는 경우
② 지적측량성과를 검사하는 경우
③ 지적공부를 복구하는 경우
④ 토지를 신규 등록하는 경우
⑤ 토지를 등록 전환하는 경우
⑥ 토지를 분할하는 경우
⑦ 바다가 된 토지의 등록을 말소하는 경우
⑧ 축척을 변경하는 경우
⑨ 지적공부의 등록사항을 정정하는 경우
⑩ 도시개발사업 등의 시행지역에서 토지의 이동이 있는 경우
⑪ 경계점을 지상에 복원하는 경우
⑫ 지상건축물 등의 현황을 지적도 및 임야도에 등록된 경계와 대비하여 표시하는 데에 필요한 경우

토지의 물리적 현황 중 경계 및 면적의 설정과 변경을 수반하는 토지이동과 이에 따르는 기초측량, 경계의 복원, 지적측량의 검사, 경계와의 관계 위치를 설정하기 위한 지적현황 측량들을 지적측량의 대상으로 하고 있다.

4 지적측량사(Cadastral Surveyor)

측량사는 육지 · 바다 및 그 위에 구조물의 효율적인 관리 및 기획을 위하여 정보를 이용하고, 실무에 대한 연구와 개발을 수행하며, 토지와 지리적으로 관련된 정보를 수집하고 해석하고 토지, 3차원객체, 점(point-fields)과 궤적(trajectories) 등을 표시 · 측정 · 결정하는 활동에 학술적 자격과 기술적 숙련을 가진 사람을 의미한다(국제측량사연맹 http://www.fig.net/general/definition.htm). 즉 현대적 의미의 측량사는 특정한 목적을 위하여 자본과 노동력 및 기술을 필요한 비율에 따라 결합하여 최소한의 비용으로 소요정확도를 확보하기 위하여 토지를 측정하는 경제행위자로 해석할 수 있다. 이러한 맥락에서 지적측량사는 관계법령에 의하여 국민의 재산권을 등록 · 관리 · 공시하기 위한 측량과 지적도 작성 등 관련 업무를 수행하는 기술자로서 지적기술자, 지적기사, 지적산업기사, 기능사로 구분하여 자격을 부여하고 있다.

국제측량사연맹(FIG)의 지적선언에서 언급하고 있는 측량사의 역할은 지적제도의 목적과 조직의 형태에 따라 다르다. 권원등록이 법률가의 통상적인 책무인 것처럼 비록 지적을 관리하는데 관여되는 다른 활동이 존재한다할지라도 측량사는 다음과 같은 책임을 맡고 있다(FIG, 1995 : 4-5, 류병찬, 2006 : 479-481).

첫째, 지적측량(cadastral surveying)의 역할이다. 지적측량은 신규 등록 또는 기 등록된 필지의 경계를 정의 · 확인 · 설정 · 측정 또는 도면제작 등을 의미하고, 통상 망실된 경계를 복원하고 때로는 경계분쟁이나 부동산에 관한 다른 권익에 대한 분쟁을 해결하는 과정을 포함한다. 지적측량을 수행하는 측량사의 훈련과 경력을 인도하는 상세한 규정이 항상 존재하고 지적측량은 공무원 · 민간측량사 또는 양자의 조합에 의해 수행되며, 특별한 자격이 요구되며 이는 정보 혹은 전문가 사회(professional society)에 의해서 부여되고 있다.

둘째, 조사기록(survey recording)의 역할이다. 조사기록 과정은 등록공부와 지적 색인도 상의 정보입력(entry)과 지적측량결과의 검사 및 점검(check)을 포함한다. 독특한 필지식별자는 각 필지에 부여되고, 검사(examination)는 분할이 적합한 토지이용에 기여하는지? 의 토지정책 문제와 토지에 대하여 어떤 행위를 하려는 자의 권리가 적합한가? 라는 법률적인 문제 및 측량규정을 준수하였는가? 라는 기술적인 문제 등에 대하여 점검하는 것이다. 검사비용을 절감하기 위하여 정부 당국은 측량성과에 대한 보증과 외업 데이터 및 측량계획의 정밀도를 높이기 위하여 측량사의 책임을 강화하고 있다.

셋째, 토지평가(land valuation)의 역할이다. 지적이 토지와 건축의 평가, 토지정책의 집행강화를 위한 수단으로서 이용되는 데에 종종 측량사의 역할은 필수영역이라 할 수 있다. 그 가장 일반적인 예로는 과세를 위한 평가 작업이다. 토지평가는 토지가 수용되거나 구획정리지구에 편입됨에 따라 편입된 재산에 대한 보상가격(補償價格)을 정하기 위한 일련의 측량수행은 매우 중요한 과정이다. 또한 구획정리와 분할측량은 토지소유자로 하여금 도로 등 공공시설물의 건설과 유지비용을 분담시키기 위하여 실시되는 경우도 있다.

넷째, 토지이용계획(land use planning) 역할이다. 지적이 최초의 토지 배치(allocation), 분할 및 합병(consolidation) 등을 포함하게 된다는 점에서 지적측량사의 역할 중 중요한 부분이 된다. 특히 측량사는 지역사회의 이익을 보호하는 책임이 있고, 이 임무는 자문과 중재과정을 포함하게 되며 경제적 · 환경적 · 전통적인 관점에서 조화를 이루는 새로운 토지이용계획이 될 것이다.

다섯째, 데이터베이스 관리(database management) 역할이다. 정보기술은 데이터베이스 설계 및 관리에 있어 전문가의 요구사항에 따라 창출되어 왔다. 정보기술이 현대지적에서 중요한 부분인 것처럼, 대용량 데이터베이스는 문자정보뿐만 아니라 도형정보를 관리하고 운영하는데 있어서 전문가들의 관리가 필요하게 되었다. 측량사는 이 분야에서 중요한 역할을 담당하고 있으며 컴퓨터 시스템에 대한 교육은 오늘날의 측량사를 위한 교육훈련 프로그램의 불가결한 요소이다.

여섯째, 분쟁해결(dispute resolution) 역할이다. 주요 북유럽을 제외하고 일부 국가에서 지적측량은 측량사가 법적으로 연계된 토지문제에 관련하여 의사결정을 하는데 법적으로 중요성을 가진다. 이것은 다음과 같은 문제들이 될 수 있다.

① 민간 개발업자와 일반 대중의 권익을 고려한 토지분할의 허가 문제
② 토지소유자들 사이에 소유권에 관한 이전의 허락 여부
③ 수용된 토지에 대한 보상 대상자 문제
④ 과거 기록의 올바른 법적 해석 문제

그러나 결과적으로 측량사의 역할은 최초의 법정을 대신하여 실질적인 위원회 또는 법정의 독립적인 자문 또는 전문가로서 업무를 수행하고 있다.

5 지적측량과 일반측량의 비교

지적측량과 측지측량은 측량이라는 범주 내에서 적용되는 기준에 따라 다소의 차이를 보이고 있다. 즉 추구하는 목적, 측량방법, 측량의 유형, 측량기관, 성과검사 등에서 양자는 다른 양상을 보이고 있어, 이에 대하여 검토하고자 한다.

측량목적에 따라 지적측량은 토지에 대한 물권이 미치는 범위와 면적 등을 등록 · 관리 · 공시하기 위한 법적 측량을 의미하는 반면, 측지측량은 건설공사의 시공을 위하여 주요 지형 · 지물의 형태와 위치 등을 나타내기 위한 측량을 말한다. 특히 측량은 공간상에 존재하는 일정한 점들의 위치를 측정하고 그 특성을 조사하여 도면 및 수치로 표현하거나 도면상의 위치를 현지에 재현하는 것을 말하며, 측량의 사진의 촬영, 지도의 제작 및 각종 건설 사업에서 요구하는 도면작성 등을 포함한다(공간정보의 구축 및 관리 등에 관한 법률 제2조).

측량방법 차원에서 지적측량은 평판측량, 경위의 측량 ,전자평판측량, 사진측량 및 위성측량 등을 적용하도록 규정되어 있는 반면, 측지측량은 별도의 규정 없이 모든 측량방법의 적용이 가능하다는 것이다. 특히 측지측량의 경우, 측량방법과 절차 등이 상세히 규정되어 있지 아니하고 측량목적에 따라 측량방법과 절차 등에 당해 측량사가 여러 가지 방법 중에서 선택적이고 자의적으로 선택하여 측량을 실시하게 된다.

측량유형에 따른 지적측량은 기초측량과 세부측량으로 구분되고, 기초측량은 지적삼각측량 · 지적삼각보조측량 · 지적도근측량 · 지적위성측량 등이 해당되고 세부측량은 신규등록 · 분할 · 경계복원 · 현황측량 등이 해당된다. 반면 측지측량은 기본측량과 공공측량으로 구분된다. 기본측량은 모든 측량의 기초가 되는 공간정보를 제공하기 위하여 국토교통부장관이 실시하는 측량을 말하며, 공공측량은 국가 · 지방자치단체 · 그 밖에 대통령령으로 정하는 기관이 관계 법령에 따른 사업 등을 시행하기 위하여 기본측량을 기초로 실시하는 측량과 공공의 이해 또는 안전과 밀접한 관련이 있는 측량으로서 대통령령으로 정하는 측량을 말한다.

측량기관 및 검사에 따른 지적측량은 한국국토정보공사와 지적측량업자로 구분하여 실시하고 있을 뿐만 아니라 측량성과의 검사기관인 소관청과 지적측량수행자로 이원화하여 측량성과에 대한 정확성을 확보할 수 있도록 제도적인 장치가 마련되어 있으며, 지적측량에 대한 공신력을 인정하고 있어 측량착오로 인하여 민원이 야기되면 1차적인 책임은 한국국토정보공사와 지적측량업자가 지게 되나 최종 책임은 국가기관의 장이나 소관청이 지게 된다. 반면 측지측량은 공간정보기술자격을 취득한 후 국토교통부 산하 국토지리정보원 또는 지방국토관리청에 측량업을 하기 위하여 등록한 기술자만이 종사할 수 있도록 규정되어 있다. 또한 기준점측량성과 검사는 대한측량협회에서 수행하고 있다.

한편 측량의 성격에 따라 지적측량은 기술상 인위적이고 1필지에 맞추는 측량, 성질상 토지 소유권을 확보하기 위한 측량, 이해관계상 토지소유자의 입장에서 토지소유자를 대신하여 시행하는 측량을 의미한다. 반면 측지측량은 기술상 현황대로 하는 측량, 성질상 공사를 위한 측량, 이해관계상 기업자의 입장에서 하는 측량의 성향을 갖는다는 것이다.

표 22-1 **지적측량과 측지측량의 비교**

구분	지적 측량	일반 측량
목적상	토지에 대한 물권이 미치는 범위와 면적 등을 등록 · 공시하기 위한 사법적 측량	건물공사의 시공을 위하여 주요 지형 · 지물의 형태와 위치 등을 나타내기 위한 측량
측량방법	평판측량 및 전자평판측량 경위의 측량 전파기 또는 광파기 측량 사진측량 및 위성측량	특별한 제한 없음 (모든 측량방법 적용 가능)
기술상	인위적, 1필지에 맞추는 측량	현황대로 하는 측량
성질상	토지소유권을 확보하기 위한 측량	공사를 하기 위한 측량
이익관계상	토지소유자의 입장에서 토지소유자를 대신하여 시행하는 측량	기업자의 입장에서 하는 측량
신뢰상	독자적인 체계로서 일반측량과 분리되어 오랜 역사를 가진 측량	측량학의 일반원칙에 의하여 행하는 측량
효력상	영속적인 법적 효력을 갖는 측량	기본측량을 제외하고는 공사의 완료와 동시에 측량성과가 불필요한 측량
측량기관	한국국토정보공사 지적측량업자	측량업등록자(자유업)
성과검사	국가(소관청)	기준점측량성과 : 대한측량협회 일반측량성과 : 미 검사

SECTION 23 지적측량의 분류

1 개요

지적측량은 사용하는 기재에 따라 평판측량, 전자평판측량, 경위의 측량, 전파기 또는 광파기측량, 사진측량 및 위성측량 등의 방법으로 시행된다. 일반적으로 평판측량은 도해법에 의한 세부측량을, 경위의 측량은 기초측량과 수치측량으로 하는 세부측량을, 전파기 또는 광파기측량 및 위성측량은 기초측량과 수치측량으로 하는 세부측량을, 사진측량은 기준점측량과 세부측량을 하는데 각각 사용된다. 한편 지적측량은 사용기기에 의한 분류, 절차에 의한 분류, 경계표시방법에 의한 분류, 목적별 분류로 나누어 검토해 볼 수 있다.

2 사용기기에 의한 분류

사용기기에 의한 지적측량의 분류는 평판측량, 전자평판측량, 경위의 측량, 전파 · 광파측량, 사진측량, 위성측량(GPS) 등으로 구분할 수 있고, 이외에 Total Station 및 LiDAR (Light Detection and Ranging) 등을 검토해 보고자 한다.

2.1 평판측량(Plan Table Survey)

평판측량은 1950년 프렉트시우스(John Practosius)가 발명한 것으로서 평판을 이용하여 야외에서 직접도면상에 그 측량성과를 나타내는 측량방법으로서 성과의 결정은 지적측량기준점이나 이미 알고 있는 기지점을 기준으로 하고 현장에서 직접 도해하여 도면을 작성하는 측량을 말한다. 이때 평판에서 다음 측정점까지 연결하는 방향선을 그리고 거리를 측정하여 측정점의 위치를 결정한다. 이 측량방법은 일반적으로 현장에서 시각적으로 확인하면서 측량작업이 수행되므로 측량작업 중 필요사항에 대하여 누락시킬 이유가 없고, 측량과실에 대한 발견의 용이함 등의 장점을 가지고 있다. 그러나 측량성과의 관리가 종이도면으로 관리됨으로써 도면 신축에 의한 오차가 발생하고, 또한 기후에 영향을 받아 우천 시 등의 날씨에는 측량이 불가능하며, 측량성과에 있어 가장 중요한 요인인 높은 정확도를 거대할 수 없다는 단점을 가지고 있다(곽정완 · 김진, 2011 : 30-31).

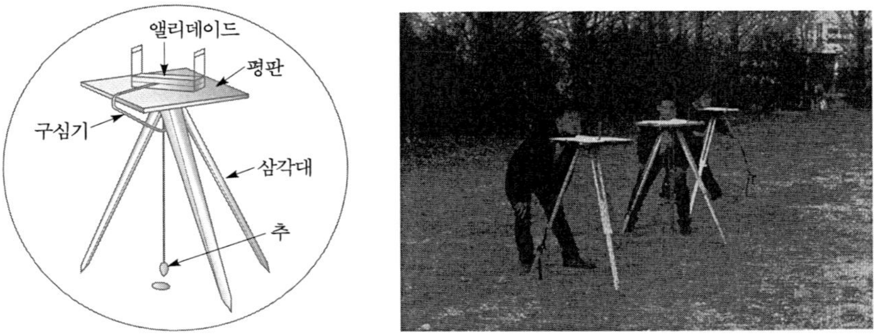

그림 23-1 평판측량

2.2 전자평판측량(토털측량시스템 Electric Plane Table Survey)

전자평판측량은 지적측량 전문프로그램으로서 한국국토정보공사에서 필요한 지적도면 파일의 관리, 현장관측, 경계복원, 면적조정과 같은 업무를 현장에서 실시간으로 처리할 수 있는 소프트웨어에 대한 내용이다. 주요 기능은 토털스테이션과 GPS와 연계하여 현행의 평판측량체계를 전자평판측정체계로 전환하고자 하는 것이다(한국국토정보공사, 2003 : 3). 전자평판측량은 각도와 거리를 동시에 측정하여 현지에서 직접 필지의 경계점좌표(X, Y, Z)를 계산하여 컴퓨터와 양방향 통신에 의해 데이터를 전송할 수 있는 측량방법으로서 최근 보편적으로 사용되고 있다. T/S의 종류 및 기능도 매우 다양하여 그 사용방법에 있어서도 제조사별로 약간의 차이가 있으나 기본적인 기능 및 조작방법은 비슷하다고 할 수 있겠다. 기존의 아날로그 평판측량을 완벽하게 디지털화하여 각 점에 대한 속성정보 입력으로 데이터베이스 자동구축, Tablet PC시스템으로 완벽한 평판대체 효과와 기존의 평판측량에 의한 오차제거로 정밀도를 향상시킨 것이 장점이다.

전자평판측량에 이용되는 T/S는 과거 대상지점에 프리즘 또는 타깃을 세워 놓고 측점의 거리와 각을 측정하여 위치를 산정하였으나, 최근에는 레이저 거리측정방식을 이용하여 프리즘 없이 대상 지점을 시준하고 위치를 산출하는 무 프리즘 또는 무 타깃 토털스테이션 장비를 활용할 수 있게 되었으며, RF 통신모뎀과 자동시준 기능까지 갖춰 기존 3인 1조 측량인력을 2인 1조 측량이 가능하도록 발전하고 있다. 기존의 평판측량과 전자평판측량의 장·단점을 비교하면 다음 표 23-1과 같고, 전자평판측량은 가격이 비싸지만 시간과 노력을 줄일 수 있고 정확도를 향상시킬 수 있다.

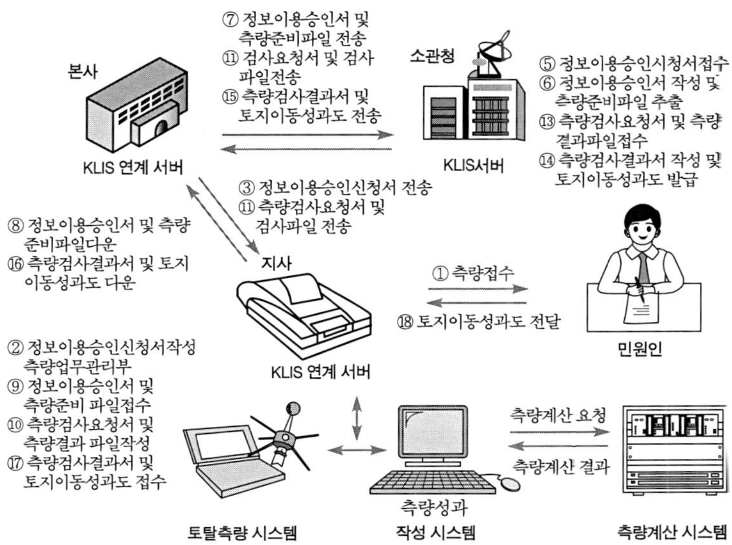

자료 : 김영학, 2006 : 27

그림 23-2 지적측량시스템 운영흐름

표 23-1 **평판측량방법과 전자평판측량방법의 비교**

구분	평판측량방법	전자평판측량방법
측량방법	도선법, 방사법, 현형법	도선법, 방사법, 현형법
측량 준비도	도면등사 / 측량준비도 작성	지적도 및 임야도 수치파일
측량장비	측판 및 광파조준의	토털스테이션 및 컴퓨터
측정단위	약 10cm (1/1,200 지역)	약 1cm (1/1,200 지역)
측량 결과도	수작업	자동제도기
공부정리	수작업	수치파일
데이터 관리	종이도면으로 보관	수치파일로 보관
작업시간	2~3시간	1~2시간
장점 · 단점	측량결과의 정확도 미흡 작업이 복잡	획일성 또는 성과제시로 정확도 향상 작업이 간편

출처 : 라용화, 2007, 곽정완 · 김진, 2011 : 31

2.3 경위의 측량(Theodolite Survey)

경위의라는 말은 데오도라이트(Theodolite)를 한문으로 번역한 말인데 이는 수평각과 연직각을 정밀하게 관측하는 장비이다. 즉 주로 수평각과 연직각을 정확하게 측정할 수 있도록 만들어진 측량기계이나 그밖에도 직선의 연장, 연직각의 설정, 간접거리측량(stadia측량), 간접수준측량 및 방위각 측량에도 이용할 수 있는 다목적 측량기계이다. 경위의 중에는 수평축의 둘레를 망원경이 전회전하여 연직각을 관측할 수 있는 것을 전경경위의라고 하여 이를 보통 트랜싯트(Transit)라 하나, 데오도라이트와 트랜싯트의 구비조건만을 구분할 수 없고 제작사의 명칭에 따를 뿐이다. 과거 경위의는 연직각 관측장비사 수평각 관측장비보다 정밀도가 훨씬 떨어지는 것이 보통이었지만 현재 제작되는 장비는 수평각과 연직각의 관측 정밀도가 거의 비슷하다(박상진, 2000 : 67-68). 한편 망원경의 시준선이 방향각과 고도를 바로 나타내게 하기 위해 기계가 갖추어야 할 조건은 경위의 수직축을 연직선에 일치케 한 때에는 시준축과 수평축, 수평축과 수직축, 수평축과 수직분도반, 수직축과 수형분도반이 서로 직교가 되어야 한다는 것이다.

그림 23-3 경위의 측량

2.4 전파 · 광파기측량(Electric and Optical wave meter survey)

전자파에 의한 거리측량은 전파가 두 지점 간을 왕복하는데 필요한 시간을 측정하고 이것으로부터 두 점간의 거리를 측정하는 방법이다. 오늘날 적용하고 있는 전파 · 광파측거기는 본체로부터 발신되는 광파가 측정점에 설치된 반사경(reflector)에서 반사되어 되돌아올 때까지의 위상차를 측정하여 거리를 산출하는 방식을 적용한다. 이 위상차는 특수한 조건 하에서 시간 또는 길이의 단위로 나타나는 주파수의 일부분으로 간주할 수 있다(강태석, 2000 : 234-241). 광의 발진과정에 있어서 전파장치의 빔이 일정한 주기로 명멸하므로 이 때 생성되는 광의 위상은 광의 속도로 전송장치에 반사경으로 진행하여 수신장치로 되돌아온다.

그림 23-4 전파 · 광파기 측량

2.5 항공사진측량(Aerial Photography)

항공사진(Aerial Photography)은 항공기 및 비행선, 기구 등에 탑재된 측량용 사진기로 촬영된 사진을 말한다. 항공사진은 주로 3차원 위치 결정에 의한 정량적 분석과 지형지물의 판독과 같은 정성적 분석을 위해서 촬영하는데, 국내에서는 대상지역을 촬영방향으로 인접사진끼리 60% 중복시키고 촬영코스 간에는 30% 중복시켜서 촬영하여 빠짐없이 3차원 위치를 측정할 수 있다. 항공사진측량은 19세기 프랑스에서 사진 기술을 발명하였고, 이후로 칼라항공사진이 출현하게 됨에 따라 도시계획, 자원 관리와 같은 사진 판독분야에 많은 발전을 가져왔다. 특히 근래에 개발된 항공기용 디지털카메라는 기존의 항공사진기와는 다르게 흑백, 천연색, 칼라적외선 사진을 동시에 촬영할 수 있고, 색의 감지기술이 기존의 필름보다 월등하여 더욱 선명한 항공 영상을 촬영할 수 있다. 또한 지상측량에 비해 균일성이 보장되고 경비와 시간 면에서도 훨씬 효율적이며, 사진에 수록된 내용으로부터 지형, 지질, 식생, 토지이용 상태 등 제반정보를 판독할 수 있다는 부수적인 장점이 존재하지만 현재까지는 지적측량 실무에서 그 여건상 항공사진측량이 보편적으로 많이 이용되고 있지 못하다.

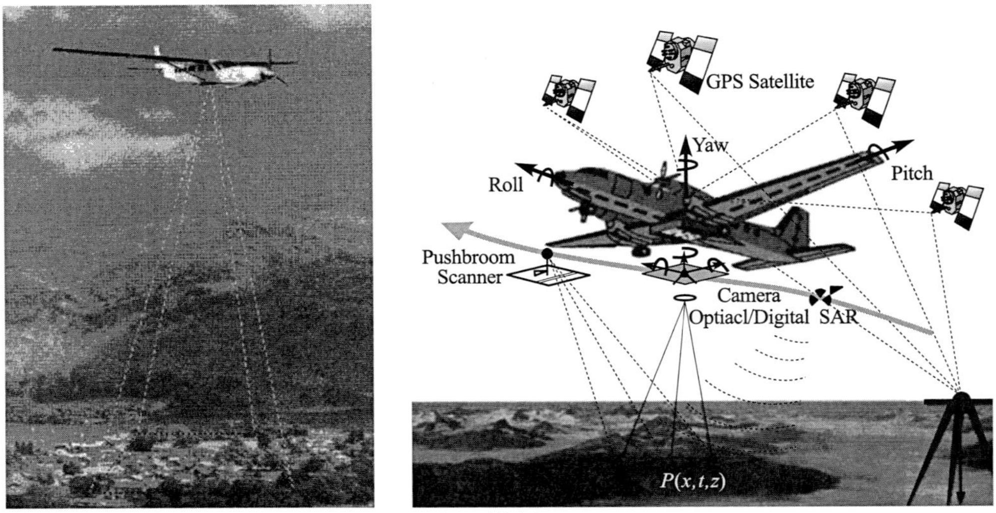

자료 : 한국국제협력단, 2008 : 67

그림 23-5 항공사진 측량원리

2.6 위성측량(Global Positioning System)

위성측량(GPS) 방법은 위성의 전파를 수신하여 대상 지점의 위치를 결정하는 방법이다. 지적측량에 이용하고 있는 GPS측량방법에는 정지측량(Static survey), 이동측량(Kinematic survey), 실시간이동측량(Real time kinematic survey)방법 등이 있다.

우선 정지측량(Static survey)은 단일측량 세션 동안 수신기 한 대는 고정점에, 다른 수신기는 미지점에 일정시간동안 동시에 관측하는 기법이다. GPS에 의한 수치지도 자료의 취득방법으로서 고정된 점 또는 저속으로 움직이는 지점의 좌표를 GPS 위성과 GPS 측량 장비를 이용하여 취득된 좌표자료와 그 지점의 속성정보를 결합함으로써 수치지도의 자료를 구성하는 방법이다. 이 방법은 관측되는 점의 위치에 관계없이 동일한 좌표 체계 내에서 비교적 저렴한 비용으로 높은 정확도의 좌표값을 얻을 수 있다는 장점을 가지고 있다. 정지측량은 비교적 긴 관측시간을 요하는 만큼 장거리 기선장의 정밀관측에 유효하다. 기준점 측량에 주로 사용되며 기선장에 따른 오차의 크기는 1ppm(기선장 10km 당 1cm의 오차) 정도이다. 이동측량(Kinematic survey)방법은 정지측량의 관측시간이 길게 소요되는 것을 해결하여 측량작업의 생산성을 높이기 위해 개발된 방식이다. 기선벡터의 계산에 필요한 정수파의 수치를 신속하게 결정하는 방법을 다양하게 개발, 사용화 한 것으로 움직이는 물체에 대한 궤적의 표현이다. 관측시간은 방식에 따라 다르나 점당 최저 0.5초에서 최대 10분 정도의 관측시간이 소요되며 좌표계산은 후처리를 통해 수행한다. 실시간이동측량(Real time kinematic survey)방법은 측점의 좌표를 바로 구할 수 있는 방식이다. 기준점에 설치한 GPS수신기로부터 취득 계산된 데이터를 무선으로 이동용 GPS수신기에 전송시켜 실시간으로 이동점의 정확한 위치를 나타나게 한다. 보통 이용 가능한 거리로는 3~5km이나 무전기의 성능에 따라 좌우된다. 오늘날에는 PDA나 이동전화를 이용하여 더 넓은 지역을 측량하는 방법이 개발되고 있으며 대표적인 방법이 Virtual Reference Station (VRS)이다. VRS측량은 RTK 측위와 동등한 측위정도를 얻을 수 있고, 또한 초기화 시간이 1분 이내이므로 종래의 RTK 측위에 비해서 생산성이 대폭적으로 향상되었다. 또 고정국의 설치도 필요치 않으며 고정국의 선점 및 설치작업, 배터리 교환과 작업원이 배치 등 지금까지 시간과 노력이 걸렸던 부분을 생략할 수 있다. 이들 중 정지측량 방법이 현재 지적측량분야에서 지적삼각점과 지적삼각보조측량에 이용되고 있으며 VRS 측량 방식도 세부측량에의 실무적용 노력이 지속되고 있다.

그림 23-6 위성측량

2.7 LiDAR(Light Detection and Ranging)

LiDAR시스템은 고정밀 DSM을 제작하는 최신의 기술로서 완전 자동처리가 가능하여 처리 속도가 빠르며, 능동적 센서로 날씨에 구애받지 않고 측량할 수 있다. 또한 지상기준점측량 작업이 어려운 해안, 습지 측량과 그림자에 의해 방해받는 산림, 도심 지역에서의 수치표고모형 제작에 유리한 장점이 있으며, 측량 정확도에 있어서도 최적의 경우 수직위치정확도 15cm, 수평위치정확도 30cm를 보장하는 혁신적인 측량기법이다. LiDAR시스템은 레이저 스캐너, GPS, IMU(Interial Measurement Unit)로 구성되어 있으며, 레이저 스캐너는 다시 거리측정부와 스캐닝부분으로 분할되고, 이들은 제어부에 의해 통합 운영되고 제어된다. 또한 자료의 처리와 장비의 운영 및 관측을 위해서 자료 저장매체, 지상 기준국용 GPS, 작업계획 및 자료 처리를 위한 소프트웨어 및 항법장치 등의 사용이 권장된다. GPS가 센서의 위치를 IMU가 센서의 자세를 레이저 스캐너가 센서와 지표면 상 표고점까지의 거리 및 방향을 측정하여 지표면상의 표고점에 대한 3차원 X, Y, Z 좌표를 결정한다.

항공레이저측량에서 레이저를 스캐닝하는 방식은 크게 레이저센서 저면에 부착된 거울이 진동하거나 Palmer 스캐너, Fiber 스캐너, 회전 다각형 등의 방식으로 나눌 수 있다. 각각의 방식에 의해 생성되는 스캔 라인의 일반적인 형태는 진동 거울에서는 지그재그선 또는 평행선, Plamer 스캐너에서는 타원형, Fiber 스캐너에서는 평행선 그리고 회전다각형에서는 평행선으로 나타난다. 레이저스캐너는 비행경로 좌우방향의 관측범위 확대를 위해 사용되며, 관측범위는 주사각(Scan angle)과 비행고도에 따라 결정된다. 이외에 주사율(Scanning rate), 비행고도, 비행속도, 초당 레이저 측정 횟수 등에 의해 항공레이저측량 자료의 밀도와 특성이 결정된다.

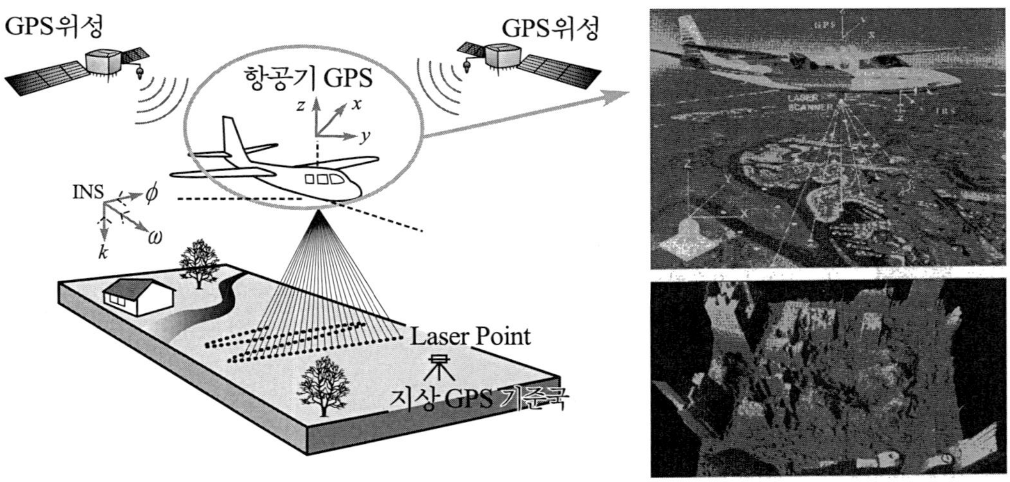

자료 : 지적연구원, 2007 : 43

그림 23-7 LiDAR의 촬영 원리

3 지적측량의 절차에 의한 분류

지적측량은 절차에 따라 기초측량과 세부측량으로 구분할 수 있고, 기초측량은 지적삼각측량, 지적삼각보조측량, 도근측량, 위성측량으로 구분되고, 세부측량은 경위의 측량과 평판측량 및 전자평판측량으로 구분된다.

3.1 기초측량(Primary control point surveying)

기초측량이란 모든 측량의 기초가 될 기초점의 설치를 위하여 시행하는 측량으로 지적측량의 기초측량은 지적삼각점측량, 지적삼각보조점측량, 지적도근점측량, 위성기준점측량의 4가지로 분류하며 세부측량 시행 상 기초점이 필요한 경우에 실시하는 측량을 말한다.

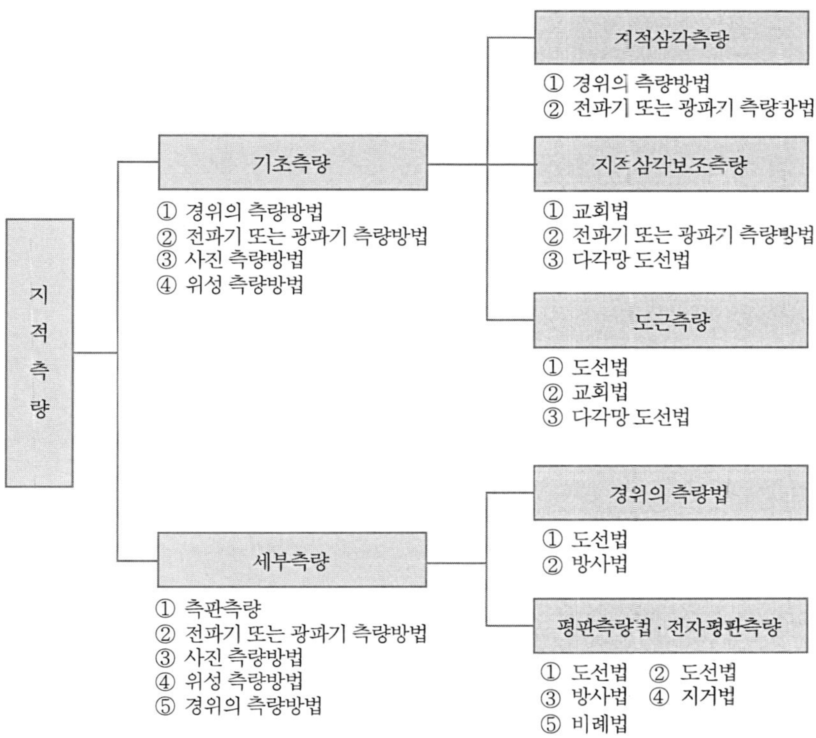

그림 23-8 지적측량의 절차에 의한 분류

1) 지적삼각점측량(Cadastral triangulation point)

지적삼각점측량이란 삼각점과 지적삼각점을 기초로 하여 지적측량의 기초가 되는 지적삼각점을 영구적으로 보존할 수 있는 장소에 설치하기 위하여 삼각법에 의하여 실시하는 측량으로서 점간거리를 평균 5km 정도로 한다.

2) 지적삼각보조점측량(Cadastral complementary triangulation point)

지적삼각보조점측량이란 삼각점, 지적삼각점 및 지적삼각보조점을 기초로 하여 도근측량의 기초가 되는 지적삼각보조점을 설치하기 위한 측량으로서, 기설 지적삼각점과의 연결이 곤란한 경우에 실시하며 점간거리를 평균 3km 정도로 한다. 지적삼각보조점측량을 할 때 필요한 경우에는 미리 지적삼각보조점 표지를 매설할 수 있으며, 보조점의 명칭은 "보"로 하고 측량 지역별로 설치순서에 따라 일련번호를 부여한다.

표 23-2 삼각측량과 삼변측량의 비교

구분	삼각측량	삼변측량
의의	삼각형의 내각을 측정하여 각 오차를 조정 계산함으로써 소구점의 좌표를 구하는 측량방법	변의 길이를 측정하여 소구점의 좌표를 구하는 방법
원리	삼각형의 세각을 관측하여 각종 측량의 기준이 되는 기준점의 위치를 sin법칙을 이용하여 소구점의 좌표를 구하는 측량방법	삼각형의 세변의 길이를 관측하여 각종 측량의 기준이 되는 기준점의 위치를 cos법칙, 반각공식, 면적조건 등을 이용하여 소구점의 좌표를 구하는 측량방법
장·단점	① 변의 관측보다 각의 관측에 더 정밀을 요함 ② 정밀한 각 관측 장비를 필요로 함 ③ 내각의 크기는 30도 이상 120도 이하 ④ 삼각망은 최소한 한 점 이상의 기지점에 고정, 출발변의 방위각 알아야 함 ⑤ 측지삼각측량에는 구면삼각형 지식 필요 ⑥ 기선설치에 어려움이 있음 ⑦ 조정을 위한 조건식이 많음 ⑧ 조정계산에 시간이 많이 소요됨 ⑨ 관측거리에 한계가 있음 ⑩ 장거리를 관측하기 위해서는 높은 관측탑을 필요로 함	① 장거리를 신속하게 관측 ② 변의 수가 증가함에 따라 방위각 오차가 누적되므로 많은 방위각의 관측필요 ③ 삼각측량에 비하여 신속하고 경제적인 방법 ④ 기선확대가 불필요함 ⑤ 각과 변장을 적당히 관측하여 삼각망을 만듦 ⑥ 변장만으로 삼각망을 만듦 ⑦ 조정을 위한 조건식 수가 적다 ⑧ 변의 관측이 정밀도 좌우함 ⑨ 정밀도 검증을 위한 잉여조건 및 복잡한 기하학적 도형이 필요 ⑩ 장거리 관측시 높은 관측탑이 불필요 ⑪ 측정된 거리는 모든 기계오차와 기상보정을 필요로 함 ⑫ 관측거리는 경사거리이므로 평균해수면상의 수평거리로 환산

3) 도근점측량(Topographic control surveying)

도근점측량이란 삼각점, 지적삼각점, 지적삼각보조점, 도근점을 기초로 하여 세부측량의 기초가 되는 도근점을 설치하기 위하여 실시하는 측량을 말한다. 즉 지적도근측량 또는 다각측량은 지적기초점을 설치하기 위하여 사용되는 편리하고 신속한 방법이다. 도근측량은 삼각측량이나 삼변측량을 시행하기 어려운 밀집한 시가지에서나 삼림지역에서 시준 길이가 짧은 경우에 유효하다. 또한 도시재개발, 신시가지 개발 등에 따른 토지구획정리의 시행지역이나 공업개발에 의한 택지개발지역 등의 지적확정측량과 지적도의 축척변경지역, 토지분할 등 집단지, 광대지 이동지역이 지적도 또는 임야도 1매 이상의 면적에 해당하는 경우와 지적세부측량 시행상 특별히 필요한 때에 실시한다.

도근점측량은 측량의 정밀도를 높이기 위하여 일반적으로 삼각점, 지적삼각점, 지적삼각보조점 및 다른 도근점을 기초로 하여 도선법, 방사법 또는 교회법으로 실시하며, 도선법 중 시가지에서는 배각법을 실시하며, 이보다 정밀도가 낮은 방법으로 방위각법이 있어 농촌 및 기타지역에서 사용하도록 되어 있으며, 이들은 연결된 기준점이나 계산 방법에 따라 1등도선과 2등도선으로 구분하여 실시하게 된다. 한편 방위각에는 진북방위각, 도북방위각, 자북방위각의 3가지가 있다.

① 진북방위각

자오선의 북방향(북극)을 기준으로 하여 시계방향(우회)으로 측정한 각을 말한다. 자오선은 북극 측점과 남극을 연결하는 유일한 선을 말하는 것이다.

② 도북방위각

평면직각종횡선의 중축의 북방향을 기준으로 하여 우회로 측정한 각을 말한다. 즉 도북방위각은 우리나라 3원점의 종선을 각각 기준으로 하여 구획된 지적도 도곽의 종선과 일치되며 원점상에서는 도북방위각과 진북방위각이 일치된다. 도북방위각은 각 원점에서 동 또는 서로 멀리 떨어질수록 진북방위각과의 차가 커지며 이를 자오선 수차라 하고, 삼각측량 성과표에서는 이를 α로 표시한다.

③ 자북방위각

자북방위각은 자침이 가리키는 북방향을 기준으로 하여 우회로 측정한 각을 말한다. 자북은 우리나라 위치에서 북극을 향한 때 약간 서편에 기울어져 이를 서편차라 한다.

Zoom in

우리나라 측량원점

1. 의의

우리나라의 측지원점의 설치는 없었으며 일본의 동경원점을 그대로 이용한 지역좌표계로 현 사용하고 있는 삼각망은 토지조사사업당시 일본의 삼각망인 대마도의 유명산과 어악의 1등 삼각점으로부터 우리나라의 거제도와 절영도에 사각망으로 연결하고 전국의 삼각망을 확장하여 오늘에 이르고 있다. 동경원점의 경도 값은 1984년에 공시된 값에다 1918년 무선전신에 의하여 개측을 실시하여 +10.405″ 만큼의 성과차가 있으나 우리나라는 수정하지 않고 있다.

2. 측량의 원점

① 국가원점(측지원점)

㉠ 1981년 8월부터 1985년 10월말까지 정밀천문측량을 실시하여 12월 27일 성과 발표하였음

㉡ 위치 : 국토지리정보원

㉢ 관측성과에 의한 측지원자

- 경도 : 127° 03′ 05.1451″E
- 위도 : 37° 16′ 31.9034″N
- 원방위각 : 170° 58′ 18.190″

* 원방위각은 경위도 원점에서 경기도 화성군 태안면 동학산에 있는 2등삼각점을 시준한 것임

② 수준원점 : 청원진인목

㉠ 우리나리의 표고기준은 1911~1916년에 청진, 원산, 진남포, 목포, 인천에 험조장을 설치하여 평균해수면을 관측

㉡ 이들을 기준으로 전국의 수준점을 설치하였으며

㉢ 현재 사용하고 있는 것은 인하대학교 내에 설치된 수준원점(표고 26.6871m)

③ 통일원점

㉠ 지도상 제 점간의 위치관계를 용이하게 결정할 수 있으며

㉡ 모든 삼각점의 평면위치(x,y)를 나타내는 기준

㉢ 원점은 종선(X)에 50만 m(제주도 55만 m), 횡선(Y) 20만 m 가산하여 사용

- 동부원점 : 북위 38°, 동경 129°
- 중부원점 : 북위 38°, 동경 127°
- 서부원점 : 북위 38°, 동경 125°

④ 구소삼각원점

구한말 지역별로 원점을 정하여 측량을 실시하였는데 이 지역을 구소삼각원점지역이라 하며 총 11개 원점으로 조본, 망산, 계양, 고초, 율곡, 현창, 구암, 등경, 금산, 가리, 소라가 있다. 원점은 종선(X)=0, 횡선(Y)=0으로 하고 단위는 간(間)으로 하였음

3.2 세부측량(Detail surveying)

세부측량이란 어느 정도 높은 정도로 측정된 골조 또는 도근점을 기준으로 하여 그 주위의 지물, 지형 및 경계점 등을 측정하는 세부적인 측량을 말한다.

1) 경위의 측량법(Theodolite)

경위의라는 말은 데오도라이트(Theodolite)를 한문으로 번역한 말인데 이는 수평각과 연직각을 정밀하게 관측하는 장비이다. 경위의 중에는 수평축의 둘레를 망원경이 전회전하여 연직각을 관측할 수 있는 것을 전경경위의라고 하며 이를 보통 트랜싯트(Transit)라 하나, 데오도라이트와 트랜싯트의 구비조건만으로 구분할 수 없고, 제작사의 명칭에 따를 뿐이다. 과거 경위의는 연직각 관측장비가 수평각 관측장비보다 정밀도가 훨씬 떨어지는 것이 보통이었지만 현재 제작되는 장비는 수평각과 연직각의 관측 정밀도가 거의 비슷하다.

2) 평판측량법(Plane Table Surveying)

평판측량이란 평판을 세우고 평판에 제도지(sheet of drawing paper)를 붙여 평판시준기(alidade)로 목표물의 방향, 거리, 높이차들을 관측하여 직접 현장에서 위치를 결정하는 측량방법이다. 측판측량은 측량기법 중 가장 오래된 것으로 지적측량과 지형 전체의 지형도제작을 하는 토목, 광산, 산림, 지질, 농업, 고고학 등에 광범위하게 이용되고 있다. 평판측량법에 의한 세부측량은 교회법 · 도선법 · 방사법 · 지거법 · 비례법에 의한다.

① 교회법(Method of intersection and resection)

교회법이란 도상의 모든 점의 평면 위치를 평판을 사용하여 방향선 만으로 점의 위치를 도해적으로 구하는 측량 방법으로 전방, 후방, 측방교회법이 있다.

• 전방교회법(Method of forward intersection)

전방교회법은 평판 측량에 있어서 평판상에 도시되어 있는 2개 또는 3개의 기지점에 평판을 차리고 방향선만으로 다른 구점의 평면도상의 위치를 결정하는 방법을 말한다. 또한 삼각 측량에서 기지점으로부터 구점의 방향각을 관측하고 구점에서는 관측을 하지 않고 그 위치를 구하는 방법을 말하며, 목표로 되는 지형 · 지물 등의 위치를 구할 때 쓰인다.

• 후방교회법(Method of resection)

후방교회법은 도상의 모든 점의 평면위치를 평판을 사용하여 방향선만으로 도해적으로 구하는 방법으로, 구하려는 점에 평판을 거치하고 기지의 3점에서 방향선 1점에 만나도록 한다. 방법으로는 벳셀법, 레만법, 투사지법 등이 있다. 즉 벳셀법(Bessels method)은 벳셀이 고안한 것으로 나침을 쓰지 않고 후방교회법으로 측판을 표정할 수 있는 방법을 말한다. 투사지법(도해3점법 : Tracing paper method)은 측점주위에 있는 다수의 기지점을 기준으로 신뢰할 수 있는 위치를 결정하는 방법을 의미하고, 레만법(Lehman's method or trial method)은 기지점은 A, B, C라 하고 이에 상응한 도상점을 a, b, c라 하면 구하는 점 P는 도상점 p가 된다.

• 지상원호교회법

지상원호교회법은 도상점의 지상위치를 결정하는 방법으로서 기지 3점과 구점과의 도상거리를 지상거리화하여 이를 반경으로 각 기지점(지상)을 중심으로 하여 지상에 원호를 그려 그들의 교회점을 지상위치로 하는 방법이다. 실지에서는 지상에 원호를 그리기가 곤란하므로 기지점에서 지상점이라고 인정되는 위치를 향하여 권척을 당겨 도상거리에 상응하는 점에 권척과 직각으로 표척을 놓으면 곧 원호의 일부로 간주할 수 있다. 한편 원호의 교각 등 교회법에 준한다.

• 측방교회법(Lateral intersection)

측방교회법은 측량의 한 방법으로 어떠한 측정점을 구하기 위하여 기준점에 대하여 지점의 위치를 모르는 곳에서 관측하는 측량의 한 방법으로 3개의 기지점 중의 1점과 미지점에 의하여 점의 위치를 구하는 측량방법을 말한다.

② 도선법(Graphical traversing)

도해도선법은 평판측량에서의 측점간의 거리 및 방향을 측정하면서 차례차례 평판을 옮겨가는 방법이다. 평판을 하는 도근측량이라고도 할 수 있는 방법으로서 노선측량 또는 시가지 등에서와 같이 1점에서 많은 측점을 관측할 수 없는 경우에 편리하다. 여기에는 단도선법과 복도선법이 있다.

③ 방사법(Method of radiation)

방사법은 각 측점이 보이는 1점에서 여러 점의 방위와 거리를 측정하는 간단한 측정방법을 말하며 넓은 지역의 경우 시야가 막힘이 없을 때 사용하고, 거리는 시거측량이나 줄자를 이용한다.

④ 지거법(Offset method)

지거법은 지거를 측정하여 지거대장에 의해서 실내에서 도화 작업을 하는 측량 방법이다. 또 측량지역 내의 면적을 구할 때 측선의 양단에 지거선을 긋고, 경계선과 측선의 두 지거선으로 둘러싸인 면적을 간단한 기하학적인 형상으로 세분하여 그 면적을 구하는 방법으로서 제형(梯形)공식, 심프슨 제1법칙, 심프슨 제2법칙이 있다.

⑤ 비례법

비례법은 측량지역 내에 장애물이 있는 경우에 교회법이나 도선법으로 점을 측정할 수 없을 때에 사용하는 방법이다. 측정점의 선정은 측판을 표정한 길이 이하로 하되, 방향선 길이의 3분의 1정도로 한다.

4 토지의 경계표시방법(측량의 정도)에 의한 분류

지적측량을 토지의 경계표시방법에 따라 분류해 보면 도해지적측량과 수치지적측량으로 나누어진다. 지적측량은 토지경계점을 측지학상 정확하게 결정하여 소유권을 비롯한 모든 토지에 대한 권리가 미치는 한계를 명확히 밝히는 것이 가장 큰 목적이라 할 수 있다. 이런 경계점의 위치를 도면으로 표시하는 방법을 도해지적측량이라고 하고, 수치로 표시하는 방법을 수치지적측량이라고 한다(강태석, 2000 : 18-23). 다만 수치지적측량의 일종으로 계산지적측량을 고려해 볼 필요가 있다고 본다.

4.1 도해지적측량(Graphial cadastral surveying)

도해지적측량이란 토지의 경계점을 지적도 또는 임야도 등 도면에 등록하여 이를 소관청에 비치하고 토지의 경계점은 이 도면에 나타난 것에만 의존하는 지적제도로서 토지의 경계를 도면으로 결정하여 표시한다. 구체적으로 도해지적측량은 지적도의 작성에 있어서 수치측량데이터로부터 등록하지 않는 방식으로서 ① 평판측량 방법과 같이 현지에서 직접 도화하거나 ② 항공사진측량의 블록조정이나 사진집성(mosaic) 등 간단한 사진측량 방법으로 간접적으로 작성할 수 있다.

4.2 수치지적측량(Numerical cadastral surveying)

수치지적측량이란 세지적, 법지적 또는 다목적 지적에 있어서 토지의 경계점을 도해적으로 표시하지 않고 수학적인 좌표로서 표시하는 측량인데, 이는 도해지적측량보다 훨씬 정밀한 결과를 가져온다. 또한 수치지적은 측량의 최종성과로서의 지적도가

① 지상측량에서 수치측량으로부터 얻은 데이터로부터 작성한 경우
② 항공사진을 이용하여 해석사진측량방법으로 얻은 좌표를 이용하여 작성한 경우

를 말한다.

4.3 계산지적측량(Computational cadastre)

최근 발달된 측량기법으로 인하여 측량의 정확도가 높아지고 있으나 시가지에는 경계표시의 설치와 유지관리가 쉽지 않고 또 도시계획과 같이 수치설계에 따라 토지경계선을 설정하는 경우가 많아지기 때문에 어느 때나 경계점의 정확한 위치결정이 용이하도록 측량기준점과 연결하여 관측하는 계산지적의 개념이 나타나고 있다. 그러나 측량방법으로 볼 때에는 수치지적과 계산지적이 차이가 없다. 일반적으로 수치지적은 국지적인 수치데이터로 작성된 것을 의미하나 계산지적은 국가의 기준계에 의하여 각 경계굴곡점을 표시한 것이다. 따라서 이것을 좌표지적이라고도 한다. 좌표지적의 장점은 단일 기준좌표계로 되어 지적의 자동화가 용이하도록 되어 있다는 점이다.

5 측량하는 목적에 따른 분류

지적측량을 목적에 따라 분류하면 복구측량, 신규등록측량, 등록전환측량, 분할측량, 확정측량, 축척변경측량, 기초측량, 등록사항정정측량, 수치측량, 검사측량, 경계복원측량, 현황측량 등으로 나누어 볼 수 있다. 지적측량을 목적에 따라 분류한 유형은 일명 토지이동측량으로 볼 수 있다(강태석, 2000 : 576-596). 즉 토지이동 또는 토지표시변경은 지적공부에 등록된 토지소재, 지번, 지목, 면적, 토지경계, 소유자 기타 등록된 사항의 일부 또는 전부가 변동되는 것을 의미하고, 이에 따른 측량은 신규등록측량, 등록전환측량, 축척변경측량, 토지분할측량 등이 해당된다(박순표 외, 1993 : 333-343).

5.1 신규등록측량(New registraion surveying)

신규등록측량은 토지이동측량에는 속하지 않으나 지적도나 임야도에 등록되어 있지 않는 토지로서 새로이 지적공부에 등록하기 위한 측량이다. 예를 들어 개간, 간척사업에 의한 공유 수면매립 등으로 새로운 토지가 생겼을 경우와 외딴섬으로서 등록이 되지 않은 미등록도서의 등록 등을 들 수 있다. 신규로 지적공부에 등록한 토지가 생긴 때에는 인접지의 토지가 도해지역이나 수치지역에 관계없이 국가가 필요하다고 인정하는 때에 지적측량방법에 의하여 지적공부에 등록한다.

5.2 등록전환측량(Registration conversion surveying)

등록전환측량은 지적공부의 정확도를 높이기 위한 목적으로 소축척인 임야대장 등록지를 대축척인 토지대장에 옮겨 등록하는 경우에 시행하는 측량을 말한다. 즉 임야도에 등록된 토지를 지적도에 등록하고자 할 때에는 지적도 시행지역이 도해지역이나 수치지역에 관계없이 국가가 필요하다고 인정될 때에는 지적측량방법에 의하여 지적공부에 변경하여 등록한다. 또한 등록전환 할 토지가 인근 토지대장 등록지에 명확한 기지점이 있는 경우를 제외하고는 도근점 등 기초점을 설치하여 이를 근거로 측량을 하여야 한다.

5.3 토지분할측량(Partition surveying)

지적공부에 등록되어 있는 일필지 토지에 토지분할사유가 발생하였을 때 2필지 이상으로 나누어 등록하기 위한 측량으로서, 예를 들어 토지의 일부를 매매하거나 지목의 일부가 다르게 되거나 토지이용 상태에 따라 합리적인 경계를 재설정하는 경우에 시행한다. 토지를 분할하여야 하는 때에는 분할측량방법에 따라 새롭게 측량하여 각 필지에 대하여 경계 또는 좌표를 결정하고 지번과 면적을 다시 정한다.

5.4 경계복원측량(Boundary relocation surveying)

경계복원측량은 지적도나 임야도에 등록된 토지의 경계를 현지에 정확히 표시하여 일필지의 한계를 구분하여 주는 측량이다. 경계복원측량은 지적도를 등사하고 측량준비도를 작성하여 현지측량을 실시하는데 지적도에 등록된 경계위치를 정확히 복원하는 일이 용이하지 않다. 경계복원은 반드시 등록 당시의 측량방법에 의하도록 하고 있으며, 측량결과는 반드시 현지에 말목을 받아 표시하도록 되어 있다. 즉 단순히 측량 당시의 사용 장비를 의미하는 것이 아니라 측량 당시에 사용했던 기지점이나 지적측량기준점 기타의 기준점을 확인하여 복원하도록 하자는 것이다.

5.5 지적확적측량(Confirmation surveying for cadastre)

지적확정측량은 주로 도시계획법에 의하여 시행되는 시가지의 신설이나 개량 및 확장에 따른 토지구획정리에서 도로, 광장, 하천, 구거, 공원, 상하수도, 전기, 전화, 가스시설 등 토지 일필지와 관련하여 지번, 지목, 경계, 면적 등을 확립하거나 또한 농업상의 농지의 이용효과를 증진하기 위한 목적으로 관개, 배수 등 설비공사와 농지의 교환, 분할, 합병, 개간, 지목의 변경이나 형질의 변경, 도로, 구거, 제방, 휴반 등 농지관계법에 의하여 지역별로 실시하는 경지정리에 대한 지적측량의 일부로서 행정처분에 속하는 측량을 말한다.

5.6 지적현황측량(Reconnaissance surveying)

지적현황측량은 지상구조물 또는 지형, 지물이 점유하는 위치를 지적도 또는 임야도에 경계와 대비하여 표시하는데 필요한 경우에 시행하는 지적측량이다. 지적측량은 특수한 목적을 갖는 것으로 구분하는데 특별한 사항은 국토 전체의 지형보다는 토지의 기본단위인 일필지의 토지경계 내에 존재하고 있는 지상의 각종 건축물과의 위치관계와 지하시설물과의 위치관계 등 지상 · 지하에 미치는 물권의 한계 등을 표시하여 다목적 토지 관리를 위한 정보체계의 기본 등록 자료를 위한 측량을 요구하고 있다.

5.7 지적복구측량(Restoration surveying)

지적복구측량은 전란이나 자연재해로 말미암아 지적공부가 븐 · 소실하였을 때에 새로이 지적측량을 실시하거나 소유자가 소지하고 있는 권리증서 또는 지적공부 등에 관한 설명자료 등 가능한 한 모든 증빙자료를 수집하여 지적공부를 종전의 내용대로 재작성하는 측량을 말한다. 지적복구측량방법은 기본 복구 자료로 정부문서기록보존소의 토지조사사업 당시의 세부측량 원도를 기초로 소유자가 제출하는 증빙서류들을 참고하여 그 동안의 토지이동 사항을 읍 · 면 · 동에서 비치하고 있는 지적약도와 부본 또는 지적도등본 등을 이용 현지측량을 실시하여 면적을 측량한 결과가 관계 법령의 면적오차 허용범위에 들면 지적복구 측량도가 정확한 것으로 간주하고 오차가 허용범위를 초과한 경우에는 재 측량을 실시하여 경계를 결정한다.

5.8 지적측량의 검사(Inspection of cadastral surveying)

지적측량업자 및 한국국토정보공사가 지적공부의 정리를 목적으로 하는 측량을 한 때에는 자기가 행한 측량성과를 지적소관청에 제출하여 그 성과의 정확여부를 결정하는 검사를 받아야 하고, 지적소관청은 측량검사결과 성과가 정확하다고 인정될 때에만 대행법인에게 측량성과도를 발급한다. 측량검사는 실지에서 지적측량을 시행하여 성과의 대비로서 확인하나 실지측량을 하지 않더라도 잘못이 없다고 인정되는 경우 또는 제출된 측량결과도로서 확인 가능한 경우에는 실지검사의 생략으로 검사에 가름할 수 있다.

5.9 경계감정측량(Boundary appraisal surveying)

경계감정측량은 토지분쟁이 있을 경우 법원에 민사사건으로 제소하면 법관의 요청에 의하여 경계확인 측량을 수행하는 것이다. 이 때에는 현지에 경계를 표시하는 대신 측량 성과도를 감정도로 작성하여 법원에 제출하면 소송수행의 증빙자료로서 이용된다.

5.10 경계정정측량(Boundary correction surveying)

지적공부에 잘못 등록된 경계를 정정하여 바로잡는 측량으로 이를 바꾸어 표현하면 현지의 경계는 변동이 없는데 지적도 또는 임야도에 등록된 토지의 경계가 잘못 그려져 있을 때 혹은 경계점좌표등록부에 등록된 좌표에 오류가 있을 때에 현지의 경계대로 정정하기 위하여 실시하는 측량을 말한다.

6 지적좌표계

6.1 현행 지적좌표계

현재까지 우리나라 지적에서 이용되는 좌표계는 지역측지계 기반의 동경측지계를 사용하고 있으며, 위치를 알고 있는 별을 관측하여 지구표면의 위치를 산출하는 방식으로 경 · 위도상의 한 점을 기준으로 측정한 것으로 주로 자국 또는 특정지역에서만 국한되어 정확도를 검증받아 이용된다. 우리나라에 적용되고 있는 동경측지계는 일본의 동경원점을 기준으로 일본 지형에만 적합하도록 설정된 지역좌표계로 1910년 토지조사사업을 계기로 동경의 한 지점을 기준으로 지금까지 사용하고 있다.

경위도 좌표는 Bessel 타원체를 사용하고 있으며, 평면좌표는 3대 원점을 사용하고 있다.

- 동부원점(북위 제38도선과 동경 129도선의 교차점)
- 중부원점(북위 제38도선과 동경 127도선의 교차점)
- 서부원점(북위 제38도선과 동경 125도선의 교차점)

지적에서 사용하는 기타원점으로는 지역별로 4개의 구소삼각점과 특별소삼각점이 있다.

6.2 세계좌표계

세계측지계는 지구 중심으로부터 지구표면의 위치를 산출하는 방식으로 지구중심을 원점으로 한 통일된 기준으로서 지구의 질량중심을 원점으로 실제 지구 형상과 거의 일치하여 지역적 오차가 없으며, 지상 2만km 궤도에 떠 있는 GPS 위성의 위치정보와도 일치한다. 이는 세계에서 공통으로 이용할 수 있는 위치의 기준이며, 측량 분야에서는 지구상에서의 위치를 경 · 위도에서 나타내기 위한 기준이 되는 좌표계 및 지구의 형상을 나타내는 타원체를 총칭해 측지기준계이기도 하다. 이와 같이 각국의 측지기준계가 측량기술의 제약 등으로부터 역사적으로 주로 자국만을 대상으로 하여 구축된 것인데 비해 세계측지계는 세계 각국에서 공통으로 이용할 수 있는 환경을 제공한다. 세계측지계에서는 지구를 가장 잘 나타내고 있는 타원체(준거타원체)로 지구상의 위치(경도 · 위도 및 평균 해수면으로부터의 높이)를 나타낸다. 이와 같은 상황은 지구 중심을 원점으로 하는 3차원 직교좌표계를 이용해 나타낼 수도 있는데 세계측지계인 ITRF2000좌표계(International Terrestrial Reference Frame : 국제지구기준좌표계)와 GRS80(Geodetic Reference System 1980 : 측지기준계 1980)의 타원체를 사용해 표현한다. 따라서 세계측지계 기반의 좌표계는 여러 영역에서의 활용 가능성과 이용의 편리성이 뛰어나서 전세계적 표준으로 자리를 잡고 있는 실정이다.

1) ITRF(International Terrestrial Reference Frame : 국제지구기준좌표계)

ITRF란 IERS(국제지구회전관측사업)라고 하는 국제적인 학술기관이 구축하고 있는 3차원 직교좌표계로서 이 좌표계는 지구의 질량중심에 원점을 두고, X축을 그리니치 자오선과 적도와의 교점의 방향으로, Y축을 X축의 동경 90도 방향에, Z축을 북극의 방향으로 공간상의 위치를 X, Y, Z의 숫자로 표현한다. ITRF계는 국제협력으로 구축되고 있으며 고정밀도로서 민간분야에서 구축한 것으로 WGS84(World Geodetic System 1984)는 미국 국방성이 구축 · 유지하고 있는 세계측지계로서 GPS는 원래 군사용으로 개발되었기 때문에 WGS계로 운용되고 있다. WGS84는 지금까지 몇 번의 개정을 하여 ITRF계에 접근하고 있는 현재는 거의 동일한 것이라고 말할 수 있으며 ITRF계는 정밀한 WGS84(precise WGS)라고 할 수 있다. 개정된 관련법에서는 위치의 표시에 지구중심직교좌표를 이용할 수 있는 것이 새롭게 규정되어 있어서 이 지구중심직교좌표계로서 구체적으로는 2000년에 있어서의 지구 상태에 근거해 규정된 ITRF계의 좌표계인 ITRF2000 좌표계를 사용해 위치를 표시하는 것으로 하고 있다.

2) GRS80(Geodetic Reference System 1980 : 측지기준계 1980)

GRS80은 IAG(International Association of Geodesy : 국제측지학회) 및 IUGG(International Union of Geodesy and Geophysics : 국제측지학 및 지구물리학 연맹)가 1979년에 채택한 것으로서 지구의 형상, 중력정수, 각속도 등 지구의 물리학적인 정수 및 계산으로부터 된다. GRS80에서는 타원체의 원점으로 정해져 있으며 이 타원체를 GRS80타원체라고 하고, 현재 지구를 가장 잘 나타내고 있는 타원체로서 널리 이용되고 있다. 그러나 GRS80타원체는 좌표계에 관해서는 명확하게 결정되어 있지 않아서 WGS84계에서는 물리정수, WGS84타원체와 좌표계가 모두 정의되어 있다. 또한 타원체로서의 GRS80과 WGS84와의 차이는 단반경이 약 0.1mm 다를 뿐이므로 실용적으로 동일한 것으로 취급하여 계산이 가능하다.

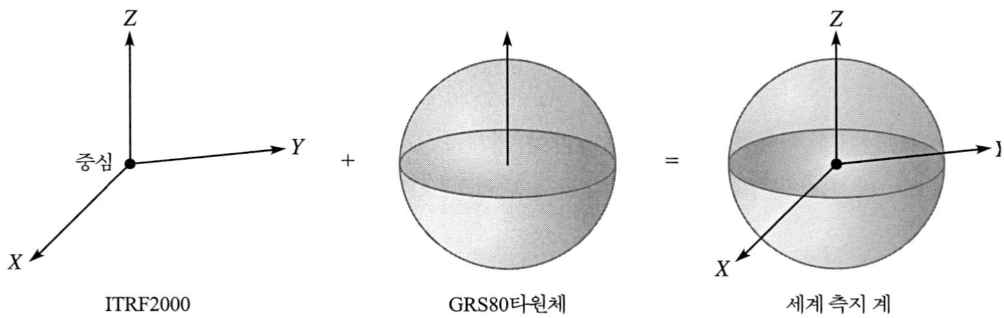

그림 23-9 좌표계와 타원체

6.3 지역측지계와 세계측지계의 비교

지역측지계(동경측지계)와 세계측지계에 관하여 타원체, 데이텀, 투영법, 투영원점, 투영원점 가산값, 측적계수, 장점과 단점 등에 대하여 비교하면 다음과 같다. 첫째, 지역측지계는 Bessel 1841 회전타원체로 Tokyp Datum을 사용하고 TM 투영법을 적용하고 있으며, 투영원점은 서부(경도 125도, 위도 38도), 중부(경도 127도 위도 38도), 동부(경도 129도 위도 38도)등으로 구성되어 있다. 둘째, 세계측지계는 GRS 1980 회전타원체로 ITRF 2000 Datum을 사용하고 TM 투영법을 적용하고 있으며, 투영원점은 서부(경도 125도 위도 38도), 중부(경도 127도 위도 38도), 동부(129도 위도 38도), 동해(경도 131도 위도 38도) 등으로 구성하고 있다.

표 23-3 **지역측지계와 세계측지계 비교**

구분	지역측지계(동경측지계)	세계측지계
타원체	• Bessel 1841 회전타원체 • 장반경 6,377,397.1550m • 단반경 6,356,078.963m • 편평율 1/299.152813	• GRS 1980 회전타원체 • 장반경 6,378,137.0000m • 단반경 6,356,752.341m • 평편율 1/298.257222
Datum	Korean 1985 Datum (Tokyp Datum)	ITRF 2000
투영법	TM (Transverse Mercator)	TM (Transverse Mercator)
투영 원점	• 서부(경도 125도 위도 38도) • 중부(경도 127도 위도 38도) • 동부(경도 129도 위도 38도)	• 서부(경도 125도 위도 38도) • 중부(경도 127도 위도 38도) • 동부(경도 129도 위도 38도) • 동해(경도 131도 위도 38도)
투영 원점 가산값	• False Easting : 20만 m • False Northing : 50만 m	• False Easting : 20만 m • False Northing : 50만 m
축척 계수	1.0000	1.0000
타원체 적용	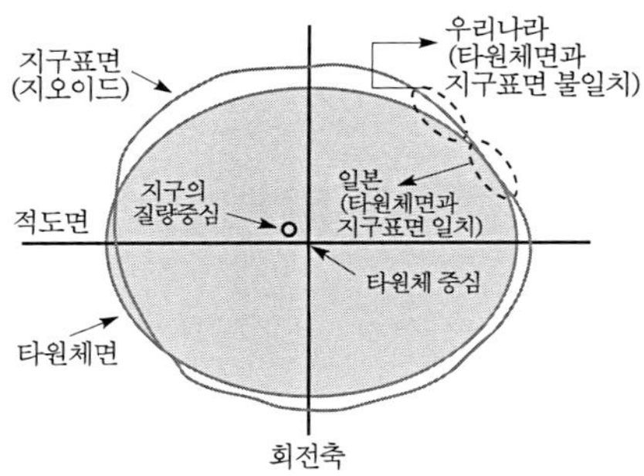	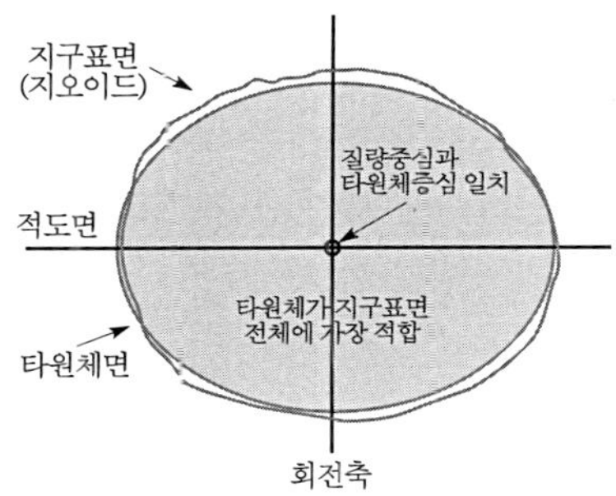
장점	• 지역 지오드에 가장 적합 • 타원체에 대한 관측 값 보정에 주의 불필요 • 적은 지오이드고 → 지도축척변경이 용이함	• 측지학 · 천문학 등 전 세계적 이용에 편리함 • 중력기준점 적용 편리 • 시간변화에 따른 3차원 측지기준계의 결합에 편리
단점	• 전 세계적 이용에 부적합 • 정규 중력 기준장에 미흡	• 지구중심과 지오이드 관계가 불명확하고 수직기준과 수평기준 분리 필요 • 기존 3차원 직각좌표정확도의 부정확

자료 : 차득기, 2008 : 8-9., 이인수외, 2007 : 20-23., 차득기 · 남권모, 2009 : 6-8

Zoom in

GPS의 구성 및 측정방법에 대하여 설명

1. 의의

Global Positioning System(범지구위치측정시스템) 미국에서 인공위성을 이용하여 개발하였고 관측점의 위치 계산은 정확한 위치를 알고 있는 위성에서 발사한 전파를 수신하여 관측점까지 소요시간을 관측하여 계산한다. 한편 GPS는 높은 정확도와 장거리 측량이 가능하고 관측점간의 시통과 무관한 전천후 관측이 용이하며, GPS는 2개의 수신기를 복수로 이용함으로써 5mm + 1ppm 정도로 지상점간 상대적 위치관계를 측정할 수 있다.

2. GPS의 구성

① 우주부문(Space segment) : GPS를 유지하기 위한 위성으로 구성

㉠ 연속적 다중위치결정체계 : 측위를 위한 전파를 지상제어 부분에서 수신 받아 이용자에게 전달함

㉡ GPS위성은 55° 궤도경사각, 위도 60°의 6개 궤도로 구성

㉢ 고도 20,183~20,187 km로, 위성은 약 12시간 주기로 운행

㉣ 3차원 후방교회법으로 위치결정

② 제어부분(Control Segment) : 지휘 통제소 역할

㉠ 제어부분 구성

- 1개의 주제어국(Master Control Station) : 추적국으로부터 GPS 위성 추척 신호를 수집
- 5개의 추적국(Monitor Station) : 모든 GPS 위성을 추적하여 신호 수집
- 3개의 지상국(Ground Antenna) : 주제어국으로부터 전송 받은 자료를 위성에 송신

㉡ 궤도와 시작결정을 위한 위성의 추적을 실시

㉢ 전리층 및 대류층의 주기적인 모형화

㉣ 위성시간의 동일화, 위성으로의 자료전송

③ 사용자부분(User segment)

㉠ 위성으로부터 신호를 수신하여 측정의 위치결정

㉡ 송신시작을 비교하여 거리를 측정

3. 위성궤도

위성의 배치는 전 세계 어느 곳에서나 지평선 5° 이상에서 24시간 4대 이상의 위성을 관측할 수 있도록 계획되어 있음

궤 도	: 대략 원궤도
위 성 고 도	: 20,200km
궤 도 주 기	: 11시간 58분
궤 도 경 사 각	: 적도면에 대하여 55°의 경사각 유지
궤 도 수	: 총 6개
궤도면의 간격	: 각각의 궤도는 60°를 유지
궤도당 위성수	: 4대(본위성 3대, 예비위성 1대)
총 위 성 수	: 24대, Block II/IIA 로 구성
사 용 좌 표 계	: WGS-84

4. 신호체계

① 의의

㉠ GPS 위성은 L파랑대 주파수를 이용해 L_1, L_2두 개의 신호를 전송

㉡ GPS 위성의 주파수 표준 10.23MHz

㉢ L_1에서는 C/A code(1.023MHz), P code(10.23MHz)을 변조

㉣ L_2에서는 P code만 변조할 수 있음

② 신호체계

신호	주파수(MHz) (Frequency)	코드칩당 길이 wavelength/Code Chip	반복주기 period
L_1Carrier(반송파)	1575.42	0.190m	1/1000초(sec)
L_2Carrier(반송파)	1227.60	0.244m	1주(week)
C/A – code	1.023	293.3m	1/1000초(sec)
P – code	10.23	29.3m	1주(week)

5. GPS의 위치결정방법

① 절대관측방법(1점 또는 단독측위)

㉠ 지구상에 있는 사용자의 위치를 관측하는 방법

㉡ 위성신호수신 즉시 수신기의 위치 계산

㉢ GPS의 가장 일반적이고 기초적인 응용단계

㉣ 계산된 위치의 정확도는 낮음(15~25m의 오차)

㉤ 선박, 자동차, 항공기의 항법에 이용

② 상대관측방법(간섭측위)

〈Static 측량〉 정지측량

① 의의 : 정지상대측정법으로 1대 또는 2대의 수신기를 기준점에 설치하고 동시에 여러 개의 위성으로부터 신호를 수신하여 각 점을 측정하여 각점간의 백터 값을 구하는 방식이다.

② 정확도

㉠ 수평 : 5mm + 1ppm 이내

㉡ 수직 : 10mm + 1ppm 이내

㉢ 각도 : 1 crc second + 5/baseline(km)

③ 관측시간 : 45분 이상

④ 특징

㉠ 적어도 4개 이상의 관측 위성이 동시에 관측될 수 있어야 함

㉡ 후처리에서 일반적으로 방송궤도력을, 고정밀도 측위에서는 정밀궤도

㉢ 응용분야로 지적삼각측량 등 장거리 기선설치, 측지측량에 이용

〈Rapid Static〉 신속정지측량

① 의의 : 정지측량과 동일한 측위방법으로 미지정수의 검색범위를 축소시켜 미지정수 검색에 따른 시간을 단축시킨 방법

② 정확도 : 정지측량과 유사(10mm + 1ppm)

③ 관측시간 : 위성수에 따라 결정, 6대(8분 이상), 5대(15분 이상), 4대 위성(20분 이상)

④ 특징

㉠ 정지측량에 비해 기선거리 제한이 많음(10km 이내의 단기선에 적합)

㉡ 응용분야로 낮은 정확도의 기준점 측량, 지도제작용 기준점 측량, 경계 · 지형측량

〈Kinematic 측량〉 이동측량

① 의의 : 1대의 수신기는 기지점에 고정하고 다른 수신기들은 미지점을 옮겨가며 방사형으로 측정하는 방법

② 정확도 : 2cm + 1ppm 이내

③ 관측시간 : 점당 최저 0.5초에서 10분 정도

④ 특징

㉠ 고정국과 이동국의 수신안테나를 수차례 교환한 후 이동국을 이동시키면서 목적한 위치를 측정하는 방식

㉡ 비교적 짧은 시간에 많은 점의 관측을 할 수 있음

㉢ 데이터 보간법으로 정확도를 향상시킬 수 있음

㉣ 응용분야는 공사측량, 연안선박의 위치측정에 이용

〈Real-Time Kinematic〉 실시간 이동측량

① 의의 : 라디오 모뎀으로 GPS데이터와 보정자료를 전송하여 현장에서 측량성과를 취득하는 측량방법

② 정확도 : Kinematic 정확도와 거의 비슷함

③ 관측시간 : 관측시간은 3초 이상

④ 특징

㉠ 무전기를 이용해 반송파 위상과 보정자료 전송

㉡ 동시관측할 2대 이상의 수신기가 필요

㉢ 응용분야는 지형측량, 절토위치 확인 등의 건설측량에 효과적임

6. GPS의 좌표체계(WGS-84)

① 의의 : 미국의 국방성(Department of Defence)이 자국내의 지상국으로부터 데이터를 이용해서 결정한 지심좌표계

② 변천 : 세계공통좌표계로서 최초의 지심좌표계인 WGS-60은 WGS-66, WGS-72, WGS-84로 점차 개선되었음

③ 특징

㉠ WGS-84는 지구의 질량중심에 위치한 좌표원점과 X, Y, Z축으로 정의됨

㉡ Z축은 1984년 국제시보국(BIH)에서 채택한 지구자전축과 평행

㉢ X축은 국제시보국에서 정의한 본초자오선과 평행한 평면이 지구적도면과 교차하는 선

㉣ Y축은 X축과 Z축이 이루는 평면에 동쪽으로 수직인 방향으로 정의

㉤ WGS-84 좌표계의 원점과 축은 WGS-84 타원체의 기하학적 중심과 X, Y, Z축으로 쓰임

SECTION

24 지상측량과 항공사진측량

1 의의

지상측량(Ground survey)은 항공사진측량에 대하여 지상에서 실시하는 도근측량, 삼각측량, 스타디어측량, 평판측량 등의 총칭을 말한다. 한편, 항공사진측량(Aerial photogrammetry)이란 항공사진을 사용하여 실체상의 점 위치와 표고 등을 구하기 위하여 도면을 작성하는 작업을 말한다. 즉 사진측량은 사진에 촬영된 상과 대상물과의 기하학적 투영관계를 이용하여 지형정보를 비롯한 정량적, 정성적 정보를 얻어 토지, 자원, 환경 등의 문제를 해결하는 것을 말한다.

표 24-1 **사진측량의 분류**

분류기준	세 부 내 용	
촬영방향	① 수직사진	② 경사사진
	③ 수평사진	
촬영방법	① 항공사진측량	② 지상사진측량
	③ 수중사진측량	④ 원격측정(remote sensing)
사용목적	① 사진측량	② 사진판독
	③ 응용사진측정	④ 원격측정
촬영위치	① 지상사진	② 항공사진
	③ 다중파장대사진	
도화방법	① 입체도화기에 의한 정밀도화	② 사진도해법에 의한 간이도화
	③ 사진집성에 의한 방법	
촬영축척	① 대축척도화	② 중축척도화
	③ 소축척도화	

자료 : 유복모, 1992 : 7–8

2 지상측량과 항공사진측량 장 · 단점

지상측량과 항공사진측량은 각각의 측량방법으로서 유리한 점과 불리한 점을 보이고 있어 어느 방법이 우수하다고 판단하는 것은 무리가 있다. 따라서 다음에 언급되는 장 · 단점을 기준으로 측량의 시기 · 범위 · 투입인력 · 비용 등을 고려하여 취사선택해야 할 것이다(박순표 외, 1993 : 345-348., 강태석, 2000 : 84-88).

1.1 지상측량의 장점과 단점

지상측량은 경계표지 직후에도 시간 제약 없이 측량작업을 실시할 수 있고, 장비와 기타 자료수집에 소요되는 투자가 상대적으로 적게 소요되며, 현지조사와 측량성과를 지도화 하는데에는 비교적 과정이 단순하고 경비도 저렴하다는 장점이 있다. 한편 세부측량을 실시하기 위해서는 조밀한 기초점 망을 설치할 필요가 있고, 기초점이 망실되거나 이탈될 경우에는 삼각망이나 유사한 기본망까지도 활용하지 못하게 되어 국부적 또는 지역적으로 특별 삼각망을 설치하여 성과를 작성하여야 한다. 이 경우는 시간과 경비가 많이 들고 당초 성과와 차이가 생기는 문제가 있다. 현장 작업과정은 일반적으로 매우 집중적이어서 기술적 판단과 그 결과의 전달이 빠르므로 일필지 측량에 매우 효과적이다. 내업단계에서도 의문이 생기면 현장에서 재조사하거나 추가로 조사해야 할 사항이 발견된다. 이때에는 작업기간이 지연되고 상대적으로 경비가 증가된다. 또한 측량 상 기준점 망을 구성하기 위한 각과 거리의 조직은 지역적인 지형조건에 전적으로 좌우되어서 측량성과에 있어 이질적인 정확도를 얻게 된다. 이외에도 부분적으로 소요정밀도에 미치지 못하는 경우가 있어 망 전체 측량정밀도를 높이기 위하여 많은 경비를 들이는 경향이 빈번히 발생한다는 단점을 보이고 있다.

1.2 항공사진측량의 장점과 단점

항공사진측량은 단위지역 내의 많은 지형정보를 얻을 수 있어 편리하고, 기지점이 드물 경우라도 블록조정 항공삼각측량에 의하여 균일한 정도로서 높은 밀도로 배점이 가능하며, 일단 토지경계선이 확인되고 있어 항공삼각측량이 되어 있으면 필요한 지역의 필지를 언제든지 필요한 때에 도화하여 세부지적도를 만들 수 있다. 또한 토지경계선 외에도 다량의 정보를 이용할 수 있어 필지가격, 등기사항 등의 정보를 수집 해석하여 각종 센서스, 자연 및 인력자원연구에 활용이 가능하고, 지상측량에 비해 지적도제작시간과 인력이 적게 소요되고 지상측량에 비해 상대정확도가 매우 높아 넓은 지역에 유리하다는 장점을 갖고 있다. 반면 사진 상에 보이지 않는 경계선에 대하여는 외업, 내업 간에 긴밀한 협조가 이루어져야 하고 현지조사를 수반해야 하며, 항공측량의 적용은 고액의 투자를 요한다. 따라서 소규모의 이동측량에는 부적합하고 사진 상에서 식별이 불가능한 경계선이나 기준점에는 대공표지를 설치해야 하는 단점을 갖고 있다.

3 항공사진과 지적도와의 차이

지적도와 항공사진의 차이는 항공사진은 사진촬영의 형태로 지형을 나타내는 것이며 기지선이나 부호로 표시되는 것은 아니다. 따라서 선이나 부호에 의한 중복처리나 재복사로 지적도와의 차이점을 감소시킬 수 있다. 또한 항공사진은 지도와 같이 정사투영이 아니고 중심투영이기 때문에 사진 상 점들의 상대위치가 도면의 위치와 다른데 그것은 투시도법상의 오차의 영향이다. 같은 이유로 고도의 차이는 지도상에서는 나타나지 않는 기복의 변화를 가져오며, 사진축척에 대하여는 촬영고도와 항공사진 카메라의 초점거리와 관계된다. 이러한 차이점에 따라 사진영상을 지도의 범주에 속하는 것으로 인정하며, 측정과정에서 일어날 수 있는 각종 오차를 제거하기 위한 연구가 진행되고 있다.

4 항공사진측량 작업과정

4.1 항공사진의 수정과정

항공사진은 광범위하고 동시적인 토지등록 작업에 매우 유용한 역할을 할 수 있다. 만일 이러한 공중사진을 토지등록의 목적에 활용한다면 사진처리의 정밀도의 관점에서 볼 때 약간의 편차 발생을 고려하여야 하나 경계를 중첩 표시한 사진은 곧바로 지적도가 될 수 있다고 할 것이다. 이러한 간단한 작업으로부터 시작하여 다음과 같이 분류할 수 있는 여러 단계를 통하여 수정이 가능하다. 즉 ① 원사진의 제작 ② 유사한 축척으로의 사진 확대 ③ 편위수정 ④ 정사사진 지적도의 작성 ⑤ 선형 지적도의 작성 ⑥ 수치지적도화 등으로 구분된다.

4.2 항공사진측량에 의한 지적측량의 작업순서

항공사진측량의 공정은 계획 · 준비(작업계획), 표정점 측량, 대공표지 설치 및 영구표지 설치, 공중사진촬영, 대공표지 확인, 항공삼각측량, 지적세부측량 등의 순으로 이루어진다. 물론 지적세부측량에 이어 도화, 편집, 교정, 제도 그리고 인쇄 등이 본래의 항공사진측량 공정이지만 지적측량과 연계하여 적용한 경우를 상정한 공정이다(小田部 和司, 이성익 역, 2001 : 86).

1) 작업계획

작업계획은 항공사진이용의 목적, 사용카메라와 필름, 촬영지역과 촬영코스, 촬영축척과 촬영매수, 사용하는 항공기와 탑승인원, 작업방법, 작업시간, 예산, 인원, 기타 소요기자재 등을 구체적으로 조사 및 검토하는 것이다.

2) 표정점측량

표정점은 측량용 공중사진으로 대지표정을 실시하기 위해 사용되는 토지기준점을 의미한다. 즉 사진에 촬영되는 지상점의 신설이나 확인을 위한 측량, 사진에 위치나 표고를 알 수 있는 기준점이 나타나는 것이 지적도를 만들기 위해서 필요하며, 이점을 표정점이라 한다. 표정점 측량은 삼각측량, 트레버스특량, 수준측량으로 표정점을 구하거나 기준점을 확인하는 지상측량이다.

3) 대공표지 및 영구표지의 설치

대공표지 및 영구표지로 설치되는 점을 항공측량의 도근점이라 하고 일필지측량을 할 때 평판을 정치할 수 있는 점이 된다. 즉 표정점의 위치가 확실히 촬영되도록 매설된 기준점, 수준점, 표정점 등에 천정으로부터 약 45° 의 상공 시계로 설치한다.

그림 24-1 표정점 측량 : 기존 기준점 및 삼각점 확인

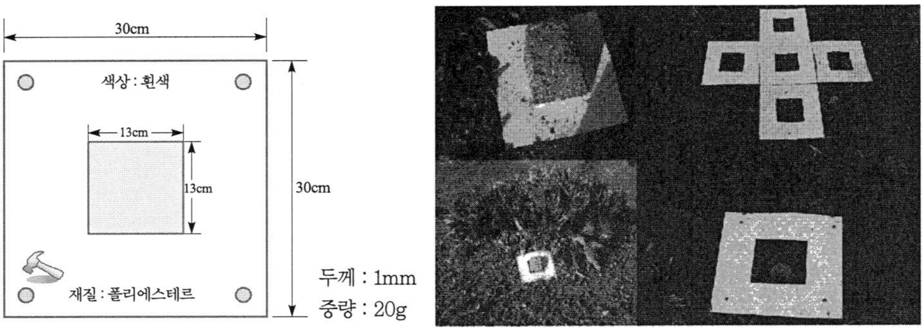

그림 24-2 대공표지 및 설치

4) 공중사진 촬영

공중사진촬영을 위해서 촬영실시 이전에 고려할 사항은 대공표지점의 분실 및 손실방지를 위해서 주민의 이해를 구하고, 표지판 주위의 청소 및 잡초제거를 하며, 촬영 직전 대공표지의 설치확인 방법을 모색해야 한다는 것이다. 또한 일기에 대처해서 촬영실행기관과의 연락방법을 알아두어야 한다. 즉 지적도의 목적, 축척, 사진 상의 기준점 수, 카메라, 촬영고도, 코스사진의 중복도 등을 고려하여 계획한다. 한편 비행코스는 동서방향으로, 태양고도가 높은 시간에, 구름이 없는 날에 촬영을 할 수 있도록 한다.

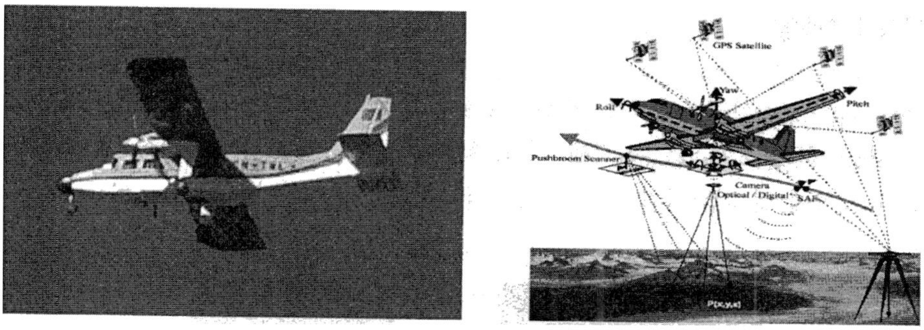

그림 24-3 항공사진촬영

5) 대공표지확인

대공표지확인은 촬영한 공중사진 위에서 대공표지의 인화상태를 확인하는 것으로서 작업요령은 확대한 공중사진을 사용해서 현지 확인을 원칙으로 하고 있다.

그림 24-4 훼손 · 유실된 대공표

6) 공중삼각측량

공중삼각측량은 지적도 작성 작업에 필요한 점의 위치를 공중사진으로부터 결정하는 작업으로 사용기계, 코스의 거리 및 기준점, 상호표정, 접합표정, 좌표변환실시 등이 이루어진다. 즉 도화기 등을 이용하여 표정점의 사진 상의 좌표와 표고를 구하거나 표정점을 사진 상에서 증설하기 위한 실내 작업이다.

7) 지적세부측량

측량방법으로는 지상측량에 의한 평판측량을 주체로 하는 것과 항공측량에 의한 정사사진 지도를 주체로 하는 것이 있으나 지세, 지형, 실시기구 등을 감안해서 합리적으로 판단해야 한다. 즉 사진 상에 잘 나타나지 않은 지물 등의 지상조사를 의미한다.

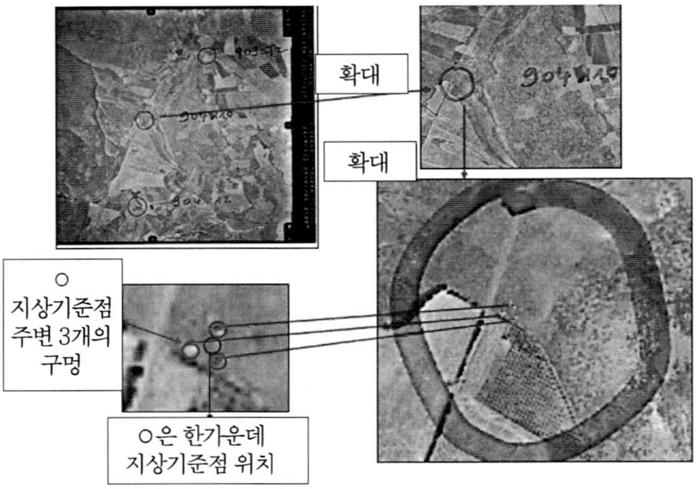

그림 24-5 공중삼각측량 : 사진 상 선점위치 마크

5 항공사진을 이용한 지적측량

항공사진측량을 지적 분야에 적용할 경우 고려해 볼 수 있는 사항은 다음과 같다. 첫째, 항측 디지털카메라 영상에 의한 사진기준점 측량의 결과는 촬영방식에 관계없이 매우 정밀하여 아날로그 카메라로는 불가능한 완벽에 가까운 수준의 결과 획득이 가능하였다. 즉 외부표정 요소의 위치 정확도는 표준편차 ±5cm, 회전각(w, ϕ, x) 정확도는 표준편차 3″ 이내로 나타났다. 또한 기준점의 잔차는 ±3cm 검사점의 잔차는 ±5cm 정도로 매우 정밀하였다. 둘째, 영상의 높은 해상력(GSD 8cm)으로 인하여 항측에 의한 지형 · 지물의 인식능력 자체는 매우 높아 지적측량 경계추출에 충분히 적용이 가능함을 입증할 수 있었다. 하지만 실제 영상도화에 의한 지적경계 추출에서는 지형분야와 지적 분야의 경계설정

기준이 상이하기 때문에 많은 문제점이 도출되었다. 특히 현장 측량기술자가 제시하는 필지의 경계와 지적도화가 지적전문가가 제시하는 경계와 일치하지 않음을 알 수 있었다. 또한, 현장환경과 필지현황에 따라 명확한 경계위치를 선정하기에는 불분명한 경우가 다수 있었다. 이러한 문제는 도화사의 사전교육과 현장기술자의 경계위치 선정에 대한 객관적인 기준을 정확히 하면 충분히 해소될 수 있는 문제로 판단된다. 셋째, 농경지의 경우라 하더라도 모든 필지를 항측법 단독으로만 지적경계측량은 불가능함을 알 수 있었다. 따라서 지역 상황에 맞게 적절히 항측법과 지상법을 병용하여야 한다. 특히 최근에는 전국적으로 GPS-VRS 측량으로 ±1~2cm의 정확도로 측량이 가능하여 병용법을 적용하면 지적측량 업무의 효율성을 크게 제고할 수 있을 것으로 판단된다.

Zoom in

정사투영사진지도

1. 의의

정사투영기를 사용하여 카메라 경사와 지표면상의 비고에 대한 변위를 수정한 사진지도

2. 정사사진

중심투영의 비고에 의해 발생한 수직사진의 비틀림을 보정할 수 있게 인화한 사진

3. 정사편위수정법

① 비고에 의한 비틀림을 보정하여 정사사진을 만드는 방법

② 원리

㉠ 지표면의 비고에 의하여

㉡ 변위된 사진상의 각 점의 축척을 확대할 때

㉢ 비고에 따라 투영고도가 변하므로

㉣ 항상 동일 축척이 되도록 인화할 수 있다.

SECTION 25 지적측량의 업무 및 대행

1 일필지의 경계설정 및 등록

1.1 경계설정

일필지의 경계는 지적측량에 의하여 설정하고 지적공부에 등록함으로써 법률적 효력이 발생한다. 일반적인 경계의 형성방법으로는 경계점의 평면위치를 결정하고 직선의 형태로 이루어진 울타리, 벽, 담, 도로, 하천 등의 가장자리를 따라 설정하는 것이 통례이다(박순표 외, 1993 : 313). 우리나라에서는 지형, 지물, 또는 구조물에 의해 경계를 설정할 때 원칙적으로 다음과 같은 기준에 의하여 정하고, 굴곡경계는 가급적 현황과 다르지 않는 정도에서 굴곡점 사이를 직선으로 연결한다(공간정보의 구축 및 관리 등에 관한 법률시행령 제55조).

① 연접한 토지 사이에 고저가 없는 경우는 그 지물 또는 구조물의 중앙
② 연접한 토지 사이에 고저차가 있는 경우는 그 지물 또는 구조물의 하부
③ 토지가 해면 또는 수면에 접하는 경우는 최대만조위 또는 최대만수위
④ 도로, 구거 등의 토지에 절토된 부분이 있는 경우에는 그 면의 상부
⑤ 공유수면 매립지의 토지 중 제방을 편입하여 등록하는 경우는 제방의 바깥쪽 어깨부분

1.2 일필지의 경계등록

일필지의 경계는 소유자간의 합의에 의하여 설치한 경계표에 따라 국가가 지적측량에 의하여 결정 등록함으로써 공시되는 것이다. 국가가 필지의 경계를 결정 등록하는 이유는 토지의 필지 형상을 자연현상이나 인위적으로 가변적인 지표상황으로부터 경계의 안전성을 유지하기 위하여 법률적으로 토지경계를 공시하기 위함이다(박순표 외, 1993 : 334). 일필

지의 경계를 지적공부에 등록하는 방법은 지표상에 설정된 경계를 정해진 축척에 따라 측정하고 그 성과를 지적도에 선으로 등록하는 도해지적 방법과 경계의 굴곡점을 평면직각좌표로 등록하는 수치지적방법이 사용되고 있다.

1.3 타인의 토지출입

1) 타인 토지 등의 출입

지적측량에 종사하는 자와 관계공무원은 토지의 이동조사 또는 지적측량을 하기 위하여 필요한 때에는 소유자 또는 점유자에게 그 뜻을 통지하고(단, 소유자 또는 점유자를 알 수 없을 때에는 예외) 타인의 토지 · 건축물 또는 구조물 등에 출입할 수 있으며, 이해관계인에게 질문하거나 서류 등의 제출을 요구할 수 있다. 이 때 권한을 표시하는 증표를 지니고, 이를 관계인에게 내보여야 한다(공간정보의 구축 및 관리 등에 관한 법률 제101조 ①②③).

2) 장애물의 제거 등

지적측량을 하기 위하여 필요한 때에는 소유자 또는 점유자의 승낙을 얻어(단, 소유자 또는 점유자를 알 수 없는 때에는 예외) 타인의 토지에 있는 장애물을 제거하거나 그 형상을 일시 변경할 수 있으며, 토지 · 죽목 기타 공작물을 일시 사용할 수 있다(공간정보의 구축 및 관리 등에 관한 법률 제101조 ①②③).

3) 토지소유자 등의 수인의무

토지 등의 소유자 또는 점유자는 정당한 사유 없이 타인의 토지출입, 장애물의 제거에 따른 업무집행을 거부하거나 방해하지 못한다(공간정보의 구축 및 관리 등에 관한 법률 제101조 ⑦). 토지 등의 소유자나 점유자는 소유하거나 점유하는 토지 · 건축물 또는 구조물 등에 설치된 지적측량 기준점 표석 또는 표지가 있을 때에는 이를 선량한 관리자의 주의의무로써 보호하여야 한다.

4) 토지수용 및 손실보상

지적측량기준점 표석 또는 표지를 설치하기 위하여 필요한 때에는 토지를 수용할 수 있으며, 이 때 토지의 수용에 관하여는 투지수용법을 준용한다(공간정보의 구축 및 관리 등에 관한 법률 제103조). 지적측량기준점 표석 또는 표지의 설치, 토지 등의 출입, 장애물의 제거 등으로 손실을 받은 자가 있을 때에는 소관청은 손실을 보상하여야 하고, 손실보상은 손실의 원인이 된 처분으로 인하여 통상의 경우에 생기는 직접적인 손실에 대해서만 이를 보상한다. 또한 지적소관청이 그 손실을 받은 자와 협의하여 보상액을 결정하여야 하고, 협의가 성립되지 않을 때에는 소관청 또는 손실을 받은 자는 관할토지수용위원회에 재결을 신청할 수 있으며, 관할토지수용위원회의 재결에 대하여 불복이 있는 자는 재결서정본을 송달받은 날로부터 1월 이내에 중앙토지수용위원회에 이의를 신청할 수 있다(공간정보의 구축 및 관리 등에 관한 법률 제102조, 동법률 시행령 제102조).

1.4 토지이동측량 성과보존 및 지적도의 작성

세부측량성과는 도해법에 의한 때는 측량원도를, 수치법에 의한 때에는 측량원도와 측량계산부(면적측정부를 포함한다)를 각각 작성하여 지적공부와 함께 영구보존문서로서 보존 · 관리해야 한다. 이는 지적공부 등록사항 중 측량에 의하여 결정한 경계와 면적의 근거서류인 반면에 계속 진행되는 후속측량의 측량자료로 활용해야 하기 때문에 영구히 보존하고 있다. 측량원도와 측량계산부는 일반문서보다 더 강력한 입증자료로서의 영구보존문서의 역할을 하므로 이의 허위기재나 위 · 변조한때에는 공문서 또는 공정문서의 위 · 변조죄의 적용을 받게 된다.

토지조사 또는 임야조사사업 당시에는 측량원도를 등사하여 점사법으로 최초의 지적도와 임야도를 각각 작성하였고, 후에는 직접자사법으로 작성하였다. 정식작업은 초기에는 수기법으로 하였으나 다음에는 활판인쇄로 하고 지번, 지목도 번호기를 사용하였으며 지적도에는 한지를 2매 이첩하고 임야도에는 1매를 이첩하였다. 한편 지적도(임야도)의 도곽선은 도곽 내 모든 토지의 관계위치를 명확히 하는 기준으로서 그 중요역할과 축척별 도곽선의 비교는 다음과 같다(박순표 외, 1993 : 341-343).

① 도곽선의 효과

㉠ 인접도면과의 접합기준선

㉡ 도북방위선의 표시
㉢ 기초점 전개의 기준선
㉣ 도면신축량 측정의 기준선으로서 거리 및 면적보정
㉤ 소도와 실지의 부합여부 확인 기준

② 축척별 도곽선의 비교

축척별	도상규격	지상거리	포용면적	원점지역
1/500	30cm * 40cm	150 * 200m	30,000㎡	통일원점
1/600	1.1자 * 1.375자	200 * 250	50,000	
1/1,000	30cm * 40cm	300 * 400	120,000	
1/1,200	1.1자 * 1.375자	400 * 500	200,000	
1/2,400	1.1자 * 1.375자	800 * 1,000	800,000	
1/3,000	40cm * 50cm	1,200 * 1,500	1,800,000	
1/6,000	40cm * 50cm	2,400 * 3,000	7,200,000	

2 지적측량의 법률적 효과와 신뢰도

2.1 지적측량의 법률적 효과

지적측량은 행정주체인 국가가 법을 집행함으로써 공법행위가 되는 행정행위이며, 행정행위가 성립할 때 발생하는 구속력, 공정력, 확정력, 강제력이 발생한다(원영희, 1981 : 9).

1) 구속력(拘束力)

소관청, 소유자 및 이해관계인을 기속하는 효력으로 모든 지적측량은 완료와 동시에 구속력이 발생하고, 지적측량결과를 유효하게 존재하는 한 그 내용에 대항 존중하고 복종하며, 정당한 절차 없이 그 존재를 부정하거나 그 효력을 기피할 수 없는 것이다.

2) 공정력(公定力)

권한 있는 기관에 의하여 쟁송 또는 직권에 의하여 그 내용이 취소되기까지는 적법성을 추정 받고 그 누구도 부인하지 못하는 효력으로 공정력은 당사자, 소관청, 국가기관, 제3자에 대해서도 그 효력이 발생하고 지적측량에 하자가 있더라도 인정되며, 지적측량의 효력이 절대 무효인 경우는 예외로 인정된다.

3) 확정력(確定力)

일단 유효하게 성립된 지적측량은 상대방과 이해관계인이 그 효력을 다툴 수 없고, 소관청 자신도 특별한 사유가 없는 한 그 성과를 변경할 수 없어 효력으로 불가쟁력(형식적 확정력)과 불가변력(관습적 확정력)이 발생한다.

4) 강제력(强制力)

행정청 자체의 자격으로 집행할 수 있는 강력한 효력으로 사법권의 힘을 빌릴 것 없이 행정행위를 실현할 수 있는 자력집행력이 있으며, 경계복원측량 등의 이의는 소원법의 적용이 배제되고 지적위원회가 적부심사를 맡아 처리한다.

다만, 등록의 하자 발생시 피해에 대한 국가배상제도가 시행되지 못하고, 공시제도에 있어서 토지표시사항과 지적, 소유권 등의 권리관계는 등기되어야 효력이 발생하며, 지적은 부분적 사실심사주의로서 국가가 공신의 원칙을 부정하는 문제점을 안고 있다.

2.2 지적측량의 신뢰도

경계 또는 좌표와 면적은 국가 공권력과 지적측량에 의하여 결정되므로 그 결정된 내용에 대해서는 물권의 객체로서 공 · 사법적 효력이 인정되고 공신력이 보장되어야 한다. 그러나 우리나라의 지적은 기술적 · 제도적 제 요인으로 인하여 공신력을 잃어가고 있는데 그 요인들을 정리하면 다음과 같다(오현진 외, 1987 : 68-69).

1) 기술적 요인

기술적 요인은 지적공부의 등록내용과 실지와의 불부합을 의미한다. 그 원인은 토지조사사업 당시에 매설한 측량기초점의 통일성 결여, 이동측량 기술상의 불비, 6 · 25전쟁으로 멸실된 지적공부의 복구 및 재작성과정의 기술상 문제 등으로 인하여 발생된 것으로 지적측량에 대한 신뢰도를 저하시키는 원인이 되고 있다.

2) 제도적 요인

현행 물권 공시제도가 이원화되어 있어 토지표시사항은 지적소관청이, 권리관계는 등기소가 관장하고 있고, 공시장부도 지적공부와 등기부로 구분 공시함으로써 행정절차상의 번잡과 지적공부와 등기의 불일치 사례가 빈번하여 물권공시 내용에 대한 불신의 원인이 되고 있다. 물론 토지표시사항에 대해서는 지적소관청인 국가가 직권으로 사실조사를 하여 등록하는 형식을 취하고 있지만 지적측량에 대한 불신요인도 있고, 지적공부의 등록내용에 대한 하자가 발생했을 때의 손실보상제도가 마련되어 있지 못해서 사실상 지적공부에 대한 법률적 보장은 부정적이다.

3 지적측량에 따른 책임

지적측량에 따른 책임은 형사, 민사, 징계, 도의적 및 기능적 책임으로 구분할 수 있다. 즉 형사책임은 사실행위에 대한 비난 내지 비난가능성을 말하며, 행위자가 법률규범의 기대에 반하여 입법행위를 행한 경우에 비난이 가해지는 것을 의미한다. 민사책임은 권리 내지 이익을 위법하게 침해한 가해자가 피해자에 대해서 지는 사법상의 책임을 말한다. 징계책임은 어떤 업무에 대하여 그 직무의 수임자로서 직무에 관계된 법령의 규정을 위배한 데 대한 책임이라 할 수 있다. 한편 도의적 책임은 지적측량의 신뢰성에 대한 광범위한 책임을 의미한다.

3.1 형사책임

형사책임은 고의에 대한 책임을 원칙으로 하며 고의는 범죄의 구성요건에 해당한 사실과 그 위법성을 인식 인용하면서 위법행위를 기대할 수 있었음에도 불구하고 위법행위를 함으로써 성립된다(남홍우, 1980 : 144). 지적측량에서 일어날 수 있는 위법행위로서 형사책임의 대상이 되는 구체적인 내용은 다음과 같이 정리된다.

① 지적공부, 지적측량부 등의 위조 또는 변조
② 지적측량부 허위작성 또는 허위 지적공부정리
③ 위 변조된 지적공부 또는 지적측량부 사용
④ 지적공부 또는 지적측량부의 타 목적 이용
⑤ 지적측량 수수료 횡령 또는 반환거부
⑥ 지적측량 임무의 행위로 부당이득 취득
⑦ 지적측량에 관하여 청탁을 받고 부당이득 취득
⑧ 경계표의 손괴, 이동 또는 제거
⑨ 지적기술 무자격자의 지적측량
⑩ 지적측량 업무집행 방해 또는 거부

3.2 민사책임(民事責任)

지적측량에 따른 민사책임은 그 측량에서 어떤 행위가 고의나 과실로 인한 불법행위이고 그 행위로 인해 손해가 있었으며, 행위와 손해 간 인과관계가 있는 경우에 비로소 발생하고 지적측량업자는 그 행위에 대하여 민사상의 손해배상 책임을 지게 된다. 따라서 지적측량과정에서 일어날 수 있는 민사책임의 대상행위를 정리하면 다음과 같다.

① 지적측량과정에서 고의 또는 과실로 토지 내 수목제거
② 지적측량과정에서 고의 또는 과실로 토지 내 시설물 파손
③ 지적측량 오측으로 인한 타인의 재산피해

3.3 징계책임(懲戒責任)

징계는 일정한 신분관계에 있는 자가 그 신분에 관한 규정에 위배되는 행위를 한 경우에 그 신분에 대해 어떤 제재를 가함으로써 장래에 그와 같은 행위가 재발되는 것을 방지하는데 목적을 두고 있다. 즉 어떤 업무에 대해 그 직무의 수임자로서 직무에 관계된 법령

의 규정을 위반하고 일정한 신분관계를 전제로 하여 발생한다. 따라서 이러한 징계책임에 대한 대상을 정리하면 다음과 같다.

① 부정한 방법으로 지적기술자격을 취득한 때
② 무능력, 형 집행, 징계 등의 사유로 지적측량 종사가 금지된 지적기술자가 측량한 때
③ 고의 또는 중과실로 지적측량에 잘못을 범한 때
④ 지적기술자로서 명예를 훼손하거나 품위를 실추시킨 때
⑤ 기타 지적관계 법령의 규정을 위반한 때

3.4 도의적 기능적 책임

지적기술자는 자기가 행한 지적측량에 대하여 법적인 책임은 없으면서도 도의적인 책임을 지는 경우가 있으며 도의적 책임은 주로 개인의 기본양심에 의해 확보된다. 즉 기술적 책임은 지적기술자 개개인의 의무 감각이나 책임감각에 크게 의존하게 되며, 이러한 책임은 각자의 마음가짐에 호소하는 윤리강령이나 소속기관의 내규 또는 운영방침 등에 의해 확보된다. 따라서 도의적 책임은 지적측량에 대하여 법적인 책임은 없으면서 도의적 책임을 지는 경우가 그 대상이라 할 수 있다.

4 지적측량대행제도

4.1 의의

지적측량대행제도는 지적국정주의에 의하여 모든 지적측량은 국가가 직접처리 하여야 하나, 지적측량의 정확성을 확보하고 업무의 신속처리를 위하여 장기간 동안 국가가 법률로 정한 기관에 대행시키는 이중적 관리체계를 말한다. 대행제도는 그 국가의 여건에 따라 국가직영체제(독일, 네덜란드, 대만)와 대행체제(프랑스, 스위스, 일본)로 각국에서 운영하고 있다(한국국토정보공사 a, 1995 : 135-140). 국가가 지적측량업무를 대행시키는 경우에 대행의 성격은 법령에서 위임한 대행이어야 할 것이고, 법령에 의해 대행을 위임받은 대

행법인은 공익을 위해 국가 업무 대행기관으로 확실하게 지적측량업무를 수행할 수 있도록 법인의 형식을 갖추어야 하며, 그 성격은 비영리법인이어야 할 것이다. 아울러 능률적이고 공정성 있는 대행제도를 운영하기 위해서는 국가의 대행법인에 대한 계통적인 통제기능 또한 강조되어야 할 것이다.

4.2 대행법인의 성립요건 및 법적 성질

1) 대행법인의 성립요건

특수법인인 한국국토정보공사는 지적측량과 지적제도에 관한 연구를 수행하기 위하여 법인으로 설립하며, 그 주된 사무소의 소재지에서 설립등기를 함으로써 설립된다. 공사의 설립등기에 필요한 사항은 목적, 명칭, 주된 사무소의 소재, 이사 및 감사의 성명 및 주소, 자산에 관한 사항, 공고의 방법 등이 있다. 한국국토정보공사의 설립근거를 공간정보의 구축 및 관리 등에 관한 법률에 정함으로써 정관에 수록될 사항은 목적 및 명칭, 주된 사무소의 소재지, 조직 및 그 집행에 관한 사항, 이사회에 관한 사항, 임원 및 직원에 관한 사항, 재산 및 회계에 관한 사항, 정관의 변경에 관한 사항, 공고의 방법에 관한 사항, 규정의 제정 및 개폐에 관한 사항, 해산에 관한 사항 등이 있다.

2) 특수법인의 업무범위

특수법인이 수행할 수 있는 업무는 다음과 같다(공간정보의 구축 및 관리 등에 관한 법률 제60조).

한국국토정보공사의 사업은 지적측량성과 검사측량을 제외한 지적측량, 지적재조사사업, 지적제도 및 지적측량에 관한 외국기술의 도입과 국외진출사업 및 국제교류협력, 지적제도 및 지적측량에 관한 연구·교육 등 지원 사업, 지적전산자료를 활용한 정보화 사업, 한국국토정보공사의 목적달성을 위하여 필요한 사업으로서 정관이 정하는 사업 등이 있다. 한편 정관이 정하는 사업으로는 지적도 및 임야도 등 지적관계 도면의 작성, 지적재조사·지적불부합지 사업에 관한 사항, 지적관련 정보에 관한 조사 및 측량, 지적도면 전산파일 및 GPS상시관측소 등의 자료를 이용한 지적정보 등의 서비스 제공 및 활용, 제1호 내지 제4호에 수반되는 부대업무, 기타 이 사회에서 필요하다고 의결한 사업 등이 있다.

3) 특수법인의 법적 성질

우리나라 특수법인은 민법 제32조(비영리법인의 설립과 허가)[97]와 지적법 제 41조와 9(대한 지적공사의 설립)에 의하여 설립되어 지적측량을 수행하게 된다. 사법인은 조직에 따라 사단법인과 재단법인으로 구분되며, 사단법인은 사원 2인 이상의 결합을 기초로 하여 설립하는 자율적 법인을 말하고 재단법인은 일정한 목적을 위하여 출연된 재산을 요소로 하는 타율적 법인을 말한다. 또한 영리의 목적 여하에 따라 영리법인과 비영리법인으로 구분되며 영리법인은 사원의 경제적 이익을 도모함을 궁극적 목적으로 하여 설립된 법인을 말하며, 비영리법인은 공익 그 밖의 영리 아닌 사업을 목적으로 설립된 법인을 말한다. 따라서 재단법인의 설립행위는 일정한 재산을 출현하고 서면으로 정관을 작성하여야 하는 요식행위이며, 그 실질은 재단에 법인격취득의 효과를 발생시키는 의사표시를 요소로 하는 법률행위이다(임윤수, 1997 : 84-85).

특수법인의 설립요건과 업무범위의 규정으로 볼 때 공익사업의 특허로 볼 수 있다. 즉 공익사업의 특허는 국가나 지방자치단체가 사인에게 특정한 공익사업에 더하여 특별한 권리 · 의무를 내용으로 하는 경영권을 설정하여 주는 행정행위[98]를 말한다(김동희b, 2000 : 267). 행정주체의 특허를 받아 관리 · 경영되는 공익사업의 적정 · 원활한 수행은 국민의 일상생활에 있어서는 결정적으로 중요한 의미를 가진다. 그에 따라 법률은 이러한 공익사업의 경영에 있어 그 경영주체에 특별한 권리나 기타 보호조치를 규정하는 등시에 특별한 의무를 부과하고 국가 등의 감독 · 통제 등을 규정하고 있다. 이 경우의 법률관계는 특별행정법 관계 내지 특별권력관계[99]로서 공법관계의 법적 성질을 가지고 있는 것으로 이해되고 있다. 그 주요한 내용으로는

① 감독기관에게 사업의 실태에 관한 보고의무나 서류제출의무

97) 학술, 종교, 자선, 기예, 사교 기타 영리 아닌 사업을 목적으로 하는 사단 또는 재단은 주무관청의 허가를 얻어 이를 법인으로 할 수 있다.

98) 행정행위는 그 법률효과의 발생 원인을 기준으로 하여 법률 행위적 행정행위와 준 법률행위적 행정행위로 나누고, 법률 행위적 행정행위는 다시 상대방에 대한 법률효과의 내용에 따라 명령적 행위와 형성적 행위로 나누며, 명령적 행위로는 하명, 허가, 면제 등이 있고, 형성적 행위로는 특허, 인가, 공법상 대리로 세분된다. 준 법률 행위적 행정행위도 그 법률효과의 내용에 따라 확인행위 · 공증행위 · 통지행위 및 수리행위로 나누어진다(김동희a, 2000 : 255-270).

99) 종래의 특별행정법관계 내지 특별권력관계란 특별한 공법상 원인에 의해 성립되고, 공법상 행정목적에 필요한 한도 내에서 그 특별권력주체에게는 포괄적 지배권이 인정되고, 그 상대방인 특별한 신분에 있는 자가 이에 복종하는 관계로서, 이는 법치주의의 적용이 배제되는 관계를 의미한다. 그러나 현재에는 이와 같은 개념의 인정여부에 견해의 대립이 있고 인정범위에 대해서도 견해의 대립이 있다(류지태, 1999 : 57-63, 참조).

② 사업의 양도, 양수, 합병시에 허가를 받을 의무
③ 사업계획의 변경, 특허기업의 이용조건이 설정 · 변경시에 허가를 받을 의무

등을 들 수 있다. 특히 이용조건의 설정과 관련하여 특허기업자에게는 이용료를 자유로이 설정하지 못하고, 감독기관의 인가를 받아야 하는 구속을 받게 된다(정영환, 2000 : 201).

특수법인과 국민과의 관계는 특허기업이 사기업으로서의 성질을 가지므로 이용자와 특허기업자와의 관계는 기본적으로 전형적인 사법관계에 해당된다. 따라서 이용관계에 관한 법적 분쟁은 민사소송에 의해 해결된다. 그러나 공익목적 수행을 위하여 필요한 경우 예외적으로 요금의 강제징수절차 등이 법률에 규정되어 있는 때에는 그 한도에서 공법적인 면을 가지며, 분쟁의 해결은 행정쟁송절차에 의하게 된다(유지태, 1999 : 835). 따라서 특수법인과 피해자와의 일반적인 지적측량상의 계약이행관계는 사법관계에 해당된다. 또한 국가와 국민과의 관계는 원칙적으로 특수법인의 측량과오로 인하여 국민의 권리가 침해된 경우, 피해자와 국가 사이에 직접적인 법률관계는 없다. 그러나 지적측량의 결과가 소관청의 승인 후 지적공부에 기록되는 경우에는 공무원의 행위에 의한 행정작용적 성격을 갖게 되므로 피해자와 국가 간에 공법관계가 성립될 여지가 있다(정영환, 2000 : 202).

4) 대행법인의 통제

재단법인인 대행법인에 대한 국가의 통제는 비록 그 단계가 정부투자에 의한 금융적 결합은 아닐지라도 국가의 직접적인 책임업무를 대행시키는 업무에 의한 결합이므로 공기업에 대한 통제형식을 따른다. 공간정보의 구축 및 관리 등에 관한 법률에 따른 국토교통부장관의 대행법인에 대한 감독사항은

① 대행업무처리에 관한 사항
② 지적재조사사업
③ 지적제도 및 지적측량에 관한 연구

등으로 규정하고 있고, 국토교통부장관은 감독을 하기 위하여 필요하다고 인정될 때에는 소속직원으로 하여금 현지 감사를 하게 하거나 대행법인에게 관계 자료의 제출을 요구할 수 있다.

4.3 지적측량대행제도의 변천

지적측량지원조직은 지적측량을 국가가 직접 처리하여야 하나, 지적측량의 정확성을 확보하고 업무의 신속처리를 위하여 장기간 동안 국가가 법률로 정한 기관을 말하는 것으로 대행법인을 말한다.

대행기관의 설립이전 지적측량업무의 운영체계는 토지 · 임야조사사업결과 1918년 지적공부가 시 · 군에 이관된 후, 지적에 관한 이동정리는 신청지를 채택하여 법정수수료를 징수하고 시 · 군에 상치기수를 배치하여 관에서 직접 집행하는 관직영제로 운영하였고

표 25-1 지적측량지원조직의 변천

기간	지적측량지원조직	감독 기관	비 고
1895~1910	국가직영	내부-토지조사국	준비단계(일부 토지측량업자제도 도입운영)
1910~1918	국가지역	임시토지조사국	토지조사사업 추진
1916~1924	국가직영	농상공부	임야조사사업 추진
1923.07.20 ~1938.01.16	기업자측량제도 지정측량자제도	재무국	도, 세무감독국 단위로 운영
1931.06.06 ~1938.05.18	재단법인 역둔토협회	재무국	역둔토에 대한 토지0 동측량 전담
1938.01.24 ~1945.08.15	재단법인 조선지적협회	재무국	최초의 전국적인 지적측량 대행기관임 (기업자 · 지정측량자제도 및 역둔토협회 폐지)
1945.08.16 ~1949.04.30	국가직영	재무부	조선지적협회가 휴면상태에 들어감
1949.05.01 ~1961.12.31	재단법인 대한지적협회	재무부	조선지적협회를 재편성 발족
1962.01.01 ~1977.06.30	재단법인 대한지적협회	내무부	재무부에서 이관
1977.07.01 ~1998.02.27	재단법인 한국국토정보공사	내무부	대한지적협회에서 명칭변경
1998.02.28 ~2003.12.31	재단법인 한국국토정보공사	행정자치부	내무부와 총무처 통합
2004.01.01 ~2008.02.28	특수법인 한국국토정보공사 지적측량업자	행정자치부	지적측량업무의 일부 개방
2008.02.29 ~현재	특수법인 한국국토정보공사 지적측량업자	국토교통부	행정자치부에서 국토교통부로 이관

자료 : 류병찬, 2006 : 339 보완

증가된 지적측량업무의 원활한 처리를 위해 1923년 7월 20일 지정측량사제도를 채택하였다(한국국토정보공사a, 1995 : 119-121, 한국국토정보공사b, 1989 : 64).

재무국시대인 1938년 1월 17일 조선민사령에 의거 조선총독의 허가를 받아 지적측량업무를 전담하여 대행할 수 있는 재단법인 조선지적협회를 설립하여 전국적으로 통일성 있는 지적측량대행제도를 최초로 마련하였다(한국국토정보공사b, 1989 : 65-68). 그러나 광복과 함께 민군정 당국이 잠정적으로 지적업무를 국가직영제로 전환함에 따라 조선지적협회는 사실상 해산되었다. 이후 방대한 지적측량업무를 직접 처리할 수 없게 되어 1949년 재무부장관의 통첩에 의거 조선지적협회를 대한지적협회로 재편성 발족하였다(한국국토정보공사, 1989 : 150-151).

1962년 국세이던 토지세가 지방세로 이관됨에 따라 지적업무도 재무부 소관에서 내무부 소관으로 이관되고, 지적측량대행기관에 대한 감독권도 재무부에서 내무부로 이관되었다. 한편 지적법이 개정되어 비영리대행법인의 설립과 요건에 관한 법적 근거를 마련하였으며, 1977년 7월 1일 한국국토정보공사협회의 정관을 개정하여 한국국토정보공사로 명칭을 변경하고 같은 해 9월 5일 내무부장관이 한국국토정보공사를 지적측량업무의 대행법인으로 지정하였다(박순표 외 1993 : 485).

1998년 7월 행정자치부의 구조조정에 의하여 지적측량대행기관에 대한 감독권이 내무부에서 행정자치부로 이관되었다. 또한 1999년 지적법의 일부개정에 따라 그 동안 “지적측량업무를 대행하게 하는 법인은 1개로 한다”라는 규정이 폐지되어 2001년부터는 지적측량법인 설립의 규정요건을 충족하는 법인에게는 설립의 길이 열리게 되었다.

4.4 지적측량 대행제도의 유형

지적측량 대행제도는 그 국가의 여건에 따라 국가직영 · 대행체제로 대별되고, 대행체제는 다시 단일대행 · 복수대행 · 완전경쟁체제로 구분할 수 있다(한국국토정보공사 a, 1995 : 135-140).

1) 국가직영

지적측량의 국가직영은 지적측량업무처리의 신속함과 제도적 개선을 위해 중복적인 절차와 과정을 피할 수 있는 제도이다. 작은 예산과 인력으로 단위 공정을 올리기 위한 효율적인 수단으로 국가나 지방자치단체에서 같은 종류의 사업을 수행함에 있어 일관성 있는 사업성과를 거둘 수 있다. 국가직영제도를 채택하기 위해서는 기구개편과 제도개선의 선행 및 지적연구와 지적교육이 도외시되는 점을 보완해야 하는 과제를 안고 있다. 한편 국가직영체제를 채택하고 있는 국가로는 네덜란드와 일본이 대표적이다.

2) 단일대행

단일대행은 국가가 행정적으로 시대조류에 따라 국민에게 직접적으로 권리의 공증에 관계된 공부정리만을 담당하고, 지적측량 집행에 대해서는 일정한 자격을 구비한 법인격이 있는 기술단체에게 대행시킴으로써 지적관리의 보다 합독적적이며 합리적인 방법을 채택하는 것이다. 이는 대행기관이 하는 지적측량 집행과정과 국가의 검사과정을 이원화시켜 지적측량의 정확성을 확보하는 근본적인 장점과 국가 형편상 도저히 감당할 수 없는 막대한 지적측량을 신속하게 처리할 수 있는 장점이 있다. 대행제도를 채틱하고 있는 국가로는 일본, 프랑스, 스위스가 대표적이다.

3) 복수대행

법령에 규정된 대행법인의 설립요건 충족시 제2의 대행법인 설립을 인가하는 것으로 이 체제는 지적측량 민원의 신속처리가 기대되며, 독점대행에 대한 국민의 비판이 해소될 수 있다. 또한 측량착오에 따른 배상이 용이할 수 있다는 장점이 있다. 반면 대행법인간의 과다경쟁 또는 담합이 예상될 수 있고 담합에 따른 국민의 부담이 증대할 것이 불가피하며, 측량결과의 획일성을 기할 수 없어 경쟁분쟁의 과다한 발생이 우려된다.

4) 완전경쟁(지적측량업허가제)

지적측량업 허가제도는 보통 일정기관 지적업무에 종사한 기술자에게 지적공부정리를 필요로 하지 않는 현황 및 경계복원측량을 할 수 있도록 합등사무소 또는 단독사무소의 설치를 허가하는 것이다. 우리나라의 경우 현행 지적측량업을 영위하고자 하는 자는 기술자격 · 기술능력 · 설비 등의 등록기준[100]을 갖추어 특별시장 · 광역시장 또는 도지사에게 지적측량업의 등록을 하여야 한다.

---

100) 지적측량업의 등록을 위한 첨부서류는 지적기술자의 명단 및 국가기술자격증 사본, 지적기술자의 지적측량 경력증명서, 보유 장비 명세서 등이 있다(공간정보의 구축 및 관리 등에 관한 법률 시행령 제35조).

표 25-2 **지적측량대행제도별 장 · 단점 비교**

유 형	대행제도 유형에 따른 장점	대행제도 유형에 따른 단점
직영체제	① 국민 신뢰도의 극대화(실질적인 공신력 인정가능) ② 지적측량오류에 대한 대책수립 용이 ③ 지적국정주의 이념의 확실한 실현 ④ 지적측량업무처리의 신속 (중복적인 절차와 과정 축소) ⑤ 사업수행에 일관성 있는 성과	① 공무원의 근무자세에 따라 업무진척이 부진할 수 있음 ② 측량검사의 미실시로 오류 교정이 되지 않은 채 공부정리 가능성 ③ 작은 정부, 민영화에 반함 ④ 종사자의 부정부패와 측량불비의 발생시 국민 피해 우려
단일대행	① 한 개의 대행기관으로 획일성 있는 성과 유지 ② 체계적 · 조직적인 업무수탁 처리 ③ 경영수지와 관계없이 산간오지 측량업무수행 (대민서비스) ④ 국가의 지도감독이 용이 ⑤ 국가직영에 비해 예산절감 효과 ⑥ 지적측량 관련 기술력 및 자료확보	① 측량오류의 책임을 최종적으로 검사기관인 국가가 부담 ② 측량업무의 지연처리에 따른 민원 야기 ③ 측량결과 상이에 따른 불신증대 ④ 독점대행에 따른 불친절과 서비스제공 미흡 ⑤ 대행기관의 비대화로 소관청의 관리 · 감독 기능의 저하 ⑥ 측량결과에 대한 불복 시 검정을 의뢰할 기관이 없어 국민의 불신과 불평 · 불만 야기 ⑦ 측량오류에 따른 배상책임을 회피 ⑧ 지적측량의 정확도 저하 ⑨ 소관청의 검사제도가 유명무실
복수대행	① 지적측량 민원의 신속한 처리 (현재 1일 4~5건 처리로 과중) ② 지적측량 대행의 독점 비난 해소 ③ 국민의 지적측량 위탁권의 자유선택 (이의 시 재확인 용이) ④ 지적측량의 책임성과 신중성 제고 ⑤ 지적측량의 정확도 향상 (졸속 처리로 오류 빈발 방지) ⑥ 대행기관 직원의 근무여건 향상 ⑦ 측량 수주를 위한 경쟁으로 서비스 정신 고취	① 대행법인간 업무수주를 위한 과다경쟁 ② 지적 불부합지 등 측량 곤란지역의 업무수탁 기피현상 ③ 선행 측량성과와 정보의 공유곤란 ④ 현행 대행기관의 수익 감소로 연구 재교육 투자 감소
완전경쟁	① 측량사무소의 증가로 신속한 지적측량 실시로 국민 불편 해소 ② 국민의 토지이용을 위한 지적 측량시 측량기관 선택의 폭이 자유로움 ③ 지적기술자의 취업기회 확대로 지적분야의 발전 도모 ④ 상호경쟁을 통한 기술력 향상으로 진보된 기술력 확보 가능	① 무분별한 사무소 난립으로 감독 · 통제의 어려움 ② 공신력 있고, 통일적인 측량 결과 제시 문제 발생 ③ 개인 사무소 개설 기술자의 자질 저하로 부정확한 측량성과 제시로 국민재산권 보호 문제발생 ④ 영리 이익을 목적으로 과대 경쟁으로 무분별한 지적측량 수행으로 불부합지 발생 증가 ⑤ 지적측량 사고시 영세 개인업체의 손해배상 및 책임 한계의 문제발생 ⑥ 개인사무소 증가시 이익감소로 인하여 전문 기술 인력 확충 및 기술 개발연구 등의 투자 부분에 관심 저하로 지적제도 기술력 후퇴

특별시장 · 광역시장 또는 도지사는 지적측량업의 등록신청을 받은 날로부터 14일 이내에 지적측량업자의 결격사유가 없는지 여부와 등록기준에 적합한지의 여부를 심사한 후 적합한다고 인정되는 때에는 지적측량업등록증을 교부하여야 하며, 적합하지 아니하다고 인정되는 때에는 그 뜻을 신청인에게 통지하여야 한다(공간정보의 구축 및 관리 등에 관한 법률 시행령 제35조). 지적측량업자는 검사측량을 제외한 지적측량으로서 경계점좌표등록부가 비치된 지역에서의 지적측량, 지적재조사사업에 따라 실시하는 지적확정측량, 도시개발사업 등이 완료됨에 따라 실시하는 지적확정측량, 지적전산자료를 활용한 정보화사업을 그 업무범위로 한다(공간정보의 구축 및 관리 등에 관한 법률 제45조). 여기에는 지적측량법인과 합동사무소 및 개인사무소가 병행하여 지적측량업무를 담당한다. 이 제도는 지적측량 민원의 신속처리로 독점대행에 대한 국민의 비판이 해소될 수 있고 양질의 서비스제공이 기대된다. 반면 산간벽지와 같은 적자출장소의 운영은 사실상 곤란하고, 영리목적의 과다경쟁이 우려된다. 이 제도를 채택하고 있는 국가로는 프랑스와 스위스가 있으며 이들 국가는 국가직영과 개인영업허가제를 병행하고 있다.

표 25-3 **국가별 지적측량대행제도**

운영방식	국가	세부담당기관
국가직영 측량업 허가제도	독일	국가(지적사무소) + 사설측량사무소
	프랑스	국가(확정측량) + 1필지측량(합동사무소)
	스위스	국가(대단위 업무) + 이동지측량(개인사무소)
	이탈리아	국가(대단위 업무) + 이동지측량(개인사무소)
측량유형별 허가제도	일본	1필지측량(토지가옥조사연합회) 국토재조사측량(국토조사측량협회)
국가직영제도	네덜란드 대만 미얀마 인도네시아	지적사무 담당공무원들이 직접 지적측량수행 (국가)
전담대행제도	한국	지적측량업무전담(법률 개정에 의하여 복수체제가 가능해짐)

참고문헌

지적측량의 개요

강태석, 2000, 「지적측량학」, 서울 : 형설출판사.

류병찬, 2006, 「최신 지적학」, 서울 : 건웅출판사.

박순표 외 2, 1993, 「지적학개론」, 서울 : 형설출판사.

FIG, 1995, 「FIG Statement on the Cadastre」.

지적측량의 분류

강태석, 2000, 「지적측량학」, 서울 : 형설출판사.

곽정완 · 김진, 2011, "지적재조사에 따른 효율적인 지적측량방안", 2011 한국지적학회 · 한국지적정보학회 춘계 학술대회 – 지적재조사와 국가발전, 한국지적학회 · 한국지적정보학회.

김영학, 2006, 「효율적인 지적측량 Process 진단 및 재설계」, 지적연구원.

김재덕, 1994, 「도근측량」, 서울 : 연예사.

한국국토정보공사, 1994, 「지적측량용어해설」.

한국국토정보공사, 2003, 「토탈측량시스템 사용설명서」.

라용화, 2007, 「토탈측량시스템 사용설명서」.

박상진, 2000, 「지적세부측량」, 서울 : 건웅출판사.

박순표 외, 1993, 「지적학개론」, 서울 : 형설출판사.

원영희, 1990, 「지적학원론」, 서울 : 신라출판사.

유병찬, 1996, 「지적법」, 서울 : 건웅출판사.

유복모, 1999, 「측량학원론 Ⅰ」, 서울 : 박영사.

이인수, 2007, 「3차원 지적을 위한 공간정보 취득방법 연구」, 지적연구원.

지적연구원, 2007, 「3차원 지적제도 도입을 위한 지적측량 및 지적등록 방안 연구」.

차득기, 2008, 「세계측지계 기반 지적측량 방안 연구」, 지적연구원.

차득기 · 남권모, 2009, 「세계좌표계 대비 지적측량기준점 및 도면 전환 프로그램 개발」, 지적연구원.

한국국제협력단, 2008, 「모로코 토지등록사업 수립 및 시범사업 최종보고서」.

지상측량과 항공사진측량

강태석, 2000, 「지적측량학」, 서울 : 형설출판사.

박순표 외 2, 1993, 「지적학개론」, 서울 : 형설출판사.

小田部 和司, 이성익 역, 2001, 「측량학」, 경기 : 동화기술.

유복모, 1992, 「사진측정학」, 서울 : 문운당.

유복모, 1999, 「측량학원론 Ⅰ」, 서울 : 박영사.

지적측량의 업무와 대행

김동희a, 2000, 「행정법 Ⅰ」, 서울 : 박영사.

김동희b, 2000, 「행정법 Ⅱ」, 서울 : 박영사.

김일동, 2000, "지적측량대행제도 개선방안", 「2000년 지적업무 연찬회」 행정자치부.

김재학, 2000, "지적측량대행제도 개선방안" 「2000년 지적업무 연찬회」 행정자치부.

김필두, 2000, "지적측량대행제도의 개선방안", 「2000년 지적업무 연찬회」 행정자치부.
남홍우, 1980, 「형법총론」, 서울 : 박영사.
한국국토정보공사a, 1995, "지적측량대행제도에 관한 연구"
한국국토정보공사b, 1989, 「한국국토정보공사 50년사」.
박순표 외 2, 1993, 「지적학개론」, 서울 : 형설출판사.
오현진 외, 1987, 「지적공부재작성을 위한 지적조사방안연구」, 한국지적학회.
원영희, 1982, "경계후원측량의 법률적 고찰", 연구논문집, 지적기술연수원.
원영희, 1990, 「지적학원론」, 서울 : 신라출판사.
유병찬, 2000, "지적측량대행제도 개선방안", 「2000년 지적업무 연찬회」 행정자치부.
유지태, 1999, 「행정법신론」, 서울 : 신영사.
임윤수, 1997, 「부동산사법」, 서울 : 형설출판사.
장춘섭, 2000, "지적측량대행제도 개선방안", 「2000년 연찬회」 행정자치부.
정영환, 2000, 「지적측량의 전담대행제도에 관한 연구」, 고려대학교 법학연구원.

CHAPTER 08

제 08 편 해양지적

SECTION 26 해양지적의 개념

1 해양지적(Marine Cadastre)의 개념

1.1 해양지적의 정의

지적은 국가가 자기영토의 토지현상을 공적으로 조사 · 측량하여 일정한 장부에 등록한 토지정보원이라 할 수 있으며, 추구하는 목표는 국토의 효율적 관리와 소유권보호에 두고 있다. 반면 해양지적은 해양을 대상으로 가치 · 이용 · 권리 · 권익의 한계를 공적 기관에 의하여 체계적으로 관리하는 해양지적관리시스템이라 할 수 있고, 추구하는 목표는 해양의 효율적인 관리와 해양활동에서 파생되는 권리의 보호에 두고 있다.

해양지적에 대한 제 정의를 살펴보면 "해양의 가치와 이용, 부동산과 관련된 본질(nature)과 공간범위를 포괄하는 정보시스템"을 의미하고(http://csc.noaa.gov/mbwg/htm/cadastre.htm), "해양의 지상 · 지하의 권리와 권익의 경계에 대한 관련성을 공간적으로 관리하고 물리적으로 한정하며, 등록하는 해안의 권리와 권익의 경계를 가능하게 하는 시스템"을 말한다(Ian P. Williamson and M. Sigit Widodo, 2001).

정보시스템 관점의 정의로는 "해양 관할구역 내에 다양한 권리와 의무, 소유권에 관하여 부동산권리와 권익에 대한 공간적 범위와 본질을 포함하는 해양정보시스템"(S. Nichols, D. Monahan and M. D. Sutherland, 2000), "바다 필지에 관련된 법적 활용뿐만 아니라 가치, 과세, 법적 관계를 포함하는 책임과 제한, 권리와 임대차, 권익에 관련하는 속성 및 공간자료 · 서류, 그리고 등록부 및 증서에 관련하는 공공정보시스템"(Johanes P. Tamtomo, 2004) 등이 있다. 한편 해양지적의 정의를 공간적 범위 관점으로 이해하는 경우도 있다. 즉 해양지적은 "해안의 시각에서 소유권 · 가치 · 이용에 관하여 부동산권리와 권익의 공간적 범위를 의미"(Jack Shin Yuan and Anna Tsui, 2001)로 정의하고 있다. 그 밖에 해양지적은 세 가지의 기둥에 토대하여 구축되고 있거나 벤치마킹되고 있다. 즉 ① 법적 토대(pillar) : 3R – 권리, 제한 책임 ② 기술적 토대 : 측량, 도면 그리고 하부공간구조 ③ 제도적 토대(공적 · 비공식적 제도 및 인적자원) 등이 해당된다.

해양지적의 정의를 토대로 볼 때 해양지적에 고려해야 할 내용으로 정확 · 최신 · 적시 · 완벽 그리고 유용한 정보, 하드웨어와 소프트웨어의 상호운영을 지원하는 자료의 표준과 기술의 적절한 이용, 보다 나은 의사결정을 위하여 요구되는 정보의 분담(sharing)을 촉진하는 제3자의 관련성, 제3자가 다양한 자신의 목적을 성취할 수 있는 가능성을 높게 촉진하는 제도 정리, 해양환경의 추계요소(stochasticity elements) 등을 검토해야 할 것으로 본다. 결국 공통적으로 적용할 수 있는 요인은 등록의 객체, 등록의 주체, 등록의 형식, 등록관리 및 운영 등이 있으며, 이러한 요인을 충족될 때 보다 바람직한 해양지적의 개념이 될 수 있을 것으로 판단된다.

따라서 해양지적이란 "해양을 대상으로 가치 · 이용 · 권리 · 권익의 한계를 공적 기관에 의하여 체계적으로 관리하는 해양지적관리시스템"을 의미하는 것으로 볼 수 있다.

표 26-1 **일반지적과 해양지적 비교**

원리		지적	해양지적
정책원리	국가정책	국가지적정책 미흡	국가해양정책기반
	지적목적	국토관리/거래보호 활동적 토지시장 창출	공간경계관리 경계보다는 권리
	동태성	동태적임	동태적임
보유원리	자산보유	모든 측면	일부 측면(임대차 중심)
	본권원	배타적 또는 비 배타적임	단지 비 배타적임
	자치집행	가능/토지의 모니터링	가능/주요 해양환경
법적원리	법령	어떻게 경계를 설정할지에 활용	경계의 정확한 위치설정에 활용
	경계쟁점	경계표지(우선적임) 좌표(차선적임)	법적규제(우선적임) 전통적 측량계획(차선적임)
제도원리	국가기관	중앙기관 존재	중앙기관 존재 추세
	자치기관	주로 지방자치단체	주로 지방자치단체 추세
	집중분산	중앙집권적임	중앙집권적임
기술원리	경계	경계한정(demarcated)	범위설정(delimited)
	자연경계	존재(yes)	무(no)
	불확실성	정확함	정확하지 않음
	차원	2차원 중심	3차원 중심
	중복경계	희박함	일반적임
	분산 · 일괄	분산등록이 일반적임	일괄등록이 일반적임

자료 : Andrew Binns, 2004, 참고작성

2 해양지적의 중요성

해안과 해양지역은 국가, 지역 및 사회복지에 중요한 가치를 보유한 자원의 보고라 할 수 있다. 즉 해양은 삶의 질을 향상시키기 위한 자연적 · 사회적 · 경제적 기능을 제공하고 지구상의 모든 생명에게 삶의 존재를 가능하게 하는 기후조절의 기구이자 원천이라 할 수 있다(M. Sutherland, 2004). 또한 해안과 해양은 멸종위기에 있는 종의 서식처, 종의 양식 및 휴식 공간, 물의 조절, 육수의 함양(recharge), 홍수조절 등을 하는 지역이라 할 수 있다. 해안과 해양지역에 의해 제공되는 사회 · 경제적 이용으로 해양관광, 상업적 오락적인 낚시, 유전개발, 수송 커뮤니케이션 및 건설 등이 가능하게 하고 지속가능한 발전과 삶의 질을 향상시킬 수 있는 공간이라 할 수 있다.

따라서 해양지적의 중요성은 현대 사회의 다양한 욕구와 이를 충족시키기 위한 정부 노력의 수단이라 할 수 있다. 즉 지역적 가치의 변화가 기존의 육지에서 해양으로 전환되는 시기에 부합하고 정보환경변화에 부합하는 공간정보구조의 일반화에 대처할 수 있는 객체로서 관심이 높아지고 있다.

3 해양지적의 기능 및 역할

공간정보구조로서 해양의 재산권구조(property rights infrastructure)는 해양재산원의 배분, 한계(delimitation), 등록, 가치 및 판결(adjudication)을 위하여 필요한 정책, 과정, 기준, 정보 등으로 구성된다. 이러한 의미에서 해양재산권구조는 다음과 같은 기능을 유도할 수 있다(SamNg'ang'a, Michael Sutherland, and S. Nichols, 2002, S. Nichols, J. Dobbin, K. Komjathy, and S. Hanham, 1997, J. McLaughlin and S. Nichols, 1997). 즉 ① 토지 및 고정된 개량물(improvements)에 부여되는 권리, 책임, 제한을 명확히 기록하고 한정, ② 토지 위 권익(interests)의 물리적 범위 공시 및 명확히 기록하고 한정, ③ 권익을 향유하는 사람의 명확한 기록 및 한정, ④ 경제적 · 문화적 혹은 물리적인 지역에 권익의 가치를 결정하기 위한 수단 및 정보의 제공, ⑤ 재산권에 관련된 분쟁 조정을 위한 수단 제공 등의 기능을 갖고 있다.

해양지적은 소요권, 가치, 해상경관의 이용에 관하여 권익 및 부동산 권리의 공간범위 및 본질을 포괄하는 공간정보시스템이 될 수 있으며, 이러한 해양지적의 역할은 다음과 같이 정리할 수 있다(M. Sigit, WIDODO, 2003). 즉 해양지적의 역할은 ① 이용권리에 대한 정부조직 사이와 사회내의 배분, ② 양자원에 대한 소유권과 stewardship(leadership + management), ③ 이용권, 소유권, stewardship의 규제, ④ 적합한 기관에 의한 법률의 집행 및 모니터링 ⑤ 분쟁조정 및 방지를 위한 효과적인 수단의 제시 등의 역할을 수행한다.

해양지적은 바다와 육지사이의 해안경계로부터 역할을 발휘하는 새로운 공간관리시스템으로 해양환경 내 다양한 이해관계인과 활동이 존재한다. 즉 도서개발, 해안활동, 어장, 관광관련활동, 고유의 권원(title) 혹은 고유의 문제(indigenous issue), 해양공원 혹은 보호지역, 어장, 유류 및 가스 탐사, 항해, 쓰레기 관리, 케이블과 파이프라인 그리고 송유관(shipwreck)과 같은 다양한 이해관계인과 활동이 존재한다.

4 해양지적의 기본 쟁점

해양의 권익, 제한 및 책임의 공간적 정체성(identification)에 대한 필요성은 전 세계적으로 일반화되고 있다. 해양지적의 설계는 정의 및 기능의 쟁점을 야기한다. 즉 해양의 권리 및 권익의 경계, 이는 현재 토지의 경우와 마찬가지로 적합하지 않은 것으로 인식하고 있고 기능적 체계로는 제한 및 책임에 대한 명확한 정보를 전달하는 것이 으선시 되고 있다. 제한 및 책임의 수행은 지적의 실현가능한 요구로 볼 수 있고 권익과 부동산 권리 내에 책임을 포함하며, 해양정보시스템의 개념에서 출발하게 된다. 이러한 광범위한 개념은 해양지적의 목표에 아주 근접하게 된다.

현재 활동지번(working vision)은 아주 광범위한 개념이다. 즉 법률적으로 정의되는 근해(offshore) 경계의 행정, 관리, 기술(delineating), 광범위한 권익의 관리, 어장 및 양식장의 임대차를 담당하거나 담당해야할 조직 및 기관의 명확화, 케이블과 파이프라인의 윤곽명확화, 석유(petroleum)와 가스 탐사기회 및 채굴과정의 중첩 등 광범위한 내용을 포괄하고 있다.

등록지역을 고려하기 위한 주요 단계, 출발점으로서 지적의 광범위한 개념의 사용은 광범위한 권익을 관리하는 것을 의미한다. 이러한 기초적 차원의 등록은 명목적이고 지적에서 의미를 강제적으로 규정하고 있어 모든 활동가들이 인식하고 있다. 그러나 기재사항은 기초적 차원 이상일 수 있고, 구축에 따른 고비용은 가능한 노력에 대한 편익만큼 향유할 수 있다.

해양지적에 관련된 권리(rights)는 해양활동에서 파생되는 각종 특별한 이익을 누릴 수 있는 법률상의 힘을 의미한다. 즉 해양활동에서 파생되는 공중권, 접근권, 개발권, 조업권, 수주권, 항해권, 채굴권, 해저이용권 및 처분권 등 각종 이익을 향유할 수 있도록 법률상에 보장된 힘을 의미한다. 이러한 권리는 무한대로 권한을 행사하는 것이 아니라 권리에 따른 제한과 책임도 함께 수반된다는 것이다. 제한(restrictions)은 해양환경에서 활동하는데 부여된 권리를 향유하기 위하여 일정한 한계나 범위를 설정하여 제한을 가하는 것을 의미한다. 한편 책임(responsibilities)은 광의로 법률적 불이익 또는 제재를 받는 것을 말하고 협의로는 위법한 행위를 한 사람에 대한 법률적 제재를 의미한다. 즉 해양활동에 관련하여 법률에서 보장하는 권리의 범위를 벗어나거나 법의 테두리를 벗어나는 경우 받게 되는 제재를 의미한다.

5 해양지적제도의 구성 체계

해양지적제도의 구성 체계는 해양활동에서 파생되는 제반 사항을 누가 어떻게 관리하는가에 관련된 해양관리 주체, 해양활동에 파생되는 제반 사항이 무엇이며 어떤 유형이 있는가에 관련된 해양관리 객체, 해양활동에서 파생되는 제반 사항을 어디에 등록하고 어떻게 표시하는가에 관련된 해양관리 형식, 그리고 해양관리의 주체 · 객체 · 형식의 삼각구도가 원만히 운영될 수 있도록 하는 지원체계로 구성된다(김영학, 2010).

해양관리 주체는 해양활동 과정에서 파생되는 제반 사항을 조사 · 등록 · 관리하는 주체로서 해양정책을 입안하고 결정하는 의사결정기관인 정책결정구조, 결정된 정책을 실제 업무에 적용하는 집행구조, 정책 집행을 직 · 간접적으로 지원하는 지원구조를 포함한다. 해양정책결정구조는 해양관리의 효율성을 달성하기 위하여 해양정책에 관련된 제반 의사결정을 수행하는 과정에 참여하는 주체이다. 해양정책집행구조는 해양정책으로 결정된 사안에 대하여 직접 실무에 적용하는 조직구조이며, 해양정책지원구조는 해양정책 집행 시 간접적이고 전문적인 분야를 수행하기 위하여 조직된 구조이다.

해양관리 형식은 해양등록객체를 담는 그릇으로, 한 국가의 환경 및 제도에 따라 대장 및 등기부, 권원등록부로 구분할 수 있고 공통적으로는 해양필지도가 해당된다. 즉 해양등록부의 유형에는 해양에 관련된 물리적인 현황을 중심으로 등록 · 관리하는 해양등록대장, 해양의 각종 권리를 등록하는 권리원부, 해양의 권리 원인을 등록하는 권원등록부, 물리적인 위치 및 넓이 중심의 가시적인 해양필지도 등이 있다.

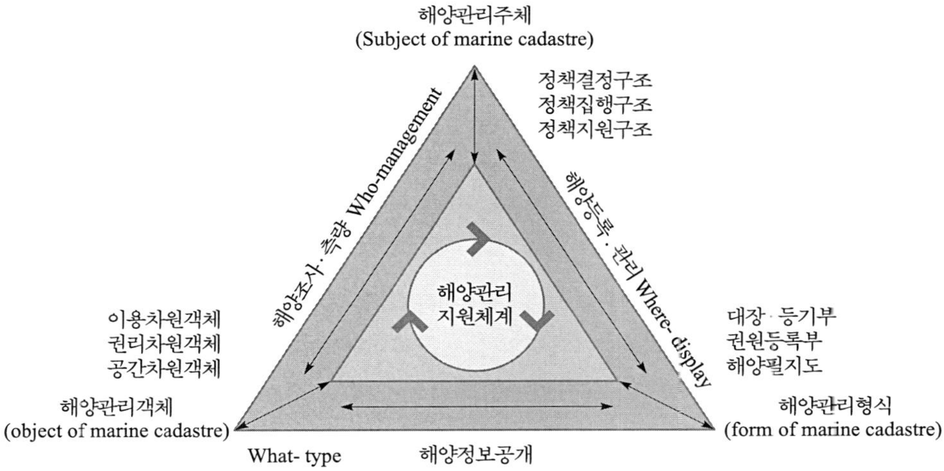

그림 26-1 해양지적제도의 구성 체계

해양관리 객체는 해양지적의 범위 설정 차원인 이용 · 권리 · 공간에 따라 검토될 수 있다(R. B. Stewart & B. S. Hartley, 2003 & M. Sutherland, 2005). 이용 차원은 육지와 마찬가지로 해양의 용도에 따라 등록객체를 결정하는 것으로 해양의 활용가치에 초점을 둔다. 권리 차원은 육지의 물권에 부여되는 배타성을 해양 공간에 인정하여 사법적 권리를 등록객체로 결정한다. 공간차원은 국가 혹은 지방정부의 해양에 대한 관할권 및 실제의 통제에 초점을 두고 육지와 공간적 거리에 따라 등록객체를 결정한다.

또한 해양관리 지원체계는 해양지적제도의 삼각구도가 제대로 운영될 수 있도록 지원하는 연계체계로 해양지적입법체계, 해양지적업무설계, 해양지적측량, 해양인적자원관리, 해양지적의 교육 및 훈련 등을 포함한다. 해양지적 입법체계는 해양관리에 관련된 법제로 국토관리, 경계관리, 수역관리, 자원관리, 환경관리 등의 법제를 말하며(해양수산개발원 · 한국지방행정연구원, 2003), 해양지적 업무설계는 지적제도, 해양조사, 해양등록, 해양관리, 해양측량, 해양정보 등에 관련된 세부적인 업무를 의미한다.

SECTION 27

해양지적의 범위와 원리

1 범위설정의 의의

해양지적의 개념을 바라보는 관점은 해양의 경계관점과 넓이관점으로 출발을 하고 있다. 이러한 관점은 해양지적이 해양공간에 관련된 권리와 권익인 기초정보로서 해양 정보시스템이라는 쟁점을 고려치 않는 것으로 판단된다.

해양지적에 저장된 정보의 유형을 설명하는 기본정보의 이용은 중요한 사안으로 볼 수 있다. 해양 정보를 활용하는 주체와 객체의 상호작용이 존재하지 않다면 해양지적의 점위가 큰 의미가 없을 것으로 판단된다. 그러나 정보기술의 발달과 해양에 대한 폭발적인 관심은 해양지적의 범위설정에 큰 영향을 미치고 있다.

해양지적의 범위 설정은 경계 혹은 넓이에 의할 수 있지만 이보다는 공간, 이용, 권리차원에서 검토하는 것이 합리적일 것으로 판단된다. 이용차원은 육지에서처럼 토지의 용도에 따라 그 범위를 설정하는 것으로 해양의 활용가치에 초점을 두고 있다. 권리차원의 범위설정은 육지의 물권에 부여되는 배타성을 해양의 공간에 인정하는 것으로 사법적 성향의 권리를 의미하는 것으로 볼 수 있다. 공간적 범위는 국가 혹은 지방정부의 해양에 대한 관할권 및 실제의 통제에 초점을 두고 육지와 공간적 거리에 따라 설정하는 것으로 볼 수 있다.

해양환경정보는 토지정보와는 달리 일반 지적에 적용할 수 없는 사례가 발생한다. 즉

① 바다에 존재하지 않는 보유권(tenure)의 개념
② 근해 경계설정의 고전적 수단의 활용 불가능
③ 주로 토지의 경우 2차원인 반면 해양환경은 3차원 중심으로 고전적 2차원으로는 불충분
④ 해양의 경우 한 지역 내에 존재하는 다목적 권리가 존재
⑤ 많은 해안의 경계에 관련된 기준선(baseline)의 모호성

등이 존재한다. 따라서 해양환경에 대한 공간자료구조의 개발 및 설계는 연구자 및 참

여자에게 수많은 새롭고 도전적인 문제가 존재하게 된다.

해양공간의 바람직한 관리는 정보영역의 관리가 요구되고 지극히 중요하다 하겠다. 즉 생물 및 비 생물자원, 수심측량(bathtmetry), 공간범위, 해안선 변화, 해양함유물, 해저 특성, 수질, 그리고 서로간의 부동산권리 등이 포함되어야 한다.

표 27-1 **해양지적의 범위**

구분	범 위 내 용
이용측면	기후통제, 식 원천, 여가선용, 광물질, 서식처, 수 관리, 홍수조절, 수송경로, 원류자원, 커뮤니케이션 수단, 항해설비, 쓰레기 투기, 과학적 연구지역
권리측면	공중권, 접근권, 개발권, 조업권, 수주권, 항해권, 채굴권, 해저이용권, 처분권
공간측면	Upland : 평균 최고수위선에서 육지방향 Foreshore : 평균 최고수위선과 최저수위선 사이 Offshore : 평균 최저수위선에서 바다 방향

2 이용차원의 범위

해양공간은 부의 원천이자 환경기능, 많은 사회 · 경제적 · 정치적 활동을 지원한다. 즉 해양공간은 이용적 차원에서 다음과 같은 이용의 목적으로 활용되고 있다(Michael Sutherland, 2005). 이용목적은 다음과 같다.

① 기후통제 및 홍수조절
② 동 · 식물, 어류의 식(食)의 원천
③ 관광과 여가선용의 공간
④ 건설을 위한 광물질
⑤ 멸종위기에 처한 동물의 서식처, 종의 번식(breeding)과 휴식처
⑥ 수 관리(water treatment) 기능, 지하수 함양(underground recharge)
⑦ 수송의 수단
⑧ 광물과 원류(petroleum)자원의 원천
⑨ 커뮤니케이션의 수단(케이블)

⑩ 고정된 항해설비(installations) 설치의 지역
⑪ 쓰레기 투기(dumping) 지역
⑫ 지구의 기본적인 물리적 생물학적 과정의 과학적 연구 지역

해양지적의 범위를 이용적 차원에서 설정할 경우 발생되는 문제는 중복 및 단절이 될 수 있다는 것이다. 즉 이용지역이 연속선상에서 이루어지는 것이 아니고 일정지역에서 이루어진다는 점과 공간구분이 모호해 질 수 있다는 것이다. 오늘날 수많은 사회계층이 사회 · 경제적, 정치 및 환경적 목적의 균형에 직면하고 있다. 이러한 서로 다른 목적의 균형에 대한 요구는 토지 및 해양환경 모두에 적용할 수 있다. 따라서 해양지적은 생태학 · 생물학적 자원의 존재, 자원의 공간적 범위, 공간과 자원에 관련된 권리, 책임, 제한을 받는 사람 등을 고려한 이용자원의 범위설정이 이루어져야 할 것이다.

3 권리차원의 범위

해양공간에서 파생되는 권리들은 다양하게 나타나며, 이들을 중심으로 해양공간의 범위를 설정해 볼 수 있다. 즉 해양공간에서 파생되는 권리[101]로는 공중권, 채굴권, 탐사권, 항해권, 어업권, 해저이용권, 접근권 등이 있으며 이들 중 몇 가지 검토하면 다음과 같다.

공중권(air space rights)은 일반적으로 토지 소유권의 범위를 넓힌 것으로서 공중에 설정된 권리, 일조, 공기, 광고, 가치 등을 보호하기 위한 권리를 의미한다. 따라서 해양상의 공중권은 해양의 상공에 설정된 권리 및 이용가치 등을 보호하기 위하여 설정된 권리를 의미한다고 볼 수 있다. 채굴권(mineral rights)은 지구(바다)로부터 광물질을 채취하기 위한 권리 혹은 광물질의 추출에 대한 로열티 형식의 보상을 받기 위한 권리를 말한다. 광물질은 내용물에 따라 다른 의미를 띠며 일반적인 정의는 아니지만 대체로 다음과 같은 물질을 포함하고 있다.

101) 하나의 해양필지에서 파생되는 권리 혹은 권익으로 소유권 및 처분권(수면권 · 공중권 · 해저권), 준물권(개발권 · 채굴권 · 조업권 등), 용익권(항해권 · 해저이용권 · 해수면이용권 · 레저권, 어장임대차권 · 접근권 · 수주권 등), 공법상 권리(어업면허) 등이 있다. 가치적 현황은 해양에 대한 경제적 가치로 판매가치(sale value), 서비스가치(service value : 접근 · 해양관광 · 항로(shipping lane) · 국립공원 · 해양보호지역 · 보전지역), 경제적 가치(economic value) 등이 있다(김영학, 2007 : 103).

① 연료 : 오일, 천연가스, 그리고 석탄
② 금속과 금속 관련 광석 : 금, 구리, 철
③ 비금속 광물질과 채석물 : 석회석(limestone), 석고(gypsum), 대리석과 소금
④ 모래, 자갈(gravel), 토탄(peat), 이회토(marl)

항해권(navigation lights)은 배를 이용하여 바다 위를 운항할 수 있는 권리로서 여러 가지 요건에 따라 그 권리의 정도가 다르다. 어업권(fishing rights)은 국가의 면허를 받아 일정한 수면에 특정한 어업을 할 수 있는 권리를 말한다. 즉 다수인이 동시에 접근할 수 있는 어장의 질서유지 및 어업의 안정적 경영을 보장하기 위해 일정어장에서 특정어업을 독점적으로 행할 수 있는 권리로서 「수산업법」에 따른 경우 정치망어업 등을 경영할 수 있도록 시장 · 군수 또는 자치구의 구청장으로부터 면허를 받은 권리를 말하며, 「내수면개발촉진법」에 따른 경우에는 양식어업 등을 경영할 수 있도록 시 · 도지사로부터 면허를 받은 권리를 말한다. 어업권을 물권(物權)으로서 수산업법에서 정한 것 외에는 민법 중 토지에 관한 규정이 준용되며, 이전 · 분할 · 변경이 제한되며, 타인지배(他人支配) 및 임대차(賃貸借)가 금지된다(수산업법 제2조, 제15~18조, 내수면개발촉진법 제11조).

해저이용권(seabed use rights)은 해저에서 파생되는 각종 권리를 배타적이고 독점적으로 이용할 수 있는 권리를 의미하며, 주로 배타적 경제수역 내에서 이루어진다. 한편 접근권(access rights)은 해양의 목적지에 접근하여 의도한 행위를 위하여 이용할 수 있는 권한을 의미한다.

4 공간차원의 범위

해양환경의 범위는 다양한 형태로 분류할 수 있으나 광범위하게 3가지의 범주로 구분할 수 있다. 즉 육지(upland), 연안(foreshore), 해안(offshore)으로 조수(tidal waters)를 따라 구분되는 지역을 의미한다.[102]

102) 연안(foreshore)과 해안(offshore)을 용어 정의에서는 좀 더 구체적으로 구분하여 설명하고 있으나 포괄적으로 적용하고자 하고, 다만 구체적인 설명을 위하여 해빈(전빈과 후빈)과 원빈의 용어를 사용하였다.

육지(upland)는 평균최고수위선(ordinary high water mark)에서 육지방향을 의미한다. 평균최고수위선은 사적 대지의 소유권과 바다에 면한(seaward) 소유권 및 권익 사이의 경계로서 인식된다.

해빈(beach)은 해안선을 따라서 해파(sea wave)와 연안류(longshore current)가 모래나 자갈을 쌓아 올려서 만들어 놓은 퇴적지대를 말하며 전빈(foreshore)과 후빈(back shore)을 합하여 해빈이라고 한다. 해빈은 전빈과 후빈으로 나누어진다. 해빈은 해수의 약최저저조면이 해빈과 만나는 부분에서 해빈이 육지의 구조물 등과 만나는 부분까지의 해빈 지역을 말한다. 이 중에서 전빈(foreshore)은 해수의 약최저저조면과 해빈이 만나는 부분에서 해수의 약최고고조면이 해빈과 만나는 부분에서 해빈이 육지의 구조물 등과 만나는 부분까지의 해빈 지역을 말한다. 원빈(offshore)은 외빈보다도 외측이며 대륙붕 끝까지의 구간으로 항상 수중에 있고, 이 구간에서는 파도가 쇄파되는 일은 없다. 즉 평균최저수위선(ordinary low water mark)에서 바다방향을 말한다(한국해양학회, 2005).

유엔환경법협약에 따른 해양의 경계는 해도의 저조선인 기선(baseline)을 기점으로 영해(terrirorial sea)는 12해리로 설정하고, 접속수역(contiguous zone)은 24해리, 배타적 경제수역(exclusive economic zone)은 200해리로 설정하고 있다. 대륙붕은 영해의 폭을 정하는 기선으로부터 200해리 이내해역, 퇴적암의 두께에 따라 350해리 이내 해역, 수심 2,500미터 등심선으로부터 100해리 이내 해역으로 정하고 있으나 각 국가마다 분쟁의 쟁점이 되고 있다(유엔환경법협약 제3 · 5조, 제33조, 제55~57조, 제76조).

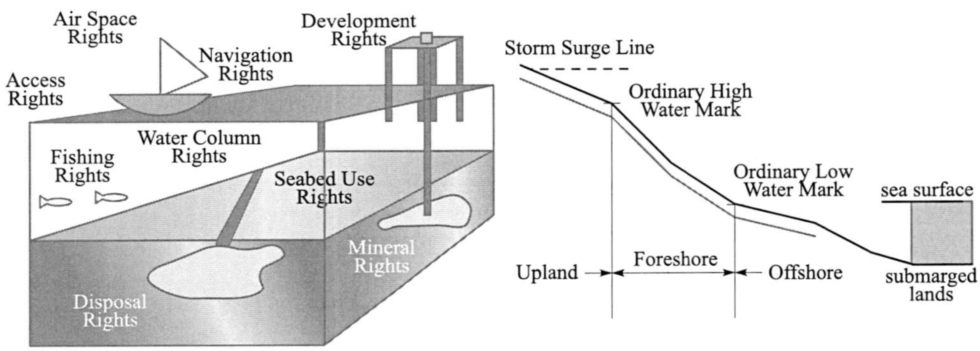

자료 : Ng'ang'a,l Sutherland, Nichols, 2002. Stewart & Hartley, 2003.

그림 27-1 권리 및 공간측면의 범위

5 해양지적의 원리

해양지적의 원리는 해양지적제도가 존립하기 위하여 요구되는 사안들로 일반적인 지침보다는 누가, 무엇을, 어떻게, 어디에 등의 선택적 사안에 직면할 때 참고할 수 있는 내용이라 할 수 있다. 즉 해양지적제도를 운영하면서 선택적 사안에 도움을 줄 수 있는 원리로는 다양한 형태의 권익관리, 정부 및 이해관계인의 참여, 정보은행 기반, 안정적 자료구축, 경계보다는 권리 등을 말한다.

5.1 다양한 형태의 권익(interests) 관리

이용의 다양성은 비단 토지뿐만 아니라 해양도 예외는 될 수 없다할 것이다. 토지의 경우 기존의 수평적 이용에 관련하여 파생되는 권리의 중심에서 수직적 이용에 따른 권리까지 관리의 객체로 부각되고 있고, 세계 각국은 보다 많은 정보의 구축 및 제공에 전략적으로 접근하는 경향을 보이고 있다. 해양의 경우도 마찬가지로 기존의 양식 및 조업의 관리체계에서 공중권, 접근권, 개발권, 해저이용권, 채굴권 등 다양한 형태의 권리가 등록 및 관리의 대상으로 부각되고 있다. 이는 해양을 바라보는 시각과 경제적 가치의 재평가가 이루어짐에 따라 해양행정의 영역이 광범위해지고 해양에 대한 전문적이고 기술적인 접근이 요구됨을 의미하는 것으로 판단된다. 따라서 해양활동에서 파생되는 각종 권리를 정확하고 신속하게 조사하는 것이 요구되고 조사된 내용을 등록하여 관리할 공적 장부가 요구된다. 상대적으로 토지에 비하여 해양은 권리를 등록하고 관리할 공적 장부가 빈약한 상태이고, 아직까지 합리적이고 효율적인 공부의 형식 및 규격이 열악한 상태라 할 수 있다. 한편 해양지적의 원활한 관리를 위해서는 기존 일부의 권리 중심의 관리에서 탈피하여 포괄적이고 다양한 권리를 관리할 수 있는 하나의 원리로서 받아들여질 필요성이 요구되고 있다.

5.2 정부 및 이해관계인의 참여

해양지적이 하나의 제도로서 정착하고 발전하기 위해서는 다양한 수준의 정부와 다양한 형태의 이해관계인이 참여할 때 제도의 정당성이 확보될 수 있을 것으로 본다. 토지에 비하여 해양의 경우는 아직까지 일필지의 개념과 그 가치의 추정이 정확하지 않고 관심의 정도가 상대적으로 떨어지고 있다. 이는 해양지적의 초기단계를 단적으로 보여주는 것으로 다양한 형태의 이해관계인 및 공공부문의 참여가 절실히 요구되는 계기라 할 수 있다. 해양활동에 참여하는 주체의 범위는 다양할수록 또한 많을수록 인식 및 인지의 정도가 다르게 나타날 것이다. 즉 토지의 경우 직접적으로 권리 및 이용에 관련된 이해당사자를 포함하고 이를 관리하는 공공부문의 계층적 정부조직 등이 유기적으로 참여함으로써 제도의 정착을 이룰 수 있는 것과 마찬가지로 해양도 인류의 생존을 위한 마지막 보고, 활용공간으로서의 토지 대체, 자원생산의 원천지, 인간의 공존 공간 등에 대한 인식의 전환과정에 다양한 부류의 계층 및 공공부문이 유기적으로 참여하여야 할 것이다.

최근 이해관계인 및 공공부문의 참여는 토지에 대한 소유권 및 보상에 관계되는 반면, 해양은 주로 보호 및 보전에 관계되는 성향을 보이고 있다. 토지 및 해양은 공간적 범위에 관계없이 항상 일정한 형식에 가장 현실을 잘 반영할 수 있는 등록대상을 선택하여 같은 방식 및 방법에 의한 관리가 이루어져야 할 것이다. 이러한 과정에 이해관계인 및 공공부문은 해당 사안에 방향성을 제시하는 참여를 통하여 해양지적의 발전을 꾀해야 할 것이다. 특히 토지에 관련하여 참여하는 수준이 해양에 관련된 분야에 동일한 수준의 참여가 이루어져야 할 것으로 본다.

5.3 정보은행모델(information custodian model) 기반

해양지적의 주요 목적은 해양환경을 관리하고 운영하며 평가를 수행하는데 권리, 제한 및 책임에 의거하여 종합적인 공간자료구조를 제공하는데 있다(P. A. Collier, E. J. Leahy and Ian P. Willamson, 2001). 지리정보시스템의 개념에 근저를 두고 있는 공간자료구조(spatial data infrastrusture)는 많은 개발프로그램과 프로젝트에 적용하고 있다. 지적의 역할과 능력은 민간과 공공조직 사이의 동태적 파트너십을 창조할 뿐만 아니라 서비스의 효율성 향상을 지속하는 다양한 정보시스템으로 확정되어 왔다(M. Sigit WIDODO, 2003).

지적과 공간자료구조가 보다 성숙되어 기능화 됨에 따라 해양환경의 관리정보와 행정체계를 충족시키기 위하여 점진적으로 지원되어 왔다. 공간자료는 지구의 위치에 관련된 정보의 목록이라 할 수 있고, 특히 자연현상, 문화 및 인적자원, 지형의 형태, 지명, 표고

자료, 표피, 부동산경계정보, 행정경계 등에 관련된 정보를 의미한다. 일반적으로 해양지리정보시스템은 공간의사결정을 지원하기 위한 공간참조 정보를 수집, 생산, 관리, 유통하는데 필요한 하드웨어, 소프트웨어, 자료, 조직 등이 유기적으로 결합되어 나타나는 총체적 시스템 또는 서비스 체계를 의미한다. 이런 해양기본지리정보는 모든 정보의 기반이 되는 정보로서 기존의 지리정보시스템에서 정의한 기준으로 하여 해양을 하나의 공간 개념으로 볼 필요가 있으며, 해양기본지리정보는 해양경계, 해상교통, 해양물리생물 화학, 해양측량기준점, 해저지형, 해양시설물, 위성영상 및 항공사진 등을 제시할 수 있다.

해양관련 정보시스템은 해양지리정보시스템과 공간자료구조 등의 명칭으로 활용되고 있으나 이는 해양지적정보시스템을 의미하는 것으로 볼 수 있다. 따라서 해양관련 정책, 기획, 관리, 이용 등을 위하여 기본 베이스로 활용되는 역할 및 기능을 수행하고 있어, 현대 관점의 해양지적은 해양지적정보시스템을 기반으로 이루어질 때 업무의 효율성 및 효과성을 극대화할 수 있다고 판단된다.

5.4 안정적 자료구축

안정적 자료구축은 자료의 질과 입체적 설명에 결부되며, 이는 정보수요자에게 신속한 전달과 자료의 신뢰성에 직접적 영향을 미치게 된다. 자료구축 프로그램의 발달은 다양한 시각화 수단을 제공하였으며, 기존의 문자 중심의 정보에서 입체적 도형 중심의 정보로 전환할 수 있게 되었다. 즉 자료의 수평적 정보관리에서 수직적 정보관리가 가능해지고 정보제시의 사각지대가 사라지는 결과를 초래하였다. 또한 양질의 정보는 IT기술의 발달에 힘입어 정확성 및 정밀도가 높아졌고, 정보수요자에게는 신속한 정보제공 및 신뢰도를 제고할 수 있게 하였다.

안정적 자료구축을 위해서는 사용자의 요구사항에 기반을 둔 다른 자료의 유형 및 표준, 자료자체의 요구사항에 기반을 둔 다른 자료의 유형 및 표준, 다양한 사용자(행정가, 고객, 사용자, 공간자료의 부가가치의 창출자, 조직, 사적 · 공적 피고용자) 배려, 해양공간자료구조와 관련된 행정 · 조정 · 정책 및 법령 등의 제도적 틀, 접근 · 네트워크 · 정보센터(clearing house)에 관련된 기술 등이 고려되어야 하고, 또한 이들이 상호 · 연계되어 원활히 운영될 때 가능할 것으로 판단된다. 결국 해양지적의 목적을 달성하는 것은 해양지적의 내용이 어떻게 구성되고 구성된 내용의 질적 수준이 어떠한가에 달려있다 할 것이다.

5.5 경계보다는 권리

"해양경계보다는 해양권리"의 의미는 경계보다 권리가 중요하다는 의미라기보다는, 해양활동에서 파생되는 다양한 권리를 제도적 틀 속에 관리하는 것이 무엇보다 중요함을 시사한다고 볼 수 있다. 물론 우리나라의 경우 지방자치단체간 해상경계분쟁[103]이 불거지면서 해상경계가 중요한 화두로 대두되었지만, 해양이라는 공간적 범위를 놓고 볼 때 행정구역에 가까운 경계보다는 해양을 하나의 필지단위로 구획된 경계 내의 권리보호가 우선시된다고 볼 수 있다.

바다를 인접하고 있는 대부분의 국가들은 중요한 해양활동의 관리를 지원하기 위하여 해양권익(interests)을 등록하는 방식을 채택하고 있다. 권리의 효율적인 거래를 위하여 등록부는 필수적이며, 거래를 용이하게 하고 최초 거래 시기에 난해함을 제어하여 거래를 투명하게 한다. 해양등록부는 광범위한 관리목표를 지원하기 위하여 상호 기회를 제공하는 것에 의해 국가제도에 토대한 정책의 일부가 되어야 한다.

103) 지방자치단체간에 해상경계분쟁이 표면화된 것은 1980년대 충남과 전북의 조업수역분쟁, 1990년대 전북과 충남의 조업수역분쟁, 평택항의 항만시설 관할권문제, 광양만의 율촌산업단지 매립지 관할권 분쟁, 2000년대 평택과 당진간의 분쟁 등이 있으며, 이러한 분쟁의 원인은 관련법제 및 정책부재에 기인한 것으로 판단된다(해양수산개발원 · 한국지방행정연구원, 2003).

SECTION 28

해양지적의 주체 · 객체 · 형식

1 해양지적의 주체

해양관리의 주체는 업무의 성격에 따른 분류보다는 해양정책을 입안하고 결정하는 의사결정기관으로써 정책결정구조, 결정된 정책을 실제 업무에 적용하는 집행구조, 정책집행에 직 · 간접적으로 지원하는 지원구조 등으로 파악하는 것이 객관적이고 종합적인 접근이 될 것으로 본다. 해양정책결정구조는 해양관리의 효율성을 달성하기 위하여 해양정책에 관련된 제반 의사결정을 수행하게 되며, 이런 과정에 참여하는 주체를 의미하며, 해양수산부를 중심으로 관련 중앙부처가 연쇄적으로 연계되어 있는 조직구조를 의미한다. 해양정책집행구조는 해양정책으로 결정된 사안에 대하여 직접 실무에 적용하는 조직구조를 의미하고 대체로 지방자치단체의 해양관련 부서의 책임과 역할에 관련된다. 해양정책지원구조는 해양정책집행을 간접적이며 전문적인 분야를 수행하기 위하여 조직된 구조를 의미한다. 특히 전문적이고 기술적인 성향의 업무를 수행하기 위하여 요구되는 사안들을 신속 · 정확하게 처리하는 경향의 성격을 띠고 있다.

해양관리정책구조는 일반적으로는 해운항만산업, 수산업, 조선업 등 전통적인 해양산업의 진흥은 물론 해저광물산업, 해양관광산업, 해양바이오산업 등 고부가가치 해양산업까지 해양수산부가 관장하고 있으나 각 사안에 따라 환경부, 문화체육관광부, 산업통산자원부, 보건복지부, 안전행정부, 국방부, 교육부 등 다양한 기관이 해양관리주체로 참여하고 있다.

해양관리지원조직은 전문성과 기술성을 갖춘 공공기관 내지는 산하기관으로 구성되며 국토교통부의 경우 한국국토정보공사, 해양수산부의 경우 국립수산과학원, 국립해양조사원, 국립수산물품질검사원, 해양수산인력개발원, 어업지도사무소(동해 · 서해), 해양수산청(부산, 인천, 여수, 마산, 울산, 동해, 군산, 목포, 포항, 대전) 등의 지원조직이 있다. 한편 해양수산부 산하기관 이외의 관련기관으로 대표적인 기관은 농림축산부의 지도감독을 한국농촌공사, 환경부의 지도감독을 받는 국립공원관리공단, 문화체육관광부의 지도감독을 받는 한국관광공사 등이 대표 지원조직으로 볼 수 있다.

해양지적제도에 관하여 생소한 우리나라의 경우 새로운 제도의 도입에 따른 저항과 절차상의 어려움, 법적 · 제도적 · 기술적 영역의 방향설정, 제도에 대한 접근성 등 많은 문제와 시간이 소요될 것으로 판단된다. 그러나 우리나라의 경우 삼면이 바다로 둘러싸인 연안국가로서 더 이상 해양지적에 대한 방관은 시대적 착오를 가중시키는 오점으로 남게 될 것으로 본다. 따라서 점진적으로 해양지적제도를 도입하여 해양에서 파생되는 여러 가지 가치(이용 · 권리 · 보존)를 체계적이고 합리적으로 관리하여 해양관리의 효율성과 국민의 권익을 보장할 수 있어야 할 것이다.

해양지적 관련 업무의 조정은 담당부서의 처리능력, 업무처리의 효율성 및 신속성, 업무의 연계성, 업무성격의 독립성 등의 요건을 충족시킬 때 가능할 것으로 판단된다. 특히 일반지적과 해양지적 양자 모두 제도의 발전에 관련된 업무, 토지 및 해양의 조사, 토지 및 해양의 등록, 토지 및 해양의 관리, 토지 및 해양의 측량, 토지 및 해양의 정보화 등의 범주로 구분해 볼 수 있다. 즉 조사 · 등록 · 관리 · 공시 차원의 접근이 해양지적 업무를 분류하는 기준이라 할 수 있다.

해양지적의 업무 중 해양관련 법제정비는 국토 · 경계 · 넓이 · 권익 · 보전 중심의 법제를 분류하고 이에 따른 관련 법령을 정비하는 것이 요구되고, 무엇보다도 가능하다면 기본법이라 할 수 있는 해양지적법을 제정하는 것이 가장 급선무라 할 수 있다. 그러나 해양지적법을 제정한 국가는 한 나라도 없으며, 아직까지 일반지적 만큼의 제도적 정비가 덜 된 상태라 할 수 있다. 해양등록 및 관리를 위한 업무로는 해양활동에서 파생되는 각종 권리, 해양이용 실태 및 관리, 해양관련 도면의 정비 등이 있으며, 이들을 어떻게 조사하고 등록하여 관리하는가에 따라 해양지적의 발달의 성패가 달려 있다 하겠다. 이러한 내용을 토대로 업무를 조정하면 다음과 같이 정리해 볼 수 있고, 이는 사안에 따라 재조정이 이루어 질수 있다.

2 해양지적의 객체

해양관리는 객체는 바다 혹은 해양 필지의 공간적 · 공시적 객체를 나타내는 사항을 의미하는 것으로 볼 수 있다.[104)]

104) 해양지적의 범위는 이용 · 공간 · 권리 측면으로 구분할 수 있다(김영학, 2006, "해양지적제도의 도입에 관한 연구", 지적연구원, p.16). 이용은 육지에서처럼 토지의 용도에 따라 그 범위를 설정하는 것으로 해양의 활용가치에 초점을 두고 있다. 권리차원의 범위는 육지의 물권에 부여되는 배타성을 해양의 공간에 인정하는 것으로 사법적 성향의 권리를 의미하는 것으로 볼 수 있다. 공간적 범위는 국가 혹은 지방정부의 해양에 대한 관할권 및 실제의 통제에 초점을 두고 육지와 공간적 거리에 따라 설정하는 것으로 볼 수 있다.

표 28-1 **해양지적업무의 조정**

구분	주 업 무 내 용	비고
지적제도	해양관련 대학의 특성화	교육부
	해양관련 법령 정비	법제처
	어촌의 권역별 집중개발, 선박등록제도 획기적 개선, 보급형 해양레저선박 개발, 해양관측 위성개발, 해양지적발전 기본계획	해양수산부
해양조사	해양특성조사	국방부
	도서의 유형별 특성화	안전행정부
	대륙붕 기본 및 한계조사	산업통상자원부
	EEZ내 해양광물자원 및 관련 기술개발, 해양 관련 통계조사	해양수산부
해양등록	해양관광자원개발	문화체육관광부
	환경친화적 간척농지 개발	농림축산부
	연안 국토정비사업, 해양지명조사, 해양보호구역 관리체계 구축, 해양심층수의 다목적 이용개발, 해양등록부 개발	해양수산부
해양관리	해양지질도 작성, 해양경계획정, 어업면허 등 동시 갱신, 바다목장 개발 및 관리, 해양에서 파생되는 각종 권리 관리	해양수산부
해양측량	국가해양기본도 작성, 해안선 조사측량 및 DB구축, 전자해도 개발, 조선관측 자동화시스템, 해양필지도 작성	해양수산부
해양정보화	연안관리정보시스템, 어업정보도 제작, 항만지하시설물 GIS DB구축, 해운항만 종합물류정보망 구축 · 운영, 해양한국발전프로그램 운영, 첨단위성 해양 정보 활용시스템 운영, 해양관광정보관리시스템 구축	해양수산부

자료 : 김영학, 2006 : 133 참고재작성

바다 필지(sea parcel)는 3차원의 바다공간으로 명확한 바다 경계(좌표) · 면적 · 권리 · 이용 상태를 그 내용으로 하고 있다. 해양관리의 근원인 바다 필지는

① 바다에 존재하지 않는 보유권(tenure)의 개념
② 근해 경계설정의 고전적 수단의 활용 불가능
③ 주로 토지의 경우 2차원인 반면 해양환경은 3차원 중심으로 고전적 2차원으로는 불충분
④ 해양의 경우 한 지역 내에 존재하는 다목적 권리가 존재
⑤ 많은 해안의 경계에 관련된 기준선의 모호성

등이 존재한다(P. A. Collier, E. J. Leahy and I. P. Willamson, 2001).

해양관리의 공간적 객체는 육지와의 거리[105]로 파악하기보다는 공간의 차원에 따라 바다의 수면(해수면), 바다의 수면 위인 일정범위의 해수면 상공, 바다의 수중인 해저로 3차원의 공간으로 볼 수 있다.

해양관리의 공시적 객체는 공적장부에 등록되고 공시되는 대상에 따라 물리적 현황, 권리적 현황, 가치적 현황, 규제적 현황으로 구분할 수 있다. 물리적 현황은 하나의 해양필지를 나타내는 표시사항으로 위치(좌표), 해번, 해목, 면적, 경계, 권리 보유자의 성명 및 명칭, 주소 및 주민등록번호, 권리비율 등이 있다. 권리적 현황은 하나의 해양필지에서 파생되는 권리 혹은 권익으로 소유권 및 처분권(수면권 · 공중권 · 해저권), 준물권(개발권 · 채굴권 · 조업권 등), 용익권(항해권 · 해저이용권 · 해수이용권 · 레저권, 어장임대차권 · 접근권 · 수주권 등), 공법상 권리(어업면허) 등이 있다. 가치적 현황은 해양에 대한 경제적 가치로 판매가치(sale value), 서비스가치(service value : 접근 · 해양관광 · 항로(shipping lane) · 국립공원 · 해양보호지역 · 보전지역), 경제적 가치(economic value) 등이 있다. 규제적 현황은 해양의 이용 및 개발에 대한 보호규제 사항으로 멸종서식처 · 쓰레기 투기지역 · 문화재 보존지역 · 과학적 연구지역 등이 있다.

이상 해양관리의 객체 구분은 바다의 자연 발생적 특성인 3차원 해양과 공적장부에 등록 · 공시되는 대상에 따라 구분하였으나, 해양을 바라보는 시각과 공적장부에 등록되는 대상에 따라 좀 더 구체적이고 다양한 형태의 객체가 있을 수 있다.

3 해양지적의 형식

해양은 토지의 연장선상으로 가치의 중요성이 증대되고 있고 이해관계로 인한 분쟁의 소지가 상시 존재하는 공간으로 볼 수 있다. 기존의 토지관리에 편중된 제도적 틀이 해양이라는 공간으로 이동하고 있어 해양활동에서 파생되는 권리의 보호 및 경계의 설정, 경제적 · 사회적 · 문화적 편익, 운영체계의 정립 등 해양관리를 위한 노력이 연안국을 중심으로 활발히 이루어지고 있다.

105) 육지와의 거리차원에서 볼 때 육지(upland), 연안(foreshore), 해안(offshore)으로 조수(tidal waters)에 따라 구분되는 지역을 의미한다.

해양에서 발생하는 각종 권리는 토지에서 발생하는 권리만큼이나 중요해지고 있고, 이로 인한 경제적 편익은 국내외로 규모화 되어가는 추세라 할 수 있다. 각종 권리는 공적장부에 등록될 때 비로소 형식을 갖추게 되어 권리의 보호뿐만 아니라 권리에 따른 제한 및 책임이 부여된다고 볼 수 있다. 외국의 경우 권리를 보호하기 위하여 공적장부에 등록하고 이를 운영하는 제도적 틀을 정착하기 위하여 노력하고 있다. 특히 해양에 관련된 도면을 필지단위로 구획하여 해양지적도 혹은 해양필지도로 관리하고 있는 사례가 발생하고 있다.

해양을 관리하는 공적장부는 각 국가의 환경 및 제도에 따라 다른 형식을 보이고 있고, 한 국가의 지역에 따라서도 형식이 달리 나타난다고 볼 수 있다. 대체로 해양등록부는 해양의 활동에서 파생되는 각종 권리 및 권익, 임대차 거래 및 과세 그리고 해양정보를 위한 기초 자료로서 이용하기 위해 바다를 조사 · 측량하여 구획된 단위 해양을 등록해서 비치하는 공적인 장부를 의미한다. 이러한 해양등록부는 법에 의하여 그 형식과 규격이 제도화되고 항상 일정한 장소에 비치 · 보관하는 것이 일반적이라 할 수 있다.

해양관리를 위한 공부의 유형은 한 국가의 환경 및 제도에 따라 대장 및 등기부와 권원등록부로 구분[106]할 수 있고 공통적으로는 해양필지도가 해당된다. 즉 해양등록부의 유형은 해양에 관련된 물리적인 현황을 중심으로 등록 · 관리하는 해양등록대장, 해양의 각종 권리를 등록하는 권리원부, 해양의 권리 원인, 즉 어떤 행위를 정당화하는 법률상의 원인을 등록하는 권원등록부, 물리적인 위치 및 넓이 중심의 가시적인 해양필지도 등이 있다.

4 해양지적 관련 법체계

해양관리에 관련된 법제는 대체로 국토관리, 경계관리, 수역관리, 자원관리, 환경관리 등으로 분류할 수 있다.[107] 이러한 해양관리에 관련된 법제를 중심으로 해양등록부와 밀접한 관련법제를 검토하고자 한다.

106) 이러한 구분은 해당 국가의 제도가 지적제도 중심이냐 아니면 등기제도 중심이냐에 따라 달라지고 또한 지적과 등기제도가 일원적이냐에 따라 공부의 종류가 다른 것으로 판단된다.

107) 해양 관련법제의 분류는 접근하는 사람에 따라 다르게 나타날 수 있다. 즉 해상경계를 중심으로 접근하는 경우에는

해양관리차원에서 국토관리에 관련된 법제는 영해 및 접속수역법, 배타적 경제수역법, 해양수산발전기본법, 해양과학조사법, 국토기본법, 국토의 계획 및 이용에 관한 법률, 어업 등에 대한 주권적 권리의 행사에 관한 법률 등이 대표적인 것으로 볼 수 있다. 이러한 법제는 해양을 국토의 연장으로 보고 관할구역 중심의 관리를 규정하고 있다. 해상경계에 관련된 법제는 공간정보의 구축 및 관리 등에 관한 법률, 지도도식규칙, 지방자치법 등이 대표적인 것으로 볼 수 있다. 이러한 법제의 골자는 바닷가 지방자치단체의 관할구역에 속하는가 여부, 해상경계에 관한 법제가 존재하는가, 해상경계에 관한 구체적인 범위를 규정하고 있는 법률이 존재하는가의 관점에서 검토되고 접근하고 있다.

자원관리에 관련된 법제는 어장관리법, 광업법, 해저광물자원법, 영염관리법, 어업자원보호법, 기르는 어업법, 수상레저안전법, 수산자원보호령, 골재채취법, 어업면허의 관리 등에 관한 규칙 등이 대표적인 것으로 볼 수 있다. 이러한 법제는 해양자원의 관리를 수단 중심으로 규정하고 있으나 개별법적으로 운영되고 관리방식을 제공하고 있어 통일성 및 일관적인 해양자원관리가 어려운 실정이다.

수역관리에 관한 법제로는 연안관리법, 공유수면매립법, 수산업협동조합법, 항만법, 어항법, 하천법, 낚시어선법, 항로표지법 등이 대표적인 법제로 볼 수 있다. 이러한 법제에서는 바다를 구역, 수역 또는 해역으로 지정하여 자원의 이용 · 관리, 환경관리 또는 관할에 관한 내용을 규정하고 있다. 즉 구역, 수역 또는 해역은 경계의 선에 개념보다는 권리에 대한 넓이차원에서 접근하고 있어 상대적으로 경계보다는 권리에 초점을 두고 있다.

환경관리에 관련된 법제는 자연환경보전법, 수질환경보전법, 폐기물관리법, 해양오염방지법, 자연공원법, 관광기본법, 관광진흥법, 도서개발촉진법, 전원개발에 관한 특별법 등이 대표적인 법제로 볼 수 있다. 이러한 법제는 해양환경의 이용 · 보전 · 관리에 관련된 것으로 해양자연생태계, 자연경관, 문화경관, 지형보존, 위치 및 이용 등을 규제하고 있으나 관리주체 및 객체에 대한 모호함과 다양한 개별법령에 의한 규정으로 인한 체계적인 관리가 어렵다는 것이다.

이상의 해양관리 관련 법제 중 현 해양등록부와 밀접한 법규로는 어업등록령, 어업면허의 관리 등에 관한 규칙, 해저광물원개발법, 어장관리법시행규칙, 부동산등기법, 공간정

국토의 이용 및 관할에 관련된 법제, 지방자치단체의 경계에 관한 법제, 어업관련 해상관할 및 이용에 관한 법제, 연안 및 영해에서의 해상관할 및 이용에 관한 법제, 기타 자원 이용 및 환경관리에 관한 법제 등으로 분류하고 있다. 따라서 해양에 관련된 법제의 접근은 어떤 대상을 연구에 두고 접근하는가에 따라 약간의 차이를 보일 수 있다(김영학, 2006, "해양지적제도 도입에 관한 연구", 지적연구원, pp.66-68).

보의 구축 및 관리 등에 관한 법률, 지도도식규칙 등이 있으며, 해양등록부의 하나로 볼 수 있는 어업권원부, 어업권관리대장, 어장관리대장, 해저광업원부, 어장기본도, 해도 등에 관하여 근거규정을 두고 있다.

표 28-2 **해양관리의 관련 법제**

구분	관 련 법 제		비고
국토관리	• 영해 및 접속수역법	• 배타적 경제수역법	국토 중심
	• 국토기본법	• 국토의 계획 및 이용에 관한 법률	
	• 해양수산발전기본법	• 해양과학조사법	
	• 어업 등에 대한 주권적 권리의 행사에 관한 법률		
경계관리	• 공간정보의 구축 및 관리 등에 관한 법률		경계 중심
	• 지도도식규칙	• 지방자치법	
수역관리	• 연안관리법	• 공유수면관리법	넓이 중심
	• 수산업협동조합법	• 수산업법	
	• 해상교통안전법	• 항만법	
	• 하천법	• 낚시어선법	
	• 도로표지법	• 어항법	
자원관리	• 어장관리법	• 광업법	권익 중심
	• 해저광물자원법	• 염관리법	
	• 어업자원보호법	• 기르는 어업법	
	• 수상레저안전법	• 수산자원보호령	
	• 골재채취법	• 어업면허의관리 등에 관한 규칙	
환경관리	• 자연환경보전법	• 수질환경보전법	보전 중심
	• 폐기물관리법	• 해양오염방지법	
	• 자연공원법	• 관광기본법/관광진흥법	
	• 도서개발촉진법	• 전원개발에 관한 특별법	

자료 : 해양수산개발원 · 한국지방행정연구원, 2003, 해상경계설정방안 연구. pp.2-5. 참조작성

5 해양등록부의 형식과 객체

해양등록부의 등록 형식 및 객체는 현 해양관리의 핵심인 어업권원부, 어업권관리대장, 어장관리대장, 해저광업원부, 어장기본도, 해도 및 수로서지 등을 대상으로 검토하게 된다. 즉 해양등록공부는 해양 관련 대장을 중심으로, 해양권리원부는 해양 관련 등기부를 중심으로 등록객체를 검토하고, 해양권원등록부는 우리나라에서 채택하고 있지 않기 때문에 외국의 권원 등록부를 토대로 등록객체를 검토하고자 한다. 그리고 해양필지도는 필지의 개념에 입각하여 관리되는 도면으로서 어장기본도를 토대로 등록객체를 검토하고자 한다.

5.1 해양등록대장

해양등록대장에는 어업면허 관리 등의 규칙에 의거한 어업권관리대장과 어장관리법 시행규칙에 의거한 어장관리대장이 있으며, 해양 자체를 관리하는 다른 대장은 발견되지 않고 있다(김영학, 2007, 김영학, 2006b).

어업권관리대장의 등록객체는 육지의 토지 · 임야대장을 기준으로 볼 때 대체로 표시사항, 권리사항, 규제사항, 기타사항으로 구분할 수 있다. 다만 등록형식이 이러한 유형으로 구분하여 등록하는 것이 아니기 때문에 등록유형과 등록사항이 정확히 일치하지 않는다. 어업면허의 관리 등에 관한 규칙에서 규정하고 있는 사항(어업면허의 관리 등에 관한 규칙 제6조, 제47조)을 등록유형 및 등록객체에 따라 정리하면 다음과 같다.

표시사항은 어업의 종류, 면허번호, 어구의 명칭, 어장면적 및 위치 등이 해당되고, 권리사항은 어업권자, 면허기간, 양식시설량, 포획 · 채취방법, 어업의 시기, 어업권연장허가기간, 포획 · 채취물의 종류, 양식물의 종류, 가두리시설규모 등이 해당된다. 또 규제사항은 공익상 지장여부, 어장관리규약, 어장의 행사계약관리, 어장의 관리선 이용 등이 해당된다. 기타 사항은 어업권 이전 · 분할 또는 변경인가가 등록객체로 되어 있다.

어장관리대장의 등록객체는 표시사항, 권리사항, 어업권자 통보사항, 확인사항으로 구분될 수 있다. 어업권관리대장과 마찬가지로 어장관리대장의 등록유형과 그 등록사항이 정확히 일치하지 않을 수 있다. 어장관리법에서 규정하고 있는 사항(어장관리법시행규칙 제3조)을 등록유형 및 등록객체에 따라 정리하면 첫째, 표시사항은 면허번호 및 기간, 어업의 종류, 어구의 명칭, 어장의 시설규모, 어장면적 및 위치 등이 해당되고, 둘째, 권리사항은 어업권자에 관한 것이 해당되며, 셋째, 어업권자통보사항은 어장청소현황, 수산종묘살포현황 등이 해당된다. 넷째, 확인사항은 어장청소현황, 수산종묘살포현황 등이 해당되며, 특히 어업권자통보사항과 다른 등록내용은 수거량, 처리량, 확인실시, 확인자의 서명 날인이 구체적으로 기재되게 되어 있다.

어업권관리대장과 어장관리대장의 등록형식 및 객체는 공적 장부로서 기능을 발휘하기에는 등록객체의 정형화가 미흡하고 등록형식 또한 체계적이지 못하여 등록형식과 등록

표 28-3 어업권관리대장의 등록객체와 등록사항

등록유형	등록객체	등 록 사 항
표시사항	어업의 종류	면허어업의 8가지 종류 중 하나
	면허번호	농림수산식품부장관 또는 시장 · 군수 · 구청장이 부여한 어업면허번호
	어구의 명칭(양식방법)	수산물의 포획 · 채취에 사용되는 도구의 명칭 또는 양식 방법
	어장면적 및 위치	어장의 규모를 ha로 표기, 위치는 시도 시군군 읍면동 번지로 표기
권리사항	어업권자	성명, 주민등록번호, 단체명, 주소, 회원 수
	면허기간	면허의 유효기간
	양식시설량	양식어장의 시설기준에 따른 시설규모
	포획 · 채취방법	마을어업의 포획 · 채취방법에 규정된 어구
	어업의 시기	해당 양식어장의 어업의 시기
	어업권연장허가기간	시 · 군 · 구청장이 신청에 따라 면허유효기간의 연장을 허가한 경우
	포획 · 채취물, 양식물의 종류	포획 및 채취물 또는 양식물의 유형
	가두리시설규모	어업권의 어장구역에 그 어장에서 포획한 어획물을 일시적으로 가두어 둘 수 있는 시설을 ㎡로 기입
규제사항	공익상 지장여부	군사관계, 어항, 개항, 특정지역, 공원, 항로, 기타, 관계법령 등이 있음 또는 없음으로 기입
	어장관리규약	승인번호와 승인일자(규칙 제42조 참조)
	행사자 선정 방법	어업권 행사자 선정방법(규칙 제43조 참조)
	수산법규 위반사항	위반사항, 경고일, 시정일
	어장의 행사 계약관리	행사자의 대표자 및 수, 행사자 신분(어촌계원), 행사계약기간, 행사료
	어장의 관리선 사용	지정받은 관리선 및 승인받은 관리선의 등록번호, 톤수, 마력
기타 사항	어업권 이전 · 분할 또는 변경인가	농림수산식품부령으로 정하는 바에 따라 시장, 군수, 구청장의 인가를 받은 경우 어업권 이전, 분할, 변경을 기입

출처 : 어업면허의 관리 등에 관한 규칙 제6조 ②, 제 47조 ②, 수산업법 참고 작성

표 28-4 어장관리대장의 등록객체와 등록사항

등록유형	등록객체	등 록 사 항
표시사항	면허번호 및 기간	농림수산식품부장관 또는 시장 · 군수 · 구청장이 부여한 면허번호 · 기간
	어업의 종류	면허어업의 8가지 종류 중 하나
	어구의 명칭	수산물의 포획 · 채취에 사용되는 도구의 명칭
	어장의 시설규모	어장 내에 설치된 시설의 규모
	어장면적 및 위치	어장의 규모를 ha로 표기, 위치는 시도 시군군 읍면동 번지로 표기
권리사항	어업권자	성명 또는 단체명, 주소
어업권자 통보사항	어장청소현황	청소기간, 방법, 수거예정량
	수산종묘살포현황	종묘살포 기간, 장소, 종류, 수량
확인사항	어장청소현황	청소기간, 방법, 수거 · 처리량, 확인일시, 확인자 서명 등
	수산종묘살포현황	살포기간, 장소, 종류, 수량, 확인일시, 확인자 서명 등

출처 : 어장관리법시행규칙 제3조 ③ 참조 작성

객체 간의 연계성이 떨어지는 경향을 보이고 있다.

어업의 종류	( )어업	어구의명칭 또는 양식방법		어장면적	(ha)
면허번호	제 호	어장 위치	시·도 시·군·구 읍·면·동 리·동 번지		
어업권자 성명		주민등록번호	-	단체명	
어업권자 주소	시·도 시·군·구 읍·면·동 리·동 번지			계원수	명

면허기간	년 월 일~ 년 월 일	어업권 연장 허가 기간	년 월 일~ 년 월 일
양식시설량			년 월 일~ 년 월 일
포획·채취방법			년 월 일~ 년 월 일
어업의 시기	월 일~ 월 일		년 월 일~ 년 월 일
포획·채취물 또는 양식물의 종류		가두리 시설규모	(m²)

공익상지장여부	군사관계	이항	개항	특정지역	공원	항로	기타	관계법령

어장관리규약	승인번호 제( )호, 승인일(년 월 일)	행사자선정방법	

어장의 관리선 사용	종류	지정받은 관리선			승인받은 관리선		
	어선등록번호	제 호	제 호	제 호	제 호	제 호	제 호
	호톤수(톤)						
	마력(마력)						

어장의 행사계약관리	횟수	행사자의 대표 및 수	행사자 신분	행사계약 기간	행사료 (천원)
	1차	( )명		년 월 일~ 년 월 일	
	2차	( )명		년 월 일~ 년 월 일	
	3차	( )명		년 월 일~ 년 월 일	
	4차	( )명		년 월 일~ 년 월 일	
	5차	( )명		년 월 일~ 년 월 일	

수산법규 위반사항	횟수	위반사항	경고일	시정일
	1차			
	2차			
	3차			
	4차			

어업권이전·분할 또는 변경인가사항	

기타 기재사항
※ 공익상지장여부란에는 "있음", "없음" 으로 기재하고, "행사장 신분" 란에는 "어촌계원" 등을 기재함
※ 어장도 별첨

48277-04111비 257mm×364mm
93.12.13 승인 (인쇄용지(2급) 60g/m²)

그림 28-1 어업권관리대장

[별지 제1호서식]

어장관리대장

면허번호		제 호	면허기간	년 월 일~ 년 월 일
어업의 종류및 어장 현황	어업종류		어구명칭	
	어장면적	ha (장m×폭m)	어장의 시설규모	
	어장위치	시·도 시·군·구 읍·면·동 번지		
어업권자	성명 또는 단체명			
	주소	시·도 시·군·구 읍·면·동 번지		

어업권자통보내용			확인자
어장청소내용	회	○기간: 년 월 일부터(일간) 년 월 일까지 ○방법:	○기간: 년 월 일 ○직급: ○성명: ㉑
	회	○기간: 년 월 일부터(일간) 년 월 일까지 ○방법:	○일시: 년 월 일 ○직급: ○성명: ㉑
	회	○기간: 년 월 일부터(일간) 년 월 일까지 ○방법:	○일시: 년 월 일 ○직급: ○성명: ㉑
수산종묘살포상황	회	○기간: 년 월 일부터(일간) 년 월 일까지 ○종류: ○수량:	○일시: 년 월 일 ○직급: ○성명: ㉑
	회	○기간: 년 월 일부터(일간) 년 월 일까지 ○종류: ○수량:	○일시: 년 월 일 ○직급: ○성명: ㉑
	회	○기간: 년 월 일부터(일간) 년 월 일까지 ○종류: ○수량:	○일시: 년 월 일 ○직급: ○성명: ㉑

(주) 어업권자의 통보내용을 대장에 첨부하여야 한다.

210mm×297mm
(일반용지 60g/m²(재활용품))

그림 28-2 어장관리대장

5.2 해양권리등록원부

해양권리등록원부는 해양활동에서 파생되는 각종 권리[108]를 보호 및 관리하는 공적 장부로서 어업권원부와 해저광업원부가 제도화되어 있다. 어업권원부는 면허를 받아 일정한 수면에서 특정한 어업을 경영할 수 있는 권리를 관리하는 장부로서 어업권등록부, 어업권공유자명부, 등록한 일정한 해저구역에서 해저광물을 탐사 · 채취 및 취득하는 권리인 해저광업권과 설정입어등록부, 신탁등록부로 구성된다(어업등록령 제9조). 해저광업원부는 해저광물개발구역 내 행위에 의하여 국가소유인 해저광구에서 해저광물을 탐사 · 채취하는 권리인 해저조광권을 관리하는 공적 장부를 의미한다(해저광물자원개발법 제2조).

어업권원부의 등록객체는 육지의 토지등기부와 건물등기부를 기준으로 볼 때 대체로

108) 해양에서 파생되는 권리에는 소유권 및 처분권(수면권 · 공중권 · 해저권), 준물권(개발권 · 채굴권 · 조업권 등), 용익권(항해권 · 해저이용권 · 해수면이용권 · 레저권 · 어장임대차권 · 접근권 · 수주권), 공법상 권리인 어업면허권 등이 있다.

표 28-5 어업권등록부 및 어업권공유자명부의 등록객체와 등록사항

등록유형		등록객체	등록사항
어업권 등록부	고유번호	면허번호란	면허번호
	표제부	표시번호란	표시란에 등록한 번호
		표시란	신청서의 접수연월일과 접수권호, 등록원인과 그 일자, 등록의 목적, 신청서에 기재된 그 밖의 사항
	갑구	순위번호란	사항란에 등록한 번호
		사항란	어업권자의 성명 · 주소와 어업권 설정 등록을 한다는 사실
	을 · 병 · 정구	순위번호란	사항란에 등록한 번호
		사항란	농림수산식품부장관이 정한 내용
	기타	비고란	기타 필요한 사항
어업권 공유자 명부	표시사항	면허번호란	면허번호
		어업권등록부 책수와 면수란	어업권등록부의 책 수와 지면 수
		지분란	지분이 정하여져 있는 경우 지분, 등록연월일과 날인
	갑구	순위번호란	사항란에 등록한 번호
		사항란	공유자 전원의 성명과 주소
	을 · 병 · 구	순위번호란	사항란에 등록한 번호
		사항랑	농림수산식품장관이 정한 내용
	기타	비고란	기타 필요한 사항

출처 : 어업등록령 제12조, 제13조, 제42조, 제100조 참고 작성

표제부, 갑구, 을 · 병구, 기타 사항으로 구분할 수 있다. 다만 등록형식이 토지등기부나 건물등기부와 다소 다른 형식으로 되어 있어 등록유형과 그 동록사항이 정확히 일치하지 않는다. 어업등록령에서 규정하고 있는 어업권등록부(어업등록령 제12조), 어업권공유자명부(어업등록령 제13조), 입어등록부(어업등록령 제14조), 신탁등록부(어업등록령 제15조)의 등록유형 및 등록객체를 정리하면 다음과 같다.

어업권등록부의 등록유형은 고유번호, 표제부, 갑구, 을구, 병구, 기타로 구분할 수 있다. 고유번호의 등록객체는 면허번호, 표제부의 등록객체는 표시번호와 표시사항, 갑구의 등록객체는 어업권에 관련된 순위번호와 그 사항이 각각 해당된다. 을구 및 병구의 등록객체는 해양수산부장관이 정한 내용에 관련된 사항과 순위번호가 해당되며, 기타의 동록객체는 필요한 사항이다.

어업권공유자명부의 등록유형은 표시사항, 갑구, 을 · 병구, 기타로 구븐된다. 표시사항의 등록객체는 면허번호, 어업권등록부의 책 수와 면 수, 갑구의 등록객체는 공유자에 관

련된 사항과 순위번호, 을 · 병구의 등록객체는 해양수산부장관이 정한 내용에 관련된 사항과 순위번호가 각각 해당되며, 기타의 등록객체는 필요한 사항이다.

입어등록부[109]의 등록유형은 고유번호, 표시사항으로 구분할 수 있다. 고유번호의 등록객체는 입어등록번호, 면허번호가 해당되고, 표시사항의 등록객체는 입어할 수면구역, 종업자의 자격과 인원수, 어업의 방법, 어선, 어구, 채취 · 포획물 종류, 어업의 시기, 그 밖의 권리의무, 기타 필요한 사항 등이다.

신탁등록원부의 등록유형은 고유번호, 표제부, 갑 · 을구로 구분할 수 있다. 고유번호의 등록객체는 면허번호, 표제부의 등록객체는 신탁의 목적인 어업권에 관련된 표시사항과 표시번호, 갑 · 을구는 등록하여야 할 권리에 관련된 사항과 순위번호가 각각 해당된다.

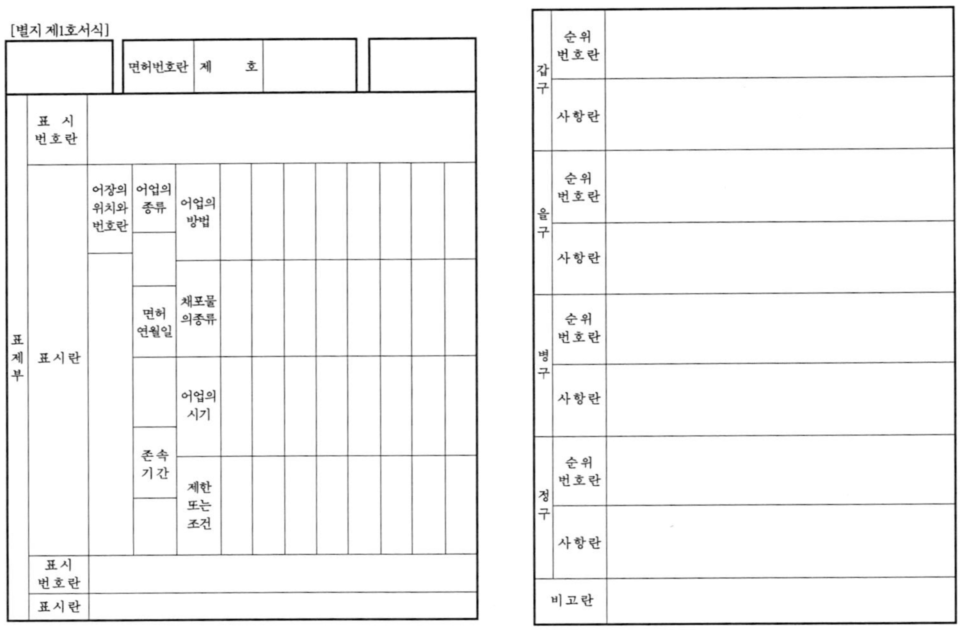

그림 28-3 어업권등록부

109) 입어란 어업신고를 한 자로서 마을어업권이 설정되기 전부터 해당 수면에서 계속하여 수산동식물을 포획 · 채취하여 온 사실이 대다수 사람들에게 인정되는 자 중 대통령령으로 정하는 바에 따라 어업권원부(漁業權原簿)에 등록된 자가 마을어업의 어장에서 수산동식물을 포획 · 채취하는 것을 말한다(수산업법 제2조).

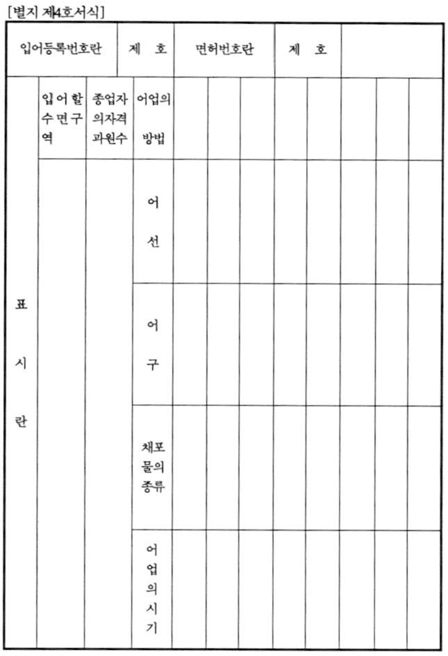

그림 28-4 입어등록부

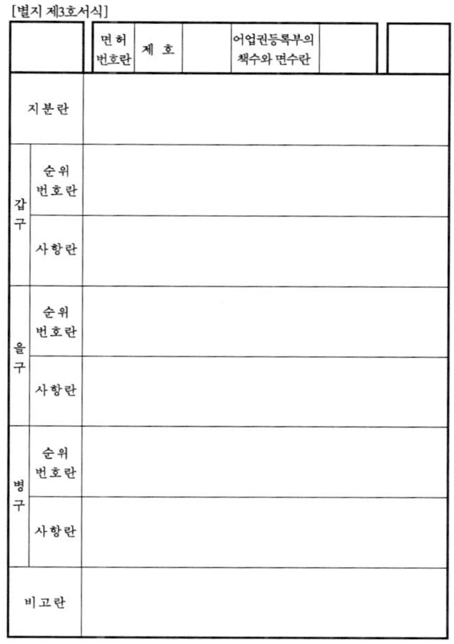

그림 28-5 어업권공유자명부

표 28-6 **입어등록부 및 신탁등록부의 등록객체와 등록사항**

등록유형		등록객체	등록사항
입어등록부	고유번호	입어등록번호란	입어등록번호
		면허번호란	면허번호
	표시란	입어할 수면구역	4개의 점을 순차로 연결한 선에 의하여 둘러싸인 수면
		종업자의 자격과 인원수	입어자의 자격과 어업권원부에 등록된 인원수
		어업의 방법	수산동식물을 포획 · 채취하거나 양식하는 방법
		어선	입어에 관련된 선박
		어구	수산물의 포획 · 채취에 사용되는 도구의 명칭
		채취 · 포획물 종류	포획 및 채취물 또는 양식물의 유형
		어업의 시기	해당 양식어장의 어업의 시기
		그 밖의 권리의무	입어자에게 부여된 그 밖의 권리 의무
		비고란	기타 필요한 사항
신탁등록부	고유번호	면허번호란	면허번호
	표제부	표시번호란	표시란에 등록한 번호
		표시란	신청서를 접수한 연월일과 접수번호, 어업면허 번호 또는 어업권을 신탁의 목적으로 한 권리의 순위번호, 권리의 종류, 등록을 한다는 사실
	갑을구	순위번호란	사항란에 등록한 번호
		사항란	신청서에 기재된 사항으로서 등록하여야 할 권리, 신청서 접수연월일과 접수번호, 등록권리자 성명과 주소, 등록원인과 날짜, 등록 목적 등

출처 : 어업등록령 제12조, 제13조, 제100조, 제101조, 참고 작성

해저광업원부는 해정광업권부와 해저조광권부로 구성되는데(해저광물자원개발법시행규칙 제1조의 2), 등록형식이 토지 · 건물등기부와 달리 대장의 형식에 가까우며 등록번호, 접수 · 등록, 표시사항, 권리표시 등이다.

해저광업권부의 등록유형은 등록번호, 접수 · 등록, 표시사항, 권리현황, 기타사항 등으로 구분된다. 등록번호의 등록객체는 해저광업원부의 등록번호이며, 접수 · 등록의 등록객체는 접수연월일 및 접수번호, 등록연월일 등이다. 표시사항의 등록객체는 해저광구 표시이며, 권리현황의 등록객체는 광종명, 면적, 해저광업권자 등이다. 기타의 등록객체는 필요한 사항이다.

해저조광권부의 등록유형은 등록번호, 사항번호, 등록사항, 권리표시 등으로 구분될 수 있다. 등록번호의 등록객체는 해저조광권 설정등록번호이며, 사항번호의 등록객체는 일련번호이다. 등록사항란의 등록객체는 해저광구 등록번호, 광종명, 면적, 존속기간, 권리자 주소 및 명칭 등이며, 권리표시의 등록객체는 탐사 · 채취설정, 등록구역표시 등이 해당된다.

어업권원부와 해저광업원부의 등록형식 및 객체는 권리에 관련된 공적 장부임에도 불

표 28-7 **해저광업원부의 등록객체와 등록사항**

등록유형		등록객체	등록사항
해저광업권부	등록번호	해저광업원부등록번호	해저광업원부의 등록번호
	접수등록	접수연월일 및 접수번호	해저광업권을 등록하기 위한 접수연월일 및 접수번호
		등록연월일	해저광업권부에 등록한 연월일
	표시사항	해저광구 표시	북위와 동경의 교차점 좌표를 차례로 직선 연결하여 둘러싼 구역을 표시(각 교차점을 차례로 표시)
	권리현황	광종명	대한민국의 권리가 미치는 해역 및 대륙붕에 존재하는 석유 및 천연가스
		면적	해저광구의 면적을 km^2으로 기재
		해저광업권자	지식경제부장관
	기타사항	비고	기타 필요한 사항
해저조광권부	등록번호	설정등록번호	해저조광권 설정 등록번호
	사항번호	일련번호	등록사항에 따른 일련번호
	등록사항	해저광구 등록번호	해저광구의 등록번호
		광종명	대한민국의 권리가 미치는 해역 및 대륙붕에 존재하는 석유 및 천연가스
		면적	해저조광권이 설정되어 있는 면적
		존속기간	탐사권(10년 이내) 및 채취권(30년 이내)의 존속기간
		권리자주소 및 명칭	법인의 주소 및 명칭
	권리표시	탐사 · 채취설정	북위와 동경의 교차점 좌표를 차례로 직선 연결하여 둘러싼 구역을 표시
		등록구역 표시	(각 교차점을 차례로 표시)변경이 된 경우는 변경 연월일 및 사유

출처 : 해저광물자원개발법 제2 · 3 · 9 · 10조, 해저광물자원개발법시행규칙 제1조의 2, 참고 작성

구하고 서로 상이하며, 등록유형의 분류 역시 통일성이 없어 등록객체의 정형화에 어려움이 있다. 또한 근거법령에 따른 등록형식 및 객체의 상이성이 나타나고 있다.

[별지 제1호서식] <개정 1999.7.19>
해저광업권부

해 저 광 업 권 부

부등록번호 제 호

①접수연월일 및 번호	. . .			접수 제	호
②등록연월일	. . .				
③ 해저광구의 표시	다음에 표시한 좌표를 차례로 직선으로 연결하여 둘러싼 구역				
	①북위	과	동경	의	교점
	②북위	과	동경	의	교점
	③북위	과	동경	의	교점
	④북위	과	동경	의	교점
	⑤북위	과	동경	의	교점
	⑤북위	과	동경	의	교점
	⑦북위	과	동경	의	교점
	⑧북위	과	동경	의	교점
	⑨북위	과	동경	의	교점
	⑩북위	과	동경	의	교점
	⑪북위	과	동경	의	교점
	⑫북위	과	동경	의	교점
	⑬북위	과	동경	의	교점
	⑭북위	과	동경	의	교점
	⑮북위	과	동경	의	교점
	⑯북위	과	동경	의	교점
④ 광종명					
⑤ 면적			km²		
⑥해저광업권자	산업자원부장관				
⑦비고					

7513－4－30 190mm×268mm
71.2.10 승인 (백상지 70g/m²)

해저조광권부 (1)

설정등록번호	제 호

사항번호	등록사항	사항번호	등토사항(변경란)
①	해저광구등록번호		
②	광종명		
③	면적		
④	존속기관		
⑤	권리자주소및명칭		

7513－4－4C(3－1) 190mm×268mm
71.1.30 승인 (백상지 70g/m²)

해저조광권부 (2)

설정등록번호	제 호

⑦ 탐사·채취 설정등록구역의 표시	다음에 표시한 좌표를 차례로 직선으로 연결하여 둘러싼 구역				
	①북위	과	동경	의	교점
	②북위	과	동경	의	교점
	③북위	과	동경	의	교점
	④북위	과	동경	의	교점
	⑤북위	과	동경	의	교점
	⑥북위	과	동경	의	교점
	⑦북위	과	동경	의	교점
	⑧북위	과	동경	의	교점
	⑨북위	과	동경	의	교점
	⑩북위	과	동경	의	교점
	⑪북위	과	동경	의	교점
	⑫북위	과	동경	의	교점
	⑬북위	과	동경	의	교점
	⑭북위	과	동경	의	교점
	⑮북위	과	동경	의	교점
	⑯북위	과	동경	의	교점
	변경연월일 및 사유				
③ 탐사·채취 설정등록구역의 표시	다음에 표시한 좌표를 차례로 직선으로 연결하여 둘러싼 구역				
	①북위	과	동경	의	교점
	②북위	과	동경	의	교점
	③북위	과	동경	의	교점
	④북위	과	동경	의	교점
	⑤북위	과	동경	의	교점
	⑥북위	과	동경	의	교점
	⑦북위	과	동경	의	교점
	⑧북위	과	동경	의	교점
	⑨북위	과	동경	의	교점
	⑩북위	과	동경	의	교점
	⑪북위	과	동경	의	교점
	⑫북위	과	동경	의	교점
	⑬북위	과	동경	의	교점
	⑭북위	과	동경	의	교점
	⑮북위	과	동경	의	교점
	⑯북위	과	동경	의	교점
	변경연월일 및 사유				

7513－4－4C(3－2) 190mm×268mm
71.1.30 승인 (백상지 70g/m²)

해저조광권부 (3)

설정등록번호	제 호

사항번호	⑨등록사항(예비란)	사항번호	⑩등록사항(예비란)

7513－4－4C(3－3) 190mm×268mm
71.1.30 승인 (백상지 70g/m²)

그림 28-6 해저광업원부 : 해저광업권부와 해저조광권부(1 · 2 · 3)

5.3 해양권원등록부

해양권원등록부는 우리나라에서는 채택하고 있지 않은 상태이므로 외국의 권원등록부를 참조하여 등록객체를 파악하고자 한다. 해양권원(title)은 해양에서 이루어지는 행위를 정당화하는 법률적인 원인을 의미하는 것으로, 각종 권리의 근원을 관리하고 보호하는 데 목적이 있다. 해양권원등록부는 각 국가마다 다소의 차이가 있지만 호주[110]의 해양권원기준(marine title standards)의 경우 등록형식을 4개의 등록유형으로 구분하여 등록객체를 제시하고 있다(J. Wallace & Ian P. Williamson, 2004).

해양권원기준의 등록유형은 소유권차원(property aspects), 제3부문 소유권(thied party property aspects), 권원측면(title aspects), 준수차원(complicance aspects) 등으로 구분하고 있으며 각각의 등록객체를 제시하고 있다. 소유권차원의 등록객체에는 자원, 소유권본질, 소유권범위, 적용과정, 접근, 이용차원, 요금 · 사용료, 이전 등이 포함되고, 제3부문 소유권은 우선적 권리, 안전성 등을 등록객체로 하고 있다. 권원측면의 등록객체는 이름, 대용형, 양도, 기간, 갱신, 여건, 상거래 기재 및 정보, 양도 형평성 강제, 자원이 고갈, 상실, 종료, 자원연계이용, 약정, 안전성 등을 포함하고 있다. 준수차원의 등록객체는 작업계획 · 활동, 보고서, 보험, 권원의 정지, 강제자, 강제자 진입, 공권력 강화, 유인강화 등이다.

해양권원등록부의 경우 현실적 · 제도적으로 적용하기가 어렵지만 등록되는 객체를 중심으로 검토한다면 소유권차원과 준수차원의 등록객체는 고려할 가치가 있다고 본다. 특히 준수차원의 등록객체는 규제사항과 연계시킬 필요성이 있다.

5.4 해양필지도

해양 관련 도면은 수로도서지[해도[111], 수로서지[112], 항행통보[113]]와 어장기본도가 있으며, 이

110) 호주의 경우 등록관리 및 권리형태는 권원등록부를 표준적으로 제시하여 각종 권리를 관리 · 및 보호하고 있다. 즉 중요한 해양활동의 관리를 지원하기 위하여 등록부를 이용하여 먼 바다의 오일 및 가스탐사 · 추출, 광물채굴, 조업, 양식업 등을 관리 · 지원하고 있다. 특히 어장관리의 경우 사적 소유권 · 주 소유권 · 공유 소유권 등으로 구분하여 권익을 관리하고 있으며 새롭고 효과적인 해양권원을 관리하기 위하여 표준적인 안을 제시하고 있다.

111) 해도는 항해중인 선박의 안전한 항해를 위해 수심, 암초, 다양한 수중 장애물, 섬의 모양, 항만시설, 각종 등부표, 해안의 여러 가지 목표물과 바다에서 일어나는 조석 · 조류 · 해류 등이 표시되어 있는 바다의 안내도를 말한다.

112) 수로서지는 수로도서지 중에서 해도를 제외한 간행물로서 해도만으로는 불충분한 사항에 대한 다양한 정보를 항해자 등이 이용할 수 있도록 만든 것을 의미한다.

중에서 해양필지도의 관점으로 볼 수 있는 것은 어장기본도이다. 해양을 필지개념으로 관리하는 실질적인 도면은 아니지만 어장기본도는 축척 1/10,000 내지 1/25,000으로 개발계획 부서지침 및 기본조사 자료에 따라 어업의 종류 및 면적을 종합적으로 검토하여 작성된다.

표 28-8 **해양권원기준(marine title standards)과 등록사항**

등록유형	등록객체	등록사항
소유권차원 Property Aspects	자원	수반된 자원의 명확한 확인
	소유권 본질	권원이 소유권 및 무슨 유형인지를 기술(statement)
	소유권 범위	재산권 특성 정의(배타성, 양도성, 가분성(divisibility), 상속, 한계)
	적용과정	기준의 진술 [누가 판단, 지불, 근거화(issuing authority), 적용권리부여, 적용한계 그리고 경쟁적 적용의 우선 과정을 만들지 등]
	접근	접근의 본질 기술(배타 또는 공유), 다른 해양활동을 경유하는 접근한계 기술
	이용 차원	이용, 소비, 소모하기 위하여 규정된 기회
	요금 · 사용료	수수료, 사용료 요구된 지불금액
	이전	권원이 이전될 수 있는 지 조건
제3부문 소유권 Third Party Property Aspects	우선적 권리	우선적 권리의 진술(원주민의 권원, 휴양조업, 우선권)
	안전성	권원이 저당, 소유하기 위한 차용자의 기회, 판매 혹은 사전종결, 여러 차용자 사이의 우선권 등
권원차원 Title Aspects	이름	임대차, 특허(concession) 또는 면허(licence)
	대용형	디지털, 웹 이용, 하드카피, 쉬운 프린트, 하위 법령에 의해 구축된 버전에 쉬운 언어로 임대차 대용어 규정(provision)
	양도(grant)	양도과정의 신뢰할만한 기술(description). 특히 소유권 존재 확인 시
	기간	명확하게 지정된 시작과 종결 날짜
	갱신(renewal)	갱신이 권원의 만료 후 이용가능한지를 조건으로 지정된 갱신정리
	여건	권원에 적용하는 모든 특별조건
	상거래 기재	표준거래 안내(협상, 자원은행, 옥션, 새로운 소유자에게 재발행을 위하여 정부에 반환)
	상거래 정보	대중적으로 이용 가능한 거래와 가격 제시
	양도 형평성 강제	양도의 한계, 작은 사이즈를 넘어서 ITQ 양도의 한계
	자원의 고갈	만약 자원이 고갈된다면 혹은 만약 관리의 고려대상이 지불유예 또는 보상을 요구하는 기회를 포함한 접근의 정지(suspension)라면 퇴직 정책
	상실(forfeiture)	권리의 상실이 가능한지 여부

113) 자연적 · 인위적 변화가 직 · 간접적으로 안전항해에 영향을 미치므로 이와 같은 변동사항을 신속 · 정확하게 선박에 알려 안전항해와 해난사고를 예방할 수 있도록 정보를 제공하며, 수로도서지 이용자가 수로도서지를 최신 상태로 사용할 수 있도록 하기 위하여 변경된 사항을 보정하여 주1회 정기적으로 간행하여 인터넷 등 다양한 방법으로 제공되는 것이 항행통보이다.

표 28-8 **해양권원기준(marine title standards)과 등록사항(계속)**

등록유형	등록객체	등록사항
	종료(termination)	권원이 권리의 상실보다 다른 것에 의해 종결되는지 상황
	자원연계이용	가능한 공급을 활용하기 위한 기회, 확신할 수 있는 공공재의 공급 방법을 연계하기 위한 프로그램
	약정(bond), 안전성	약정, 준수를 보증하는 데 부여된 안전성 또는 보증의 기술
준수차원 Compliance Aspects	작업계획활동	요구되는 활동
	보고서	형태 및 시기를 포함하는 정보회복의 본질 상술(specification)
	보험	요구된 보험과 제공되는 정보
	권원의 정지	약정 또는 안전성의 상실과 포기의 위치(site) 여건
	강제자(enforcers)	강제할 수 있는 기관과 공무원의 확인
	강제자 진입	공무원이 위치(site)에 접근을 위한 기회의 확인
	공권력 강화	위치, 책자 및 보고서, 진술서 등의 조사
	유인 강화	벌금(fines), 벌칙 차기년도 허용의 축소, 취소(revocation)

자료 : J. Wallace & Ian P. Williamson, 2004

어장기본도의 등록유형은 표시사항과 기타사항으로 구분된다. 표시사항의 등록객체는 면허번호, 어업의 종류, 어장의 구획, 어장의 시설방법, 어장의 면적 등을 포함하고, 기타사항의 등록객체는 이동명칭 및 고유명칭, 어장의 시설기준 등을 포함한다. 하지만 어장기본도 등록객체는 육지의 지적도와 외국의 지적도 등록객체를 고려한다면 공시되는 객체가 다소 미흡하다고 볼 수 있다. 또한 어장에 한정되어 해양필지도가 작성되고 있으므로 다양한 정보제공 차원에서 한계가 있다.

표 28-9 **어장기본도의 등록객체와 등록사항**

등록유형	등록객체	등록사항
표시사항	면허번호	농림수산식품부장관 또는 시장 · 군수 · 구청장이 부여한 면허번호
	어업의 종류	면허어업의 7가지 종류 중 하나
	어장의 구획	어장의 해상구역을 측량을 통하여 획정한 후 각 꼭짓점의 좌표를 세계측지계에 기준한 직각좌표 값으로 표기
	어장의 시설방법	양식방법에 따라 시설규모 및 어장면적에 대한 시설비율을 고려한 시설방법
	어장의 면적	어장의 규모를 m^2로 표기
기타사항	이동명칭 · 고유명칭	이동명칭 및 어장에 인접한 특정물체의 고유 명칭
	어장의 시설기준	양식어업의 종류 및 양식방법에 따라 어장의 수심, 어장구역의 한계, 어장간의 거리 등

자료 : 어업면허의 관리 등에 관한 규칙 제2조 ③, 제10조, 참조 작성

한편 중국의 해적도 주요내용은 설정된 명확한 행정경계선, 수심, 모사 · 인접육지요소(해안선 · 지명 등) · 선명한 표지물, 각 종해경계선 · 등기번호 · 항목명칭, 해적측량을 위한 평면기준점, 축척 및 필요한 도식 등이 해당된다(김해명 외, 2009 : 25).

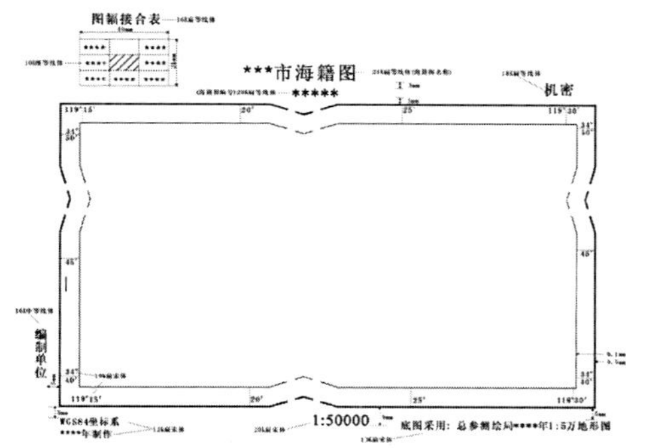

그림 28-7 중국의 해적도 도면 제작 규격

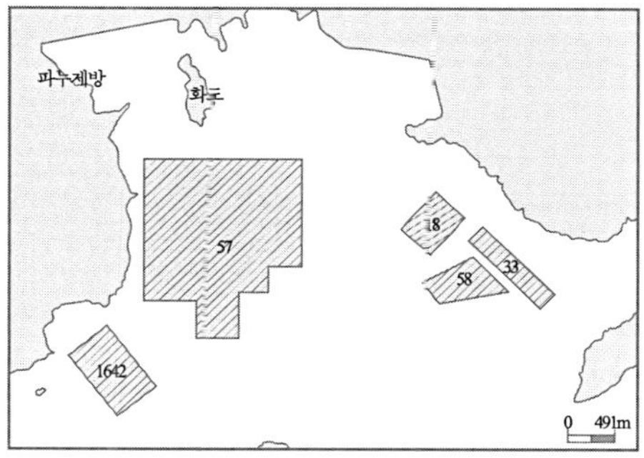

그림 28-8 한국의 어장기본도

5.5 해양등록객체 및 형식의 재설계

1) 해양등록객체의 정형화

해양등록 객체를 정형화하기 위하여 해양지적 범위, 해양 관련 법제, 육지와의 연계, 현 해양관리공부와 연계시켜 새로운 등록객체의 정형화를 고려해야 할 것이다. 즉 해양지적 범위의 이용차원은 해양관련 법제의 국토관리에 연계되고 이는 지적원리의 정책원리에 관계되며, 현 해양관리공부의 준수사항에 연계된다. 이러한 관계로 볼 때 대표할 수 있는 등록객체의 정형화는 가치현황으로 대변될 수 있다. 또한 같은 논리로 공간차원은 경계 · 수역에 연계되고 기술 원리 및 표시사항에 관계됨을 고려할 때 등록객체의 정형화는 해양표시로 나타날 수 있다. 반면 권리차원은 권익 및 자원관리에 연계되고 보유권리 및 권리사항에 관계됨을 고려할 때 등록객체의 정형화는 권리현황으로 표시될 수 있다. 해양 관련 법제의 환경 및 보전관리는 제도 원리와 규제사항에 연계됨을 고려할 때 등록객체의 정형화는 규제현황이 대표성을 띠게 된다.

표 28-10 해양등록 객체의 정형화(관점에 따른 등록객체 연계 과정)

해양지적 범위	해양 관련 법제	육지와 연계	현 해양관리공부	객체 정형화
이용차원	국토(관할)관리	정책원리	준수사항	가치현황
공간차원	경계 · 수역관리	기술원리	표시사항	해양표시
권리차원	권익(자원)관리	보유원리	권리사항	권리현황
기타차원	환경(보전)관리	제도원리	규제사항	규제현황

자료 : 김영학, 2010 : 15

2) 해양등록객체의 재설계

여러 가지 관점 및 사안을 토대로 도출할 때 해양등록객체의 재설계는 논리성과 객관성을 확보할 수 있다. 특히 해양등록의 형식을 고려하지 않고 등록객체를 도출하는 데는 상당한 어려움이 있을 수 있다. 따라서 등록객체가 무엇인지 먼저 규정하고 이를 근거로 등록의 형식을 설계하는 것이 논리적으로 더 부합한다고 본다.

해양등록객체를 재설계하기 위하여 고려되어야 할 것은 다음과 같다. 첫째, 현 해양관리공부들의 등록객체, 둘째, 육지의 지적공부와 등기부, 셋째, 관점에 따른 등록객체의 연계체계, 넷째, 등록객체의 일관성과 통일성 등이다. 따라서 고려사항을 감안하여 해양등록 객체를 재설계하면 다음과 같이 정리할 수 있다.

해양등록의 정형으로서 표시사항의 등록객체는 해양필지의 위치, 면적, 해목, 해번, 경계, 해양이동 사유, 해저광구 표시, 등록 및 수역구역 등이다. 구체적인 등록사항은 행정구역에 부합하는 해번 또는 좌표, 해양필지의 면적, 해양의 이용목적에 따른 복수 해목, 해양필지에 부여된 번호, 해양이동의 구체적 사유, 북위와 동경의 교차점 좌표를 차례로 연결하여 둘러싼 구역, 4개의 경계점을 순차적으로 연결한 선에 의하여 둘러싸인 수면 등이다.

권리현황의 등록객체는 접수 · 면허 · 등록번호, 관리자 및 공유자, 권리의 지분, 등록원인과 일자, 등록의 목적, 권리연장 허가기간, 광종명 및 존속기간, 이전 · 분할 · 변경 등이다. 구체적인 등록사항은 면허번호 및 해당 권리의 등록번호, 해당 권리자 및 공유자의 성명 또는 단체명 주소, 권리에 대한 지분이 있는 경우 지분 및 등록 연월일, 해양이동 및 권리의 변동에 따른 등록 원인 및 일자, 해양권리의 등록 내용 또는 종류, 면허유효기간의 연장 기간, 광물탐사권 및 채취권의 존속기간, 시장 · 군수 · 구청장의 인가를 받은 권리의 이전 · 분할 · 변경등이다.

가치현황의 등록객체는 이용 시기, 포획 · 채취 · 양식의 종류, 포획 · 채취 · 양식의 방법, 시설규모 및 양, 어선 및 어구, 어장시설기준 등이다. 구체적인 등록사항은 해당 어장의 어업시기, 어업의 포획 및 채취물 또는 양식물의 종류, 어업의 채취 또는 양식방법에 규정된 어구, 어장 내에 설치된 시설의 규모, 어업에 관련된 선박 및 수산물의 포획 · 채취에 사용되는 도구, 어장의 수심 · 어장구역의 한계 · 어장간의 거리 등이다.

규제현황의 등록객체는 공익상 규제, 관리규약, 관리선 사용, 행사 계약관리, 행사자의 선정방법, 수산법규 위반사항, 작업계획 및 활동, 참여자 자격 · 인원수 등이다. 구체적인 등록사항은 군사 · 어항 · 개항 · 특정지역 · 공원 · 항로 · 기타 · 관련 법령 유무, 승인번호 및 일자, 지정받은 관리선 및 승인받은 관리선의 등록번호, 톤수 · 마력, 행사자의 대표자 및 수 · 행사자의 신분 · 행사계약기간 · 행사료, 행사자 선정 방법, 위반사항 · 경고일, 시정일, 어업활동에서 준수해야 할 작업계획 및 활동, 입어자의 자격과 어업권원부에 등록된 인원수 등이다.

기타사항의 등록객체는 고유번호, 어장청소현황, 수산종묘살포현황, 이동 및 고유명칭, 축척, 등록부 책 수와 면 수 등이다. 구체적인 등록사항은 면허번호, 어장 청소기간 · 방법 · 수거예정일, 종묘살포 기간 · 장소 · 수량 · 종류, 이동명칭 및 어장에 인접한 특정물체의 고유명칭, 어장필지도의 축척, 해양등록부의 책 수와 지면 수 등이다.

3) 해양권리등록부와 해양관리공부 설계

우리나라는 등기와 지적이 이원화되어 등기는 사법부에서 관장하고 지적은 행정부에서 관장하고 있어 등기부와 지적공부로 구분하여 토지를 관리하고 있다. 또한 지적의 물리적 현황인가 아니면 토지에 대한 권리관계를 등록 · 관리 · 공시하는가에 따라 등기부와 지적공부로 구분할 수 있다. 이러한 이원적 구조는 해양관리에서도 마찬가지로 적용할 수 밖에 없는 실정이라 할 수 있다. 현재 해양에서 파생되는 어업권 및 해저광업권의 경우 해양수산부, 산업통상자원부, 사법부(법원), 지방자치단체, 어촌계 등 다양한 부서에서 관장하고 있어 통일성을 기하는 것이 바람직한 방향이라고 할 수 있다.

해양권리등록부는 기존의 등기부양식을 토대로 해양에서 파생되는 각종 권리를 효율적이고 표준적으로 등록 · 관리할 수 있는 형식으로 설계되어야 할 것이다. 즉 표제부는 해양의 물리적인 현황을 중심으로 해양관리공부의 내용과 일치하는 것을 원칙으로 고유번호, 표시번호, 접수연월일, 위치 및 해번, 해목, 면적, 양식 · 광물 · 이용의 종류 및 방법, 존속기간, 시기, 제한조건 등을 등록하여야 한다. 갑구 사항란은 권리자의 성명 · 주소와 설정에 관련된 내용을 등록하여야 한다. 즉 순위번호, 등록목적, 접수연월일, 등록원인,

표 28-11 해양등록 객체의 재설계

객체정형	등록객체	등록사항
표시사항	해양필지 위치	행정구역에 부합하는 해번 또는 좌표
	해양필지 면적	해당 해양필지를 km^2 또는 ha로 표기
	해양필지 해목	해양의 이용목적에 따라 분류된 (복수)해목
	해양필지 해번	해당 해양필지에 부여된 번호
	해양필지 경계	해양필지별로 경계점간을 직선으로 연결한 선
	해양이동 사유	해양의 표시를 새로 정하거나 변경 또는 말소되는 것을 표기
	해저광구 표시	북위와 동경의 교차점 좌표를 차례로 직선 연결하여 둘러싼 구역 표기
	등록 · 수면구역	4개의 경계점을 순차로 연결한 선에 의하여 둘러싸인 수면 표기
권리현황	접수 · 면허 · 등록번호	면허번호 및 해당 권리의 등록번호
	권리자 및 공유자	해당 권리자 및 공유자의 성명 또는 단체명, 주소
	권리의 지분	권리에 대한 지분이 있는 경우 지분 및 등록 연월일
	등록원인과 일자	해양이동 및 권리의 변동에 따른 등록 원인 및 일자
	등록의 목적	해양권리의 등록 내용 또는 종류
	권리연장 허가기간	해당 기관의 면허유효기간의 연장을 허가한 경우 연장기간
	광종명 및 존속기간	한 국가의 권리가 미치는 해역 및 대륙붕에 존재하는 광물과 탐사권 및 채취권의 존속기간
	이전 · 분할 · 변경	농림수산식품부령으로 정하는 바에 따라 시장, 군수, 구청장의 인가를 받아 권리의 이전, 분할, 변경이 이루어지는 경우
가치현황	이용 시기	해당 어장의 어업시기
	포획, 채취, 양식종류	어업의 포획 및 채취물 또는 양식물의 종류
	포획, 채취, 양식방법	어업의 포획, 채취 또는 양식방법에 규정된 어구
	시설규모 및 양	어장 내에 설치된 시설의 규모
	어선 및 어구	어업에 관련된 선박 및 수산물의 포획, 채취에 사용되는 도구
	(어장)시설기준	어장의 수심, 어장구역의 한계, 어장간의 거리 등
규제현황	공익상 규제	군사, 어항, 개항, 특정지역, 공원, 항로, 기타, 관계법령 유무
	관리규약	어업면허의관리등에관한규칙 제42조에 따라 승인번호 및 일자
	관리선 사용	지정받은 관리선 및 승인받은 관리선의 등록번호, 톤수, 마력
	행사 계약관리	행사자의 대표자 및 수 · 행사자의 신분, 행사계약기간, 행사료
	행사자의 선정방법	행사자 선정방법(어업면허의 관리 등에 관한 규칙 제42조) 기재
	수산법규 위반사항	위반사항, 경고일, 시정일
	작업계획 및 활동	어업활동에 준수해야 할 작업계획 및 활동
	참여자 자격 · 인원수	입어자의 자격과 어업권원부에 등록된 인원수
기타 사항	고유번호	농림수산식품장관 또는 시장, 군수, 구청장이 부여한 면허번호
	어장청소현황	어장 청소기간, 방법, 수거예정일
	수산종묘살포현황	종묘살포 기간, 장소, 종류, 수량
	이동 및 고유명칭	이동명칭 및 어장에 인접한 특정물체의 고유 명칭
	축척	어장필지도의 작성에 적용된 축척
	등록부 책 수와 면 수	해양등록부의 책 수와 지면 수

자료 : 김영학, 2010 : 17

고유번호(면허번호)
(　　　　　)

○○○권등록부

지분	

【 표제부 】		(해양의 표시)				
표시번호	접수	위치 및 해변	해목	면적	종류(방법)	권리자 및 기타사항
1						존속기간 시　기 제한조건
2						

【 갑 구 】		(○○권 이외의 권리에 관한 사항)			
순위번호		등록목적	접수	등록원인	권리자 및 기타사항
1					
2					

【 을·병·정·구 】		(○○권 이외의 권리에 관한 사항)			
순위번호		등록목적	접수	등록원인	권리자 및 기타사항
1					
2					

자료 : 김영학, 2010 : 114

권리자 및 기타사항을 등록하여야 한다. 을 · 병 · 정구 사항란은 주목적이 권리이외에 권리를 등록하며, 갑구의 등록사항과 같은 구조로 등록하여야 한다.

기존 원부와 등록내용은 대동소이하지만 해번과 해목[114]을 새로이 첨가하여 토지의 이용 및 위치를 파악하는 형태를 취하였다. 아직까지 해양의 경우 해번과 해목에 대한 법적 지원이 되지 않고 있는 실정이지만 향후 해양의 이용목적과 이에 따른 권리의 보호 및 관리를 위하여 반드시 필요한 등록사항이라 판단된다. 해번의 경우 해도의 색인도가 있어 좀 더 대축척으로 구분하면 큰 문제는 없지만 해목의 경우는 생소한 개념으로 여러 가지 제도권내로 정착시키는데 시일이 소요될 것으로 판단된다.

114) 해양등록부가 본래의 기능을 발휘하기 위해서는 위치를 나타내는 해번, 해양의 이용도를 나타내는 해목이 개설될 때 가능할 것으로 본다. 즉 어느 위치에 어떤 용도로 활용하고 있다는 사실을 공시할 수 있기 때문에 향후 반드시 필요할 것으로 판단된다. 특히 해목의 경우는 해양의 용도를 나타내는 것으로 어장, 해상공원, 항로, 광물수역, 유원수역, 공해, 낚시수역 등을 설정하여 해번에 기입 함으로써 위치에 따른 활용을 쉬게 판단할 수 있다고 판단된다.

새로이 설계되는 해양권리등록부는 지속적인 보완과 3 · 4차원적인 관리가 되도록 보완이 이루어져야 할 것이다. 제시된 등록부는 기존의 원부와 등기부를 토대로 가장 합리적이라고 판단하여 설계된 것이지만 향후 해양지적제도가 정착되어 운영된다면 권원을 포함하여 좀 더 현실적이고 미래지향적인 등록부가 도안되어야 할 것이다.

한편 해양관련 관리대장은 어업면허의 관리 등에 관한 규칙 제26조에 의한 어업권관리대장과 어장관리법시행규칙 제3조에 의한 어장관리대장이 전형적인 형식이라 할 수 있다. 어업권 관리대장의 형식은 상당히 복잡하고 체계적인 면에서 제3자가 이해하는데 난해한 형식으로 구성되어 있다. 또한 어장관리대장은 어장의 규모 및 현황을 중심으로 설계된 형식이지만 권리보호와는 다소 거리가 먼 것으로 판단된다.

일반 지적과 등기는 일치하는 것이 원칙이듯이 해양권리등록부와 해양관리공부는 일치되는 것이 바람직한 방향이라 볼 수 있다. 따라서 해양권리등록부의 표제부의 내용은 해양관리공부의 내용과 동일하게 조정되는 방향으로 해양관리공부가 작성되어야 할 것이다. 또한 지적공부 역시 대장과 도면의 통합이 일반화되어 가고 있어 이해관계인의 정보수요에 부합하도록 등본을 발급하고 있다. 이러한 내용을 기초로 새로이 설계되는 해양관리공부는 해당 권리의 기초사항과 대장의 등록사항 및 도면의 등록사항을 포함하는 형식이 되어야 할 것이다. 즉 기초사항에는 면허번호, 권리종류, 위치, 해번, 존속기간, 시기 및 방법, 장번호 등이 등록되고, 대장의 등록사항에는 해목, 면적, 사유, 변동일자 및 원인, 주소, 성명, 등록번호 등이 등록되어야 할 것이다. 한편 해양의 특수성을 감안하여 시설규모, 채취방법, 매장량, 특이사항 및 기타사항을 등록객체로 하여 지적공부와 차이를 두었다.

도면의 등록사항은 축척, 해번, 해목이 포함되며, 이는 해당 권리가 존재하는 위치의 표시 및 식별에 중점을 둔 것이지 정확성과 관계가 없다고 본다. 해양필지도를 작성한다는 것은 현제도권 내에서 복잡하고 이해관계가 얽힐 수 있는 것으로 쉬운 일은 아닐 것으로 판단된다. 즉 토지의 경우 경계를 설정하는 것은 지적측량에서 담당하고 경계 내에서의 측량은 측지측량에서 담당하고 있어 해양의 경우는 어떻게 구분하여 측량을 할 수 있는지 문제가 될 수 있다. 또한 측량을 할 수 있는 근거 규정은 어디에 두어야 할지 여전히 미지수로 남을 수 있다. 따라서 해양지적법이 제정된다면 해양지적측량에 대한 규정을 둘 수 있지만 단기적으로 공간정보의 구축 및 관리 등에 관한 법률에서 일정한 절차 및 요건을 제시하여 충족되는 측량수행자에게 수행할 수 있도록 해야 할 것이다. 이 경우 모든 측량수행자의 참여를 통해 해양지적제도를 활성화할 수 있는 방향이 되어야 할 것이다.

면허(번호)	
○○ 종류	
위 치*	
해 번	

○ ○ ○ 관리공부

존속기간	
○○ 시기	
○○ 방법	
장 번 호	

관 리 대 장						도 면	
해양표시			○○권			축척	
해목	면적(km²)	사유	변동일자	주소		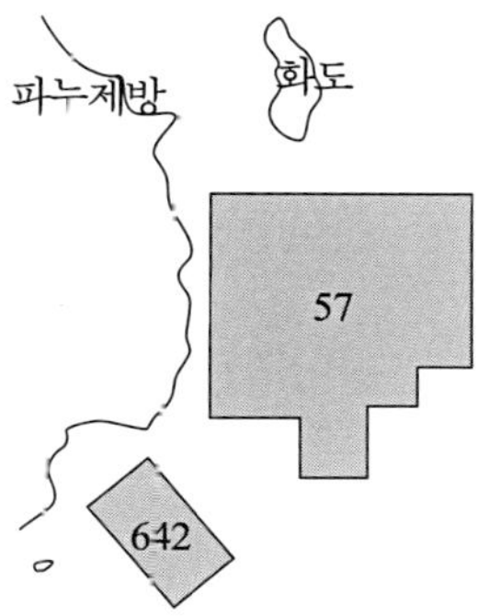	
			변동원인	성명·명칭	등록번호		
시 설 규 모				○○물종류			
채 취 방 법				매장(용량)			
공익상제한여부							
○ ○ 특 이 사 항							
기타 기 재 사 항	*위치는 경위도의 교차점을 차례로 직선으로 연결하여 둘러싼 구역						

자료 : 김영학, 2007 : 114

SECTION 29 외국의 해양지적제도

1 외국의 해양지적제도의 개요

해양은 국가 · 지역 및 사회의 복지에 중요한 가치를 보유하고 삶의 질을 향상시키기 위한 자연적 · 사회적 · 경제적 기능을 제공하며 지구상의 모든 생명에게 유익한 영향을 미치는 조절의 기구라 할 수 있다. 해양지적의 중요성은 현대 사회의 다양한 욕구와 이를 충족시키기 위한 정부의 노력에서 잘 알 수 있다. 지역적 가치의 변화가 기존의 육지에서 해양으로 전환되는 시기에 부합하고 정보환경변화에 부합하는 해양지적관리시스템의 일반화에 대처할 수 있는 객체로서 관심이 높아지고 있다. 즉 해양에 대한 기존의 양식 및 조업의 관리체계에서 공중권 · 접근권 · 개발권 · 해저이용권 · 채굴권 등 다양한 형태의 권리가 등록 및 관리의 대상으로 부각되고 있다. 이는 해양을 바라보는 시각과 경제적 가치의 재평가가 이루어짐에 따라 해양행정의 영역이 광범위해지고 해양에 대한 전문적이고 기술적인 접근이 요구됨을 의미한다.

해양에서 발생하는 각종 권리는 토지에서 발생하는 권리만큼이나 중요해지고 있고, 이로 인한 경제적 편익은 국내외로 규모화 되어가는 추세라 할 수 있다. 각종 권리는 공적장부에 등록될 때 비로소 형식을 갖추게 되어 권리의 보호뿐만 아니라 권리에 따른 제한 및 책임이 부여된다고 볼 수 있다. 외국의 경우 권리를 보호하기 위하여 공적장부에 등록하고 이를 운영하는 제도적 틀을 정착하기 위하여 노력하고 있다. 특히 해양에 관련된 도면을 필지단위로 구획하여 해양지적도 혹은 해양필지도로 관리하고 있는 사례가 발생하고 있다.

한 국가의 해양지적제도를 이해한다는 것은 그 국가의 기본적인 해양에 대한 이해와 사고가 있을 때 가능할 것으로 본다. 기존 해외 해양지적 연구사례에서도 각 국가의 지리적 · 역사적 내용 및 정치 · 행정적 구조를 간략히 검토하고 있다. 이는 각 국가가 안고 있는 해양환경에 따라 제도의 모습은 다르게 나타나고 제도운영의 틀도 다양성을 보일 수 있기 때문이라 할 수 있다. 그러나 본서에서는 일반적인 각 국가의 현황 및 배경은 제외하고 실제 해양지적제도 운영에 요구되는 사안들을 중심으로 검토하고자 한다. 해양지적제도 검토영역은 권리 · 제한 · 책임에 관련된 쟁점, 공식 · 비공식 제도에 관련된 쟁점, 공간자료구조에 관련된 쟁점 등을 검토할 수 있는 방향으로 설정되어야 할 것으로 본다. 따라서 제도운영의 법적 근거가 될 수 있는 법정 영역, 제도운영의 실체로 볼 수 있는 제도적 영역, 제도운영의 지원수단이 될 수 있는 기술적 영역을 중심으로 외국의 해양지적제도를 검토하고자 한다.

표 29-1 해양지적제도 비교영역 및 요인

영역	비교요인	비교 요인의 주 내용
법적영역	관련법규	해양관리에 근거가 되는 법령(국제법 · 국내법)의 현황
	권리형태	해양활동에서 파생되는 권리의 종류(3R 중심)
	등록관리	각종 권리를 등록하는 공부의 존재
제도적영역	해양정책	해양관리를 위한 국가차원의 미래지향적 바람직한 방향
	관련조직	해양지적을 담당하는 관련 주체
	해상경계	해양경계의 종류 및 기준의 설정
기술적 영역	측량방식	해양을 측량하는 방법 중 적용되는 방법
	SDI	해양 자료 관리를 위한 시스템의 형태
	도면	해양을 관리하는 도면의 유형 및 형태

자료 : 김영학 b, 2006 : 152

2 미국

미국의 해양지적의 정책은 해양경계실무단의 업무 중심으로 장기전략, 해상경계에 관한 교육 및 훈련, 해상경계 데이터베이스 및 웹 포탈 구축, 데이터 표준, 해상경계 유지 및 개발을 위한 관리적 지원 및 재원, 특정경계의 원안(protocol) 검토, 법적 · 강제적 디지털 경계구축 과정 설계 등이 정책대상으로 되어 있다(http://www.csc.noaa.gov/mbwg/htm/outreach/standard/presentation.ppt). 해양지적 관련조직으로는 국립해양대기청(NOAA : National Oceanic and Atmospheric Administration), 연방지리데이터위원회(FGDC : Federal Geographic Data Committee), 해양경계실무단(Marine Boundary Working Group) 등이 있으며, 이외에도 주정부 혹은 간접적인 조직은 상당히 많이 존재하고 있다. 미국의 해상경계는 유엔해양법협약을 기본으로 수용하고 있으며, 연방과 주의 해상경계 기준은 평균최저저조선(Mean Lower Low Water)이며, 이를 기준으로 바다 쪽으로 3해리(또는 9해리)까지가 주의 관할수역이며, 12해리를 영해로 설정하고 있다. 접속수역과 배타적 경제수역은 각각 MLLW에서 24해리, 200해리로 설정하고 있으며, 특히 주 관할수역(3해리) 이후는 연방관할수역으로 관할하고 있다.

미국의 해양지적 관련법령은 국제 · 연방 · 주정부에 의하여 규제를 받기 때문에 상당히 많은 법령이 관련되어 있으나 중요한 몇 가지를 정리하고자 한다. 즉 유엔해양법협약(United Nations Convention on the Law of the Sea), 해저토지법(Submerged Lands Act), 대륙붕토지법(Outer Continental Shelf Lands Act), 해안지역관리법(Coastal Zone Management Act), 해양동물보호법(Marine Mammal Protection Act), 국립환경정책법(National Environmental Pocily Act) 등이 주요 법령으로 정리될 수 있다. 등록관리 및 권리의 유형은 3R 중심의 권리, 제한 및 책임 등의 중심으로 이루어진다(Cindy Fowler and Eric Treml, 2001 : 493-507). 즉 연안에 인접한 개별 주는 해안선으로부터 3해리까지 주의 해상경계를 설정하고 이 지역의 해저 및 해양자원을 관리하고, 주정부의 관할 구역 내에서는 관리, 집행, 임대, 개발할 권한을 부여받고 해양의 천연자원을 이용할 권한을 부여받고 있다. 연방정부는 무역, 항해, 방위, 어업 및 국제업무에 통제권을 보유하게 된다. 한편 임대해역(lease block)은 광물채굴 임대 목적을 위하여 미국 관할해역 내에 있는 대륙붕을 세부적으로 구획한 해역이다.

공간자료구조(Spatial Data Infrastructure)는 가시적인 부동산권리, 규제, 법 그리고 관리영역에 대한 자격이 완성되면 정책결정자에게 갈등이해, 연방과 주정부의 정책 불일치 조정, 일반인에게 경계의 한계를 정당화 또는 교육, 매우 복잡한 데이터를 일반적 조직구조로 제공하는데 지원을 하게 된다. 해양환경 하에서도 이러한 가정을 검증하기 위하여 해양지적정보시스템(MCIS : Marine Cadastral Information System)을 미국 남동부에서 개발하였고 이 프로젝트를 해양계획정보시스템(OPIS : Ocean Planning Information System)이라 명명하고 있다. OPIS에서 지원하는 공간자료 파일은 준설물질의 투기지역, 인공암초(artificial reefs), 모래자원, 카운티에 의한 해변 자양물(nourishment) 프로젝트, 국립해양보호구역(national marine sanctuaries), 국가어귀프로그램단지(national estuary program sites), 부표자료(data buoys), 해안선, 수심측량자료(bathymetry), 주요 수로(waterway), 대륙붕임대지역 등이 있다(Cindy Fowler and Eric Treml, 2001 : 493-507), 해양지도 및 지적도를 작성하기 위한 측량방식 GPS측량, 위성영상(satellite image), 항공사진(aerial photogrephy), 라이다(Light Detection and Ranging) 등을 활용하고 있다. 해양지적도는 동일하게 주어진 좌표를 수직과 수평으로 일정하게 나누는 망 형태로 대륙붕의 Grid System이 대표적이며 일종의 좌표를 결정하기 위한 구조물로 이해할 수 있다.

3 캐나다

캐나다 해양보호지역(Marine Protected Area) 프로그램 정책은 해양법에 근거를 두고 있으며, 지속가능성, 예방적 접근(precautionary approach), 참조(consultation), 통합관리, 적응관리, 생태주의, 지역적 융통성, 참여관리 등의 원리를 포함하고 있다. 해양보호지역 프로그램의 목표는 지역의 생물다양성 유지, 건전한 어업유지, 생산성이 있는 서식지 보호, 토지주변과 습지(marsh)에 천연서식지 및 조류생물 증가, 미래세대를 위한 지역 보전, 습지의 지속가능한 이용과 보전 확립 등을 실현하는 것이다(Ng' ang' a, Sutherland and Nichols, 2002). 해양관련 조직으로는 해양수산부(Department of Fisheries and Oceans), 국립조사위원회(National Research Council of Canada), 뉴브른스위크청(New Brunswick Service) 등이 대표적이라 할 수 있다. 해상경계는 유엔환경법협약에 따라 국가의 기준선으로부터 12해리를 영해로 설정하고 24해리를 접속구역으로 설정하고 있다. 배타적 경제수역은 영해의 같은 기준선으로부터 200해리까지 설정하고 있다. 기준선으로 제시된 저수위선(low water line)은 캐나다의 경우 지역에 따라 적용에 한계를 보이고 있다(S. Nichols, D. Monahan and M. D. Dutherland, 2000 : 415-424).

캐나다의 해양지적관련 법령은 최소한 30여개의 연방정부법이 존재하며, 이들은 직·간접으로 해양관리 및 규제를 하고 있다(http://www.marineadministration,org/countrydata/ca.htm). 즉 캐나다 해양법(Canada Oceans Act), 캐나다 토지측량법(Canada Lands Surveys Act), 캐나다 오일 및 가스 운영 법(Canada Oil and Gas Operations Act), 캐나다 석유자원법(Canada Petroleum Resources Act), 캐나다 환경보호법(Canada Environmental Protection Act), 캐나다 수산업보호법(Canada Fisheries Protection Act) 등이 주요 관련법령으로 해양활동을 규제하고 있다. 등록관리 및 권리유형은 권익 및 해양보호지역 중심으로 관리되고 있다. 즉 캐나다는 해양활동에서 파생되는 권익(interests)은 오일 및 가스 탐사, 광물 탐사, 항해, 조업, 케이블 및 파이프라인, 관광 순으로 중요도를 부여하고 보전, 관리 탐사, 채굴 등의 관점에서 해양을 관리하고 있다. 해양법 하의 해양보호지역(MPA : Marine Protected Area)[115]은 국내의 바다 또는

115) 해양보호지역 설정의 목적은 환경, 사회·경제적 기준을 제시하고 간접적으로 오일 및 가스개발, 전통적 조업권, 원주민 권리(aboriginal right), 해안부동산권리, 공공 항해·레크리에이션, 접근권 등에 영향을 주고 있다.

경제적 배타수역(EEZ)의 부분으로 형성되는 특별보호구역으로 설계된 바다의 지역이라 할 수 있다(Sam Ng' ang' a and S. Nichols, 2002 : 3/13).

해양지형공간자료구조(Marine Geospatial Data Infrastructure)는 캐나다 지형공간 자료구조(Canadian Geospatial Data Infrastructure)의 하부구성요소이며, 해양지적의 지주(underpinning)로서 개발되었고, 이는 호주의 공간자료구조(SDI)와 같은 성격을 갖고 있다고 볼 수 있다. 이러한 체제로 Musquash의 해양보호지역(Marine Protected Area)의 프로젝트는 CARIS Spatial Fusion Software로 설계되었다(Sam Ng' ang' a, Michael Sutherland, and S. Nichole, 2002). 즉 웹 브라우저를 이용한 통합된 속성자료를 사용자에게 이용하게 하는 웹 맵핑기술이라 할 수 있다. 해양지도 및 지적도를 작성하기 위한 측량방식은 GPS측량, 위성영상(satellite image), 항공사진(aerial photography), 라이다(Light Detection and Ranging) 등 미국과 차이가 거의 없다고 판단된다. 권익이 발생하는 수역은 육지와 마찬가지로 일필지 측량계획을 수립하고 권리의 보호를 위한 체계적인 접근을 시도하고 있다. 한편 양식산업에 대한 임차 및 양식장 면허를 담당하는 주(provincial)의 부서에서 양식장 측량 관련 업무를 담당하고 있으며, 어장측량계획도면이 대표적인 해양지적도라 할 수 있다.

4 호주

호주의 해양지적정책은 천연자원의 관리 및 환경적으로 지속가능한 목적을 달성하기 위한 비전을 정착시키고 해양환경과 관련된 권리의 제한 및 책임의 복잡성을 재인식하는데 있다. 미래해양지적의 요구사항(needs)은 향상된 항해능력, 해안가치의 포고(Declaration), 일부 수산업의 방목화(ranching), 격렬한 해양문화(intensive mariculture), 해상(sea floor)의 다른 부분의 다양한 가치 이해 증진, 향상된 해상(海床)의 구조 등 방향성을 제시하고 있다(Ian P. Williamson, Joe Leach and Abbas Rajabifard, 2004). 또한 호주연구위원회의(ARC : Australian Research Council)의 해양지적 프로젝트의 기본적인 목적은 해양지적을 저해하는 쟁점 및 문제를 명확히 하고 미래 연구를 위한 방향을 설정하는 것이다. 이를 위해 Queensland와 Victoria를 시범사업지역으로 프로젝트를 수행하였다. 해양지적 관련조직은 연방정부와 주정부에서 관할하고 있으며, 국가해양국(National Oceans Office), 해양과학연구소(Australian Institute of Marine Science), 해양안전국(Australian Maritime Safety Authority), 농·수·산국(Agriculture, Fisheries and Forestry) 등이 해양지적업무를 담당하고 있다. 한편 정부협력기관으로 ICSM(Intergovernmental Committee on Surveying and Mapping), SIC(Spatial Information Council)등이 있다(http://www. marineadministration.org/countrydata/au.htm). 호주의 해상경계에 관련된 영해기선(territorial sea baseline)은 저수위선(low water mark)으로서 3해리까지는 주가 관할권을 갖고 기선에서 12해리까지 영해로 설정하여 연방정부가 관할하며, 접속수역과 배타적 경제수역, 대륙붕은 유엔해양법협약을 따르고 있다(Andrew Binns et. al, 2003).

호주의 해양관련법령은 다양한 형태의 법령이 존재하고 있으나 해양의 권리에 관련된 법령중심으로 검토하고자 한다. 즉 바다 및 해저 토지법(Sea and Submerged Lands Act), 항구 위원회 법(Harbours Board Act), 석유법(Petroleum Act), 해수법(Coastal Water Act), 그레이트 배리어 리프 해양공원법(Great Barrier Reef Marine Park Act), 바다범죄 법(Crimes at Sea Act) 등이 관련되어 해양활동을 규제하고 있다. 등록관리 및 권리형태는 권원(title) 등록부를 표준적으로 제시하여 각종 권리를 관리 및 보호하고 있다(Jude Wallace and Ian P. Williamson, 2004). 중요한 해양활동의 관리를 지원하기 위하여 등록부를 이용하고 먼 바다(off-shore)의 오일 및 가스 탐사·추출, 광물채굴, 조업, 양식업 등을 등록 관리하고 있다. 특히 어장관리의 경우 사적 소유권·주 소유권·공유 소유권 등으로 구분하여 권익을 관리하고 있고, 새롭고 효과적인 해양 권원을 관리하기 위하여 표준적인 안을 제시하고 있다. 즉 재산권측면, 제3자의 부동산측면, 권원측면, 준수측면(compliance) 등으로 구분하여 구체적으로 내용을 기록할 수 있는 해양권원 기준(standards)을 제시하고 있다.

해양공간자료구조(marine spatial data infrastructure)의 목적은 해양지적자료의 이용과 접근을 용이하게 하고 구체화하기 위한 틀의 개발 필요성을 설명하기 위한 것이라 할 수 있다. 다른 목적은 공간업무시스템으로서 공간자료구조를 이용하는 해양 기관 사이에 자료통합 및 변환 측면의 중요성, 상호운영 자료설계를 연구하는 것이라 할 수 있다. 즉 자료구조 및 통합(Integration)은 표준적인 공간정보시스템에 현재 및 새로이 존재하는 권리, 임차, 차지(tenements)의 통합, 다른 참조시스템, 중첩되는 권리, 다른 기관에 의한 쟁점화된 권리의 갈등등의 조정(reconciliation), 고유의 2차원 토지기반 정보시스템과 3차원 해양공간자료구조 사이의 기술적 측면의 통일성을 형성하는 것을 의미한다(http://www.geom.unimelb.edu.au/subjects/451/418/Lectures%202006). 해양지도 및 지적도를 작성하기 위한 측량방식은 GPS측량, 위성측량(satellite image), 항공사진(aerial photography), 라이다(Light Detection and Ranging) 등 미국과 차이가 거의 없다고 판단된다. 호주는 해양에서 파생되는 권리 중심의 공간자료구조로 관리하고 어장도면, 광물위치도, 해상공원, 오일 및 가스 등 위치 · 권리사항 중심의 도면을 작성하고 있다.

5 인도네시아

인도네시아는 해양지적이 바다공간개발계획의 법적 안전성을 보증하고 모든 이해당사자의 실제 공적 참여를 유도할 수 있도록 정책적으로 지원하고 있다. 해양정책 및 토지정책은 국가정책의 중요한 정책 중 하나로 인식하고 있으며, 해양공간이용정보시스템 관리의 모델에 ABC 자원조사방법을 활용하고 있다. 여기서, ABC는 A Biotic-Biotic-Culture로 A Biotic은 바다의 물리적 특성, Biotic은 바다의 생물 및 생태계, Culture는 인적 관습(tradition) 및 활동 등의 관점에서 접근하는 것을 말한다(Johanes P. Tamtomo, 2004). 해양지적 관련조직으로 국립토지청[National Land Agency : BPN(Badan Pertanahan Nasional)]은 부동산권리에 관한 업무를 담당하고, 해양수산부(DKP : Ministry of Marine Affairs and Fisheries)는 해안 및 해양자원을 담당하고 있다. 인도네시아의 해상경계 기준은 저수위해안선(low tide shoreline)이며, 이를 기준으로 영해, 배타적 경제수역, 그리고 대륙붕의 경계를 설정하고 있다. 저수위해안선을 기준으로 적용 이외에는 유엔해양법협약을 따르고 있다. 특히 영해의 면적이 3.1백만km^2, 배타적 경제수역이 2.7백만km^{2}로 설정하고 있다.

인도네시아는 해양지적제도가 상대적으로 발달되어 있는 지역이 아니라 관계법령 역시 다른 국가에 비해 빈약한 상태라 할 수 있으며, 4개의 규칙(order)에 의하여 규제를 하고 있다. 즉 해양법률규칙(Marine legal Order), 해양행정규칙(Marine Administrative Order), 바다이용규칙(Sea Use Order), 해양생태보호규칙(Marine Ecosystems Protection Order) 등이 관련되어 해양활동을 규제하고 있다(Johanes P. Tamtomo, 2004). 등록관리 및 권리형태는 자국의 해양지적개념을 토대로 나타나고 있다. 즉 해양지적은 바다 필지에 관련된 법적 활동뿐만 아니라 법적 관련성, 가치 · 조세부과를 포함하고, 임대차, 책임 및 제한, 권익, 권리에 부속하는 서류, 텍스트와 공간자료, 문자와 등기부에 관련하는 공공정보시스템으로 정의하고 법적 기둥인 3R로서 권리, 제한 및 책임, 기술적 기둥으로 측량, 도면화, 공간자료구조, 제도적 기둥으로 공식 · 비공식적 제도 및 인적자원 등 3개의 기둥에 토대하고 있다. 등록관리 대상이 되는 주요 활동으로는 항해, 관광, 조업, 광물탐사 및 채굴, 군사작전 수역, 해양생태보호, 바다 보유권(tenure right), 양식장 등이 활동이자 등록의 대상으로 되어 있다.

인도네시아는 정보기술의 급속한 발전과 높은 유지비용으로 인하여 세일 서비스와 유지를 고려하고 있으며, 정보시스템의 표준화에 관련된 해양지적은 국가공간자료구조(NSDI : National Spatial Data Infrastructure)에 부합되도록 하고 있다. 국가공간자료구조(NSDI)는 다른 제도에 의하여 많은 공간자료를 만들고 있지만 여전히 일반화된 정보의 문제에 대한 해법과 대안을 찾지 못하고 있는 실정이다. 해양지도 및 지적도를 작성하기 위한 측량방식 GPS측량을 적용하고 있으며, 아직까지는 다른 방법은 적용하지 않고 있는 실정이라 판단된다. 인도네시아의 해양지적도는 기술적 Benchmarking 차원에서 외국의 지적도를 검토하고 발전시키려 하고 있다. 한편 해양지적도에 대한 구체적인 자료가 미미하고 이로 인하여 일본의 오키나와 섬의 바다필지도와 미국의 국립역사공원의 바다 필지도를 검토하고 있으며, 해양지적도는 육지의 수치지적도와 같은 유형으로 향후 개발될 것으로 판단된다.

6 외국 해양지적제도의 평가 및 시사점

외국의 해양지적제도를 법적 · 제도적 · 기술적 영역의 관점에서 관련법령, 등록관리, 등록대상, 해양정책, 관련조직, 해상경계, 공간자료구조, 측량방식, 해양도면 등 세부 요인을 설정하여 검토하였다. 즉 관련법령은 해양지적제도의 효율성을, 등록관리는 해양관리를 위한 체계성을, 등록대상은 해양관리를 위한 객체를, 해양정책은 지속가능한 발전을, 관련조직은 업무의 의사결정 체제를, 해상경계는 국가 혹은 지방자치단체간 관할권을, 공간자료구조는 해안관리를 위한 정보화를, 해양도면은 해양관리를 위한 형식을 통하여 접근하고자 하였고 이들을 정리하면 다음 표 29-2와 같다(김영학a, 2006).

이러한 외국의 해양지적제도를 통하여 시사점을 법적 · 제도적 · 기술적 영역을 중심으로 고려해 볼 필요가 있다고 본다. 이는 해양활동에서 파생되는 주요 쟁점과 연계하여 검

표 29-2 **영역별 비교분석 요약**

구분		미국	캐나다	호주	인도네시아
법적영역	관련 법령	• 유엔해양법협약 • 해저토지법 • 대륙붕토지법 • 해안지역관리법 • 해양동물보호법 • 국립환경정책법 등	• 유엔해양법협약 • 해양법 • 토지측량법 • 오일 및 가스운영법 • 석유자원법 • 환경보호법 등	• 유엔해양법협약 • 바다 및 해저토지법 • 항구위원회법 • 석유법 • 해수법 • 해양공원법 등	• 유엔해양법협약 • 해양법률규칙 • 해양행정규칙 • 바다이용규칙 • 해양생태보호규칙
	등록 관리	• 3R 중심 관리 • 임대해역 관리	• 3R 중심 관리 • 해양보호지역(MPA)	• 3R 중심 관리 • 해양권원등록부	• 3R 중심 관리 • 3개인 기둥 토대
	등록 대상	• 해양에서 파생되는 각종 권익	• 해양에서 파생되는 각종 권익	• 해양에서 파생되는 각종 권익(권원)	• 해양에서 파생되는 각종 권리(비체계적)
제도적영역	해양 정책	• 해양경계실무단 업무중심(MBWG) • 해상경계 중심의 분야별 정책	• 해양보호지역프로그램(MPA) • 지속가능한 관리 지향	• 천연자원관리 • 환경적 지속가능성 • 해양지적프로젝트(시범지역프로젝트)	• 해양공간이용정보시스템 관리모델(ABC 자원조사방법)
	관련 조직	• 국립해양대기청(NOAA) • 연방지리데이터위원회(FGDC) • 해양경계실무단(MBWG)	• 해양수산부(DFO) • 국립조사위원회(NRC) • 뉴 브룬스위크(NBS)	• 국가해양국(NOO) • 해양과학연구소(AIMC) • 해양안전국(AMSA) • 농수산국 • 협력기관(ICSM, SIC)	• 국립토지청(NLA)(BPN) • 해양수산부(MMAF)(DKP)
	해상 경계	• 기선 : MLLW • 주 관할수역(3해리) • 영해(12해리) • 접속수역(24해리) • 배타적 경제수역(200해리)	• 기선 : LWL • 영해(12해리) • 접속수역(24해리) • 배타적 경제수역(200해리)	• 기선 : LWM • 주 관할수역(3해리) • 영해(12해리) • 접속수역(24해리) • 배타적 경제수역(200해리)	• 기선 : LTS • 영해(12해리) • 접속수역(24해리) • 배타적 경제수역(200해리)
기술적영역	공간 자료 구조	• 해양지적정보시스템(MCIS) • 해양계획정보시스템(OPIS)	• 해양지형공간자료구조(MGDI) • Musquash MPA	• 해양공간자료구조(MSDI) • 토지와 해양 연계한 SDI(추진계획)	• 국가공간자료구조(NSDI)의 일부로 MSDI 계획
	측량 방식	• GPS • 위성영상 • 항공사진 • 라이다	• GPS • 위성영상 • 항공사진 • 라이다	• GPS • 위성영상 • 항공사진 • 라이다	• GPS 중심 • 기타 고려 중
	해양 도면	• 대륙봉 Grid System 도면	• 어장측량계획도면	• 권리중심의 도면(어장/광물위치도 등)	• 외국 Benchmarking • 토지의 수치지적도 형태 고려 중

자료 : 김영학b, 2006 : 160.

토할 때 더 효율적이라 판단된다. 즉 권리 · 제한 · 책임에 관련된 3R 차원의 쟁점, 공식 · 비공식 제도에 관련된 쟁점, 공간자료구조에 관련된 쟁점 등과 연계될 때 보다 체계적이고 바람직한 방향의 시사점을 도출할 것으로 판단된다.

첫째, 법적 영역의 시사점으로 ① 계층적 법체계에 의한 적용 지역 및 대상의 복잡 ② 다량의 법률에 따른 기본법의 부재 ③ 법의 적용 및 해석의 난해 ④ 해양활동에서 파생되는 권리보호를 위한 공적장부의 부재 ⑤ 공적관리를 위한 권리 유형의 비체계성 등을 고려해 볼 수 있고 이러한 쟁점을 해소하여 해양지적제도의 발전을 기할 수 있도록 체계적인 정비가 강력히 요구되고 있다.

둘째, 제도적 영역의 시사점으로 ① 전문적이고 체계적인 해양지적정책의 미비 ② 관련조직의 계통적 일관성 및 전담조직의 부재 ③ 다수의 참여자(이해당사자 및 이용자)를 위한 경로의 미약 ④ 해상경계의 기선(baseline)인 저조선(LWL) 적용의 상이 ⑤ 해양활동의 공 · 사 협력을 위한 제도적 장치 부재 등을 고려해 볼 수 있고 이러한 쟁점을 해소하기 위하여 해양지적제도 운영의 효율성과 합리성이 달성될 수 있도록 하여야 할 것이다.

셋째, 기술적 영역의 시사점으로 ① 전문 해양지적관리시스템의 미약, ② 토지와 해양을 연계한 정보시스템 구축 미약, ③ 자료취득을 위한 측량방식 적용의 한계, ④ 해양지적도 혹은 해양필지도의 지엽성, ⑤ 가시적 · 색채적 도형과 수치에 대한 지나친 신뢰 등을 고려해 볼 수 있고, 이러한 쟁점을 해소하기 위하여 기술의 한계를 재인식하고 점진적인 접근을 통해 해양 지적제도의 발달에 기여할 수 있도록 지속적 노력이 요구되고 있다.

이상의 외국사례를 통한 영역별 시사점을 도출하였지만 해양지적제도에 생소한 우리나라의 경우, 새로운 제도의 도입에 따른 저항과 절차상의 어려움, 법적 · 제도적 · 기술적 영역의 방향 설정, 제도에 대한 접근성 등 많은 문제와 시간이 소요될 것으로 판단된다. 그러나 우리나라의 경우, 삼면이 바다로 둘러싸인 연안국가로서 더 이상의 해양지적에 대한 방관은 시대적 착오를 가중시키는 오점으로 남게 될 것으로 본다. 따라서 점진적으로 해양지적제도를 도입하여 해양에서 파생되는 여러 가지 가치(이용 · 권리 · 보존)를 체계적이고 합리적으로 관리하여 해양관리의 효율성과 국민의 권익을 보장할 수 있어야 할 것이다. 이를 위하여 외국의 사례를 기반으로 향후 해양지적제도 도입에 고려될 수 있는 방향을 정리하면 다음과 같다.

첫째, 관련법제의 정비이다. 외국의 경우와 마찬가지로 우리나라 역시 해양지적관련 법령이 다양하고 복잡하게 되어 있어 해양지적에 부합하는 기본법(가칭 "해양지적법")을 제정할 필요가 있다. 기본법은 효율적인 해양관리와 국민의 권익보호에 목적을 두고 관리주체 · 객체 및 형식을 구체적으로 규정하며, 특히 등록대상을 구체적이고 명쾌하게 규정하여 법 적용 및 해석의 난해함을 극복할 수 있어야 하고 등록형식인 해양등록부와 해양지적도(해양필지도)를 설계하여 공적장부로서의 역할을 수행할 수 있어야 하며 공시를 통한 알권리 충족이 될 수 있어야 할 것이다.

둘째, 제도적 지원이다. 해양지적을 이끌어갈 전담조직을 계통적이고 일관적인 차원에서 해양지적팀의 신설이 요구된다. 물론 우리나라의 경우 해양수산부와 행정안전부가 부분적으로 관련 업무를 담당하고 있지만 해양의 성격상 해양수산부에 신설하는 것이 바람직할 것으로 판단된다. 또한 해양지적제도가 지속적으로 발전하기 위해서는 해양지적정책이 수립되어야 하고, 해양지적제도 발전에 기여할 수 있는 협회 · 학교 · 연구소 등이 점진적으로 제도화되어야 할 것으로 판단된다. 특히 해양활동에서 파생되는 이해당사자 및 이용자의 참여를 유도할 수 있는 참여경로와 명확한 해상경계설정기준이 제시되어 지방자치단체 사이에 분쟁을 해소해야 할 것이다.

셋째, 기술적 지원이다. 단기적으로 전문 해양지적관리시스템을 구축하여 제도운영의 기반을 마련하고 장기적으로 다른 정보관리시스템과의 연계를 통한 통합관리시스템을 구축해야 할 것으로 본다. 해양공간자료 취득을 위한 측량방식도 기존의 GPS측량에서 위성영상사진, 항공사진, 라이다 등 다양화하여 경제적 효율성을 달성해야 하며, 이를 통하여 단기적으로 권익 중심의 해양필지도 혹은 해양지적도를 만들고 장기적으로는 권익 중심뿐만 아니라 관할권이 미치는 해양 전체를 필지 중심으로 관리가 이루어져야 할 것이다. 또한 토지와 연계하여 연속적인 입체적 관리가 이루어지도록 노력을 경주해야 하고, 장기적으로는 시간의 개념을 포함한 4차원 해양지적제도가 구현되도록 하여야 할 것이다.

넷째, 인식의 전환이다. 국가차원에서 해상경계분쟁의 심각성에 따른 명확한 해상경계의 제고, 자원의 개발 및 자원의 보고로서 해양에 대한 재인식, 체계적이고 효율적인 해양등록관리[116]의 중요성 인식, IT진화에 맞는 형태의 해양관리로 전환 등에 대한 인식의 변화가 수반되어야 할 것이다.

116) 해양등록관리가 되기 위해서는 해양관리방향을 거시적이고 동태적인 관점에서 dynamic 해양관리, u-lancer 지향 해양관리, 지식기반 창조형 해양관리가 이루어져야 할 것이다. 즉 dynamic 해양관리는 갈등의 요인의 해소, 정보환경에 부합하는 인식 및 법적 안전성, 전달체계의 변화 등을 고려하는 것을 의미하고, u-lancer지향 해양관리는 free lancer, e-lancer를 초월한 유비티즌이 활동하는데 지장을 받지 않고 최적의 정보환경에 부합하는 해양관리를 의미한다.

참고문헌

해양지적(Marine Cadastre)의 개념

김영학, 2006, 「해양지적제도 도입에 관한 연구」, 지적연구원.

김영학, 2007, "해양등록부 창안에 관한 연구", 「한국지적정보학회지」, 제9권 제2호, 한국지적정보학회.

김영학, 2010, "해양지적의 등록객체에 관한 연구", 「지적」, 제40권 제2호, 한국국토정보공사.

김영학 · 김행종, 2006, "해양지적의 개념 정립에 관한 연구", 「한국지적학회지」 제22권 제2호, 한국지적학회.

해양수산개발원 · 한국지방행정연구원, 2003, 「해상경계설정방안 연구」.

Binns, Andrew, 2004, "Defining a Marine Cadastre : Legal and Institutional Aspects", Master of Geomatics Engineering, *University of Melbourne.*

McLaughlin, J., and Nichols S., 1997, "Legal Surveys Division and Property Rights Infrastructure", *Presentations for Natural Resource Canada and Legal Surveys Division,* Ottawa, Sept. 1997.

Ng' ang' a, Sam, Sutherland Michael, Nichols Susan, 2002, "Determining User Nees for a Marine Cadastre", *Published in the proceedings of the Canadian Hydrographic Conference,* Toronto, May 2002.

Nichols, S., Dobbin Edwards, Komjathy J. and Hanham S., 1997, "Real Property Issues in the Marine Aquaculture Industry in New Brunswick". *Frederiction, NB : Dept. of Fisheries and Aquaculture.*

Nichols, S., Monahan D. and Sutherland M. D., 2000, "Good Governance of Canada' s Offshore and Coastal Zone : Towards and understand-ing of the Maritime Boundary Issuses". *In Geomatica,* Vol. 54, No. 4, 2000.

Stewart, R. B. & Hartley, B. S., 2003, "Marine Cadastre Issues-The Role of The New Brunswick Land Surveyor", FIG/UNB International Meeting on Marine Cadastre Issues, Wu Centre, University of New Brunswick, Fredericton, Canada, 15-16 September 2003.

Sutherland, M., 2004, "Why a Marine Cadastre is Important", *In Geomatics World,* Issue, No. 3, March/April, Vol. 12.

Tamtomo, Johanes P., 2004, "The Needs for Buiding Concept and Authorizing Implementation of Marine Cadastre in Indonesia", *FIG Regional Conference 2004,* Jakarta, Indonesia, 3-7 October, 2004.

WIDODO, M. Sigit, 2003 "The Needs for Marine Cadastre and Supports of Spatial Data Infrastructure in Marine Environment - A Case Study", *FIG Working Week 2003,* Paris, France, April 13-17, 2003.

Williamson, Ian P. and Widodo, M. Sigit, 2001, "Cadastre", *Presentation on the Meeting of Working Group 3 :* the Permanent Committee of Geographic Information Systems Infrastructure for Asia-Pacific, Penang Malaysia, 11-12 September 2001.

Yuan, Jack Shih and Tsui Anna, 2001, *"The Interface Between the Land and Marine Cadastre : a Case Study of the Victorian Coastal Zone",* Australia, the Research Team University of Melbourne.

해양지적(Marine Cadastre)의 범위와 원리

김영학, 2007, "해양등록부 창안에 관한 연구", 「한국지적정보학회지」, 제9권 제2호, 한국지적정보학회.

한국해양학회, 2005, 「해양과학용어사전」, 서울 : 아카데미서적.

Collier, P. A., Leahy E. J. and Willamson Ian P., 2001, "Defining Marine Cadastre for Australia", *2001-A Spatial Odyssey : 42nd Australian Surveyors Congress,* Brisbane. 25-28 September, 2001.

Ng' ang' a, Sam, Sutherland Michael, Nichols Susan, 2002, "Determining User Need for a Marine Cadastre", *Published in the proceedings of the Canadian Hydrographic Conference,* Toronto, May 2002.

Stewart, R. B. & Hartley, B. S., 2003, "Marine Cadastre Issues-The Role of The New Brunswick

Land Surveyor", FIG/UNB International Meeting on Marine Cadastre Issues, Wu Centre, University of New Brunswick, Fredericton, Canada, 15-16 September 2003.

Sutherland, M., 2005, "The Marine Cadastre : Legal and Spatial Data Contribution to Economic, Environmental and Social Development", *FIG Working Week 2005 and GSDI-8*, Cairo, Egypt. April 16-21, 2005.

WIDODO, M. Sigit, 2003, "The Needs for Marine Cadastre and Supports of Spatial Data Infrastructure in Marine Environment - A Case Study", *FIG Working Week 2003*, Paris, France, April 13-17, 2003.

해양지적(Marine Cadastre)의 주체 · 객체 · 형식

김영학, 2006, 「해양지적제도 도입에 관한 연구」, 지적연구원.

김영학, 2007, "해양등록부 창안에 관한 연구", 「한국지적정보학회지」, 제9권 제2호, 한국지적정보학회.

김영학, 2010, "해양지적의 등록객체에 관한 연구", 「지적」, 제40권 제2호, 한국국토정보공사.

김영학 · 김행종, 2006, "해양지적의 개념 정립에 관한 연구", 「한국지적학회지」, 제22권 제2호, 한국지적학회.

김해명 외, 2009, "중국 해적제도 현황에 관현 연구", 「한국지적학회지」 제25권 제1호.

해양수산개발원 · 한국지방행정연구원, 2003, 「해상경계설정방안 연구」.

Collier, P. A., Leahy E. J. and Willamson Ian P., 2001, "Defining Marine Cadastre for Australia", *2001-A Spatial Odyssey : 42nd Australian Surveyors Congress*, Brisbane, 25-28 September, 2001.

Wallace, J. and Williamson, I. P., 2004, "Registration of Marine Interests", International Workshop on Administration the Marine Environment-The Spatial Dimensions, Kuala Lumpur, Malaysia, 4-7 May 2004.

외국의 해양지적(Marine Cadastre) 제도

김영학a, 2006, "외국의 해양지적제도 비교분석 및 정책방향", 「도시행정학보」, 제19집 제3호, 한국도시행정학회.

김영학b, 2006, 「해양지적제도 도입에 관한 연구」, 지적연구원.

Binns, Andrew, Rajabifard Abbas, Collier Phil A. and Williamson Ian p., 2004, Issues in Defining the Concept of a Marine Cadastre for Australia, FIG and University of New Brunswick Meeting on Marine Cadastre Issues, University of New Brunswick, Canada, 15-16 September 2004.

Fowler, Cindy and Treml Efic, 2001, Building a Marine Cadastral Informarion System for The United States-A Case Study, International Journal on Computers, Environment & Urban Systems 25.

Ng' ang' a, Sam and Nichols Susan, 2002, Using Marine Protected Areas to Visualize the Property Rights Infrastructure of a Canadian Marine Cadastre, FIG X XII International Congress, Washington, D.C. USA, 19-26 April, 2002.

Ng' ang' a, Sam, Sutherland Michael, Nichols Susan, 2002, "Determining User Need for a Marine Cadastre", *Published in the proceedings of the Canadian Hydrographic Conference,* Toronto, May 2002.

Nichols, S., Monahan D. and Sutherland M. D., 2000, "Good Governance of Canada' s Offshore and Coastal Zone : Towards and understand-ing of the Maritime Boundary Issues", *In Geomatica,* Vol. 54, No. 4, 2000.

Tamtomo, Johanes, P., 2004, "The Needs for Buiding Concept and Authorizing Implementation of Marine Cadastre in Indonesia", *FIG Regional Conference 2004,* Jakarta, Indonesia, 3-7 October, 2004.

Williamson, Ian p., Leach Joe and Rajabifard Abbas, 2004 Marine Cadastre, Position paper submitted to 7th Meeting of the Permanent Committee on GIS Infrastructure for Asia and the Pacific(PCGIAP), Tsukuba, Japan.

찾아보기

자

차

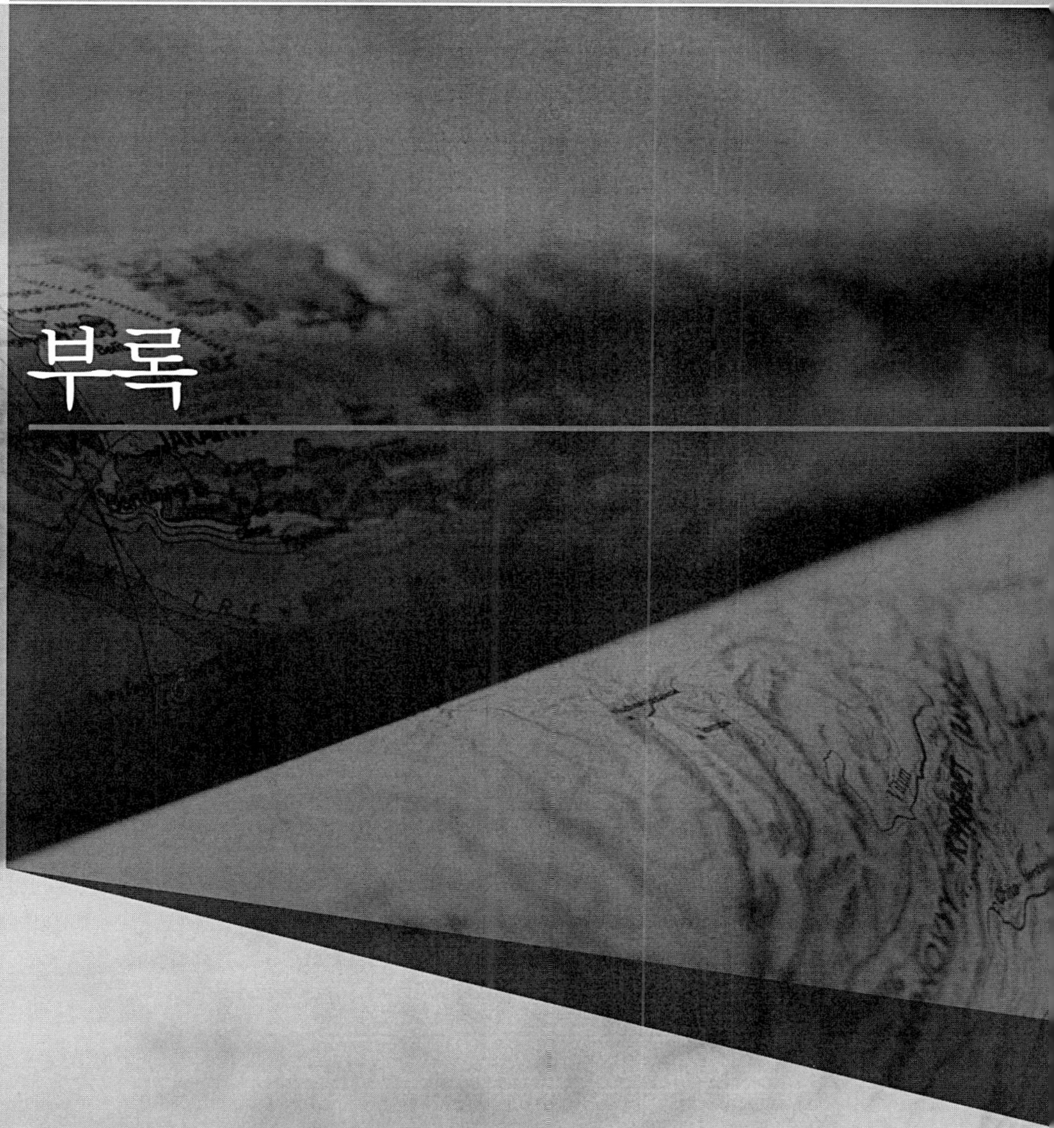

부록

지적기사 · 산업기사 자격시험 응시자의 견해를 토대로 문제를 재구성하였다,
따라서 약간의 차이는 있을 수 있음을 밝혀둔다
또한 최근의 출제경향을 파악할 수 있도록 기출년도를 명기하였다.

01 2006년도 기출문제

01 백제의 지적 담당기관은?

㉮ 조부 ㉯ 내두좌평

㉰ 공부 ㉱ 호조

02 토지의 사정에 대하여 바르게 설명한 것은?

㉮ 소유자와 면적을 확정하는 행정처분이다.

㉯ 소유자와 강계를 확정하는 행정처분이다.

㉰ 경계와 면적을 결정하는 사법처분이다.

㉱ 소유자와 면적을 경정하는 사법처분이다.

03 지적공부에 등록하는 토지의 일정 사항을 국가가 결정하여 등록하는 가장 중요한 이유는?

㉮ 소유권 보호에 기여

㉯ 지역 특징 고려

㉰ 토지의 경제성 고려

㉱ 손실보장

04 지적공부로서 지적도가 담당하는 가장 큰 역할은?

㉮ 토지용도 구분 ㉯ 토지위치 결정

㉰ 토지이용 현황 ㉱ 토지이동 연혁

05 입안제도(立案制度)의 설명으로 옳지 않은 것은?

㉮ 조선시대에 토지거래를 관에 신고하고 증명을 받는 것

㉯ 토지매매 후 100일 이내에 하는 명의변경 절차

㉰ 입안은 매수인의 소재관에게 제출

㉱ 입안 받지 못한 문기는 효력을 인정받지 못함

06 경계복원 측량의 법률적 효력 중 소관청 자신이나 토지소유자 및 이해관계인에게 정당한 변경절차가 없는 한 유효한 행정처분으로 복종하도록 하는 것은?

㉮ 구속력 ㉯ 공정력

㉰ 확정력 ㉱ 강제력

07 경계불가분의 원칙에 대하여 설명으로 가장 옳은 것은?

㉮ 토지조사 당시의 경계선은 말소가 불가능하다.

㉯ 먼저 착묵한 선을 그 경계선으로 한다.

㉰ 경계선은 면적이 큰 것을 위주로 한다.

㉱ 인접지와의 경계선은 공통이다.

08 토지기록부인 지적의 구성을 크게 세 부분으로 나눌 때 이에 해당하지 않는 것은?

㉮ 토지현황조사 ㉯ 기록과 도화

㉰ 관리와 운영 ㉱ 경영

09 토지조사부(土地照査簿)에 대한 설명으로 맞는 것은?

㉮ 입안과 양안을 통합한 장부이다.

㉯ 토지소유권의 사정원부로 사용된 장부이다.

㉰ 별책토지대장으로 사용된 장부이다.

㉱ 결수연명부로 사용된 장부이다.

정답 01 ㉯ 02 ㉯ 03 ㉮ 04 ㉯ 05 ㉰ 06 ㉮ 07 ㉱ 08 ㉱ 09 ㉯

10 지적의 실제기능이 아닌 것은?

㉮ 토지감정평가의 기초
㉯ 도시 및 국토계획의 원천
㉰ 토지관리의 지침
㉱ 부동산 거래질서의 확립

11 지적의 구성요소를 외부요소와 내부요소로 구분할 때 내부요소에 속하지 않는 것은?

㉮ 지적공부　　㉯ 지형
㉰ 토지　　㉱ 경계설정

12 조선시대의 양전법에 따른 전의 형태에서 직각삼각형의 전을 지칭하는 것은?

㉮ 방전(方田)　　㉯ 제전(梯田)
㉰ 구고전(句股田)　　㉱ 규전(圭田)

13 토지조사사업에 의하여 작성된 지적공부는?

㉮ 토지대장, 지적도
㉯ 임야대장, 임야도
㉰ 토지대장, 수치지적부
㉱ 임야대장, 수치지적부

14 우리나라 토지조사사업 당시 조사측량기관은?

㉮ 부(府)와 면(面)　㉯ 임야조사위원회
㉰ 임시토지조사국　㉱ 토지조사위원회

15 지목변경 신청과 가장 관계가 깊은 것은?

㉮ 토지이동 통계의 확보
㉯ 토지에서의 생산 증강
㉰ 지적공개주의
㉱ 자연보호운동

16 다음 중 자한도(字限圖)에 대한 설명으로 옳은 것은?

㉮ 고려시대에 작성된 지적도이다.
㉯ 대만의 구지적도이다.
㉰ 조선시대에 작성된 지적도이다.
㉱ 일본의 구지적도이다.

17 적극적 등록제도와 거리가 먼 것은?

㉮ 사실심사권
㉯ 토렌스 시스템
㉰ 영국, 프랑스, 네덜란드 등에서 시행
㉱ 지적공부에 등록된 토지만 권리가 인정된다.

18 다음 중 우리나라에서 채택하고 있는 지목 결정 기준은?

㉮ 토성지목　　㉯ 지형지목
㉰ 용도지목　　㉱ 지질지목

19 토지의 매매 및 소유자의 등록요구에 의하여 필요한 경우 토지를 지적공부에 등록하는 방법은?

㉮ 일괄등록제도　　㉯ 분산등록제도
㉰ 수복등록제도　　㉱ 권원등록제도

20 토지조사 당시에 시행지역에서 멀리 떨어진 산림지대의 토지를 임야도에 그 지목만을 수정하여 등록하였다. 이를 무엇이라 하는가?

㉮ 간주지적도　㉯ 간주임야도
㉰ 별책지적도　㉱ 산지적도

정답 10 ㉱ 11 ㉯ 12 ㉰ 13 ㉮ 14 ㉰ 15 ㉰ 16 ㉱ 17 ㉰ 18 ㉰ 19 ㉯ 20 ㉮

02 2006년도 기출문제

01 지적제도에서 1필지의 설정 측면과 관련이 없는 것은?

㉮ 1필지에 대한 권리적 현황에 관한 사항
㉯ 1필지에 대한 물리적 현황에 관한 사항
㉰ 1필지에 대한 가치적 현황에 관한 사항 (예 : 개별공시지가)
㉱ 1필지에 대한 이용 · 규제적 현황에 관한 사항

02 토지의 분할은 다음 어느 것에 속하는가?

㉮ 형질변경 ㉯ 등록전환
㉰ 행정처분 ㉱ 사법처분

03 토지조사 당시 지권(地券)을 발행한 이유로 가장 적합한 것은?

㉮ 토지소유의 보호
㉯ 토지거래 문란의 방지
㉰ 토지등급의 설정
㉱ 관의 공적소유권 보장

04 우리나라에서 사용하고 있는 지목의 분류방식은?

㉮ 지형지목 ㉯ 용도지목
㉰ 토성지목 ㉱ 단식지목

05 지목 중 전과 답의 결정은 무엇을 기준으로 하는가?

㉮ 주변지형 ㉯ 경작방법
㉰ 작물의 이용가치 ㉱ 경작위치, 방향

06 "모든 토지는 지적공부에 등록해야 하고 등록된 토지표시사항은 항상 실체와 일치하게 유지해야 한다."가 의미하는 지적제도의 등록형식은?

㉮ 적극적 등록주의 ㉯ 소극적 등록주의
㉰ 실질적 심사주의 ㉱ 당사자 신청주의

07 토지조사사업시에 소유자에 관하여는 사정(査定)을 하였는데 이때 사정(査定)의 뜻으로 볼 수 있는 것은?

㉮ 원래의 소유권을 재확인
㉯ 원래의 소유권을 공증
㉰ 원래의 소유권과 무주토지 소유권을 확정
㉱ 원래의 소유권은 소멸하고 새로이 소유권 취득

08 다목적 지적제도를 구축하는 이유로 거리가 먼 것은?

㉮ 정확한 토지과세정보의 획득
㉯ 토지소유현황 파악용이
㉰ 중복업무 방지로 인한 국가 토지행정의 효율성 증대
㉱ 토지 공개념 도입용이

09 지적국정주의의 설명으로 적합하지 않는 것은?

㉮ 지번, 지목, 경계, 좌표, 면적 등은 국가만이 결정할 수 있다.
㉯ 토지의 형질변경은 국가에 신청함으로만이 가능하다.
㉰ 소관청은 국가행정기관의 장으로서의 시장,

정답 01 정답 없음 02 ㉰ 03 ㉱ 04 ㉯ 05 ㉯ 06 ㉮ 07 ㉱ 08 ㉱ 09 ㉯

군수, 구청장이다.

㉣ 민유 토지의 등록도 국가가 한다.

10 토지를 중심으로 정보를 등록하는 방법은?

㉮ 물적 편성주의　㉯ 인적 편성주의
㉰ 물적 · 인적편성주의　㉣ 연대적 편성주의

11 오늘날의 지적(地籍)과 유사한 기록이 아닌 것은?

㉮ 백제시대의 도적(圖籍)
㉯ 신라시대의 장적(帳籍)
㉰ 고려시대의 전적(田籍)
㉣ 조선시대의 호적(戶籍)

12 조선시대의 양안(量案)은 오늘날의 어느 것과 같은 성질의 것인가?

㉮ 토지과세대장　㉯ 임야대장
㉰ 토지대장　㉣ 부동산등기부

13 조선시대의 문기(文記)에 관한 설명으로 옳지 않은 것은?

㉮ 현재의 부동산 매매계약서와 같은 것이다.
㉯ 3부 작성하여 매수인, 집필인, 관에 비치하였다.
㉰ 문기는 입안 청구시는 물론 소송의 유일한 증거다.
㉣ 상속, 증여, 임대차의 경우는 작성하지 않았다.

14 조선시대 내수사와 왕실의 일부 또는 왕실의 경비를 충당하기 위한 토지는?

㉮ 역토　㉯ 궁장토　㉰ 둔토　㉣ 마토

15 다음 중 경계의 설명이 틀린 것은?

㉮ 지적공부에 등록된 일필지의 구획선이다.
㉯ 지적도나 임야도에 등록된 선이다.
㉰ 경계점좌표등록부에 등록된 좌표의 연결이다.
㉣ 경계는 축척에 따라 그 폭이 다르다.

16 토지등록의 법적 지위에 있어서 토지의 이동은 반드시 외부에 알려야 한다는 일반원칙은?

㉮ 신고의 원칙　㉯ 공신의 원칙
㉰ 공시의 원칙　㉣ 형식의 원칙

17 토지등록의 목적과 관계가 가장 적은 것은?

㉮ 토지의 현황 파악
㉯ 토지의 수량 조사
㉰ 토지의 권리 상태 공시
㉣ 토지의 과실 기록

18 토지정보 중 토지표시사항의 특성으로 가장 관련이 적은 것은?

㉮ 단순성　㉯ 정확성　㉰ 통일성　㉣ 다양성

19 토지의 특정성(特定性)을 살려 다른 토지와 분명히 구별하기 위한 토지표시방법은?

㉮ 지목을 구분하는 것
㉯ 지번을 붙이는 것
㉰ 면적을 정하는 것
㉣ 토지의 등급을 정하는 것

20 토지정보시스템(LIS)은 다음 중 어느 지적에 해당하는가?

㉮ 과세지적　㉯ 법지적
㉰ 다목적 지적　㉣ 경계지적

정답 10 ㉮ 11 ㉣ 12 ㉰ 13 ㉣ 14 ㉯ 15 ㉣ 16 ㉰ 17 ㉣ 18 ㉣ 19 ㉯ 20 ㉰

03 2006년도 기출문제

01 우리나라의 지적 창설 당시 도로, 하천, 구거 및 소도서는 토지(임야)대장 등록에서 제외하였는데 가장 큰 이유는?

㉮ 측량하기 어려워서
㉯ 소유자를 알 수 없어서
㉰ 경계선이 명확하기 않아서
㉱ 과세적 가치가 없어서

02 다음 중 근대적 지적제도가 가장 빨리 시작된 나라는?

㉮ 프랑스 ㉯ 독일 ㉰ 일본 ㉱ 대만

03 토지이동에 관한 설명 중 옳지 않은 것은?

㉮ 신규등록은 토지이동에 속한다.
㉯ 소유자변경, 토지등급 및 수확량등급 수정도 토지이동에 속한다.
㉰ 등록전환, 지목변경의 신청기한은 60일 이내이다.
㉱ 토지이동이란 토지의 표시를 새로이 정하거나 변경 또는 말소하는 것을 말한다.

04 다음 중 고조선의 토지제도로 옳은 것은?

㉮ 두락제 ㉯ 수등이척제
㉰ 과전법 ㉱ 정전제

05 다음 중 지적도에 건물이 등록되어 있는 국가는?

㉮ 한국 ㉯ 일본 ㉰ 독일 ㉱ 대만

06 지압(地押) 조사에 대한 설명으로 옳은 것은?

㉮ 무신고이동지를 발견하기 위하여 실시하는 토지조사이다.
㉯ 신고, 신청에 의하여 실시하는 토지조사이다.
㉰ 임야를 직권정리하는 것을 말한다.
㉱ 지압조사는 직권으로 정리하고 토지소유자 또는 이해관계인에게 통지하는 것을 말한다.

07 오늘날 지적과 유사한 토지에 관하여 기록한 장부가 아닌 것은?

㉮ 도적(圖籍) ㉯ 판적(版籍)
㉰ 장적(帳籍) ㉱ 전적(田籍)

08 다음 중 간주지적도에 관한 설명으로 틀린 것은?

㉮ 임야도로서 지적도로 간주하게 된 것을 말한다.
㉯ 간주지적도인 임야도에는 적색1호선으로써 구역을 표시하였다.
㉰ 지적도 축척이 아닌 임야도 축척으로 측량하였다.
㉱ 대상은 토지조사 시행지역에서 약 200간(間) 이상 떨어진 지역으로 하였다.

09 우리나라 지적전산화의 기반조성을 위한 제도적 추진사항과 가장 거리가 먼 것은?

㉮ 대장등록사항의 코드번호 개발등록
㉯ 토지소유자의 주민등록번호 조사등록
㉰ 척관법 면적단위의 미터법 환산등록
㉱ 법정지목의 명칭변경 및 세분화 등록

정답 01 ㉱ 02 ㉮ 03 ㉯ 04 ㉱ 05 ㉰ 06 ㉮ 07 ㉯ 08 ㉯ 09 ㉱

10 경계불가분의 원칙에 관한 설명으로 옳은 것은?
㉮ 유일무이한 것으로 분리할 수 없음
㉯ 같은 토지에 2개 이상의 경계가 있을 수 있음
㉰ 3개의 단위 토지 간을 구획하는 선임
㉱ 경계에는 위치와 길이와 넓이가 있음

11 지적학의 범위로서 거리가 먼 것은?
㉮ 토지조사 ㉯ 토지등록
㉰ 토지공시 ㉱ 토지경영

12 조선시대의 토지제도에 대한 설명 중 옳지 않은 것은?
㉮ 사표(四標)는 토지의 위치로서 동·서·남·북의 경계를 표시한 것이다.
㉯ 조선시대의 양전은 원칙적으로 20년마다 한 번씩 실시하여 새로이 양안을 작성하게 되어 있다.
㉰ 양안의 내용 중 시주(時主)는 토지의 소유자이고, 시작(詩作)은 소작인을 나타낸다.
㉱ 조선시대의 지번설정제도에는 부번제도가 없었다.

13 지적에 관한 설명으로 옳지 않은 것은?
㉮ 필지를 중심으로 등록한다.
㉯ 실제와 공부가 일치하는 것을 원칙으로 한다.
㉰ 토지표시사항에 대한 변동사항을 등록한다.
㉱ 토지에 대한 모든 물권의 변동사항을 등록한다.

14 토지등록공부의 편성방법이 아닌 것은?
㉮ 물적 편성주의 ㉯ 인적 편성주의
㉰ 연대적 편성주의 ㉱ 세대별 편성주의

15 현재의 토지대장과 가장 유사한 것은?
㉮ 양전(量田) ㉯ 양안(量案)
㉰ 지계(地契) ㉱ 사표(四標)

16 토지의 등록사항을 지적공부에 의하여 제3자가 인식할 수 있도록 공개하는 이론적 근거는?
㉮ 공신의 원칙(公信의 原則)
㉯ 신의칙의 원칙(信義則의 原則)
㉰ 공시의 원칙(公示의 原則)
㉱ 물권등기주의(物權登記主義)

17 다음 경계 중 정밀지적측량과 소관청으로부터 사정의 행정처리가 완료된 것을 무엇이라 하는가?
㉮ 보증경계 ㉯ 고정경계
㉰ 일반경계 ㉱ 특정경계

18 토지에 관한 일정한 사항을 장부에 등록하고 관리하는 목적과 거리가 먼 것은?
㉮ 토지등록 공시 ㉯ 소유권 보호
㉰ 토지관리 ㉱ 영토 수호

19 지목의 설정원칙이 아닌 것은?
㉮ 일시변경불변의 원칙
㉯ 지목변경불변의 원칙
㉰ 사용목적추종의 원칙
㉱ 주지목추종의 원칙

20 우리나라 토지조사사업의 시행목적과 거리가 먼 것은?
㉮ 토지의 가격조사 ㉯ 토지소유권 조사
㉰ 토지의 지질조사 ㉱ 토지의 외모조사

정답 10 ㉮ 11 ㉱ 12 ㉱ 13 ㉱ 14 ㉱ 15 ㉯ 16 ㉰ 17 ㉮ 18 ㉱ 19 ㉯ 20 ㉰

01 2007년도 기출문제

01 토지조사사업 및 임야조사사업에 대한 설명으로 옳은 것은?

㉮ 토지조사사업 당시 사정의 공시는 60일간 하였다.

㉯ 토지조사사업의 재결기관은 지방토지조사 위원회였다.

㉰ 임야조사사업의 사정기관은 도지사였다.

㉱ 토지조사사업의 사정기관은 시장, 군수였다.

02 우리나라 지적관계법령이 제정된 연대순으로 맞는 것은?

㉮ 토지조사법 → 지세령 → 조선임야조사령 → 지적법

㉯ 토지조사법 → 조선임야조사령 → 지세령 → 지적법

㉰ 지세령 → 토지조사법 → 조선임야조사령 → 지적법

㉱ 조선임야조사령 → 토지조사법 → 지세령 → 지적법

03 다음 중 지적형식주의와 가장 관계가 있는 사항은?

㉮ 등록의 원칙　㉯ 특정화의 원칙
㉰ 인적 편성의 원칙　㉱ 공시의 원칙

04 현대 지적의 기능을 일반적 기능과 실제적 기능으로 구분하였을 때 지적의 일반적 기능이 아닌 것은?

㉮ 사회적 기능　㉯ 유통적기능
㉰ 법률적 기능　㉱ 행정적기능

05 다음 중 지적제도의 필수요건과 거리가 먼 것은?

㉮ 안전성　㉯ 비밀성　㉰ 공정성　㉱ 정확성

06 지목의 설정원칙으로 맞지 않는 것은?

㉮ 일시변경의 원칙　㉯ 주용도 추종의 원칙
㉰ 사용목적 추종의 원칙　㉱ 용도 경중의 원칙

07 다음 중 수등이척제(隨等異尺制)의 설명이 옳은 것은?

㉮ 토지의 등급이 높을수록 양척의 길이가 길어진다.

㉯ 토지의 등급과 양척의 길이는 상관이 없다.

㉰ 토지의 등급에 관계없이 양척의 길이는 일정하다

㉱ 토지의 등급이 낮을수록 양척의 길이가 길어진다.

08 다음 중 토지조사사업(1910~1918년) 당시 사정사항으로 맞는 것은?

㉮ 소유자와 경계　㉯ 토지소재와 지번
㉰ 지번과 지목　㉱ 경계와 면적

09 역사적으로 초기의 지적제도가 개인에게 인정한 권리는?

㉮ 토지 이용권(利用權)

정답 01 ㉰ 02 ㉮ 03 ㉮ 04 ㉯ 05 ㉯ 06 ㉮ 07 ㉱ 08 ㉮ 09 ㉮

㉯ 토지 소유권(所有權)

㉰ 토지 관리 처분권(管理處分權)

㉱ 토지 물권 공시권(物權公示權)

10 토렌스 시스템의 기본 이론이 아닌 것은?

㉮ 거울이론 ㉯ 커튼이론

㉰ 교환이론 ㉱ 보험이론

11 조선시대의 양전법에서 구분한 직각삼각형 형태의 토지를 무엇이라 하는가?

㉮ 방전 ㉯ 제전 ㉰ 구고전 ㉱ 규전

12 다음 중 지적제도를 등록사항에 따라 분류할 때 3차원 지적에 해당하는 것은?

㉮ 수치지적 ㉯ 세지적

㉰ 도해지적 ㉱ 입체지적

13 삼국시대에 시행한 토지측량방식으로서 지형을 여러 형태로 구별하여 측량하기 쉽도록 한 것은?

㉮ 경무법 ㉯ 산학박사

㉰ 구장산술 ㉱ 결부제

14 지적측량의 효력에 관한 설명으로 옳지 않은 것은?

㉮ 지적측량은 지적법에 따르는 측량이다.

㉯ 물권에 대한 공시기능의 보완이다.

㉰ 사법적 강제력이 없다.

㉱ 토지소유권에 직접적인 영향을 미친다.

15 다음 중 결수연명부에 관한 설명으로 옳은 것은?

㉮ 강계(疆界)지역을 조사 등록한 장부

㉯ 소유권의 분계(分界)를 확정하는 장부

㉰ 지반의 고저가 있는 토지를 정리한 장부

㉱ 지세대장을 겸한 토지조사준비를 위하여 만든 과세부

16 영국의 토지등록제도에 있어서 경계의 구분이 아닌 것은?

㉮ 일반경계 ㉯ 특별경계

㉰ 고정경계 ㉱ 보증경계

17 토지를 지적공부에 등록함으로써 발생하는 효력으로 가장 거리가 먼 것은?

㉮ 창설의 효력 ㉯ 대항의 효력

㉰ 추정의 효력 ㉱ 공정의 효력

18 지적과 부동산등기와의 관계에 있어서 지적이 담당하고 있는 가장 특징적 역할은?

㉮ 소유권과 실지권리의 일치

㉯ 토지표시와 실지현황과의 일치

㉰ 지적공부와 등기부와의 일치

㉱ 권리주체와 객체와의 일치

19 지적불부합지의 사회적 영향으로 가장 거리가 먼 것은?

㉮ 토지거래질서의 문란

㉯ 주민의 권리행사 지장

㉰ 권리실체인정의 부실

㉱ 토지이동정리의 정지

20 토지표시 중 지번의 설정과 관계가 없는 것은?

㉮ 물권 객체의 구분 ㉯ 등록 공시 단위

㉰ 토지 위치 구분 ㉱ 물권적 가치추정

정답 10 ㉰ 11 ㉰ 12 ㉱ 13 ㉰ 14 ㉰ 15 ㉱ 16 ㉯ 17 ㉰ 18 ㉯ 19 ㉱ 20 ㉱

02 2007년도 기출문제

01 지적공부의 등본교부와 관계가 가장 깊은 것은?

㉮ 지적공개주의 ㉯ 지적형식주의
㉰ 지적국정주의 ㉱ 지적비밀주의

02 대한제국에서 1898년 양전사업을 담당하기 위하여 최초로 설치된 기관은?

㉮ 양지아문(量地衙門)
㉯ 지계아문(地契衙門)
㉰ 양지과(量地課)
㉱ 임시토지조사국(臨時土地調査局)

03 지적정리에서 2필지 이상의 토지를 합병 처리할 때 지번 결정의 원칙은?

㉮ 신규지번으로 한다.
㉯ 각 토지의 지번 중 수위의 지번으로 한다.
㉰ 각 토지의 지번 중 말위의 지번으로 한다.
㉱ 각 토지의 지번 중 인감필 지번으로 한다.

04 경국대전 내용에 토지를 매매할 때 소유권 이전에 관하여 관에서 증명한 소유권증서와 같은 문서는?

㉮ 양안(量案) ㉯ 입안(立案)
㉰ 명문(明文) ㉱ 문기(文記)

05 필지마다 지번을 붙여 구분하는 이유와 가장 거리가 먼 것은?

㉮ 독립성 ㉯ 특징성
㉰ 위치파악의 기준성 ㉱ 가치성

06 우리나라에서 지적공부에 토지표시 사항을 결정·등록하기 위하여 택하고 있는 심사방법은?

㉮ 실질심사 ㉯ 형식심사
㉰ 공증심사 ㉱ 대질심사

07 토지조사사업 당시 사정(査定)의 처분 행위는?

㉮ 행정처분 ㉯ 사법행위
㉰ 등기공시 ㉱ 재결행위

08 소극적 등록제도의 설명으로 옳지 않은 것은?

㉮ 토지등록을 의무화하지 않는다.
㉯ 거래증서의 등록은 법률가의 손에 의해 다루어진다.
㉰ 국가는 적법성, 유효성, 절차성 중 적법성만 인정한다.
㉱ 거래행위에 따른 토지등록은 일반적으로 사유재산 양도증서의 작성과 거래증서의 등록으로 구분한다.

09 고구려에서 토지 면적단위 체계로서 사용된 것은?

㉮ 경무법 ㉯ 두락법
㉰ 결부법 ㉱ 수등이척법

10 조선시대의 토지대장인 양안(量案)에 대한 설명 중 틀린 것은?

정답 01 ㉮ 02 ㉮ 03 ㉯ 04 ㉯ 05 ㉱ 06 ㉮ 07 ㉮ 08 ㉰ 09 ㉮ 10 ㉮

㉮ 지적과 측량을 관리하는 산학박사(算學博士)를 두어 양안을 관리하였다.
㉯ 일명 전적(田籍)이라고도 하는 양안의 명칭은 시대와 사용처, 비치처에 따라 달랐다.
㉰ 양안의 기록사항은 소재지, 지번, 토지등급, 지목, 면적, 토지형태, 사표(四標), 소유자 등이다.
㉱ 양안에 토지를 표시함에 있어서는 양전의 순서에 의하여 1필지마다 천자문의 자번호(字番戶)를 부여하였다.

11 토지조사사업에 대한 설명으로 틀린 것은?
㉮ 지적제도와 등기제도 등 증명제도를 제도적으로 보장하기 위한 것이다.
㉯ 토지에 대한 정량성과 통일성을 확립하지 못하였다.
㉰ 지세수입의 증대를 위하여 은결(隱結) 등을 찾아내어 세원을 확보하기 위한 것이었다.
㉱ 일본 이민자에게 토지를 불하하여 일본 식민에 대한 제도적 지원대책을 확립하기 위한 것이다.

12 지세징수를 위하여 이동지 정리를 끝낸 토지대장 중에서 민유과세지만을 뽑아 각 면마다 소유자 별로 연기(連記)한 후 이것을 합계하였던 정부는?
㉮ 별책토지대장 ㉯ 결수연명부
㉰ 지세명기장 ㉱ 도전장

13 간주지적도에 등록하는 토지대장의 명칭이 아닌 것은?
㉮ 산토지대장 ㉯ 을호토지대장
㉰ 간주토지대장 ㉱ 별책토지대장

14 다음에서 망척제와 관계가 없는 것은?
㉮ 이기(李沂)
㉯ 해학유서(海鶴遺書)
㉰ 산학박사(算學博士)
㉱ 면적을 산출하는 방법

15 토렌스 시스템의 기본원리에 해당되지 않는 것은?
㉮ 거울이론 ㉯ 거래이론
㉰ 커튼이론 ㉱ 보험이론

16 지적제도의 필요성에 대한 사항으로 가장 거리가 먼 것은?
㉮ 세수확보 ㉯ 소유권 브호
㉰ 거래의 신속 ㉱ 토지분바

17 토지에 대한 일정한 사항을 조사하여 지적공부에 등록하기 위하여 반드시 선행되어야 할 사항은?
㉮ 토지용도의 결정
㉯ 일필지의 경계설정
㉰ 토지소유자의 결정
㉱ 토지번호의 확정

18 우리나라 법정지목을 구분하는 중심적 기준은 무엇인가?
㉮ 토지의 위치 ㉯ 토지의 용도
㉰ 토지의 성질 ㉱ 토지의 지형

정답 11 ㉯ 12 ㉰ 13 ㉰ 14 ㉰ 15 ㉯ 16 ㉱ 17 ㉯ 18 ㉯

19 토지등록의 방법 중 인적 편성주의에 대한 설명으로 옳은 것은?

㉮ 개개의 토지를 중심으로 등록부를 편성하는 방식

㉯ 동일 소유자에게 속하는 모든 토지를 당해 소유자의 대장에 기록하는 방식

㉰ 당사자의 신청순서에 따라 순차적으로 등록 편성하는 방식

㉱ 2개 이상의 토지를 하나의 등기용지인 공동용지를 사용하여 등록하는 방식

20 우리나라에서 자호제도가 처음 사용된 것은?

㉮ 신라　　㉯ 백제

㉰ 고려　　㉱ 조선

정답　19 ㉯ 20 ㉰

03 2007년도 기출문제

01 토지의 물권 공시제도로서의 지적과 등기가 각각 분담하는 관계로서 옳지 않은 것은?
㉮ 토지 등록단위의 결정–지적
㉯ 토지위치 결정–지적
㉰ 제한물권 설정–등기
㉱ 신규등록지의 소유자 조사–등기

02 특별한 기준을 두지 않고 당사자의 신청순서에 따라 토지등록부를 편성하는 방법은?
㉮ 물적 편성주의 ㉯ 인적 편성주의
㉰ 연대적 편성주의 ㉱ 물적 · 인적 편성주의

03 동일한 지번설정지역 내에서 최종 지번이 1075일 때 지번 545가 분할되어 1076, 1077로 표시되었다면 이러한 부번방식은?
㉮ 분수식 부번제도 ㉯ 자유 부번제도
㉰ 사행식 부번제도 ㉱ 기번(岐番) 부번제도

04 지적도의 도곽선이 가지고 있는 역할로 타당하지 않는 것은?
㉮ 도곽신축보정 ㉯ 도면 접합
㉰ 방위 ㉱ 면적 통계

05 토렌스 시스템의 기본원리 중 "토지권리증서의 등록은 토지의 거래사실을 이론의 여지없이 완벽하게 반영한다."라는 원리는?
㉮ 정확성 이론 ㉯ 커튼 이론
㉰ 보험 이론 ㉱ 거울 이론

06 간주지적도의 설명 중 옳은 것은?
㉮ 지적도로서 임야도로 간주하는 지적도
㉯ 임야도로서 지적도로 간주하는 지적도
㉰ 임야도로서 임야약도로 간주하는 지적도
㉱ 임야도로서 지적약도를 간주하는 지적도

07 토지의 사정(査定)을 가장 잘 설명한 것은?
㉮ 토지의 소유자와 지목을 확정하는 것이다.
㉯ 토지의 소유자와 경계를 확정하는 행정처분이다.
㉰ 토지의 소유자와 경계를 확정하는 사법처분이다.
㉱ 경계와 지적을 확정하는 행정처분이다.

08 입안제도(立案制度)에 관한 설명으로 틀린 것은?
㉮ 조선시대의 토지거래 공증제도
㉯ 토지매매에 대한 중개인의 보증제도
㉰ 관의 토지거래 파악을 위한 제도
㉱ 문기(文記) 에 대한 확인제도

09 대한제국에서 양전사업을 담당하기 위한 최초의 독립기관은?
㉮ 탁지부 ㉯ 임시토지조사국
㉰ 양지아문 ㉱ 지계아문

10 토지의 이익에 영향을 미치는 문서의 공적등기를 보전하는 것을 주된 목적으로 하는 등록제도는?

정답 01 ㉱ 02 ㉰ 03 ㉯ 04 ㉱ 05 ㉱ 06 ㉯ 07 ㉯ 08 ㉯ 09 ㉰ 10 ㉮

㉮ 날인증서 등록제도 ㉯ 권원 등록제도
㉰ 소극적 등록제도 ㉱ 적극적 등록제도

11 지적법상의 경계에 대한 올바른 설명은?
㉮ 지상경계 ㉯ 도상경계
㉰ 현실경계 ㉱ 점유경계

12 지방토지조사위원회에 대한 설명으로 틀린 것은?
㉮ 위원장 1인과 상임위원 5인으로 구성되었다.
㉯ 토지사정의 자문기관이다.
㉰ 위원장은 조선총독부 정무총감이 맡았다.
㉱ 각 도에 설치하였다.

13 지적의 토지표시사항의 특성으로 볼 수 없는 것은?
㉮ 정확성 ㉯ 다양성 ㉰ 통일성 ㉱ 검색성

14 다음 중 현존하는 우리나라 지적자료 중 가장 오래된 것은?
㉮ 신라장적 ㉯ 경자양안
㉰ 광무양안 ㉱ 결수연명부

15 우리나라의 현행 지번설정에 대한 원칙 중 옳지 않는 것은?
㉮ 북서기번의 원칙
㉯ 아라비아숫자 지번의 원칙
㉰ 부번(副番)의 원칙
㉱ 종서(從書)의 원칙

16 우리나라 지적제도와 등기제도에 대한 설명 중 옳지 않은 것은?
㉮ 지적과 등기 모두 형식주의를 원칙으로 한다.
㉯ 지적은 권리객체, 등기는 권리주체를 다룬다.
㉰ 지적과 등기 모두 실질적 심사주의를 원칙으로 한다.
㉱ 지적은 단독신청, 등기는 공동신청주의를 등록방법으로 한다.

17 우리나라 지적제도사(地籍制度史) 중 토지대장을 양전도장(量田度帳)이라 명칭했던 시대는?
㉮ 고구려시대 ㉯ 백제시대
㉰ 신라시대 ㉱ 고려시대

18 경계불가분의 원칙이 의미하는 것은?
㉮ 토지조사 당시의 경계선은 말소가 불가능하다.
㉯ 먼저 착묵한 선을 그 경계선으로 한다.
㉰ 경계선은 면적이 큰 것을 위조로 한다.
㉱ 인접지와의 경계선은 공통이다.

19 지적의 발생설을 토지측량과 밀접하게 관련지어 이해할 수 있는 이론은?
㉮ 과세설 ㉯ 치수설 ㉰ 지배설 ㉱ 역사설

20 가계(家契)에 대한 설명으로 틀린 것은?
㉮ 입안과 동일한 형식이나 입안보다 근대화 된 것이다.
㉯ 가계는 현재의 토지대장이라 할 수 있다.
㉰ 가계는 가옥의 소유에 대한 관(官)의 인증서류이다.
㉱ 1893년 한성부에서 처음으로 발급되었다.

정답 11 ㉯ 12 ㉰ 13 ㉯ 14 ㉮ 15 ㉱ 16 ㉰ 17 ㉱ 18 ㉱ 19 ㉯ 20 ㉯

01 2008년도 기출문제

01 토지에 대한 물권을 설정하기 위하여 지적제도가 기여해야 할 가장 중요한 역할은?
㉮ 소유권 심사 ㉯ 필지 확정
㉰ 지목의 결정 ㉱ 지번의 설정

02 근대적인 지적제도의 공시기능이 다른 물권 공시제도의 창설을 가능케 하였는데 이와 관련되는 제도는?
㉮ 주민등록제도 ㉯ 국토이용통제제도
㉰ 부동산조세제도 ㉱ 부동산등기제도

03 일필지에 대한 다음 설명 중 적당하지 않은 것은?
㉮ 토지의 소유단위 ㉯ 토지의 거래단위
㉰ 토지의 등록단위 ㉱ 토지의 개발단위

04 우리나라의 지적공부에 등록해야 할 사항으로 볼 수 없는 것은?
㉮ 토지의 소재 ㉯ 평면직각종횡선 좌표
㉰ 소관청의 명칭 ㉱ 필지의 경계

05 토지조사사업의 재결기관(裁決機關)은?
㉮ 임시토지조사국장
㉯ 고등토지조사위원회
㉰ 도지사
㉱ 사세청장

06 조선시대 매매에 따른 일종의 공증제도로 토지를 매매할 때 소유권 이전에 관하여 관에서 공적으로 증명하여 발급한 서류는?
㉮ 명문(明文) ㉯ 문권(文券)
㉰ 입안(立案) ㉱ 문기(文記)

07 일반적으로 결번이 생겼을 경우 어떻게 처리하는 것이 옳은가?
㉮ 신규등록 시 결번을 사용하여 결번이 없도록 한다.
㉯ 결번된 토지대장카드를 삭제한다.
㉰ 결번된 지번을 삭제하고 다른 지번을 설정한다.
㉱ 결번대장을 비치하여 영구히 보존한다.

08 임야라는 지목의 변천 순서로 옳은 것은?
㉮ 산림산야 – 산림임야 – 임야
㉯ 산림임야 – 산림산야 – 임야
㉰ 삼림산야 – 산림원야 – 임야
㉱ 산림원야 – 삼림산야 – 임야

09 지적도나 임야도의 도곽선 역할로 가장 거리가 먼 것은?
㉮ 지적측량기준점 전개시의 기준
㉯ 도곽신축 보정시의 기준
㉰ 도면접합시의 기준
㉱ 토지합병시의 필지결정기준

10 지적공부로서 지적도가 담당하는 가장 큰 역할은?

정답 01 ㉯ 02 ㉱ 03 ㉱ 04 ㉰ 05 ㉯ 06 ㉰ 07 ㉱ 08 ㉱ 09 ㉱ 10 ㉯

㉮ 토지 용도 구분　㉯ 토지 위치 결정
㉰ 토지 이용 현황　㉱ 토지 이동 연혁

11 택지지역과 같이 도로를 중심으로 한쪽은 홀수, 한쪽은 짝수로 부번하는 방법으로 통신, 방문 등에 편리한 지번 설정방법은?

㉮ 단지식(團地式)　㉯ 사행식(蛇行式)
㉰ 기우식(奇遇式)　㉱ 블록식(Block式)

12 최초로 부동산(토지) 등기부를 작성할 때 등기 내용을 확인하는 기초 장부로 사용했던 것은?

㉮ 토지조사부　㉯ 재결조서
㉰ 토지가옥증명부　㉱ 토지대장

13 고려시대의 토지제도에 관한 설명으로 틀린 것은?

㉮ 조세징수를 위한 양안과 토지매매를 증명하는 입안제도를 실시하였다.
㉯ 당나라의 토지제도를 모방하였다.
㉰ "도행"이나 "작"이라는 토지 장부가 있었다.
㉱ 사표제도가 있었다.

14 다음 중 지적의 구성요소를 바르게 나열한 것은?

㉮ 토지, 사람, 측량　㉯ 토지, 등록, 지적공부
㉰ 국토, 권리, 지적공부　㉱ 지적공부, 조사, 측량

15 토지등록부의 편성방법 중 물적 편성주의에 대한 설명으로 옳은 것은?

㉮ 토지등록의 신청순서에 따라 순차적으로 등록부를 편성
㉯ 토지의 소유자를 중심으로 등록부를 편성
㉰ 연대적 편성주의에 인적편성주의를 가미한 방법
㉱ 토지를 중심으로 등록부를 편성

16 철도용지와 하천 지목이 수평적으로 중복되는 토지의 일반적인 지목설정방법은?

㉮ 등록 선후의 원칙에 따른다.
㉯ 주지목추종의 원칙에 따른다.
㉰ 경제적 고부가가치의 용도에 따른다.
㉱ 소관청 담당자의 주관적 직권으로 결정한다.

17 토지조사사업에 대한 설명으로 잘못된 것은?

㉮ 사업기간은 1910~1918년이다.
㉯ 도면축척은 1/1200, 1/2400, 1/3000이었다.
㉰ 조사측량기관은 임시토지조사국이었다.
㉱ 사정권자는 임시토지조사국이었다.

18 현존하는 지적기록 중에서 가장 오래된 것으로 알려진 것은?

㉮ 장적문서　㉯ 매향비
㉰ 경국대전　㉱ 해학유서

19 간주지적도에 등록된 토지는 토지대장과는 별도로 대장을 작성하였는데 그 명칭에 해당되지 않는 것은?

㉮ 산토지대장　㉯ 별책토지대장
㉰ 임야토지대장　㉱ 을호토지대장

20 토지등록제도의 유형에 포함되지 않는 것은?

㉮ 날인증서 등록제도　㉯ 적극적 등록제도
㉰ 소극적 등록제도　㉱ 임시 등록제도

정답 11 ㉰ 12 ㉱ 13 ㉯ 14 ㉯ 15 ㉱ 16 ㉮ 17 ㉯ 18 ㉮ 19 ㉰ 20 ㉱

02 2008년도 기출문제

01 현행 지적법상 경계의 설정, 등록에 관한 기본 원칙과 관계없는 것은?

㉮ 연속성의 원칙 ㉯ 경계국정주의
㉰ 경계불가분의 원칙 ㉱ 경계직선주의

02 지목을 설정할 때 토지이용 형태로서 착안해야 할 사항이 아닌 것은?

㉮ 토지의 주된 사용목적
㉯ 용도의 경중
㉰ 일시적, 임시적 토지 이용
㉱ 토지이용계획

03 토지조사사업 시에 소유자에 관하여는 사정(査定)을 하였는데 이 때 사정(査定)의 뜻으로 볼 수 있는 것은?

㉮ 원래의 소유권을 재확인
㉯ 원래의 소유권을 공증
㉰ 원래의 소유권과 무주토지 소유권을 확정
㉱ 원래의 소유권은 소멸하고 새로이 소유권 취득

04 대한제국시대에는 관계(官契)를 3편으로 발급하였다. 보존방법으로 틀린 것은?

㉮ 제1편(片)은 본아문에서 보존하였다.
㉯ 제2편(片)은 소유자가 보존하였다.
㉰ 제3편(片)은 지방관청에서 보존하였다.
㉱ 제2편(片)은 탁지부에서 보존하였다.

05 우리나라 지적제도의 기본이념에 해당하는 것은?

㉮ 지적민정주의 ㉯ 인적편성주의
㉰ 지적형식주의 ㉱ 지적비밀주의

06 토지조사사업의 사정에 불복하는 자는 공시기간 만료 후 최대 며칠 이내에 고등토지조사위원회에 재결을 신청하여야 했는가?

㉮ 10일 ㉯ 30일 ㉰ 60일 ㉱ 90일

07 다음 중 우리나라 지적제도에 있어 토지등록의 제 원칙이 아닌 것은?

㉮ 국정주의 ㉯ 실질적 심사주의
㉰ 직권주의 ㉱ 형식적 심사주의

08 다음의 지적제도 중 토지소유권 보호를 주목적으로 하는 것은?

㉮ 세지적 ㉯ 법지적
㉰ 다목적지적 ㉱ 종합지적

09 대한제국시대에 양전을 위해 설치된 최초의 지적행정관청은?

㉮ 양지아문 ㉯ 지계아문
㉰ 탁지부 ㉱ 임시재산 정리국

10 지적제도에 대한 설명으로 가장 거리가 먼 것은?

㉮ 효율적인 토지 관리와 소유권 보호를 목적으로 한다.

정답 01 ㉮ 02 ㉱ 03 ㉱ 04 ㉱ 05 ㉰ 06 ㉰ 07 ㉱ 08 ㉯ 09 ㉮ 10 ㉱

㉯ 국가적 필요에 의한 제도이다.
㉰ 토지에 대한 물리적 현황의 등록 · 공시이다.
㉱ 개인의 권리보호를 위한 제도이다.

11 1970년에 공표된 지적측량사규정 시행 당시 국가공무원으로서 그 소속 관서의 지적 측량 사무에 종사하는 자에 대한 명칭은?
㉮ 대행측량사 ㉯ 상치측량사
㉰ 감정측량사 ㉱ 지정측량사

12 토지에 대한 권리를 인정하기 위하여 지적측량을 실시하지 아니하고는 등록을 할 수 없도록 하였다면 다음 중 어느 등록제도에 해당하는가?
㉮ 소극적 등록제도 ㉯ 적극적 등록제도
㉰ 처분적 등록제도 ㉱ 직권적 등록제도

13 다음 중 지적공부의 효력으로 틀린 것은?
㉮ 공적인 기록이다.
㉯ 등록된 공부는 모두 공신력이 있다.
㉰ 등록정보에 대한 공시력이 있다.
㉱ 토지에 대한 사실관계의 등록이다.

14 현행 우리나라의 지적제도에서 인정하고 있는 것은?
㉮ 사실심사권 ㉯ 권원보증권
㉰ 공증권 ㉱ 재결권

15 조선시대의 속대전(續大典)에서 토지의 위치로서 동서남북의 경계를 표시하는 것을 무엇이라 하는가?
㉮ 자번호 ㉯ 사주(四柱)
㉰ 사표(四標) ㉱ 주명(主名)

16 토지조사사업 당시 일필지 조사사항의 업무가 아닌 것은?
㉮ 지주의 조사 ㉯ 지목의 조사
㉰ 지번의 조사 ㉱ 분쟁지의 조사

17 토지조사사업 당시 재결기관으로 옳은 것은?
㉮ 임시토지조사국 ㉯ 고등토지조사위원회
㉰ 부와 면 ㉱ 임야심사위원회

18 다음 중 지목의 결정에 있어서 비슷한 규모의 도로와 철도가 교차하는 지점의 지목설정으로 가장 관련이 있는 것은?
㉮ 주지목추종의 원칙 ㉯ 용도경중의 원칙
㉰ 일필일목의 원칙 ㉱ 등록선후의 원칙

19 동일한 지번 설정지역 내에서 최종 지번이 1075일 때 지번 545가 분할되어 1076, 1077로 표시된다면 이런 부번방식은?
㉮ 분수식 지번제도 ㉯ 기번식 지번제도
㉰ 자유식 지번제도 ㉱ 사행식 지번제도

20 백문매매(白文賣買)에 대한 설명 중 가장 관련이 깊은 것은?
㉮ 오늘날의 권리증에 해당된다.
㉯ 입안을 받지 않은 계약서를 말한다.
㉰ 조선건국 초기에 성행되었던 토지등기제도의 일종이다.
㉱ 구문기에서 소유자란이 없는 것을 뜻한다.

정답 11 ㉯ 12 ㉯ 13 ㉯ 14 ㉮ 15 ㉰ 16 ㉱ 17 ㉯ 18 ㉱ 19 ㉰ 20 ㉯

03 2008년도 기출문제

01 다목적 지적의 구성요건에 해당하지 않는 것은?

㉮ 측지기준망 ㉯ 기본도
㉰ 지적도 ㉱ 측량계산부

02 지적재조사의 목적과 가장 거리가 먼 것은?

㉮ 지적불부합지 문제의 해소
㉯ 합리적인 국가 경계 설정
㉰ 불부합지의 경계 복원력 향상
㉱ 지적공부의 질적 향상

03 다음 중 토지조사법 의한 조사 당시 지적도에 등록하지 않고 지목만 해당 개소에 표시하였던 비과세지에 해당하지 않는 것은?

㉮ 도로 ㉯ 구거 ㉰ 성첩 ㉱ 분묘지

04 다음 중 토지조사사업시 사정(査定)에 대한 설명이 옳지 않은 것은?

㉮ 토지의 소유자 및 그 강계를 확정하는 행정처분이다.
㉯ 토지의 강계는 지적도에 등록된 토지의 경계선인 강계선이 대상이었다.
㉰ 사정권자는 당시 고등토지위원회의 장이었다.
㉱ 사정을 하기에 앞서 사정권자는 지방토지위원회의 자문을 받았다.

05 개개의 토지를 중심으로 토지등록부를 편성하는 것으로, 우리나라의 토지대장에서 사용하는 등기의 편성유형은?

㉮ 물적 편성주의
㉯ 인적 편성주의
㉰ 연대적 편성주의
㉱ 물적 · 인적 편성주의

06 일반적으로 양안에 기재된 사항에 속하지 않는 것은?

㉮ 신 · 구토지 소유자, 토지가격
㉯ 지번, 면적
㉰ 측량 순서, 토지등급
㉱ 토지 형태, 사표(四標)

07 지적공부에 등록된 경계의 특성으로서 경계불가분의 원칙이 적용되는 가장 큰 이유는?

㉮ 면적의 크기에 따르므로
㉯ 설치자의 소속으로 하기 때문에
㉰ 경계의 중앙 선택 원칙 때문에
㉱ 경계선은 길이와 위치만 존재하기 때문에

08 다음 중 지목을 설정하는 가장 주된 이유는?

㉮ 토지의 자연 상태 ㉯ 토지의 사용목적
㉰ 토지의 수익성 ㉱ 토양의 성질

09 다음 중 근대지적의 효시로 과세지적이 대표적인 나라는?

㉮ 일본 ㉯ 독일 ㉰ 프랑스 ㉱ 네덜란드

정답 01 ㉱ 02 ㉯ 03 ㉱ 04 ㉰ 05 ㉮ 06 ㉮ 07 ㉱ 08 ㉯ 09 ㉰

10 우리나라의 토지에 관한 권리 등록 공시문서가 아닌 것은?

㉮ 입안 ㉯ 양안 ㉰ 토지증명부 ㉱ 문기

11 전지를 측량할 때 정방형의 눈들을 가진 그물을 사용하여 전지가 그물 속에 들어온 그물눈을 계산하여 면적을 산출하는 방법은?

㉮ 방전제 ㉯ 망척제
㉰ 방량제 ㉱ 결부제

12 다음 중 수치지적과 도해지적에 관한 설명이 옳지 않은 것은?

㉮ 수치지적을 사용하는 경우 도해도면이 따로 필요하지는 않다.
㉯ 수치지적은 도해지적보다 정밀하게 경계를 표시할 수 있다.
㉰ 도해지적은 축척에 따라 허용오차가 달라지는 단점이 있다.
㉱ 도해지적은 토지 경계점을 도해적으로 측정하여 표시하는 것이다.

13 토지의 권원을 명확히 하고 토지거래에 따른 변동사항 정리를 용이하게 하여 권리증서의 발행을 손쉽게 하고자 창안된 토지등록제도는?

㉮ 날인등록제도 ㉯ 소극적 등록제도
㉰ 토렌스 시스템 ㉱ 토지정보시스템

14 우리나라의 양지아문(量地衙門)이 설치된 시기는?

㉮ 1717년 ㉯ 1898년
㉰ 1905년 ㉱ 1910년

15 양전법 개정을 위한 새로운 양전방안을 정전제의 시행을 전제로 하는 방량법과 어린 도법을 주장한 학자는?

㉮ 정약용 ㉯ 서유구 ㉰ 이기 ㉱ 정약전

16 부여의 행정구역제도로서 국도를 중심으로 영토를 사방으로 구획하는 토지구획방법은 무엇인가?

㉮ 사출도 ㉯ 사표도 ㉰ 계면도 ㉱ 휴도

17 국가의 재원을 확보하기 위한 지적제도로서 면적본위 지적제도라고도 하는 것은?

㉮ 과세지적 ㉯ 법지적
㉰ 다목적지적 ㉱ 경제지적

18 다음 지적불부합지의 유형 중 대단위 지역의 이동측량 시 발생한 측판점 위치결정의 오류로 인해 발생하는 것은?

㉮ 중복형 ㉯ 공백형
㉰ 편위형 ㉱ 불규칙형

19 지표면의 형태, 지형의 고저, 수륙의 분포상태 등 땅이 생긴 모양에 따라 결정하는 지목은?

㉮ 토성지목 ㉯ 지형지목
㉰ 용도지목 ㉱ 복식지목

20 법률체계를 갖춘 우리나라 최초의 지적법으로 이 법의 폐지 이후 대부분의 내용이 토지조사령에 계승된 것은?

㉮ 토지조사법 ㉯ 삼림법
㉰ 지세법 ㉱ 조선임야조사령

정답 10 ㉱ 11 ㉯ 12 ㉮ 13 ㉰ 14 ㉯ 15 ㉮ 16 ㉮ 17 ㉮ 18 ㉰ 19 ㉯ 20 ㉮

01 2009년도 기출문제

01 초기의 지적도에 대한 설명으로 옳지 않은 것은?

㉮ 지적도에는 토지 경계와 지번, 지목이 등록되었다.
㉯ 지적도 도곽 내의 산림에는 등고선을 표시하여 표고에 의한 지형구별이 용이하도록 하였다.
㉰ 토지분할의 경우에는 지적도 정리시 신강계선을 흑색으로 정리하였으나 그 후 양홍색으로 변경하였다.
㉱ 조사지역 외의 토지에 대해서는 이용현황에 따라 활자로서 (山), (海), (湖) 등으로 표기하였다.

02 지적의 발생설 중 영토의 보존과 통치수단이라는 두 관점에 대한 이론은?

㉮ 지배설 ㉯ 치수설
㉰ 침략설 ㉱ 과세설

03 토지조사사업 당시 소유자는 같으나 지목이 상이하여 별필(別筆)로 해야 하는 토지들의 경계선과 소유자를 알 수 없는 토지와의 구획선을 무엇이라 하는가?

㉮ 강계선(疆界線) ㉯ 경계선(境界線)
㉰ 지역선(地域線) ㉱ 지세선(地勢線)

04 지적측량의 법률적 효력 중 지적측량의 내용에 대해 소관청이나 소유자 및 관계인을 기속하는 효력을 말하며, 정당한 절차가 없이 지적측량의 결과에 대해 부정하거나 효력을 기피할 수 없는 것은?

㉮ 확정력 ㉯ 공정력
㉰ 구속력 ㉱ 강제력

05 우리나라 토지조사사업 당시 조사측량기관은?

㉮ 부(府)와 면(面) ㉯ 임야조사위원회
㉰ 임시토지조사국 ㉱ 토지조사위원회

06 우리나라에서 지적이라는 용어가 법률상 처음 등장한 것은?

㉮ 1895년 내부관제
㉯ 1898년 양지아문 직원급 처무규정
㉰ 1901년 지계아문 직원급 처무규정
㉱ 1910년 토지조사법

07 지적도의 도곽선이 가지고 있는 역할로서 옳지 않은 것은?

㉮ 도면 신축량 측정의 기준선이다.
㉯ 인접 도면과의 접합 기준선이 된다.
㉰ 도북 방위선의 표시에 해당한다.
㉱ 면적의 통계에 이용된다.

08 다음 중 현존하는 우리나라 지적자료 중 가장 오래된 것은?

㉮ 신라장적 ㉯ 경자양안
㉰ 광무양안 ㉱ 결수연명부

정답 01 ㉰ 02 ㉮ 03 ㉰ 04 ㉰ 05 ㉰ 06 ㉮ 07 ㉱ 08 ㉮

09 토지거래의 안전을 도모하여 토지의 소유권 보호를 주요 목적으로 하는 것으로 소유지적이라고도 하는 지적제도는?

㉮ 세지적 ㉯ 법지적

㉰ 다목적지적 ㉱ 토지정보시스템

10 다음 중 1단지마다 하나의 본번을 부여하고 단지 내 필지마다 부번을 부여하는 방법으로, 토지구획 및 농지개량사업시행지역등의 지번설정에 적합한 것은?

㉮ 선별식 ㉯ 사행식

㉰ 단지식 ㉱ 기우식

11 임야조사사업 당시 임야대장에 등록된 정(町), 단(段), 무(畝), 보(步)의 면적을 평으로 환산한 값이 틀린 것은?

㉮ 1정(町) = 3000평 ㉯ 1단(段) = 300평

㉰ 1무(畝) = 30평 ㉱ 1보(步) = 3평

12 의상경계책(疑上境界策)을 통하여 양전법이 방량법과 어린도법으로 개정되어야 한다고 주장한 조선시대의 학자는?

㉮ 서유구 ㉯ 정약용 ㉰ 이기 ㉱ 유길준

13 다음 중 두문자(頭文字) 표기방식의 지목이 아닌 것은?

㉮ 공장용지 ㉯ 광천지

㉰ 양어장 ㉱ 과수원

14 다음 중 조선지세령(朝鮮地稅令)에 관한 내용으로 옳지 않은 것은?

㉮ 1943년에 제정 · 공포되어 조선총독부 시대에 시행되었다.

㉯ 지적에 관한 사항과 지세에 관한 사항을 동시에 규정하였다.

㉰ 조선임야조사령이 제정되기 전까지 과도적으로 적용되었다.

㉱ 전문 7장과 부칙을 포함한 95개 조문으로 되어 있다.

15 다음 중 지적제도의 분류에서 등록대상에 따른 분류에 해당하는 것은?

㉮ 세지적 ㉯ 수치지적

㉰ 3차원지적 ㉱ 소극적지적

16 1807년에 나폴레옹이 지적법을 발효시키고 대단지 내의 필지에 대한 조사를 위하여 발족된 위원회에서 프랑스 전 국토에 대하여 시행한 세부 사업에 해당되지 않는 것은?

㉮ 소유자 조사

㉯ 필지측량 실시

㉰ 필지별 생산량 조사

㉱ 축척 1/5,000 지형도 조사

17 토지등록의 편성방법에 해당되지 않는 것은?

㉮ 물적 편성주의 ㉯ 인적 편성주의

㉰ 법률적 편성주의 ㉱ 연대적편성주의

18 다음 중 아래와 관련 있는 일필지의 경계설정기준에 관한 설명에 해당하는 것은?

• 점유자는 소유의 의사로 선의, 평온 및 공연하게 점유한 것으로 추정한다(우리나라 민법).

정답 09 ㉯ 10 ㉰ 11 ㉱ 12 ㉮ 13 ㉮ 14 ㉰ 15 ㉰ 16 ㉱ 17 ㉰ 18 ㉯

- 경계쟁의의 경우에 있어서 정당한 경계가 알려지지 않을 때에는 점유상태로서 경계의 표준으로 한다(독일 민법).

㉮ 경계가 불분명하고 점유형태를 확정할 수 없을 때 분쟁지를 물리적으로 평분하여 쌍방의 토지에 소유시킨다.
㉯ 현재의 소유자가 각자 점유하고 있는 지역이 명확한 1개의 선으로 구분되어 있을 때 이 선을 경계로 한다.
㉰ 새로이 결정하는 경계가 다른 확실한 자료와 비교하여 공평, 합당하지 못할 때에는 상당한 보완을 한다.
㉱ 점유형태를 확인할 수 없을 때 먼저 등록한 소유자에게 소유시킨다.

19 다음 중 토지조사사업 당시 분쟁의 원인에 해당되지 않는 것은?
㉮ 미개간지
㉯ 토지소속의 불분명
㉰ 역둔토의 정리미비
㉱ 토지점유권 증명의 미비

20 다음 중 적극적 등록제도(Positive System)에 대한 설명으로 옳지 않은 것은?
㉮ 거래행위에 따른 토지등록은 사유재산 양도증서의 작성과 거래증서의 등록으로 구분된다.
㉯ 적극적 등록제도에서의 토지등록은 일필지의 개념으로 법적인 권리 보장이 인정된다.
㉰ 적극적 등록제도의 발달된 형태로 유명한 것은 토렌스 시스템(Torrens System)이 있다.
㉱ 지적공부에 등록되지 아니한 토지는 그 토지에 대한 어떠한 권리도 인정되지 않는다는 이론이 지배적이다.

정답 19 ㉱ 20 ㉮

02 2009년도 기출문제

01 다음 중 일필지의 경계설정방법이 아닌 것은?

㉮ 점유설 ㉯ 평분설

㉰ 보완설 ㉱ 분급설

02 다음 중 지적국정주의에 대한 설명으로 가장 옳은 것은?

㉮ 토지소유권의 변동에 등기하여야만 효력이 있다.

㉯ 지적공부의 등록사항은 국민 모두가 알 수 있도록 공시하여야 한다.

㉰ 지적공부에 등록하는 사항은 국가만이 결정할 수 있다.

㉱ 새로이 지적공부에 등록하는 사항은 소관청이 적법성과 사실관계를 심사하여 지적공부에 등록한다.

03 다음 중 우리나라의 지적제도와 등기제도에 대한 내용이 모두 옳은 것은?

〈구분〉	〈지적제도〉	〈등기제도〉
① 편제방법	물적 편성주의	인적 평성주의
② 심사방법	형식적 심사주의	실질적심사주의
③ 공신력	불인정	인정
④ 토지제도 기능	토지에 대한 물리적 현황의 등록고시	토지에 대한 법적 권리관계의 공시

㉮ ① ㉯ ② ㉰ ③ ㉱ ④

04 경계의 표시방법에 따른 지적제도의 분류가 옳은 것은?

㉮ 세지적, 법지적, 다목적지적

㉯ 2차원지적, 3차원지적

㉰ 수평지적, 입체지적

㉱ 도해지적, 수치지적

05 토지조사사업 당시 사정에 대한 재결기관은?

㉮ 지방토지조사위원회

㉯ 도지사

㉰ 임시토지조사국장

㉱ 고등토지조사위원회

06 신라의 토지측량에 사용된 구장산술의 방전장 내용에 속하지 않는 토지형태는?

㉮ 직전 ㉯ 양전

㉰ 환전 ㉱ 구고전

07 이기가 해학유서에 수등이척제에 대한 개선으로 주장한 제도로서, 전지(田地)를 측량할 때 정방형의 눈들을 가진 그물을 사용하여 면적을 산출하는 방법은?

㉮ 일자오결제 ㉯ 망척제

㉰ 결부제 ㉱ 방전제

08 토지조사사업 당시 지목 중 면세지에 해당되지 않는 것은?

㉮ 사사지 ㉯ 분묘지

정답 01 ㉱ 02 ㉰ 03 ㉱ 04 ㉱ 05 ㉱ 06 ㉯ 07 ㉯ 08 ㉱

㉰ 철도용지 ㉱ 수도선로

09 다음 중 오늘날의 등기와 동일한 효력을 가진 증서가 아닌 것은?
㉮ 입안(立案) ㉯ 문기(文記)
㉰ 지계(地契) ㉱ 토지가옥증명

10 다음 중 근세 유럽 지적제도의 효시로서, 근대적 지적제도가 가장 빨리 도입한 나라는?
㉮ 네덜란드 ㉯ 일본
㉰ 대만 ㉱ 프랑스

11 특별한 기준을 두지 않고 당사자의 신청순서에 따라 토지등록부를 편성하는 방법은?
㉮ 물적 편성주의
㉯ 인적편성주의
㉰ 연대적편성주의
㉱ 인적 · 물적 편성주의

12 다음 중 토지조사사업 당시 별필(別筆)로 하였던 경우에 해당하지 않는 것은?
㉮ 분쟁지로서 명확한 경계나 권리 한계가 불분명한 것
㉯ 도로, 하천, 구거 등에 의하여 자연으로 구획된 것
㉰ 전당권 설정의 증명이 있는 경우 그 증명마다 별필로 취급한 것
㉱ 조선총독부가 지정한 개인 소유의 공공토지

13 일제 강점기의 간주지적도에 등록된 토지의 대장을 일반 토지대장과 별도로 작성한 것의 명칭으로 옳지 않은 것은?
㉮ 산토지대장 ㉯ 별책토지대장
㉰ 을호토지대장 ㉱ 증보토지대장

14 다음 중 토렌스 시스템의 기본이론이 아닌 것은?
㉮ 거울이론 ㉯ 보장이론
㉰ 커튼이론 ㉱ 보험이론

15 토지의 개별성 · 독립성을 인정하여 물권객체로 설정할 수 있도록 다른 토지와 구별되게 한 토지 표시 사항은?
㉮ 지번 ㉯ 지목 ㉰ 면적 ㉱ 토지등급

16 지적재조사사업의 목적으로 가장 거리가 먼 것은?
㉮ 지적불부합지 문제 해소
㉯ 지적공부의 공신력 향상
㉰ 경계복원 능력의 향상
㉱ 지적기구와 인력의 확장

17 다음 중 지적도 · 임야도의 경계와 가장 관계가 깊은 것은?
㉮ 토지소유권의 범위 ㉯ 지적 통계
㉰ 토지의 이용 ㉱ 토지의 지목

18 지적의 발생설 중 가장 중추적이며 지배적인 학설은?
㉮ 과세설 ㉯ 치수설
㉰ 지배설 ㉱ 침략설

19 신사시대의 장적문서(帳籍文書)에 대한 설명으로 옳지 않은 것은?

정답 09 ㉯ 10 ㉱ 11 ㉰ 12 ㉱ 13 ㉱ 14 ㉯ 15 ㉮ 16 ㉱ 17 ㉮ 18 ㉰ 19 ㉰

㉮ 현 · 촌명 및 촌락의 영역과 토지의 종목 · 면적 등이 기록되어 있다.
㉯ 뽕나무, 백자목(柏子木), 추자목(楸子木) 등의 수량이 기록되어 있다.
㉰ 우리나라의 지적기록 중 가장 오래된 자료이지만 현존하지 않는다.
㉱ 장적문서의 기록에 남아 있는 지역은 지금의 청주지방인 서원경 부근의 4개 촌락이다.

20 다음 지적측량의 행정적 효력 중 지적공부에 유효하게 등록된 표시사항은 일정한 기간이 경과된 후 그 상대방이나 이해관계인이 그 효력을 다툴 수 없으며, 소관청 자체도 특별한 사유가 있는 경우를 제외하고 그 성과를 변경할 수 없는 처분행위의 효력은?

㉮ 구속력 ㉯ 확정력
㉰ 강제력 ㉱ 추정력

정답 20 ㉯

03 2009년도 기출문제

01 지세징수를 위하여 이동지 정리를 끝낸 토지대장 중에서 민유과세지만을 뽑아 각 면마다 지번을 통하여 소유자별로 연기(連記)한 후 이것을 합산한 공부는?

㉮ 별책토지대장 ㉯ 결수연명부
㉰ 지세명기장 ㉱ 실지조사부

02 토지조사사업에서 측량에 관계되는 사항을 구분한 7가지 항목에 해당하지 않는 것은?

㉮ 삼각측량 ㉯ 천문측량
㉰ 지형측량 ㉱ 이동지측량

03 가계제도와 지계제도에 대한 설명으로 옳지 않은 것은?

㉮ 가계제도는 조선시대의 입안제도에 비하여 비교적 간편하였다.
㉯ 지계제도는 토지조사의 미비와 국민의 인식 부족으로 일부지역에서 실시하다가 중지되었다.
㉰ 지계제도가 가계제도보다 앞서 시행되었다.
㉱ 가계제도는 근대적 공시제도라고 할 수 있는 새로운 토지가옥증명제도의 시행으로 중시되었다.

04 지적공부의 등록사항인 지번의 역할과 관계가 적은 것은?

㉮ 토지의 위치 추측
㉯ 토지의 규모 추측
㉰ 토지거래의 단위 표상
㉱ 필지수의 추측

05 다음 중 소극적 등록제도에 대한 설명에 해당하는 것은?

㉮ 토지의 등록은 신청에 의한다.
㉯ 토지등록의 효력이 정부에 의해 보장된다.
㉰ 국가가 직권으로 조사하여 등록한다.
㉱ 선의의 제3자에 대하여도 법적으로 보호된다.

06 수등이척제에 대한 개선으로 망척제를 주장한 학자는?

㉮ 이기 ㉯ 정약용
㉰ 정약전 ㉱ 서유구

07 임야조사사업의 특징에 대한 설명이 옳지 않은 것은?

㉮ 임야는 토지에 비하여 경제적 가치가 높지 않아 분쟁이 적었다.
㉯ 면적이 넓어 많은 예산을 투입하여 사업을 완성하였다.
㉰ 토지조사사업에 비해 적은 인원으로 업무를 수행하였다.
㉱ 토지조사사업을 시행하면서 축적된 기술을 이용하여 사업을 완성하였다.

정답 01 ㉰ 02 ㉯ 03 ㉰ 04 ㉯ 05 ㉮ 06 ㉮ 07 ㉯

08 토지조사사업 당시 토지의 사정에 대하여 불복이 있는 경우 이의 재결기관은?

㉮ 임시토지조사국장
㉯ 지방토지조사위원회
㉰ 도지사
㉱ 고등토지조사위원회

09 다목적지적의 기본 구성요소와 가장 거리가 먼 것은?

㉮ 측지기본망 ㉯ 기본도
㉰ 지적도 ㉱ 토지권리도

10 다음 세지적에 대한 설명 중 옳지 않은 것은?

㉮ 세지적에서의 일반적인 등록사항은 토지의 표시로서 토지소재, 지번, 지목, 면적, 경계와 토지소유자, 가격, 건물 등이 포함된다.
㉯ 세지적은 다른 어느 법적제도에 비하여 고도의 정확성을 가진 지적측량을 요구한다.
㉰ 기본적으로 일필지의 단위는 토지소유자별 법적 개념보다는 경작단위 면적이 주가 되었다.
㉱ 부동산의 크기를 조사측량하고 가격을 평가하여 과세자료로 이용하기 위한 것이 주된 목적이다.

11 대한제국시대에 양전사업을 위해 설치된 최초의 독립된 지적행정관청은?

㉮ 양지아문 ㉯ 지계아문
㉰ 탁지부 ㉱ 임시재산정리국

12 다음의 설명에서 (　　)에 들어갈 알맞은 명칭은?

> 지역선은 토지조사사업 당시 소유자는 같으나 지목이 다른 관계로 별필의 토지경계선과 소유자를 알 수 없는 토지와의 구획선, 토지조사 시행지와 미시행지와의 경계선을 말하나 토지조사 시행지와 미시행지와의 경계선은 별도로 (　　)이라고도 불렀다.

㉮ 지계선 ㉯ 강계선
㉰ 지구선 ㉱ 구역선

13 현대지적의 원리 중 지적행정을 수행함에 있어 국민의사의 우월적 가치가 인정되며, 국민에 대한 충실한 봉사, 국민에 대한 행정책임 등의 확보를 목적으로 하는 것은?

㉮ 민주성의 원리 ㉯ 공기능성의 원리
㉰ 정확성의 원리 ㉱ 능률성의 원리

14 경계불가분의 원칙에 대한 설명과 가장 거리가 먼 것은?

㉮ 경계는 위치와 길이만 있고 너비는 없다.
㉯ 경계는 인접 토지에 공통으로 작용한다.
㉰ 필지 사이의 경계는 분리할 수 없다.
㉱ 동일한 경계가 축척이 다른 도면에 각각 등록된 경우 둘 중 하나의 경계만을 최종경계로 결정한다.

15 지적의 분류 중 등록대상에 의한 분류가 아닌 것은?

㉮ 도해지적 ㉯ 2차원지적
㉰ 3차원지적 ㉱ 입체지적

정답 08 ㉱ 09 ㉱ 10 ㉯ 11 ㉮ 12 ㉮ 13 ㉮ 14 ㉱ 15 ㉮

16 토렌스 시스템의 기본 이론 중 '토지권리증서의 등록은 토지의 거래사실을 이론의 여지없이 완벽하게 반영한다.'는 원칙을 말하는 것은?

㉮ 사전이론 ㉯ 커튼이론
㉰ 보험이론 ㉱ 거울이론

17 지번의 부여방법 중 사행식에 대한 설명으로 옳지 않은 것은?

㉮ 우리나라 지번의 대부분이 사행식에 의하여 부여되었다.
㉯ 필지의 배열이 불규칙한 지역에서 많이 사용된다.
㉰ 도로를 중심으로 한 쪽은 홀수로 다른 쪽은 짝수로 부여한다.
㉱ 각 토지의 순서를 빠짐없이 따라가기 때문에 뱀이 기어가는 형상이 된다.

18 다음 중 수치지적이 갖는 특징에 해당하지 않는 것은?

㉮ 도해지적보다 정밀하게 경계를 등록할 수 있다.
㉯ 활용도가 높다.
㉰ 지적전산화를 가능하게 한다.
㉱ 기하학적으로 폐합된 다각형의 형태로 표시하여 등록한다.

19 토지등록에 있어서 개개의 토지를 중심으로 등록부를 편성하는 것으로, 하나의 토지에 하나의 등기 용지를 두는 방식은?

㉮ 물적 편성주의 ㉯ 인적 편성주의
㉰ 연대적 편성주의 ㉱ 물적 · 인적 편성주의

20 다음 중 일반적인 지적불부합지의 유형이 아닌 것은?

㉮ 공백형 ㉯ 불규칙형
㉰ 중복형 ㉱ 단순형

정답 16 ㉱ 17 ㉰ 18 ㉱ 19 ㉮ 20 ㉱

01 2010년도 기출문제

01 다음 지적불부합지의 유형 중 대단위 지역의 이동측량시 발생한 측판점 위치결정의 오류로 인해 발생하는 것은?

㉮ 중복형　　㉯ 편위형
㉰ 공백형　　㉱ 불규칙형

02 우리나라에서 '지적'이라는 용어를 처음으로 사용한 것은?

㉮ 내부관제
㉯ 탁지부관제
㉰ 양지아문직원급처무규정
㉱ 지계아문직원급처무규정
※ 지적이란 용어를 최초로 사용한 것은 일성록(日省錄)에 수록된 1878년 8월에 작성한 함경감사 김세균의 보고문임.

03 다음 중 부여의 행정구역제도로서 국도를 중심으로 영토를 사방으로 구획하는 토지구획 방법은 무엇인가?

㉮ 사출도　　㉯ 사표도
㉰ 계면도　　㉱ 휴도

04 다음 중 토지조사사업 당시 사정을 하기에 앞선 절차는 무엇이었는가?

㉮ 조선총독부의 심의
㉯ 지방토지위원회의 자문
㉰ 토지조사부의 심의
㉱ 중앙토지위원회의 자문

05 토지조사사업 당시 토지대장은 1동 · 리마다 조제하되 약 몇 매를 1책으로 하였는가?

㉮ 약 200매　　㉯ 약 300매
㉰ 약 400매　　㉱ 약 500매

06 다음 중 토지조사사업에서 사정을 통하여 법정으로 확정하였던 사항으로 옳은 것은?

㉮ 소유자와 경계　　㉯ 토지소재와 지번
㉰ 지번과 지목　　㉱ 경계와 면적

07 다음 중 신라시대에 시행한 토지측량 방식으로서 토지를 여러 형태로 구분하여 측량 하였던 것은?

㉮ 경무법　　㉯ 산학박사
㉰ 결부제　　㉱ 구장산술

08 지적불부합지가 미치는 영향을 사회적, 행정적으로 구분할 때, 다음 중 사회적 영향과 가장 거리가 먼 것은?

㉮ 토지거래질서의 문란
㉯ 주민의 권리행사 지장
㉰ 권리실체인정의 부실
㉱ 토지이동정리의 정지

09 다음 중 물권의 객체로서 토지의 표시사항을 외부에서 인식할 수 있도록 하는 지적제도의 일반원칙은?

㉮ 증명의 원칙　　㉯ 공신의 원칙

정답 01 ㉯ 02 ㉮ 03 ㉮ 04 ㉯ 05 ㉮ 06 ㉮ 07 ㉱ 08 ㉱ 09 ㉰

㉰ 공시의 원칙　　㉱ 신청의 원칙

10 다음 중 적극적 등록제도에 대한 설명으로 옳지 않은 것은?

㉮ 선의의 제3자를 토지등록상의 문제로 인한 피해로부터 보호하기 위한 제도는 마련되어 있지 않다.

㉯ 지적공부에 등록되지 아니한 토지는 어떠한 권리도 인정받지 못한다.

㉰ 적극적 등록제도의 발달된 형태로 토렌스 시스템(Torrens System)이 유명하다.

㉱ 등록은 일필지의 개념으로 법적인 권리보장이 인증된다.

11 다음 중 구한국 정부에서 문란한 토지제도를 바로잡기 위하여 시행하였던 근대적 공시제도의 과도기적 제도는?

㉮ 입안제도　　㉯ 양안제도

㉰ 지권제도　　㉱ 등기제도

12 간주지적도에 등록하는 토지대장의 명칭이 아닌 것은?

㉮ 산 토지대장　　㉯ 을호 토지대장

㉰ 민유 토지대장　　㉱ 별책 토지대장

13 다음 중 물권객체로서 다른 토지와의 구분을 표상하는 토지 표시 사항은?

㉮ 토지소재　　㉯ 지번

㉰ 지목　　㉱ 경계 또는 좌표

14 토지조사사업에서 지목은 모두 몇 종류로 구분하였는가?

㉮ 15종　㉯ 18종　㉰ 21종　㉱ 24종

15 다음 중 입안을 받지 않은 매매계약서를 무엇이라 하였는가?

㉮ 결연매매　　㉯ 지세명기

㉰ 휴도　　㉱ 백문매매

16 다음 중 임야조사사업 당시 도지사가 사정한 임야경계의 구획선을 무엇이라 하였는가?

㉮ 지세선　　㉯ 경계선

㉰ 지역선　　㉱ 묘유선

17 다음 중 토렌스 시스템의 기본원리에 해당하지 않는 것은 ?

㉮ 거울이론　　㉯ 거래이론

㉰ 커튼이론　　㉱ 보험이론

18 다음 중 경국대전에 근거하여 토지를 매매할 때 소유권 이전에 관하여 증명한 소유권 증서와 같은 문서는?

㉮ 양안(量案)　　㉯ 입안(立案)

㉰ 명문(明文)　　㉱ 문기(文記)

19 다음 중 지적법이 제정되기까지의 순서를 옳게 나열한 것은?

㉮ 토지조사법 → 토지조사령 → 지세령 → 조선지세령 → 조선임야조사령 → 지적법

㉯ 토지조사법 → 지세령 → 토지조사령 → 조선지세령 → 조선임야조사령 → 지적법

㉰ 토지조사법 → 토지조사령 → 지세령 → 조선임야조사령 → 조선지세령 → 지적법

㉱ 토지조사법 → 지세령 → 조선임야조사령 →

정답 10 ㉮ 11 ㉰ 12 ㉰ 13 ㉯ 14 ㉯ 15 ㉱ 16 ㉯ 17 ㉯ 18 ㉯ 19 ㉰

토지조사령 → 조선지세령 → 지적법

20 다음 중 토지조사사업의 특징으로 옳지 않은 것은?

㉮ 지적의 교육에 주력하였다.

㉯ 사업의 조사, 준비, 홍보에 철저를 기하였다.

㉰ 역둔토 등을 사유화하여 토지소유권을 인정하였다.

㉱ 도로, 하천, 구거 등을 토지조사사업에서 제외하였다.

정답 20 ㉰

02 2010년도 기출문제

01 다음 중 지번(地番)의 역할과 가장 거리가 먼 것은?

㉮ 토지 위치 추측
㉯ 물권 객체의 구분
㉰ 등록 공시 단위의 표상
㉱ 토지 규모 추측

02 다음 중 지권(地券)을 발행한 이유로 가장 적합한 것은?

㉮ 토지소유의 보호
㉯ 토지거래 문란의 방지
㉰ 토지등급의 설정
㉱ 관의 공적 소유권 보장

03 다음 중 토지대장의 일반적인 편성방법이 아닌 것은?

㉮ 물적 편성주의
㉯ 인적 편성주의
㉰ 연대적 편성주의
㉱ 구역별 편성주의

04 토지조사사업 당시 재결기관으로 옳은 것은?

㉮ 임시토지조사국
㉯ 고등토지조사위원회
㉰ 부와 면
㉱ 임야심사위원회

05 다음 중 아래와 같은 특징을 갖는 지적제도를 시행한 시대는?

- 토지대장은 양전도장, 양전장적, 전적 등 다양한 명칭으로 호칭되었다.
- 과전법의 실시와 함께 자호제도가 창설되어 정단위로 자호를 붙여 대장에 기록하였다.
- 수등이척제를 측량의 척도로 사용하였다.

㉮ 고구려 ㉯ 백제
㉰ 조선 ㉱ 고려

06 토지조사사업의 초기의 임야도 표기방식에 대한 설명으로 적절하지 않은 것은?

㉮ 임야 내 미등록 도로는 양홍색으로 표시한다.
㉯ 임야 경계와 토지 소재, 지번, 지목을 등록한다.
㉰ 모든 국유임야는 1/25,000 지형도를 임야도로 간주하여 적용한다.
㉱ 임야도 크기는 남북 1척 3촌 2리(40cm), 동서 1척 6촌 5리(50cm)다.

07 지적도나 임야도에서 도곽선의 역할로 가장 거리가 먼 것은?

㉮ 지적측량기준점 전개 시의 기준
㉯ 도곽신축 보정 시의 기준
㉰ 도면접합 시의 기준
㉱ 토지합병 시의 필지결정기준

정답 01 ㉱ 02 정답 없음 03 ㉱ 04 ㉯ 05 ㉱ 06 ㉰ 07 ㉱

08 조선시대 매매에 따른 일종의 공증제도로 토지를 매매할 때 소유권 이전에 관하여 관에서 공적으로 증명하여 발급한 서류는?

㉮ 명문(明文) ㉯ 문권(文券)
㉰ 입안(立案) ㉱ 문기(文記)

09 지적공부에 등록하는 경계의 특성으로서 다음 중 경계 불가분의 원칙이 적용되는 가장 타당한 이유는 무엇인가?

㉮ 경계의 중앙을 선택하는 것을 원칙으로 하기 때문이다.
㉯ 경계는 경계점들을 직선으로 연결한 것이기 때문이다.
㉰ 경계는 위치와 길이만 존재할 뿐 너비가 없기 때문이다.
㉱ 경계는 설치자의 소속을 구분해 주는 것이기 때문이다.

10 지적공부의 등록사항을 공시하는 방법으로 적절하지 않은 것은?

㉮ 지적공부를 직접 열람하거나 등본에 의하여 외부에서 알 수 있는 것
㉯ 지적공부에 등록된 토지 표시 사항을 등기부에 기록된 내용에 의하여 정정하는 것
㉰ 지적공부에 등록된 경계를 지상에 복원하는 것
㉱ 지적공부에 등록된 사항과 현상 상황이 맞지 않을 때 현장 상황에 따라 변경 등록하는 것

11 다음 중 토렌스 시스템의 커튼이론(Curtain Principle)에 대한 설명으로 가장 옳은 것은?

㉮ 토지등록 업무는 매입 신청자를 위한 유일한 정보의 기초이다.
㉯ 토지등록이 토지의 권리 관계를 완전하게 반영한다.
㉰ 선의의 제3자에게는 보험 효과를 갖는다.
㉱ 사실심사 시 권리의 진실성에 직접 관여하여야 한다.

12 다음 중 지적의 기본이념에 해당하는 것은?

㉮ 국정주의 ㉯ 참고주의
㉰ 공신주의 ㉱ 해설주의

13 다음 중 도해지적에 대한 설명으로 옳지 않은 것은?

㉮ 경계를 표시하는 방법에 따른 분류에 해당한다.
㉯ 토지경계의 효력을 도면에 등록된 경계에만 의존한다.
㉰ 토지경계가 지상보다 도상에 명백히 나타나 있어 경계분쟁의 소지가 적은 지역에 적합하다.
㉱ 토지 형상에서 경계선이 비교적 직선이며 굴곡점이 적고 면적이 넓어 정밀도를 높이기 위한 경우에 적합하다.

14 다음 중 양안에 기재된 사항에 해당하지 않은 것은?

㉮ 신구 토지 소유자
㉯ 토지 소재, 지번, 면적
㉰ 측량 순서, 토지 등급
㉱ 토지모양(四標)

정답 08 ㉰ 09 ㉰ 10 ㉯ 11 ㉮ 12 ㉮ 13 ㉱ 14 ㉮

15 근대 유럽 지적제도의 효시를 이루는 데 공헌한 국가는?

㉮ 독일 ㉯ 네덜란드

㉰ 스위스 ㉱ 프랑스

16 양전개정론을 주장한 학자와 그 저서의 연결이 옳은 것은?

㉮ 서유구 – 목민심서

㉯ 이기 – 해학유서

㉰ 정약용 – 경국대전

㉱ 김정호 – 속대전

17 다음 중 현대 지적의 성격과 거리가 먼 것은?

㉮ 역사성과 영구성

㉯ 전문성과 기술성

㉰ 가변성과 비밀성

㉱ 서비스성과 윤리성

18 다음 중 우리나라에서 가장 먼저 시행된 토지측량의 면적 계산 방법은?

㉮ 정전제(井田制) ㉯ 결부법(結負法)

㉰ 두락제(斗落制) ㉱ 경무법(頃畝法)

19 다음 중 토지조사사업에서 별필로 취급한 경우가 아닌 것은?

㉮ 특히 면적이 광대한 경우

㉯ 분쟁에 걸린 경우

㉰ 소유권증명을 거치지 않은 토지의 증명번호마다의 경우

㉱ 지반의 고저가 심하게 차이나는 경우

20 다음 중 임야조사사업에 대한 설명으로 옳지 않은 것은?

㉮ 토지조사사업에서 제외된 임야를 대상으로 하였다.

㉯ 임야 내에 개재된 임야 이외의 토지를 대상으로 하였다.

㉰ 농경지 사이에 있는 5만평 이하의 낙산임야를 대상으로 하였다.

㉱ 1916년 시험조사로부터 1924년까지 시행하였다.

정답 15 ㉱ 16 ㉯ 17 ㉰ 18 ㉮ 19 ㉰ 20 ㉰

03 2010년도 기출문제

01 다음 중 지적공개주의를 실현하는 방법으로 옳지 않은 것은?

㉮ 지적공부에 등록된 사항을 실지에 복원하여 결정된 사항을 실지에 공시하는 방법
㉯ 지적공부의 등록된 사항과 실지사항이 불일치할 경우 실지상황에 따라 변경 등록하는 방법
㉰ 지적공부를 직접 열람하거나 등본에 의하여 외부에서 알 수 있도록 하는 방법
㉱ 등록사항에 대하여 소유자의 신청이 없는 경우 국가가 직권으로 이를 조사 또는 측량하여 결정하는 방법

02 다음 중 결수연명부에 관한 설명으로 옳은 것은?

㉮ 강계(疆界) 지역을 조사하여 등록한 장부
㉯ 소유권의 분계(分界)를 확정하는 대장
㉰ 지반의 고저가 있는 토지를 정리한 장부
㉱ 지세대장을 겸하여 토지조사준비를 위해 만든 과세부

03 다음 중 토지의 사정(査定)에 대한 설명으로 옳지 않은 것은?

㉮ 토지소유자와 강계를 확정하는 행정처분이다.
㉯ 토지조사사업 당시 사정권자는 임시토지조사국장이다.
㉰ 대법원에서는 사정된 사항을 무효로 할 수 있었다.
㉱ 사정 사항에 재결을 받은 때의 효력발생은 재결일로 소급하였다.

04 다음 중 토지등록제도의 유형에 포함되지 않는 것은?

㉮ 날인증서 등록제도
㉯ 적극적 등록제도
㉰ 소극적 등록제도
㉱ 임시 등록제도

05 다음 중 전지(田地)를 측량할 때 정방형의 눈들을 가진 그물을 사용하여 전지가 그물 속에 들어온 그물눈을 계산하여 면적을 산출하는 방법은?

㉮ 방전제 ㉯ 망척제
㉰ 방량제 ㉱ 결부제

06 다음 중 토렌스 시스템의 기본이론인 거울이론에 대한 설명으로 옳은 것은?

㉮ 토지권리증서의 등록은 토지의 거래 사실을 완벽하게 반영한다.
㉯ 토지등록부는 매입신청자를 위한 유일한 정보의 기초다.
㉰ 선의의 제3자는 토지의 권리자와 동등한 입장에 놓여야 한다.
㉱ 토지권리에 대한 사실 심사 시 권리의 진실성에 직접 관여하여야 한다.

정답 01 ㉱ 02 ㉱ 03 ㉰ 04 ㉱ 05 ㉯ 06 ㉮

07 다음 중 우리나라 토지소유권 보장제도의 변천 순서가 바르게 나열된 것은?

㉮ 입안제도 – 지계제도 – 증명제도
㉯ 입안제도 – 증명제도 – 지계제도
㉰ 증명제도 – 지계제도 – 입안제도
㉱ 지계제도 – 증명제도 – 입안제도

08 간주지적도에 등록된 토지는 토지대장과는 별도로 대장을 작성하였다. 다음 중 그 명칭에 해당하지 않는 것은?

㉮ 산토지대장 ㉯ 별책토지대장
㉰ 임야토지대장 ㉱ 을호토지대장

09 다음 중 토지거래의 안전을 도모하며 토지의 소유권 보호를 주요 목적으로 하는 것으로 소유지적이라고도 하는 것은?

㉮ 세지적 ㉯ 법지적
㉰ 다목적지적 ㉱ 토지정보시스템

10 다음 중 두문자(頭文字) 표기방식의 지목이 아닌 것은?

㉮ 사적지 ㉯ 양어장
㉰ 과수원 ㉱ 유원지

11 다음 중 최초로 부동산(토지) 등기부를 작성할 때 등기내용을 확인하는 기초 장부로 사용하였던 것은?

㉮ 토지조사부 ㉯ 재결조서
㉰ 토지가옥증명부 ㉱ 토지대장

12 다음 중 조선시대의 경국대전에 명시된 토지등록제도는?

㉮ 공전제도 ㉯ 사전제도
㉰ 정전제도 ㉱ 양전제도

13 다음 중 지적이란 2000년 전의 라틴어 카타스트럼(Catastrum)에서 그 근원이 유래되었다고 주장한 학자는?

㉮ Blondheim ㉯ Ilmoor D.
㉰ J. McEntyre ㉱ Cledat

14 다음 중 지적의 형식주의에 대한 설명으로 옳은 것은?

㉮ 국가의 통치권이 미치는 모든 영토를 필지 단위로 구획하여 지적공부에 등록, 그시하여야만 배타적인 소유권이 인정된다.
㉯ 지적공부에 등록된 사항을 일반 국민에게 공개하여 정당하게 이용할 수 있도록 하여야 한다.
㉰ 지적공부에 새로이 등록하거나 변경된 사항은 사실 관계의 부합 여부를 심사하여 등록하여야 한다.
㉱ 지적공부에 등록할 사항은 국가의 공권력에 의하여 국가만이 이를 결정할 수 있다.

15 다음 중 우리나라 지적법의 변천 과정을 옳게 나열한 것은?

① 토지조사령 ② 조선임야조사령
③ 토지조사법 ④ 조선지세령
⑤ 지적법 ⑥ 지세령

㉮ ④ → ② → ① → ③ → ⑥ → ⑤

정답 07 ㉮ 08 ㉰ 09 ㉯ 10 ㉱ 11 ㉱ 12 ㉱ 13 ㉰ 14 ㉮ 15 ㉱

㉯ ③ → ⑥ → ① → ④ → ② → ⑤

㉰ ④ → ② → ⑥ → ③ → ① → ⑤

㉱ ③ → ① → ⑥ → ② → ④ → ⑤

16 다음 중 토지조사사업 당시의 재결기관으로 옳은 것은?

㉮ 지방토지조사위원회

㉯ 임시토지조사국장

㉰ 고등토지조사위원회

㉱ 도지사

17 다음 중 1단지마다 하나의 본번을 부여하여 단지 내 필지마다 부번을 부여하는 방법으로, 토지구획 및 농지개량사업시행지역등의 지번 설정에 적합한 것은?

㉮ 선별식　　㉯ 사행식

㉰ 단지식　　㉱ 기우식

18 다음 중 일반적인 지목의 설정원칙에 해당하지 않는 것은?

㉮ 일시변경불변의 원칙

㉯ 지목변경불변의 원칙

㉰ 사용목적추종의 원칙

㉱ 주지목추종의 원칙

19 다음 중 대한제국시대에 3편(片)으로 발급한 관계(官契)를 보존하는 기관(사람)에 해당하지 않는 것은?

㉮ 본아문　　㉯ 소유자

㉰ 지방관청　　㉱ 탁지부

20 다음 중 수치지적에 비하여 도해지적이 갖는 단점으로 가장 거리가 먼 것은?

㉮ 축척의 크기에 따라 허용오차가 다르다.

㉯ 도면의 신축방지가 어렵다.

㉰ 비교적 고도의 기술을 요구한다.

㉱ 작업상 인위적인 오차가 발생할 수 있다.

정답 16 ㉰ 17 ㉰ 18 ㉯ 19 ㉱ 20 ㉰

01 2011년도 기출문제

01 다음 중 양전개정론을 주장한 학자가 아닌 경우는?

㉮ 정약용 ㉯ 이기
㉰ 서유구 ㉱ 유길준

02 다음 중 임야조사사업 당시의 사정(査定)기관으로 옳은 것은?

㉮ 임시토지조사국장
㉯ 도시자
㉰ 임야조사위원회
㉱ 읍, 면장

03 다음 중 지적제도의 특성으로 가장 거리가 먼 것은?

㉮ 지역성 ㉯ 전문성
㉰ 정확성 ㉱ 윤리성

04 다음 중 토지조사사업 당시 확정된 소유자가 다른 토지간의 사정된 경계선을 무엇이라 하였는가?

㉮ 수사선 ㉯ 강계선
㉰ 지압선 ㉱ 도곽선

05 다음 지번의 부번 방법 중 진행방법에 의한 분류에 해당하지 않는 것은?

㉮ 사행식법 ㉯ 기우식법
㉰ 단지식법 ㉱ 도엽단위법

06 다음 중 조선시대의 양안(量案)에 관한 설명으로 옳지 않은 것은?

㉮ 호조, 본도, 본읍에 보관하게 하였다.
㉯ 오늘날의 토지대장과 같은 조선시대의 토지 등록장부이다.
㉰ 양안의 소유자는 매 10년마다 측량하여 등재하였다.
㉱ 토지의 소재, 등급, 면적을 기록하였다.

07 다음 중 토지조사사업 당시 일부 지목에 대하여 지번을 부여하지 않았던 이유로 가장 옳은 것은?

㉮ 소유자 확인 불명
㉯ 측량조사 작업의 어려움
㉰ 경계선의 구분 곤란
㉱ 과세적 가치의 희소

08 다음 중 경계불가분의 원칙에 관한 설명으로 옳은 것은?

㉮ 토지의 경계는 인접 토지에 공통으로 작용한다.
㉯ 같은 토지에 2개 이상의 경계가 있을 수 있다.
㉰ 3개의 단위 토지 간을 구획하는 선이다.
㉱ 토지의 경계는 위치, 길이, 넓이가 있다.

09 다음 중 등록의무에 따른 지적제도의 분류에 해당하는 것은?

정답 01 ㉱ 02 ㉯ 03 ㉮ 04 ㉯ 05 ㉱ 06 ㉰ 07 ㉱ 08 ㉮

㉮ 2차원지적　　㉯ 도해지적
㉰ 세지적　　㉱ 소극적지적

10 다음 중 지적국정주의에 대한 내용으로 옳지 않은 것은?

㉮ 토지의 표시방법에 대하여 통일성, 획일성, 일관성을 유지하기 위함이다.
㉯ 토지의 표시사항을 국가가 결정한다.
㉰ 소유자의 신청이 없을 경우 국가가 직권으로 이를 조사 또는 측량하여 결정한다.
㉱ 토지소유권의 변동은 등기를 해야 효력이 발생한다.

11 다음 중 고구려의 토지 면적 측정에 관한 사항으로 옳지 않은 것은?

㉮ 고구장은 측량에 따른 계산에 관한 문제를 다루었다.
㉯ 면적의 단위로 '정, 단, 무, 보'를 사용하였다.
㉰ 방전장은 주로 논이나 밭의 넓이를 계산하였다.
㉱ 토지의 면적 단위는 경무법을 사용하였다.

12 다음 중 토지의 권원을 명확히 하고 토지거래에 따른 변동사항의 정리를 용이하게 하여 권리증서의 발행을 손쉽게 하고자 창안된 토지등록제도는?

㉮ 날인등록제도　　㉯ 소극적등록제도
㉰ 토렌스 시스템　　㉱ 토지정보시스템

13 다음 중 토지조사사업의 목적으로 옳지 않은 것은?

㉮ 국유지 조사로 조선총독부의 소유 토지확보
㉯ 부동산 표시에 반드시 필요한 지번 창설
㉰ 지세 수입을 증대하기 위한 조세수입체제의 확립
㉱ 일본인의 토지 점유를 합법화하여 보장하는 법률적 제도의 확립

14 다음 중 조선시대의 양전법에 따른 전의 형태에서 직각 삼각형 모양의 전을 가리키는 것은?

㉮ 방전　　㉯ 제전
㉰ 구고전　　㉱ 규전

15 다음 중 역토(驛土)에 대한 설명으로 옳지 않은 것은?

㉮ 역토는 역참에 부속된 토지의 명칭이다.
㉯ 역토의 수입은 국고수입으로 하였다.
㉰ 역토는 주로 군수비용을 충당하기 위한 토지이다.
㉱ 조선시대 초기에 역토에는 관둔전, 공수전 등이 있다.

16 다음 중 우리나라에서 최초로 '지적'이라는 용어가 사용된 곳은?

㉮ 토지조사법　　㉯ 임야조사령
㉰ 경국대전　　㉱ 내부관제

17 다음 중 토지 등록방법인 인적편성주의에 대한 설명으로 옳은 것은?

㉮ 개개의 토지를 중심으로 등록부를 편성하는 방식이다.
㉯ 동일 소유자에게 속하는 모든 토지를 당해 소유자의 대장에 기록하는 방식이다.

정답 09 ㉱ 10 ㉱ 11 ㉯ 12 ㉰ 13 ㉯ 14 ㉰ 15 ㉰ 16 ㉱ 17 ㉯

㉰ 당사자의 신청 순서에 따라 순차적으로 등록, 편성하는 방식이다.

㉱ 2개 이상의 토지를 하나의 등기용지인 공동용지를 사용하여 등록하는 방식이다.

18 다음 중 토지조사사업에서 지번의 설정을 생략한 지목은?

㉮ 임야　　㉯ 성첩

㉰ 지소　　㉱ 잡종지

19 다음 중 근대지적의 시초로 과세지적이 대표적인 나라는?

㉮ 일본　　㉯ 독일

㉰ 프랑스　　㉱ 네덜란드

20 다음 중 토지조사사업의 일필지 조사 내용에 해당하지 않는 것은?

㉮ 지목의 조사

㉯ 임차인 조사

㉰ 경계 및 지역의 조사

㉱ 증명 및 등기필 토지의 조사

정답 18 ㉯ 19 ㉰ 20 ㉯

02 2011년도 기출문제

01 다음 중 우리나라에서 최초로 '지적'이라는 용어가 법률상에 등장한 시기로 옳은 것은?

㉮ 1895년 ㉯ 1905년
㉰ 1910년 ㉱ 1950년

02 다음 중 지적법의 변천 과정을 시기가 빠른 순서대로 옳게 나열한 것은?

㉮ 토지조사령 → 토지대장규칙 → 조선임야조사령 → 지세령 → 지적법
㉯ 토지조사법 → 토지조사령 → 조선임야조사령 → 임야대장규칙 → 지적법
㉰ 토지조사령 → 토지조사법 → 토지대장규칙 → 조선임야대장규칙 → 지적법
㉱ 지세령 → 토지조사법 → 토지대장규칙 → 조선임야조사령 → 지적법

03 다음 중 토지대장의 일반적인 편성 방법이 아닌 것은?

㉮ 물적 편성주의 ㉯ 인적 편성주의
㉰ 연대적 편성주의 ㉱ 구역별 편성주의

04 다음 중 토지조사사업의 내용에 해당하지 않는 것은?

㉮ 토지의 지형, 지모조사
㉯ 토지의 소유권 조사
㉰ 토지의 가격조사
㉱ 토지의 지질조사

05 토지조사사업 당시 확정된 소유자가 다른 토지 사이에 사정된 경계선을 무엇이라 하였는가?

㉮ 지계선 ㉯ 강계선
㉰ 구획선 ㉱ 지역선

06 1807년에 나폴레옹이 지적법을 발효시키고 대단지 내의 필지에 대한 조사를 위하여 발족된 위원회에서 프랑스 전 국토에 대하여 시행한 세부 사업에 해당하지 않는 것은?

㉮ 소유자 조사
㉯ 필지측량 실시
㉰ 필지별 생산량 조사
㉱ 축척 1/5000 지형도 작성

07 다음 중 지적의 원리에 대한 설명으로 옳지 않은 것은?

㉮ 공(公) 기능성의 원리는 지적공개주의를 말한다.
㉯ 민주성의 원리는 주민참여의 보장을 말한다.
㉰ 능률성의 원리는 중앙집권적 통제를 말한다.
㉱ 정확성의 원리는 지적불부합지의 해소를 말한다.

08 다음 중 대한제국시대에 양전사업을 위해 설치된 최초의 독립된 지적행정관청은?

㉮ 양지아문 ㉯ 지계아문
㉰ 탁지부 ㉱ 임시재산정리국

정답 01 ㉮ 02 ㉮ 03 ㉱ 04 ㉱ 05 ㉯ 06 ㉱ 07 ㉰ 08 ㉮

09 다음 중 고려의 전시과(田柴科)와 조선의 과전법 및 직전법의 효시가 된 신라시대의 토지제도는?

㉮ 정전제　　　㉯ 결부제
㉰ 역분전　　　㉱ 관료전

10 다음 중 지적의 역할과 가장 거리가 먼 것은?

㉮ 감정평가 자료　　　㉯ 공시기능
㉰ 사실관계증명　　　㉱ 소유권원의 확립

11 다음 중 도해지적에 비하여 수치지적이 갖는 특징으로 옳지 않은 것은?

㉮ 오측이 쉽게 발견된다.
㉯ 컴퓨터에 입력시켜 후속 측량에 이용할 경우 임의 축척으로 도면을 출력할 수 있다.
㉰ 정밀도가 높다.
㉱ 지표상에 복원할 때 본래 측량 당시의 정확도로 다시 재현할 수 있다.

12 다음 중 아래와 관련 있는 일필지의 경계설정 기준에 관한 설명에 해당하는 것은?

- 점유자는 소유의 의사로 선의, 평온 및 공연하게 점유한 것으로 추정한다(우리나라 민법).
- 경계쟁의의 경우에 있어서 정당한 경계가 알려지지 않을 때에는 점유상태로서 경계의 표준으로 한다(독일 민법).

㉮ 경계가 불분명하고 점유형태를 확정할 수 없을 때 분쟁지를 물리적으로 평분하여 쌍방의 토지에 소유시킨다.
㉯ 현재 소유자가 각자 점유하고 있는 지역이 명확한 1개의 선으로 구분되어 있을 때, 이 선을 경계로 한다.
㉰ 새로이 결정하는 경계가 다른 확실한 자료와 비교하여 공평, 합당하지 못할 때에는 상당한 보완을 한다.
㉱ 점유형태를 확인할 수 없을 때 먼저 등록한 소유자에게 소유시킨다.

13 다음 중 우리나라 지적제도의 원리에 해당하는 것은?

㉮ 형식적 심사주의　　　㉯ 소극적 등록주의
㉰ 직권등록주의　　　㉱ 성립 요건주의

14 토지조사사업에서 지목은 모두 몇 종류로 구분하였는가?

㉮ 15종　　　㉯ 18종
㉰ 21종　　　㉱ 24종

15 다음 중 토렌스 시스템의 기본이론에 해당하지 않는 것은?

㉮ 거울이론　　　㉯ 보장이론
㉰ 커튼이론　　　㉱ 보험이론

16 다음 중 소극적 등록제도의 설명에 해당하는 것은?

㉮ 토지의 등록은 신청에 의한다.
㉯ 토지등록의 효력이 정부에 의해 보장된다.
㉰ 국가가 직권으로 조사하여 등록한다.
㉱ 선의의 제3자에게 대하여도 법적으로 보호된다.

정답 09 ㉮ 10 ㉱ 11 ㉯ 12 ㉯ 13 ㉰ 14 ㉯ 15 ㉯ 16 ㉮

17 다음 중 임야조사사업 당시의 조사 및 측량기관은?

㉮ 부(府), 면(面) ㉯ 임야심사위원회
㉰ 임시토지조사국장 ㉱ 도지사

18 양전법 개정을 위한 새로운 양전방안으로, 정전제의 시행을 전제로 하는 방량법과 어린도법을 주장한 학자는?

㉮ 정약용 ㉯ 서유구
㉰ 이기 ㉱ 정약전

19 1970년에 공포된 지적측량사규정 시행 당시 국가공무원으로서 그 소속 관서의 지적측량 사무에 종사하는 자를 무엇이라 하였는가?

㉮ 대행측량사 ㉯ 상치측량사
㉰ 감정측량사 ㉱ 지정측량사

20 다음 토지조사사업 당시의 지목 중 면세지에 해당하지 않는 것은?

㉮ 사사지 ㉯ 분묘지
㉰ 철도용지 ㉱ 수도선로

※수도선로는 비과세지목임

정답 17 ㉮ 18 ㉮ 19 ㉯ 20 ㉱

01 2012년도 기출문제

01 다음 중 토지등록업무가 공정성과 신빙성에 관여할 필요도 없고 관여해서 안 되는 구매자를 위한 유일한 정보의 기초라고 하는 토렌스 시스템의 기본 이론은?

㉮ 거울이론 ㉯ 커튼이론
㉰ 보험이론 ㉱ 공신이론

02 조선시대의 속대전(續大典)에 따르면 양안(量案)에서 토지의 위치로서 동, 서, 남, 북의 경계를 표시한 것을 무엇이라고 하였는가?

㉮ 자번호 ㉯ 사주(四柱)
㉰ 사표(四標) ㉱ 주명(主名)

03 도로를 중심으로 한쪽은 홀수, 한쪽은 짝수로 지번을 부여하는 방법으로 교우식이라고도 하며, 시가지 지역의 지번 설정에 적합한 방법은?

㉮ 단지식 ㉯ 사행식
㉰ 기우식 ㉱ 블록식

04 다음 중 토지조사사업 당시의 재결기관은?

㉮ 고등토지조사위원회 ㉯ 도지사
㉰ 임야심사위원회 ㉱ 임시토지조사국장

05 다음 중 권원등록제도(Registration of Title)에 대한 설명으로 옳은 것은?

㉮ 토지의 이익에 영향을 미치는 문서의 공적 등기를 보전하는 제도이다.
㉯ 보험회사의 토지중개 거래제도이다.
㉰ 소유권 등록 이후에 이루어지는 거래의 유효성에 대하여 정부가 책임을 진다.
㉱ 토지소유권의 공시보호제도다.

06 다음 중 고조선시대의 토지제도로 옳은 것은?

㉮ 두락제 ㉯ 수등이척제
㉰ 과전법 ㉱ 정전제

07 다음 중 양안을 기본대장으로 하여 소유권자를 확인하는 사정 과정을 거쳐 관계를 발급하였던 기관은?

㉮ 양지아문 ㉯ 지계아문
㉰ 양전국 ㉱ 탁지부

08 다음 중 토지조사사업의 조사내용에 해당하지 않는 것은?

㉮ 지가의 조사 ㉯ 토지소유권의 조사
㉰ 지압의 조사 ㉱ 지형 · 지모의 조사

09 다음 중 토지의 등록에 있어서 개개의 토지를 중심으로 등록부를 편성하는 방법은?

㉮ 객체 편성주의 ㉯ 물적 편성주의
㉰ 레코딩 시스템 ㉱ 인적 편성주의

10 다음 중 지적도 및 임야도에 등록된 경계선과 가장 관계가 깊은 것은?

㉮ 토지 소유권의 범위 ㉯ 지적 통계
㉰ 토지의 이용 ㉱ 토지의 지목

정답 01 ㉯ 02 ㉰ 03 ㉰ 04 ㉮ 05 ㉰ 06 ㉱ 07 ㉯ 08 ㉰ 09 ㉯ 10 ㉮

11 다음 중 토지조사사업 당시 비과세지에 해당하지 않는 것은?

㉮ 도로 ㉯ 구거
㉰ 성첩 ㉱ 분묘지

12 다음 중 광무양전(光武量田)에 대한 설명으로 옳지 않은 것은?

㉮ 등급별 결부산출(結負産出) 등의 개선은 있었으나 면적을 척수(尺數)로 표준화하지 않았다.
㉯ 양무위원을 두는 외에 조사위원을 두었다.
㉰ 정확한 측량을 위하여 외국인 기사를 고용하였다.
㉱ 양안의 기재는 전답(田畓)의 도형(圖形)을 기입하게 하였다.

13 다음의 설명에 해당하는 학자는?

- 해학유서에서 망척제를 주장하였다.
- 전안을 작성하는 데는 반드시 도면과 지적이 있어야 비로소 자세하게 갖추어진 것이다.

㉮ 정약용 ㉯ 유진억 ㉰ 이기 ㉱ 서유구

14 다음의 지적제도 중 토지소유권 보호를 주목적으로 하는 것은?

㉮ 세지적 ㉯ 법지적
㉰ 다목적지적 ㉱ 종합지적

15 지적의 발생설을 토지측량과 밀접하게 관련지어 이해할 수 있는 이론은?

㉮ 과세설 ㉯ 치수설 ㉰ 지배설 ㉱ 역사설

16 다음 중 지적관련법령의 변천 순서로 옳은 것은?

㉮ 토지조사령-조선임야조사령-지세령-조선지세령-지적법
㉯ 토지조사령-조선임야조사령-조선지세령-지세령-지적법
㉰ 토지조사령-지세령-조선임야조사령-조선지세령-지적법
㉱ 토지조사령-조선지세령-조선임야조사령-지세령-지적법

17 다음 중 물권의 객체로서 토지를 외부에서 인식할 수 있는 토지등록의 원칙은?

㉮ 공신(公信)의 원칙 ㉯ 공증(公證)의 원칙
㉰ 공시(公示)의 원칙 ㉱ 공고(公告)의 원칙

18 다음 중 적극적 등록제도와 거리가 먼 것은?

㉮ 토렌스 시스템
㉯ 영국, 프랑스, 네덜란드
㉰ 토지등록의 효력은 정부에 의해 보장된다.
㉱ 지적공부에 등록된 토지만이 권리가 인정된다.

19 다음 중 동일한 경계가 축척이 다른 도면에 각각 등록된 경우 축척이 큰 것에 따라 경계를 결정하는 원칙은?

㉮ 축척종대의 원칙 ㉯ 경계불가분의 원칙
㉰ 양입지의 원칙 ㉱ 지적복구의 원칙

20 다음 중 지번의 특성에 해당하지 않는 것은?

㉮ 특정성 ㉯ 종속성 ㉰ 연속성 ㉱ 형평성

정답 11 ㉱ 12 ㉮ 13 ㉰ 14 ㉯ 15 ㉯ 16 ㉰ 17 ㉰ 18 ㉯ 19 ㉮ 20 ㉱

02 2012년도 기출문제

01 토지의 개별성 · 독립성을 인정하여 물권객체로 설정할 수 있도록 다른 토지와 구별되게 한 토지표시 사항은?

㉮ 지번 ㉯ 지목
㉰ 면적 ㉱ 토지등급

02 토지조사사업에서 사정을 통하여 법정으로 확정하였던 사항으로 옳은 것은?

㉮ 소유자와 강계 ㉯ 토지소재와 지번
㉰ 지번과 지목 ㉱ 경계와 면적

03 지적제도와 등기제도가 통합된 넓은 의미의 지적제도에서의 3요소이며, 네덜란드의 J.L.G Henssen 교수가 구분한 지적의 3요소로만 나열된 것은?

㉮ 소유자, 권리, 필지
㉯ 필지, 측량, 지적공부
㉰ 권리, 지적도, 토지대장
㉱ 측량, 필지, 지적파일

04 토지등록부의 편성방법 중 인적편성주의에 대한 설명으로 옳은 것은?

㉮ 토지등록의 신청순서에 따라 순차적으로 등록부를 편성하는 방법이다.
㉯ 토지의 소유자를 중심으로 등록부를 편성하는 방법이다.
㉰ 소유자별 토지등록카드와 토지대장을 동시에 설치하는 방법이다.
㉱ 개별 토지를 중심으로 등록부를 편성하는 방법이다.

05 지적의 어원과 관련이 없는 것은?

㉮ capitastrum ㉯ catastrum
㉰ capitalism ㉱ katastikhon

06 간주임야도에 대한 설명이 틀린 것은?

㉮ 고산지대로 조사측량이 곤란하거나 정확도와 관계없는 대단위의 광대한 국유임야 지역을 대상으로 시행하였다.
㉯ 간주임야도에 등록된 소유자는 국가였다.
㉰ 임야도를 작성하지 않고 1/50,000 또는 1/25,000 지형도에 작성되었다.
㉱ 충청북도 청원군, 제천군, 괴산군 속리산지역을 대상으로 시행되었다.

07 새로이 지적공부에 등록하는 사항이나 기존에 등록된 사항의 변경 등록은 시장, 군수, 구청장이 관련 법률에서 규정한 절차상의 적법성과 사실관계에 부합 여부를 심사하여 지적공부에 등록한다는 이념을 무엇이라 하는가?

㉮ 형식적 심사주의 ㉯ 일물일권주의
㉰ 실질적 심사주의 ㉱ 토지표시공개주의

08 지표면의 형태, 지형의 고저, 수륙의 분포상태 등 땅이 생긴 모양에 따라 결정하는 지목은?

㉮ 토성지목 ㉯ 지형지목
㉰ 용도지목 ㉱ 복식지목

정답 01 ㉮ 02 ㉮ 03 ㉮ 04 ㉯ 05 ㉰ 06 ㉱ 07 ㉰ 08 ㉯

09 임야조사사업의 특징에 대한 설명이 틀린 것은?
㉮ 임야는 토지에 비하여 경제적 가치가 높지 않아 분쟁이 적었다.
㉯ 면적이 넓어 많은 예산을 투입하여 사업을 완성하였다.
㉰ 토지조사사업에 비해 적은 인원으로 업무를 수행하였다.
㉱ 토지조사사업을 시행하면서 축적된 기술을 이용하여 사업을 완성하였다.

10 지적도의 도곽선이 갖는 역할로 틀린 것은?
㉮ 도면 신축량 측정의 기준선이 된다.
㉯ 인접 도면과 접합 기준선이 된다.
㉰ 도북 방위선의 표시에 해당된다.
㉱ 면적의 통계 산출에 이용된다.

11 지적과 등기의 역할이 틀린 것은?
㉮ 토지 등록단위 결정 – 지적
㉯ 토지 위치 결정 – 지적
㉰ 제한물권 설정 – 등기
㉱ 신규등록지의 소유자 조사 – 등기

12 지적의 발생설 중 영토의 보존과 통치수단이라는 두 관점에 대한 이론은?
㉮ 지배설 ㉯ 치수설
㉰ 침략설 ㉱ 과세설

13 토지조사사업의 목적과 가장 거리가 먼 것은?
㉮ 토지소유의 증명 제도 확립
㉯ 토지소유의 합리화
㉰ 국토개발계획의 수립
㉱ 토지의 면적 단위 통일

14 신라시대 장적문서(帳籍文書)에 대한 설명으로 틀린 것은?
㉮ 현 · 촌명 및 촌락의 영역과 토지의 종목 · 면적 등이 기록되어 있다.
㉯ 뽕나무, 백자목(柏子木), 추자목(楸子木) 등의 수량이 기록되어 있다.
㉰ 우리나라의 지적기록 중 가장 오래된 자료이지만 현존하지 않는다.
㉱ 장적문서의 기록에 남아 있는 지역은 지금의 청주 지방인 서원경 부근의 4개 촌락이다.

15 가계(家契)에 대한 설명으로 틀린 것은?
㉮ 본질적으로 입안과 같은 것이었으나 입안보다 근대화된 것이다.
㉯ 매매 등으로 가옥을 양도할 때에 발급되었다.
㉰ 가옥의 소유에 대한 관(官)의 인증이다.
㉱ 1910년 한성부에서 처음으로 발급되었다.

16 토지의 이익에 영향을 미치는 문서의 공적등기를 보전하는 것을 주된 목적으로 하는 등록제도는?
㉮ 날인증서 등록제도 ㉯ 권원 등록제도
㉰ 토렌스 시스템 ㉱ 적극적 등록제도

17 다음 중 토렌스 시스템의 기본원리에 해당하지 않는 것은?
㉮ 거울이론 ㉯ 거래이론
㉰ 커튼이론 ㉱ 보험이론

18 임시토지조사국의 특별 조사기관에서 수행한

정답 09 ㉯ 10 ㉱ 11 ㉱ 12 ㉮ 13 ㉰ 14 ㉰ 15 ㉱ 16 ㉮ 17 ㉯ 18 ㉯

업무가 아닌 것은?

㉮ 외업특별검사 ㉯ 증명 및 등기필지조사
㉰ 분쟁지조사 ㉱ 지지(地誌)자료조사

19 동일한 지번부여지역 내에서 최종 지번이 1075이고, 지번이 545인 필지를 분할하여 1076, 1077로 표시하는 것과 같은 부여 방식은?

㉮ 분수식 지번제도 ㉯ 기번식 지번제도
㉰ 자유식 지번제도 ㉱ 사행식 부번제도

20 다음 중 일반적인 지적 불부합지의 유형이 아닌 것은?

㉮ 공백형 ㉯ 불규칙형
㉰ 중복형 ㉱ 단순형

정답 19 ㉰ 20 ㉱

03 2012년도 기출문제

01 다음 중 가계(家契)제도와 지계(地契)제도에 대한 설명이 틀린 것은?

㉮ 지계제도에서 전답을 매매하는 경우는 관계(官契)를 받아야 한다.
㉯ 지계는 외국인의 토지 소유를 장려하는 조항을 삽입하고 있다.
㉰ 지계는 본질적으로 입안과 같은 것으로 근대화된 것이다.
㉱ 가계제도는 지계제도보다 10년 앞서 시행되었다.

02 개개의 토지를 중심으로 토지 등록부를 편성하는 것으로 우리나라 토지대장에서 사용 하는 등기의 편성유형은?

㉮ 물적 편성주의　㉯ 인적 편성주의
㉰ 연대적 편성주의　㉱ 물적 · 인적 편성주의

03 신라시대에 시행한 토지측량 방식으로 토지를 여러 형태로 구분하여 측량하기 쉽도록 하였던 것은?

㉮ 경무법　㉯ 연산법
㉰ 결부제　㉱ 구장산술

04 조선지세령(朝鮮地稅令)에 관한 내용으로 틀린 것은?

㉮ 1943년에 제정 · 공포되어 조선총독부 시대에 시행되었다
㉯ 지적에 관한 사항과 지세에 관한 사항을 동시에 규정하였다.
㉰ 조선임야조사령이 제정되기 전까지 과도적으로 적용되었다.
㉱ 전문 7장과 부칙을 포함한 95개 조문으로 되어있다.

05 토지를 지적공부에 등록하기 위하여 우리나라에서 적용하고 있는 지적의 원리에 해당하지 않는 것은?

㉮ 국정주의　㉯ 소극적 등록주의
㉰ 실질적 심사주의　㉱ 형식주의

06 고려초기의 기록상으로 남아 있는 우리나라 최초의 토지조사측량자는?

㉮ 송량경　㉯ 봉휴
㉰ 산사　㉱ 관도사

07 토지의 등록주의에 대한 내용으로 틀린 것은?

㉮ 등록할 가치가 있는 토지만을 등록한다.
㉯ 지적공부에 미등록된 토지는 토지등록주의의 미비다.
㉰ 전 국토는 지적공부에 등록되어야 한다.
㉱ 토지의 이동이 지적공부에 등록되지 않으면 공시의 효력이 없다.

08 토렌스시스템의 기본이론 중 '토지권리증서의 등록은 토지의 거래사실을 이론의 여지없이 완벽하게 반영한다.' 는 원칙을 말하는 것은?

정답 01 ㉯ 02 ㉮ 03 ㉱ 04 ㉰ 05 ㉯ 06 ㉮ 07 ㉮ 08 ㉱

㉮ 사진이론　　　　㉯ 커튼이론
㉰ 보험이론　　　　㉱ 거울이론

09 아래와 같은 특징을 갖는 지적제도를 시행한 시대는?

- 토지대장은 양전도장, 양전장적, 전적 등 다양한 명칭으로 호칭되었다.
- 과전법의 실시와 함께 자호제도가 창설되어 정단위로 자호를 붙여 대장에 기록하였다.
- 수등이척제를 측량의 척도로 사용하였다.

㉮ 고구려　　　　㉯ 백제
㉰ 조선　　　　㉱ 고려

10 조선시대 매매에 따른 일종의 공증제도로 토지를 매매할 때 소유권 이전에 관하여 관에서 공적으로 증명하여 발급한 서류는?

㉮ 명문(明文)　　　　㉯ 문권(文券)
㉰ 입안(立案)　　　　㉱ 문기(文記)

11 고려시대에 양전을 담당한 중앙기구로서의 특별관서가 아닌 것은?

㉮ 급전도감　　　　㉯ 정치도감
㉰ 절급도감　　　　㉱ 사출도감

12 백문매매(白文賣買)에 대한 설명으로 옳은 것은?

㉮ 오늘날의 토지대장에 해당한다.
㉯ 입안을 받지 않은 계약서를 말한다.
㉰ 조선건국 초기에 성행되었던 토지등기제도의 일종이다.
㉱ 구문기에서 소유자란이 없는 것을 뜻한다.

13 스위스, 네덜란드에서 채택하고 있는 지번표기의 유형으로 지번의 완전한 변경 내용을 알 수 있는 보조장부의 보존이 필요한 것은?

㉮ 순차식 지번제도　　　　㉯ 자유식 지번제도
㉰ 분수식 지번제도　　　　㉱ 복합식 지번제도

14 조세, 토지관리 및 지적사무를 담당하였던 백제의 지적 담당기관은?

㉮ 조부　　　　㉯ 내두좌평
㉰ 공부　　　　㉱ 호조

15 지적제도의 발달 단계별 특징의 연결이 틀린 것은?

㉮ 세지적 – 면적 본위의 과세지적
㉯ 법지적 – 위치 본위의 소유지적
㉰ 시설지적 – 3차원의 입체지적
㉱ 다목적 지적 – 종합지적

16 지적공부에 등록하는 경계에 있어 경계불가분의 원칙이 적용되는 가장 큰 이유는?

㉮ 면적의 크기에 따르므로
㉯ 설치자의 소속으로 결정하기 때문에
㉰ 경계의 중앙 선택 원칙 때문에
㉱ 경계선은 길이와 위치만 존재하기 때문에

17 일본의 지적 관련 법령으로 옳은 것은?

㉮ 지적법　　　　㉯ 부동산등기법
㉰ 국토기본법　　　　㉱ 지가공시법

18 지적에 관한 사항을 모든 사람이 정당하게 이용할 수 있도록 공개하며, 소유권, 기타 물권에 대해서도 제3자로부터 보호를 받고 배타적인

정답 09 ㉱ 10 ㉰ 11 ㉱ 12 ㉯ 13 ㉯ 14 ㉯ 15 ㉰ 16 ㉱ 17 ㉯ 18 ㉰

소유권의 인정을 받기 위한 것과 관련된 것은?

㉮ 국정주의　　㉯ 형식주의

㉰ 공개주의　　㉱ 증명주의

19 이기가 해학유서에서 수등이척제에 대한 개선으로 주장한 제도로서 전지(田地)를 측량할 때 정방형의 눈들을 가진 그물을 사용하여 면적을 산출하는 방법은?

㉮ 일자오결제　　㉯ 망척제

㉰ 결부제　　㉱ 방전제

20 토지조사사업의 특징으로 틀린 것은?

㉮ 지적의 교육에 주력하였다.

㉯ 사업의 조사, 준비, 홍보에 철저를 기하였다.

㉰ 역둔토 등을 사유화하여 토지소유권을 인정하였다.

㉱ 도로, 하천, 구거 등을 토지조사사업에서 제외하였다.

정답 19 ㉯ 20 ㉰

01 2013년도 기출문제

01 조선시대의 양전법에서 구분한 직각삼각형 형태의 토지를 무엇이라 하는가?

㉮ 방전　㉯ 제전

㉰ 구고전　㉱ 규전

02 우리나라 지적 관계 법령의 변천 과정을 옳게 나열한 것은?

(1) 토지조사령	(2) 조선임야조사령
(3) 토지조사법	(4) 조선지세령
(5) 지적법	(6) 지세령

㉮ (4) → (2) → (1) → (3) → (6) → (5)

㉯ (3) → (6) → (1) → (4) → (2) → (5)

㉰ (4) → (2) → (6) → (3) → (1) → (5)

㉱ (3) → (1) → (6) → (2) → (4) → (5)

03 한국 정부에서 문란한 토지제도를 바로잡기 위하여 시행하였던 근대적 공시제도의 과도기적 제도는?

㉮ 입안제도　㉯ 양안제도

㉰ 지권제도　㉱ 등기제도

04 조선시대에 정약용의 양전개정론과 관계가 없는 것은?

㉮ 어린도법　㉯ 경무법

㉰ 망척제　㉱ 방량법

05 매 20년마다 양전을 실시하여 작성하도록 경국대전에 나타난 것은?

㉮ 양안(量案)　㉯ 입안(立案)

㉰ 양전대장(量田臺帳)　㉱ 문권(文券)

06 토지조사사업 당시 별필(別筆)로 하였던 경우가 아닌 것은?

㉮ 분쟁지로서 명확한 경계나 권리 한계가 불분명한 것

㉯ 도로, 하천, 구거 등에 의하여 자연으로 구획된 것

㉰ 전당권 설정의 증명이 있는 경우 그 증명마다 별필로 취급한 것

㉱ 조선총독부가 지정한 개인 소유의 공공 토지

07 대한제국시대에 삼림법에 의거하여 작성한 민유산야약도에 대한 설명으로 틀린 것은?

㉮ 최초로 임야측량이 실시되었다는 점에서 중요한 의미가 있다.

㉯ 민유임야측량은 조직과 계획 없이 개인별로 시행되었고 일정한 수수료도 없었다.

㉰ 토지 등급을 상세하게 정리하여 세금을 공평하게 징수할 수 있도록 작성된 도면이다.

㉱ 민유산야약도의 경우에는 지번을 기재하지 않았다.

08 대한제국 시대에 양전사업을 전담하기 의해 설치한 최초의 독립 기관은?

㉮ 탁지부　㉯ 임시토지조사국

정답 01 ㉰ 02 ㉱ 03 ㉰ 04 ㉰ 05 ㉮ 06 ㉱ 07 ㉰ 08 ㉰

㉰ 양지아문　　　　㉱ 지계아문

09 지적과 등기에 관한 설명으로 틀린 것은?
㉮ 지적공부는 필지별 토지의 특성을 기록한 공적 장부다.
㉯ 등기부의 표제부는 지적공부의 기록을 토대로 작성한다.
㉰ 등기부 갑구의 정보는 지적공부 작성의 토대가 된다.
㉱ 등기부 을구의 정보는 지적공부 작성의 토대가 된다.

10 토지등록에 대한 설명으로 거리가 먼 것은?
㉮ 토지 거래를 안전하고 신속하게 해 준다.
㉯ 지적소관청이 토지등록사항을 공적장부에 기록 · 공시하는 행정행위이다.
㉰ 공적장부에 기록된 토지의 이동 및 수정사항을 규제하는 법률적 행위이다.
㉱ 토지의 공개념을 실현하는 데 활용될 수 있다.

11 조선시대의 문기(文記)에 관한 설명으로 틀린 것은?
㉮ 오늘날의 부동산 매매계약서와 같은 것이다.
㉯ 당사자, 증인 그리고 집필인이 작성하였다.
㉰ 문기는 입안을 청구하는 경우는 물론 소송의 유일한 증거로 제출되었다.
㉱ 상속, 증여, 임대차의 경우는 작성하지 않았다.

12 지적의 분류 중 등록대상에 의한 분류가 아닌 것은?
㉮ 도해지적　　　　㉯ 2차원지적
㉰ 3차원지적　　　　㉱ 입체지적

13 왕이나 왕족의 사냥터 보호, 군사훈련지역 등 일정한 지역을 보호할 목적으로 자연암석 · 나무 · 비석 등에 경계를 표시하여 세운 것은?
㉮ 금표(禁標)　　　　㉯ 장생표(長柱標)
㉰ 사표(四標)　　　　㉱ 이정표(里程標)

14 관계에 대한 설명으로 옳은 것은?
㉮ 민유지만 조사하여 관계를 발급하였다.
㉯ 발급대상은 산천, 전답, 천택(川澤), 가사(家舍) 등 모든 부동산이었다.
㉰ 외국인에게도 토지소유권을 인정하였다.
㉱ 관계 발급의 신청은 소유자의 의무사항은 아니다.

15 자한도(字限圖)에 대한 설명으로 옳은 것은?
㉮ 고려시대에 작성된 지적도이다.
㉯ 대만의 구지적도이다.
㉰ 조선시대에 작성된 지적도이다.
㉱ 일본의 구지적도이다.

16 토지조사사업에 따른 지적제도의 확립에 대한 설명이 틀린 것은?
㉮ 토지의 일필지에 대한 위치 및 형상과 경계를 측정하여 지적도에 등록하였다.
㉯ 토지의 경계와 소유권은 고등토지조사위원회에서 사정하였다.
㉰ 측량성과에 의거 토지의 소재, 지번, 지목, 소유권 등을 조사하여 토지대장에 등록하였다.
㉱ 사정은 강력한 행정처분을 확정하는 원시취

정답　09 ㉱ 10 ㉰ 11 ㉱ 12 ㉮ 13 ㉮ 14 ㉯ 15 ㉱ 16 ㉯

등의 효력이 있었다.

17 다음 중 일반적인 지목의 설정원칙에 해당하지 않는 것은?

㉮ 일시변경불변의 원칙
㉯ 지목변경불변의 원칙
㉰ 사용목적추종의 원칙
㉱ 주지목추종의 원칙

18 각 도에 지정측량사를 두어 광대지 측량 업무를 대행함으로써 사실상의 지적측량 일부 대행제도가 시작된 시기는?

㉮ 1910년 ㉯ 1918년
㉰ 1923년 ㉱ 1938년

19 현대지적의 원리 중 지적행정을 수행함에 있어 국민의사의 우월적 가치가 인정되며, 국민에 대한 충실한 봉사, 국민에 대한 행정책임 등의 확보를 목적으로 하는 것은?

㉮ 민주성의 원리 ㉯ 공기능성의 원리
㉰ 정확성의 원리 ㉱ 능률성의 원리

20 다음 중 지적제도와 등기제도를 처음부터 일원화하여 운영한 국가는?

㉮ 독일 ㉯ 네덜란드
㉰ 일본 ㉱ 대만

정답 17 ㉯ 18 ㉰ 19 ㉮ 20 ㉯

02 2013년도 기출문제

01 아래의 설명과 관계 있는 경계의 결정방법은?

- 점유자는 소유 의사로 선의, 평온 및 공연하게 점유한 것으로 추정한다.
- 지적공부에 의한 경계복원이 불가능한 경우의 지상경계 결정방법의 중요한 원칙으로 삼아야 한다.

㉮ 구분설 ㉯ 평분설 ㉰ 점유설 ㉱ 보완설

02 국가의 재원을 확보하기 위한 지적제도로서 면적본위 지적제도라고도 하는 것은?

㉮ 과세지적 ㉯ 법지적
㉰ 다목적지적 ㉱ 경제지적

03 토렌스 시스템의 기본이론이 아닌 것은?

㉮ 거울이론 ㉯ 커튼이론
㉰ 교환이론 ㉱ 보험이론

04 다음 중 오늘날의 등기와 동일한 효력을 가진 증서가 아닌 것은?

㉮ 입안(立案) ㉯ 문기(文記)
㉰ 지계(地契) ㉱ 토지가옥증명

05 경계의 표시방법에 따른 지적제도의 분류가 옳은 것은?

㉮ 세지적, 법지적, 다목적지적
㉯ 저차원지적, 3차원지적
㉰ 수평지적, 입체지적
㉱ 도해지적, 수치지적

06 토지조사사업 당시 일부 지목에 대하여 지번을 부여하지 않았던 이유로 가장 옳은 것은?

㉮ 소유자 확인 불명
㉯ 측량조사작업의 어려움
㉰ 경계선 구분 곤란
㉱ 과세적 가치의 희소

07 지적공부를 상시 비치하고 누구나 열람할 수 있도록 하는 지적 공개주의의 원칙을 채택하고 있는 토지 등록 원칙은?

㉮ 공신의 원칙 ㉯ 공시의 원칙
㉰ 토지 공개념 ㉱ 소유 상한선제

08 전지(田地)를 측량할 때 저방형의 눈들을 가진 그물을 사용하여 전지가 그물 속에 들어온 그물눈을 계산하여 면적을 산출하는 방법은?

㉮ 방전제 ㉯ 망척제 ㉰ 방량제 ④ 결부제

09 지세징수를 위하여 이동정리를 끝낸 토지대장 중 민유과세지만을 뽑아서 각 면마다 소유자별로 연기한 후 이것을 합계한 장부는?

㉮ 지세명기장 ㉯ 결수연명부
㉰ 토지대장 ㉱ 을호 토지대장

10 고구려의 토지 면적 측정에 관한 사항으로 틀린 것은?

㉮ 구고장은 측량에 따른 계산에 관한 문제를 다루었다.
㉯ 면적의 단위로 '정, 단, 무, 보'를 사용하였다.

정답 01 ㉰ 02 ㉮ 03 ㉰ 04 ㉯ 05 ㉱ 06 ㉱ 07 ㉯ 08 ㉯ 09 ㉮ 10 ㉯

㉰ 방전장은 주로 논이나 밭의 넓이를 계산하였다.
㉱ 토지의 면적 단위는 경무법을 사용하였다.

11 임야조사사업의 목적에 해당하지 않는 것은?
㉮ 소유권을 법적으로 확정
㉯ 임야정책 및 산업건설의 기초자료 제공
㉰ 지세부담의 균형 조정
㉱ 지방재정의 기초 확립

12 토지조사 당시에 시행지역에서 멀리 떨어진 산림 지대의 토지를 임야도에 그 지목만을 수정하여 등록한 것을 무엇이라 하는가?
㉮ 간주지적도 ㉯ 간주임야도
㉰ 별책지적도 ④ 산지적도

12 토지조사사업 당시의 사정사항은?
㉮ 소유자와 강계 ㉯ 지번과 지목
㉰ 지번과 소유자 ㉱ 지번과 면적

14 다음 중 현존하는 우리나라의 지적자료 중 가장 오래된 것은?
㉮ 신라장적 ㉯ 경자양안
㉰ 광무양안 ㉱ 결수연명부

15 토지조사사업 당시 지권(地券)을 발행한 이유로 가장 거리가 먼 것은?
㉮ 토지의 소유권 보호를 위해서
㉯ 토지로부터 수확량을 측정하기 위해서
㉰ 토지를 매매할 때 소유권 이전에 관하여 공적 소유권 증서로 이용하기 위해서
㉱ 토지의 상품화가 이루어지면서 발생하는 토지거래의 문란을 방지하기 위해서

16 궁장토의 설정 토지에 해당되지 않는 것은?
㉮ 죄인에게 몰수한 토지
㉯ 영문과 아문의 둔토
㉰ 후손이 없는 노비의 토지
㉱ 공훈을 세운 사람에게 지급한 트지

17 우리나라의 지적제도와 등기제도의 비교가 틀린 것은?
㉮ 지적은 토지에 더한 사실관계를 공시하고, 등기는 법적권리관계를 공시한다.
㉯ 지적과 등기는 모두 실질적 심사주의를 기본이념으로 한다.
㉰ 지적은 공신력을 인정하지만 등기는 공신력을 인정하지 않고 확정력만을 인정하고 있다.
㉱ 신청방법으로 지적은 단독신청주의를, 등기는 공동신청주의를 채택하고 있다.

18 입안을 받지 않은 매매계약서를 무엇이라 하였는가?
㉮ 결연매매 ㉯ 지세명기
㉰ 휴도 ㉱ 백문대매

19 다음중 현대 지적의 성격과 거리가 먼 것은?
㉮ 역사성과 영구성 ㉯ 전문성과 기술성
㉰ 가변성과 비밀성 ㉱ 서비스성과 윤리성

20 우리나라의 현행 지번 설정에 대한 원칙으로 틀린 것은?
㉮ 북서기번의 원칙
㉯ 아라비아 숫자 지번의 원칙
㉰ 부번(副番)의 원칙
㉱ 종서(從書)의 원칙

정답 11 ㉱ 12 ㉮ 13 ㉮ 14 ㉮ 15 ㉯ 16 ㉱ 17 ㉯ 18 ㉱ 19 ㉰ 20 ㉱

03 2013년도 기출문제

01 토지조사사업 초기의 임야도 표기방식에 대한 설명으로 틀린 것은?

㉮ 임야 내 미등록 도로는 양홍색으로 표기한다.

㉯ 임야 경계와 토지 소재, 지번 지목을 등록하였다.

㉰ 모든 국유 임야는 1/6000 지형도를 임야로 간주하였다.

㉱ 임야도 크기는 남북 1척 3촌 2리(40cm), 동서 1척 6촌 5리(50cm)다.

02 조선시대의 토지대장인 양안(量案)에 대한 설명으로 틀린 것은?

㉮ 지적과 측량을 관리하는 산학박사(算學博士)를 두어 양안을 관리하였다.

㉯ 일명 전적(田籍)이라고도 하는 양안의 명칭은 시대와 사용처, 비치처에 따라 달랐다.

㉰ 양안의 기록사항은 소재지, 지번, 토지등급, 지목, 면적, 토지형태, 사표(四標), 소유자 등이다.

㉱ 양안에 토지를 표시함에 있어서 양전의 순서에 의하여 1필지마다 천자문의 자번호(子番戸)를 부여하였다.

03 "지적은 과세의 기초자료를 제공하기 위하여 한 나라의 부동산의 규모와 가치 및 소유권을 등록하는 제도이다."라고 정의한 학자는?

㉮ S. R. Simpson ㉯ Henssen. J. L. G.

㉰ A. Toffler ㉱ G. McEntyre

04 수등이척제에 대한 개선으로 망척제를 주장한 학자는?

㉮ 이기 ㉯ 정약용

㉰ 정약전 ㉱ 서유구

05 고려의 전시과(田柴科)와 조선의 과전법 및 직전법의 효시가 된 신라시대의 토지제도는?

㉮ 정전제 ㉯ 결부제

㉰ 역분전 ㉱ 관료전

06 지적제도의 발달과정이 옳은 것은?

㉮ 소유지적 → 과세지적 → 다목적지적

㉯ 과세지적 → 소유지적 → 다목적지적

㉰ 소유지적 → 다목적지적 → 과세지적

㉱ 과세지적 → 다목적지적 → 소유지적

07 토지대장의 편성방법중 리코딩시스템(Recording System)은 다음 중 어디에 해당하는가?

㉮ 물적 편성주의 ㉯ 연대적 편성주의

㉰ 인적 편성주의 ㉱ 면적별 편성주의

08 부여의 행정구역제도로써 국도를 중심으로 영토를 사방으로 구획하는 토지구획방법은 무엇인가?

㉮ 사출도 ㉯ 사표도

㉰ 계면도 ㉱ 휴도

09 지적측량사규정에 국가공무원으로서 그 소속

정답 01 ㉰ 02 ㉮ 03 ㉮ 04 ㉮ 05 ㉱ 06 ㉯ 07 ㉯ 08 ㉮ 09 ㉯

관서의 지적측량 사무에 종사하는 자로 정의하며, 내무부를 비롯하여 각 시 · 도와 시 · 군 · 구에 근무하는 지적직 공무원은 물론 철도청, 문화재관리국 등 국가기관에서 근무하는 공무원도 포함되었던 지적측량사는?

㉮ 대행측량사 ㉯ 상치측량사
㉰ 감정측량사 ㉱ 지정측량사

10 1898년 양전사업을 담당하기 위하여 최초로 설치된 기관은?

㉮ 양지아문(量地衙門)
㉯ 지계아문(地契衙門)
㉰ 양지과(量地課)
㉱ 임시토지조사국(臨時土地調査局)

11 지적이라는 용어를 처음으로 사용한 것으로 알려진 것은?

㉮ 내부 관제(1895) ㉯ 산림법(1908)
㉰ 토지조사령(1912) ㉱ 임야조사령(1918)

12 결수연명부에 관한 설명으로 옳은 것은?

㉮ 강계(疆界)지역을 조사하여 등록한 장부
㉯ 소유권의 분계(分界)를 확정하는 대장
㉰ 지반의 고저가 있는 토지를 정리한 장부
㉱ 지세대장을 겸하여 토지조사준비를 위해 만든 장부

13 우리나라 토지조사사업 당시 조사 · 측량기관은?

㉮ 부(府)와 면(面) ㉯ 임야조사위원회
㉰ 임시토지조사국 ㉱ 토지조사위원회

14 지압(地押)조사에 대한 설명으로 옳은 것은?

㉮ 신고, 신청에 의하여 실시하는 토지조사이다.
㉯ 무신고 이동지를 발견하기 위하여 실시하는 토지검사다.
㉰ 토지의 이동측량 성과를 검사하는 성과검사측량이다.
㉱ 분쟁지의 경계와 소유자를 확정하는 토지조사이다.

15 1909년 2월 대한측량총관회를 설립한 사람은?

㉮ 유길준 ㉯ 정약용
㉰ 구마타 ㉱ 이기

16 조선시대 초기에는 없었으나 임진왜란 후에 설치된 것으로 내수사와 왕실의 일부 또는 왕실의 경비를 충당하기 위하여 설정한 토지는?

㉮ 역토 ㉯ 궁장토
㉰ 둔토 ㉱ 마토

17 수치지적과 도해지적에 관한 설명으로 틀린 것은?

㉮ 수치지적은 비교적 비용이 저렴하고 고도의 기술을 요구하지 않는다.
㉯ 수치지적은 도해지적보다 정밀하게 경계를 표시할 수 있다.
㉰ 도해지역은 대상 필지의 형태를 시각적으로 용이하게 파악할 수 있다.
㉱ 도해지적은 토지의 경계를 도면에 일정한 축척의 그림으로 그리는 것이다.

18 토지의 등록대상에 따른 지적제도의 분류에 해당하지 않는 것은?

정답 10 ㉮ 11 ㉮ 12 ㉱ 13 ㉰ 14 ㉯ 15 ㉮ 16 ㉯ 17 ㉮ 18 ㉰

㉮ 2차원 지적　　　　㉯ 3차원 지적
㉰ 수치지적　　　　㉱ 입체지적

19 토지조사사업 당시의 지목 중 면세지에 해당하지 않는 것은?

㉮ 사사지　　　　㉯ 분묘지
㉰ 철도용지　　　　㉱ 수도선로

20 독일의 지적제도에 관한 설명으로 틀린 것은?

㉮ 연방정부는 내무부에서 측량 관련 업무를 담당하고 있으나 주정부에 대한 통제가 미비한 상태로 운영되고 있다.
㉯ 각 주마다 주측량사무소와 지적사무소를 설치하여 운영하고 있다.
㉰ 등기제도와 지적제도는 행정부에서 통합하여 운영하고 있다.
㉱ 지적 관련 법령으로 민법, 지적법, 토지측량법, 지적 및 측량법, 토지등기법 등으로 각 주마다 다르다.

정답 19 ㉱ 20 ㉰

01 2014년도 기출문제

01 다음 중 지적형식주의와 가장 관계있는 사항은?

㉮ 등록의 원칙 ㉯ 특정화원칙
㉰ 인적 편성의 원칙 ㉱ 공시의 원칙

02 초기의 지적도에 대한 설명으로 틀린 것은?

㉮ 지적도에는 토지 경계와 지번, 지목이 등록되었다.
㉯ 지적도 도곽 내의 산림에는 등고선을 표시하여 표고에 의한 지형구별이 용이하도록 하였다.
㉰ 토지분할의 경우에는 지적도 정리시 신 강계선을 흑색으로 정리하였으나 그 후 양홍색으로 변경하였다.
㉱ 조사지역 외의 토지에 대해서는 이용현황에 따라 활자로 산(山), 해(海), 호(湖), 도(道), 천(川), 구(溝) 등으로 표기하였다.

03 대만에서 지적 재조사를 의미하는 것은?

㉮ 국토조사 ㉯ 지적도 중측
㉰ 지도작제 ㉱ 토지가옥조사

04 토지정보시스템(LIS)은 다음 중 어느 지적에 해당하는가?

㉮ 과제지적 ㉯ 법지적
㉰ 다목적지적 ㉱ 경계지적

05 조선시대에 양전개정론(量田改正論)을 주장하지 아니한 사람은?

㉮ 정약용 ㉯ 서유구
㉰ 이기 ㉱ 김정호

06 경계 결정 시 경계불가분의 원칙이 적용되는 이유로 틀린 것은?

㉮ 실지 경계 구조물의 소유권을 인정하지 않는다.
㉯ 필지 간 경계는 1개만 존재한다.
㉰ 경계는 인접 토지에 공통으로 작용한다.
㉱ 경계는 폭이 없는 기하학적인 선의 의미와 동일하다.

07 지적재조사사업의 목적과 거리가 먼 것은?

㉮ 지적불부합지의 해소
㉯ 능률적인 지적관리체계 개선
㉰ 경계복원능력의 향상
㉱ 토지거래질서의 확립

08 지역선에 대한 설명이 아닌 것은?

㉮ 소유자가 동일한 토지와의 구획선
㉯ 소유자를 알 수 없는 토지와의 구획선
㉰ 임야조사사업 당시의 사정선
㉱ 조사지와 비조사지와의 지계선

09 우리나라 토지대장과 같이 지번 순서에 따라 등록되고 분할되더라도 본번과 관련하여 편철하고 소유자의 변동이 있을 때에 이를 계속 수정하여 관리하는 토지등록부 편성 방법은?

정답 01 ㉮ 02 ㉰ 03 ㉯ 04 ㉰ 05 ㉱ 06 ㉮ 07 ㉱ 08 ㉰ 09 ㉰

㉮ 인적편성주의　　㉯ 연대적 편성주의
㉰ 물적 편성주의　　㉱ 인적 · 물적편성주의

10 신라의 토지측량에 사용된 구장산술의 방전장의 내용에 속하지 않는 토지형태는?

㉮ 직전　　㉯ 양전
㉰ 환전　　㉱ 구고전

11 우리나라에서 자호제도가 처음 사용된 시기는?

㉮ 고려　㉯ 백제　㉰ 신라　㉱ 조선

12 탁지부 양지국에 관한 설명으로 틀린 것은?

㉮ 1904년 탁지부 양지국관제가 공포되면서 상설 기구로 설치되었다.
㉯ 공문서류의 편찬 및 조사에 관한 사항을 담당하였다.
㉰ 관습조사(慣習調査) 사항을 담당하였다.
㉱ 토지측량에 관한 사항을 담당하였다.

13 임야조사사업 당시 사정기관은?

㉮ 임야심사위원회　　㉯ 토지조사위원회
㉰ 도지사　　㉱ 법원

14 토렌스 시스템의 기본 이론이 아닌 것은?

㉮ 거울이론　　㉯ 지가이론
㉰ 커튼이론　　㉱ 보험이론

15 토지에 대한 등록사항을 토지소유자, 이해관계인 및 기타 일반 국민에게 신속하고 공정하며 정당하게 이용할 수 있게 하는 지적의 의미는?

㉮ 공시주의　　㉯ 공신주의
㉰ 민원주의　　㉱ 공개주의

16 현재의 등록사항만 논의되어야 한다는 의미로서 현행 권리증명서에 기재된 권리가 실제의 권리관계와 일치하여야 한다는 토렌스 시스템의 기본 이론은?

㉮ 거울이론　　㉯ 보험이론
㉰ 지가이론　　㉱ 커튼이론

17 토지조사사업 당시 소유권 조사에서 사정한 사항은?

㉮ 강계, 면적　　㉯ 강계, 소유자
㉰ 소유자, 지번　　㉱ 소유자, 면적

18 적극적 등록제도에 대한 설명으로 틀린 것은?

㉮ 지적측량이 실시되지 않으면 토지의 등기도 할 수 없다.
㉯ 토렌스시스템은 이 제도의 발달된 형태이다.
㉰ 토지 등록상의 문제로 인해 선의의 제3자가 받은 피해는 법적으로 보호되고 있다.
㉱ 토지 등록을 의무화하지 않는다.

19 고구려에서 토지 면적단위체계로 사용된 것은?

㉮ 경무법　　㉯ 두락법
㉰ 결부법　　㉱ 수등이척법

20 토지조사사업에 대한 설명으로 틀린 것은?

㉮ 조사대상은 전국 평야부의 토지 및 낙산임야이다.
㉯ 도면축적은 1:1200, 1:2400, 1:3000 이었다.
㉰ 조사측량기관은 임시 토지조사국이었다.
㉱ 사정권자는 임시 토지조사국장이었다.

정답 10 ㉯ 11 ㉮ 12 ㉰ 13 ㉰ 14 ㉯ 15 ㉮ 16 ㉱ 17 ㉯ 18 ㉱ 19 ㉮ 20 ㉯

02 2014년도 기출문제

01 다음 중 토지조사사업 당시의 재결기관으로 옳은 것은?

㉮ 지방토지조사위원회
㉯ 임시토지조사국장
㉰ 고등토지조사위원회
㉱ 도지사

02 지번의 결번(缺番)이 되는 원인이 아닌 것은?

㉮ 토지조사 당시 지번 누락으로 인한 결번
㉯ 토지의 등록전환으로 인한 결번
㉰ 토지의 경계정정으로 인한 결번
㉱ 토지의 합병으로 인한 결번

03 다음 중 권원등록제도(registration of title)에 대한 설명으로 옳은 것은?

㉮ 토지의 이익에 영향을 미치는 문서의 공적 등기를 보전하는 제도다.
㉯ 보험회사의 토지중개 거래제도다.
㉰ 소유권 등록 이후에 이루어지는 거래의 유효성에 대하여 정부가 책임을 지는 제도다.
㉱ 토지소유권의 공시보호제도다.

04 토지대장의 편성방법 중 현행 우리나라에서 채택하고 있는 방법은?

㉮ 연대적 편성주의 ㉯ 물적 편성주의
㉰ 인적 편성주의 ㉱ 인적 · 물적 편성주의

05 결부제에 대한 설명으로 옳은 것은?

㉮ 1척은 10파 ㉯ 100파는 1속
㉰ 100속은 1부 ㉱ 100부는 1결

06 다음 중 지적도에 건물이 등록되어 있는 국가는?

㉮ 한국 ㉯ 일본
㉰ 독일 ㉱ 대만

07 다음 중 적극적 등록제도에 대한 설명으로 옳지 않은 것은?

㉮ 토지등록상의 문제로 인한 피해토부터 선의의 제3자를 보호하기 위한 제도는 마련되어 있지 않다.
㉯ 지적공부에 등록되지 아니한 토지는 어떠한 권리도 인정받지 못한다.
㉰ 적극적 등록제도의 발달된 형태로 토렌스시스템(Torrens system)이 유명하다.
㉱ 등록은 일필지의 개념으로 법적이 권리보장이 인증된다.

08 지적제도에 대한 설명으로 가장 거리가 먼 것은?

㉮ 효율적인 토지관리와 소유권 보호를 목적으로 한다.
㉯ 국가의 행 · 재정적 필요에 의한 제도이다.
㉰ 토지에 대한 물리적 현황의 등록 · 공시제도이다.
㉱ 소유권 이외의 권리를 보호하기 위한 제도이다.

정답 01 ㉰ 02 ㉰ 03 ㉰ 04 ㉯ 05 ㉱ 06 ㉰ 07 ㉮ 08 ㉱

09 우리나라 법정지목을 구분하는 중심적 기준은 무엇인가?

㉮ 토지의 위치 ㉯ 토지의 용도
㉰ 토지의 성질 ㉱ 토지의 지형

10 토지조사사업 당시 토지의 사정이 의미하는 것은?

㉮ 소유자와 강계를 확정하는 행정처분이다.
㉯ 소유자와 지목을 확정하는 행정행위이다.
㉰ 경계와 면적으로 확정하는 것이다.
㉱ 지번, 지목, 면적으로 확정하는 것이다.

11 조선시대의 토지제도에 대한 설명 중 옳지 않은 것은?

㉮ 사표(四標)는 토지의 위치로서 동·서·남·북의 경계를 표시한 것이다.
㉯ 조선시대의 양전은 원칙적으로 20년마다 한 번 씩 실시하여 새로이 양안을 작성하게 되어 있다.
㉰ 양안의 내용 중 시주(時主)는 토지의 소유자이고, 시작(詩作)은 소작인을 나타낸다.
㉱ 조선시대의 지번설정제도에는 부번제도가 없었다.

12 오늘날 지적과 유사한 토지에 관하여 기록한 장부가 아닌 것은?

㉮ 도적(圖籍) ㉯ 판적(版籍)
㉰ 장적(帳籍) ㉱ 전적(田籍)

13 다음 중 지목의 결정에 있어서 비슷한 규모의 도로와 철로가 교차하는 지점의 지목설정으로 가장 관련이 있는 것은?

㉮ 주지목추종의 원칙 ㉯ 용도경중의 원칙
㉰ 일필일목의 원칙 ㉱ 등록선후의 원칙

14 지적의 구성요소를 외부요소와 내부요소로 구분할 때 내부요소에 속하지 않는 것은?

㉮ 지적공부 ㉯ 지형
㉰ 토지 ㉱ 경계설정

15 다음 중 아래와 관련된 일필지의 경계설정 기준에 관한 설명에 해당하는 것은?

- 점유자는 소유의 의사로 선의, 평온 및 공연하게 점유한 것으로 추정한다(우리나라 민법).
- 경계쟁의의 경우에 있어서 정당한 경계가 알려지지 않을 때에는 점유상태로서 경계의 표준으로 한다(독일 민법).

㉮ 경계가 불분명하고 점유형태를 확정할 수 없을 때 분쟁지를 물리적으로 평분하여 쌍방의 토지에 소유시킨다.
㉯ 현재 소유자가 각자 점유하고 있는 지역이 명확한 1개의 선으로 구분되어 있을 때, 이 선을 경계로 한다.
㉰ 새로이 결정하는 경계가 다른 확실한 자료와 비교하여 공평, 합당하지 못할 때에는 상당한 보완을 한다.
㉱ 점유형태를 확인할 수 없을 때 먼저 등록한 소유자에게 소유시킨다.

16 지적에서 지번의 부번 진행 방법 중 옳지 않은 것은?

㉮ 사행식(蛇行式) ㉯ 기우식(奇偶式)
㉰ 절충식(折衷式) ㉱ 고저식(高低式)

정답 09 ㉯ 10 ㉮ 11 ㉱ 12 ㉯ 13 ㉱ 14 ㉯ 15 ㉯ 16 ㉱

17 다음 중 근대적 지적제도가 가장 빨리 시작된 나라는?

㉮ 프랑스 ㉯ 독일
㉰ 일본 ㉱ 대만

18 다음 중 토렌스시스템의 기본이론인 거울이론에 대한 설명으로 옳은 것은?

㉮ 토지권리증서의 등록은 토지의 거래 사실을 완벽하게 반영한다.
㉯ 토지등록부는 매입신청자를 위한 유일한 정보의 기초다.
㉰ 선의의 제3자는 토지의 권리자와 동등한 입장에 놓여야 한다.
㉱ 토지권리에 대한 사실심사 시 권리의 진실성에 직접 관여하여야 한다.

19 다음 중 경국대전에 근거하여 토지를 매매할 때 소유권이전에 관하여 관에서 증명한 소유권 증서와 같은 문서는?

㉮ 양안(量案) ㉯ 입안(立案)
㉰ 명문(明文) ㉱ 문기(文記)

20 지적공부에 대한 설명으로 옳은 것은?

㉮ 토지대장은 국가가 작성하여 비치하는 공적 장부를 말한다.
㉯ 지적공부 중 대장에 해당되는 것은 토지대장, 임야대장만을 말한다.
㉰ 지적공부 중 도면에 해당되는 것은 지적도, 임야도, 도시계획도를 말한다.
㉱ 경계점좌표등록부는 지적공부에 해당되지 않는다.

정답 17 ㉮ 18 ㉮ 19 ㉯ 20 ㉮

03 2014년도 기출문제

01 토지조사사업 당시 일필지조사 사항의 업무가 아닌 것은?

㉮ 지주의조사 ㉯ 지목의 조사
㉰ 분쟁지의 조사 ㉱ 지번의 조사

02 현대지적의 일반적 기능이 아닌 것은?

㉮ 사회적 기능 ㉯ 경제적 기능
㉰ 법률적 기능 ㉱ 행정적 기능

03 다음 중 지적관련법령의 변천 순서로 옳은 것은?

㉮ 토지조사령–조선임야조사령–지세령–조선지세령–지적법
㉯ 토지조사령–조선임야조사령–조선지세령–지세령–지적법
㉰ 토지조사령–지세령–조선임야조사령–조선지세령–지적법
㉱ 토지조사령–조선지세령–조선임야조사령–지세령–지적법

04 임야조사사업에 대한 설명 중 틀린 것은?

㉮ 토지조사에서 제외된 임야 등의 토지에 대한 행정처분이다.
㉯ 조사 및 측량기관은 부 또는 면이다.
㉰ 임야조사사업 당시 사정의 대상은 소유자 및 경계이다.
㉱ 사정권자는 지방토지조사위원회의 자문을 받아 당시 토지조사국장이 실시하였다.

05 "지적도에 등록된 경계와 임야도에 등록된 경계가 서로 다른 때에는 축척 1/1200인 지적도에 등록된 경계에 따라 축척 1/6,000인 임야도의 경계를 정정하여야 한다."라는 기준은 어느 원칙에 따른 것인가?

㉮ 경계불가분의 원칙 ㉯ 등록선후의 원칙
㉰ 용도경중의 원칙 ㉱ 축척종대의 원칙

06 지상경계를 결정하기 곤란한 경우에 경계 결정의 방법에 대한 일반적인 원칙(이론)이 아닌 것은?

㉮ 지배설 ㉯ 점유설
㉰ 평분설 ㉱ 보완설

07 "지적은 특정한 국가나 지역 내에 있는 재산을 지적측량에 의해서 체계적으로 정리해 놓은 공부이다."라고 지적을 정의한 학자는?

㉮ S. R. Simpson ㉯ J. L. G. Henssen
㉰ A. Toffler ㉱ J. G. McEntyre

08 다음 중 지적의 형식주의에 대한 설명으로 옳은 것은?

㉮ 국가의 통치권이 미치는 모든 영토를 필지 단위로 구획하여 지적공부에 등록 · 공시하여야만 배타적인 소유권이 인정된다.
㉯ 지적공부에 등록된 사항을 일반 국민에게 공개하여 정당하게 이용할 수 있도록 하여야 한다.
㉰ 지적공부에 새로이 등록하거나 변경된 사항

정답 01 ㉰ 02 ㉯ 03 ㉰ 04 ㉱ 05 ㉱ 06 ㉮ 07 ㉯ 08 ㉮

은 사실 관계의 부합여부를 심사하여 등록하여야 한다.

㉣ 지적공부에 등록할 사항은 국가의 공권력에 의하여 국가만이 이를 결정할 수 있다.

09 토지조사사업 당시 소유자는 같으나 지목이 상이하여 별필(別筆)로 해야 하는 토지들의 경계선과, 소유자를 알 수 없는 토지와의 구획선을 무엇이라 하는가?

㉮ 강계선(疆界線) ㉯ 경계선(境界線)
㉰ 지역선(地域線) ㉣ 지세선(地勢線)

10 다음 중 오늘날의 토지대장과 유사한 것이 아닌 것은?

㉮ 도전장(都田帳) ㉯ 문기(文記)
㉰ 양안(量案) ㉣ 타량성책(打量成冊)

11 구한국정부 말기에 문란한 토지제도를 바로잡기 위하여 시행한 제도와 관계가 없는 것은?

㉮ 지계(地契)제도 ㉯ 입안(立案)제도
㉰ 가계(家契)제도 ㉣ 토지증명제도

12 지적의 구성요소 중 외부요소에 해당되지 않는 것은?

㉮ 환경적 요소 ㉯ 법률적 요소
㉰ 사회적 요소 ㉣ 지리적 요소

13 지적의 등록방법 중 토지의 고저에 관계없이 수평면상의 투영만을 가상하여 각 필지의 경계를 지적공부에 등록하는 것은?

㉮ 2차원 지적 ㉯ 3차원 지적
㉰ 1차원 지적 ㉣ 입체지적

14 일본의 지적관련 제도와 거리가 먼 것은?

㉮ 법무성 ㉯ 부동산등기법
㉰ 부동산등기부 ㉣ 지가공시법

15 토지멸실에 의한 등록말소에 속하는 것은?

㉮ 토지합병에 따른 말소
㉯ 등록전환에 의한 말소
㉰ 등록변경에 따른 말소
㉣ 바다로 된 토지의 말소

16 우리나라 토지조사사업 당시 사정의 확정에 대한 설명으로 틀린 것은?

㉮ 사정은 효력은 법률적인 결정보다 상위에 있었다.
㉯ 사정은 토지의 소유자 및 경계를 확정하는 행정처분이다.
㉰ 사정의 확정에 의한 토지소유권은 절대적으로 확립된 것이었다.
㉣ 토지조사 이전의 모든 사항은 연계된 것으로 보아야 한다.

17 지번설정에서 사행식 방법이 가장 적합한 지역은?

㉮ 택지조성지역
㉯ 경지정리지역
㉰ 도로변의 주택지역
㉣ 지형이 불규칙한 농경지

18 양전개정론을 주장한 학자와 그 저서의 연결이 옳은 것은?

㉮ 서유구 – 목민심서
㉯ 이기 – 해학유서

정답 09 ㉰ 10 ㉯ 11 ㉯ 12 ㉮ 13 ㉮ 14 ㉣ 15 ㉣ 16 ㉣ 17 ㉣ 18 ㉯

㉰ 정약용 – 경국대전

㉱ 김정호 – 속대전

19 우리나라 토지조사사업의 시행목적과 거리가 먼 것은?

㉮ 토지의 가격조사 ㉯ 토지소유권 조사

㉰ 토지의 지질조사 ㉱ 토지의 외모조사

20 "토지의 등록사항을 토지소유자는 물론 이해관계자 및 기타 누구나 이용할 수 있도록 외부에서 인식하고 활용할 수 있도록 한다."가 설명하고 있는 원칙은?

㉮ 공신(公信)의 원칙

㉯ 공시(公示)의 원칙

㉰ 인도(引渡)의 원칙

㉱ 공증(公證)의 원칙

정답 19 ㉰ 20 ㉯

01 2015년도 기출문제

01 지목의 설정 원칙으로 틀린 것은?

㉮ 일시변경의 원칙
㉯ 주지목추종의 원칙
㉰ 사용목적추종의 원칙
㉱ 용도경중의 원칙

02 지적공개주의를 실현하는 방법에 해당하지 않는 것은?

㉮ 지적공부에 등록된 사항을 실지에 복원하여 등록된 결정 사항을 파악하는 방법
㉯ 지적공부의 등록된 사항과 실지상황이 불일치 할 경우 실지상황 에 따라 변경 등록하는 방법
㉰ 지적공부를 직접 열람하거나 등본에 의하여 외부에서 알 수 있도록 하는 방법
㉱ 등록사항에 대하여 소유자의 신청이 없는 경우 국가가 직권으로 이를 조사 또는 측량하여 결정하는 방법

03 유길준의 저서 「지제의」에서 현대의 지적도와 유사한 전통도(田統圖)에 관하여 주장한 내용이 옳지 않은 것은?

㉮ 전국의 토지를 정확하게 파악하여 가경면적과 과세면적을 확보할 것으로 보았다.
㉯ 전 국토를 리(理) 단위로 작성한 도면이다.
㉰ 10통(統)을 1면(面). 10면을 1구(區), 10구를 1군(郡), 10군을 1진(鎭), 4진을 1주(州)로 조직하고 전제(田制)를 관장하도록 하였다.
㉱ 도면 제작에 경위선의 개념과 계통적 과정을 도입하는 과학적 인 방법을 제시하였다.

04 토지조사사업 당시 분쟁의 원인에 해당되지 않는 것은?

㉮ 미개간지
㉯ 토지 소속의 불분명
㉰ 역둔토의 정리 미비
㉱ 토지 점유권 증명의 미비

05 토지조사사업시의 사정(査定)에 대한 설명이 옳지 않은 것은?

㉮ 토지 소유자 및 그 강계를 확정하는 행정처분이다.
㉯ 토지의 강계는 지적도에 등록된 경계선인 강계선이 대상 이었다
㉰ 사정권자는 당시 고등토지위원회의 장이었다.
㉱ 사정을 하기에 앞서 사정권자는 지방토지위원회의 자문을 받았다.

06 토렌스 시스템의 커튼이론(curtain principle)에 대한 설명으로 가장 옳은 것은?

㉮ 토지등록 업무는 매입 신청자를 위한 유일한 정보의 기초다.
㉯ 토지등록이 토지의 권리 관계를 완전하게 반영한다.
㉰ 선의의 제3자에게는 보험 효과를 갖는다.

정답 01 ㉮ 02 ㉯ 03 ㉰ 04 ㉱ 05 ㉰ 06 ㉯

㉱ 사실심사시 권리의 진실성에 직접 관여하여야 한다.

07 임야조사사업 당시 임야대장에 등록된 정(町), 단(段), 무(畝), 보(步)의 면적을 평으로 환산한 값이 틀린 것은?

㉮ 1정(町) = 3000평　㉯ 1단(段) = 300평

㉰ 1무(畝) = 30평　㉱ 1보(步) = 3평

08 "지적은 특정한 국가나 지역 내에 있는 재산을 지적측량에 의해 체계적으로 정리해 놓은 공부다."라고 정의한 학자는?

㉮ S. R. Simpson　㉯ J. G. Mc Entyre

㉰ J. L. G. Henssen　㉱ Kaufamnn

09 토지조사사업의 사정에 불복하는 자는 공시기간 만료 후 최대 몇 일 이내에 고등토지조사위원회에 재결을 신청 하여야 했는가?

㉮ 10일　㉯ 30일

㉰ 60일　㉱ 90일

10 현존하는 지적기록 중 가장 오래된 것은?

㉮ 신라장적　㉯ 매향비

㉰ 경국대전　㉱ 해학유서

11 우리나라에서 지적이란 용어가 현대적 법령에 처음 등장한 것은?

㉮ 1895년 내부관제

㉯ 1898년 양지아문 직원급 처무규정

㉰ 1901년 지계아문 직원급 처무규정

㉱ 1908년 산림법

12 고려 말기 토지대장의 편제를 인적편성주의에서 물적편성주의로 바꾸게 된 주요 제도는?

㉮ 자호(字號)제도

㉯ 결부(結負)제도

㉰ 전시과(田柴科)제도

㉱ 일자오결(一字五結)제도

13 조선시대의 양안(量案)은 다음 중 오늘날의 무엇과 같은가?

㉮ 지적도　㉯ 임야도

㉰ 토지대장　㉱ 부동산등기부

14 고려시대의 지적제도에 관한 설명으로 옳지 않은 것은?

㉮ 고려 말에는 전제가 극도로 문란해져서 이에 대한 개혁으로 과전법을 실시하게 되었다.

㉯ 입안제도를 실시하였다.

㉰ 당나라의 토지제도를 모방하였다.

㉱ '도행' 이나 '작' 이라는 토지 장부가 있었다.

15 지적법이 제정되기까지의 순서를 옳게 나열한 것은?

㉮ 토지조사법 → 토지조사령 → 지세령 → 조선지세령 → 조선임야령 → 지적법

㉯ 토지조사법 → 지세령 → 토지조사령 → 조선지세령 → 조선임야령 → 지적법

㉰ 토지조사법 → 토지조사령 → 지세령 → 조선임야조사령 → 조선지세령 → 지적법

㉱ 토지조사법 → 지세령 → 조선임야조사령 → 토지조사령 → 조선지세령 → 지적법

정답 07 ㉱ 08 ㉰ ㉱ 09 ㉱ 10 ㉮ 11 ㉱ 12 ㉮ 13 ㉰ 14 ㉯ 15 ㉯

16 우리나라의 지적제도와 등기제도에 대한 설명이 가장 옳은 것은?
㉮ 지적과 등기 모두 형식주의를 기본이념으로 한다.
㉯ 지적은 토지에 대한 사실관계를 공시하고 등기는 토지에 대한 권리관계를 공시한다.
㉰ 지적과 등기 모두 실질적 심사주의를 원칙으로 한다.
㉱ 지적은 공신력을 인정하고, 등기는 공신력을 인정하지 않는다.

17 토지조사사업시 일필지측량의 결과로 작성한 도부(개황도)의 축척에 해당되지 않는 것은?
㉮ 1/600 ㉯ 1/1200
㉰ 1/2400 ㉱ 1/3000

18 토지조사사업에서 측량에 관계되는 사항을 구분한 7가지 항목에 해당하지 않는 것은?
㉮ 삼각측량 ㉯ 천문측량
㉰ 지형측량 ㉱ 이동지측량

19 조선 초기에 현직 관리에게만 수조지(收組地)를 분급한 토지제도는?
㉮ 직전법 ㉯ 과전법
㉰ 녹읍전 ㉱ 세습전

20 경계불가분의 원칙이 뜻하는 것으로 옳은 것은?
㉮ 토지조사 당시의 사정은 말소가 불가능하다.
㉯ 먼저 조사한 선을 그 경계선으로 한다.
㉰ 경계선은 면적이 큰 것을 위주로 한다.
㉱ 인접지와의 경계선은 공통이다.

정답 16 ㉯ 17 ㉮ 18 ㉯ 19 ㉮ 20 ㉱

02 2015년도 기출문제

01 다음 중 법령의 제정순서가 옳은 것은?

㉮ 토지조사령 → 조선임야조사령 → 지세령 → 지적법
㉯ 조선임야조사령 → 토지조사령 → 지세령 → 지적법
㉰ 토지조사령 → 지세령 → 조선임야조사령 → 지적법
㉱ 지세령 → 조선임야조사령 → 토지조사령 → 지적법

02 지적의 발생설을 토지측량과 밀접하게 관련지어 이해할 수 있는 이론은?

㉮ 과세설 ㉯ 치수설
㉰ 지배설 ㉱ 역사설

03 조선시대의 속대전(續大典)에 따르면 양안(量案)에서 토지의 위치로서 동, 서, 남, 북의 경계를 표시한 것을 무엇이라고 하였는가?

㉮ 자번호 ㉯ 사주(四柱)
㉰ 사표(四標) ㉱ 주명(主命)

04 토지등록과 그 공시내용의 법률적 효력으로 볼 수 없는 것은?

㉮ 행정처분의 구속력 ㉯ 토지등록의 공정력
㉰ 토지등록의 확정력 ㉱ 공신의 원칙 인정력

05 우리나라에서 사용하고 있는 지목의 분류방식은?

㉮ 지형지목 ㉯ 용도지목
㉰ 토성지목 ㉱ 단식지목

06 다음 중 토지 경계선의 위치가 가장 정확하여야 하는 것은?

㉮ 세지적 ㉯ 법지적
㉰ 경계지적 ㉱ 유사지적

07 다목적 지적의 구성요건에 해당하지 않는 것은?

㉮ 측지기준망 ㉯ 기본도
㉰ 지적중첩도 ㉱ 측량계산부

08 토지조사때 사정한 경계에 불복하여 고등 토지조사위원회에서 재결한 결과 사정한 경계가 변경되는 경우 그 변경의 효력이 발생되는 시기는?

㉮ 재결일 ㉯ 재결서 통지일
㉰ 재결서 접수일 ㉱ 사정일에 소급

09 다음 중 대한제국시대에 3편(片)으로 발급한 관계(官契)를 보전하는 기관(사람)에 해당하지 않는 것은?

㉮ 본아문 ㉯ 소유자
㉰ 지방관청 ㉱ 지주총대

10 의상경계책(疑上經界策)을 통하여 양전법이 방량법과 어린도법으로 개정되어야 한다고 주장

정답 01 ㉰ 02 ㉯ 03 ㉰ 04 ㉱ 05 ㉯ 06 ㉯ 07 ㉱ 08 ㉱ 09 ㉱ 10 ㉮

한 조선시대 학자는?

㉮ 서유구　　㉯ 정약용
㉰ 이기　　㉱ 유길준

11 다음 중 1단지마다 하나의 본번을 부여하고 단지 내 필지마다 부번을 부여하는 방법으로, 토지구획 및 농지개량사업시행지역 등의 지번설정에 적합한 것은?

㉮ 선별식　　㉯ 사행식
㉰ 단지식　　㉱ 기우식

12 지적형식주의를 채택하고 있는 지적제도에 있어서 토지 표시사항의 등록에 대한 효력적 근거가 되는 것은?

㉮ 지적공부　　㉯ 등기부
㉰ 토지이동결의서　　㉱ 측량성과도

13 다음 중 도해지적에 대한 설명으로 옳지 않은 것은?

㉮ 경계를 표시하는 방법에 따른 분류에 해당한다.
㉯ 토지경계의 효력을 도면에 등록된 경계에만 의존한다.
㉰ 토지경계가 지상보다 도상에 명백히 나타나 있어 경계 분쟁의 소지가 적은 지역에 적합하다.
㉱ 토지 형상에서 경계선이 비교적 직선이며 굴곡점이 적고 면 적이 넓어 정밀도를 높이기 위한 경우에 적합하다.

14 다음 지적불부합지의 유형 중 아래의 설명에 해당 하는 것은?

> 지적도근점의 위치가 부정확하거나 지적도근점의 사용이 어려운 지역에서 현황측량 방식으로 대단위지역의 이동측량을 할 경우에 일필지의 단위면적에는 큰 차이가 없으나 토지경계선이 인접한 토지를 침범해 있는 형태다.

㉮ 중복형　　㉯ 편위형
㉰ 공백형　　㉱ 불규칙형

15 다음의 설명에서 (　　)에 들어갈 알맞은 명칭은?

> 지역선은 토지조사사업 당시 소유자는 같으나 지목이 다른 관계로 별필의 토지경계선과, 소유자를 알 수 없는 토지와의 구획선, 토지조사 시행지와 미시행지와의 경계선을 말하나, 토지조사 시행지와 미시행지와의 경계선은 별도로 (　　)이라고도 불렸다.

㉮ 지계선　　㉯ 경계선
㉰ 지구선　　㉱ 구역선

16 근대 유럽 지적제도의 효시를 이루는데 공헌한 국가는?

㉮ 독일　　㉯ 네덜란드
㉰ 스위스　　㉱ 프랑스

17 지적을 다음과 같이 정의한 학자는?

> "토지의 일필지에 대한 크기(size)와 본질(nature), 이용상태(state) 및 법률관계(legal situation)등을 상세히 기록하여 별개의 재산권으로 행사 할 수 있도록 지적측량에 의하여 대장과 대축척 지적도에 개별적으로 표시하여 체계적으로 정리한 것이다."

정답 11 ㉰ 12 ㉮ 13 ㉱ 14 ㉯ 15 ㉮ 16 ㉱ 17 ㉮

㉮ 헨센(Henssen) ㉯ 데일(Dale)
㉰ 심프슨(Simpson) ㉱ 멕로린(Mclaughlin)

18 다음 중 토지의 권원을 명확히 하고 토지거래에 따른 변동사항 의 정리를 용이하게 하여 권리증서의 발행을 손쉽게 하고자 창 안된 토지등록제도는?

㉮ 날인등록제도 ㉯ 소극적등록제도
㉰ 토렌스시스템 ㉱ 토지정보시스템

19 지적국정주의에 대한 설명으로 옳지 않은 것은?

㉮ 모든 토지를 지적공부에 등록해야 하는 적극적 등록주의를 택하고 있다.
㉯ 지적공부에 등록된 사항을 토지소유자나 일반 국민에게 신속 · 정확하게 공개하여 정당하게 이용할 수 있도록 한다.
㉰ 지적공부의 등록사항 결정방법과 운영방법에 통일성을 기하여야 한다.
㉱ 토지에 이동사항이 있을 경우 신청이 없더라도 이를 직권으로 조사 · 정리 할 수 있다.

20 다음 중 임야조사사업 당시의 사정(査定) 기관으로 옳은 것은?

㉮ 임시토지조사국장
㉯ 도지사
㉰ 임야조사위원회
㉱ 읍 · 면장

정답 18 ㉰ 19 ㉯ 20 ㉯

03 2015년도 기출문제

01 토지조사사업 당시 토지의 사정에 대하여 불복이 있는 경우 이의 재결기관은?

㉮ 임시토지조사국장 ㉯ 지방토지조사위원회
㉰ 도지사 ㉱ 고등토지조사위원회

02 일필지에 하나의 지번을 붙이는 이유로서 적합하지 않은 것은?

㉮ 토지의 개별화 ㉯ 토지의 독립화
㉰ 물권객체 표시 ㉱ 제한물권 설정

03 우리나라 지적관계법령이 제정된 연대순으로 옳은 것은?

㉮ 토지조사령 → 지세령 → 조선임야조사령 → 지적법
㉯ 토지조사령 → 조선임야조사령 → 지세령 → 지적법
㉰ 지세령 → 토지조사령 → 조선임야조사령 → 지적법
㉱ 조선임야조사령 → 토지조사령 → 지세령 → 지적법

04 다음 중 근세 유럽 지적제도의 효시로서, 근대적 지적제도가 가장 빨리 도입된 나라는?

㉮ 네덜란드 ㉯ 독일
㉰ 스위스 ㉱ 프랑스

05 다음 중 수치지적이 갖는 특징이 아닌 것은?

㉮ 도해지적보다 정밀하게 경계를 등록할 수 있다.
㉯ 도면제작과정이 복잡하고 고가의 정밀 장비가 필요하며 초기에 투자경비가 많이 소요된다.
㉰ 정도를 높이고 전산조직에 의한 자료처리 및 관리가 가능하다.
㉱ 기하학적으로 폐합된 다각형의 형태로 표시하여 등록한다.

06 구 한국 정부에서 문란한 토지제도를 바로잡기 위하여 시행하였던 근대적 공시제도의 과도기적 제도는?

㉮ 입안제도 ㉯ 양안제도
㉰ 지권제도 ㉱ 등기제도

07 지적의 일반적 기능과 거리가 먼 것은?

㉮ 사회적 기능 ㉯ 정치적 기능
㉰ 행정적 기능 ㉱ 법률적 기능

08 우리나라에서 '지적'이라는 용어를 처음으로 사용한 것은?

㉮ 내부관제(1895. 3. 26.)
㉯ 탁지부관제(1897. 5. 19.)
㉰ 양지아문직원급처무규정(1898. 7. 6.)
㉱ 지계아문직원급처무규정(1901. 10. 20.)

정답 01 ㉱ 02 ㉱ 03 ㉮ 04 ㉱ 05 ㉱ 06 ㉰ 07 ㉯ 08 ㉮

09 아래의 설명에 해당하는 지번부여제도는?

> 인접 지번 또는 자릿수와 함께 본번의 번호로 구성되어 지번의 발생 근거를 쉽게 파악할 수 있으며 사정 지번이 본번지로 편철 보존될 수 있다. 지번의 이동내역 연혁을 파악하기 용이하나, 여러 차례 분할 될 경우 반복정리로 인하여 지번의 배열이 복잡하다.

㉮ 분수식(分數式) 지번부여제도
㉯ 자유식 지번부여제도
㉰ 기번식(岐番式) 지번부여제도
㉱ 블록식 지번부여제도

10 다음 중 광무양전(光武量田)에 대한 설명으로 옳지 않은 것은?

㉮ 등급별 결부산출(結負産出) 등의 개선은 있었으나 면적은 척수(尺數)로 표시하지 않았다.
㉯ 양무위원을 두는 외에 조사위원을 두었다.
㉰ 정확한 측량을 위하여 외국인 기사를 고용하였다.
㉱ 양안의 기재는 전답(田畓)의 도형(圖形)을 기입하게 되었다.

11 다음 중 지적제도의 특성으로 가장 거리가 먼 것은?

㉮ 지역성　　㉯ 안전성
㉰ 정확성　　㉱ 저렴성

12 지주총대의 사무에 해당되지 않는 것은?

㉮ 동리의 경계 및 일필지 조사의 안내
㉯ 신고서류 취급처리
㉰ 소유자 및 경계사정
㉱ 경계표에 기재된 성명 및 지목 등의 조사

13 지목 중 전과 답의 결정은 무엇을 기준으로 하는가?

㉮ 주변지형　　㉯ 경작방법
㉰ 작물의 이용가치　　㉱ 경작위치, 방향

14 토지조사사업에서 지목은 모두 몇 종류로 구분하였는가?

㉮ 15종　　㉯ 18종
㉰ 21종　　㉱ 24종

15 모든 토지를 지적공부에 등록하고 등록된 토지표시사항을 항상 실제와 일치하도록 유지하는 지적제도의 원칙은?

㉮ 적극적 등록주의　　㉯ 형식적 심사주의
㉰ 당사자 신청주의　　㉱ 소극적 등록주의

16 고려시대에 양전을 담당한 중앙기구로서의 특별관서가 아닌 것은?

㉮ 급전도감　　㉯ 정치도감
㉰ 절급도감　　㉱ 사출도감

17 우리나라의 양지아문(量地衙門)이 설치된 시기는?

㉮ 1717년　　㉯ 1898년
㉰ 1905년　　㉱ 1910년

18 지표면의 형태, 지형의 고저, 수륙의 분포상태 등 땅이 생긴 모양에 따라 결정하는 지목은?

㉮ 토성지목　　㉯ 지형지목
㉰ 용도지목　　㉱ 복식지목

정답 09 ㉰ 10 ㉮ 11 ㉮ 12 ㉰ 13 ㉯ 14 ㉯ 15 ㉮ 16 ㉱ 17 ㉯ 18 ㉯

19 토지조사사업 당시 토지의 사정된 경계선과 임야조사사업 당시 임야의 사정선을 표현한 명칭이 모두 옳은 것은?

㉮ 토지조사사업 – 경계, 임야조사사업 – 강계
㉯ 토지조사사업 – 강계, 임야조사사업 – 경계
㉰ 토지조사사업 – 경계, 임야조사사업 – 지계
㉱ 토지조사사업 – 강계, 임야조사사업 – 강계

20 다음 중 토지조사사업의 조사내용에 해당되지 않는 것은?

㉮ 지가의 조사 ㉯ 토지소유권의 조사
㉰ 지압조사 ㉱ 지형 · 지모의 조사

정답 19 ㉯ 20 ㉰

01 2016년도 기출문제

01 다음 중 현대지적의 원리와 거리가 먼 것은?

㉮ 민주성의 원리 ㉯ 정확성의 원리

㉰ 능률성의 원리 ㉱ 경제성의 원리

02 다음 중 조선시대의 경국대전에 명시된 토지등록제도는?

㉮ 공전제도 ㉯ 사전제도

㉰ 정전제도 ㉱ 양전제도

03 현재 우리나라에서 채택하고 있는 지목제도는?

㉮ 용도지목 ㉯ 복식지목

㉰ 토질지목 ㉱ 지형지목

04 현행 임야대장에 토지를 등록하는 순서로 가장 옳은 것은?

㉮ 지번순서로 한다.

㉯ 면적이 큰 순을 한다.

㉰ 소유자 성(姓)의 가, 나, 다 순으로 한다.

㉱ 「공간정보의 구축 및 관리 등에 관한 법률」에 규정된 지목의 순으로 한다.

05 역둔토실조사를 실시할 경우 조사내용에 해당되지 않는 것은?

㉮ 지번 · 지목 ㉯ 면적 · 사표

㉰ 등급 및 결정소작료 ㉱ 경계 및 조사자 성명

06 간주지적도에 등록하는 토지대장의 명칭이 아닌 것은?

㉮ 산토지대장 ㉯ 을호토지대장

㉰ 민유토지대장 ㉱ 별책토지대장

07 다음 중 경계점좌표등록부를 작성하여야 할 곳은?

㉮ 「국토의 계획 및 이용에 관한 법률」상의 도시지역

㉯ 임야도시행지구

㉰ 도시개발사업을 지적확정측량으로 한 지역

㉱ 측판측량방법으로 한 농지구획정리지구

08 지적제도의 특징으로 가장 거리가 먼 것은?

㉮ 안전성 ㉯ 적응성

㉰ 간편성 ㉱ 정확성

09 법지적제도와 거리가 가장 먼 것은?

㉮ 정밀한 대축척 지적도 작성

㉯ 토지의 사용, 수익, 처분권 인정

㉰ 토지의 상품화

㉱ 토지자원의 배분

10 토지의 특정성(特定性)을 살려 다른 토지와 분명히 구별하기 위한 토지표시방법은?

㉮ 지목을 구분하는 것

㉯ 지번을 붙이는 것

㉰ 면적을 정하는 것

㉱ 토지의 등급을 정하는 것

정답 01 ㉱ 02 ㉱ 03 ㉮ 04 ㉮ 05 ㉱ 06 ㉰ 07 ㉰ 08 ㉯ 09 ㉱ 10㉯

11 토지에 대한 물권을 설정하기 위하여 지적제도가 담당해야 할 가장 중요한 역할은 무엇인가?

㉮ 소유권 사정 ㉯ 필지의 획정
㉰ 지번의 설정 ㉱ 면적의 측정

12 토지조사사업 당시 사정에 대한 재결기관은?

㉮ 지방토지조사위원회
㉯ 도지사
㉰ 임시토지조사국장
㉱ 고등토지조사위원회

13 다음 중 1필지의 성립요건에 해당되지 않은 것은?

㉮ 지번설정지역이 같을 것
㉯ 지목이 같을 것
㉰ 소유자가 같을 것
㉱ 기등기된 토지일 것

14 지적의 발생설 중 영토의 보존과 통치수단이라는 두 관점에 대한 이론은?

㉮ 지배설 ㉯ 치수설
㉰ 침략설 ㉱ 과세설

15 다음 중 토지등록제도의 장점으로 보기 어려운 것은?

㉮ 사인 간의 토지거래에 있어서 용이성과 경비절감을 기할 수 있다.
㉯ 토지에 대한 장기신용에 의한 안전성을 확보할 수 있다.
㉰ 지적과 등기에 공신력이 인정되고 측량성과의 정확도가 향상될 수 있다.
㉱ 토지분쟁의 해결을 위한 개인의 경비측면이나 시간적 절감을 가져오고 소송사건이 감소될 수 있다.

16 토지조사사업 당시 함조장의 위치를 선정할 때 고려사항이 아닌 것은?

㉮ 유수 및 풍향 ㉯ 해저의 깊이
㉰ 선착장의 편리성 ㉱조류의 속도

17 토지조사사업 당시 확정된 소유자가 다른 토지 사이에 사정된 경계선을 무엇이라 하였는가?

㉮ 지계선 ㉯ 경계선
㉰ 구획선 ㉱ 지역선

18 지적업무가 재무부에서 내무부로 이관되었던 연도로 옳은 것은?

㉮ 1950년 ㉯ 1960년
㉰ 1962년 ㉱ 1975년

19 토지등록의 목적과 관계가 가장 적은 것은?

㉮ 토지의 현황 파악
㉯ 토지의 수량조사
㉰ 토지의 권리상태 공시
㉱ 토지의 과실기록

20 토지조사사업의 목적과 가장 거리가 먼 것은?

㉮ 토지소유의 증명제도 확립
㉯ 토지소유의 합리화
㉰ 국토개발계획의 수립
㉱ 토지의 면적단위 통일

정답 11 ㉯ 12 ㉱ 13 ㉱ 14 ㉮ 15 ㉰ 16 ㉰ 17 ㉯ 18 ㉰ 19 ㉱ 20 ㉰

02 2016년도 기출문제

01 다음 중 지적형식주의에 대한 설명으로 옳은 것은?
㉮ 지적공부 등록 시 효력발생
㉯ 토지이동처리의 형식적 심사
㉰ 공시의 원칙
㉱ 토지표시의 결재형식으로 결정

02 조선지세령에 관한 내용으로 틀린 것은?
㉮ 1943년에 공포되어 시행되었다.
㉯ 전문 7장과 부칙을 포함한 95개 조문으로 되어있다.
㉰ 토지대장, 지적도, 임야대장에 관한 모든 규칙을 통합하였다.
㉱ 우리나라 세금의 대부분인 지세에 관한 사항을 규정하는 것이 주목적이었다.

03 다음 중 망척제와 관계가 없는 것은?
㉮ 이기(李沂) ㉯ 해학(海鶴遺書)
㉰ 목민심서(牧民心書) ㉱ 면적을 산출하는 방법

04 다음 중 임야조사사업 당시의 조사 및 측량기관은?
㉮ 부(府)나 면(面) ㉯ 임야심사위원회
㉰ 임시토지조사국장 ㉱ 도지사

05 토런스시스템은 오스트레일리아의 Robert Torrens경에 의해 창안된 시스템으로서, 토지권리등록법안의 기초가 된다. 다음 중 토런스시스템의 주요 이론에 해당하지 않는 것은?
㉮ 거울이론 ㉯ 커튼이론
㉰ 보험이론 ㉱ 권원이론

06 다음 중 자한도(字限圖)에 대한 설명으로 옳은 것은?
㉮ 조선시대의 지적도
㉯ 중국 원나라 시대의 지적도
㉰ 일본의 지적도
㉱ 중국청나라 시대의 지적도

07 아래에서 설명하는 경계결정의 원칙은?

> 토지의 인접된 경계는 분리할 수 없고 위치와 길이만 있을 뿐 너비는 없는 것으로 기하학상의 선과 동일한 성질을 갖고 있으며, 필지 사이의 경계는 2개 이상이 있을 수 없고 이를 분리할 수도 없다.

㉮ 축척종대의 원칙 ㉯ 경계불가분의 원칙
㉰ 강계선 결정의 원칙 ㉱ 지역선 결정의 원칙

08 다음 중 지번의 특성에 해당되지 않는 것은?
㉮ 토지의 특정화 ㉯ 토지의 가격화
㉰ 토지의 위치추측 ㉱ 토지의 식별

09 다음 중 지목을 설정하는 가장 주된 기준은?
㉮ 토지의 자연 상태 ㉯ 토지의 주된 용도
㉰ 토지의 수익성 ㉱ 토양의 성질

10 임야조사사업의 목적에 해당하지 않는 것은?
㉮ 소유권을 법적으로 확정

정답 01 ㉮ 02 ㉰ 03 ㉰ 04 ㉮ 05 ㉱ 06 ㉰ 07 ㉯ 08 ㉯ 09 ㉯ 10 ㉱

㉯ 임야정책 및 산업건설의 기초자료 제공
㉰ 지세부담의 균형조정
㉱ 지방재정의 기초 확립

11 토지의 이익에 영향을 미치는 문서의 공적 등기를 보전하는 것을 주된 목적으로 하는 등록제도는?
㉮ 날인증서등록제도 ㉯ 권원등록제도
㉰ 적극적 등록제도 ㉱ 소극적 등록제도

12 특별한 기준을 두지 않고 당사자의 신청순서에 따라 토지 등록부를 편성하는 방법은?
㉮ 물적편성주의 ㉯ 인적편성주의
㉰ 연대적 편성주의 ㉱ 인적 · 물적편성주의

13 현재의 토지대장과 가장 유사한 것은?
㉮ 양전(量田) ㉯ 양안(量案)
㉰ 지계(地契) ㉱ 사표(四標)

14 토지조사사업 당시 사정(査定)은 토지조사부 및 지적도에 의하여 토지의 소유자 및 그 강계를 확정하는 행정처분을 말한다. 이 때 사정권자는 누구인가?
㉮ 조선총독부 ㉯ 측량국장
㉰ 지적국장 ㉱ 임시토지조사국장

15 지적공부의 등록교부와 관계가 가장 깊은 것은?
㉮ 지적공개주의 ㉯ 지적형식주의
㉰ 지적국정주의 ㉱ 지적비밀주의

16 다음 중 적극적 등록제도(positive system)에 대한 설명으로 옳지 않은 것은?
㉮ 거래행위에 따른 토지등록은 사유재산양도증서의 작성과 거래증서의 등록으로 구분된다.
㉯ 적극적 등록제도에서의 토지등록은 일필지의 개념으로 법적인 권리보장이 인정된다.
㉰ 적극적 등록제도의 발달된 형태로 유명한 것은 토런스 시스템(Torrens system)이 있다.
㉱ 지적공부에 등록되지 아니한 토지는 그 토지에 대한 어떠한 권리도 인정되니 않는다는 이론이 지배적이다.

17 스위스, 네덜란드에서 채택하고 있는 지번표기의 유형으로 지번의 완전한 변경내용을 알 수 있는 보조장부의 보존이 필요한 것은?
㉮ 순차식 지번제도 ㉯ 자유식 지번제도
㉰ 분수식 지번제도 ㉱ 복합식 지번제도

18 양전(量田) 개정론자와 그가 주장한 저서로 바르게 연결되지 않은 것은?
㉮ 정약용 – 목민심서
㉯ 이기 – 해학유서
㉰ 서유구 – 의상경계책
㉱ 김정호 – 대동여지도

19 토지조사사업의 특징으로 틀린 것은?
㉮ 근대적 토지제도가 확립되었다.
㉯ 사업의 조사, 준비, 홍보에 철저를 기하였다.
㉰ 역둔토 등을 사유화하여 토지소유권을 인정하였다.
㉱ 도로, 하천, 구거 등을 토지조사사업에서 제외하였다.

20 다음 중 토지조사사업 당시 비과세지에 해당되지 않는 것은?
㉮ 도로 ㉯ 구거 ㉰ 성첩 ㉱ 분묘지

정답 11 ㉮ 12 ㉰ 13 ㉯ 14 ㉱ 15 ㉮ 16 ㉮ 17 ㉯ 18 ㉱ 19 ㉰ 20 ㉱

02 2016년도 기출문제

01 지적공부열람 신청과 가장 밀접한 관계가 있는 것은?

㉮ 토지소유권 보존 ㉯ 토지소유권 이전
㉰ 지적공개주의 ㉱ 지적형식주의

02 다음 중 역토에 대한 설명으로 옳지 않은 것은?

㉮ 역토는 주로 군수비용을 충당하기 위한 토지이다
㉯ 역토의 수입은 국고수입으로 하였다.
㉰ 역토는 역참에 부속된 토지의 명칭이다.
㉱ 조선시대 초기에 역토에는 관둔전, 공수전 등이 있다.

03 지적제도의 발생설로 보기 어려운 것은?

㉮ 과세설 ㉯ 치수설
㉰ 지배설 ㉱ 계약설

04 지적제도의 발전단계별 특징이 옳지 않은 것은?

㉮ 세지적 – 생산량
㉯ 법지적 – 경계
㉰ 법지적 – 물권
㉱ 다목적지적 – 지형지물

05 다음 중 지번을 설정하는 이유와 가장 거리가 먼 것은?

㉮ 토지의 특정화
㉯ 지리적 위치의 고정성 확보
㉰ 입체적 토지표시
㉱ 토지의 개별화

06 다음 중 간주지적도에 관한 설명으로 틀린 것은?

㉮ 임야도로서 지적도로 간주하게 된 것을 말한다.
㉯ 간주지적도인 임야도에는 적색 1호선으로써 구역을 표시하였다.
㉰ 지적도 축척이 아닌 임야도 축척으로 측량하였다,
㉱ 대상은 토지조사시행지역에서 약 200간 이상 떨어진 지역으로 하였다.

07 일본의 지적관련 법령으로 옳은 것은?

㉮ 지적법 ㉯ 부동산등기법
㉰ 국토기본법 ㉱ 지가공시법

08 지번의 부여방법 중 사행식에 대한 설명으로 옳지 않은 것은?

㉮ 우리나라 지번의 대부분이 사행식에 의하여 부여되었다.
㉯ 필지의 배열이 불규칙한 지역에서 많이 사용되었다.
㉰ 도로를 중심으로 한쪽은 홀수로 다른 한쪽은 짝수로 부여한다.
㉱ 각 토지의 순서를 빠짐없이 따라가기 때문에 뱀이 기어가는 형상이 된다.

정답 01 ㉰ 02 ㉮ 03 ㉱ 04 ㉱ 05 ㉰ 06 ㉯ 07 ㉯ 08 ㉰

09 우리나라의 지적 창설 당시 도로, 하천, 구거 및 소도서는 토지(임야)대장 등록에서 제외하였는데 가장 큰 이유는?

㉮ 측량하기 어려워서
㉯ 소유자를 알 수가 없어서
㉰ 경계선이 명확하지 않아서
㉱ 과세적 가치가 없어서

10 전산등록파일을 지적공부로 규정한 지적법의 개정연도로 옳은 것은?

㉮ 1991년 1월 1일 ㉯ 1995년 1월 1일
㉰ 1999년 1월 1일 ㉱ 2001년 1월 1일

11 토지의 사정을 가장 잘 설명한 것은?

㉮ 토지의 소유자와 지목을 확정하는 것이다.
㉯ 토지의 소유자와 강계를 확정하는 행정처분이다.
㉰ 토지의 소유자와 강계를 확정하는 사법처분이다.
㉱ 경계와 지적을 확정하는 행정처분이다.

12 다음 중 현대 지적의 특성만으로 연결된 것이 아닌 것은?

㉮ 역사성 – 영구성
㉯ 전문성 – 기술성
㉰ 서비스성 – 윤리성
㉱ 일시적 민원성 – 개별성

13 다목적지적의 기본 구성요소와 가장 거리가 먼 것은?

㉮ 측지기준망 ㉯ 기본도
㉰ 지적도 ㉱ 토지권리도

14 다음 중 고려시대 토지기록부의 명칭이 아닌 것은?

㉮ 양전도장 ㉯ 도전장
㉰ 양전장적 ㉱ 방전장

15 토지이용의 입체화와 가장 관련성이 깊은 지적제도의 형태는?

㉮ 세지적 ㉯ 3차원 지적
㉰ 2차원 지적 ㉱ 법지적

16 지적제도의 발달사적 입장에서 볼 때 법지적제도의 확립을 위하여 동원한 가장 두드러진 기술 업무는?

㉮ 토지평가 ㉯ 지적측량
㉰ 지도제작 ㉱ 면적측정

17 조선시대 양안은 오늘날의 언 것과 같은 성질의 것인가?

㉮ 토지과세대장
㉯ 임야대장
㉰ 토지대장
㉱ 부동산등기부

18 토지 · 가옥을 매매 · 증여 · 교환 · 전당할 경우 군수 또는 부윤의 증명을 받으면 법률적으로 보장을 받는 완전한 증명제도는?

㉮ 토지가옥 증명규칙
㉯ 조선민사령
㉰ 부동산등기령
㉱ 토지가옥소유권 증명규칙

정답 09 ㉱ 10 ㉮ 11 ㉯ 12 ㉱ 13 ㉱ 14 ㉱ 15 ㉯ 16 ㉯ 17 ㉰ 18 ㉱

19 간주지적도에 등록된 토지는 토지대장과는 별도로 대장을 작성하였다. 다음 중 그 명칭에 해당하지 않는 것은?

㉮ 산토지대장 ㉯ 별책토지대장

㉰ 임야토지대장 ㉱ 을호토지대장

20 일반적으로 양안에 기재된 사항에 해당하지 않는 것은?

㉮ 지번, 면적

㉯ 측량순서, 토지등급

㉰ 토지형태, 사표

㉱ 신구 토지소유자, 토지가격

정답 19 ㉰ 20 ㉱

저자소개

김영학 청주대학교 지적학과
이왕무 동강대학교 토지정보관리학과
이동현 충남도립대학 토지행정과
김남식 창원문성대학 부동산지적과

지적학 정가 31,000원

저자 : 김영학 · 이왕무 · 이동현 · 김남식

발행인 : 임정대
발행처 : 도서출판 **화수목**

발행 : 2015년 3월 6일 초판 1쇄
2017년 3월 6일 초판 2쇄

등록 : 제2014-000166호

주소 : 서울시 마포구 신촌로 2길 5-15
전화 : 02-338-9119
팩스 : 02-335-2201

ISBN : 979-11-86290-13-2(93530)
